纳粹医生

医学屠杀与种族灭绝心理学

THE NAZI DOCTORS

MEDICAL KILLING AND THE PSYCHOLOGY OF GENOCIDE

[美] 罗伯特·杰伊·利夫顿 | 著　王毅 刘伟 | 译

Robert Jay Lifton

江苏凤凰文艺出版社
JIANGSU PHOENIX LITERATURE AND ART PUBLISHING, LTD

献给惨遭纳粹屠杀的受害者

献给那些幸存者

献给那些继续与大屠杀及种族灭绝进行抗争的人们

我为本书写作而访谈过的那些人和另外一些人，当书中出现他们时，我使用了他们的名和最后一个大写的词首字母作为化名（比如约翰·S。——译者注）；另外我也改变了一些身份细节，在有些情况中，我也不过于明确地引用原话，但这些并不影响访谈的实质内容。

导 言

只要人人都献出一点恶

刘 瑜

1

关于《纳粹医生》这本书，我们不妨从书中的一个画面说起。这是一个奥斯维辛幸存者对他们刚到达奥斯维辛时刻的回忆。

> “我们是晚上到达的。因为是晚上，所以能看见大片灯光和焚烧炉的火光，还能听见尖叫、哨子声和‘出来！出来！’的喊叫。‘扔掉所有东西，立刻排好队！’他们把我们分开，五个五个地排好队，两个人站在旁边，一边是门格勒，另一边是一个负责工作的军官。当时的情形是，‘你走这边。你去卡车那边。你走这边。你去卡车那边。’你很快意识到有一个模式，大约14岁以下的和35岁以上的会被分到卡车那边。直到我们到达营房处，我们才意识到那些卡车去了哪里……这一切都发生得非常快、效率非常高。”

稍微对奥斯维辛集中营历史有一点了解的人都知道“那些卡车”去了哪里。它们去了毒气室。在那里，他们会脱光衣服，被用鞭子赶进毒气室，门被锁上。“大约8分钟后”，门被打开，他们的尸体将被抬进焚烧炉。据一个幸存者回忆，一趟火车拉来1500人，大约1200–1300人会被直接拉往毒气室。剩下的人一旦生病，还是会被送往毒气室。加上饥饿、过度劳动、虐待，奥斯维辛囚犯的实际存活率不到2%。某种意义上，一旦抵达奥斯维辛，囚犯们“就已经死了”。

但是，《纳粹医生》并不是泛泛地展示和谴责纳粹之恶——这方面的著作已经汗牛充栋。关于这本书的主题，我们可以定格至刚才这个画面中的一个人，那个站在集中营门口的门格勒。这是什么人？他不是一个普通的党卫军狱警。他是一个医生。据说他在“筛选囚犯”的过程中会愉快地吹着口哨，动作“潇洒而快速”，并且常常高喊“双胞胎出来！双胞胎出来！”——他热衷于挑出双胞胎做医学实验，因为双胞胎可以用来分辨基因和环境对人体的作用——是的，他是一个热爱科学的医生。

医生？难道医生不应该是治病救人的吗？难道他们不应该是老弱病残的“白衣天使”，而不是把他们当做“垃圾”一样扔到焚烧炉里去？如果说纳粹整体上都摒弃了人道主义，没有谁比纳粹医生的摒弃更显得像是一种背叛。事实是，医生在整个纳粹集中营中起到了至为关键的作用：他们是生死队伍的“筛选者”，是各种残忍人体实验的主导者，是调配杀人毒气和针剂剂量的“技术人员”，是囚犯死亡之后伪造“病人”死因的填表者……一句话，他们是整个纳粹杀人机器最后的按钮。

利夫顿想搞清楚为什么。作为一个几乎终生都在研究死亡主题的精神病理学家，利夫顿曾经研究过广岛幸存者和越战老兵的心理世界，作为一个犹太人，并不奇怪的是，他最终将研究指向了纳粹集中营。通过对40个左右的纳粹（其中29个纳粹医生）和80个纳粹受害者（其中40个成为纳粹的医学助手）的访谈，利夫顿试图进入纳粹医生的心理世界。他的研究目的并非简单的谴责邪恶，更多的是为了“理解邪恶”。确切地说，他试图从医生这个角色入手去回答：为什么“普通人”会变得邪恶？是他们“本性”如此，还是“环境”使然？如果是“环境”使然，这个“环境”又需要什么样的构件？

2

著名心理学家津巴多曾经对类似的问题做过探索。尽管并不直接研究纳粹，他1971年开展的著名“斯坦福实验”同样着力于分析“为什么普通人会做出残忍之举？”在这场实验中，津巴多招纳了20多个“普普通通的大学生”，将其分为两种“角色”——狱警和囚徒，要求他们按照其角色互动两个星期。令人不安的是，即使缺乏明确的强制性环境，仅仅是角色代入感就很快扭曲了这些“普普通通大学生”的行为模式——“狱警”变得越来越暴虐，而“囚徒”则越来越顺从和抑郁，其关系变得如此扭曲，刚到一个星期津巴多就不得不叫停实验。据此，津巴多论证“不是个人的品性，而是特定的情境制造恶魔”，或者用他的语言来说，不是“苹果坏了”，而是“桶坏了”。这种人被情境扭曲的现象，他称之为“路西法效应”。

很大程度上，利夫顿的研究与其不谋而合。只不过，不幸的是，津巴多的实验只有几十个参与者，并且可以被叫停，而利夫顿所研究的那场“实验”却无法被叫停，并最终卷走了成百上千万的生命。和津巴多一样，利夫顿也指出，对于普通人的施暴，环境性的结构至关重要。“环境”之所以重要，是因为它改变“理性人”的理性计算公式，每一个行为的成本收益被重估，其意义也被重塑。虐待狂医生门格勒，如果是处于一个“正常年代”，很可能只是一个普通的、甚至十分敬业的德国医生而已。

在利夫顿对纳粹医生的分析框架中，最大的关键词是“角色转换”（doubling）。他用这个词来形容一个人从“日常自我”向“奥斯维辛自我”的转换。阿伦特曾经用“恶之平庸”来形容纳粹军官艾希曼，但是利夫顿认为，“平庸”这种说法是不够的——它不足以描述普通人参与到邪恶当中的发生机制。普通人成为施恶者，需要“角色转换”的发生，一个人将“日常自我”搁置起来、进入“情境自我”，才能若无其事地作恶。

这个转换的关键，是个体自我的集体化和他者化。自我的集体化，意味着“1”溶解为“1/n”，个体放弃自己人之为人的整全性，隐身到一个集体当中成为其中一个“分子”，从而实现作恶心理成本极小化。这个集体可以大至“国家”、“种族”、“民族”、“宗教”，也可以小至“一个造反派组织”、“一群群殴同学的中学生”、“一场游行中的打砸抢者”。集体化的过程就是匿名化的过程——“匿名”意味着无需负责，而当一个人可以不对自己的行为负责的时候，他就不可能再为其他事情负责。“自我的他者化”则意味着将自己转化为一个巨大系统中的一个功能性部件，这个部件可以是“警察”，可以是“医生”，可以是“官僚”，可以是“法官”，甚至可以是一个善于沉默的“观众”。通过集体坐标而不是“内心良知”定位自己，“我”就变成了“他”。“我”不再是有名有姓的约瑟夫·门格勒，而是“一个医生”。“我”也不再是有血有肉的阿道夫·艾希曼，而是“一个军官”。既然是“他”在作恶，又与“我”何干？

书中的维尔特医生，典型地反映了“角色转换”的重要性。作为书中被重点刻画的三个纳粹医生之一，他不像B医生那么“善意”，也不像门格勒那么凶残，然而，正是这个“不好不坏”的他，最能体现普通人角色转换的意义。利夫顿在书中大量摘录了他在奥斯维辛时期给妻子写的书信，信中的他是个如此有情有义的好丈夫、好爸爸，简直就像是我们身边某个可亲的邻居。他称自己的妻子为“我的心肝，我的生命，我的天使”，为自己孩子长出的第一颗牙而激动，关心岳母的健康，谴责一个“搞大”别人肚子而不肯与之结婚的男人，并描述自己等待妻儿来访的激动心情，说到自己要买“两把小扫帚，一个捣肉的木槌，一张儿童桌，四把相配的椅子，一个小脚凳，一个木马”。然而，正是这样一个“正常人”转过身来，能够站到奥斯维辛的大门口，冷冰冰地把成千上万个犹太人、吉普赛人、波兰人、老弱病残送到毒气室里去。即使门格勒这个被无数受害者事后回忆成“恶魔”的虐待狂，似乎也有暂时回归“日常自我”的片刻——他给吉普赛儿童带来糖果，“跳来跳去”逗他们开心，邀请他们出门开车兜风……然而，就是这样一个人，可以转身在墙上1.5米处划一道线，要求把所有不到这个高度的孩子送到毒气室去。

这种“角色转换”，不是病理意义上的“人格分裂”或者“双重人格”。“人格分裂”对其患者来说是一个不由自主的状态，但是“角色转换”不同，它需要当事人有意识的角色切换。正如一个司机意识清晰的“换挡”，这种切换是理性的、清醒的，甚至可以说是“智慧的”。一旦维尔特们从自己的家庭身份“换挡”到自己的职业身份，他就小心翼翼地将那个“日常自我”给剥离下来，锁进意识的阁楼，“穿戴”上那个奥斯维辛的“情境自我”，并嵌入那个巨大的集体有机体，成为其中的一个触须、一个器官、一根依靠惯性蠕动的绒毛。

3

如果个体作恶是“环境所致”，是因为“桶坏了”，那么，接下来的问题就是：“桶”又是怎么坏的？

或许津巴多的“桶坏了”理论在为个体推卸责任方面走得太远了。事实上，当纳粹医生为自己的行为进行辩护时，几乎都使用了“桶坏了”理论。“奥斯维辛的背景就是这样，我们能怎么样呢？”“这是一件可怕的事，但我们什么也做不了。”“反正这些犹太人也会被送进毒气室，我不去做筛选工作，自然会有人去——事实上把这种脏活推给别人是‘不道德的’。”“反正这些人迟早会死，对他们做些实验又怎么样呢？”用维尔特的话来说：“我做了什么恶呢？我真的不知道。”

很多医生不但相信自己的无辜，而且相信自己在如此极端严酷的环境下，通过对严酷的技术收敛而成了“好人”，成了“拯救者”。比如，“我去做毒气室的筛选，比党卫军的筛选刻意留下了更多活口”、“我通过医学实验的名义存留了一批犹太儿童”、“毒气室的死法快速无痛苦，比枪杀虐杀人道多了”、“我对注射死亡法做了技术上的改进，死亡只需数秒钟，痛苦程度大大降低”……甚至有一个纳粹医生宣称：“今天欧洲还有犹太人，很可能归功于我。”

奇怪的是，如果我们把“当时的政治条件”（“桶”）作为一个给定状态，他们的自我辩护甚至听上去颇有道理。在当时反对希特勒就等于自杀的情况下，他们能怎么样呢？难道在“筛选囚徒”的现场突然高喊“打倒希特勒”？我们可以要求一个人有正义感，但是难道能要求他为了正义感而自杀？如果没有自杀的勇气，他们就等于恶魔？简直可以说，当时这些纳粹医生的“理性选择”就是老老实实“执行公务”，而如果他们能够“基于人道主义”，每天少挑那么两三个到毒气室，简直就是“功德无量”。

所以，问题在于，能否把“当时的政治条件”——那只“桶”——作为一个给定状态？或者在多大程度上可以这样认为？“当时的政治条件”是一张外生的、无边的、从天而降的巨网，将这些无奈的医生们紧紧绑在其中，还是这些医生就是这张巨网的一个一个“结”，恰恰是他们的存在、连结和行动构成了“当时的政治条件”？当这些医生抱怨他们“别无选择”时，他们似乎忘了，当年他们都积极加入了纳粹党和党卫军，都信奉反犹主义和“国家社会主义”，都程度不同地参与过纳粹德国的绝育和“安乐死”工程，都接受了“党卫军医生”这个工作并同意留在奥斯维辛，正是他们的积极参与巩固了希特勒的政权，而这个被千千万万“普通德国人”通过效忠养大的怪兽，反过来又进一步死死咬住所有“普通德国人”。换言之，“当时的政治条件”不仅仅是其行为的给定背景，也是他们正在构筑的流动现实。他们不是被扔进这个“恐怖故事”的演员，也正是其作者本身。

这些纳粹医生之所以强调自己的“演员”身份、而不是“作者”身份，不仅仅是因为他们急于洗脱罪行，也因为这个“接龙恐怖故事”的作者如此之分散，似乎——大约除了希特勒——不会有任何作者真的认为自己是作者。所谓“没有一片雪花会认为是自己造成了雪崩”。从犹太人的正常生活到毒气室这漫长的道路上，谁会觉得自己有罪呢？登记收集犹太人信息的官僚？撰写各种反犹文章的编辑记者？将犹太人遣送到“特别居住区”的警察？把他们送上火车的党卫军？集中营里的医生？纳粹医生只不过是把已经送来的人按照“上面的指示”分拣成“立刻送往毒气室的”和“留下来干活的”而已。在这个漫长的迫害链条中，每个人都不过是在“执行公务”而已。然而，罪责只应由“元首”一人承担？“元首”就是有三头六臂，又怎能屠杀几百上千万人？

责任的无限分散或许是解释“普通人何以成为恶魔”的关键。所有人都需要负责，意味着几乎没有人需要负责。固然，“责任”存在着一个金字塔结构，越往金字塔的底部，每个人承担的责任越少，但是，“底部普通人”——作为个体——所需负的责任或许很小，但是他们——作为集体——却是一个邪恶有机体的“手指”。这正是这个“恐怖故事”最令人不安之处——我们竟然可以“不知不觉”成为“恶魔”。如果让“我”去主动杀害一个无冤无仇的人，“我”不可能做到，但是，如果把“杀一个无冤无仇者”这件事分解成100个步骤，而“我”所负责的那个步骤只是“坐在实验室里调制一氧化碳”，只要施以一定的威逼利诱甚至道德感召，“我”完全可能做到。在这里，每一个个体无需成为“恶魔”，但是“我们”却可以。

这或许是极权恐怖机制的“秘密”所在——它无需把每个人改造成恶魔，只需要每个人跨过一个“小小的”道德门槛。“只要人人都献出一点恶”，一个巨大的乘数效应就可以汇聚成巨大灾难。普通人可以仅仅因为“尽责”、沉默、无视而成为邪恶的组成部分，而他必须成为敢于赴死的英雄才能摆脱邪恶的漩涡。当他为邪恶贡献0.0001%的力量，他可以推卸掉99.9999%的责任，但是一百万个“他”就可以共同施加百分之百的残忍。换言之，在这里，作恶是一种集体责任，行善却需要个体的飞跃。这也是为什么书中几乎所有的纳粹医生即使到战后也无法真正检讨自己的罪行——“我只是0.0001%的恶魔，为什么要作为100%的恶魔受审”？

当然，在这个金字塔型的责任体系中，“元首”和纳粹高层的作用最为关键。某种意义上，他们为“善均衡”向“恶均衡”的转换提供了巨大的第一推动力，如果不存在有组织的英勇反抗，剩下的交由惯性即可完成。因此，在“恶均衡”形成的过程中，普通人最大的恶往往不是“积极行动”，而是懒惰。他们只需在一个危险漩涡形成的过程中保持高枕无忧的姿态，就可以以其重量成为这个漩涡的动力之一，而当这个漩涡旋转得越来越快、即将其吞噬时，想要挣脱它就为时太晚。是的，我们无须转变成“恶魔”社会造就纳粹悲剧，我们只需要在一场浩大的集体催眠中保持一点点睡意。

4

如果“桶坏了”是因为“人人都献出一点恶”，那么为什么普通人会在邪恶形成难以逆转的漩涡之前参与其中?

有很多因素促成当时“时代的洪流”。意识形态是很重要的一个部分。纳粹主义的话语系统对于纳粹医生合理化恶行起到了很大作用——通过将一个种族主义的故事包装成一种科学乃至美学，它抽去了邪恶的邪恶性。换言之，戴上纳粹主义的有色眼镜，人们不觉得自己所作所为是在铸造一只“坏桶”。事实上，他们觉得自己是在打碎一只“坏桶”，铸造一只全新的、闪亮的“新桶”。

Himmler曾经一再宣布：“国家社会主义不过是应用生物学而已。”在这个种族主义的话语系统中，雅利安人代表了人类最健康向上、最朝气蓬勃的力量，而犹太人、吉普赛人以及老弱病残等等代表了“病毒”和“污染”。通过这个意识形态神话，杀戮被反转成了拯救，施恶是为了“更大的善”，恰如剪除杂草是为了庄稼更好地成长。书中有个意味深长的细节：尽管纳粹德国最后杀害数百万犹太人，但在有关犹太人的各种官方文件中，从来没有出现过“杀”这个字眼。纳粹使用“清除”、“驱逐”、“净化”乃至“最后方案”等等字眼，但始终绕开“杀”字，或许正是因为他们需要围绕着“拯救”而非“杀戮”展开其话语。在《革命的不朽性》中，利夫顿曾经指出，集体主义的话语（种族、阶级、民族、宗教、国家等等）之所以打动人心，在于它通向“不朽”——个体生命转瞬即逝，而群体却生生不息，因此，人们通过依附集体靠近永生、平息对死亡的恐惧。

但是，人的大脑并非简单的容器，别人倒什么它就装什么，何况医生——他们本应有基本的科学训练使其抵御“雅利安人是人类之光”、“犹太人是万恶之源”的神话。普通人“被欺骗”，很大程度上是因为他们希望被欺骗。而在特定的历史阶段，人们“希望被骗”的心情格外强烈。一战失败带来的集体耻辱和怨恨，急于为失败寻找替罪羊的迫切心情，19世纪德国统一和崛起过程中形成的“国家主义神话”，魏玛时期混乱带来的对秩序的渴望，超级通货膨胀引发对政治强人的期待，19世纪以来的社会进化论话语，都为纳粹话语的兴起提供了思想基础。

意识形态本身并不足以支撑极权体系，它需要借助权力的保驾护航。如果说希特勒上台前纳粹的吸引力来自于意识形态和希特勒的“个人魅力”，他上台后，其吸引力则越来越借助于权力的魔法。在这里，权力首先是一种诱惑，其次才是一种压迫。“如果你跟我们走，你可以得到晋升，得到机会，得到物质回报，至少，你可以得到安全。”于是，“真实的信仰”和“表演性的信仰”界限变得模糊，并相互循环。即使这个信仰一开始是表演性的，当一个医生手上沾满犹太人的鲜血后，他也会因为迫切的“自我合理化”需求而将表演性的信仰转化为真实的信仰。事实上，他手上的鲜血越多，他就越需要说服自己“种族优劣论”的合理性与“科学性”。

于是，我们看到这些纳粹医生们在卫生所里煞有介事的“科研”。他们忙于研究令犹太人绝育的“优生学”，试图发现让雅利安人多生双胞胎的医学途径，他们努力发掘不同种族头颅有什么不同，同时致力于让老弱病残高效死去的“技术改良”，他们甚至试图发现让人眼睛变蓝的方式……如果没有纳粹主义的种族话语，所有这些“科研”会显得像是疯子工程，但是这些纳粹医生需要这一层科学外壳，来给一个赤裸裸的杀戮机器裹上一层“意义”的外衣。

权力的诱惑还在于所有跻身其中的人得以分享它的光环。书中许多人都回忆到门格勒“以残忍为乐趣”的片段——他会仅仅因为一个人皮肤有一个疤痕而将其送往毒气室，因为他“痴迷干净与完美”；他会为了证明某个病人“的确得了肺结核”而枪杀他，从而解剖他“看个究竟”；他随意切掉囚犯的睾丸以研究人的生育机制；他甚至“在一个犹太节日中举办了一场音乐会”，然后在音乐中筛选送往毒气室的人……在奥斯维辛这个小世界中，他成了掌控生死的上帝。人们如此恐惧他，以至于囚犯们都极力“讨好他，几乎就像是一种引诱”。一个普通时代的普通医生，何曾有机会享有如此甜蜜如此波澜壮阔的权力?

当然，不是每个医生都享受残忍。在利夫顿重点刻画的三个医生中，有拒绝承担“筛选”工作以保存内心最后一点良知的B，有热衷于为罪恶体系“再加一把柴”的门格勒，也有在“日常自我”和“奥斯维辛自我”之间疲劳奔波的维尔特……“桶”的好坏不足以解释这些人与人之间的差异。有许多囚徒记得B医生的一句“早安”给他们带来多大的安慰，而他故意通过虚假实验拯救某些犯人的做法更是令人动容。但是，即使是B——这个“更人性的”纳粹医生——也说：在巨大的奥斯维辛系统里面，这些差异的意义微乎其微。“我也是他们中的一个”。

某种意义上，医生B比门格勒更体现纳粹体系的残忍——一个“坏人”作恶并不稀奇，一个“好人”作恶才成为悲剧。正是因为纳粹悲剧的形成并不需要每个人都变成恶魔、只需要“人人都奉献一点恶”，《纳粹医生》这本书所传达的，与其说是纳粹的危险，不如说是我们每个人自身所蕴藏的危险。历史上奥斯维辛这样的恐怖时刻并不多见，但是现实中像“斯坦福实验”中那样的“微纳粹”时刻却比比皆是。有多少“普通人”在完成“角色转换”之后可以若无其事地作恶？又有多少人在“集体”的遮蔽下施暴？当一个人“脱下”作为个体的自我，“穿上”他者的身份，并隐身于集体的庇护，作恶行就变得轻松自如。而对于小恶汇聚成大恶，有时候“普通人”所需做的全部就是“别过头去”。纳粹之恶不仅仅存在于历史中，它一直在薄如蝉翼的文明之下蠢蠢欲动。

目　录

第一部
"不值得活着的生命"：遗传治疗

第二部
奥斯维辛：种族治疗

第三部
种族灭绝心理学

序一*

本书出版的14年后，那些纳粹医生仍然浮现于我脑中。我忘不了他们，忘不了这群普通人在一个大杀戮的世纪所参与的那场最极端的屠杀——最堕落的人类行为。而且，由这些人展示出来的首要的纳粹法则——用屠杀来进行治疗的法则——在近年来世界各地的种族灭绝行为中仍然不断重现。

人们马上会想到20世纪90年代前南斯拉夫境内塞族进行的“种族清除”。尽管它的规模要小一些，但那场屠杀与纳粹模式非常相似。在集中营内憔悴等死的人们，各个受害群体中受害者关于屠杀和受辱的大量证言（这里面包括对波斯尼亚女性的有组织强奸，有时还强迫她们的家人在场观看），这种相似性甚至超越了那些画面和叙述。

它们有一种深层的相似性：即种族国家主义的神秘意识形态与强烈的准军事残忍相融合。如同纳粹的意识形态，塞族的意识形态也是一种个人与集体的复兴，要治愈自己所感觉的历史创伤，这些创伤可以回溯到20世纪的两次世界大战，甚至是回溯到14世纪的土耳其征服。这些创伤只能用消灭那些自己认定的目标来治愈。也与纳粹的情况相类似，塞族知识分子在其中扮演了核心角色。的确，代表着一个“大塞尔维亚”种族清除的杀人意识形态，正是出自塞尔维亚科学院中的人。于是，也出现了纳粹式的职业杀人者与杀手中的专业人士的分工。

然而，塞族的种族清除在一个重要方面与纳粹模式不同：由于20世纪

---

* 此序为2000年再版时作者所加。

后半期大众传媒变革，这场种族清除几乎从一开始就被世人广为知晓。任何一个有台电视机的人，每天都可以看到苦难的受害者和劫掠的塞族屠杀者。随后，互联网又进一步把细节传遍了全世界。

vii 我本人对这些早期场面的反应与许多其他人一样——一种不安的感觉，混合了恐惧、愤怒和羞愧。不过，对我而言，这些场面又与我在纳粹行为中看到的是如此相似，它们是我所称的“种族灭绝心态”（这是我和埃里克·马库森共同提出的一种说法）的一种鲜明表现。我感觉自己必须公开表明立场，支持制止屠杀的干预。我与人数不多的一群专业人员合作，依据一个以联合国为中心的计划来这样做。我们中的一些人去了华盛顿，向美国国会议员和他们的助手以及美国副总统办公室的人，表达我们的看法。由于美国总统的反对及美国国内政治等方面的原因，我们和其他类似小组的活动没有成功。看来，种族灭绝的鲜明可见，并不必然导致其终结。

无疑，纳粹的大屠杀没有被清晰曝光。它被有意保密，不让外部世界知道。纳粹可以充分控制他们的环境，使得其隐瞒行为，至少是部分奏效。尽管种族灭绝的证据从一开始就显露出来了，但还是被有效地模糊化和掩盖，这使得德国人和其他人对此的态度转向否定和麻木。这样说吧，人们对大屠杀是既知晓又“不知晓”。在纳粹自己的圈子里，对于把自己正在做的事情揭示出来多少，呈现出了一种矛盾的心态。不管希特勒、希姆莱和其他纳粹领袖有着什么样的种族灭绝的激情，但在这场运动中，即便不是大多数人，至少也是不少人被认为未对大屠杀做好思想准备。信息上的部分闭锁，使得纳粹医生将奥斯维辛视为“另一个星球”，常规的道德在这里不适用，所以这消除了他们对自己参与屠杀的疑虑。这种遮蔽不管多少有限，对于纳粹屠杀的成功和程度起到了保护作用。

有段时间，似乎塞族种族清除的显而易见会导致人们来制止这个过程。这场屠杀很早就被注意到，然而，各国都同意的国际干预方式却被一拖再拖。在干预上的这种迟疑不决——这不仅仅是在前南地区，而且在20世纪90年代的卢旺达，以及20世纪70年代的柬埔寨也都是如此——变成了一种持续的羞耻。不过，就塞族问题而言，干预的想法一直被讨论着。这也并不仅仅因为受害者是欧洲人，而且这场屠杀的显而易见让世界各地的人们成了自发的观看者，所以必须处理它，或者至少是避开它。总之是人们面对正在发生的事情感到极大的不舒服。观看者的这种无处不在，最终推动了干预，尽管用来阻止种族灭绝的措施本身还是有问题的。无疑，电视频繁播出恐怖场面也会有反作用，人们会在心理上变得麻木，从而对这些画面无动于衷。不过，这些画面也有助于保持观看者的不舒服，进而推动了干预。

所有这些导向了一个更为普遍性的问题，我们一直没有充分考察过这个问题与种族灭绝的联系，也就是，作恶者的掌控，掩盖其已做之事或所做之事。他们宣称其全盘掌控了生与死，又将这种无所不能延伸至对真相 viii
的控制。希特勒有过一个臭名昭著的夸张之问：“今天还有谁谈论对亚美尼亚人的灭绝吗？”当然，他是指，他坚信在这类事情上这个世界的记忆是短暂的，不过，他也宣告了对知晓和真相的主宰，以及对这个世界如何回应其大屠杀行为的掌控。塞族作恶者也是这种姿态，他们编造自己的故事，一口否认全世界有目共睹的、如此多的屠杀行径。

对种族灭绝的持续否认，就希特勒的大屠杀而言，一个广为人知的例子就是那些堕落的“研究机构”，它们提供注解，在几十年后来支持纳粹对真相的掌控。另外一个不那么为人所知，但却更处心积虑的例子，是土耳其政府否认1915年对亚美尼亚人的种族清洗。它不但使用了庞大的官方机器，而且运用了强大的美国广告业的高超技巧。对历史的这种作伪，必须被视作种族灭绝本身的延续，它会鼓励其他的种族灭绝作恶者（正如希特勒谈论亚美尼亚人时所暗示的那样），使其继续他们的大屠杀，而不担心历史的惩罚。

在一个小小的日本邪教组织“奥姆真理教”中，我看到了所有这些种族灭绝倾向的一个缩影。1995年3月，奥姆真理教在东京的5趟地铁列车中施放了致命的沙林毒气。12人被毒死，5000人受伤。这是奥姆真理教的主要暴力活动。然而，这个组织更为宏大的计划，是要在这一年的11月贮存和施放更多的沙林毒气，并打算从俄罗斯买一架直升机来施放。按照这个邪教领袖（guru）近乎精神病的推理，在大规模施放毒气之后，日本、美国和其他大国会相互指责，要求对方为毒气事件负责，结果必然导致第三次世界大战，而第三次世界大战则会带来其想要的世界末日善恶大决战（Armageddon），也是《圣经》里提到的决战。奥姆真理教还贮存了生物武器，并在探讨获得核武器的可能性。由于武器小型化的技术一直在发展，现在不仅大国和中型国家，而且一些越来越小的反政府邪教团体，也都有可能去进行“滴入”式的种族灭绝行为了。奥姆真理教也有科学家和物理学家作为“杀戮职业人士”。它宣称，要用毁灭世界的方式，将世界从无处不有的污秽中拯救出来，这与纳粹那个以屠杀来进行治疗的版本如出一辙。

尽管奥姆真理教的有限袭击与纳粹的数百万受害者相差甚巨，但二者的动机和屠杀版本的相似却触目惊心。如同许多学者现在认识到的那样，我们也看到，纳粹本身就可以理解为一个巨大的千年盛世邪教，它设计了“千年德意志”，有邪教般的宗教礼仪，尤其是体现在那些大规模的集会
ix 游行之中［这在那部令人极感不安的电影《意志的胜利》（*Triumph of the Will*）中展露无遗］。在一个巨大的邪教屠杀过程中，纳粹医生扮演了巫师的角色。

在被派往奥斯维辛或某个“安乐死”屠杀中心之前，这些纳粹医生绝大多数都是很普通的医疗从业者（尽管也是纳粹党员），从来没有杀过一个人。然而，严酷的真相是：人很容易被社会化得去杀人。人适应环境的天赋，很好地发挥过作为物种的作用，如今这种本能也可以使形形色色的男性和女性适应业已出现的种族灭绝制度，适应盛行的种族灭绝心态。

在近来关于纳粹大屠杀的德国来源的争辩中，种族灭绝的社会化，这个概念引人注目。这个争辩的核心说法是，认为这场大屠杀是此前德国反犹主义的一种独特的恶性形式之产物。对于那些下令大屠杀和那些执行大屠杀的人来说，这就是他们的主要诱因。不过，我这本谈纳粹医生的书并不这样看。我所访谈和读过他们材料的那些医生，当然也有反犹主义，而且大多数时候都热心于纳粹政权所承诺的个人前景和德国复兴，但他们基本上都是一些普普通通的人，不过是有点独裁主义、国家主义和堕落倾向而已。他们会去适应这个政权，适应分派给他们的任何环境，但他们的本

质并非意识形态狂，实际上他们还会拿纳粹极端分子来开开玩笑，尽管他们自己也在为最极端的大屠杀服务。

意识形态狂热者对于奠定大屠杀的结构和动力至关重要，然而，只零星掌握一点意识形态的普通民众，也可以被有效地吸收到这些严苛的结构之中。种族灭绝的这种社会化，并不减少一个人要为自己行为承担的个体责任。正是由于这一点，种族灭绝成为一个比我们之前想象的要严峻得多的问题，一个个体和集体都能去作恶的问题。意识到这一层，可以极大地帮助我们去与大屠杀进行持续的斗争，帮助我们去创造一个较为正派的社会。如果是这样的话，那么，关于这些一直浮现于我们脑中的纳粹医生，我们就有很多可说的了。

序二

在我结束对早期核弹幸存者的研究不久，一位拉比（rabbi，犹太教精神领袖或学者。——译者注）朋友来看我。在我们的交谈过程中，他宣称："广岛，是你作为一个犹太人，通向大屠杀（研究）的路。"这种论调让我不舒服，我想，即使是作为拉比，这样说也有点武断了。

然而，从1960年末开始，我就有种强烈的感觉，觉得自己过不了多久，就会试着做些纳粹种族屠杀的研究。此前我所做的所有关于"极端情境"下的研究——对身体和精神巨大的暴力，职业层面和个人经历，看似都如此切题。在我的学生们和朋友们极力推动下，我虽然还没有任何清晰的计划，但开始这个领域的研究，却已是必然之举了。

在一些大屠杀的会议上，我曾做过关于幸存者心理的发言，然而，我逐渐认识到，现在最需要的是对作恶者的研究。说来也巧，此后我接到了一位编辑（他是我广岛那本书的编辑）打来的电话，问我是否愿意看一看他要寄给我的一些材料——关于约瑟夫·门格勒（Josef Mengele）和奥斯维辛医学试验的材料。看了这些材料，我已是跃跃欲试。我开始认识到在纳粹屠杀中医生不同寻常的重要性。后续研究远远超过了那些初始材料，但从那时起，我已踏上这条路。

尽管我对将此事做下去并没有犹豫迟疑，但我与之交谈过的一些人却表达了十足的担忧。"我希望你有足够的消化能力！"这是我经常听到的劝告。有些人甚至举出强大的例子，劝我不要去碰这个话题。他们认为，纳粹的邪恶应该被认清、孤立和谴责，用不着把它作为一个研究课题。对它进行心理学研究，人们尤其担心，这样做会带来的风险是：用“深入”的研究替换了谴责的话语。这些担忧让我暂时止步，迫使我去研究一些颇有难度的个人和哲学问题。

我毫不怀疑纳粹的邪恶事实。但我现在更清楚，我做这个心理项目的目的，是为了更多地了解邪恶，而非取代。对我来说，如果不去探究邪恶之源，那么最终就无法激发我们的能力，去深入了解，并与之抗争。对邪
xi 恶之源的逃避，不仅是对邪恶蔓延的担忧，还包含着一种假定，即纳粹和其他的邪恶与我们其他人无关——与普遍的人的能力无关。虽然纳粹的残暴和屠杀让我们倾向于这样的假定，但这样的想法却是错误的，也是危险的。我有强大的承受力，不过对于自己将行之事，我也绝非无所畏惧，但就我的经历而言，对这类决定，我往往是基于自己最深的直觉出发，关于自己，关于做什么合适，做什么才对的直觉而做出的决定。然而，内心倾向继续研究下去，却不能让我从一种痛苦的认识中解脱出来：无论我做什么，在这个话题的道德和知识分子正义方面，都远远不够。

随着工作的深入，我越来越清楚：将医生卷入邪恶的不只有纳粹。我们可以看一看以下事实：极权国家精神病医生如何把不同政见者诊断为精神病，并把他们关押在精神病院；智利医生也曾扮演过酷刑者的角色（依据相关文件）；第二次世界大战中日本医生做医学试验，活体解剖囚犯；南非的白人医生对在监狱中遭到拷打和杀害的囚犯出具虚假的医学报告；被中央情报局雇佣的美国内科医生和心理学家，用毒品和思想控制来进行不道德的医学和精神实验；圭亚那“人民神殿”（People's Temple）中狂热信徒的理想主义医生，为1978年的一场谋杀性质的自杀悲剧提供了毒药（氰化物与“酷爱”牌饮料的混合物），造成了几乎1000人的死亡。一般来说，医生很容易参与这些狂热的、蛊惑人心的秘密组织，参与控制人们的思想、情感、生死。所有这些例证，我都有过专业或个人的关注，它们与我要去讨论的那些“医学化”的毁灭模式有某些联系。我后面会讨论。

不过，我发现了纳粹医生与其他群体的医生显著不同。这倒不体现在所做的人体试验方面，而是纳粹医生在种族灭绝计划上所起的中心作用——用“民族和种族的治愈”这一生物愿景为大屠杀辩护。这种种族灭

绝计划依据的是一种生物学愿景，为大屠杀辩护，认为其是国家和种族的治愈。（对亚美尼亚人进行种族灭绝的土耳其医生，或许与此最为相似，我在后面会提到。）基于这个原因以及其他许多原因，就需要对纳粹医生进行专门研究。尽管在本书最后一章里，我会更广泛地讨论种族灭绝的各种范式，但本书主要是谈纳粹医生。

不过，我并不是要对所有的纳粹医生进行全面的历史研究，或者是对第三帝国的整个医学界做研究。我总希望自己做这些研究时能有渠道，减少挖掘档案和世界各地法庭记录时所查阅的文山书海，我和助手不得不到各地去挖掘这些材料。我所强调的是纳粹医生的具体群体，尤其作为个人的医生，他们与大屠杀的关系，与纳粹政权宣称的更广泛意义上的“治愈”之间的关系。治愈与屠杀的这种逆转，成为本研究的组织原则，同 xii
时，我开始怀疑，这种反转和其他大屠杀的相关性。

作恶者与受害者之间的关系，已经谈得很多了，而他们之间的关系对于了解奥斯维辛和其他地方非常重要。我发现，其关键之处在于，将这两个群体成员之间的道德和心理情况分开。无论其中一方有何种行为，囚犯都在被威胁，而纳粹医生则是威胁者。这种显著的区分，必须成为评估奥斯维辛医学行为的出发点。犹太人是纳粹种族灭绝的主要对象，所以也是纳粹医生的主要受害者。本书也研究包括囚禁在奥斯维辛的非犹太人，比如波兰人、政治犯和俄国战俘、德国精神病人，以及被占领地区受纳粹医生直接伤害的人。

在本书临近写完时，许多人问我，它给我带来了什么影响。我的回答总是说一句“太多了”，然后就换个话题。其实，现在来讲带来了什么，还为时过早。一个人不能期待在进行了这样一种研究之后，精神还能毫发无损，这样的想法不现实，尤其当自我成为这种形式的体验工具时，会觉得还不如不知道这些。然而，对于我来说，写作本书的另一面是，我把它看作是丰富人脉和扩展世界的过程。而大屠杀幸存者作为研究的中心，某种程度上提供了编制人脉的“锚”，包括我的那些同行，那些研究纳粹种族灭绝的学者，那些要直面纳粹时代的德国人，还有我的那些年轻助手们——他们中一些人已相识多年，还有一些新交——我必须在本书后面列举致谢。共同承担此研究，让老交情复燃，并以最迅捷和强有力的方式创建新交情。这个研究涉及各种语言——德语、希伯来语、意第绪语（这是中东欧犹太人及其在各国的后裔说的一种从高地德语派生的语言。——译者注）、波兰语和法语，丰富宽广的人脉弥补了我在这些语言方面的不足。

数十年来，我一直理解阿尔贝·加缪（Albert Camus）的那句话，他坚信，人既不是受害者也不是刽子手，我们要避免导致这样两类角色出现的制度和行为。但我现在对加缪之意有新的理解。他事实上是从参与反纳粹的地下运动中吸取了最初的教训。他的这个忠告经常被人们忽视，这里不必赘述；但与此同时，我还是要强调，我们有能力据此行动——虽然不完美，但我们可以仔细研究过去的邪恶，从中汲取教训。所以，我做了这个研究，现在呈现给各位——带着希望。

前言 “不是那个世界” 3

接近奥斯维辛

一位以色列牙医曾经在奥斯维辛待了3年，我从他那里获得了对这个集中营的一种重要看法。我们有过长长的交谈，他给我讲了许多事情，包括党卫队牙医怎样监督囚犯从毒气室中杀死的犹太人牙齿上拔出金料的细节。他的住宅面对着海法港市的美景，看看自己舒服的房间，他深深地叹了一口气，说：“不是那个世界！”我觉得他指的是：在奥斯维辛之后，生活的普通节奏和外观，不管如何无害和令人愉悦，都远离了人类存在的真相。在这样的节奏和外观之下，弥漫着黑暗和恐怖。

这句话提出一个问题，即我们是否有接近奥斯维辛的能力。就每个人事实上对纳粹所为和奥斯维辛之事的知晓而言，从一开始就存在巨大的阻力。不管现在人们对我们所称的“大屠杀”有什么样的兴趣，这种阻力并没有减弱，最近那些关于大屠杀的故事也没有消除这种阻力。因为，如果让一个人的想象力进入纳粹杀人机器的内部——去体验它——这就无异于改变了此人与整个人类的关系。没有人想了解这种事情。

从心理学上讲，医生们参与大屠杀，是最黑暗、最恐怖，或最难以接受的事情。不管现代医生如何技术化或商业化，他或她仍然被认定是一个医治者，一个对医生的治疗传统负有责任的人，所有的文化都敬畏和依赖于这个传统。医生加入了杀人者的行列，这就为“不是那个世界”的感知增加了一个怪异的维度。写作本书的过程中，我有一个印象，在德国人
4 和许多其他人眼中，医生的卷入被视为所有纳粹行为中最羞耻和最难堪的。

当我们想到纳粹医生的罪行时，出现在脑海中的，是他们的残忍，以及那些有时是致命的人体试验。那些试验，明确而绝对地违背了希波克拉底誓言，嘲弄和颠覆了关于医德的观点，以及医生致力于病人福祉的观念。在本书中，我将从纳粹政权的医学意识形态和政治意识形态角度，来考察这些人体试验。

然而，当我们转向纳粹医生在奥斯维辛扮演的角色时，人体试验本身就不是最重要的了。更为重要的是，医生对杀人过程的参与，是其对奥斯维辛大屠杀从头至尾的监督。纳粹医生行为的这个方面没有得到充分的认识。即使我们熟悉那些照片——纳粹医生站在火车站的坡道上，正在对刚刚抵达的犹太人进行臭名昭著的“筛选”，决定什么人直接走进毒气室，什么人可以活着——至少是暂时地——在集中营里干活，这个方面也没有得到充分的认识。这种医学化的屠杀，其逻辑不仅在纳粹的理论和行为中有深远的意义，而且适用于种族灭绝的其他表现。

在本书中，我会考察广义的纳粹“生物医学愿景”（biomedical vision），它是这个政权核心的心理历史学原则，而且会考察纳粹医生个体的心理行为。如果要更多地理解纳粹医生和纳粹本身何以会这样做，我们就需要考察这两个维度。

奥斯维辛及相关纳粹屠杀，其极端性使得它接近于不真实。一位著名的欧洲医生曾经与纳粹的残暴进行斗争长达40年——先是作为奥斯维辛和其他集中营里的囚犯，后是作为研究这种囚禁之医学后果的一位权威。在我对他的一次漫长访谈要结束时，他平静地对我说：“你知道，我仍然不能真的相信所发生之事：一群人要围捕欧洲的所有犹太人，送到一个特殊的地方杀掉。”他说，奥斯维辛是难以相信的“另一个世界”。更大的一个倾向是，人们实际上接受了一种绝对错误的观点，即纳粹大屠杀没有发

生——这可真是怪了。

我们的问题还包括纳粹医生与“人”这个物种的关系。另外一位奥斯维辛幸存者，知道纳粹医生的某些事情，问我：“他们做那些事情的时候，难道不是畜牲？他们还是人吗？”我的回答并没有让他吃惊：他们当时是人，现在也仍然是人，这就是我研究他们的理由；他们的行为及奥斯维辛本身，都是人类某种独创性和残忍性的产物。

我接着告诉这位幸存者，我访谈过的大部分纳粹医生都很普通，他们既不特别聪明也不愚蠢，既非天生邪恶，也不是特别有道德感，他们绝对不是恶魔——既没有肆虐倾向，不盲目偏执，也不是嗜杀者——尽管人们 5
常常以为他们是这样的人。

我这位朋友回答说：“他们不是恶魔（却做出这样的行为），那就更可怕了。”于是，他提出他的第二个问题——这个问题其实也是首次出现在他脑中：“他们是怎样变成屠杀者的？”这个问题必须关注，本书也在寻求答案。

我这位幸存者朋友所纠结的，也是我这项研究中一直纠结的，是一个令人不安的心理事实：参与大屠杀，并不需要具有从事这种恶毒之事理应具备的极端情感或恶魔情感。或者换一个说法：普通人竟也可以恶魔般行事。

然而，这并不意味着，纳粹医生是一些无法辨认的官僚机构齿轮或机器人。作为人，他们是某些行为的行动者和参与者，对于这些行为，他们要承担责任，而这些责任我们正要来识别。

所以，这个工作就有好几个维度，其核心是考察医生的转换——乃至医学这个行当本身的转换——如何从医治者转变成了屠杀者。这种转变的发生，就要求我们去考察纳粹政治意识形态和生物医学意识形态的影响，它们如何与那些个人行为和集体行为交互作用；而这又反过来让我们认识到，在纳粹大屠杀以及其他的大规模杀戮和种族灭绝上，医学杀人所具有的重要性。最后，这个工作也与一个更为普遍的问题相关联，这就是对于生与死的人的控制。所有地方的医生，科学、科学家和其他专业人员们，各种各样的机构和制度，都必须面对这个问题，——面对人性和终极人类价值这些概念。我只是提及这些普遍性问题，自己所做的决定是：集中考察纳粹医生和医学杀人，以及大屠杀的问题。不过，我希望其他人能够因此而得到启发，帮助他们去探讨我这项工作所暗示出来的这些灼热的道德问题。

对此的期待，又提出了特异性与普遍性之关系的重要问题。我相信，我们必须强调纳粹屠杀计划的特异性，尤其是对犹太人的屠杀，它具有独特的特征，有一些特别的力量形成了它；然而，在研究了这种特异性之后，我们也必须去探讨由这种特异所暗示出来的更为普遍的原理。没有其他的事件或机构可以，或者是应该与奥斯维辛相提并论，但是，我们也不能让自己放弃一个机会，即探讨它与种族灭绝和另外一些情境的普遍关联——在那些情境中，心理学和道德问题可能极为模糊。

本书的顺序如下：在这篇前言的后一部分，将谈谈我总体的心理学方法，我的那些访谈，以及相伴而来的道德问题；然后，我将介绍基本的纳粹理论和医学化屠杀的做法。在正文第一部分中，我将考察从强制绝育到医学直接杀人——它被虚伪地称为“安乐死”——的一系列做法，德国医学界的纳粹化使其成为可能，而这种“安乐死”延伸至集中营，则将医学杀人行为推向了高潮。第二部分在本书中篇幅最大，它关注奥斯维辛。
6 奥斯维辛作为一种制度的进化；纳粹医生在火车站坡道上的大规模筛选，在集中营内的小规模筛选，尤其是在医疗区的筛选；在这个屠杀计划中那些纳粹医生的社会化；囚犯医生为幸存和坚持做一个医治者而进行的斗争——尽管这要依赖纳粹医生；使用石炭酸注射的屠杀；在奥斯维辛囚犯身上做的那些试验，以及这些试验与纳粹生物医学原则的关联。第二部分后面的内容还包括对3个纳粹医生的个案研究：一个是恩斯特·B，他可以展示一种纳粹式正派的矛盾性（the ambiguity of Nazi decency）；另外两个案例分别是：约瑟夫·门格勒，一个意识形态狂热者的心理行为，以及原来称为“好人”的爱德华·维尔特，正是他设置了奥斯维辛的整部医学杀人机器。

在第三部分，我探讨了由纳粹医生直接引发的一些心理学原理，尤其是双重自我的角色转换，也就是第二个自我的形成；这个自我相对自主，使得一个人能够参与邪恶。然后，我转向了纳粹种族灭绝的一些普遍原则，它们或许能够应用于其他形式乃至于所有形式的种族灭绝。最后，全书以一篇带有某种个人感触的后记而结束。

访谈

从一开始起我就有一个假设，也是我25年的研究中一直坚持的，即：了解纳粹医生，最好的途径就是与他们交谈。访谈成为这个研究的实际核心。然而，我也知道——甚至在早期工作开始之前就知道，我必须用大量的阅读和对所有问题的深入探讨来补充这些访谈，不仅要了解其他人对纳粹医学行为的观察，而且要了解整个纳粹时代，了解德国的文化和历史，了解遭受迫害尤其是因反犹主义而受害的整体模式。

从一开始，就这个时代的每个方面，我向专家们请教，请教历史学家、社会科学家、小说家和剧作家（他们中有些人是集中营的幸存者），内容涉及：理解纳粹政权及其行为的方式，阅读材料，图书馆，审判档案，各种信息来源，访谈哪些人等等。有了这种基础性的帮助，我就能动身上路了。我早期的旅行是：1978年1月去了德国，5月和6月又去了以色列和波兰。从1978年9月到1979年4月，我一直住在慕尼黑，在这期间完成了大部分访谈，主要是在德国和奥地利进行访谈，也再一次去了波兰和以色列，还去了法国、英国、挪威和丹麦。1980年1月，我又到以色列和德国做了更多的工作；同年3月，我去澳大利亚访谈了3位奥斯维辛幸存者。我从
来没有如此频繁地旅行过，也没有做过如此投入和如此痛苦的心理调查。 7

我访谈了三类人。核心的一类包括29位男性，他们在很大的程度上相当重要地卷入了纳粹医学，其中28人为医生，1人为药剂师。在这28个医生中，5人在集中营工作过（3人是在奥斯维辛），他们或是作为党卫队医生被派去，或是参与了医学试验；他们中6人与“安乐死”（直接的医学杀人）项目有关，8人参与了纳粹医学政策的制定和纳粹医学意识形态理论的开发和实施，6人担任过其他重要的医学职务，这使得他们卷入了肮脏行为和意识形态冲突；还有3人主要是在军方医学界，这使他们接触到（或者是导致他们寻求保持距离于）东欧战线背后纳粹对犹太人的大规模屠杀。

我访谈的第二类人共有12人，均是有一定知名度的前纳粹非医学专业人员，有律师、法官、经济学家、教师、建筑师、管理人员和纳粹党官员。我的目的是调查纳粹时期一般专业人员的经历，以及他们与意识形态的关系，从而获得对医学及相关政策的背景了解。

第三类人就大为不同了。他们是80个前奥斯维辛囚犯，都在奥斯维辛医疗区工作过，其中一半以上是医生。他们多数是犹太人（我在美国、以色列、西欧和澳大利亚访谈他们），但也包括两个非犹太人群体的成员：一是波兰人（我在克拉科夫、华沙和伦敦访谈他们），一是前政治犯（主要是在西欧各地，尤其是维也纳访谈他们）。我关注他们与纳粹医生及奥斯维辛医疗政策打交道的经历，以及他们当年对这一切的观察。

就前纳粹的那两类访谈对象而言，尤其是纳粹医生，访谈安排委实不易。我从一开始就很清楚，要接触他们，最好是通过一些在他们社会中有声望而又同情这项研究的德国人来介绍。我曾被正式聘为保罗·马托斯克（Paul Matussek）医生领导的马克斯·普朗克精神病理学和精神治疗研究所（Max Planck Institute for Research in Psychopathology and Psychotherapy）的研究员，这对我找人颇有帮助。我的第一个任务是确定在纳粹政权中有声望的前纳粹医生。我的助手协助我，通过书籍、渊博的学者、传闻和大量的地址检索来找。当一个名字和地址被确定后，马托斯克教授会给此人写一封正式的信，此信是他与我两人仔细斟酌过的。信里介绍我是一位杰出的美国精神病学研究者，正在进行一项关于国家社会主义（National Socialism，即纳粹主义。——译者注）时期德国医生的“压力与冲突”的研究，并提到我此前对广岛和越南所进行的研究，强调我会严格保密，希望收信者能与我充分合作。如果对方有积极的回应，我就会自己写一封短
8 信，说我希望尽可能准确地理解那个时代发生的事情。

接到这些信的人无疑都明白，“压力与冲突”其实是一些更为恶性事件的委婉表述。但是，基于他们各自不同的心理原因，约有70%的人同意见我。有些人觉得，他们应该对一位外国“同行”有礼貌，而且此人还是一位在本国医学界有巨大声望的人介绍来的。另外，纳粹时代已经过去了这么长时间，这让他们中的一些人把它当做是一件自己现在能开口的事情。

而且，这样做也给他们一个机会来确定一种后纳粹的身份。在与他们的接触中，我形成了一个印象：这些前纳粹医生中，许多人内心深处藏着愧疚与羞耻，他们不能去接近这些，也就是说，是一种静默的自我谴责的无意识或麻木状态。这种未公开承认的感觉，一直有一种说出来的需要。

然而，他们处理这种感觉的方式又常常与自我谴责背道而驰。在我面前，这些纳粹医生基本上都称自己是正派人，是想在恶劣环境中尽可能做好事的人。他们想从我这里得到对他们自己这种观点的证实。而且，作为老人——他们中最年轻者已近60岁，大部分人已近70岁或者更老，有一人已91岁了——他们处在一个喜欢“回顾”自己过去的人生阶段，想在死亡将要到来之前找到自己这一生的意义和能够传下去的东西。

他们中的一些人，希望有人倾听，他们想说一些事情，这些事情大部分是从未说过的，尤其是从未对他们周围的人说过。然而，他们中没有一个人——我访谈的这些前纳粹医生中没有一个人——对自己所做之事，对自己曾是邪恶的一部分，有清晰的道德评估。他们可以颇为详细地考察事件，甚至以一种令人吃惊的坦率来谈论、来体察感觉——但他们几乎都是以第三者的方式。从道德层面来说，叙述者没有出现。

我不得不考虑真相与非真相的许多层面。在见每一个纳粹医生之前，我都要尽我所能来了解他。访谈之后，我还要用其他来源得到的材料来比较和交互核对那些细节和解释，这些来源包括对其他前纳粹医生和非医学专业人员的访谈；对前囚犯和受害者的访谈，尤其是那些曾在奥斯维辛做过医生者；以及关于纳粹医学行为的各种形式的书面讲述，尤其是战后较早出现的材料；另外就是大量的书籍和文件，包括审判记录和能够得到的日记与信件。对于有意的说谎或（更为常见的）扭曲，对于记忆上的问题，这些额外信息全都有必要。我们讨论的这些事情发生于20世纪30年代、40年代甚至更早之前，持续的忘却，以及精神麻木的表现等，会与为
自己辩护的扭曲混合起来。不过，我也遇到了生动和精确的回忆，有着令 9
人吃惊的客观与自我揭露。在进行解释性判断的过程中，我必须把所有的信息结合起来；（在这个过程中），最终我却更多地了解访谈过的那些纳粹医生，以及作为整体的他们。

对纳粹医生的访谈，他们中的大部分人，我都谈过两次或者更多次，用时4个小时或更多。不过，这也因其个人的方便和他们对本研究的重要性而有所不同。有些人我只见了一次，而有一个人的访谈只进行了半个小时就结束。与其他人的访谈时间则长得多，有几人是数日长谈，时间长达20或30小时。绝大部分访谈都要用到翻译。如同我过去的工作，我能够培训几个固定的助手来做翻译，这种翻译马马虎虎可以对付快速直接的交流。虽然有局限，但访谈时有翻译在场，却好几次帮了大忙：当纳粹医生感觉不舒服或矛盾时，翻译的缓冲使其能够较为从容地处理那些高度紧张之事，而不是马上直接处理，所以不会形成冲突意味很强的交流。这些交流所呈现的紧张感，并不亚于我直接用英语（受访者英语流利）的少数几次访谈。这两类访谈无一例外，德国医生们都同意我录音，所以我就有了访谈的准确记录，能够依据德文原文来做后续的工作。

这种研究方法有一个带点讽刺意味的因素：耶鲁人文学科研究委员会（Yale Committee on Research with Human Subjects）要求（美国研究界通常也遵守）：访谈者要得到访谈对象的“知情同意”，也就是说，我要得到这些纳粹医生的“知情同意”，而这个要求本身来自纽伦堡医学审判（Nuremberg Medical trial），所以它正是我所访谈的医生们或其助手自身行为带来的结果。这种人情味的要求，看起来完全正确。所以，在见面之前与这些医生的通信中，我就申明一些原则，包括保密、他们有权利提出任何论题或问题、可以在任何时候停止参与某次访谈或整项研究等。这些原则用书面形式写下来，我请每个医生在上面签字，有时是在第一次访谈的开头或结束时，有时则是在第二次访谈时，或者是通过邮件告知（依据我的估计而定，也就是说，确保在当时的情形下，提问不会加剧已有的压力，不会形成干扰）。

在我访谈的医生中，有两人曾经因他们的纳粹行为受过审判，另有一人服过很长的徒刑。他们中很多人在战后都被拘禁长达数年，但没有正式审判。不过，整体而言，他们并不是医生中最能辨认出来的犯罪群体，而
10 后者的成员，要么在纽伦堡审判和随后其他审判中被处死，要么数年前由于自然原因已去世，其中绝大多数人在犯罪之时都有较高的官阶。但是，

如同我下面会讲到的，我也见到了一些人，他们有着邪恶、有时是蓄意谋杀的行为。

我决定在与这些医生最初的通信中不提自己是犹太人。有些人显然怀疑我是犹太人，但没有人直接问我。在这项工作临近结束的一次访谈中，一个医生在谈到某件事时，提到《时代》杂志上的一篇文章，那篇文章描述了我这项研究，提到我是犹太人这个事实。他油滑地提到了我们两个民族的“悲剧历史”。这加深了我的一个印象：如果我一开始就强调我的犹太身份，那么在访谈中，这个信息就会被歪曲，会限制对方的回答，也会导致更多的前纳粹医生拒绝见我。不过，无论讲与不讲，我的犹太身份在每次访谈中都会以某种方式明显显露出来，这无疑体现在我的方式之中，而德国医生一方的意识中也会多少感知到。

就访谈内容的顺序而言，我首先简要介绍研究的目的、方法和基本规则，包括非正式地提到我对访谈进行录音的做法。在得到一个医生的同意开始之后，我会问一些关于他当下情况的事实性问题，但基本上是开始让他回溯其教育背景，尤其是医学教育的背景。由于与后面的问题相比，这些经历没有那么多的情感内容，他就能够形成一种相对自由的谈话模式，能够与我进行某种医学对话。我常常也要求他描述纳粹时代的早期对他医学学习和工作的影响，对他整体生活的影响。然后，我往往会询问更多的家庭和文化背景，此后才是详细考察他在纳粹年代做过和经历过的事情。医生们知道，这才是我前来的目的，许多人积极地谈论起这些经历。关于感觉和冲突、想象和梦境、愿望和自我评判的那些详细问题，他们不怎么有准备；但是，在访谈过程中，这些医生也开始在这些方面透露了许多。如同我在其他研究中访谈过的那些人一样，在鼓励之下，这些医生会很好地进入到访谈的一种混合模式：一方面是有重点的探究，另一方面则是自然的联想。

这些访谈的气氛各有不同，从不安到热忱都有。有时会出现高度默契，但通常又会出现紧张、各种形式的疏离，以及我和纳粹医生各自对基本对立存在的重申。我随后会较多谈到这些医生表达的世界观；但普遍而言，他们大多数人已经采纳了一种典型的二战后保守的政治和社会立场，

11 其中包括对纳粹行为过分的批评，但支持德国社会中相对的独裁因素，对于今天年轻人可能会走到哪一步，他们也有某种不安。访谈中，偶尔会出现一闪而过的对纳粹时代的怀旧，对一个生活有热情有意义的时代的怀旧，不管这个时代带来了什么样的冲突。

这么说吧，对面坐的，是我认为属于迫害阵营那一边的人，所以我的那种陌生感从未被克服。我努力要进入他们的心理世界，这样做时我一直有某种困窘和羞愧。有些时候，当我发现自己对其有了好感，被其人性所吸引，这些感觉就更复杂了。所以，我的核心冲突是：我通常将心理访谈视为本质为友好程序的感觉，以及对这些受访者难以友好的感觉，这二者之间的冲突。我总是在这样的冲突中工作。我经常有一种冲动，想用攻击性的道德对峙使自己摆脱这种冲突。大多数时候，我抑制住了这种冲动。尽管我的心理探究可能类似于这样一种对峙，我的观点无疑也很鲜明，然而，还是有必要保持一种区分，心理探究而非道德对峙，才能得出我想要的关于行为和动机的信息。我后来认识到，想要保持我做这个工作的专业身份——这一点对我很重要，这个区分也是必须的。甚至可以确切地说，对于我而言，心理探究就是道德对峙的一种形式。不过，我也必须补充说，有过一些片刻，我不但是想要对峙，而且想要控诉——用某种攻击的方式——那个坐在我对面的人。尽管有所有的这些感觉，我还是体会到，而且继续体会到有一种责任，要对这些前纳粹医生公正，也就是说，尽我所能，做出确切和深入的整体评估。

在那些奥斯维辛幸存者中，访谈的气氛就完全不同了。他们所有人（只有一人是例外，他因与我交谈这些事情而感到心烦意乱）马上参与进来，和我们共同努力，探讨纳粹医生，探讨医生们在奥斯维辛和其他地方所做的事情。在这两个方面，这些原来的囚犯被证明是极为难得的观察者。这种情况完全不令人吃惊，我的个人身份与那些犹太幸存者医生极为接近。他们之中的许多人，其家庭、社会和种族背景与我自己的差别不大，他们原来所在的地方与我祖父母的老家很近。我禁不住把他们的苦难与我自己的优裕生活进行对比。访谈回来之后，我确实有眩晕之感，有时几乎落泪。不过，我也访谈了来自波兰和欧洲其他地方的非犹太医生，他们中许多人由于想要帮助犹太人而被送往奥斯维辛。然而，这种普遍的同情中也有一个例外，我与一个反犹主义的波兰医生有一场痛苦却富有启示的访谈，此人与纳粹有过密切合作，在本书的后面我将讨论他。

这些访谈，不同于我以前那些研究项目做过的任何访谈。在这些访 12
谈中，我体验到了各种各样的情感，从愤怒、焦虑到厌恶，都有；就对幸存者的访谈而言，有钦佩、共同的痛苦、愧疚和无助之感。我有时希望，要是自己从未开始这个研究多好。我做了关于奥斯维辛的噩梦，有时梦见我的妻儿身陷其中。这个研究启动的初期，这样的噩梦经常出现，我告诉了一位幸存者朋友。他看着我，眼睛里没有特别的同情，或许有少许的认可。他温和地对我说："好吧，现在你可以做这个工作了。"这帮助了我。

然而，不管涉及什么样的痛苦，大多数时候我并不沮丧或过于心烦意乱，实际上，在完成这个研究中，我体验到相当的活力。我沉浸在完成它所需要做的各种事情之中，我在组织和完成这些访谈上进行精心的安排，我有一种必须去完成的任务感。1979年春季，我回到美国，独自坐在书房，沉思并开始整理自己所了解到的情况。那一刻，痛苦强烈地击中了我。我不再走动，我唯一的任务是想象自己进入了奥斯维辛和其他屠杀中心——这是我一直想要的状态。当然，一个人只能想象性地进出这样的地方，你不可能在它们里面待得太久。让我工作后期增加幸福感的，是努力让这些材料获得一种表现形式。在这样一个研究的过程中，由于希望去与邪恶进行斗争，与那些要为邪恶负责的人进行斗争，希望让其畅所欲言，自律也就能够做到了。

心理解释的局限

心理研究一直有一种道德取向（moral enterprise），就如同道德判断不可避免地包括了心理假定一样。比如，不妨想一想汉娜·阿伦特（Hannah Arendt）对阿道夫·艾希曼（Adolf Eichmann）和"平庸之恶"（banality of evil）的著名评判。[1]那个说法是作为整个纳粹项目的特点概括而说的。我所谈到的纳粹医生作为人的普通性看来也进一步证实了她这个论断。不过，也并不完全如此。纳粹医生是普通人，但他们所做之事却不平常。我在这项研究中会一再讲述普通人如何进行恶魔行为。在这样做时——或者说下令这样做时，他们自己也改变了。在完成他们行为的同时，他们自己已不再是普通人了。将心理学研究与道德思考结合起来，我们就可以较好地理解邪恶的本质和这些人的动机。

在这个研究中，我的目的是发现走向邪恶的心理条件。以这种方式来使用心理学，必须避免一些特别的陷阱。每个学科都追求一种幻想，以为能理解自己未能理解的东西，而深层心理学更容易陷入这种幻想，因为它
13 与科学的关系很微弱，而且在与后者的关系中，常常处于被动防御。这里我想起了一位讲法语的东欧幸存医生的警告：“教授喜欢去理解不可理解之物。我们这些自己曾在现场的人，总是问自己这个问题，而且会一直问到生命结束之时，但我们永远不会理解它，因为它就是不可理解的。”

这段话并不仅仅是谦虚，它更表明了一个重要的法则：有些事情是不可能被我们充分理解的。我们最好是承认：一种局部的理解，一种理解的方向，是任何方法能得到的最好结果了。这是对心理还原论的一种有说服力的否定。将复杂事物拆分为一种单一而无所不包的解释，这样的方式除了将其一扫而空，并不能阐释这些事物背后环环相扣的结构和动机。使用这样一种还原论（或简化论），既牺牲了心理精确性，也失去了道德敏感性。

即使没有还原论，也还存在另外一个陷阱，即将“理解”作为道德评判的替换。那句经常被引用的法国格言“能够理解一切，便能宽恕一切”（tout comprender c'est tout pardonner）就包含了这个法则。然而，我在这里必须说，如果这样一种充分理解能够把道德与心理都包括在内，那么这句格言的后半部分“宽恕”就不会有了。必须意识到这种替换的危险。始终意识到心理学工作的道德情境，才能克服这种危险。

与社会和历史经验相联系，早期精神分析学家奥托·兰克（Otto Rank）在一定程度上关注了若干这类道德问题，他把自己最后一部主要著作称为《超越心理学》（*Beyond Psychology*）（1941）。[2]兰克长期以来执着于一些伦理原则，他认为，弗洛伊德和其他人把这些原则从心理学

工作中排除出去了，这主要是因为心理学本身陷入了自己的科学意识形态中。兰克所言给我们的启示是：这种“科学—心理学”的意识形态把奥斯维辛或它的党卫队医学从业者简化为某种特别机制或某套机制，于是关于罪恶的问题就不再提出了。在这个意义上，我们或许可以说，关注道德问题，我们未必总是需要完全超越心理学，但的确必须持续关注大部分心理学所忽视的那些东西。即使我们在知识上做得很好了——如同兰克那样，但心理学也只能解释那么多。就奥斯维辛和纳粹种族灭绝而言，有大量的东西是我们不知不懂的，但我们必须尽我们所能去了解。

一个人的心理模式或范式相当重要。我自己的心理范式脱离了弗洛伊德经典的范式，包括生命的本能，自我防御，以及对生命延续的强调，或者说生与死的象征。[3]我使用的这种范式包括当下和终极两个维度。当下维度指我们直接的心理参与，包括联结与分开、完整与瓦解、运动与停滞的斗争。分开、瓦解和停滞相当于死亡，是一些与关注死亡相关的体验；而联结、完整和运动的经验则与活力、与生命的象征相关。 14

终极维度则关注更多人的参与，一种在我们有限的生命中连接祖先和后代的感觉。所以，我们就寻求一种不朽感，一种在我们的孩子、工作、人类影响、宗教信念中继续活着的感觉，或者是去关注永恒的自然。靠着对超越的体验，也能获得这种感觉，这种超越体验是一种极其强烈的心灵状态，时间和死亡在此刻已经消失了，比如神秘主义的古典体验。

一个人必须关注这个终极维度——奥托·兰克将它称为“不朽系统”（immortality systems）[4]，这样才能开始去理解纳粹提出“千年帝国”（Thousand Year Reich）的力量。要理解纳粹的那个“人民”（Volk）概念，也是如此。这个词不仅指“民众”，而且对于许多德国思想家来说传递着这样的意味：“一个有着超越‘本质’的民族群体的团结……（这）可以称为‘自然’或‘宇宙’或‘神话’。然而，在每个实例中，它都融入一个人的内心深处，成为一个人创造性、强烈的情感，个体性以及他与这个‘人民’其他成员一致性的来源。”[5]我们或许可以说，“人民”体现了永恒的种族与文化实质的一种不朽联结。这种联结就让我们接触到了纳粹的“革命的永生”（revolutionary immortality）[6]。

这个范式为研究者划出了界限，他们总是把辩护与分离混在一起：一方面是清晰地表现一个人不可避免的道德倾向，而不是通过宣称绝对的道德中立来“贩卖私货”；另一方面，在运用自己学科的技术和科学原则上，保持足够的分离。我作为一个美国人、一个医生、一个精神病学家、一个犹太人和一个人，对我们这个世界中那些毁灭力量的关注，以及我在伦理、社会和政治问题的基本立场，我自己的辩护，就与以上这些有关。

不管有多么困难，在与那些令人惊愕的经历打交道时，要尽力去维持这样一种辩护与分离的平衡，这正是马丁·布伯（Martin Buber）所称的“距离与关系”。

医学化屠杀

在纳粹大屠杀中，可以说障碍已移除，边界已跨越：一方面是暴力意象和对受害者的定期杀戮（比如杀害犹太人），而另一方面，在奥斯维辛和其他地方进行系统的种族灭绝。这两者之间的界线已被跨越。在这个研究中，我的观点是：杀人的医学化——治疗名义下的杀人——是前者走向后面这个可怕阶段的关键所在。所以，纳粹事业的核心，是摧毁治疗与屠杀之间的界线。

对于奥斯维辛和其他死亡营的那些早期描述，主要集中于纳粹看守、
15 官员和医生的病态残忍与邪恶。

然而，后来的研究者却认识到，单是病态残忍和邪恶，并不足以解释对数百万人的屠杀。所以，重点就转向了屠杀的官僚机器。那些最早由马克斯·韦伯（Max Weber）描述的无个人特征的、分离的官僚机构功能，被用到了大屠杀之上。[7]关注这种麻木的暴力极为重要，它与我们将会看到的奥斯维辛所有功能的程序化是一致的。

然而，这些关注就其本身而言并不够，必须看到，它们与一些幻想中的动机有关联，这些动机与意识形态联结起来。另外则是一些特殊的个体心理机制，让人们去杀戮。我所称的“医学化屠杀”，强调这些动机原则和心理机制，可让我们了解奥斯维辛的加害者，尤其是纳粹医生，理解他们既是官僚机构杀人的一部分，又是个体参与者，来考察其态度和行为。

我们可以从两个广泛的视角来理解医学化屠杀。首先是“外科手术”式方法，即通过一种控制技术来使用高度致命性毒气，实现大规模杀人的方法。使用这种方法，可以保持屠杀者与受害者之间的距离。对于纳粹来说，想要减轻因屠杀而带来的心理问题（这些问题在纳粹档案中一再被记录），这种距离颇为重要，那些在东欧面对面地枪杀犹太人的特别行动队队员（见本书159—160页。英文原版页码，下同。——译者注）就出现了这些问题，尽管这没有阻止他们枪杀140万犹太人。[8]

在对一个前德国国防军神经精神病医生的访谈中，我得到了这方面的直接证据。此人治疗过很多特别行动队员的心理障碍。他告诉我，这些心理障碍类似于普通部队的战斗应激反应心理障碍，包括严重的焦虑、噩梦、颤抖和很多身体不适。但是，在他所称的这些“杀人部队”中，这些症状持续的时间更长、更为严重。他估计，那些实际开枪者中，有20%的人患有这种心理上的呼吸困难症状。这20%的人中，约有一半的人认为，自己的症状主要与自己所做之事产生的“不愉快”有关，另一半则似乎对用这种方式枪杀人提出了道德质疑。在枪杀妇女和儿童，尤其是儿童时，这些人出现了最大的心理障碍。许多人在梦中体验到了犯罪感，其形式是自己受到各种惩罚或报应。于是，这些心理障碍就导致纳粹去寻求一种“外科手术”式的屠杀方式。

不过，医学化屠杀还有另外一个方面，我相信这个方面是人们一直认识不足的，即作为一种治疗必须进行屠杀。著名的幸存者医生埃洛·林根斯·赖纳曾经引用过一个纳粹医生对他的回答，揭示了这种动机。埃洛指着远处的那些烟囱，问纳粹医生弗里茨·克莱因：“你怎样把它们与你作为一个医生的（希波克拉底）誓言协调起来呢？” 16

克莱因的回答是：“我当然是个医生，我想保存生命。从对人类生命的尊重出发，我从生病的身体上除掉坏死的赘余之物。犹太人就是人类身体上坏死的赘余之物。”[9]

这样的医学意象其实应用更广。19世纪的土耳其（由于奥斯曼帝国的衰退）就以“欧洲的病人”著称。希特勒之前的意识形态家和希特勒本人都把德国一战后的混乱和堕落解说为“疾病”，尤其是雅利安种族之病。20世纪20年代中期，希特勒在《我的奋斗》中写道："这个时代已是病入膏肓，都腐烂了。任何想要治愈它的人，首先就必须鼓起勇气，找到这种病的原因。"[10]对此的诊断结果是种族主义的：那个唯一真正进行"文化创造"的雅利安种族，放任自己被以犹太人为典型代表的"文化毁灭者"削弱，直至生存危险的境地。犹太人是"种族污染"和"种族结核病"的代理人，也是寄生虫和细菌，在他们寄生的那些宿主民族身上引发疾病、退化和死亡。他们是"永远的吸血鬼""吸血蝙蝠""细菌携带者""人身上的寄生虫"和"腐尸上的蛆"。[11]治疗必须是激进的，也就是（如同一个学者所言）"切掉'腐烂之处'，繁殖有价值的因素，让没有价值之物枯萎死去……'把各类被认定为没有价值和危险的人们全都消灭'。"[12]

从强制绝育到直接的医学屠杀再到死亡营，在纳粹的这个顺序中，医学隐喻与具体的生物医学意识形态结合在一起。这种生物医学意识形态的基本原则是：对于一种致命的种族疾病而言，对于治愈雅利安种族而言，治疗的方法就是杀掉所有的犹太人。

所以，法学家兼纳粹占领时期的波兰总督汉斯·弗兰克说："犹太人是较低的生命物种，是一种寄生虫，通过接触把致命的疾病传染给了德国民族。"他在自己统治的地方屠杀犹太人时宣布："现在，一个得病的欧洲将会重新获得健康。"[13]这是一种意志的宗教，意志就是"一个无所不包的形而上学原则"，[14]而纳粹的"意志"是对生死的完全控制。这种观点常常被称为"社会达尔文主义"，但这个术语只能大致说明纳粹对自然"斗争"和"适者生存"的强调。事实上，纳粹政权反对达尔文学说的大部分内容，因为进化论假定所有种族是一个共同起源，它或多或少是民主的，因此它与纳粹关于雅利安固有种族优势的原则相冲突。[15]

这种生物医学观，更具体而言，它是一种粗暴的遗传学意象，与更加粗暴的优生学愿景（见本书23—24页）结合在一起。作为该宗教的大祭
17 司，海因里希·希姆莱把领导的任务说成，"就像培育植物的专家，当他们想从一种久经考验，但却因太多杂交而奄奄一息的物种中，培育出一种全新种类时，首先就是要走遍田野，剔除不想要的植物"。[16]

所以，纳粹计划，并不是那么达尔文主义或社会达尔文主义，更多的

是对进化过程的绝对控制，控制生物学意义上的人类未来。纳粹广泛地使用了一个达尔文学说的术语——“选择”。他们精心策划他们自己的“选择”，策划他们的人类进化版本，在这个过程中，他们试图接管大自然的功能（自然选择），接管上帝的功能（赏赐的是耶和华，收取的也是耶和华）。

在这些版本中，纳粹不仅包含了中世纪神秘主义的反犹主义观点，而且还容纳了较新的（19世纪和20世纪）“科学种族主义”的主张。危险的犹太人特征与一些所谓的学科数据联系起来，于是，“人类学、优生学和社会思潮的融合”构成了“种族主义的主流”。[17]对那些有学问的男性和女性来说，由此而来的“种族的和社会的生物学”使得反犹主义的恶毒形式在智力上得到尊重。

可以说，这样的纳粹国家是一种“生物学统治”（生物学政体）。它的模式是一种神权政体，在这个体系中，有一个在神圣特权的主张下产生的神圣秩序，并由其祭司来统治该体系。这种神圣特权，是通过雅利安种族的净化和复兴来进行治疗的特权：“一种死亡的机制，只能是为它自己而要求存在，必须从它当中创造出一种活的有机体，其唯一目标是为一个更高的观念服务。”如同在神权政体中一样，这个国家自身也只是为了实现神圣目标的工具。在纳粹的生物学疯狂中，国家不过是一种手段，其目的则是要实现“德意志民族在地球上的一种使命”，这就是，“汇集和保存这个［雅利安］民族中最有价值的基本种族要素……，［并］将其提升到一种支配地位”。[18]不同于古典的神权政体，在纳粹的生物学统治中，生物学祭司并不直接统治。很明显，统治者不是生物学理论家，也不是医生们，而是希特勒和他那个圈子。（不过，这种差别并非那么绝对。即使是在神权政体中，高度政治化的统治者也可能对祭司权威发出不同的声音。）不管怎样，纳粹统治权威是以更高生物学原则的名义而维持的。

这种生物学权威号召要明确地表达和实施“科学种族主义”，包括各种各样的体质人类学家、遗传学家和种族理论家的工作，而医生不可避免地有了一个独一无二的位置。医生在生死之界工作，他们与一种令人敬畏的光环联系最紧，这光环是抗拒死亡——有时是致人死亡，它由原始巫师和巫医的光芒而合成。作为巫师遗赠和当代神秘治疗技艺从业者的承载人，医生们最可能被召唤，成为这种生物学的积极分子。

我已经提到，对纳粹医生参与医学化屠杀或生物学屠杀，我有研究的
18 兴趣。我们会看到，他们的人体试验与这种屠杀过程相关，与纳粹整体的生物医学愿景相关。

在纽伦堡医学审判中，医生们所受的审判只限于对杀人的参与，部分原因在于，当时尚未认识到这种医学屠杀的全部意义。[19]

在奥斯维辛，纳粹医生主持了这个集中营100万受害者中大部分人的屠杀。医生们进行筛选，站在坡道上对刚运来的囚犯进行筛选，其后又在集中营和医疗区里继续筛选。医生们监督毒气室里的屠杀，并决定受害者何时死掉。医生们实施了谋杀性的传染病传播——那些被送往毒气室的人感染了各种传染病，有时医疗区的每个人可能也被传染。医生们下令、监督、有时还直接杀害医疗区那些虚弱的病人，即将石炭酸注射到病人的血流或心脏中。与所有这些屠杀相关的是，医生们还出示一种虚假的医学合法性：不管是处死奥斯维辛的囚犯，还是杀害从外面带到这里的人，医生们都签署虚假的死亡证明，列举假的死亡病因。对于如何最好地保持筛选的平稳进行，应该让多少人活下来满足法本公司（I.G.Farben）对奴隶劳工的需要，怎样烧掉那么多、已经对焚尸场设施造成巨大压力的尸体等，在这些方面，医生们积极地提供了建议。

总之，我们或许可以说，医生们被赋予了奥斯维辛这个屠杀系统的许多责任：筛选受害者，让这部身体和心理的杀人机器运转，对集中营的屠杀功能和劳动功能进行平衡。虽然医生们不管理奥斯维辛，但他们为它增添了一种堕落的医学光环。一位近距离看过这个过程的幸存者说："奥斯维辛就像一场医学手术"，"从一开始到结束，屠杀都是由医生来领导的。"

我们也许可以说，站在坡道上进行筛选的医生代表着一种奥米加点（omega point，生态学家关于生物演替可能存在终点或顶极群落的猜想。——译者注），代表着死界与生界之间神秘的看门人，代表着一条最终的共同路径：通过大屠杀来治疗的纳粹愿景。

第一部

“不值得活着的生命”：遗传学治疗

21

前　言

在设立奥斯维辛和其他死亡营之前，纳粹制定了一种直接医学屠杀的政策，也就是说，通过医学决定，在医学渠道内安排屠杀，由医生和他们的助手来执行。纳粹将这个项目称为“安乐死”。对于他们来说，这个术语掩饰的是大规模杀戮。所以，我此书中凡提到这个项目都加上引号。

纳粹依据一个简单的概念——“不值得活着的生命”，来论证这种直接医学屠杀的合理性。虽然这个概念并非其原创，但无论是生物学的，种族的，还是“治疗”的方面，纳粹都把这个概念实践到极端。

纳粹分五个步骤来实施灭绝“不值得活着的生命”的原则。第一步是强制绝育；接下来是在医院杀害“受损伤”的儿童；然后是杀害“受损伤”的成年人，这些人主要是从精神病院运来，在配备了一氧化碳毒气的屠杀中心被杀害；这个项目又延伸到集中营和灭绝营中“受损伤”的囚犯（还是运到这些中心来杀）；最后是在灭绝营里大规模屠杀，受害者主要是犹太人。在本书的第一部中，我会讨论前四个步骤，其中涉及纳粹整体的生物医学愿景，同时也是奥斯维辛和其他死亡营的一个序幕。

第1章　绝育与纳粹的生物医学愿景 22

“元首认为医学的清除作用极为重要，比方说远远超过了官僚机器的作用。所以在他看来，医生的职责是、或者应该是种族领导的一个方面。”

——马丁·鲍曼

“人民共和国必须坚守一点：只有健康者才能生育孩子……在这一点上，国家必须作为一个美满未来的守护者而承担责任……必须将最现代的医学技术手段运用于此。必须宣布，所有那些无论在哪个方面，只要是有病者，或者是有遗传病者，都不适于繁殖，不适于繁衍下去。”

——阿道夫·希特勒

第一步：政策与法庭

唯有在纳粹德国，绝育成为大屠杀的前锋。但强制绝育的项目并非纳粹德国独有。它们在西方世界的很多地方都存在，包括美国。绝育在美国有着强制的历史，有些时候是违法的绝育，主要用于我们社会的底层。在19、20世纪之交，在美国的刑罚机构，发展出了一种形式相对简单的输精管切除术。这个过程，伴随着人们对优生学兴趣的增长，导致了在1920年美国25个州颁布法律，为患有精神疾病的，以及被认为有遗传缺陷的罪犯实施强制绝育。

23 无怪乎，在1923年，一个倡导绝育的德国医生兼遗传学家弗里茨·伦茨（Fritz Lenz）（他后来成为了纳粹"种族卫生"项目的主要理论家），申斥其同胞，称在绝育领域方面，与美国人相比太落后了。伦茨抱怨，魏玛宪法中（禁止在人身上进行身体改变）的条款阻止了输精管切除技术的广泛应用，德国完全无法与英美优生学研究机构相比［比如，由查尔斯·B·达文波特领导的纽约寒春港的研究机构，还有华盛顿的由玛丽·哈里曼领导，得到了卡内基研究院（Carnegie Institution）资助的研究机构］；德国也缺少美国的那种法律，即禁止有癫痫病或精神发育迟滞者结婚，禁止不同种族间通婚。不过，伦茨也批评美国，认为其只是一般性地关注对"白人种族"的保留，而没有特别关注"北欧日耳曼种族"（Nordic race）的保留，于是，他相信，"为了北欧日耳曼民族生存的千年之战，下一个回合很可能在美国打响"。[1]*这种单独的保留，意味着早期德国关注的是一种特定的种族存在——"北欧日耳曼"或"雅利安种族"，但这没有得到现有知识的支持。

美国有过大量的种族优生学狂热，因担心"国家退化"，担心威胁到"文明种族"的健康，美国有过对大量罪犯和精神疾病患者进行绝育的冲动，这些人被视为"生物学意义上的猛跌（下沉）"。与美国优生运动相关的，是一种生物医学愿景。在1923年出版的A·E·韦加姆所著的一本书中，对这种愿景有过某种程度的说明："生物学给予政治家的第一个警告是，人类的高等种族正在倒退；……你们迄今为止所管理的文明是自我毁灭性的；这种文明总是毁灭其创建者；你们不去改进人本身，而是把巨大

---

*在这一点上，伦茨并没有因他相信种族差异而推断出反犹主义。乔治·L·莫斯引用伦茨以及其他人的言论，认为"在这种'种族生物学和种族优生'的学说中，并不能确凿地说看到了纳粹迫害犹太人政策的直接预兆。"[2]不过，一旦犹太人开始被视为一个种族，这样的关联就是现成的。

努力花在改进人的命运上，这不过是加快了人被毁灭的到来。”[3]*

（遗传学与优生学必须划出一条清晰的界线。遗传学过去是、现在也是一门正当的科学，但当时它的发展有限［作为一门科学，它开始于1900年孟德尔遗传定律的认可］，其当时的原理很粗糙，常常是假的，被纳粹所利用。“优生学”是弗朗西斯·高尔顿在1883年创造的一个词，指依据表面的遗传价值强化某个生物群体的原则；尽管有一些进化论的主张，以 24
及后来提及了遗传法则，但优生学并没有科学基础。）

然而，德国版本的优生学有一种典型的过度幻想的色彩，伦茨早期（1917）的宣称显示了这一点。在给自己的教授阿尔弗雷德·普勒茨（此人是一个社会达尔文主义者，在1904年创建了“德国种族卫生学会”）的一篇论文中，他写道：“种族是一种价值标准”，“国家并不是用来保证个人得到其权利的，而是用来为种族服务的。”伦茨将他的倡导理解为一种“有机的社会主义”，并担心如果没有激进的优生项目的话，“我们［日耳曼］种族就注定会灭绝”。[5]

对于20世纪20年代伦茨这样的德国人来说，进行广泛的强制绝育变成了一种神圣使命，一种导致他们去信奉国家社会主义的使命，因为国家社会主义有着相似的承诺。美国和英国的优生学倡导者有时也会有这种德国式的极度幻想，但这两个国家的政治制度允许对此进行公开批评和法律纠正。在英国，在法律上，对强制绝育有持续的阻力；在美国，也会出现关于个人权利和质疑遗传学所知有限这样的声音，最终导致那些通过了绝育法的州，在实施层面被废除或搁置。+然而，在纳粹德国，这种遗传幻想的

*在1932年对美国绝育运动的一项研究中，J·P·兰德曼谈到了“杞人忧天者的优生学”和“过分热心和过分热情的优生主义者”，这些人“将有社会性缺陷的人，比如……智力低下者、癫痫患者、精神病者、盲人、畸形者和犯罪者等，视为对人类有害……［由于］这些人保持着他们的缺陷，所以对于下一代的质量而言，就是一种威胁。他们强调，我们的目标应该是消灭这些不想要的人，因为一个国家要如同抗击外部的异族敌人一样，保护自己免遭国家退化的命运”。[4]

+在谈论纳粹绝育政策时，《美国医学学会学报》并没有表现出那么大的愤怒，甚至还比不上它对美国在绝育方面“渐渐发展的做法和原则”所表达的愤怒。[6]热心的美国绝育倡导者如弗吉尼亚的约瑟夫·S·德·珍妮特医生甚至抱怨：“这原是我们自己的游戏，但德国人正在击败我们。”[7]

极端生物医学愿景与极权主义政治结构结合在一起，就使得这个国家能够无情地、没有法律干预地进行一个更为广泛的强制绝育项目，超过了以前所有的尝试。的确，整个纳粹政体建立在这种生物医学愿景之上，它要求一种种族净化，这样的净化必然从绝育发展为大规模屠杀。*

早在《我的奋斗》出版的1924—1926年间，希特勒就已经宣布德国民族神圣的种族使命是："汇集和保存最有价值的基本种族要素……慢慢地，但肯定地将其提升到一种支配地位。"他谈到了绝育（"最为现代的医学手段"）的必要性，而这正是基于这个由国家来进行干预的种族的不朽愿景（"一个美满未来"）。对他来说，这个赌注是绝对的："如果为一个人自身健康而战斗的力量不再出现，那么生存在这个竞争世界上的权利也就结束了。"[9]

25 掌权之后——希特勒于1933年1月30日宣誓担任第三帝国首相，在把生物医学想象运用在集体的生或死方面，绝育成为纳粹政权最先实施的政策。6月22日，内政部长威廉·弗里克颁布了早期的绝育法律，他宣布德国处于"民族（或'国家'、'种族'）死亡"（Volkstod）的严重危险之中，所以必须采取严厉和彻底的措施。这个法律在3周后实施，此时希特勒上台还不到6个月。随后也在这一年，又对这个法律做了修改，并进一步扩展。它变成了基本的绝育纲领，奠定了纳粹政权用医学手段来结束"不值得活着的生命"的基调。在那些用外科手术来绝育的"遗传病"人中，包括各类先天性智力低下（现在称为智力缺陷）者，估计有20万人；精神分裂症者8万人，躁狂抑郁性精神病人2万人，癫痫患者6万人，亨廷顿氏舞蹈病（一种遗传的大脑疾病）者600人，遗传性盲人4000人，遗传性聋人16000人，严重身体畸形者2万人，遗传性酗酒者1万人。预估的41万人总数被认为只是初期的数字，主要是那些已在医疗机构治疗的人，估计还会有数量大得多的人最终被识别出来，并进行绝育。

纳粹政权设立了特别的"遗传健康法庭"，决定哪些人被绝育，法庭的构成，体现着这个政权所想要的，即医学与纳粹党影响的结合。法庭的

*所以，丹尼尔·J·凯夫莱斯报告说："在3年的时间内，德国当局对大约225000人进行了绝育，几乎是美国前30年中所做绝育的10倍。"[8]

3个成员中，有2个是医生，其中一个是行政卫生官员，很可能和纳粹党有密切关系；另一个表面上拥有遗传健康方面的知识。第三人是一位地区法官，也多半与纳粹政权关系密切，他担任主席和协调人。也有上诉法庭，它对有争论的案子做出最终决定，纳粹政权最认可的一些医学学科带头人在此任职。法律规定，所有医生要向健康官员报告其行医时、或其他场合中遇到的，属于上述各类绝育对象的人，并要就这类事情提供证词——不受病人—医生保密原则的约束。医生也要实施绝育手术。整个过程得到了法律和政治权力的支持。[10]

1935年10月18日，紧接着臭名昭著的纽伦堡法律（8月15日）的颁布，一项规范绝育和结婚许可的重要法令出台，它禁止犹太人与非犹太人之间的婚姻和任何性接触。纽伦堡的法律制定者们，将自己形容为“深深地知道，德国血统的纯正是德国民族持续生存的前提，有着不屈不挠的决心来确保未来所有时候德国民族的安全”。[11] 26

有一些泄露出来的关于绝育方法的讨论。受到喜爱的手术方式是结扎男性的输精管和女性的输卵管。柏林大学女性诊所所长G·A·瓦格纳教授希望法律能提供一个选择，对那些有精神缺陷的女性可以切除整个子宫。他这种令人费解的观点，建立在“遗传健康”的原则之上：有精神缺陷的女性在绝育之后，尤其有可能对男性进行性袭击（男性现在不必担心让她们怀孕了），所以就可能发展出淋病，而淋病感染了子宫颈，就是最难医治的疾病了。那些从这些女性身上感染淋病的男性，反过来又会传染那些拥有优秀遗传特性的女性，导致她们不育。其他一些医学评论者，不怎么关注遗传，而更具体地涉及道德议题，他们赞同切除那些有乱交倾向的女性的子宫，让其绝育。*更具预兆性质的，是一个官方法令：在某些建立在“科学试验的基础上”的具体情况下，允许使用辐射（X光或镭）来绝育。[13]这些试验，表面上是为了改进针对一些特殊情况的医学手段，但其实是后来对奥斯维辛和其他地方的犹太男性和女性进行X光绝育试验的前奏，这种绝育实验广泛、有害、有时是致命的。

各类机构的主管们有一种强烈的绝育冲动，消灭众多情况下可能会有

---

*的确有一些担心，害怕堕落者会主动寻求绝育，从而追求“放纵的性满足”。[12]

的遗传影响：盲人、聋人、各种先天缺陷者、畸形足、兔唇和腭裂这类“残废人”都在绝育之列。[14]这种遗传主导的世界观，要求医生们进行各种讨论，即不仅仅对虚弱者和残损者进行绝育，而且对他们的亲属、对任何有可能“携带”他们缺陷的人都进行绝育，讨论如此做法的明智性。毫不令人吃惊，弗里茨·伦茨在这上面走得最远。他提出了对那些只有微弱精神疾病征兆的人也进行绝育的好处，尽管他也承认，如果激进地应用这个原则，将会导致对整个德国人口的20%都进行绝育，这相当于2000万人！[15]

在这样一种氛围中，人性上的努力看来就只能是请求做一些限制和豁免了。比如，著名的反纳粹的柏林精神病医生卡尔·朋霍费尔建议，那些既有遗传缺陷又有超乎寻常之秉赋或天才的人，不应被绝育；慕尼黑精神病医生奥斯瓦德·布姆克医生提出，不应对那些分裂性人格而非精神分裂症者进行绝育，他警告说，由于遗传影响的复杂性，精神分裂症本身也不会因绝育而根除。[16]（优生法庭有时的确对一些具有艺术天赋者做了豁免。）

27 然而，纳粹政权打消了进行相关限制的念头，并使用了一种医学紧急情况的说辞，说那些处于壮年的有着遗传瑕疵的人，是“危险病人”和“紧急情况”。所谓“紧急情况”,是指那些有精神缺陷但身体健康的16岁到40岁的男性和女性，处于缓解期的精神分裂症和躁狂抑郁症患者，以及50岁以下的癫痫患者和酗酒者，等等。[17]所以，绝育法庭收到的豁免请愿，十有八九会被否决。1934年特别法庭收到的这种请愿，被否决而执行了绝育的，超过90%（尽管前面已经有一个挑选过程，已经阻止了一部分请愿提交给法庭）；不到5%的请愿递到了上一级法庭，得到了支持。[18]然而，避免绝育必须得到合法批准，这个原则是极其重要的，法庭对此审议严格保密，显示着医学权威的权力和神秘。

就绝育标准（尤其是涉及绝育人数最多的精神状态评定）和所谓的遗传因素而言，这样的法律架构掩盖了许多混乱而随意的裁决。政治上的考虑必然影响着诊断和决定，在希特勒的私人秘书和亲密助手马丁·鲍曼发出的一个指示中，这一点表述得很清楚。他指示，在对智力低下者的诊断中，必须把其道德行为和政治行为考虑进去。这清楚地暗示出，如果一个人被视为对纳粹有敌意，就很容易被贴上“智力低下”的标签，但要是给一个在意识形态上狂热的纳粹党员，就得非常谨慎了。政治形势和政策上的随心所欲，也会以各种方式影响到这个项目。尽管绝育项目是高度优先的，但无疑也有热情消退的时候。没有人真正知道，实际上有多少人被绝育，较为可靠的估计，一般认为是在20万到35万人之间。[19]

结合绝育的法律法规，并作为种族政策的进一步表现，纳粹政权采取措施，建立了全国性的遗传缺陷者卡片索引。在一些大学里，设立了遗传生物学和种族优生的研究机构，比如，由法兰克福一位教授奥塞玛·冯·瓦舒尔创立的研究所。这些研究机构利用医院、法庭，以及当地和全国医疗机构的资料，查找可追溯到几代人的个人遗传信息。医生作为遗传顾问和警察，变成了警惕的“确保家庭免除遗传缺陷的保护者”。[20]换言之，绝育成为了纳粹生物统治的医学支点。

狂热的遗传学：恩斯特·鲁丁的作用

纳粹绝育项目中，一个主要的医学代表人物是恩斯特·鲁丁，一位瑞士出生的具有国际声望的精神病学家。他原来是伟大而权威的精神病学家
埃米尔·克雷佩林（Emil Kraepelin）的学生，后来成为阿尔弗雷德·普勒 28
茨建立“德国种族卫生学会”时的亲密助手。鲁丁是一个不屈不挠的研究者，他把自己的使命视为：将孟德尔遗传法则和优生学原则应用于精神病学。他以前的一个学生和助手告诉我，“他生命的目的”是要为精神病学建立遗传基础，“与其说他是一个狂热的纳粹，不如说他是一个狂热的遗传学者”。

然而，作为纳粹的鲁丁还是出现了——1937年鲁丁加入了纳粹党，那一年，他60岁。威廉皇帝学会精神病学研究所设在慕尼黑，鲁丁以该所所长的显赫身份，与纳粹政权密切合作，该政权致力于他赞同的遗传学原理，鲁丁也成为绝育法的主要设计者之一。他成为纳粹政权种族政策在科学合法性方面的一个重要来源（包括和汉斯·F·K·冈瑟一起协商，后者是纳粹首席人类学家兼宣传者，但其知识声誉并不佳）。鲁丁没有卷入“优生”项目的直接医学杀人，但我对他的一个年轻助手做过访谈。这个

助手有一个感觉，认为自己的老师尽管对这个项目肯定不知情，但如果该项目能做到谨慎的医学控制的话，他很可能会非常赞同它的。

1943年，鲁丁的那本刊物——《种族和社会生物学文档》刊发了一期专刊，庆祝纳粹党掌权10周年，鲁丁撰文赞美希特勒和这场运动是“决定性的……开创性的一步，使得种族卫生成为德国人民中的一个事实……抑制了先天疾病和缺陷的繁殖”。他赞扬纽伦堡法律“防止了犹太人的血液进一步渗透德国基因库”，也赞扬党卫队所具有的“终极目标，即创造一个德国日耳曼类型的特殊民族群体，这个群体在医学上更优秀，且健康”。[21]

鲁丁的一个近亲——也是一个医生——告诉我，当时鲁丁觉得“有必要”写这些东西。当我问鲁丁是不是真心实意时，他回答道：“嗯，一半对一半吧。”鲁丁虽然最终很明显对纳粹政权感到幻灭，但他从来没有（据他的一个前同事所言）让自己辞掉职务，而总是想通过他的职务来做事情。*

我所访谈过的人中，没有一个人认为鲁丁是残忍之人，相反，他们觉得鲁丁正派，献身于自己的工作。然而，他不仅服务于纳粹政权，而且在推动种族政策的医学化方面，他还以自己及科学声望做了很多——这不完全是指那些杀戮，更多的是指压制某个群体的生命的延续。

他还以极端的形式证实：纳粹生物医学愿景吸引了某些科学家，即某
29 类生物学和遗传学方向的科学家。

反对绝育

反对绝育的，看起来并不多。天主教教会虽然不赞同，但避免在这件事上对抗，教会除了强烈施压，不让天主教徒的法官和医生去执行这个法律外，别的没做什么。遗传健康上诉法庭的一个法官提出了一个有意思的问题，即压在医生身上的“不同寻常的责任重担”，医生们得去做“不

*鲁丁的辩护者们后来宣称，说他在职务位置上对“优生”项目提出了质疑。这是不可能的。1940年，曾有两位精神病医生想劝鲁丁加入他们，并通过他和德国精神病学学会来反对屠杀，但没有成功（见本书88—89页）。作为“遗传卫生领域的开创者”，鲁丁从希特勒那里获得过两项高级奖励。[22]

以治疗为目的”的手术。然而，格哈德·瓦格纳——当时一个领头的纳粹医学权威，也是绝育的积极倡导者——否认医生身上有任何这样的道德冲突。一家纳粹党的报纸开了一个专栏，起了一个醒目的标题——“生存或死亡”，提出一个愚钝的观点：国家的生存优先于“良心的教条与冲突”，并且，反对政府项目会遭遇强烈的反击。[23]

我所访谈的那些医生中，绝大多数人告诉我，他们当时赞同绝育法。他们相信该法律与预防遗传缺陷的主流医学，以及遗传学知识是一致的，尽管他们之中，也有一些人对该法律的强制性有一些疑虑。这些医生们全都强调，在看待这些绝育政策和后来的“安乐死”方面，他们的态度完全不同。

关于绝育方面的决定，受到一些官僚争斗的影响，这些争斗发生在医生与律师之间、极端热心者与不那么热心的人之间。我访谈过一个医生约翰·S，他曾是纳粹医学项目的一个带头的组织者和高度参与者，该项目也包括了绝育。他认为，“法律界的人把这个法律搞得一团糟”。他和他的医学同事坚信，“把［让谁绝育和什么时候绝育］的决定权交给一个医生团队，会合适一些”。虽然精神病医生们后来强调，他们在做绝育的决定时是很克制的，可是S医生谈到一些事情，说有些人的心理障碍对生命不构成威胁，比如可治疗的抑郁症，对这些人，医生们会克制住，不对其进行绝育。他谈到，即使是格哈德·瓦格纳（他是要美化瓦格纳）也在约束一个医疗官员，警告此人说“这并不是一场猎兔”。S医生承认，对此事的过分热情很普遍，但他还是倾向于找到借口，认为是那个时代理想主义的产物：“这股贯穿于1933年到1939年的巨大热情是不能否认的。每个人都想做出贡献。最早颁布的纳粹法律之一就是［遗传］健康法。所以，［国家］健康官员展露雄心，让尽可能多的人绝育。”

医学的纳粹化 30

医疗界（医疗职业）的纳粹化——是从绝育走向直接医学屠杀的一个关键，而这是通过意识形态狂热与系统的恐怖相结合而实现的。柏林大学医学部的鲁道夫·拉姆写了一本颇有影响的指南，提出每个医生都不再只是病人的照料者，而要成为“基因的栽培者”，“人民的医生”和“生物学战士”。拉姆虽然重提了医学理想的传统形式（“内在的召唤、高度的伦理、渊博的知识……牺牲和奉献”），但他赞同放弃旧的“自由派唯物主义精神”（尤其是和医生行业里犹太人的影响有关），转为去获取“国家社会主义的理想主义的世界观”。所以，医生们应该去执行格哈德·瓦格纳为其公共卫生办公室所确定的任务：“推进和完善德意志民族的健康……确保人们认识到他们在种族和遗传禀赋方面的充分潜力。”[24]拉姆进一步谈到国家社会主义的“突破性的生物学思维”，这可以让医学领袖们在纽伦堡法律和绝育这类扭转种族衰退的项目中发挥重要作用。为了很好地完成这些项目，医生们必须成为“遗传学医生”，这样他们就变成了“种族的守卫者”和“人口政治家”。通过履行“公共关怀”，即阻止“因不相配，以及种族差异等繁殖而来的‘退化’……并维持和增加那些好的遗传”，医生就能够实现“保持纯正血统”的国家目标。[25]

拉姆也讨论了绝育的好处，并把医生应无条件救治病人的普世原则称为“错误”，因为对于不能医治的疾病和精神错乱者来说，“安乐死”是最为“仁慈的治疗”和“对人民的责任”。这种责任永远是第一位的。与个体病患相比，医生应该更关心“人民”的健康，要教育医生去克服那种旧的“救死扶伤”的个人主义原则，代之以“对［种族］健康的责任”。[26]所以，约翰·S就自豪地向我谈到了成为“‘国家身体’或‘人民身体’（Volkskorper）的医生”的原则，以及“我们对集体的责任”。

拉姆的指南，也强调一个医生要成为一个生物学军人，成为一个“警觉的生物学战士”，生活在“国家社会主义党的生物学国家结构的伟大观念”之下（参看本书130页）。它宣称：“不同于其他政治哲学或政党大纲，国家社会主义是与人的自然史和生物学相吻合的。”[27]

31 医生们会为这样的讯息而激动。比如，S医生描述，听了纳粹党副主席鲁道夫·赫斯在1934年一次群众集会上的讲话后，他随即就加入了纳粹党，因为赫斯说：“国家社会主义就是应用生物学。”在为纳粹医学组织所做的工作中，S医生认为自己主要是在传播一个生物学讯息：“我们想要实施生命的法则，即生物学法则。”他所在的医疗集团，蔑视任何不遵守该原则的政治：“我们是从生物学角度来理解国家社会主义的，我们把生物学方面的思考引入到［党的］政策之中。”他强调这样的一种信念，即医生们有必要将理论知识与直接的人类体验结合起来，唯有如此，医生们才能充当真正的生物学福音传道者的角色：“每一位医学从业者，其生物学知识都超过了哲学家或其他领域的学者，因为医生已经‘看见了’生物学。”

与此同时，又有一种主张，认为纳粹医生渴望的身份是由医学传统自然进化而来的，——这种传统现在要求“德国化”和“优生化”。两个医学史学家洋洋洒洒写了一本书，对此加以论证，书名是《四个世纪中日耳曼医生的面孔》。它突出介绍了帕拉塞尔苏斯——16世纪一位伟大的瑞士—德国医生兼炼金术士，赞扬其科学经验主义和国家主义。该书引用他的话：“每个国家都会出现本国的疾病，并培育出本国的医药和医生。”比他时代更近的德国科学家，尤其是在植物遗传学上做了开创性工作的卡尔·科伦斯，则被赞美，称他“在国家社会主义人民国家的优生和种族生物学措施方面，奠定了有关基础”。这两个作者的党卫队军衔出现在书中，*党卫队首席医生恩斯特·罗伯特·冯·格拉维茨为此书作序，并提出了一个概念，认为无论是过去还是现在的医生，他们都是“生命的保护者”，他们“知道自己对我们人民的未来负有深

*党卫队开始是希特勒的私人卫队，尤其是在1929年以后，由海因里希·希姆莱控制。它宣传自己是一个精英部队，其成员就是理想的雅利安人典范。如此这般，它就赢得了贵族和包括医生在内的专业阶层的很大支持。通过1934年对纪律较差和底层人员较多的冲锋队（SA）的清洗，以及20世纪30年代后期对所有警察力量的控制，党卫队的权力和影响大大增长。据说，希姆莱是以耶稣会士为样本来塑造党卫队的，其成员必须发誓绝对服从希特勒。党卫队后来分成了许多部门，包括SD（即保安部）、“种族与安置办公室”，以及负责管理集中营的经济与管理部。武装党卫军相当于一支单独的军队，是与常规的国防军竞争而存在的。在战争初期，它更多地参与了特别行动队的暴行。随着战争的进展，武装党卫军变得越来越独立，更多是作为一支常规军事力量而行动。起初，它使用了相对较多的来自帝国之外的“日耳曼族”人，1942年后，则依赖征兵来维持其兵力。

深的责任”。[28]*

另一本医学伦理学的书也有这样一篇序，作者是一个职位较高的党卫队医生约阿希姆·姆鲁古斯基，他担任了卫生研究所的所长，在奥斯维辛
32 使用的齐克隆-B毒气，正是由该机构负责维护和分配的。1948年，姆鲁古斯基因大量参与致命的医学试验被纽伦堡法庭判处死刑。他作序的这本书写于一百年前，作者是克里斯托夫·威廉·霍芬兰，此人是德国伟大的现代医生兼人道主义者之一。在序言中，姆鲁古斯基强调霍芬兰是“生命圣火的祭司”（霍芬兰的原话），“治疗的技艺”是医生的“神圣使命”。他部分地预见到了自己的未来，于是谈到国家社会主义者要打破研究与治疗的界线，因为研究工作的结果是为了人民的利益。[29]

纳粹医学理想也不可避免地要回到希波克拉底，将自己与希波克拉底誓言联系起来。纳粹宣称，医学已“失去了精神意义”，格哈德·瓦格纳认定其主要原因是犹太导师们教学中的“机械导向的精神”。所以，需要“回到较早一代的伦理学和更高的道德状态……它是站在［希波克拉底誓言的］坚实哲学大地之上”。[30]最后，党卫队的全国领袖和纳粹警察系统的总头目海因里希·希姆莱本人也将希波克拉底作为党卫队医生的榜样。有一套提供给党卫队医生阅读的小册子丛书，丛书的标题是《不朽的医生》。希姆莱为它写了一篇简短的序言，谈到了“伟大的希腊医生希波克拉底”，说他的一生是“性格与成就的融合”，这“昭示着一种在今天并未衰减的道德和力量，而且仍将决定未来的医学行为和思想”。这套丛书由格拉维茨编辑，正是获得了希特勒本人的“授权”而取得最终的出版许可。[31]一位证人在纽伦堡医学审判的法庭证词中提到，纳粹欣然接受希波克拉底原则，这是对“世界历史的一个讽刺性玩笑”。[32]然而，这种言论极度荒谬却有其内在逻辑：服务于更大的治疗，在此过程中，医学职业——甚至整个德国，就都有了重铸感。

在某个领域，纳粹的确坚持与医学传统的明确的切割：纳粹一直攻击对方，称对方不关心群体、不关心人民，而是夸张的基督教对虚弱个人的怜悯和同情。如同拉姆明确指出的那样，这种半尼采的立场包括了对基督

*“日耳曼”医生的概念包括奥地利人、荷兰人、比利时人和斯堪的纳维亚人。

教博爱或仁慈原则的反对，对基督教教会“诫命关心病不可治之人，给他医疗帮助直至生命结束”的反对。[33]纳粹党的医学纲要《目标与道路》，从1931年制定之时起就表达了这样的立场。一个高级医疗官员亚瑟·古特也鲜明地表达了这一观点。他宣称：“‘爱你的邻舍’这种病态的幻想，必须消失……国家最高的职责是保障人口中那些健康和遗传优良者的生命和生活，以此确保遗传优良和种族纯正的民众［人民］万世永存。”他还增加了一种浪漫幻想的原则：“只有终极目标的光芒中，个人的生命才有意义。”[34]如同纳粹德国的每个人，这个医生也期待自己变得“坚强”，接受希特勒所称的必需的“冰冷逻辑”。

纳粹政策的基调是转换，用拉姆的话来说就是：“每个医生和所有医生的态度改变，是整个医学职业的一种精神和心智的再生。”而且，真正的医生“不仅必须是党外的党员，还须在内心深处坚信生物学法则，这种法则构成了其生命的核心”。而且，医生还要去做“这些法则的传道者”。[35]S医生认为纳粹医学已经实现了部分转换，也就是说，它克服了对“技术性东西”的过分强调，转变了“只知病不知人”的倾向，“把一直忽视的灵魂问题放到了最显著位置”。

然而，纳粹所想要的，不仅仅是身心兼顾的医学或“整体”医学，他们所追寻的，具有生物学和医学神秘主义的性质。比如，姆鲁古斯基在前面提到的那篇序中写道：“对于我们，今天［德国］人民是神圣的。”关于医生与人民、或者是“命运共同体”的关系，他补充说：“只有在治疗的技艺中，才能发现生命的神话。”[36]其他一些论者将第三帝国视为“德国历史上固有的，并向着那个时刻而奋斗，这就是，人民成为神的器皿，（传播真理和光辉）”。[37]在我所描绘的这种愿景中，那些医生—生物学家将自己视为人民这个神秘团体的核心。

因此，如同一位纳粹医生所言，必须发展出“医生群体的整体性，医生们对人民有着整体的献身”。对自己的生物学神秘主义来说，这名医生用了“生物学社会主义”一词。他坚称，纳粹能够联合国家主义和社会主义，因为这二者都“承认生命的自然现象”。所以，“大脑第一次开始明白，在它之上有一股强大的力量，对此它必须承认”；“人变成了……生存王国中的一个工作成员，只有在各种自然力量相互平衡中工作，人的各种权力才能实现”。我们或许可以说，这种神秘主义，尤其是群体神秘主义，被赋予了一张生物学和医学的面孔。（在本书第5章中，我将较为详细地讨论这种生物学浪漫主义。）

医学的“一体化”

这种纳粹的医学社会思潮，尽管大部分医生只是部分信奉它，但却成为重组这个职业的基础。这个重新组织的过程被称为“一体化”（Gleichschaltung），意思就是“协调”或“同步”，同时也暗指改变的机
34 械化即无意识的观念。希特勒预见到“一体化”的原则，他曾在《我的奋斗》中，宣布“这个国家未来的所有制度，都必须脱胎于这场运动”。[38]也就是说，所有的政治、社会和文化制度在整体上都要意识形态化，由信得过的纳粹来控制。“一体化”可能是一种委婉说法，是指消灭一切可能存在的反对派，不管是用排斥、威胁或暴力的手段。对于所有纳粹政权不喜欢的人，“一体化”就是他们所遭遇的迫害。不过，它也表达了一种绝对团结的愿景——让所有的人和事成为一个共同体。

所以，“一体化”是一个将梦幻理想主义与恐怖融合起来的隐喻。一旦这个过程开始启动，每个地方都会衍生“一体化”的期待——政府、大学和所有其他机构与行业——都会依据纳粹的意识形态要求进行强制性的整合。如同在其他领域一样，医学界也是普遍的“自愿一体化”，甚至可以说是提前的“一体化”，由各个层面信奉纳粹意识形态的人来进行。

医学职业的“一体化”，是通过纳粹控制的帝国医生委员会及其各个地方的分支来完成，所有执业医生必须从属于这个委员会。纳粹掌权之前的那些医学团体要么被解散，要么被“调整”进了该帝国医生委员会，它的领导人来自“老医学斗士”，这些人早期曾在街头游行和战斗过。在1929年的一次纳粹党集会上，这些“老医学斗士”组织了国家社会主义德国医生联盟，也参与了和医生社会主义联盟等竞争对手的医学混战。

如同其他专业一样，在医学界也存着两派之间的持久冲突。一派是早期纳粹运动中出现的那些“老斗士”，他们好战，并倾向于意识形态化；另

一派则是较新的官僚机构者，他们倾向于关注组织和目前医学界的整合等问题。[39]这种冲突，一直隐含在纳粹党和政府的两套权威中，始终困扰着纳粹政权。医学界领导层的前锋，以纳粹战斗性而不是科学成就出名，但他们能施加压力，让那些医术高超的人与纳粹政策保持一致。在这方面他们做得很好，以至于医生成为纳粹党员比例最高的职业，达到了45%。而且，医生在冲锋队和党卫队中的比例也分别为教师的2倍和7倍。[40]*医学界走向纳粹和自我“一体化”，这与其内部强大的独裁主义和国家主义倾向有关——包括“对政治的低估和对秩序的高估”；[42]纳粹对生物学的重视，强调国家治疗的生物医学愿景，这对医生这个群体有特别的吸引力。

纳粹医学界的热情和干劲大部分来自纳粹党原“医生联盟”中那些政治化的医生，他们的领袖人物是格哈德·瓦格纳。作为帝国的首席医生，瓦格纳领导着帝国医生委员会和纳粹党的医学组织。他赞同一种幻想性的意识形态医学，这种医学有着高度的种族主义，面向社会和临床（纳粹的“人民医学”版本），并且怀疑医学学术和纯科学。瓦格纳在策划和解说绝育项目上相当积极，希特勒正是（在1935年）对他首先谈到了大规模“安乐死”的屠杀计划。实际上，瓦格纳被一些德国人认为是“安乐死项目的教父”。[43]他于1939年去世，替代他的是利奥纳多·康迪，后者在内政部担任健康卫生方面的职务，虽然也属于所谓的“老医学斗士”，但更官僚。最终，卡尔·勃兰特——一个如同康迪一样狂热的第二代纳粹，因其拥有突出的大学关系而浮出，成为了支配性的医学人物。 35

“犹太人是我们的不幸”

对犹太医生的系统迫害与纳粹的生物医学愿景是紧密相连的。通过对犹太同事的迫害，德国医生就能够把他们自己的“科学种族主义”反犹主义与在专业上和经济上除掉这些强大竞争对手的动机融合起来。在解决所谓的“犹太人问题”上，就他们所起的作用而言，这些德国医生继承了一

*不过，依据迈克尔·卡特尔的讲述，1935年，医生们的热情似乎开始减退，在战争开始后再次减退，从那以后就一直衰退。[41]

种长期的知识分子—专业人士反犹主义。这种反犹主义与一种特殊的德国焦虑有关，认为犹太人不同于德国社会的差异性、不同于德意志种族和国家的差异性是一种威胁。

一个关键想象来自19世纪后期著名的历史学家海因里希·冯·特赖奇克所说的“犹太人是我们的不幸”。他这句话说于1879年，而这个想象却回响在几代人之中。数十年之后，一个主要的反犹主义者说，这个想象已经“成为我的身体和灵魂的一部分——在我20岁的时候，就是如此”。[44]*的确，我访谈的医生中，有好几个人都不太自在地、常常是不太明确地提到特赖奇克这句著名的话。犹太人导致了德国“不幸”，这个想象鼓励了各个层面的反犹主义，从中世纪的神秘主义到现代的“科学种族主义”，再到受过教育的德国人所喜欢的那种看似温和、甚至是“反思”的形式。总之，的确存在着一个严重的“犹太人问题”，德国人必须得处理。

36 特赖奇克强调的是犹太教对已经是“基督教德国”的“闯入”，强调危险，即这些来自东方（即东欧）异族人的后代“有一天将会控制”德国各个机构，尤其是对经济和媒体领域的控制。[46]而对于许多德国医生来说，对犹太人“控制”的担心，似乎也是从其职业引起的。在大城市、在所有医生中，犹太医生所占比例可以高达50%。尽管整体而言，他们只构成了德国医生总数的13%，但这也远远高于犹太人在德国人口中的比例。[47]除了数量之外，许多德国犹太医生由于他们的科学成就，获得了巨大的名声和世界声望。对于纳粹而言，这种情况尤其不能容忍，因为他们要依赖医学来表达和完成他们大胆而恶毒的生物医学愿景。“种族领导”的期望，使得希特勒特别强调“医学职业的净化”。[48]

在崭新的第三帝国，强硬的纳粹医生对待犹太同事的态度，本质上就是暴力，这在希特勒掌权后的两个月，在一次反犹主义的抵制活动中就表

*尽管特赖奇克原来是约翰·斯图尔特·穆勒（英国著名哲学家和经济学家，19世纪影响很大的古典自由主义思想家。——译者注）和美国独立宣言的同情者，但他极其强烈的国家主义超越了通常的“国家主义自由派”——他原是属于这一派的。特赖奇克给他那个时代的反犹主义运动添加了知识分子的正当性，他（或许是正确地）认为，自己所坚信的“犹太人是德国的不幸”，这个想法会被“那些蔑视牧师偏狭或国家自大之类观念的人”所分享。[45]

现出来了。1933年4月1日，在柏林，他们联系犹太同事，假装进行磋商，然后用小汽车（有时，就是这些德国医生提供的车）拉上犹太医生，带到偏远地方对其进行殴打，并扔下流血的犹太医生扬长而去；或者让其遭受夹道棍打，并用步枪射击等恫吓来对其进行威胁和羞辱。[49]在早期的医疗界会议上，就出现了征兆，那些主持会议的医生大谈“来自东方的外族闯入……构成了对德国种族的一种威胁”，“有着势在必行的必要……将这种威胁镇压消灭和下去”。[50]

在1933年早期，官方针对犹太人的措施也开始了。首先是有所例外地（但这些例外后来逐渐被否定掉了）禁止犹太医生参加重要的全国性健康保险专家小组（最终是禁止他们继续保持与这些专家小组的原有联系），一步接一步地限制犹太人行医——这是因为，如果一开始就禁止所有犹太医生开业的话，将会摧毁德国的医疗保障；到了1939年8月3日，作为纽伦堡法律的“第四修正案”，所有犹太医生的行医许可都被取消了。对于“非雅利安人”或犹太人，已有典型的法律定义；在允许犹太医生行医或诊治非犹太人病人，同时也不鼓励，以及随后的禁止雅利安医生诊治犹太病人，这段时期也有相关的法律禁令。最终，不允许犹太医生被称为医生，只能称为“疾病治疗者”，犹太人外科医生则被称为“外科的专门治疗者”。在被驱赶之前，或者是被关押或杀害之前，犹太人被剥夺了医生这个令人尊敬的身份。[51]

而且，德国医生被劝阻在其科学论文中引用犹太医生的著作。如果必须引用，则要求把所引用的犹太人来源的著作单独列出来——如同“种族分 37
开”一样，这样就以科学文献分开的方式，保护雅利安医学不受犹太污染。尽管这一时期绝大多数时候德国面临医生短缺的情况，但意识形态的要求压倒实际的需求。纳粹医学领袖们认为，只有在对医学行业进行净化之后，他们才能开始号召这个行业来实现那个生物医学愿景。

医学学术界

医学学术界作为整体大学结构的一部分，是纳粹进行治疗的一个重点。所要治疗的“疾病”，用希特勒的宣传部长约瑟夫·戈培尔的话来说，是“软弱松弛的理智主义”，而教育和文化事务部长伯恩哈德·鲁斯特则称为“自由和平等的灾难性概念”，或者是一个教育改革者所认为的“教师的任何自治和自由”。即使在纳粹之前，德国的大学就已经是保守或反动政治思想的堡垒，这种思想倾向于对国家概念的崇拜。然而，纳粹清楚地表明，他们还想要更多。新的文化部长告诉巴伐利亚的教授们：“从现在起，你们的事情不是判断什么东西是否为真，而是判断它是否具有国家社会主义革命的精神。”大学要成为（用一位历史学家的话来说）“智力前沿的堡垒”和“军队般的身躯”，教授们要形成“像军队一样的合作”。[52]

同样，把幻想的理想主义与恐怖结合在一起，纳粹得到了德国顶尖教授们的许多支持。比如，960个著名的德国教育家签署了一份公开誓言，支持阿道夫·希特勒和纳粹政权，这份誓言于1933年秋季发表。在这份著名人物的名单中，有哲学家马丁·海德格尔和世界知名的柏林大学查理特医院外科医生斐迪南·绍尔布鲁赫。*

来自上述“一体化”的强制一面，就是强调所称的“元首原则”，指定一些虽然专业成就可疑但政治可靠的纳粹担任校长或系主任，这样他们实际上就变成了同样由这个政权指导的教育部的一种延伸。教育部就讲授的科目制定了整体政策（比如，更强调种族生物学和意识形态化的以德国为中心的历史），对教职员的管理条例（排除犹太人和意识形态上的反对者，提拔那些显示了纳粹热情的人），以及对学生和入学政策的规定（排除犹太人和社会民主党人，照顾希特勒青年团、冲锋队或党卫队的核心成员）。[53]

38

来自下面的“一体化”也同样重要，即纳粹党学生联盟的好战行为。这个联盟组织得很早，很快就控制或替代了传统的学生团体，形成了一种傲慢的亚文化。其内部关系紧密，暴力色彩颇浓。它的成员在他们不喜欢的课上大闹课堂，知道自己的任务就是反对一切不植根于纳粹党学说的教学内容。当教育部发现有必要来缓和这种情况时，“一体化”的这个斗篷

*绍尔布鲁赫对这个政权的热情随后下降，最终他还是在医学圈子中相对公平地使用自己的力量。最后，通过与卡尔·朋霍费尔和汉斯·冯·多纳尼的接触，他参与了对希特勒的反抗（见本书91页）。

就传给了下面的纳粹大学讲师联盟，由后者来执行。该联盟的领导人明白，他的组织是“纳粹党在大学指定的受托人，不仅要负责把大学和学术染成褐色（纳粹的颜色），而且还要让其真正转换为适应国家社会主义的模式”。[54]

学医的学生被告知，他们需要“综合行军靴和书本”，也就是说，作为学生要切实参与军事或准军事训练，准备去参加一场毫无保留的、与所谓的德国或国家社会主义敌人的“战争”。所以，成为一个生物学战士，就意味着，让一个人的身体和头脑服务于这个国家的军事化和意识形态化的权威。

纳粹力图将二者结合起来：对大学的激进改变，以及宣称成为高贵传统一部分。追求这种合法性的一个鲜明努力，就是1936年6、7月在海德堡大学举行的煞费苦心的550周年庆典。这所大学的校长强调：“新德国致力于普世文明的任务，并支持在各个学术领域的优秀的智力成就。”世界各地都派来了代表团，包括来自美国8所大学的代表。在接受荣誉学位的美国人中，有哈里·H·劳克林，他是达文波特在纽约寒春港研究机构的助手，也是一个孜孜不倦的辩论者，反对他所认为的生物学意义上低劣的移民群体。[55]*他赞同纳粹的绝育法。

除了对犹太人的清洗，以及对其在政治上不可接受者外，医学界的人员不再强调基础研究 ，缩短了医学研究的时间，以便为国家生产更多的医生；修改了传统的课程，更强调军事医学、人口政治学和种族生物学。[57]

医学界人士对这些改变的抗拒极其有限。一个引人瞩目的例子来自于 39
一个勇敢的知识分子——卡尔·萨勒——的抗议。这是一位原本前景不错的人类学家。早在纳粹政权之前，他就批评北欧日耳曼作为一个固定的生物学实体的这类概念。在自己的著述中，他坚持认为，所有种族都有一个持续变化的基因库，是一种持续的流动状态，德国种族早已与许多其他种

---

*在这次庆典上，哈佛大学代表团邀请德国大学派代表出席这一年稍后的哈佛大学200周年庆典。英国大学表现出来了较强的伦理敏感性，拒绝派代表前往海德堡。当时伦敦《泰晤士报》发表了双方的通信，英方在通信中认为“海德堡站在了最前线”——站在了德国因种族、宗教和政治原因而迫害教授及讲师的最前线。[56]

族交织了，包含有大量的斯拉夫影响，这个主题质疑了纳粹生物医学愿景的根基。所以，正是盖世太保首领赖因哈德·海德里希本人签发了一个命令，禁止萨勒教书。萨勒被迫离开了在慕尼黑大学的教职。在他告别的那堂课上，萨勒重复了他的科学观点，说对真理的爱和荣誉感使他不能放弃这些观点。其他的一些人类学家逐渐被迫离开了大学教职，但萨勒因如此坦诚的言论而引人注目。许多人类学家和生物学家及医生，无疑都认同萨勒的观点，但他们倾向于保持沉默。萨勒发现，自己逐渐被以前的同事与朋友所排斥和回避。[58]

在课堂上，医生们偶尔会重申与纳粹政权做法相冲突的智力和伦理立场。我访谈的一位反纳粹的医生告诉我，他的一位老师卡尔·克莱斯特教授拒绝在一个“安乐死”任务中服务，并且对他的学生宣布：“想一想吧，他们想让我，一个老医生，用自己的双手来犯罪。”据说，这个教授当场被学生积极分子谴责，不过，可能是因为他比较资深，没有受到什么惩罚。大部分反纳粹的医生在讲课时倾向于慎言，较多的是暗讽。克莱斯特教授可能也是如此做法，但他的这位前学生视其为英雄，希望记住的，是老师比实际表现的更勇敢。

在纳粹德国，在所有反对的表现中，最令人感动的或许是慕尼黑大学三个学医的学生以及其他一些科系的学生，他们组织一个引人注目的反抗组织“白玫瑰”。1942年到1943年，在好几个月的时间内，这个组织散布了谴责纳粹政权及其邪恶行为的传单（“对于希特勒和他的追随者来说，地球上没有什么惩罚可以让他们赎罪”），呼吁德国人民推翻这个政权，恢复他们的美好名声。这些传单还宣布：“我们不会沉默。我们就要让你们感到作贼心虚。白玫瑰会让你们不得安宁。”最终这些学生被发现，并被希特勒的“人民法庭”判罪，大部分人都被砍头。值得注意的是，该组织的领导人物之一汉斯·肖勒是受到了明斯特主教克莱门斯·冯·加伦一
40 场布道的启发。加伦主教的那场布道谴责“安乐死”项目，据说得到的回应是“最终会有人有勇气说出来”。[59]

作为一场治疗运动的纳粹政权

医学“一体化”试图将纳粹化的政策与关于延续医学治疗的古老传统这类声明结合起来。所以，即使是其致力于在专业平庸之辈中提拔医学管理权威，纳粹也常常成功地吸纳了有很高专业声望的医生。纳粹一方面恐吓潜在的医学界反对者，另一方面又显示出把各种形式的医学关怀延伸至整个德国人口的某种“热忱”。与此同时，他们制定了一种政策，对他们认为不适于强者社会的那些人进行绝育或屠杀。纳粹炫耀一些惊人的手术结果，炫耀对一些失去手或缺臂少腿者的人道雇用安排，尤其是在战争中变残疾的人。通过这样的方式，大部分医生能够继续将自己视为真实的医生，而不管对其职业的纳粹化已经达到了什么程度。

有一项针对未来医学领袖的6周的高级培训项目，医生们的受训内容既有纳粹生物医学原则，也有德国公共健康的各种需求。普通医生被要求每5年参加一次为期3周的培训，以便了解最新的医学发展。医学界一些铁杆支持者，比如维也纳的弗朗茨·汉布格尔教授就认为，国家社会主义意味着“我们文明和文化的每一个领域的一场变革”，包括“在纳粹基础上的一场医学科学的真正复兴”。[60]纳粹政权想得到国际医学声望，并得意洋洋地资助国际会议，但与此同时，又朝内施压，把他们不想让世界其他地方的医生看到的东西隐藏起来，并且制定了一项政策，反对医生接受诺贝尔奖。出台该政策的原因，是纳粹担心诺贝尔奖会授予犹太人或社会民主党的人，也是因为在他们看来，任何“国际”而非“人民”的事物，都是可疑的。

纳粹生物医学愿景与传统医学职业之间最严峻的冲突，或许与被称为“治疗从业者”和“治疗者”的非医学治疗者们相关。这些群体通常强调户外生活、自然食物和生活的整体重新定位，常常嘲笑现有的医学做法，有时会用一些可疑的治疗方法来治疗严重的疾病。这些治疗者长期以来在德国相当活跃，现在也被这个政权的生物医学浪漫主义和神秘主义所吸引。他们发现，纳粹党的副领袖鲁道夫·赫斯是自己最强有力的支持者，而赫斯是纳粹内部圈子中最热心的生物学神秘主义者。格哈德·瓦格纳也赞扬了这些群体的“生物学洞见”，赞扬他们总在寻求“旧的片面的学校医学与自然治疗方式的联合”，这与纳粹党的“控制所有事物的自然法则和生物学法则”的想法是一致的。[61]有了这样一种支持，于是这些治疗从
41 业者与传统医学界的联合会议就召开了，并提出了各种形式的联合，但是却遭到了传统医学学术群体的抵制，瓦格纳被迫从他的联合努力上撤离，其继任者对这些治疗从业者的同情也大大减少。

纳粹政权在这个问题上的基本冲突可能是永远无法解决的。一方面，它吸引了这些治疗者，他们似乎与纳粹党所宣称的与自然和生物学相和谐的愿景是一致的；另一方面，纳粹政权同样宣称要把科学的和医学的传统继续下去，并且在调动医生为其在种族和社会的医学化思路服务方面，纳粹也有实际的需求。很显然，最终传统医学胜出。不过，纳粹政权继续与治疗从业者及它的大量客户保持联系，这有助于它作为一种“治疗”运动的光环。[62]*

反治疗者的犹太医生

“新德国医学”宣称的特殊治疗力量，其所依赖的，不仅排除了犹太医生，而且还将犹太医生刻画成一种特殊的医学反面类型。最早发表在臭名昭著的《斯特姆》杂志上的一幅漫画，讽刺性地画着邪恶的犹太医生们对年轻的雅利安女性实施堕胎，从而破坏了纳粹要创造纯正雅利安儿童的运动。另外一个漫画系列画的是一个传说：“英格去犹太医生处看病会发生什么。”纳粹女青年联盟警告小英格不要去犹太医生处，但她还是不管不顾地去了，结果遇到了一种吓人的生物，威胁要攻击她。这就是说，尽管宣称是治疗者，但犹太医生是用身体伤害、强奸或堕胎来威胁无辜的雅利安女孩，破坏了纯正的德国女性，所以是妨碍雅利安种族复兴的敌人。[63]

---

*1939年，作为与“自然运动”联系的一种持久表达，纳粹在慕尼黑城外开了一家新医院。这家医院要成为“新德国医学”许多原则的缩影，比如公共饭堂、户外洗浴池塘、特殊的室内身体治疗中心和娱乐中心。这些设施将有助于身体和精神的康复，防止“文明病”，强化对疾病的“自然抵抗力量”，这种力量既是身体上的，也是心理上的。它不是一所“医院”，而是一所“健康之家”。

而且，这些粗俗的形象在医生们的著述中得到了论证。一篇声称是对犹太人的医学历史进行专业考察的文章，回溯到摩西的时代（摩西是《圣经》中的犹太人古代领袖。——译者注）来关注犹太“人民”，关注其“保存纯正”的政策，拒绝被异族结婚所“玷污”。所以，德国人“坚持他们的法律”，“防止我们的血与犹太人的血混合”就是对的。于是，这篇文章的作者将犹太医生与腐败的商业主义、社会主义和马克思主义联系起来，与相互推荐病人的自私网络联系起来，与只关注化学和物理学、
“治病而不治生病的人”，“忘记了病人”的雾化医学联系起来。而且不 42
止如此。犹太人对性学的痴迷，对同性恋的保护，再加上创造了弗洛伊德精神分析（弗洛伊德是犹太人。——译者注），所有这些都是“性堕落、家庭崩溃和丧失了所有体面”的表现，最终是德国人民的毁灭。[64]

除了普通犹太人的威胁外，犹太医生更是德国人民的可怕威胁，他们是反治疗者，如果医学界要加入这场伟大的全国性治疗使命，就必须处理他们。所以，纳粹医生的高级形象也就发生了变化：从治疗者变成了杀人者。

主动的优生学与被动的优生学

绝育政策总是与生物医学愿景的治疗性和更新性原则联系在一起，与“国家躯体的净化”及“根除可怕的遗传倾向”联系在一起。绝育被认为是“被动优生学”的一部分，随后的法令也规定，男女双方中，只要有一方患有接触性传染病，就禁止向其颁发结婚许可，那些需要法定监护人的严重精神障碍者，或者是属于绝育法令中列出的遗传疾病者，也得不到结婚许可。另一方面，这些生育限制又因一些“主动优生学”的项目而得到了平衡，这就是说，在雅利安夫妇中鼓励多生孩子和建设性的健康锻炼等，因为“一代代人来了又走，但德国民族将永远生存下去”。[65]

医学职业一个每每出现的课题，就是它在保护和复苏人民的遗传健康上的作用。在那些依据纽伦堡种族立法而创建的批准结婚的委员会中，医生获得了特殊地位，而且这个职业将它的作用扩展至社会项目和预防工

作之中。与此同时，医生们仍然继续私人开业，保持着他们很强的挣钱能力，而清除了犹太医生，则对此有利。1935年的《医生法》对这种权威结构以及医生在这个政权的特殊地位做了正式确定，重申了医生对维持和改善“优良遗传”“种族血统”以及德国人民普遍健康的“天职”。随后的法律不但没有减弱这种特殊地位，还提高了对医生作为“大众服务者”和“生物学国家的公务员”的要求，要求医生对病人的职业保密传统要听从于纳粹政权的要求。[66]

医生对“主动优生学”或“生育之战”（它有时这样称呼）的这种义务与“被动优生学”——绝育与最终的“安乐死”——是分不开的。堕胎受到禁止，但绝育法庭可以裁决，中止某些怀孕，比如，中止基于优生原因的“种族紧急情况”中的怀孕，如果未来的孩子有可能遗传某些缺陷或
43 （多半为）父母为犹太人与非犹太人之结合者，怀孕即可中止。

卡尔·克劳贝尔格的故事揭示了纳粹主动遗传学与被动遗传学概念的不可分离。克劳贝尔格是一个当了教授的妇科医生，他早期与舍林—卡尔鲍姆药业公司合作研究雌性激素，在20世纪20年代后期和30年代初期生产出了称为雌酮和孕酮的制剂，用于治疗不孕。在1940年被引见给希特勒后，克劳贝尔格开始将自己的研究集中于大规模绝育的非手术方式，后来有了臭名昭著的奥斯维辛绝育试验，我们将在第15章对此加以讨论。迟至1944年下半年，克劳贝尔格才又回到在不孕和生育上的研究，担任了一个新机构“母亲之城”的领导。[67]

在主动优生学的另外一种表述中，医生们积极地对那类被认为具有天赋者进行研究，让医生这个职业获得“孕育天才”的权利。

医生们颇为积极地参与了主动优生学的犯罪一面。作为某个计划的一部分，海因里希·希姆莱创建了一个称为“生命之源”的机构。这个计划要“将党卫队孕育为生物学精英……种族核心，德国将由此而重新回归纯粹的雅利安遗传，这种遗传因几代人的种族混合，已被危险地稀释了”。“生命之源”的管理者向党卫队家庭提供福利帮助，为那些具有“种族价值”的儿童服务，照顾这样的孕妇和儿童，并由此延伸至结婚和未结婚的母亲。然而，它也参与了对德国占领区具有“种族价值”的儿童（吻合北

欧日耳曼种族标准）的劫掠，这些儿童中，有些孩子的生父是德国占领者。希姆莱本人曾坦率地解释过这种做法："这个世界不管什么地方，只要发现有德国血脉，我都想要带走，任何地方，只要我能抢能偷，我都要带走。"[68]

医生们在"生命之源"中起到了关键作用。这个机构的医学主管格雷戈尔·埃布纳是一个"老医学斗士"，据说与希姆莱本人关系密切。对于那些北欧日耳曼种族儿童，埃布纳有着热切期待（他曾夸口："30年内，我们会有600个额外的军团"）；他赞同这种劫走儿童的方式，签署命令对"没有价值的"（不够北欧日耳曼种族）的儿童实施绝育，并对"医学"程序进行监管，在这种程序中，那些被判定为"没有价值的"儿童，有一部分被运往集中营，走上了死亡之路。[69]

尽管估计的数字是，只有大约350个医生"犯下了医学罪行"，但如同亚历山大·米切利希所写，[70]这代表了一股巨大的犯罪浪潮。他告诉我，这个数字可能只是"冰山一角"。这个数字不包括那些诽谤和排斥自己犹太人同事的众多德国医生，不包括那些传播关于犹太人的粗俗和歧视性种族概念、并据此行事的德国医生。

所以，尽管有些医生抗拒了纳粹，大量的医生也不怎么同情纳粹，但作为一个行业，德国医生把自己交给了纳粹政权。德国大部分其他行业也 44
是如此，但医生们给纳粹政权的礼物却包括用他们的智力权威来论证和执行医学屠杀。医生们发扬了这个观念：德国的集体生存是一件医学之事。恩斯特·曼早在1922年就明确表达过的一种诱惑*，让许多人信服。恩斯特·曼直接捍卫医学屠杀，认为疾病是"被健康控制的一种耻辱"。他的原则是："通过对可怜者的无痛消灭，可怜就从这个世界上清除了！"而且，整个过程要由医生们来实施，在这一点上，"医生就成为了人类的真正拯救者"。[71]

---

*恩斯特·曼是格哈德·霍夫曼的笔名，此人是一个大众文化的批评者和科学的解释者。

第2章 “安乐死”：直接医学屠杀 45

“国家有机体……［是］一个有着自己法则和权利的整体，很像一个独立的人的有机体……为了这个整体的好处，它就如同我们医生所知道的那样，要抛弃和拒绝一些已经没有价值或变得危险的部分或微粒。”

——阿尔弗雷德·霍赫

“你，要么是医生，要么不是医生。”

——一个前纳粹医生

对于一个医生来说，从结扎输精管或输卵管、甚至切除子宫，到杀害自己的病人或把他们送往死亡，这是很大的一步。医学“一体化”使得这一步成为可能。纳粹能够将各个门类的德国医生，尤其是精神病医生的积极参加，与来自纳粹党最高当局的一个秘密计划结合起来。恐怖与理想主义的这种典型结合，现在可以用来实施处死“不值得活着的生命”这条法则了，可以授权来屠杀儿童与成人了。

背景

世界其他地方也有过颇多“仁慈致死”的主张。在美国，福斯特·肯尼迪医生就赞同杀死年幼弱智儿童中“极度不宜者”。[1]任何在美国医学界受过训练者，都曾遇见过医生、护士和护理人员对一些身体和精神极度
46 残损、无可挽回的病人——通常是儿童——任其死亡的事情。不过，这种做法受到了法律限制和强烈公众反应的抑制，并没有发展成对那些被认定为不值得活着者的系统性杀害。

然而，在德国，从19世纪最后10年知识分子圈子中“科学种族主义”产生影响时起，就开始讨论这样一种系统性做法。它发展的核心是对“人民”这个有机体完整性的强调，“人民”则是集体、民众或国家的种族—文化实质的体现。如同任何强烈的国家主义一样，其重点都有一种生物学的强调。一个人视自己的群体为“有机体”，它的“生命”必须保存，必须与它的“死亡”战斗，用一些超越个体命运的方式来与之战斗。

这样的一个理论家阿道夫·约斯特在一本出版于1895年的书中，就有过这种直接医学屠杀的早期呼吁，这本书有意使用了《应该去死》的标题。约斯特认为，对个体死亡的控制最终必须归属于社会有机体——国家。这个概念与英裔美国人传统的安乐死概念直接对立，那种安乐死强调个体有“去死的权利”或“死亡权利”或“对于自己死亡的权利”，视此为终极的人之要求。与此相反，约斯特讲的是国家杀人的权利。他虽也谈到对不治之症的怜悯和解脱痛苦，但重点是“人民”和国家的健康。他指出，国家在战争中其实已经行使了这些“权利”，成千上万的个体为了国家而牺牲。他的终极论点是生物学层面的：“应该去死［就是］适宜生存的关键。”国家必须掌管死亡，必须杀戮，以便保证社会有机体生存和健康。[2]*

---

*几个有影响的作者传播了这个概念。尼采的一些论著中有所暗示，慕尼黑那个由人类学家阿尔弗雷德·普勒茨领导的早期“科学”种族主义者圈子信奉这个概念，还有一个是出版家J·F·莱曼，他的出版社出版了这个圈子的大部分小册子和书籍。

1920年，一本关键性著作《准许毁灭不值得活下去的生命》出版。作者是两个知名的德国教授：一个是法学家卡尔·宾丁，他在莱比锡大学任教40年后退休；另一个是弗莱堡大学精神病学教授阿尔弗雷德·霍赫。这是一本传统形式的每段编号的哲学论著，它所谈论的“不值得活下去的生命”，不仅包括不治之症者，也包括精神疾病者、智力低下者和发育迟钝儿童与畸形儿童等大量人口。除此之外，两个作者还对这整个概念做了专业化和医学化解释。他们强调这个概念的治疗目的，毁灭不值得活下去的生命“完全是一种医治处理”和“治疗工作”。[3]

宾丁在自己所写的那一部分内容中，探讨医生在“死亡协助”和“杀 47
死已表示同意者”，以及杀死无法表示同意的“不可治疗的白痴”上的法律责任。他提倡设立一种仔细控制的司法程序，由一个三人小组（一个全科医生、一个精神病医生和一个律师）来评估杀人申请。一个自己同意被杀死的病人有权在任何时候撤回同意，同时也强调法律要保护那些参与杀人过程的医生。[4]

霍赫在书中则坚称，这样一种杀人政策是仁慈的，与医学伦理相一致。他提出，医生有义务来毁灭生命的一些情况（比如，在生产时为了救母亲而杀死活着的胎儿，或者是中止怀孕）。他进一步提出了“精神死亡”的概念，这包括精神病学障碍、脑损伤和发育迟滞等各种形式。他将这些人界定为“人类碎渣”和“人形空壳”，纳粹德国使用了他的这些表述。霍赫写道，让这些人去死，“并不等同于其他的杀人……而是一种正当的、有用的行为”。他说这些人已经是死了的。[5]

霍赫指出，这些人让社会承载了巨大的经济负担，尤其是那些年轻的精神病患者，他们身体健康，社会得照料其终生。他尤其对国家的有机概念做了医学化解说，强调“没有价值的单个成员必须被抛弃和被排除”。他补充了一个令人吃惊的医学狂妄，坚称“医生对于筛选正确的百分之百肯定，这是没有疑问的”，有“得到证明的科学标准”来确定“一个精神死亡者状况改善的不可能性”。最后，他展示了自己的一种生物学愿景：“一个新的时代将会到来。从一种高级道德的立场来看，这个时代不再关心膨胀的人道主义概念的要求，不再关心由此而来的对生命价值的过高估计。”[6]

宾丁—霍赫的著作反映了一战之后一种普遍的德国心态。霍赫曾被视为领军的人道主义者，他在1917年的一篇文章中反对医学杀人。此后不久，他的儿子在一战中被杀，据说他深受个人丧子和德国战败的影响。所以，如同许多德国人一样，他也感觉自己经历着最黑暗的时代，这本书就是个人使命和呼吁国家复兴的一种表达。的确，从约斯特的时代开始，战争就被直接医学杀人的倡导者援引为例：最好的年轻人在战争中死去，导致了人民（或者是任何社会）所能得到的最好基因的损失；于是那些没去打仗者的基因（最坏的基因）就随意扩散，日积月累，从而造成了生物学上和文化上的退化。

48 “安乐死”意识

宾丁和霍赫是直接医学杀人的预言者。尽管之后还有一些德国精神病学家就宾丁—霍赫主题写文章和讨论，但公平地说，在纳粹获得权力之前的年代，这两人的主题在德国精神病学界和医学界并非主流观点。[7]到了纳粹时代，关于仁慈致死的可能性，关于霍赫的“精神死亡”概念，关于这些残损者的庞大数量带给社会的巨大经济消耗，有了越来越多的讨论。一本数学课本甚至要求学生计算新结婚的夫妇要买多少政府公债，才能保证国家有所需的钱来照顾“那些残废、罪犯和精神病”。[8]

而且，关于绝育项目的大量公众讨论和医学讨论，都倾向于需要采取更激进的措施。1933年8月，慕尼黑一个政府医学研究所举行启用仪式，巴伐利亚卫生部长沃尔特·舒尔策教授在讲话中宣布，绝育是不够的，精神病患者、精神发育迟滞者和其他次品人都必须隔离起来杀死。他提到：“这项政策在我们的那些集中营已经启动。”[9]从所有方面来看，这个原则已经成型，根绝这些人的做法已是政府合法之事的一部分了。

在这种“安乐死”意识的逐步发展中，精神病院成为其中的重要中心。从1934年起，这些医院就被鼓励去忽视它们的病人，每年的经费都在削减，对它们要执行的国家标准的检查或是敷衍了事，或是不再执行。尤其重要的是，给负责这些精神病机构的政府官员和公务人员举办培训课程，这些课程成为怪异的“示范”，有意展示对这些病人——这些“不值得活着的生命”——最排斥的行为。在1938年之后，这些课程系统地扩展至党卫队成员、纳粹党的政治领导人、警察、监狱官员和新闻界。在这个过程中，医学行业自身也做好了准备去完成指派给它的任务。[10]

纳粹也利用电影来达到这个目的，医生在其中也起了很大作用。早期电影如《遗传》，主要是用教学和看似科学的方式来讲述遗传性损伤的医学和社会后果。接下来的另一部影片《过去的受害者》，仍是这种立场，但走得更远，不仅将“健康的德国公民”（正在做体操的女孩）与背景中的病态者进行对比，而且谈到了犹太人精神疾病患者和自然选择法则的“令人恐惧的违反”，这个问题必须“用人的方式”来加以恢复。格哈德·瓦格纳在一次柏林电影展示上非常正式地推介了《过去的受害者》，这部电影在德国的5300个电影院被广泛放映。 49

第三部电影是《我控诉》，它很特别，因为它专门表现医学杀人，事实上，它正是因这个项目的早期医学领导卡尔·勃兰特的建议而制作，要用一部电影来说服德国公众以接受“安乐死”这个观念。与之相关的另一个目的，是以此测试公众看法，看看有没有足够的公众支持来将这个项目合法化，能不能让它公开。这部电影依据一个医生作家赫尔穆特·昂格尔的小说《使命与良心》改编而来。此人是柏林的一个眼科医师，也是儿童“安乐死”项目的一个顾问，还是瓦格纳医生的新闻代表。这部电影无疑是纳粹真实政策的一种伪造：纳粹违背精神疾病患者的意愿，将他们杀死，而这部电影却描写一个医生对他患不治之症的妻子注射致命药物，是因为妻子绝望地请求他这样做，以帮助自己解脱可怕的痛苦和受罪。于是，当这个医生受审时，陪审团中一个成员直截了当地宣布：“最重要的前提永远是病人想要的那个东西。”这部电影传递的真正信息，微妙难察——在看似深思熟虑的讨论中，提出：自愿原则在精神疾病患者身上是例外，“国家必须承担起这个责任”。[11]

不过，《我控诉》却有着令人尊重的艺术质量。我看了它的部分内容之后，能够明白为什么我访谈的那些医生仍然感受到它的影响，仍然记得它在他们同事和同学中引发的激烈讨论，即医生帮助绝症病人获得其想要的死亡是否道德。

由党卫队保安部（SD）提交的一份研究报告证实了医生们的反应。报告说，这部电影在整个帝国“引发了巨大兴趣”，它被“赞同性地接受和讨论”，德国民众的主体在原则上接受了它的观点，但在病人必须同意和可能被滥用上有一些保留。这些保留，可以用“家庭医生在场的医学委员会会议”宣布一个病人的无可救治来逐渐克服，也就是说，要保持这个程序的医学化。那些民意调查涉及的医生们，也有“主要是积极的反应”。但也出现了一些怀疑，尤其是一些年老医生的怀疑，涉及诊断的准确性和其他的医学安排。不过，调查者得出的印象是：医学行业已经准备好承担这样的项目，或至少是赞同它。[12]*但是，医生们和其他人所赞同的项目，本质上是在认真的医学监督之下自愿死去，有着内在的安排来防止任何可能的滥用。许多受调查者不可能知道一种与此非常不同的杀戮早已在
50 进行之中，在这部电影上映之时，事实上这次杀戮已经结束，至少是官方已经结束。

希特勒的参与——第一次“仁慈致死”

希特勒对直接的医学杀人有强烈兴趣。他首次为人所知的消灭“不治之症者”的意图，是在1935年纽伦堡纳粹党集会上告诉格哈德·瓦格纳医生的。卡尔·勃兰特当时听到了希特勒的话，他后来作证说，希特勒认为战争的要求和巨变会让预料中的宗教界反对声沉默下来，可以让这样一个项目平稳实施。据说希特勒还宣称，在战争上的努力需要一个非常健康的民族，而战争期间人对于生命价值的感觉在逐渐缩减，所以“是消灭不治之症者的绝好时候”。据说他受到了精神疾病患者所带来的负担的影响，这不仅是这些人对亲属和一般大众的影响，而且还有对医学行业的影响。1936年，瓦格纳与“一个小小的朋友圈子”（尤其是高级官员，其中一些人是医生）有过多次讨论，谈杀死“白痴儿童”和“精神病”人，谈在

---

*按照海因茨·赫内的看法，这份党卫队保安部的《来自帝国的报告》依据的，是“一种秘密的盖洛普民意测验”，所以被认为相当准确，尽管在内容上常常是凭印象。

“收容所和弱智人之家”拍摄电影，以展示这些人生存的可怜。战争与直接医学杀人在理论上和策略上的这种联结始终保持着。[13]

到了1938年，这个过程就走得更远了。讨论已经超越了高级政治圈子，在一次全国性的政府精神病学家和管理者领军人物会议上，一个党卫队官员发言，说：“如果对这些人来一次根除，精神疾病患者问题的解决就变得容易了。”[14]

1938年要结束时，纳粹政权接到一些有着严重畸形和脑损伤的新生儿或极幼婴儿的亲属的要求，要求准予仁慈致死。[15]这些要求显然得到了鼓励，被直接报告给帝国总理府，也就是希特勒的私人办公室。不管在用战争作为掩护来这样做上有什么计划，杀死儿童的项目到战争开始时已经是进行之中。由此开始，这个项目绕开了通常的管理渠道，直接与希特勒本人联结起来。

对儿童的实际杀害，以及整个“安乐死”项目的启动，其时机是批准“仁慈致死”（Gnadentod，实际上是“仁慈死亡”）一个名叫诺尔的婴儿的请愿，这个婴儿生为盲人，只有一条腿，一条手臂也缺失一部分，显然是个“白痴”。是谁提出了这个请愿，这个婴儿是什么样的畸形程度，后来的各种回忆对这些问题说法不一，这个事情很快就变得神话化了。*

1938年末或1939年初，希特勒命令他的私人医生兼密友卡尔·勃兰 51
特前往这个婴儿所在的莱比锡大学诊所，以便判断提交上来的信息是否准确，并且与这里的医生商议：“如果这位父亲提交的事实是确凿的，我就要以［希特勒的］名义通知这些医生，他们可以实施安乐死。”勃兰特也被授权告知这些医生，如果因此出现任何针对他们的法律诉讼，都将被希特勒的命令所撤销。[16]

勃兰特报告说，医生们的意见是“没有理由让［这样一个儿童］活着”；他补充说（在纽伦堡医学审判上作证时）：“有一点被指出来（应该是他当时与之交谈的那些医生所言），在产科病房，某些时候医生们自己就很自然地对这种情况实施安乐死，此后什么都不再说。”他与之商议

*负责总理府办公室的主任汉斯·海弗尔曼记得这个婴儿缺失三肢，是他的祖母提出了这个请愿。但勃兰特说他的父亲是请愿者。

的医生主要是维尔纳·卡泰尔教授，此人是莱比锡小儿科诊所的所长，随后就在这个项目担任了一个领导角色。所有这一切都被理解为一种负责任的医学过程，所以如同勃兰特宣称的那样，希特勒关心的，是“父母不要有一种他们自己要对这个儿童之死负责的印象”。[17]（参看本书115至116页此童父亲对勃兰特的回忆。）回到柏林后，在类似的案例中，同样以勃兰特由希特勒授权（希特勒不想被公开与这个项目等同起来）的方式这样做，也就是说，正式确定了这个项目，并且得到帝国总理府秘书长、帝国高级领导人菲力普·比勒的协助。这次“测试案例”成为屠杀儿童和屠杀成年人两个项目的关键点。

这两个项目是分开进行的，但它们在人员和其他方面有相当程度的重叠。

屠杀儿童

以极幼小儿童来开始杀戮，似乎容易一些，也许较“自然”一些，至少不那么“不自然”。一开始是新生儿，然后是3岁到4岁的儿童，接下来是更大一些的孩子。同样，授权开始时是口头和秘密的，只能“极小范围内知晓，只包括那些最为严重的病例”，但后来就变得松散、广泛，也越来越为人所知。一小群医生和总理府官员举行讨论，以确定这个项目的一些基本规则。然后，一群对这个项目态度“积极”而有名的医学顾问被集合起来，包括管理者、儿科医师和精神病医生。[18]

这个程序是很典型的：实施这种生物医学愿景的命令来自政治领导层（这里是希特勒本人）；命令传达给这个政权内一个负责此事的医生，他
52 与高级管理者合作，来组织这个项目的系统；一些同情这个政权的出色的学术管理医生，被召来维持和管理这个医学化的系统。当时决定，这个项目由帝国总理府秘密运作，尽管帝国内政部的卫生部门也协助管理它。为了达到这个目的，成立了“帝国严重遗传与先天疾病科学登记委员会”。这个组织的名称显示着一种令人敬畏的医学—科学登记委员会的感觉，但它的领导人汉斯·海弗尔曼的学位却是农业经济学方面的。在（1939年8月

18日）内政部长签发的一份对非普鲁士国家政府要严格保密的指示中，维持着这样一种印象。这份指示说，“为了阐明先天畸形和精神发育迟滞领域科学问题，尽可能早去登记”就成为了要求，所有“疑似”有下列“严重遗传疾病”的3岁以下儿童都要登记：白痴和先天愚型（尤其是同时又为盲和聋者）、头小畸形、脑积水、各种畸形，尤其是四肢、头和脊柱的畸形，以及麻痹，包括各种痉挛。[19]

助产士被要求在接生时填写这种报告（如果有医生在场，表格中有一部分内容由医生来填写），医生也要报告自己遇到的所有3岁以下的这类儿童。地区医疗官员负责这些报告的准确性，产科诊所和产科病房的主治医生也全都被告知需要做这样的报告。[20]这种报告采用问卷调查表的形式，由帝国卫生部发出。开始时它较为简单，到了1940年6月，一些参与的医生就将它大大扩充，不仅有具体的疾病或状态，而且包括了出生时的细节；家族史的情况，尤其是在遗传性疾病以及酗酒、尼古丁和药物滥用方面的情况；（医生所作的）能否改善之可能性的进一步评估；寿命预期；此前的医疗机构观察与治疗；身体和精神发育的细节，以及对惊厥发作及相关现象的描述。[21]问卷调查表的措辞和它上面缺少传统的医疗史和记录，使得许多医生和地方医疗官员认为——至少开始时认为，这些儿童不过是为了统计的目的而进行登记罢了。（海弗尔曼后来作证说，之所以对病症进行这种普遍描述，是为了掩盖做这种报告的责任）。[22]

然后，要求3个核心的医学专家*来做出他们的二选一裁决。这3个人既
不检查儿童本人，甚至不阅读他们的相关医学报告，单单依据这些问卷调 53
查表来裁决。3人在一个小小表格上写下决定，他们的名字印在表格的左边，表格右边上方有“处理”字样，下面则有小小的三栏空间，与专家各

*这些医学专家由4个外面的顾问和“安乐死”项目本身的2个成员构成。这4个顾问中，一个是莱比锡小儿科诊所的所长维尔纳·卡泰尔教授，诺尔婴儿就是在他那里住院的；一个是汉斯·海因策，他是位于勃兰登堡附近戈登的政府研究所所长，这个研究所有一个很大的儿科研究部；一个是柏林的儿科精神病学家恩斯特·文兹勒，另一个是眼科医生兼作家赫尔穆特·昂格尔。这4人中，3人领导的那几个机构最终成为儿童“安乐死”网络的一部分，戈登研究所是其中最早也最为重要的。“安乐死”项目的2个代表是勃兰特和赫伯特·林登。

自的名字相对应。如果一个专家决定“处理”——也就是杀死这儿童，他就在右边自己这一栏中打一个“+”号；如果他决定反对杀死这儿童，则在自己这一栏中打“-”号；如果他觉得现在还不能确切决定，就在自己这一栏中写下“暂缓”或“观察”，然后在这个意见上签上自己姓名的首字母。同一张表格在这3人中传，所以第二个人就知道第一个人的意见，第三个人则知道前两个人的意见。杀死一个儿童需要3人全都同意，这样来安排表格上的填写，正是为了得到这种效果。

如果对杀或不杀有不同意见，开始时曾要求负责的地方医疗官员提供进一步的信息。但是，这种要求很快就废弃了，这可能是因为这样做会对这个项目的秘密带来威胁（这种秘密性已经在逐渐消失，但当局还是想要保持），也可能是因为这种要求必然带来管理上的延误。于是，这些儿童以及那些被裁决为“观察”或“暂缓”的儿童，就会被关在那些被杀死的儿童的病房里，作进一步观察。过了一段时间后，顾问们会接到关于这些儿童情况的进一步信息，再加上原来的问卷调查表，以这二者作为基础，做最后决定。这种安排也极有利于做出杀死的决定。然而，这个过程却被称为是获取“专家意见”的方式。儿童被杀死的这些病房都在儿童机构内，这些机构的主管或主治医生都以政治可靠、对“帝国严重遗传与先天疾病科学登记委员会”的目标持“积极”态度而为人所知。这些杀人中心都被堂而皇之地称为“帝国委员会研究所”“儿童专门研究所（或‘部’）”，乃至冠之“治疗康复研究所”。事实上，并不存在这些单独的研究所。那些被裁定杀死的儿童通常都散布在普通的小儿科病人之中，有些则关在他们自己的单独病房内。[23]*

第一个“儿童专门部”是在戈登研究所内设立的，它的公开名称是
54 “特殊精神病学幼童部”。在专门化的程度上，戈登和另外几个中心是有些特殊的。戈登被认为在科学上很先进，它的领导海因策医生在这一领域有专门的证书，内政部长1940年7月宣布戈登“处于专家的指导之下，所有的治

*根据海弗尔曼的法庭证词，到1939年10月时，这样的儿童就已经被送到了戈登，委员会尤其想“让新生儿尽早入睡”，以防止“母亲与她们孩子之间的纽带变得紧密起来”。[24]

疗可能性都依据最新的科学知识来实施”，更对这种欺骗做了一种怪异的半真半假的强化。[25]最终，在现有那些机构中30个左右的杀人区域里，共同形成了一个遍布德国、奥地利和波兰的屠杀网络。它们现在能够处理决定要杀害的那些儿童了，与此同时，也向附近的相关家庭提供这种服务，这节省了金钱和运输，也是一种使得父母较愿意接受这种把孩子转移进去的方式。所有这些机构的负责人都充分知情，与帝国委员会紧密合作。与转移儿童相关的各种信函中，宣称的都是“儿童将接受所能得到的最好、最现代的治疗”。[26]

医学上的“假设”

所以，所有这些伪造欺骗，打的都是医学服务的旗号。每个人都继续着这种“假设”：这些儿童会得到医学科学的赐福，是去治疗而不是被杀。这种伪造显然意在欺骗，欺骗儿童的家人，欺骗儿童自己——如果儿童已经懂事的话，欺骗大众。同时，它也以一种纳粹将治疗与杀戮进行颠倒的文字表达，起着安抚杀人者的心理作用。比如，一个医生可以这样告诉一个儿童的父母：“可能有必要实施一种外科手术，它可能会有不利的结果”；或者是解释说：“到现在为止，所使用的通常治疗已经无法帮助他们的孩子了，所以就不得不采取一种不同寻常的治疗措施。”海因策医生就对父母们使用这样的表述。他在法庭作证时，解释说自己所言也有真实性：“一个非常容易兴奋的儿童……完全是白痴……使用通常剂量的镇静剂无法安静下来，”所以，“就不得不使用超剂量以……避免他因自己的躁动而伤及自己。”与此同时，“我们医生知道这样大剂量的镇静剂——儿童通常使用鲁米那……可能导致肺炎……而肺炎实际上是无可救药了”。[27]海因策医生很有可能不仅是有意撒谎，而且是以对这种杀害的医学化来部分地欺骗自己，让自己来相信——至少是片刻相信——这些儿童的确得到了某种形式的治疗，他们的死亡要归因于他们自己的异常。

以同样的方式，这个政策也得到了这些被转移儿童的父母的“同意”。那些在表示同意上迟疑不决的父母，会接到一些信函，信中强调这些儿童残疾的严重性和永久性，告诉这些父母“他们应该庆幸”，如此受 55

到命运作弄的儿童竟还可以“得到最好和最有效的治疗”，然后是宣布“转移的延迟或取消都是不可能的”。如果父母继续反对的话，“将不得不采取进一步的措施，比如撤销你们的监护权”。[28]撤销法定监护权的这种威胁通常就足够了，但如果父母还是不服从，则会有进一步的威胁，让父母去履行特别的劳动义务。这种强迫不仅是为这个屠杀政策服务，而且也是为了维持它的医学系统。

这个系统为的是将个人责任扩散开来。在这整个序列中，从助产士或医生对病例的报告，到机构首脑对这些报告的监管，到由核心顾问提出的专家意见，到卫生部官员对那些做了标记的表格的协调，到儿童出现在帝国委员会的屠杀机构中，任何一个环节都没有个人要对杀害另一条生命负责的感觉，甚至没有卷入此事之感。每个参与者都感觉到，自己不过是一部官方制约的庞大医学机器中的小小齿轮而已。

在被杀之前，这些儿童通常会在机构中住上几周，为的是让人有一种他们在接受某种形式的医治的印象。杀害一般由机构主管或他手下的一个医生来安排，多半是进行暗示而非专门的命令。常用的杀害方式是将鲁米那药片溶化在茶这样的液体中，让儿童喝下。这种镇静剂要服用多次，常常是早晚一次，连服2天或3天，直至儿童陷入持续的昏睡。鲁米那的剂量一直增加，使得儿童昏迷而死去。对于那些有饮水障碍的儿童，鲁米那有时就注射进去。如果鲁米那未能足够快地将儿童杀死——由于使用得太多，一些容易兴奋的儿童会发展出对这种药相当程度的耐受性，那么就注射一种致命的吗啡莨菪碱。死亡原因被开列为某种较为普通的疾病如肺炎，这甚至带有某种真实，正如我们所见到的那样。[29]

所以，不管纳粹政权如何保证国家会承担全部责任，机构中的医生仍然是这个医学体统中的杀人之刃。不过，医生发展出——事实上是有意培植出——一种感觉，觉得自己作为国家的一个代理者，个人是无能为力的。从有利于自己的角度来看，如同一个医生所报告的那样：“这些儿童早已在他们的转移报告上被标明了杀死，”所以，“我甚至懒得去检查他们。”的确，不管他做什么样的检查，都不过是形式，因为他没有权力来质疑3人专家小组的决定性评判。

不过，到了后来，这个项目的管理者就遇到了一种坚决的主张，要求“由负责的医生——此人自愿和基于信念而赞同安乐死及其实施——来判断是否实施一个儿童的仁慈死亡，以及什么时候实施和如何实施。这是一个‘可以’而非一个‘必须’的命令”。[30] 管理者们甚至宣称，有时干脆 56 就没有专家意见，是否杀死一个儿童的决定留给了机构医生自己来判断。无疑，这个项目的组织者后来受审时在法庭上这样作证，是为了去除或尽可能减小自己的责任。不过，顶层对责任的逃避，可以说就建构在这个项目之中了，机构医生充当扣扳机者的角色，就是一种将实际杀人与“医学责任”融合起来的方式，这医学责任至少部分是属于他的。“安乐死”项目的矛盾法律地位——一部实际上的法律却又不是法律，更增加了在任何个体的责任问题上的困惑混乱与矛盾。

不管开始时有什么样的规则来控制，它不可避免地会出现巨大的滑移，这张杀人之网被扩张，以完成纳粹政权的最终目标。随着对儿童年龄限制的上移，大量年龄较大的儿童和青少年也被包括进来，有时甚至与杀害成年人项目重叠起来。作为杀掉标准来考虑的那些病情也扩展了，于是把先天愚型包括进来（开始时不包括它），不同年龄儿童身上各种边缘的和有限的损伤也都列了进来，其顶峰就是杀死那些指定的青少年罪犯。犹太儿童被置于这张网中，主要是因为他们是犹太人；这些机构中，甚至有一家为杀害“未成年的犹太—雅利安混血儿”设立了专门的部门。

1941年，希特勒正式下令，中止普遍的“安乐死”项目，但此后的杀害儿童仍在继续，而且很可能是增加了，在更为随意地进行着。估计有5000名儿童被杀掉，但如果把“未规范的安乐死”时期（见第4章）的杀人数量加进来，总数可能要大得多。[31]

对儿童安乐死的抗拒，主要来自孩子被杀掉或者威胁要杀掉的家庭，后来则来自天主教和新教神职人员，一些医学圈子内也有程度较弱的抗拒，我将在第3章对这些情况加以讨论。不过，这个儿童项目内部某些形式的抗拒值得在这里谈一谈，因为它实在是太有限了。医生这一方有过一些尝试——有多少尝试很难说，或者是想避免作出会直接导致儿童走向死亡的诊断，或者是想在儿童被这架杀人机器吞噬之前安排他们从机构中放出去。威斯洛赫的摩克尔医生据说就拒绝担任一个儿童病区的主管，因为他宣称自己“过于软弱”，无法实施帝国委员会的项目。还有一些报告，说某些地区负责这类机构职位任命的高级医生撤回了自己的任命，宣称那些候选者过于年轻，没有经验。一个作为专家顾问在成年人项目中极为活跃的医生，有12个儿童送到了由他负责的儿童病区，他拒绝杀害其中的9个，因为如同他所说的那样：“一个治疗和照料的机构，不是采取这种措施的
57 适宜之地。”还有关于一个护士的报告，说她拒绝参与杀害儿童，因为她感觉自己由于“精神压力”而变得“歇斯底里”了。[32]普遍而言，比起杀掉成年人来，对于杀掉儿童很可能有着强度不大的医学抗拒。

“不是谋杀，而是让其入睡”

准确而言，这个印象是我访谈的一个医生鲜明传递给我的，他当时参与了杀人项目。他说：“按照当时的思维，杀掉儿童似乎多少是有道理的……而杀掉成年人精神疾病患者绝对是纯粹的谋杀。”这个名叫汉斯·F的医生继续讲述这些儿童被送来时是如何严重残损（“我的天啊……极度低能”），他们如何吃不饱，“处于可怕的状态”，以及做了哪些安排，使得这种行为看起来不怎么像在杀戮。这家机构的主管告诉参与这项目的两三个护士中的一个，在这些儿童的食物中掺入鲁米那。如果不仔细思量的话，对于有病的焦躁儿童来说，这类命令似乎就是常规程序。

> “那些已被清理出来要杀死的儿童，给他们开了剂量大得多的鲁米那……这些痉挛的儿童……有小儿麻痹症，……是白痴，……不能说话或行走。于是，如同一个人今天也会说的那样，好吧，给他们来点镇静剂吧，因为他们一直在尖叫。有了这些镇静剂……这些儿童就睡着了。如果一个医生或医护人员不知道在发生什么，会认为他［儿童］就是入睡了。但事实上，医生或医护人员心里明白……这个孩子是被杀死而不是安静了。”

F医生承认，有人可能会琢磨一个儿童“为什么他睡得这么多”？但他认为（相当错误地认为）人们会忽略内在问题，因为“［这些要被杀死儿童的］死亡率并不比这类病童平常的死亡率高多少”。他强调说，由于既

没有直接的命令（“如果我得到了杀死的命令……我不知道我会怎么做，但我想我会拒绝……然而无疑并没有这样的命令……给我们”），也没有显示出来的杀人（“我是说如果你指示一个护士挨床朝这些儿童开枪……那是不会执行的”）。所以，“严格而言，并没有杀人……人们感觉这并不是谋杀，这是让其入睡”。

当然，F医生想用这样的说法为自己辩护和解脱。的确，他犯罪的具体程度是不清晰的。在等待审判期间，他被关押了数年。部分是因为有法庭证词表明他曾下令给一个儿童以致命的剂量，他被定罪，但他提出了上诉，最终他的案子被撤销，这显然是因为政治原因，当时在审判前纳粹方面相当宽松。无论他是否下令开药杀死了那个儿童，他无疑参与了这个杀 58
人项目。对于那些伪造的记录，他负有责任；他也承认填写过许多导致儿童死亡的表格，签署过大量虚假的死亡证明。人们普遍怀疑他还干过更多的事，他在这家机构工作期间，曾有几个月的时间那里没有主管医生，而儿童仍然以一些令人生疑的方式死去。面对我，他显然想以一种尽量减少自己责任的方式来解释他的参与。然而，我认为这恰恰也传达了一种处心积虑的暧昧，正是这种暧昧推动了他的行为，限制了他对自己在这种杀戮中所作所为的负罪感。这种“假设”情境正是直接医学杀人的特征，在一个更广的范围上，也是间接医学杀人的特征。

F医生年轻时在巴伐利亚投身纳粹运动，这对于他的感知和行为有很大影响。从18岁起，他就是希特勒青年团一个极其热心的成员和纳粹党员。20世纪40年代早期，他在精神病院工作时，听到了关于杀害精神疾病患者的一些传言，这让他深感困扰。开始时他谴责这些传言是“反对我们政权的恶毒宣传”，当这些传言不再能够否认时，他仍然“与国家社会主义的理想主义联系起来，看待这些”。他有这种需要，也就是说，一方面寻求在纳粹生物医学愿景内为这种屠杀作一些辩护，另一方面又继续用否认和心理麻木来自我防御，而这个项目的官僚医学体系也起了作用。他让自己相信，“这些表格［他填写的那些］绝对是无害的”，即使是杀死畸形儿童的政策，“也不是一个命令而是一种授权的规则，于是这些儿童就可以被致死了”。

他描述了受害儿童与杀害他们的医生之间的互动，那些儿童丧失了普通人的感受（“无法与之交谈，也不会笑，在感情上是无法接近的”），而医生们也是一样的状态（“这样一个死刑执行者，没有愧疚之感［他直接杀死一个人］……竟没有紧张感，并在情感上完全置之度外……就这样，一个人变成一个杀人者”）。他提到，霍赫—宾丁的研究为这样的一种态度提供了“心理准备”，这也可以用在为后来杀儿童的辩护上，即“不能将此称为一个国家社会主义者的项目”。如同许多医生和科学家一样，他把纳粹生物医学愿景中的专业热情与意识形态上对国家社会主义的包容结合起来，以一个更伟大的德意志民族社群的名义结合起来了：“一个人不能从背后袭击自己的人民。”他还谈到了战争的影响，人们怎样“担心由于战争中的各种事件自己也会被杀”，“就顾不上怎么去关注其
59 他人的苦难了——直说吧，那些有病者的苦难”。他的话，既表达了纳粹不能接受精神疾病患者在战时带来负担的看法，同时也是他和其他医生在那个时候所经历的真实的死亡焦虑。这种情境又因他自己一种强烈的个人冲突而加剧：是否放弃在一家精神病院的工作而去参军打仗。这种冲突会导致一种或此或彼的深深担心与愧疚，一边是仍然待在精神病院的所做之事和如何避免，一边是离开医院参军打仗所要面临的东西。他最终选择了后者。有一段时间，他得到了保护而不用执行军事任务，因为他在“安乐死”中的工作。使他属于“不可缺少”的那一类人。

尽管他也有一定的决定权，但他还是感觉到自己本质上是处于一个封闭的权威和政策系统中。他的主管把医生们召集起来，希特勒关于“安乐死”的法令和“医学委员会”对儿童作出最后决定的工作告知他们。主管强调说，所有这些构成了“帝国的一项秘密”。作为他上司的两个主管，也是这个封闭系统的一部分，也“相信［这个杀人项目］是正确的”。不同于今天，在当时“一个人害怕去做与主管不一致的事情”。关于这项政策，同事之间也没有任何交流，有一次它被提起，但“它只是从上到下的一条命令链，没有讨论”，因为向任何人谈论这个项目都是“禁忌”。当时20多岁的他，是一个没有经验的医生和年轻人，他感到孤独和焦虑，感到出现了幻灭（“我不相信一个我所希望的帝国……会命令做这样的

事”），此外还有一种“无路可逃”之感。他的应对方法就是顺从，做希望他做的事情。

他适应的方式之一，是将自己投入到医学工作之中。他每天在病房待12到14个小时，“想要整体把握，至少是在科学上……来考察……对于病情发展起到重要作用的所有因素……考察病人的亲属、整个家族……在病人身上工作，精确地检查他们”。这能够让“医生们有所突破”，但也有助于他自己强化那种医学上的“假设”情境，也就是说，能够帮助他维持一种局部医学真实的幻觉。

然而，他也意识到自己卷入了肮脏之事，卷入了对儿童的杀害，他曾问过自己为什么某个儿童睡得这么多（“但并没有认真想”），也意识到由上面来下令医生应该做什么，这“不是法律途径”。F医生后来公开承认，主管医生告诉过他杀害这些儿童的命令，他知道自己填写的那些表格会直接导致杀戮。他常常将欺骗称为“残忍的”，他带着一种智慧（当然是事后的），也带着一种他当时就感觉到的意味，补充说：“你，要么是医生，要么不是医生。”“不管其意识形态或年龄，一个医生，那么多年受的教育就是帮助病人、治疗疾病，而不是杀掉病人。”他说。 60

处于汉斯·F医生这种处境中的医生们，或多或少意识到这种治疗与杀害的颠倒，但却没有必然地产生足够的负疚感，而不去参与这个过程。就F医生而言，在得知战后不久举行的一次审判结果后，他残存的羞耻和愧疚感随之增加，那次审判的结果中：与他一道工作的医生里，有一人被判了5年刑；他原来的那个主管被判了死刑。我们的交谈可能也刺激了他的愧疚感，他后来公开表达了更强烈的负罪感，认为自己当时应该告诉纳粹领导人这个项目“疯狂”，让医生们变成了野兽。对于命令下面进行屠杀的居高位者，他表现出强烈的愤怒，这或许是我们几次交谈中，他表现出来的唯一一次愤怒：

> 嗯，如果一个人说，符合这些条款的病人是不值得活着的生命，应该被杀掉，这是有很大的不同的。你知道，这仍然是一个条款；可是，实际来执行它，这是一个大问题，懂吧？谁来做这件事？我相信那些对此事进行理论思考的人物，永远不会来想这一点……判处死刑的法官不

会去吊死任何人，你知道……我可以重复一百次，“他［病人］的精神缺陷如此严重，他永远也不能有改善了”……但这并不能使我去干掉他［杀掉他］。

他将自己原来的主管说成是“办公桌罪犯”中的一个，战后这个词被广泛用于一类纳粹，他们导致其他人如护士或低级别医生来做肮脏之事，让其夹在办公桌罪犯与受害者之间行事。F医生暗示，他自己属于后者，即被“办公桌罪犯”陷害的一个群体。

他的道德不安还以另外一种意味深长的形式表现出来：对待那些死去儿童样本的态度。儿童杀掉之后，他所在机构的一个病理学家要进行尸体解剖，他本人有时也会考察自己这些前病人的大脑情况。之所以这样做，他解释说：

这样说吧，不仅仅是这或许可以减轻自己的良心负担，而且是因为对找出这个人身上的问题感兴趣：发生了什么？为什么会有这个病？他体内是什么情况？……为什么这个儿童是低能？为什么是麻痹？这里面有很强的科学兴趣。我必须指出这一点。

61 换言之，他和其他医生都表现出同样一个模式，这个模式在我这项研究中一直反复出现：让自己沉浸在“医学科学”中，以此避免意识到自己参与了一个杀人项目及其负罪感。

而且，战争结束若干年后，汉斯·F回到了当年这个机构的那处设施中，开始对那些“病理学材料”进行更为系统的研究。他这样向我解释，所有被解剖儿童——无论是否在“安乐死”项目中被杀掉，他们的大脑都保存在这个机构中，“它们之中有一些有科学价值”。他把自己对这些大脑进行研究的决定比作任何当代医学科学家的类似决定：“所以，就像今天，当一个病人死了，我会说，‘是的，这是一个有趣的病例’……我想要知道他身上发生了什么，我会让人把他的大脑保存下来，我会拿来进行考察，就如同当时所做的那样。”

我曾问他，后来做这些大脑解剖时，他是否想到当年在这些儿童身上发生了什么。他的回答模棱两可。他承认，“想到了……一些……自己记得的个例——这个或那个儿童"。尽管他否认可以分辨出大脑是否来自被杀掉的儿童，但他的确承认"一些严重的病例可以估计出来。这么说吧，它们从诊断和预后上讲属于这个［'安乐死'］项目的范围，这些病例中有一些无疑遭遇了强迫死亡"。

F医生的政治和生物医学意识形态，再加上他与某些政治与医学权威人物的关系，对他的心理反应起到了至关重要的作用，并最终促使他参与了这个杀人项目。对他行为起作用的，还有当时德国的——而且不仅仅是德国的——精神病学对待精神疾病患者的普遍立场。在对待一般的精神疾病患者，尤其是对待智力严重残损的儿童，当时的这种立场并不是将其视为人，对他们没有太多人的感觉。然而，不仅是有着这种距离，那些儿童病人后来还描述了这种机构环境的残忍乃至于虐待，包括对他们不当行为进行肉体惩罚，尿床则使用电击，毫无疑问，所有这些因这些机构的杀人功能而强化。由于他与这个政权的关系紧密，F医生尤其容易受到最终的医学堕落的影响，但那些对纳粹意识形态没有如此之深卷入的医生，在这个系统中也做着类似的事情，就医生们参与这种颠倒的治疗与杀戮来说，该系统最大化了其心理潜力。

"最简单的方式"：赫尔曼·帕方缪勒

最终，在杀掉儿童上出现了一些极端。下面是一个非医学专业的来客所做的描述。这名访客1939年秋天访问了埃格尔芬格一家重要的帝国委员 62
会所属机构。这家机构的主管赫尔曼·帕方缪勒医生发明了一种做法，将要杀掉的儿童饿死而不必在他们身上浪费药物：

> 我记得帕方缪勒讲话中下面的这些要点：对于作为一个国家社会主义者的我而言，很自然，这些生物（他指这些儿童）仅仅代表着我们人民的健康身躯所要承受的负担。我们不是用毒药、注射等等来杀（他当时也可能使用了"杀"这个词的委婉表述），如果那样就只是让外国报纸和瑞士的一些先生有新的煽动材料了。不，我们的方式要简单得多，也更自然，就像你会看到的这样。说这些话时，他在一个……护士的帮助下，从一张

小床上拖起来一个儿童。他一边像展示一只死兔子一样展示这个孩子，一边用一种司空见惯的表情和一个讥讽的冷笑判断说：对于这样一个来说，还需要两三天的时间。这个露齿而笑的肥胖男人，在一群饥饿的孩子中，用圆滚滚的手握着这具呜咽的骷髅，这幅画面至今仍在我脑中浮现。接着，这个杀人者进一步解释，并没有采用一下子断食的方式，而是逐渐减少食物的方式。一位也参加了这次参观的女士——她强压着自己的怒火，问使用较快的死亡方式如注射之类是不是至少仁慈一些？帕方缪勒又再次称赞了自己的方式在对付外国新闻界上会更实用一些。对我而言，帕方缪勒谈论这种处理方式时的毫不遮掩，对此的唯一解释，只能是极端冷漠或笨拙粗鄙。他也不隐瞒一个事实：在这些要被杀掉的儿童中……也有并非患精神疾病者，也就是说，他们的父母是犹太人。[33]

对成年人的杀害

将这个项目从儿童延伸至成年人，意味着医学杀害成为一种官方的整体政策，一个希特勒在他1939年“元首法令”中宣布的政策。几个月前，他把内政部卫生秘书利奥纳多·康迪和帝国总理府主管汉斯·拉默斯召来，告诉他们（拉默斯这样回忆）：“采取会导致死亡的行动，来灭掉严重精神疾病者的‘不值得活着的生命’，他考虑这样做是合适的。”希特勒接下来又引用了“一些例子……在这些例子中，这类精神疾病患者只能用沙子或锯屑作为床铺，因为他们一直用大小便弄污自己”，还有“病人把自己的排泄物塞进自己口中吃掉之类”的例子。希特勒指出，采用这种方式，“就能节省一定的医院、医生和护理人员”。[34]精神疾病患者的这样一幅讽刺画，象征着对人民纯洁性的所有威胁。

63 这个法令本身很简短：

> 帝国领导人比勒和勃兰特医生*负责将医生的权力扩展到宣布哪些病人该结束生命——依据对病人健康状况所能得到的最好的人道主义评判，

*作为“安乐死”项目主管的康迪和拉默斯，很快就被菲力普·比勒和卡尔·勃兰特取代。

他们的病情已无可医治，医生们可以允许其仁慈死亡。[35]*

尽管这个法令是10月发布的，但这个时间被回溯到9月1日，所以它就直接与第二次世界大战爆发的那一天联系起来了。之所以回溯，是因为人们一般认为，希特勒相信一种战时氛围会使得德国人较容易认同这个项目，然而“安乐死”与战争之间还有着更为深层的心理联系。如同这个纳粹项目中的那个狂热的帕方缪勒医生所言：“那些最好的、我们年轻人中的花朵必须在前线失去生命，以便这些低能、不负责任、无社会性的因素可以在救济院里安全生存，这个想法对我来说，是不可承受的。”[37]

纳粹将他们的生物医学愿景视为具有战争一样的英雄般地位。国家本身什么也不是，它的存在只是为了人民和种族的福利服务，希特勒的这个概念也应用于这个国家的重大事业，尤其超越战争的事业。医学杀人并不从属于战争，而是战争本身从属于那个庞大的生物医学愿景，而“安乐死”是这种愿景的一部分。或者换一种说法，发动战争的最深层冲动，与绝育、医学杀人和种族灭绝是一致的。

然而，希特勒和其他的纳粹领导人也知道，自己采取的是一种尽管他们视为必要但却严苛的措施，对于这个措施，德国公众甚至是官方国家机构并没有作好准备。所以，这个法令就以希特勒的私人信笺来写，似乎他“认为成千上万病人的死亡是他的私人事情，而不是……国家首脑的一个决定”。[38]或者我们可以说，他认为自己是一个先知，他的种族愿景超越了这个国家的体系，所以他就有必要避开官僚机构，而是直接处理将要到来的事件。

他处理此事的方式就是直通医生。不可避免地，他得创建一个煞费苦心的新机构，一个既是医学的、又是杀人的机构。他决定将这个项目交给卡尔·勃兰特而不是康迪（康迪作为内政部卫生秘书和帝国卫生

*关于这个法令的措辞，显然有一些差异。最后的草稿很可能是马克斯·德·克里尼斯写的，我们将在后面讨论他的角色。注意这个法令中广义的“无可医治”标准，关于它，勃兰特后来宣称，希特勒用“所能得到的最好人类评判”取代了“几乎肯定的可能性”。[36]

64 领导人，在逻辑上理应由他来掌管），他选择了自己的“随身医生和密友”。希特勒总理府主管、被认为对他绝对忠诚的菲力普·比勒，被希特勒选来与勃兰特一起掌管这个项目，这很可能也是因为同样的个人原因。这种安排的另外一个原因，据说是担心激进的地区领导人可能会“无情地、不经过医学咨询地”接管对这个项目的大部分控制权——他们最终也真的这样做了。[39]对于希特勒而言，这是一种“党的纪律”压倒国家机器的自觉选择，因为国家机器对法律程序和财政责任毕竟还是有一些要求的。这也是在程序上最能保持机密性的选择。总之，这些安排表明，想要杀掉精神疾病患者的冲动，在纳粹领导人中早已非常强烈，也表明他们决定要让这个项目在医学渠道内进行。

不仅仅是勃兰特和比勒，还有卫生部的赫伯特·林登医生和党卫队的首席医生格拉维茨，他们都积极地参加了挑选医生来担任这个项目的领导职务。其挑选标准，包括医生与这个政权关系密切，专业知名度高，赞同“安乐死”或至少赞同优生学，大约就是这样一个顺序。几个已经与儿童项目相关的医生（昂格尔、海因策和帕方缪勒）被选进来，另外一些在学术圈有一定知名度的精神病学家也被选中，尤其是维尔茨堡的维尔纳·海德教授、海德堡的卡尔·施耐德教授、柏林的马克斯·德·克里尼斯教授和来自索伦斯泰因政府研究所的保罗·尼切教授。其他人如弗里德里希·曼奈克，则基本上是已经纳粹化了的精神病学家。海德担任勃兰特的代表来指导这个项目，尼切做他的助手，后来被更换。[40]

在早期会议上，勃兰特被介绍为这个项目的医学领导，希特勒的法令被读给众人听，有时还会当场展示其命令（“我相信我看到了希特勒的签名”，曼奈克后来作证时说）。同时还要小心翼翼地解释此事并没有官方法律，因为希特勒觉得，这样的法律只能是给敌人提供宣传材料；希特勒法令中，对比勒和勃兰特的授权就等同于法律，参与进来的医生都会被免除法律后果。*一个与会者后来坚持说，当时强调只杀掉没有希望的精

*由于各种形式的抗拒，还有来自法律当局的压力，于是认真地考虑过以一条法律来让这个项目合法，就此至少有过两个煞费苦心的草案。这些草案与希特勒当时的法令一道，构成了一种法律上的“假设”状态——假设这样一种法律事实上已经实施了。由于希特 （转下页）

神疾病患者："这些病例……我们这些搞精神病学的人知道，已是彻底无治了。"[42]但出席者中，许多人知道希特勒关于普遍消灭人类遗传次品的看法。尽管有意使用了"不值得活着的生命"这个说法，但另一个医生却觉得"这条线划在哪里并不十分清楚"。[43]要建立一个仔细评估的医学序列，然后病人才能处死，这一点也有强调。整个项目要"无条件地保密"。在这些重要的早期会议上，只有一个医生马克斯·德·克里尼斯拒绝（也是因为策略原因［见本书120—122页］）完全参与。普遍的反应是"无人提出任何疑虑"。[44] 65

保密的，是这个实际的杀人项目，而不是这个想法。几个月之前（1939年4月），一篇文章就出现在一份半官方的纳粹刊物上，估计可能需要杀掉100万人。[45]

杀人的组织

不同于儿童"安乐死"项目，这个重点是杀掉成年慢性病人的T4项目，事实上涉及整个德国精神病学界，以及整个医学界的其他相关部门。为这种医学屠杀而创立的一个掩饰性组织是"帝国休养和护养院工作组"，它是位于柏林蒂尔加滕4号的总理府来运作，所以就用T4作为整体代码来称这个成年人项目。精神病医生和管理者组成的领导小组制定了问卷调查表，在卫生部的帮助下，不仅分发给精神疾病机构，而且发给所有医院和慢性病人护养院。表格上填写病人自然情况和疾病症状的空间很小，再加上所附的说明，就给人一种印象：这是为了管理和可能是科学目的而进行的一次统计调查。除了用于病人的问卷调查表外，还附有一张机构的问卷调查表，它调查每年预算、床位数量、医生和护士的人数之类的

（接上页）勒法令的权威性，很容易做出这个假设。人们认为，希特勒担心一种官方的"安乐死"法律会让德国的敌人获得宣传优势，也可能增加德国人（尤其是天主教徒）的抗拒，以及精神疾病患者对进精神病院的抗拒（好几个"安乐死"领导人指出了这一点）。基于这些，大家认为纳粹懂得了——如同后来一个权威人物解释的那样："非法屠杀在'旧帝国'［德国本身］难以实施，它平常的司法和管理机器的网太紧了，所以必须转移到占领区去做，党卫队在那些地方的管理机器，使得可以较少妨碍、较少麻烦地去做这样的事。"[41]

事情，这就进一步加深了这种印象。然而，险恶的真相却因问卷调查表上强调对病人工作能力的“准确描述”，以及并列出来的四种类型而显示出来。这4类是：

66 1. 患有不能工作或只能从事简单机械性工作的疾病的病人。这些疾病是精神分裂症、癫痫、各种老年病、难治性麻痹和其他梅毒后遗症，无论何种原因导致的低能、脑炎、亨廷顿氏舞蹈病和其他具有终极性质的神经病学状况。

2. 已经连续在机构护养5年以上的病人。

3. 被监护的犯罪精神病人。

4. 非德国公民，或非德国血统或同族血统者，标明种族和国籍。

关于工作能力的填写，还有一些其他的指示，包括要标明“病人属于食量较大者，尽管或许能干活但不干活”。（翻译后的问卷调查表见本书54—55页。）到了20世纪40年代中期，就要求这些报告表格不仅用于这4类的病人，而且用于这些机构的所有住院者。[46]

这个过程从一开始就很随意。表格被要求尽快返回，机构的一个医生不得不在两周内填写1500份问卷调查表。早期人们对这个调查表的目的不清楚，导致一些医生夸大了病人情况的严重性，以为这是一种保护病人的手段，可以让病人不被从机构中带走去干活。精神病医生们一直不相信正在发生的事情——尤其是当他们不想去相信时，这种不相信的程度在一个精神病学的领军人物后来的描述中反映出来，他描述了自己听到传言说这些病人被“安乐死”后的反应：

> 我觉得这种传言完全不可信……想一想，那个问卷调查表没有给出最微小的理由来推想这种行为……我想象，它的目的是用于将能够治疗的病人，或者是能够干活者与那些不能医治者区分开来，以便为前者提供较好的食物，让他们活着……［我的工作人员］被我的看法所说服，我们全都天真地填写这些问卷调查表。[47]*

---

*这个描述因出自戈特弗里德·埃瓦尔德医生而格外重要。我在第3章中会谈到，当时重要的精神病学家中，持不同意见的人非常罕见，他是其中一个。他最初不相信纳粹会这样做，可能部分原因在于他当时对纳粹颇为同情。

这个项目的“专家评估”不同于儿童项目，它从这个项目的领导者中抽3个医学（通常是精神病学）权威，独立地进行复核。收上来的每份问卷调查表都要在帝国卫生部复制4份或5份，3个专家每人都拿到一份，剩余的1份或2份用于后面的死亡程序，原始表格通常保存在中央档案中。每个专家在表格左下方一个特殊的粗黑线条框内填写标记，红色铅笔的“+”号表示处死，蓝色铅笔的“-”号表示生存，“？”号也表示生存，有时会加上一个标注来说明理由，最常用的标注是“能干活”。然后，专家要在标记上签署自己姓名的首字母。如果有什么区别的话，那就是，比起机构医生填写这些问卷调查表来，他们的工作更为随意和更表面化。在一个为期17天的时间内，每个专家至少要评估100份复制的问卷调查表，帕方缪勒曾被要求完成2109份这样的评估。他们不再对病人做检查，不去看病史，单凭 67
这些问卷调查表就做出决定。偶尔的意见分歧只涉及界定和政策原则，压力总是偏向于裁决处死。一个专家记得，当时的普遍原则是“对于有疑问或边缘性的病例……就要求采取行动”，他回忆官方的指令“压倒了医学上的保护立场”。另一个专家回忆起同样的原则，也就是“一个人不要小里小气……在积极的［杀掉］判断上要放开手脚”。[48]这些“专家”有时也去一些特殊的医生委员会服务，这些委员会的表面目的是提供进一步的医学管控，但实际上却倾向于作为一种医学掩盖，与这个项目的法律机器一道来推进它，尤其是当出现任何不听话或抗拒的苗头时，甚至是以时间不够和文书工作人手不足作为借口时，它都上场干预。

比如，巴伐利亚的纽恩德尔索护养院由一群分散的机构组成，它被要求在4周时间内填写1500份问卷调查表。它请求延期，等自己的主管医生外出归来后完成，但被否决。得到否决通知后不到一天，这个委员会的人就来了，一个专家带着16个年轻男女，其中约有一半为医学院学生，另一半是打字员。学生们填写问卷调查表，利用档案中的材料来挖掘可以将人杀掉的信息，哪怕这些材料已经不适用。他们做这件事，完全独立于护养院的医生。这些学生有时会以一种敷衍了事的方式，问护士一些关于病人的问题，护士的回答如果对病人有利就忽略不记，有时甚至会在他们的填写中颠倒护士告知的信息。有人向这个“委员”（专家）指出，学生们假定所有精神疾病的病例时都选择了严重，因为所有这些病人在问卷调查表中，都被填写“白痴行为”（这是一个以前的术语）。委员会答应以后要注意这个事，但几百份问卷调查表已经用学生们的这种错误想法填完了。委员会的这些人在这家护养院待了一周，估计他们造成了1000多个病人的死亡。[49]

这些被填完的问卷调查表送给一个“高级专家”作最后的审核，开始时只是海德做这个事，后来尼切可能还有林登也都来做了。在这个层面上，就不再出现“？”号了，这个最终审核专家也不受先前判断的任何束缚。此时的签字虽然是形式上的，但它代表的不仅仅是这个项目的全部权威，而且通常是德国精神病学学术界的权威，因为签字者一般都是一位杰出教授。就目前所知而言，无论是“专家”还是“高级专家”的“审核”，并没有任何正式的书面指导意见来加以规范。[50]

68 问卷调查表*

病例编号

机构名称：

地址：

病人名和姓：　　婚前姓

出生日期：　　城市：　　区：

入院前住址：　　城市：　　区：

未婚、已婚、鳏居、离婚：　　宗教：　　种族（a）　　国籍：

最亲近亲属的地址：

常来看望者（地址）：

监护人或照料人（姓名、地址）：

费用承担者：　　在本机构护养的时间：

---

*问卷调查表由法兰克福/M.哈达玛审判的判决书翻译而来，1947年2—3月（4 KLS 7/47），法兰克福地方法院。

什么时候在其他机构护养过，多长时间：

病了多长时间：　　　　　　　　　何时由何地转运至此：

是否孪生子：　　　　　　　　　　精神疾病血缘亲属：

病情诊断：

主要症状：

是否基本卧床：是（　）否（　）　是否非常焦躁不安：是（　）否（　）　是否必须加以约束：是（　）否（　）

是否有无可医治的身体疾病：是（　）否（　）　是否战争残疾：是（　）否（　）

精神分裂症情况：　近期发作（　）　最严重状态（　）　缓解状态（　）

精神发育迟滞情况：　虚弱：（　）　低能：（　）　白痴：（　）

癫痫情况：　　　　　心理变化（　）　发作的平均频率（　）

老年性障碍情况：　　非常糊涂（　）　弄污自己（　）

治疗（胰岛素、戊四氮、疟疾、撒尔佛散，等等）有无持续效果：有（　）无（　）

涉及刑法典51条、42条b款等裁决者：

罪行：　　　　　　　　较早的犯罪行为：

工作类型：（尽可能确切描述其工作与生产能力，比如“野外工作，干得不多”，“锁匠店，熟练匠人”。不要用“干家务”这样的含糊描述，要用“打扫房间”这样确切表述。还要说明是“一直干”、“经常干”或者只是 69
“偶尔干”）

预计出院时间：

a 德国人或同族血统（德国血统）、犹太人、第1级或第2级犹太人混血儿、黑人（混血儿）、吉普赛人（混血儿），等等。

附注：

（此处不得填写）

地点

日期

（医学指导或其代表签字）

说明事项*

（填写问卷调查表用）

需要报告的病人

1. 有下列疾病，在本机构不能做任何工作或只能做最简单的机械性工作（如采摘之类）：精神分裂症，癫痫（如果是外因的、战争导致或其他原因，注明），老年性障碍，难治性麻痹和其他梅毒病，无论何种原因导致的精神发育迟滞，脑炎，亨廷顿氏舞蹈病和其他具有终极性质的神经病学状况；

2. 已经连续在机构护养5年以上的病人；

3. 被监护的犯罪精神病人；

4. 非德国公民，或非德国血统或同族血统者，给出/标明种族（b）和国籍。

说明：此问卷调查表每个病人填写一张，编上序号。如有可能，此问卷调查表使用打字机填写。如果病人由撤离区域之外送到本机构，就在他的姓名后面加“V”标记。如果送去的问卷调查表1数量不够，请通过我的办公室获取所需的数量。

b 德国人或同族血统（德国血统）、犹太人、第1级或第2级犹太人混血儿、黑人、黑人混血儿、吉普赛人、吉普赛人混血儿，等等。

70 **精神病学的转运：“白大褂与党卫队黑皮靴”**

运输安排是这种精神病学转运的一幅讽刺画。为此事而建立的“公共

*说明事项取自《海德审判卷宗》210—211页。问卷调查表和说明事项均由艾米·哈克特翻译。

福利救护服务公司”*把“运输名单”发给它要去拉走病人的各家病院，并说明，与病人一道要带上的，是病人的病史、个人物品以及值钱物品的清单，还特别指出，那些长途运输可能危及生命的病人不能转运（这看似一种医学上的关心，实际上是要避免病人死在路上的尴尬）。

党卫队人员管理此事，他们经常身穿白色制服或白大褂，以便看起来像医生、护士或护工。有一些报告提到了“身穿白大褂与党卫队黑皮靴的人”，这种组合将“安乐死”项目的基本性质形象地概括出来了。[51]

为了不让公众看到这些病人，大客车的窗户涂上了黑色，或者钉上了窗帘或百叶窗。这些汽车前往的目的地，病人原先所在机构的医务人员并不知道，病人自己当然也不知道。车上的党卫队警卫人员携带有特殊文件，可以不受阻拦地通过所有检查站。开始时是将病人直接送往屠杀中心，但过了一段时间后不这样做了，而是送到了“观察机构”或“转运机构”。它们常常是一些靠近屠杀中心的大的政府医院，在被送往死亡之前，病人会在这里待上短短一段时间。海德建议增加的这些观察机构，可能是强化了一种程序安排，形成一种进行医学检查以防错误的感觉，但事实上并没有真正的检查或观察。[52]另外，它们似乎也是官僚政治神秘化冲动的一部分，进一步损害了病人的自主存在及可追溯性，对于病人的家人在很大程度上也是如此。

寄给病人家属的一些信件进一步加深了这种官僚政治的神秘化。首先，是告知“基于与战争相关的重要措施”来进行这种转运；当病人抵达屠杀中心后，又寄出第二封信告知“平安”到达，并补充说“在这个时候……帝国防卫的原因”和“因战争而造成的人手短缺”，使得对病人的任何探视或询问都不可能，但如果病人的情况或探视政策有任何变化，都会“马上”通知家人。第二封信由杀人医生或杀人中心的主管签署一个假名。第三封信由“慰问信部门”签署一个假名在数天或也许是数周后发出，告知病人的死亡。[53]

*与之相关的“机构护理的公共福利基金会”负责财务安排。

71 ## “注射器应在医生手中”

病人到达屠杀中心后，通常是24小时内处死。按照T4项目的政策，医生要自己来杀人，这也是总理府“安乐死”第二部主任维克多·布莱克所提出的那句格言：“注射器应在医生手中。[54]不过，不是使用注射器，经常是打开煤气阀门。

有6个主要的屠杀中心——哈特海姆、索伦斯泰因、格拉菲内卡、贝恩堡、勃兰登堡和哈达玛。典型而言，它们都是由精神病院或护养院转变而来，但至少有一个原来是监狱。它们位置偏僻，围有高墙，有一些原来是老城堡，所以里面发生了什么，在外面是不容易看到的。“大客车卸人有一种方式，［所以］既没有病人的尖叫，也不会有任何外面世界能够觉察到的动静。”[55]

据说，希特勒本人依据海德医生的“医学建议”，决定使用一氧化碳气体作为杀人方式。1940年初在由监狱改为屠杀中心的勃兰登堡进行了一次试验后，就执行这个决定了。与使用一氧化碳气体相比，注射处死（使用吗啡、莨菪碱、毒箭马鞍子和氢氰酸［氰化物］的各种混合）显得更为直接。卡尔·勃兰特这个“非常尽责、做事认真之人”要求进行注射处死的试验。他和康迪负责这些注射处死，以此“作为一种象征行为，显示着帝国最负责的医生服从并实际执行元首的命令”。[56]

4个或6个（“最多是6个”）试验注射处死的病人“只是慢慢死去”，有些人不得不注射第二次。相比之下，一氧化碳气体杀得干净利落。于是，由党卫队刑事警察部门的克里斯丁·沃思监督建造的第一座纳粹毒气室就借给了T4项目的人试用。这个毒气室是一个假的淋浴室，里面有长凳，毒气由外面输入到水管内，水管上有小孔，一氧化碳就由这些小孔释放出来。在场的，是2个党卫队搞化学的人，他们有博士学位。一个人操作毒气，另一人叫奥古斯特·贝克尔，他指导18到20个人怎样被领着，赤身裸体进入这个“淋浴室”。通过一个观察孔，他可以很快地看到，“人们跌倒，或者是倒在长凳上”，一点没有“闹哄场面或骚动”。5分钟后房间通风排毒，然后党卫队员使用不必接触就能够铲起尸体的特殊担架，将它

们运往焚尸场的焚尸炉。这个医学杀人项目的领头医生和管理者组成的一
个选定的小圈子观看了这个技术展示。观看后，新被任命为勃兰登堡机构
主管的伊尔姆弗雷德·埃伯利，“本人并自作主张地”将其接管过来。布 72
莱克和勃兰特都表达了对这个试验的满意，后者还强调“只有医生才能来
放气”。[57]

我提到这些最初的毒气杀人既是试验又是展示，因为后来的法庭证词——比如勃兰特在纽伦堡医学审判上引人注意的陈述——清楚地表明它们兼此二任。勃兰特说，开始时的计划是用注射麻醉剂来处死，但后来认识到这虽然可以导致意识丧失，但死亡要等一段时间。于是一个精神病学家（估计是海德）提出了一个替代方案，建议使用一氧化碳气体（这反过来就导致了前面提到的这种展示）。勃兰特回忆自己不喜欢这个想法，因为他觉得“整个问题必须从医学观点来看待”，“在我的医学设想中，从来没有想过一氧化碳”。也就是说，用毒气杀人使得要维持一种医学氛围更为困难了。勃兰特后来改变了主意，因为他想起了自己的一次经历，他一氧化碳中毒后失去了意识，“感觉不到任何东西”，于是认为一氧化碳气体“是致死的最为人道的方式”。不过，他还是有困扰，因为这种方式要求“医学概念的一种整体改变”。他说自己对此进行了深入思考，“以便摆正我自己的良心”。他把在这两种方式上的不同意见提交给希特勒，他记得当时元首问：“哪种方式较为人道？”“我的回答很明确，”他在法庭作证时说，这个项目的其他负责医生也都同意。勃兰特用一种对医学突破的反思来结束这一部分证词：

> 这只是一个例子，当医学史上要出现重大进展时［就会出现这样的例子］。起初，人们也是带着蔑视来看动手术这种事，但后来人们就懂得它并这样来做了。国家当局在这里所要求的任务是给这个问题加上一种医学观念，所以有必要凭良心来找到一种基本方式，把这两个方面的因素都处理好。[58]

既有自我辩解的因素，又有他早期与希特勒父子关系般神话的怀旧因素，勃兰特的陈述让我们触及了医生们投身医学化屠杀的核心。

医学欺骗的官僚机构

在整个“安乐死”项目中，基本模式是高级医生制定政策和提出决定，作为高级顾问和专家提供服务；年轻医生则进行实际杀人，汉斯·F医生在杀害儿童项目中就是如此，虽然也有一些较老的主治医生或者是下命令，或者是暗示致死。这种模式在成年病人身上更是如此。当高级医生卷
73 入杀人时，他们很快就让位于年轻人，这些年轻医生中，有些人很快就提升到高级地位。对杀人医生的选择，显然是考虑其没有经验加政治上的热心。[59]

比如，在勃兰登堡，埃伯利医生学会操作施放毒气时，只有29岁。后来被指定协助他的阿奎莱恩·乌尔里希医生只有26岁。乌尔里希在法庭作证时说，自己的职责并不要求具备什么医学知识。他和埃伯利所做的事，就是对毒气室前厅那些裸体病人进行“表面的检查”，他有时觉得这种“检查”“费解”，后来他认识到“此刻有医生在场，这被用来让精神疾病患者安静，掩饰杀人过程”。[60]

另外一个医生，开始时是一个屠杀中心的一个助手，他的直接上司告诉他：“依据法律，一个医生有最后决定权，所以他就必须去重新检查那些送来的人。”后来，“高级专家”中的一个名叫尼切的医生告诉他，在死亡室之前的这些形式上的“‘检查’，主要是为了安抚那个必须执行杀人的医生的良心”。[61]纳粹清楚地知道，对于参与其中的医生而言，这种医学上的“假设”情境在心理上是很重要的。

就主要部分而言，这种“检查”包括医生简单地核对病人与名单是否一致，是不是要杀掉的人，并利用这个机会来构思什么样的虚假诊断比较合适（要与病人的记录及外观一致），以用于接下来很快要签署的死亡证明。在这一刻改变一个病人的处死决定，是极其罕见的，很可能只限于所发现的若干因战争而残损者。[62]*这种虚假检查的基本意义，在于让谋杀有了医学合法性。

---

*在乌登堡，只有29个病人——大部分是战争老兵——被停止处死。

这些病人中有许多显然被骗住了。一个在哈达玛屠杀中心工作过的人谈到，一个他认识了很多年的病人在走向毒气室的路上对他说："我们现在可以洗个真正的澡，换换衣服了。"[63]如果病人没有被骗住而进行抗拒的话，马上就会被暴力制服，而这看来也像是对待精神疾病患者的通常做法。接下来发生的事，清晰说明了医生在这整个杀人顺序中的责任：

> 门关上后，此前负责检查的那个医生会用通风设备抽去毒气室的空气；然后，这名医生再把一氧化碳灌进去，大约灌10分钟后，他会通过一个小窗户观察毒气效果。当断定那些关在里面的人都死了后，他就让人来清理毒气室。首先是用通风设备把新鲜空气送进来，这样就把毒气排出去 74
> 了。从灌毒气开始，到重新打开毒气室，这需要大约一个小时。那些要进行解剖的尸体被运往一个特别房间，但绝大多数尸体都是马上运往焚尸炉烧掉。[64]*

就勃兰特宣称的这种杀人方式的"人道"而言，另一个在哈达玛工作过、从一个侧窗看过毒气室内部情况的人谈到，"那是一幅恐怖景象，病人逐渐倒下，一个压一个"，他还补充说："我的脑海中永远不能摆脱那幅画面。"[66]

我们会发现，这样一个顺序，包括医生的中心作用，与奥斯维辛的屠杀顺序是令人震惊地相似。

由于这种杀戮要有医学掩盖，必须伪造每一份死亡证明。选择虚假死亡原因的关键是要有医学可信性，要使用与病人生前身体和精神状态一致的疾病，一种病人可能会感染的疾病。被派上用场的死亡原因可以包括几乎任何方面——各种传染病、肺炎，各种心、肺、脑疾病，或者是其他主要器官的疾病。在那些杀人医生的"医学经验"中，熟练这个伪造过程是重要部分之一，年轻人则在自己医学上司和前辈的"培训"中学到这些。

---

*另外，作为这个项目科学掩盖的一个部分，"安乐死"的受害者在被杀之前都要裸体拍照。弗里德里希·曼奈克医生（见本书139—142页）就T4项目在海德堡受训时，曾受过"各种摄影表现"的专门培训。[65]在某些屠杀中心，受害者尸体被焚烧之前，先将其大脑挖走以供后来研究。

他们还得到了有关的书面指导，强调一些必须一致的细节。

比如，有这样一份指导就特别关注败血症（血流中的细菌）作为一个死亡原因，提到皮肤的细菌感染可作为一个来源，并且列出了症状的顺序，以及要提到的治疗。这份文件还包括其他有用的小贴士：不清洁的精神疾病患者常常会有他们自己抓擦出来的疮，“这个基本疾病［细菌感染］可以很合适地定为持续4天，它所导致的败血症可定为持续5天”；不过，这个诊断“不要用于那些一丝不苟清洁的病人”，它“适用于年轻的强壮病人，他们总是全身都弄得很脏”；但是，如果要用于他们，那“就要标明7到8天的时间，以便让病情恶化，因为这些人的循环相对顽强”。[67]

说杀人医生的主要医学作用——或许是唯一的作用——是做出每个病人—受害者死亡证明上最为可信的伪造，这样讲并不过分。

维持这些医学假象，需要一个进行欺骗的庞大官僚机构。这个“臃肿
75 机构”中的每一个伪造，都需要“再用两个伪造来掩盖”。比如，每个屠杀中心都有一个“特别登记办公处”，它有一个部门专门为每个病人决定其合适的死亡日期。在医生准备的死亡证明上，这个死亡日期是不填的，留给这个部门来填。以这个部门的“时间卡片”和“死亡档案”作为基础，就可以防止某个地方某个时间段中出现大量死亡的可疑记录。[68]

这个官僚机构的欺骗延伸——可以说是合乎逻辑地延伸——至受害者的骨灰，它们被随意地混合在一起，所以死亡病人的家人接到的骨灰瓮中，所盛的骨灰并非是自己亲人的。（家人被告知，由于公共健康的原因，尤其是在战时，需要迅速火化。）这个项目的一个领导者后来说，当指示尸体不再单个火化，骨灰必然混合时，他“由于宗教虔诚的原因”激烈反对这种做法。他说自己曾对负责执行这个命令的管理者说：“即使德国人民原谅了你所有事情，他们也永远不会原谅你这件事情。”[69]我们必须对任何类似回忆持一种质疑态度，但它表明，即使是在当时也存在着一丝闪光，意识到了这种临终一步的医学伪造的亵渎性质。

官僚机构的欺骗不可避免地会出现失误，比如一个家庭接到了两个骨灰瓮，或者是被告知他们的亲人因阑尾炎去世，但此人的阑尾早已切除；或者是被通知一个病人死亡了，但此人实际上没有被杀，仍然活着，身体

很好。或者是人们了解到（尤其是有着全国性联系的一些教会团体开始调查此事后），从一家精神病院同时运走的一批病人可疑地死去；或者是位于德国不同地方的病人家庭在同一时间接到信件，通知病人死亡，而这些病人在送到某家机构后身体还很好。

另外，在屠杀中心工作的人会在附近酒吧喝得酩酊大醉，有时就会讲出一些他们所做的事情。"安乐死"中心的厨房和洗衣房雇用的当地人也会传播一些事情。有时，转运程序进行时会被看到——甚至就在集镇市场上，所以许多人都看到了用暴力来对付一些反抗的受害者。

有一些直接感觉到的屠杀证据，官僚机构的欺骗对此无法抹除。"焚尸场冒出的浓烟据说每天在哈达玛都可以看到"，"开足马力……［哈特海姆焚尸场］日夜冒烟。一绺一绺的头发从烟囱中飞出，落到街道上"。这些官僚机构的疏忽在纳粹文件中被提到，文件批评这个项目的管理方式，要求"进行这些活动时，要更细心"。[70]然而，这些"错误"部分就是纳粹政权自身在保密原则上的冲突和矛盾的产物。尽管每个层面都要精心掩饰，所有参与屠杀的人都要保证终生保密，但在好几个屠杀中心，一 76
些外人比如当地领导人和哈特海姆的著名纳粹要人都被邀请，有时是允许去观看对病人的屠杀。

允许谁知道一切，谁不能知道一切，在这方面也有不一致。尽管这个医学杀人项目的性质没有公开讨论过，但也没有完全封锁。一些大的精神病医院，如埃格尔芬格—哈尔精神病院——它不是正式的屠杀中心，但精神疾病患者也在这里被残忍杀害，与"安乐死"相关的课程在这些地方讲授。估计有2万名纳粹军方、非军方领导人及党卫队人员观看了一些高度残损的病人尤其是犹太病人的电影*和"病例展示"，以显示他们是"不值得活着的生命"。我们不妨回忆一下帕方缪勒对让一个儿童饥饿至死这种"最简单方式"的展示。[72]

这些矛盾以及其他的官僚机构矛盾与一种不确定性有关系。官方认为，这个项目有必要但很难被大众接受，与这个看法相伴的是一种感

---

*这样的电影中，有一部叫《存在而无生命》，它不向一般大众放映，而是专门用于T4项目人员和一些内部人员的教育。[71]

觉，认为：这个项目一方面肮脏丑陋、不可接受（所以要不惜一切代价掩盖），另一方面又是对种族的一种解放性治疗（所以又具有公开展示性）。很可能，这个欺骗的官僚机构中，那些纳粹医生及其同伴是同时拥有这三种感受的。

新技术与屠杀犹太人：波兰和“最后解决”中的T4项目

从T4项目运作的一开始起，犹太病人就被视为单独的一类。他们是不久前因纳粹更扩大的灭绝政策而抓进来的。那时期，正是宣传“将犹太人作为一个整体［在驱逐的意义上］消灭”的时候（从1939年后期到1940年前期）。波兰于1939年9月被德国军队占领，盖世太保首领赖因哈德·海德里希随之构思了一个计划，要在波兰城市卢布林搞一个“犹太人保留地”。尽管这个计划从来没有落实，但在1939—1940年冬天，满载犹太人（他们并不是精神疾病患者）的驱逐列车从奥地利、波希米亚和摩拉维亚驶往波兰。[73]*

尽管“马达加斯加计划”（使用这个岛作为犹太人的“保留地”）仍
77 然还在考虑中，但纳粹党内圈子中越来越多地谈到了对“犹太人问题”的“激进解决”，它发展成所谓的“最后解决”。[74]

在T4项目中，对德国机构中的犹太病人的医学屠杀不必遵循通常的标准（心智缺陷或精神分裂、住院时间、工作能力等等都不必考虑）。对于他们，“不需要专门的质询或讨论”，“犹太人问题所采取的‘激进解决’的逻辑结果，就是完全消灭收容所里的这类收容者”。[75]

正是在这一点上，直接医学杀人为“最后解决”提供了一个确切的预想：犹太人可以被杀掉，杀光最后一个男人、女人和儿童，就因为他们是犹太人。对于纳粹而言，在所有纳粹暴行的受害者中，犹太精神疾病患者是特殊的一类。这类人既在个体医学意义上体现着“危险基因”，又在种族集体的意义上体现了“种族毒药”。

---

*无论是犹太病人还是一般犹太人，在对他们进行重新安置的所有谈论中，波兰人的反犹主义态度——也就是激发波兰人来大屠杀或类似行为的可能性——是经常被提及的。

对德国犹太人的系统的T4处理，是从1940年4月开始的，帝国内政部发布了一个公告，宣布在3周时间内所有犹太病人都要登记造册。到了6月，对犹太人的第一批毒气杀害就开始了。200个男人、女人和儿童在勃兰登堡被杀，他们是用6辆“盖克拉德”大客车从柏林—布赫精神病院运到这里来的。7月有了更多的屠杀。8月30日，内政部又来了一个指示，命令按照犹太病人所在区域就近将他们送到各个集中点，对此的解释是非犹太人的白人雇员和病人亲属抱怨，他们被视为犹太人，和犹太人住在一起。[76]

巴伐利亚的集中点是埃格尔芬格—哈尔，帕方缪勒医生曾在这里骄傲地宣布：“我的机构不允许有犹太人！”[77]现在，运来的犹太病人被安置在两座特殊的房屋里（他们按性别而不是按病情程度被分开），并且安插了宣传电影的角色来表现他们是“典型的犹太人”和“人类的糟粕”。这种隔离反映了一种基本政策，用施密特的讽刺语来说，就是“不要期待非犹太的白人精神疾病患者会与犹太精神疾病患者死在一起，更不要说活在一起了”。[78]

1940年秋天，犹太病人开始被转运至纳粹占领的波兰，这是将所有犹太人都从德国运出去的政策的一部分。当年12月，又有通知，此后犹太病人将运至莱茵兰新维德附近本多夫的一家精神残损儿童收容所。1869年时，这是一家私人拥有的犹太人机构。从1942年春季开始，本多夫的病人就被用火车运往波兰，每节货车车厢中关60到70个病人，这些火车也搭载普通的德国犹太人。本多夫医院打算腾出来来收治受伤士兵，但一直没有这样做。它的院长是一个“有特权的犹太人”（与雅利安人结婚），一直待在这所腾空的医院里作为看守人。[79]

一旦犹太人被赶进了火车，进行医治的伪装也就结束了。火车抵达卢 78
布林，波兰犹太人也被集中到这个地方，犹太人在这里被没收财产，从事苦役。这些病人的确切命运无人知道，以为会有所不同，然而只有那个最后的结果——在索比波尔和贝乌热茨那样的集中营内被杀掉。[80]

T4办公室制定了一个欺骗犹太人的行动：用印有“霍尔姆精神病院”抬头的信纸来发出死亡证明和表示慰问，派专人带着这种邮件到卢布林附近的霍尔姆，盖上这里的邮戳然后寄出去。就目前的判断而言，所谓“霍尔姆精神病院”是虚构出来的。[81]

从1939年9月起，当战争开始后，随着德国军队东进，党卫队开始枪杀精神病院的病人（不分种族或国籍），以腾空医院用于收治士兵。比如，波罗的海沿岸的德国东部城市斯特拉松德有一所医院就于1939年12月被腾空，它原来的病人被运到但泽枪杀。先是使用波兰囚犯来掩埋这些人的尸体，然后再枪杀那些囚犯。在切姆—卢比尔斯基，在波兰总督府内，病人被党卫军部队成批枪杀，有的时候是从收容所里赶出来枪杀，然后集体埋在一起。当德国于1941年6月入侵俄罗斯后，海德里希领导的特别行动队开始清除医院病人和犹太人、吉普赛人和共产党人公务员。这方面的报告提到需要为受伤的士兵提供医院床位，以及这些都是不值得活着之生命的“德国观点”。[82]

与T4项目联系得更紧密的，是这些德国人在迈斯里兹—奥布拉瓦德和蒂根霍夫建立了两座精神病人灭绝设施，这两处都位于波美拉尼亚的旧普鲁士领土。做法是，首先屠杀波兰病人，然后将德国病人带到这些腾空的设施之中，最终也用枪杀、毒气、注射、饥饿或食物中掺入毒药等方式来杀害。T4项目也有标准的死亡慰问信，寄给被杀害者的家人。有一些证据表明，身体或精神残损的德国士兵在这两处设施中也被实施了“安乐死”。[83]

就杀人的技术而言，由于特别行动队员出现了心理问题，对枪杀的依赖就逐渐减少。也使用过爆炸物，比如1941年9月在俄国就曾炸死过精神疾病患者。这种方式被证明没有效率，因为炸死后打扫现场的工作量很大，有时候炸一次还不够。毒气显然是比较好用的。

一氧化碳气体被越来越多地使用，首先是装在小罐里（随着部队东进，将它们从德国带来，成本就变得越来越高了），然后——在进一步的技术革新后，就使用厢式货车排出的废气。1940年5月和6月的两周内，在索洛陶的一个转运营的厢式货车中，来自东普鲁士的1558个精神疾病患者
79 就被这样毒杀了。“被称作‘兰格特别行动队’（‘兰格’是它的指挥官）的巡回安乐死小分队”执行这类毒杀。这类毒杀代表着“最后解决”三种因素最初的结合。这三种因素分别是：“安乐死”项目，实验室科学

和党卫队技术（对毒气杀人的发明作了贡献），特别行动队（采用新的毒气杀人技术来工作）。1941年10月，布莱克和艾希曼决定对那些“没有工作能力”的犹太人使用这种毒气货车。第一个纯粹的灭绝营——切姆诺—库姆霍夫灭绝营中，设立了3个这样的毒气室，主要用于屠杀犹太人，但也杀害吉普赛人、斑疹伤寒患者、苏联战俘和精神病人。做法还是复制T4项目的程序：告知受害者他们得洗澡，他们的衣服得消毒，党卫队军官身穿白大褂，带着听诊器。囚犯们的值钱之物要登记，然后沿着“前往浴室”的标记，走上一个坡道进入毒气车。当车中再也听不到任何声音后，车就驶向附近的林地，由犹太人囚犯组成的特别工作队员们把尸体卸下来，集体埋掉。（由于散发有毒气体的缘故，后来修建了焚尸场。）切姆诺—库姆霍夫灭绝营位于德国重新获得的土地上，是德国政府的第一座灭绝营，其后又有了贝乌热茨、索比波尔和特雷布林卡。在固定毒气室和T4项目人员的使用上，它们都仍然与“安乐死”屠杀中心较为相似。[84]（见本书第7章和142—144页。）

第3章　对直接医学屠杀的抗拒 80

“关于精神疾病患者的命运，在慕尼黑有一些奇怪的议论。”

“他怎么会死得这么快呢？我随信附上一枚邮票，请你把他临终情况告诉我。”

“为什么要把我弟弟的遗体烧掉？我想把他埋在坟墓里。”

“我们必须谴责你们没给我们一个告别的机会……我们由衷厌恶和不理解你们的做法。我希望你们告诉我这样做的理由。”

——“安乐死”项目中被杀掉病人的家属来信摘录

精神病学界的抗拒

一些精神病医生抗拒医学杀人，但大部分都是一种有限、孤立和间接的方式。尽管不够，但这种抗拒并非没有意义。

抗拒的最为广泛的方式无疑也是最难评估的，这就是“沉默抗拒”。一些精神病医生采取行动，让病人能够逃避这个致命的官僚机构。[1]这些措施包括将病人诊断为严重神经过敏而不是精神分裂；
或者是尽量弱化精神残损病人不能工作的能力；放病人回家去，或 81

者是让他们待在大学诊所内或接受一般的医治，而不是将他们转运至政府医院；或者是强调病人有得到改善和从事劳作的可能性，最终能够对社会做贡献。在这些做法中，同事之间会有心照不宣的合作，有时会得到那些并不很赞同这个项目的医疗、精神病学和非医疗管理者的帮忙。有这些抗拒尝试的精神病医生，其对待这个项目的态度不一样，有些是心理矛盾重重，有些则是强烈谴责，他们的抗拒，也常常伴有他们认为必须的与这个项目的合作。

护士和护工也有一些抗拒的举动，或者是警告病人赶紧离开医院以免太迟，有时甚至是帮助病人隐藏起来。一个教会管理的机构中的一个前病人，讲述了她和其他病人听到汽车开来，要将她们带向死亡时是多么害怕：

> 我们穿过树林，四处奔跑，因为我们不知道朝哪儿跑……当姐妹们（护士们）来接她们时，许多人［病人］又开始跑……我们好几次藏在谷仓里……现在什么地方都不安全了……只要有车开过来，护士长就会喊“注意，快走，藏好。如果有人来，不要站起来。”[2]

和医生一样，这些护士和医院工作人员既可以此刻表现出这种抗拒，但也会去做医学杀人中她们的工作。

一些精神病医生的不舒服之感，来自他们希望这种事情要做得坦荡与合法。“如果政府真的希望进行对这些病人的消灭……难道不应该宣布一个清晰表达的法律……就如同［绝育］法律的情况一样”，一家精神病院的院长这样向司法部表达自己的看法。[3]

精神病医生各种抗拒的出现，至关重要的，是老一代中一些领头的精神病医生人道主义者的影响，比如卡尔·朋霍费尔。这些人因反对医学杀人、且在不同的程度上反对纳粹政权而出名。1939年，在政治上受到怀疑的朋霍费尔，其在精神病学上的崇高位置，即在柏林大学和查理特医院讲座教授的位置，被身为纳粹党员和党卫队成员的马克斯·德·克里尼斯取代。从此，朋霍费尔更积极地帮助他的两个儿子和一个女婿，这三人最终都因反对纳粹政权而被杀。通过帮助儿子迪特里希——后来一位著名的新教殉道者，朋霍费尔自己也加入到反对医学杀人的斗争中，他协助儿子与一些教会群体联系，这些群体想找到权威的精神病学依据，并以此拒绝将自己的病人交给这个项目。[4]

朋霍费尔在这一领域极受尊重，再加上，众所周知，他反对医学杀人，这就对其他精神病医生的抗拒努力至少提供了间接的职业和精神病学支持，不管这种支持是多么局部。[5]* 82

有一位精神病医生，朋霍费尔对他的影响据说是至关重要的，这就是基尔的汉斯·格哈德·克罗伊茨费尔特教授。他所在的医学部门只有两人没有加入纳粹党，他是其中一个。他多少得到了自己学术领导的保护，此人谨慎地让他知道在反纳粹立场上能够走多远。然而，克罗伊茨费尔特所做的，已超过了最大限度，据说，他想办法来保护自己机构中大部分或所有病人不被交给这个项目。一个精神病医生告诉我，克罗伊茨费尔特以在讲课中抨击“安乐死”、宣布“他们是谋杀者！”而出名。他之所以未因此遭受迫害，是因为纳粹认为他非常古怪，甚至是“有点疯颠”。+我采访了他的一些近亲，他们怀疑他会直接说这些话。无论如何，人们将他视为一个敢于说出真相的人。

“确凿的医学反对”：戈特弗里德·埃瓦尔德

只有一位精神病医生，哥廷根的戈特弗里德·埃瓦尔德教授公开反对这个医学杀人项目。（请参看87页脚注和88—89页。）埃瓦尔德曾与这个政权关系良好，被邀请担任这个医学杀人项目的一个领导者，但他有足够的个人和职业人道主义来坚守原则，并加以拒绝，他也有足够的勇气把自己对这个项目的大量批评传递给更高的医学当局。

---

*必须说，朋霍费尔起先赞同绝育，而且对德国大学的纳粹化并不持强烈的反对立场，如同他后来坦白承认的那样（“不幸的是，无论是我还是其他教授，都没有勇气站起来、走出来反抗教育和文化事务部长伯恩哈德·鲁斯特对学术专业所采取的那种侮辱性的态度。”）[6]不过，他的确努力在自己部门维持一种正派和平衡的专业工作的氛围。

+克罗伊茨费尔特后来在揭露维尔纳·海德，将后者送上法庭方面，起了关键作用。（见119页。）

1940年8月15日，维尔纳·海德召开了一次策划此事的会议，征募著名的精神病医生。埃瓦尔德拒绝参与这个项目，结果被要求离会。他记得海德是在一张“长桌”前主持会议，解释“‘安乐死’必须持续”，因为即使军方不再迫切需要医院床位，这些机构也必须“摆脱”病人，“因为人们不知道会发生什么”。这些召集来的精神病学领军人物，他们的任务就是担任“专家”或“高级专家”，这意味着要对病人是否被“安乐死”提出判断。海德报告说，已有计划要把这个项目扩展至老龄病人和结核病人，希特勒打算签署一项法律（文本在隔壁房间可以看到），这项法律将提供“司法保障”。[7]*

83 当海德说这些时，埃瓦尔德马上就有一种感觉，认为必须理清自己的反对意见，所以回忆不起来海德还说了些什么。当有机会发言时，埃瓦尔德说：“就原则而言，我不会参与用这种方式来清除托付给我的病人。”他指出，这个项目所涉及到的精神分裂症患者这个最大的病人群体，并非所宣称的那样“空洞和没有希望”，靠着正在发展出来的新的治疗方式，他们的病情可以得到改善。在讲了其他的观点和清楚表明自己拒绝成为一个专家之后，又有其他两位精神病医生赞同他的看法。不过，埃瓦尔德法庭作证说，当海德的指挥副手、也具有相当专业声望的保罗·尼切讲话，动情地谈到自己与一个患精神疾病的姐夫打交道所体验到的悲剧，要求众人不要反对消灭精神疾病患者后，那两人就转变了。+由于埃瓦尔德没有再多说什么，也明显不会改变他自己的立场，所以海德“开除”了他，用一种坚定但“非常礼貌和学院性的方式”，甚至表示“尊重我的观点”。[8]

就在会议之后，埃瓦尔德记下了会上所发生之事的要点，他以此作为基础，写了一份备忘录，送交哥廷根大学自己所在部门的主任，也送给

*这个文本如果真有的话，也只能是一项法律的草案。这项法律本身如同我们知道的那样，从来就没有实施过。

+这两个医生中的一个、（赖歇瑙的）亚瑟·库恩对此表示不同意，在法庭作证时说自己在火车站遇见了另外那个（来自克拉根福）叫穆斯伯格的医生，他们都提前离开了，而与会的其他人则待到很晚，并饮酒庆祝。不过，这两人的整体角色仍然模糊。两人的名字都没有出现在纳粹文件的专家名单中。（关于这一点，感谢恩斯特·克莱曾在1985年11月写信告知我。）

了海德、汉诺威的一位地区官员康迪，还送给了精神治疗医师马提亚·戈林，并请他将这份备忘录交给他的堂兄、握有权力的空军元帅赫尔曼·戈林*。这份备忘录基本上是依据一个纳粹框架来写的，首先就是提出问题，不是关于病人权利的问题，而是这样一个“广泛”的行动是否对人民有足够的益处，能够来论证它的问题。埃瓦尔德承认，如果一个民族已被彻底包围，“需要每一粒粮食用于它的健康成员，那么……这些不幸的患病成员可以是最早放弃他们生命的人，从而有利于健康人口”。但是，不是在这样极端的情况下，医生就不应该“干预命运”。

他继续说，所有人，不仅是病人，都愿意把他们自己的生命和家庭 84
近亲的生命交给“国家处理”，尤其是在战时，因为“我们所追求的好处……［是］我们所知道的最大的……民族的自由、伟大和幸福”。他承认，与照顾相比，结束那些不值得活着的生命是“更高也更为普遍的目的”，然而他想把这个概念限制在一些情况中，类似于医生愿意加快一个致命癌症病人的死亡，这个病人“为了健康的原因”而渴望这个死亡。在这个意义上，埃瓦尔德寻求回到安乐死的真正意义上。他强调，“即使是一个母亲与她的白痴孩子之间”也存在着“血缘的生物学纽带”，“对此应该尊重”。如果一个家庭由于这样一个孩子造成的经济负担而同意杀掉这个孩子，国家应该是向这个家庭提供经济援助，“从而……不在我们的

*马提亚·戈林是一位精神病医生和阿德勒学派精神治疗医师，主要是因为家族关系，他后来担任了人们所称的柏林“戈林研究所”的所长。尽管马提亚·戈林是一个热心的纳粹，一直保持着与自己显赫堂兄的联系，并毫不迟疑地利用堂兄的名字，但他被普遍认为相对善良（他在这个研究所内被称为“帕皮”）（此词有“完美男人”的意思。——译者注），尽管有所限制，还是想办法维持了自己的专业立场。阿德勒、荣格、弗洛伊德学派精神治疗医师和精神分析师，也分为强烈亲纳粹的、反纳粹的和处于二者之间的不同情况。由于马提亚·戈林和他的研究所使精神治疗作为一个专业在纳粹德国得以生存下来，由于他对一些精神治疗医师提供了一些保护，他就多少有点被浪漫化了。尽管他从来没有实现自己那个“新德国精神疗法”的目标，但他却推进了德国精神疗法来为这个政权服务，维持了与军方和党卫队的活跃关系。戈林研究所在许多层面上都是一个迷人的故事，但我认为最好是将马提亚·戈林理解为一个典型的“正派纳粹”，关于这类人，我后面会谈很多；他和他的研究所执行了德国精神分析学、精神治疗以及一小部分精神病学（这个学科与精神疗法有关连的一小部分）的“一体化”的基本功能。[9]

国民中间区分出谁的经济条件好，谁的经济条件差”。[10]

所以，只有埃瓦尔德提出了“确凿的医学反对”。他用斜体字强调，并质问：“我们真的知道，属于这个法律范围内的所有病人都不可医治吗？”就精神分裂症而言，他指出，这种病中有尚未清楚认识的组织病理学（组织改变），而新的治疗方法已经带来了“令人惊讶的”改善。就病人亲属和一般大众对此的心理反应而言，埃瓦尔德提到，无论是他们实际上是否同意将病人杀死，许多人都会被自我责备所“拷问”，家庭内部会出现可怕的冲突和责难，恐惧和不信任会盛行，尤其是对医生的恐惧和不信任，“因为人们知道进入一家精神诊所或机构可以导致死亡”。不仅所有人的医学保健会因此遭受损害，而且医学职业也会失去它的基本标准，人们会将它与“阴险、荒谬和可怕的”所有事情联系起来。他大胆地强调了杀戮的最终结局：“没有输卵管或输精管，人也可以活着甚至是享受生活（尽管在绝育过程中大部分人会很受折磨），但处死却是结束一切。”[11]

埃瓦尔德尽其雄辩，强调医学职业的正直诚实——但仍然使用的是一种纳粹背景：

> 医生职业建立在一种帮助他人、抚慰他而不是伤害他的迫切愿望之上。尤其是精神病医生懂得要促进一种更高的善……所有人的善……每一个明智的医生也都会赞同安乐死。不过，哪一个立志做医生的人会想去做违反其亲人的意愿，也没有最迫切的需要，要去消灭没有希望的病人？谁会让自己去做这种令人憎恶的杀害呢？……任何时候，只要是拯救人民之事，我肯定会杀人……我也赞同消灭严重犯罪者和那些寄生虫。但是，我不能选择一种其日常工作就是消灭病人的职业——这病人是他或她的亲人送到我这里来的，是信任我，来我这里寻求帮助的。

埃瓦尔德强调，他是依据许多年的近距离医疗观察而说这番话，是作为
85 一个有机会“真正看到他的病人和人们的内心世界”的人来说的，这比搞遗传研究的“最好的理论家……［或］统计学家”要深入和宽广得多。[12]*

---

*埃瓦尔德得到了他的主任施蒂希医生的回信（谨慎同意，并把埃瓦尔德的原件退还回（转下页）

埃瓦尔德最初同情纳粹，如同他的遗孀——我在一家护养院采访了她——所言：“就像每个人一样，他也热切地说过他的‘嗨，希特勒！’”纳粹党的文件证实了他这种态度，描述他在1939年是一个政治上的“可靠者”，对“第三帝国有积极的政治态度”。[13]然而，埃瓦尔德在20世纪30年代一直想加入纳粹党，但却一直被拒绝，拒绝的理由总是被形容为仅仅是“手续上”的原因。这些手续上的原因被证明与埃瓦尔德在一战时的受伤有关，这次受伤导致他一条前臂被截肢。作为一个“战争致残一条手臂的人”（对他的一份调查这样说），[14]他被阻止积极参与冲锋队或类似组织，尽管有着残障，他还是加入了冲锋队的预备役，参加他们的军事演习，此前在1923年，他也参加过已经解散了的“人民自由军团”的类似活动。作为对恢复他哥廷根教授职务的批准，1939年，一个地方纳粹人事官员形容埃瓦尔德“完全赞同国家社会主义工人党［纳粹党］的那些抱负”。[15]

这些纳粹党的文件还进一步解释，对于一些被认为“党的工作特别想要得到，而且可视为党的工作的一种特殊荣誉”的杰出人士，手续上的要求可以例外，但埃瓦尔德并不符合这个标准。这里的暗示可能是指他的专业声望，尽管很坚实，但并不杰出；或者说他对纳粹的认同虽然强烈，但并不绝对。后面这个“缺陷”，在他判定一个犹太病人康复，并让其回到一个德国农民家庭去工作的案例中可以看出来，这件事激怒了纳粹党官员。[16]*（这件事发生在1938年后期，当时他是哥廷根政府医院的院长，是对他有了上述这些评判之后的事情。）

（接上页）来），康迪也回了信（友善地表示不同意），政府官员也有回信，但显然不是海德或马提亚·戈林。

*门格萨森的纳粹地方领导向哥廷根的地区领导报告，说看到这个犹太病人在教会节日上与“德国姑娘”跳舞。然后他给埃瓦尔德写信：“第三帝国关于农业产业的协议中，不允许任何情况下犹太人出现在德国农场的土地上。”而且，出现在公共场合的这个犹太人还有过失犯罪。埃瓦尔德马上把这个病人弄回政府医院，在此之前，他解释说自己受到汉诺威政府的压力，要尽可能地让更多病人去做家务工作，因为这可以减少政府的负担；同样，农民们也缺乏人手，抢着要这种病人。不过，再也没有犹太人被送到农场去了。[17]

不过，通过在自己家里治疗和照顾赫尔曼·戈林这个普鲁士政府总管的一个下属——这样做，此人病情就不会为人所知，这让他与戈林有了86 他遗孀所称的“一种联系”。埃瓦尔德甚至去过柏林，向戈林报告此人治疗的进展。这种联系无疑是后来埃瓦尔德决定请马提亚·戈林把他对“安乐死”的批评备忘录转交赫尔曼·戈林看的一个因素。的确，埃瓦尔德思考这些问题的方式，使高层官员知道自己的看法，这表明他对这个政权是有所信任的，他期待纳粹政权会严肃对待他在这个问题上的道德考虑。他给海德和康迪寄备忘录时所附的信件，都是友好同事讨论严肃问题的口吻。给海德的信中，他说“我很抱歉让你失望”，给康迪的信中，他宣布自己“很高兴在任何时候接受你个人质询的安排，只要这能对你有帮助就行”。然而，在这些信中，他也谈到了自己这样做的“医学良心”和“内在需要”。[18]他也害怕被报复。

在柏林参加海德那次会议回到哥廷根后，按照其遗孀的回忆，埃瓦尔德说过：“请对事情看得开一些，但要对一种可能性作好准备：从现在开始任何一天，我都可能被送到集中营去。”同样，他也不与同事谈论纳粹医学杀人的事情，他的遗孀相信，这是因为与任何人讨论此事都是被禁止的，而且埃瓦尔德也认为，无论如何“没有用处”。不过，他的遗孀的确记得，后来大约是1944年某个时候，埃瓦尔德曾与一些精神病学同事积极谈论过要加入某种尝试，宣布希特勒为疯子。*

埃瓦尔德的行为在德国投降之后很快就变得，甚至更复杂了。他妻子讲述了他如何烧掉了自己的大部分精神病学档案，因为它们“里面有对许多人不利的材料——这些人会因此失去挣钱的能力，会被送进监狱”。对

---

*人们记忆的这件事有一些混乱。1938年，在捷克斯洛伐克危机期间，一群共谋者，包括卡尔·朋霍费尔的女婿汉斯·冯·多纳尼，考虑将希特勒抓起来，以人民法庭的名义审判其用招致战争的方式危及了德国的安全。多纳尼和另外一个人制作了一份关于希特勒各种疾病的报告，把它拿给朋霍费尔看，希望他或由他领导的一个小组能够证明希特勒精神错乱。后来还有一次质疑希特勒是否精神健全的尝试，是战争最后一年中一些高级纳粹党员的图谋。并没有书面证据表明埃瓦尔德参与了这两起中的任何一次，不过他有可能参与了另外一起未记录下来的精神病医生们的努力，想要宣布希特勒为精神病患者。[19]

此的进一步询问给我这样一种印象：这些档案中有显示了对纳粹立场不同程度支持的信件，从形式化的表达到强烈的热情都有，它们可能不仅让同事窘迫，也会让埃瓦尔德本人难堪。

埃瓦尔德的遗孀还说，他在自己的医院“藏”了为数不少的参与了“安乐死”项目的精神病医生，他让这些人尽量不为人注意地工作（他们是否换了名字，或者是采取了其他防止被人发现的措施，这不得而知），有一次人数达到了“51个客座医生”。她将此作为自己丈夫人道主义冲动的一部分而谈起，她丈夫认为“这些人受罪更多，对谁都没有好处，他们 87
已经受够了罪”。她将此与同样的“单纯的责任感”联系起来，埃瓦尔德个人对医学杀人项目的抗拒，就是基于这种责任感。

战后早期岁月中，埃瓦尔德医生也在“安乐死”审判中提供了自愿的证词。他似乎想要重申他对这个项目的反对，但与此同时，又向那些参与其中的精神病医生提供了个人帮助。这或者是因为在某种意义上，他并不认为自己不同于这些人。他曾是这个政权的一个强烈支持者，他反对这个政权的重大“精神病学”项目的原则立场，是想从内部改革它，甚至或许是想保留它里面一些自己曾经钦佩过的东西。由于他的国家的这些代表对此的背叛，他可能会有某种程度的内疚，尤其是对那些同事的内疚，他们以一种让自己蒙羞的方式从这个群体中走了出去。无论如何，在专业上和政治上，他还是强烈认同自己大部分同事的，而且在站出来反对医学杀人之前，他在与这个政权的合作，比大部分同事走得更远。这种内疚和认同导致了他战后对这些同事的保护。不管人们怎样评判这种行为，它所反映出来的内疚感可以很好地与一种良心行为联系起来，正是这种良心行为使得他与众不同。无疑，关键性的还有他的受伤，他作为一个残疾人的地位，这使得他较之其他人更同情那些医学杀人的潜在受害者，他对“不值得活着的生命”这个概念较为警惕。（意味深长的是，在海德那次柏林会议上，另一个似也拒绝参与的医生亚瑟·库恩，也有一条被截肢的腿。）[20]

埃瓦尔德可能没有朋霍费尔那种深刻的人道主义和自由主义，也没有后者的专业声望。然而，我猜想，在有一点上埃瓦尔德类似于朋霍费尔和克罗伊茨费尔特，那就是，早期的宗教接触影响到了这位新教牧师的儿子。[21]不管这种影响是什么程度，不管一个人曾与纳粹运动有过什么样的联系，一种内在的正直保存下来，使得一个人在特定时刻能够说“不”。一个对此事深为关心的德国医生，与我一起了解了埃瓦尔德的整个故事，悲伤地总结说：“看来，一个英雄并非是真正的英雄。”情况似乎大概是这样：埃瓦尔德远不是一个反纳粹英雄；但也许他毕竟还是一个英雄。在这个领域已经基本顺从了纳粹政权时，作为其中的医生，埃瓦尔德做出了直接的、勇敢的、个人和职业的行为来反对医学杀人。*

88 **宗教机构内的精神病医生们**

抗拒“安乐死”的精神病医生与教会领袖之间的相互影响，可能超过了通常所认为的程度，但它们仍然是一种零星、有限的方式。不过，在教会机构内工作的精神病医生，有时会成为一种维持较久、共同参与的反抗形式的部分。在一个新教的精神病人护养机构舒森里德中，一位名叫格茨的主管医生与“安乐死”医生委员会的专家发生了“激烈的争吵”，因为这个专家“对病人［的工作能力］的评估一直太低”。格茨医生记得此前的类似情况，这样评估的话，“病人就会被送进死亡”；现在他感觉这个来访者“把［筛选送去死亡的病人的责任］放在了他身上，他不可能承担这种责任”。乌登堡的内政部长曾命令在这件事上要配合，所以他也意识到“没有遵循自己上司办公室的命令，……早晚有一天他得就此作出解释”。[23]对病人死亡的潜在负疚感，是进行抗拒的一个强大支点，在那些有着很强基督教道德心的人身上，尤其如此。

---

*当然，一些没有宗教信仰的医生，也以各种方式采取了反对直接医学杀人的立场。他们之中包括库尔特·施耐德（他在各个方面都不同于卡尔·施耐德，见本书122—123页）、恩斯特·克雷奇默和卡尔·克莱斯特教授。克莱斯特是一个有些精神病学经验的内科医生，我访谈过的一个医生说，克莱斯特在一次讲课中提到自己拒绝参加“安乐死”委员会（见本书39页）。另外一个年轻的精神病医生特奥·朗也去接触过马提亚·戈林，请他在一份反对消灭精神疾病患者的声明上签字。马提亚·戈林婉拒[22]之后，他至少还在另外两个场合又敦请其签字（见本书91页）。来自宗教机构的精神病医生的抗拒，将在本章下一节内容中讨论。而且，上面这个名单也远不完整。

纽恩德尔索（本书67页谈到那些医学院学生和打字员曾经来过的那家护养院），它的福音派路德教会机构的精神病主管医生鲁道夫·柏克坦率宣布，“这个委员会的运作方式是有偏见的，与所有的医学做法都背道而驰”。他补充说，“关于病人的这些报告的最终目的要为公众所知，所以作为主管医生，我就有巨大责任……哪怕一些委员会已经提前带来了最终的决定”。[24]

在这两个例子中，我们看到一种对这个项目的运作标准和方式进行抗拒的倾向，但并不是对这整个项目本身的抗拒（那是一种困难得多，也极可能危险得多的行为）。所以，柏克医生就要求把问卷调查表返回，这样他可以全面地填写它们。[25]这样一种妥协——尽量努力多救一些病人，同时也放弃那些感觉救不了的人——是经常见到的。

教会背景中最为引人注目的抗拒，或许来自伯特利精神病学研究所（它不同于它相关的癫痫病研究所）主任精神病医生卡斯滕·杰斯帕森。作为一个1931年入党的纳粹党员，杰斯帕森甚至能够去提起刑事诉讼，对象是与谋杀安排有关的一些警察群体，他拒绝填写问卷调查表，并宣称，按照现行的刑法，这样做是“协助和教唆谋杀”；他想从高级精神病学家那里赢得对自己立场的支持，这里面就包括他自己的教授鲁丁（在鲁丁身上没有成功）和莱比锡的奥古斯特·博斯特罗姆教授（后者作出了回应，而且显然联系了埃瓦尔德）。杰斯帕森的抗拒是意料之中的。如同他自己 89
所说：“严格地作为一个国家社会主义者医生，［对于他来说］这些措施直接地，也从根本上和医生职业的每个概念相对立。”他把这些观点告诉了与自己关系悠久的马丁·鲍曼，谈到自己担心这种缺乏法律基础的杀人会损害“我们人民的伦理观念”。鲍曼为这个项目进行辩护，把希望让“即使是生命价值最小的生灵”也活着的基督教观念与国家社会主义的立场进行对比，说让这类人活着“完全违反自然”。[26]

人民的抗拒

最终说服纳粹领导人正式取消这个项目的，并不是精神病医生的抗拒，而是德国人民中普遍的抗拒，人民的这种抗拒由一些富有勇气的新教和天主教领袖清晰地表达出来，并激发鼓舞出来。病人的家人给机构领导人写信（本章开头的题辞就是一些片断摘录），表达困惑与痛苦，有时也有确切的知晓和愤怒。这些信中提到关于病人命运的“奇怪谈话”，质疑他们死得“如此之快”，对没有允许家人去举行适当的葬礼，没有“提供告别的机会”表示怨恨。[27]

这种不安可以传递到高层。一个省的遗嘱检验法官给司法部长弗朗茨·古特内写信，说自己接到了那些被带到哈特海姆杀掉的病人的监护人和机构人员的正式控告。他继续对他这位司法同事说：“如果由于自己有限的理解，不再能够把握生命的全部意义，于是让自己来结束一个人的生命，这是一种异乎寻常的傲慢……行为。”在这封信中，他宣称：“每个人都知道我所知道的”，“对精神疾病患者的杀害是集中营的日常真实，这是众所周知的。”[28]

纳粹妇女组织的一个领导人埃尔泽·冯·洛维斯，享有极高的社会地位，与政权领导人常有交往，她写信给一位朋友——纳粹党总理府法庭首席法官的妻子，也是希姆莱的密友，向其讲述自己对这个政权在杀害精神疾病患者上试图欺骗人民的担心（“当乌登堡的农民看到汽车开过去时，他们知道是怎么回事，如同他们看到焚尸场烟囱日夜冒烟时知道是怎么回事一样”）；担忧这种不加区别地杀掉所有精神疾病患者的政策，包括那些病情较轻者和已经神志正常好长时间的人，而不仅仅是“连人之意识的最微弱闪现都没有的人”（杀掉这一类人，洛维斯认为如果有适当法律的

90 话，人民是可以接受的）。她承认在此之前自己“对我们元首有着最坚定的信心”，但现在她感觉到“我们脚下的大地倒塌了”，尽管“人民仍然抱有希望，认为元首还不知道这些事情”。这个法官把这封信给希姆莱看，希姆莱“体己地”告诉他，是有这样一个项目，“是元首授权的”，“由知道自己责任的‘医学专家’来执行”，如果这个项目广为人知的话，“运作方式就会出问题”。[29]

愤怒的大众反应有时近乎用游行示威来表达对这种杀害的反对。1941年3月1日，阿布斯贝尔格的党卫队保安部有一份报告说“从奥蒂莉护养院

转移住院者导致了极大的不愉快事件”，说一个牧师在大批天主教城镇居民前面，讲述精神疾病患者被强塞进大客车，该报告抱怨，整个运作被人发现，并描述人们怎样深感不安，还说“在那些不安和呼喊的人中，有党员”。[30] 如此公开和悲痛地表达对这个政策的反对之情，这样的情况并不多，这只是其中的一次。

来自教会的反对

新教对此事的抗拒，主要集中在精神病机构，两个领导者是担任这些机构的非医学管理者的牧师。这两个人，一个是保罗—格哈德·布劳内，他是柏林霍夫诺斯塔尔研究所的所长，也是国内传教会的副主席；另一个是弗里茨·冯·波德尔施温格，他是传奇性的伯特利研究所的所长，该研究所位于伯特利菲尔德，主要研究癫痫病。这两人都是忏悔派教会的活跃领导人，这个教派与“德国基督徒”相对立，后者已经让自己与国家社会主义政权结为盟友了。这两位牧师也属于忏悔派教会内部的一个群体，这个群体认为，“一个机构如果被杀戮所威胁，人们就应该为病人的生命而战斗，[去反对] 那些要把病人带走并加以杀害的人”，而不是在讲道坛上宣讲“安乐死”项目的邪恶和违反上帝的戒律。他们担心，后面这种做法会损害真正的病人。[31]

波德尔施温格的这个伯特利研究所，是他父亲开创的，因创建了一个献身与和谐的基督教社区而远近闻名。在这种氛围中，波德尔施温格能够得到他那些精神病医生——包括杰斯帕森——的忠诚，与他一道抵制问卷调查表，表达对纳粹官员的反对，并采取各种行动让病人不被拖入那架杀人机器。*

波德尔施温格还于1940年5月拜访马提亚·戈林请求帮助，但这位戈林教授告诉他“不要 [以反对的形式] 做任何事情，只在我们有确凿证据

*波德尔施温格开始是这个政权的一个支持者，甚至是优生学的提倡者，曾谈到他对这一领域研究的“深深敬意”，并接受绝育项目的进行。然而，在他的基督教观点看来，那些身体和精神残损者是“上帝对人的警告和提醒……让人意识到罪孽与赎罪之间的联系”，[32] 他以这种基督教热情来保护信任并委托给他的病人。

91 时，才这样做”（尽管无疑已经有了证据）。第二年年初，波德尔施温格请求戈林教授把一封写给他堂兄赫尔曼·戈林的信转交上去，请求不要让他的癫痫病人成为“经济计划”措施的对象。尽管赫尔曼·戈林认为该给他回了信，但却声称波德尔施温格的主张“既有一些不准确，更主要的是虚假”，说他会让卡尔·勃兰特澄清此事。事实上，波德尔施温格与高级纳粹官员有过很多会谈，与勃兰特已经发展出一种密切的友好关系（见本书115—116页），他既有部分合作，同时也想方设法让这个过程停滞下来——尽管曾有一个医生委员会到他这里来过。他成功地保护了自己的大部分病人。[33]

布劳内被形容为一个有着令人敬畏的“普鲁士军人举止”的人，曾反对过绝育项目，[34]*并提议，在反对医学杀人上让波德尔施温也格加入进来。此后，布劳内与波德尔施温格一起收集和交换消息，一起去拜访高级官员。有一次，他们与外科医生斐迪南·绍尔布鲁赫一道，在司法部长弗朗茨·古特内的公寓内讲述了一些事实，这些事实显然让司法部长吃惊，导致他“真正是吓住了”。[36]+布劳内也制作了一份的确引人瞩目的文件，里面用详尽和系统的证据支撑了激烈的抗议，并将此文件交给了总理府的一个官员，收件人是阿道夫·希特勒。

这份文件以对“帝国各地”的普遍观察而开始，这种观察“排除了对有一个消灭……成千上万‘不值得活着的生命’的大规模计划的任何怀疑”。布劳内在文件中强调，这些消灭措施“严重地损害了整个人民的道德基础”，是“不可容忍的”。然后，他展示了按时间排列出来的指令、机构经历、问卷调查表细节和欺骗的方式，甚至依据家人收到的骨灰瓮的数量估计出了被杀的人数。他认为，这些事件“令人震惊”，与治疗机构“完全不相称”。[37]

92 布劳内谈到了所造成的系统化混乱，谈到病人“在庞大的机构中完全

---

*尽管布劳内似乎对绝育不太赞同，但作为德国旅店同业公会的业务经理，他显然厌恶自己遇到的那些到处流浪的乞丐，提倡将这些人从社会上清理到劳动营去，甚至采取“医学措施，使这些人对人民不再是危险的”。[35]

+在这次见面之后，古特内询问总理府主管拉默斯，这个项目是否或者停止，或者让其合法化。

混在了一起，无人知道其他人的命运”。他讲述了人们怎样“在孤独中憔悴，在一片孤寂中死去”，展示了一个法学家和一个高级政府官员的儿子这样死去的证据。[38]以这种方式，布劳内反复展示仔细观察到的细节和明确响亮的伦理评判。

他最后说：“我们在这里，面对的是一种自觉和系统的过程，它在消灭一个社群中所有那些患有精神疾病和其他方面丧失功能的人，”这个过程“严重地损害了托付在医生和［健康］当局的……信任”。他提到德国有着优良的历史，一直在提供运作良好的护理机构和训练良好、“无私地准备去服务”的人员，他质问，这些建设性的倾向是否会被迫“在我们的人民中慢慢死去？”他还质问，对“不值得活着的生命”的这种消灭要走多远，它已经延伸至那些“清醒和负责任”的人身上，下一批目标会是谁。他触碰了一根特别敏感的神经：“对于那些在为祖国作战中遭受不可医治创伤的士兵，又会发生什么？”他补充说：“这样的问题已经在他们中间出现了。”[39]

接下来，他转向人的生命尊严的道德问题，对这种尊严的“没有法律依据”的违反如何危及了“人民作为一个整体的伦理。如果法律不保护那些无助者，又保护谁呢？”他指出，在经过仔细计算后，即使只杀掉10万人（对这个项目中最终被杀掉的人数的一个实际估计），[40]这样做对于剩下来的人的经济福利也并无重大帮助。布劳内以对这种危险程度的明确宣布和强烈要求解除它而结束这份文件：

> 我们这里面对着一种让每一个知晓它的人都深为震惊的紧迫情况。它摧毁了许多家庭的内在安宁，而最重要的是，一种其后果此刻甚至无法预测的危险可能会来临。负责任的当局，不应该确保这些灾难性措施被废止吗？在数以千计和数以万计的人的命运被决定之前，整个问题难道不应该首先从法律和医学的角度，从伦理和政治的角度来考虑吗？让执政者确保国家不再受损害吧！[41]

在所有记录下来的对于纳粹医学杀人的抗拒表达中，布劳内的这份备忘录是独一无二，且引人注目的文件。受害者般的激愤情感，对治疗和

治疗者的关注，对整个民族道德诚实和更广阔的生命尊严之伦理原则的强
93 调，对纳粹政权面对军队中普遍担心“安乐死”的脆弱性的揭示，以及植根于一种精神传统中的激烈的个人抗议，所有这些，在这份文件中全都融为一体。

那些纳粹领导人一定意识到了他这种陈述的力量。帝国总理府主管拉默斯据说在将这份文件报给希特勒后曾告诉布劳内，这个项目不会停止；但大约一个月后，布劳内就因海德里希签署的命令被逮捕，指控他“以一种不负责任的方式对政权和党采取了破坏措施”。他被关押在普林茨阿尔布雷特街的盖世太保监狱内大约10周，然后被释放（很可能是由于波德尔施温格的干预），前提是他不得进行任何反对政府或党的政策的进一步行动。[42]

波德尔施温格和布劳内基本上通过官方渠道来表达他们的抗拒，一些地方牧师则是直接在他们的教堂内宣讲，并可能因此而被送往集中营。恩斯特·维尔姆在威斯特伐利亚的一个村庄这样做了，结果被揭发，并被送到达豪集中营，在那里关了3年。[43]

对于“安乐死”的抗议，天主教最为响亮的声音，是当时担任明斯特主教的克莱门斯·冯·加伦的一场著名布道。*这场布道于1941年8月3日举行，正是德国每一个天主教讲道坛都宣读了德国主教们那封极为重要的致教区内信徒的信的第四个礼拜日，那封信重申了反对夺走“无辜”生命的“良心义务”，哪怕“这会让我们付出自己的生命”。[44]加伦布道的第一部分探讨了《圣经》中所说的“由于愚蠢、不公正……由于因此而来的灾难”，“耶稣，上帝之子，在哭泣”，甚至是上帝在哭泣的主题；接下来，在宣布“人们用自己的意愿来反对上帝的意愿，这是一件可怕、不公正和灾难之事”后，加伦引用了7月6日那封主教们致教区内信徒的信，清楚地表明，他所指的这件“灾难之事”就是对无辜的精神疾病患者的屠杀，以及“让残废者和年老者暴力死亡的学说”。[45]

他进一步申明，他本人已就附近一家精神病院的精神疾病患者被运走一事，向明斯特警方和地方司法当局提出了“存档的正式举报”。他用每

---

*不同于新教教会，天主教会作为一个整体，传统上是不太认同德国国家的。尽管德国某些地方天主教徒占到多数，但德国的天主教徒仍然有某种“外人”地位的感觉。

个农民和劳工都能理解的语言继续说：

> 对于这些病人是这样说的：他们如同机器上一个不再能工作的老部件一样，如同一匹已经不能治愈的瘸马一样，如同一头已不能产奶的母牛一样。
>
> 对于机器上的一个老部件会发生什么？那就是把它扔到废铁堆上。对于一匹瘸马、一头不再产奶的母牛会发生什么？我不再把这种比较推论到底了……我们在这里，并不是谈论机器部件，我们并不是在处理马 94
> 和牛……不，我们在这里谈的是男人和女人，谈的是我们的同类生灵，我们的兄弟和姐妹！这些可怜人，这些患病的人，如果你愿意那么说的话，他们是不能繁殖后代的。然而，难道这就意味着他们失去了生存的权利？

加伦指出，如果维持这样一种原则的话，“那么当我们年老体衰生病时就得统统大祸临头！”这种危险不仅延伸至“残废者”——这些人健康时是勤奋和生产性的劳动者和“英勇的士兵，他们带着严重的伤残回乡”，而且，“我们之中无人能肯定自己的生命是安全的”。[46]

在列举了几个切中要害的某类人被杀的例子后，这位主教如同这篇布道的开始一样，也以《圣经》中的形象来结束。这次不是耶稣在哭泣，而是“神圣的正义”——那些用迫害神职人员和“把无辜者送向他们的死亡”来“对我们的信仰进行亵渎的人”，将受到终极惩罚。他要求这样的人（他们只能是纳粹当局）被驱逐，让他们得到应得的神圣报应：

> 我们希望，把我们自己和我们的信念从他们的影响中撤离出来，这样我们就不会被他们的思维和他们的渎神行为所污染，这样我们就不会参与，不会与他们一起遭到惩罚——公正的上帝会断然将这个惩罚落到那些不祝愿上帝之所愿的人身上！——如同落到忘恩负义的耶路撒冷*头

*加伦这个“忘恩负义的耶路撒冷”的形象，从表面看，对犹太人（因拒绝耶稣而违背了上帝的意愿）有一种令人困惑的讽刺。这个形象也可以更为宽泛地指犹太教—基督教经历中，任何偏离上帝意愿的倾向；它也暗示德国基督教教义和表达中一种感情的存在，这种感情使得神职人员事实上忽视了纳粹对犹太人的迫害。

上一样”。[47]

带着自己教会的授权，一位天主教主教呼唤上帝的愤怒落到那些杀害无辜者的身上。这场力量强大而又通俗易懂的布道，在德国各地被复制和传播，甚至英国皇家空军的飞机也将印成传单的这篇布道撒到德国军队的头上。就反对“安乐死”的凝聚的情感而言，加伦这篇布道的影响可能超过任何其他一篇表述。所以，鲍曼认为这个主教应该被判死刑。[48]*

对于纳粹领导人更具威胁的，或许是沃纳·穆德尔斯的抗议，他是一个信仰天主教的德国空军飞行员，是一个著名的战斗英雄，从希特勒本人
95 手中获得过纳粹德国的最高军功奖章。在给上级军官的一封信中，穆德尔斯表达了自己对“安乐死”项目的气愤，威胁要退还自己的奖章。[50]

也许，我们不能期待医学或精神病学职业群体中，能够有如同加伦主教那般激情和道德力量的谴责，但我们可以期待像布劳内牧师那样全面和道德立场清晰的陈述，或者是像波德尔施温格牧师对病人义务的那种献身和顽强。埃瓦尔德医生的行动和备忘录最为接近这些。然而，他却受到了自身从属于纳粹的约束，受到了德国精神病学和医学从属于政府权威这个传统的束缚，在一种更为广泛的意义上，则是受到了20世纪医学专业主义的伦理缺陷的束缚，其他的医生更是如此。我说这些，并不是要将教会作为一个整体英雄，大部分新教和天主教领袖不是跟随纳粹，就是消极无为。我想强调的是：揭穿纳粹医学杀人神秘化企图的，主要不是精神病医生或其他医生，他们之中的许多人直接参与了这个项目的执行；揭穿它的是一些教会领袖，他们带着基于自己宗教传统的伦理激情，喊出了受害家庭的痛苦和愤怒。

---

*纳粹一个主管宣传的领导人建议把加伦绞死，鲍曼做出了这个回应。不过，鲍曼又补充说：“在战争情况下，元首多半不会下令这样处理。”这位宣传家同一天还得到了与约瑟夫·戈培尔会谈的报告，戈培尔没有就怎样与加伦斗争做出回答。这个宣传主管担心，如果对这位主教采取措施，明斯特的民众就会迅速“写就”此事的持续，而这“很容易在整个威斯特伐利亚造成火上加油”。8月12号宣传部内部的一份备忘录警告说，采取镇压加伦的措施会创造一个殉道者，其他主教和牧师会继续进行这些控告。不过，伯纳德·利希滕贝格神父因谴责纳粹迫害犹太人遭受到了迫害，被关押起来，受到毒打，死于送往达豪的路上。[49]

纳粹面对的前景是：或者将那些著名的、广受尊重的神职人员和其他抗议者囚禁起来，这样做的后果是激起他们十分害怕的民众反应；或者是终结这个项目。后面这个结局基本是希姆莱建议的结果，他说秘密已经不再是秘密了，但又补充道："如果T4的运作完全交给党卫队的话，事情的发展会不同"，因为"当元首把一件事托付给我们后，我们知道怎样正确地来做，不会导致民众中无用的喧嚣"。[51] 1941年8月24日这一天或前后，希特勒显然给勃兰特一个口头命令，结束或至少是"停止"T4的运作。[52]*但是，对精神疾病患者的杀害并没有结束，大规模的屠杀刚刚开始。

---

*弗里德里希·曼奈克医生（见本书139—142页）对战后一家德国法庭说了一件轶事，他觉得，这件事可以解释某个项目的结束，他在该项目中担任专家。有一天，希特勒乘坐一列专列在慕尼黑与柏林之间旅行，火车突然在一个车站停了下来。希特勒从车窗探头出去看是怎么回事，看到的是很多人在观看一群智障者被装进一列火车。看到车窗里的希特勒，这些人露出了仇恨的表情。[53]无论此事是真是假，它说明了所感知到的抗拒程度。

尽管这个项目中止了——并且伴随着一种"流言传播"，说希特勒亲自提议，停止了这个他事先一无所知的项目[54]，但我所谈的这些抗议中，有许多在8月24日后仍在继续，因为抗议者们清楚地知道，它并没有停止。这种停止不仅只是部分的，而且显然还考虑到了将它重新恢复的可能性。

第4章 “不规范的安乐死”：医生接管 96

“对于很多医生而言……希特勒不仅具有政治层面的总司令权力，而且是最高等级的医生。”

——维克多·冯·韦扎塞克（Victor von Weizsacker）

不再持续的，只是这个项目看得见的层面：对精神疾病患者的大规模毒气杀死。T4作为一个项目，官方已经停止了，但结果仍然是另外一种欺骗。广泛的屠杀在第二个阶段持续进行，它有时在纳粹文件中被称作“不规范的安乐死”，因为这个政权现在鼓励医生——如果不是命令的话——自己主动来决定谁能活谁去死。[1]

这个政权下令拆卸了大部分毒气室（但结果却是在东部重新装置起来），它没有做任何事去停止医学杀人在意识形态上和机构上的势头。事实上，这个政权的清晰信息是：屠杀还要继续，但要较为隐密。较为隐密的屠杀，意味着较为单独和分开的程序。医生们依据自己个人的倾向和意识形态倾向，以及对这个政权意向的感觉而行事。这种意向不再由总理府传来——那已经随着T4本身而退出了，而是来自帝国内政部以及它的国家医疗部门。地理位置上有一些变化，但这个政权对精神疾病患者的转运安排仍在继续，病人的死亡要集中记录，在某些情况中T4专家仍然履行部分的监督职责。病人现在不是用毒气来杀害，而是用饿死和毒药，这种方式尤其使屠杀显得更为“医学”。T4的“停止”
97 中，并不包括儿童项目。对儿童的屠杀方式不用改变，还是毒药和饿死，毒气在这里从一开始就没有使用。对儿童的屠杀也一直隐密得多，发生在较小机构的病房内，没有大规模毒气杀害所带来的毒烟和气味这类泄密证据。这个项目较多地依据所谓的优生学和科学根据，而并非直接的经济原因（儿童不干活，吃得也少），所以不像成年人项目那样引发公众争论。如果有任何改变的话，那就是，对儿童外表异常的报告方式变得较系统了，研究的努力——主要是验尸研究，也变得较系统了。对成年人的“不规范的安乐死”中，有时也出现了较多的验尸研究。这个政权不仅密切参与，而且在官方结束了“安乐死”项目后，大部分儿童屠杀仍在进行。变得较为“不规范”的，是决定哪个儿童要被杀掉的方式。现在连“专家意见”复审小组的幌子也不要了，任何被认为在某个方面残损的儿童，通过管理系统被送到原来这个项目的任何“特别小儿科病区”的儿童，仍然是可以杀害的对象。除此之外，机构医生们能够依据他们自己的倾向来行事。

对于医生来说，成年人的“不规范的安乐死”涉及更激进的变化。他们不再是毒气室的操作者，而是回到了注射器、口服药和饮食规定这种自己熟悉的天地，用这些来达到同样的目的。这个政权的医学官僚机构传来了持续的信息，精神疾病患者是“无用的吃饭者”，是这个国家及其战争努力的负担，是“不值得活着的生命”。即使这类暗示是间接的，但杀掉他们的许可却足够清晰。如同一个医生后来在法庭作证时所言：“在与这个项目中的其他医生交谈时，我得知，如果一个机构内的医生或其他人用注射或大剂量药物杀掉一个他认为应该将其消灭的病人，这不会有什么大惊小怪的。”当儿童项目的年龄限制提高到16岁后，儿童与成年人“安乐死”项目有过部分合并，“在某种程度上，这种年龄提高是对取消了的那个项目的一种替代”。[2] 事实上，有一些记录的案例，这条年龄线上下的一些病人，由于成年人“安乐死”项目的官方停止而得以活下来，但又作为儿童被处死。[3]*

这个医生还补充说，“没有任何方式或程序……这类事情也会发生”。[5]在因原来的屠杀而清空精神疾病患者的医院中，这种无法无天的情况很普遍。这种普遍混乱的结果是，很少一些机构变成了为士兵或战争受伤者服务的医院——这是原来宣布的意图，其他腾空的医院，则被用作学校和各种各样的办公之处，不同的团体都来争夺这些地方。因消灭精神疾病患者而腾出的不管什么机构，对帝国和它的战争努力没有多大的贡献，人们留下了这种普遍印象。和利用因此而得到的建筑相比，纳粹政权显然在创造屠杀条件上更擅长，也更有条理。而且，屠杀中心的解体也远不彻底，许多“安乐死”人员希望，在战争结束后毒气杀害还能恢复。贝恩堡、索伦斯泰因和哈特海姆的毒气室留了下来，一旦有命令就可以运作。[6] 98

“特殊饮食”

精神疾病患者通常被当作“无用的吃饭者”，由此而来的逻辑延伸是：用饥饿作为一种杀掉他们的方式。作为致死的一种消极手段，饿死通常是不怎么被注意的。在许多地方，精神疾病患者已经是不让吃饱了，而不必养活他们的想法又在“传播之中”。而且，一个新的中央会计处的设立显然又减少了拨给这些机构的费用。[7]（冬季治疗的减少也是类似的原因和效果。）帕方缪勒医生基本上响应这种做法，在埃格尔芬格—哈尔，他早已采用过将儿童饿死的方式。到1943年，他会为那些老年人设立两个

*1944年下半年，在一次柏林会议上，儿童机构帝国委员会的几个主管被告知把成年人包括进来。对此没有解释原因，但告诉他们要省略那些通常的程序，因为这些程序“太费时间了”。这些机构的医生被赋予了筛选的权力。乌切斯普林护养院的希尔德加德·维斯医生在受审时回忆，她当时意识到这是一个不同寻常的命令，但认为“柏林的那些人”一定是在战争的压力下才这样做的。加上每天从东部新转运来的，乌切斯普林当时有2500个病人。沃尔特·施密特是艾希贝格精神病院那个小小的儿童病区的负责人，他回忆，自己这里曾经来过“一些所称的特殊获批者”，也就是一些严重畸形的成年人，随他们而来的，有帝国委员会的文件，里面常常包括家人要求将其致死的材料。[4]

“饿死屋”。

1942年11月17日，巴伐利亚内政部召开了一个各地精神病院负责人的会议。政府卫生部长沃尔特·舒尔策要求院长们给没有希望的精神疾病患者提供“特殊饮食”。由于几个院长对此有些迟疑，于是有人建议用一个部长公告来达到这个效果会起到作用。对此毫不迟疑的是帕方缪勒医生，他“热烈地……讲述他曾经怎样把一片面包从一个护士手中夺过来，这个护士想把它给一个病人”。（帕方缪勒参与了召开1942年这个会议的决策。）同样起劲的，还有考夫博伊伦收容院的院长瓦伦汀·弗尔索塞医生，他在这家收容院主持过儿童“安乐死”项目，并且从1940年起就担任T4项目的专家。弗尔索塞把考夫博伊伦收容院的食谱传给大家看：“完全没有油水”，里面是土豆、黄萝卜和卷心菜（通常是青叶卷心菜，有时是红叶卷心菜），用水来煮。他说，“它的效果就是慢慢死去，大约在三个月内”。[8]

这个指示于11月30日执行，宣称它得到了来自柏林的命令支持。“从战争期间的食物情况和收容院那些能够工作的病人的饮食来看”，让每个
99 人都有同样的饮食，不再是合理的了，“这要看他们是做了有贡献的生产性工作，还是处在治疗之中，或者仅仅是被人照料……没有完成任何值得一提的有用工作”。自此之后，那些从事有用工作或处在治疗之中的病人、能够接受教育的儿童、战争伤残者和患老年病者，才能享有特权。院长们被命令“不得拖延”，马上做。[9]

必须说，只给“特殊饮食”的病人数量只是所有病人数量的一小部分。他们的死亡，对改善德国人口的营养状态并没有什么作用。无论如何，与第一次世界大战及其封锁相比，现在德国人的吃饭已经远不那么受战争影响了。然而，在埃格尔芬格这样的地方，第二次世界大战中因饥饿原因造成的死亡数量却是第一次世界大战时的两倍。而且，那些例外，尤其是战争老兵和老年人，反映这些地方的人们对于不让他们吃饱饭也是极不赞同的。[10]

帕方缪勒和他的同事们得到了充分授权，筛选饿死哪些人。没有表格或问卷调查表。用格哈德·施密特的话来说——他在战争末期接任了埃格

尔芬格的院长，这种“假食物”就是一种“杀掉的方式……它在传统意义上并非杀害，不是有着明显原因或结论的一次性行动”。[11]帕方缪勒经常筛选那些病情被认为未严重到足以送往毒气中心的病人来饿死。埃格尔芬格的座右铭是：“不给他们油水，然后他们就自生自灭吧。”[12]这里的饮食基本上复制了考夫博伊伦的模式，只是每天增加了一片面包。但这个食谱被证明在饿死人的时间上不够奏效后——厨房人员有时会违背命令，在菜汤里加一点肥肉或肉——就把它的份量也减少了。[13]

战争临近结束时，施密特医生接任了埃格尔芬格的院长职务，他告诉我，他见到两个病房里的94个幸存者，那个场面他永远也不会忘记：“巨大的黑暗大厅……安静，没有声音。什么都没有……人们看不出有生命迹象。有些人站着。他们什么也不说，近乎僵尸。”*

治疗这些幸存者的医生们，发现这些人产生了“有幽灵晚上出来，吃掉他们食物”的幻觉，有自己曾经做了坏事现在正受惩罚的负罪感，还梦想和幻想无穷无尽的各种食物。这种慢慢饿死的方式，导致许多病人相信自己得到食物的是战时每人一样的配给，基本上没有人知道他们是被挑出来饿死的。根据记录，埃格尔芬格估计有444个病人直接或间接死于营养不良，常常是死于肺炎、肺结核或一些其他的感染。[14]

“药物” 100

对于医生来说，用药物来杀掉更为得心应手。他们的方式包括注射吗啡、吗啡加莨菪碱，或者是使用片剂，通常为佛罗拿或鲁米那。用药物杀掉一个早已虚弱的病人，在不能使用毒气室后，现在成为屠杀中心喜欢用的一种方式。尼切医生已经测试过了慢慢杀死的合适剂量。现在，更是名符其实的“注射器应在医生手中”了，或者是在一个助手或一个护士的手中。即使是在T4高峰时，也偶尔使用注射处死，比如哈达玛的一个医生拒绝把一个已经正式确定的怀孕的妇女送往毒气室，于是一个护士给她一针

*这个场面是施密特研究纳粹医学杀人的开始，这项研究可以说是一个反纳粹医生的个人生存使命。

致命注射，解决了这个问题。[15]

在毒气室（它们在不到一年的运作中已经杀掉了1万病人）*拆卸后的那一年，一个名叫阿道夫·瓦尔曼的新医生成为哈达玛的医学主管，此人在一战之前和20世纪30年代中期都曾掌管过此处。瓦尔曼于1933年加入纳粹党，但党觉得他对自己领导的教堂唱诗班更投入，所以对他并不太热情。[17]他66岁时，党不让他退休，而要他去协助精神病院的工作，然后调到了哈达玛。在后来的法兰克福审判中，他称自己在到哈达玛之前不知道这里的屠杀。不管这种说法是真是假，当瓦尔曼抵达时，这里的主要管理者正在实施一种屠杀程序，要求主治医生下令给男护士长来杀掉男病人，女护士长来杀掉女病人。当管理者把这个程序告诉瓦尔曼后，瓦尔曼拒绝不加筛选地这样做，坚持要比较讲究方式，也就是较为医学化。他发展出来了自己的“专业”系统：观察那些转运来的病人，每天查房，研究医疗记录，然后在上午召开会议，把查房结果与病人的医疗记录放在一起考虑，然后决定谁要被处死，使用什么药物来处死。死亡证明也在这些会议上签署，为那些已被杀掉的病人找到似是而非的死因。处死的命令由参加会议的男女护士长去传给病房护士，由她/她们来执行。这些“药物”（通常为6到20片鲁米那，或者是相关的制剂）一般
101 在晚上服用，病人如果第二天早上没有死，就再注射致命的吗啡加莨菪碱。随着时间推移，这种方式变成常规，而且越来越依赖注射，越来越让护士们自己决定相关的剂量，也就是说，那些名字列在特别“名单”上的病人，他们需要多少巴比妥酸盐或注射的吗啡加莨菪碱，得由护士决定。[18]+

---

*一个雇员谈到哈达玛的第1万个受害者作为一个里程碑被庆祝的情况。一个名叫伯纳的T4项目医生邀请雇员们在当天晚上聚会，每个人给了一瓶啤酒。他们又来到了地下室。“地下室里，一副担架上有一具裸体男性尸体，脑积水的头很大……我肯定这是真死人，而不是模型。这个死去的人被焚尸场的人放到一个槽中，推进了焚尸炉。接下来，老是把自己弄得像个部长似的马克尔（管理者）举行了一场葬礼布道。”另外一个目击者说，这个有音乐的庆典，后来的场面是，喝醉了的人们排着队在机构各处游走。[16]

+几个护士和非医学专业雇员——他们有时也让病人服用片剂，对于自己所做之事感到焦虑，但大部分似乎还是做下去了，他们认为自己是在服从命令。一个雇员经历了所称的（转下页）

自己加入到这个过程之中了，瓦尔曼医生就阻止一个护士长来质疑它。1944年，随着大部分被直接诊断为“结核病”的波兰和俄国劳工的到来，这个屠杀程序就变得自动化了。在对他们注射了致死药物后，瓦尔曼或任何其他医生对他们做唯一的一次检查，目的是确定他们已死。在受审时，瓦尔曼辩解说，这些俄国人和波兰人是“专家送到我们这里来的，专家已经说他们患有不可医治的疾病，要在同一天接受安乐死”，说自己“不是［结核病］专家”，瓦尔曼以此来为自己辩护。[20]按照一个前男护士的讲述，为了让病人配合这种注射，“我们告诉他们，这是为了治疗他们的肺病”。[21]*然后，这些劳工的医疗记录被拿到瓦尔曼的上午会议上，他的任务就是确定一个虚假但看起来为真的死亡原因，以便“写在这些病例记录的最后”——受审时，他自己这样说。[23]

在他的法庭作证中，瓦尔曼强调，涉及这类事情的医疗原则是用来决定致死注射剂量的标准：“［对于不同的人］这是非常不同的。如果病人很强壮，那么我就得多用一些。如果病人已经习惯于吗啡了，那我就必须用很多。如果病人很虚弱，那么我就只需要用很少一点。”他记不起来这种注射的确切起源了，到底是“我当时命令［启动］了它，还是当时就普遍这样做呢？”但他强调，“注射是一种完全没有痛苦的方式，‘安乐死’一词来自希腊文，是美好的死亡之意”。[24]

所以，用药物来杀人是所有方式中最为“医学”的方式。可以有“会议”，医生们讨论“治疗”，开“药”，还可以依据药物的效果做出“临床”决定。从“不规范的安乐死”一开始起，医生就可以与护士分享他的注射器，但在决定什么时候、以何种方式来使用注射器或其他药物上，医 102
生们具有更多的权威。“不规范的安乐死”可以作为“安乐死”杀人项目的一种更医学化的持续来理解。当这个政权持续想要摧毁那些“坏”基因

（接上页）“精神崩溃”，给了6周病假，但又被重新派到脱衣室工作（这个地方最初让她极感惊愕），理由是要让她“坚强起来”。她在这里待了一段时间，然后以宣布怀孕而成功辞职。[19]

*在一次审判中，这个女护士长被问到她是否想过那些俄国人和波兰人是被谋杀时，她回答说：“谋杀？你想让我怎样理解谋杀？他们死于注射。”但当进一步追问她是否认为这是谋杀时，她回答“是”。[22]

时，简单的医疗技术——药物、注射、饮食——就因纳粹医学官僚机构和个体纳粹医生的互动而派上用场了。这个过程持续到纳粹政权的终结，有些地方甚至之后还有所持续。同盟国军队在枪口下解放了一些幸存的病人。[25]

第5章　参与者 103

“下决心要……治疗干预以获得健康和‘每个人’的健康，热切渴望自己在根本上为社群服务，面对如此多的精神疾病患者、精神变态者和习惯性罪犯（这就是犹太人！）的不可医治，充满于事无补的狂怒，这些人［精神病医生］实际上已经从个体走向了‘民族的身躯’，他们隐喻性地滥用‘治疗’，让治疗的完善变成了消灭。”

——克劳斯·多纳（Klaus Dorner）

在屠杀中心

一个留下来的精神病医生：霍斯特·D

霍斯特·D（Horst D.）医生在一个屠杀中心工作了大约一年，就在我们见面的这一期间，他卷入了一桩复杂、没有解决的法律程序。他60岁出头，留着胡须，精力充沛。访谈时，我发现他紧张、谨慎，控制着自己表达感情的能力，非常希望对自己进行解释，与此同时对自己的解释又有着矛盾。

他觉得自己之所以被派到T4项目，是因为一个朋友向海德做了推荐，这个朋友在学生时代与他一起学过一学期的精神病学。他早期对纳粹颇有热情，有过部队经历，在医学上缺乏经验，这些无疑也都是会指派他参加的因素。如同其他人，他在完成医学论文之前，就被迫参军入伍，[1]然后因实际上无事可做，“这里压根儿就没有医学”而感到沮丧。到了20世纪40年代中期的某个时候，“我被告知去柏林，到元首的总理府报到”，

104 “［我］绝对不知道这是什么意思，到底是要干什么”。报到之后，这个非常年轻、没有经验的医生的印象是这样的：

> 两个精神病学教授接见了我。一个是海德，另一个是尼切。他们两人都身着平民服装……他们谈到了安乐死。他们谈到了这个问题，从霍赫和宾丁那本著作（见本书46—48页）的观点谈……这是一次高强度的会见，展现了所有这些的……必要性，他们说服了我。

霍斯特·D医生对海德和尼切平静“说服”的语气留下了深刻印象。与具有这种专业地位的人坐在一起，这种“完全不同寻常”的情境深深打动了他。他把自己交给了他们，交给了要求他去承担的那种责任。“任何时候［具有这种地位的］人谈起这种事情，这就意味着他已经承担了巨大的责任。我觉得他［海德］完全知道他在做什么，知道由此而来的责任。”

这次吹风包括讨论霍赫和宾丁的概念（这个话题是这两个教授引发的），尽管D医生对此不很熟悉，但与他在医学院学习精神病学接触到的有机体与遗传影响的强调并不矛盾。总体而言，这次见面引发了他一种存在已久的服从冲动，一种在他的乡村童年被其公务员父亲反复灌输出来的服从冲动。他问海德和尼切，自己能否与一位他所尊重的年长朋友讨论一下此事，得到的却是斩钉截铁的回答：“这整件事是最高机密。”

他得到了一个印象，提供给他的这个项目是一个较好的医学机会，比他现在在军队的工作要好：

> 我发现自己处在一种可怕的两难处境之中。一方面是部队的闲散，另外则是有可能突然出现一种需要医疗的情况，结果我发现自己根本处理不了。这很可怕……另一方面，我并不认为它只是一个杀人机构。我觉得自

> 己会有机会继续医学上的训练——用病人来训练，而且只筛选一些特定的病人，那么这并不是杀人，而是仁慈致死……无论如何，当时起决定作用的因素，就是希望做医学工作，而不只是一个士兵。

或许他至少能够部分地和暂时地让自己相信这些，但抵达真实的屠杀中心后，这些就结束了："看到那里没有病人，我深感失望……我想象的是一个有着精神疾病患者的机构，然后有一些单独的房间——我要说的是——在这些房间里进行特殊的治疗……但是，病人来了就马上送到了毒 105
气室。"

与那些被杀掉的病人相关联，他产生了内心冲突。他一方面形容这些病人中许多人处于"没有希望的状态"，"生活在另一个不同的世界中"；但另一方面也承认"有时与某个人能够建立起某种联系"，他有点迟疑地承认，有时"可能会发生"他对他们所感觉到的同情。这种同情以及随之而来的负罪感就体现于时时出现的梦中和想象中，"我仍然能够看到在我面前……有一群人……我觉得我应该救他们的，我应该帮助他们的"。他把这样的梦境与"一群人从远方而来，我不知道谁来裁决他们"的真实记忆混到一起。跟我讲了这些之后，他停顿一下，补充说——带着压抑的激动："这变得危险了"，因为"说这些，从律师的观点来看，就意味着我有了犯罪感觉"——他可以因当时就意识到了不当杀人而受到指控，他当时并不是因为真正的医学信念而那样去做的——"我刚才所说的，可以意味着在法律上能判我死刑"。

让他的不安和负罪感进一步加深的，是他"对执行此事的方式"的怀疑：

> 唉……有这么多、这么多的人同时去处理，不仅仅是数量……并不是一次一个……我曾想象会是一种个别的程序……一个一个来。唉……原来是一种集体处理……我觉得以人的角度出发，是否将不得不走上这条路的某人作为个体来处理，……抑或是把这么多人作为一群来处理，这是不同的。

这样的屠杀方式不允许他维持自己在做医学工作的幻想："我是一个不得不做此事的人！""谁会喜欢这样一份工作？"

就他作为屠杀中心一个医生的工作而言，D医生谈到了检查病人和他们的表格，以便想出一个“虚构的死亡原因”，以及“监管”这整个过程。当我问他，作为一个医生，按下控制杠施放毒气是否是他的任务时，他变得心烦和愤怒，质问：“这与心理学问题到底有什么关系？”暗示我的行为像一个律师或一个检察官，甚至可能与他的受审有某些关系。当他平静下来后，他含糊地回答说，医生们必须“判断毒气是否产生了它的效果”，所以“技术人员会关掉毒气”。他既没有否认也没有证实他本人是一个施放过毒气的人，但他给我留下他这样做过的印象。我这个结论不仅来自他当时的反应，而且来自人们所知道的屠杀中心的医生的工作。

D医生采取两种心理学手段而适应了自己的工作——转移责任和追求
106 科学。他有意识地与责任切割开来：“我告诉［海德］，我不能担负任何责任，因为我知道自己在医学上是不合格的”，“海德说，‘好吧，不让你担负责任’”。海德强调教授和专家们会来做仔细的评估，“委员会来做最终的决定”。D医生被告知，他的责任就是“向［屠杀中心］负责的同事提供这种……非常有价值的服务”。这是一种忠诚和奉献之事，因为如同他所感觉的那样，“士兵在前线也必须做他们不喜欢做的事情”。所以，所宣布的他的责任，不是与病人联系在一起，而是与他的上级、他的国家、他的种族相联系。

于是责任就变成与他和这个政权权威的联系不能分离了：“整个体系散发出这种权威，无论喜欢与否，我是它的一部分……我没有选择。我就在这张网中——这张权威之网……如果你与人们探讨［走的可能性时］，他们会说，你必须待在你所待的地方……待在需要你的地方。不要去打扰组织。”

他第二种想办法来适应的心态，其契机因德国一个领头的神经病理学家来到了屠杀中心，找一些解剖研究之用的大脑而出现。D医生“将此作为……一个机会”，他接近此人，商讨在这里建立“一个病理学部”的可能性，在这个教授的部门待了好几周，“以便改善自己对事情的感觉，为这个任务做好准备”。他将此视为一个避开屠杀中心而打发时间的机会，任何时候只要有可能，他就想这样做。不过，他也将自己沉浸在这个任务之中，研究病人的医疗史，“试图找到一些病人，他们的大脑可能最终会引起科学兴趣”，与这个教授的研究关注相一致。D医生甚至得到了一个护士来协助进行他眼中的“准备工作……它将使得进一步的科学工作成为可能”。于是，他就自然而然地把自己看成了为科学服务，他的职责是：“挽救这些东西，它们仍然可能在科学上具有价值……对于精神病学本身有价值……研究这些大脑就使我们更容易理解疾病，而且自然是治愈这些疾病。”他很骄傲地补充说：“柏林研究所对这个……工作给予了认可。”

换言之，霍斯特·D发现了一种将杀人工作与医学研究联系起来的方式，感觉自己正在履行既被周围同事承认、也被“科学”承认的职责。或者换一种说法，一种为医学和科学服务的新感觉，使他能够在心理上去进行屠杀了。

他欢迎这个项目的正式停止，此后他重新被派回军队，一直待到战争结束。1945年，他开业行医，对“给予生命有着特殊的快乐”，他描述了自己如何“在半夜将孩子带到这个世界上来”。为生命服务，有助于平息一种残存的负罪感，这种感觉他只是间接地体验过。与人们在一起，尤其是那些他在照料的人，偶尔想到“如果他们知道我曾经做过什么，他们会怎么想我”时，他会感觉“有点尴尬”。他最终被送去受审，他感觉到了 107
一种体验，这体验尽管痛苦，却是“某种解脱”，因为这件事是必须面对的，“我再也不要隐瞒任何事情了，我可以面对每个人了”。他希望自己“真的可以从此之后把它忘记”。然而，尽管他最初被赦免了，但由于政府要利用这种赦免，所以审判就拖延了。

除了日常行医外，D医生还发展出对当代精神病学的兴趣，将它帮助人们的“巨大可能性”与它过去的“死胡同”进行对比，那时候，“每个人都认为［精神疾病患者的］生命是已经结束了，这些人用霍赫的话来说就是‘空壳’了”。他强调，今天精神病学领袖的责任是“指出病人身上的人，这样人们就感觉有义务帮助他，而不是将他视为人们可以推开的东西。”他强调在过去“教授对我而言是最高的”，而现在却苦涩地宣布“不管是在哪个领域，一个教授让一个学生或一个年轻同事去做越过人类伦理边界的事情，在我身上是再也不会有了”。

关于“安乐死”或纳粹在战争期间进行的任何类似项目，他的态度很明确：“我今天不会赞同任何这类项目……谁会去做曾经让我去做的那种工作呢？……谁会想去承担做那种决定的责任呢？”

霍斯特·D的经历是一个缩影，是纳粹医生们体验到了去杀人的心理冲突，但又找到一些方式来减轻这种冲突，来适应这种杀人环境的倾向的缩影。他后来的态度，虽然偶有自我反思的闪现，但远不是真正的道德面对。

一个走了的医生：沃尔夫冈·R

沃尔夫冈·R也是一个曾在屠杀中心工作过的医生，他经历了很类似于霍斯特·D医生那样的心理状况，但最后的结果却颇为不同：他在干了大约一个月后，设法停止去做这种事。

R医生瘦高，风度迷人，在我们的交谈中，他很健谈，但也意识到——尽管通常看起来颇坦率，“任何时候只要我谈这件事……话要说出来就不容易”。

他早年对纳粹抱有热情，尤其是对于军队，按照他所描述的，这甚至超过了D医生。的确，由于他家乡那个地区有强大的军事传统，R医生觉得自己“命中注定”要去军队。他就在第一批加入新国防军的学生之中（希特勒是这支武装力量的最高司令）：“我以一种非常特殊的方式珍惜国防
108 军。”他使用了“理想”和“自由”之类的词，来描述他和其他年轻人加入这个纳粹青年运动时的感觉，他们自愿去做重新安置从东欧迁移来的日耳曼人的工作，生活在战争之前大学学医的“美妙时光”之中。不过，R医生也回忆起痛苦的时刻——一个受学生们欢迎的犹太教师从他所在的二级学院被开除了：“他的面部表情非常……悲哀……我永远也忘不了。”不过，R医生称，他学习的地方较少有那种恶毒的反犹主义，所以他没有经历过比“水晶之夜”（1938年11月9日至10日）更糟的情况，“水晶之夜”那天晚上，在整个德国，犹太人的家和店铺都被洗劫、焚烧和毁损，许多犹太人被杀和被捕。

如同D医生，R医生也在完成医学学业之前就投身军队，很高兴地在军队找到了一个医生导师，与其建立了密切关系。在经过一段时间的作战（他成长起来了）以及随后的平静（他觉得无事可做）之后，上级找他，说他已经被派到了元首总理府的一个“不可缺少”的文职岗位上。他因这个前途而兴奋，每个人都祝贺他，“我脱掉了我心爱的军服”，到柏林去报到。然而，没有海德或这个项目的其他精神病学领导人给他吹风，他就被直接派到了要他去工作的屠杀中心。这里的主管医生向他吹风，此人是一个非精神病学的医学教授，一个狂热的纳粹。他告诉R医生，这个项目的合法性和优先性，是元首直接命令的；它只用在那些完全没有希望的精神疾病患者身上，这些人由权威教授们认真筛选出来；它的必要性是在战时的节省食物；甚至还有一个特殊的天主教神父来认证它的神学正当性，这位神父宣称“安乐死”在特定情况中是道德合理的。R医生在医学院上过海德的一些课，这个教授的名字与这个项目紧密相连，这就增加了他感觉到的“放心”。

必须记住，R医生这里对接受道德合理性认证的强调，是与他的法律辩护相一致的，他说，自己已经或多或少地被这个项目的适宜性所说服，所以他记得自己就没有因屠杀而感到震惊。另外一个因素可能是他作为一个军医已经“习惯于看到死亡”了。显然让他震惊的，是“有些没有学过一点精神病学的人”被派到了这个屠杀中心。他相当失望：“我曾想象自己能够在有经验的医生指导下从事医学工作”，所以就被“弄出了国防军”而“放到了一个对我完全不对的地方”。

他去找主管医生，说自己缺乏精神病学任何一个方面的背景和兴趣，做不了这个工作，这个工作“对我不合适”。他甚至想办法在总理府见到了海德和布莱克，对他们讲了同样的话。他马上就“什么留难也没有”，得到了改派。

他不想谈自己在屠杀中心所做之事的细节。他承认，自己依据病人的表格为他们准备虚假的死因，但坚持说因为自己提出要走，所以被“排除”在实际的杀人过程之外，虽然也牵涉进了许多病人的死亡。 109

尽管——部分也正是因为——他的激烈坚持（“我从来没有过这种开

小差的感觉——没，从来没有过！”），所以我怀疑这个热心的国家主义者，这个热爱军队和相信服从的人，对于离开此地会有相当的愧疚。在讨论这些感觉时，他强调自己“利用这一时期尽可能多地了解精神病学”，尽管他知道“这可能听起来令人毛骨悚然”。在这里，如同D医生一样，R医生也寻求以强调医学—科学经历来尽量减少愧疚，但D医生的愧疚不仅仅与在屠杀中心的活动有关，而且与想要“抛弃”自己在那里的岗位有关。

尽管离开了，但R医生对这个政权并没有严重的不满。有一段时间，他还被派去对一些有前景的党卫队官员进行家系考察，看一看他们的家族是否受到犹太血统或遗传疾病的污染。*

然而，到了后来，在战后岁月中，他对那些欺骗了他的纳粹医学领袖越来越愤恨。他谈了他们操纵的“背信弃义”，这整个过程“从头到尾都很狡猾”。在这次审判中，当这个项目的一个精神病学领袖作证说只是在问卷调查表上标“是”或“否”时，他觉得自己一下子暴怒，想对此人怒喝：“你让人死去，甚至连看都不看一眼！”R医生事实上将自己后来生病的原因归于这些感受所致：“我太愤怒了，我心脏病都犯了。”在这种愤怒中，在他把此事讲述给我听的过程中，他表达了一个对权威依赖者的深深怨恨，他迷失了自己，被当作枪使，但同时也一直认为，是他们而不是自己要为他所做的事负责。他仍然有内在的质疑，自己是不是能够甚至更早一点地离开那个项目？当问到他能够给年轻医生们什么忠告，以防止他们将来在这样一类项目前变得脆弱时，他马上回答道：“我会建议他们离开——不要待在这样的项目中！”他似乎是说，甚至一分钟也不要待，以免你成为这种屠杀的一部分。他甚至说得更激烈：“今天，我宁可自己被枪毙，也不会参与这样一种行动。”

他这种态度受到了其孩子们不断询问的那个问题的影响：“为什么你没有［早点］离开？”对我也无疑对他的孩子们而言，他的回答都是悲哀

*在大多数情况中，对此的做法是尽快将反对的医生从这个项目中调走（或者是像埃瓦尔德的那种情况，停止征募他们加入），寻找较为合作的替代者。如果反对者的迟疑或拒绝表达得谨慎，就说个人缺乏能力，而不是不赞同这个项目或谴责这个项目，这样就不会有任何惩罚或失去军衔或地位。[2]

的："我们那时就不问问题。"他和他同时代人对希特勒是没有任何疑问地信任，新一代人是坚持质疑每一件事，他赞许地强调了这种区分。

最后，在另外两个方面他表达了一种残存的愧疚。他说："一件仍然压在我心头的事［是'安乐死'项目］，竟然成为后来大屠杀在经验上的 110
准备。在这个过程中，向'消毒员'展示了［怎样杀人］，这些人后来到东部那些集中营去工作了。"

他还向自己提出了一个不安的问题："如果我有精神病学的训练，在国防军做过精神病学的工作，被送到了这个地方，我会怎样反应……如果我正好就是那个地方的合适的人选呢？"他强烈暗示，他很可能会留下来，因为"在那个时候，希特勒对于我们就是元首……希特勒不可能犯错"。

然而，沃尔夫冈·R还是想法离开了，我们必须要问，为什么他至少能做到这一点，而D医生却做不到。没有确切答案，但R医生问自己的那个问题表明了两个可能的因素：一是他对罪过更为敏感，二是他强烈关注技术层面。就后者而言，我们会一再看到，技术专业上受到限制的这种借口，是一个医生（或任何其他人）避免参与纳粹项目的最好方式。不过，R医生似乎是说：他被投入到一种杀人情境之中的不安，并非是拒绝一个来自元首的重要指令的充足的内在理由，他感觉到的实际技术（精神病学的）限制既增加了这种不安，也充当了这种理由。还有一个因素，一个讽刺性的因素，它可能是所有因素中最为重要的：R医生对纳粹政权强烈的理想化，对纳粹和德国军队的强烈依恋。当面对纳粹屠杀中心时，这种理想化会变为一种深深的幻灭，尤其是要求一个"没有准备的"医生来参与它时。

普通的精神病医生们

就T4项目而言，我访谈的几个普通的精神病医生描述了知晓与困惑，以及合作与抗拒姿态等各种各样的混合。

冈瑟·E医生曾在几家政府医院工作过，当时大部分德国精神病医生也都受雇于这些医院，他代表了普通精神病医生们的一种反应。我见他时，他已是住在乡下的退休老人。开始时他颇友好，积极回应，但随着访谈的深入，随之而带来的纳粹时代氛围就让他越来越不舒服。

他从来都不是一个热情的纳粹，但在当时对纳粹政权颇友善，他认为绝育项目是“一件有用的事”，因为他赞同这个政权的观点：“国家要与
111 健康的基因联系起来。”他对此观点唯一的保留，是这个项目变得太政治化了。

他看上去也同样同情“安乐死”，他强调这是在“医学意义上”，当它似乎变得更是“一种政治行为”时，他就批评它了。他谈到当病人“从我们这里带走时”他和他的同事们如何困惑，“我不知道他们去哪儿”——直到他从亲属那里得知这些病人在特殊机构里“很快死亡”。得知真相，“我很震惊……很恐惧地想到它竟然发生在一个井然有序的国家里”。他和他的同事们想一些办法来救病人（比如，不做精神分裂症的诊断，将他们转到不那么受这个屠杀项目影响的私人机构去，或者是把他们送回家），但大多数时候还是以他们不得不做的方式来合作。精神病医生中出现了“抗拒”或“冷漠”的不同态度，后者似乎是多数，“接受了［这个项目］，因为这是一项国家政策，他们不希望反对它”。医院院长和地方医疗管理当局的态度非常重要，他们之中有些是“激进的纳粹”，想要得到最大程度的顺从，也有一些人尽量减少被带走病人的数量。

E医生接着解释，他和其他精神病医生逐渐开始鉴别：一方面是那些“完全从政治动机”出发的专家的“不诚实”意见，另一方面则是一些专家的“忠实”判断，后者的数量要少得多，是依据真正的医学考虑而提出的意见。他这样谈时，我明白了，关注这样的鉴别，使他和他的同事们能够回避“安乐死”项目的道德真相，回避去认识到他们所说的关于精神分裂症患者或精神缺损者的“忠实的医学意见”事实上变成了大规模屠杀这些病人的基础。然而，他谈论这些事情时有很明显的痛苦，这表明，他不能够回避这样的认识，很可能当时也回避不了。

我们在谈了将近两个小时之后，他清楚地表明，他不想再说什么了：“我已经将近80岁了……我再不想与那个时代有什么牵扯了……我再也不想去想它了。”

他的故事是一个中年精神病医生作为一个依赖的、本质上是服从的公务人员在一个国家体系中的故事。尽管医学杀人项目对于这样一个人是太过激进了，但他不会冒险甚至不会去想进行真正的抗拒，他的妥协是顺从与努力坚持精神病学专业标准的结合。其结果就是对自己道德堕落的苦涩，以及服务的那个政权带给他幻灭的苦涩。E医生的个人经历，代表着一种折磨所有德国精神病医生的困境，这段并不遥远的过去了的杀人插曲，这样的记忆既不能面对和承受，也无法挥之而去。

比起政府医院中的精神病医生们来，学术中心的精神病医生倾向于 112
离这个过程远一些。一个精神病医生对我说："我们得给他们送病人……但事情［杀人］是在那里做的。"*然而，在学术中心一点也不逊于政府医院，精神病医生也处在妥协之中：送走一些病人，挽救一些，有时甚至要——按照这样一个医生告诉的原则——"参与［这个项目中的］筛选，以防止更糟糕的事情发生"。

就像一个曾积极参与该项目的医生对我所说的那样，有一种年代的因素在起作用："那些较为年轻者（他把自己算在这一代中）较为赞同这个项目"，只有那些"年龄较大者之中（一个精神病医生会偶尔）发出他的警告声音……对我们指出不能这样干：你想在哪里划出这条界线？"较年轻的精神病医生更倾向于认同这个政权和战争努力，可能会去相信（还是此人进一步解释）"如果敌人在杀我们健康的年轻人，那么［'安乐死'］就不算是什么犯罪。"而且，"没有价值的生命"一词在医生同事们的讨论中随意使用，一点不亚于官方文件，所以精神病医生们发现自己都在不同程度上接受了它，感觉至少在某些情况中"也许这些人［运作这个项目者］归根到底是对的"，所以"当时我们没有那样明确或清晰地反对"。他进一步解释说，这是因为，"在独裁政体中……独裁政权［从个体那里］拿走了责任"，所以不是去想是否用某种方式来行动，一个人是觉得"我必须这样做……不能陷入冲突……它可能是错的……但是……这的确有它的好处"。

*屠杀中心，有的由政府医院改造而来，有的是政府从教会管理的大型机构征用而来，有一个则是利用监狱（勃兰登堡）。

那么，对于普通的精神病医生来说，参与直接的医学杀人就是附和这个政权的一种方式，对于这个政权他们倾向于或是同情，或至少是不反对。无论一个人是积极参与这个项目，还是做了数量上的妥协（把一些病人放弃，提供给这个项目，以便能够救下另一些人），或者是把焦点放在专业主义上，他们还是在一定程度上放弃了对自己行为的负责。

就精神病医生特有的心态而言，我只是触及了他们思想观念中的两个方面，都与他们对精神疾病患者、精神疾病和精神疾病层级的感知有关。首先，许多德国精神病医生（以及在类似传统中工作的其他地方的精神病医生）都信奉，精神分裂症是一种器官的、不可医治之疾病的观念，患者的自然道路就是恶化。对于许多人来说，他们的职业骄傲就依赖于这种观念。任何想要洞察精神分裂症病人的心智，并以此作为一种理解手段和一种治疗形式的努力，都被这类精神病医生视为“不科学”，同时也是一种
113 职业上和个人的威胁。一位著名的德国精神病医生与我讨论这些事情时，将这种心态概括为“缺乏同情的教条”。*无疑，这种心态本身会不可避免地导致以“安乐死”的名义杀人。有些表达了对自己病人同情的精神病医生，却又成为“安乐死”项目的领导者，从事仁慈的工作—治疗项目的卡尔·施耐德就是这样一个例子。这种普遍原则概括了精神病学界的氛围，在这种氛围中，医学杀人是很容易接受的。+

---

*沃尔特·里特尔·冯·贝耶尔，私人通信。

+这个观点还可以进一步深入。从第一次世界大战（及其以前）到纳粹时代，在这一期间，德国精神病学界就精神分析学派的出现有过激烈的论争。尽管弗洛伊德怀疑用精神分析来治疗精神分裂的功效，但精神分析师们普遍赞同移情的治疗原则，也就是说，精神分析师或精神病医生移情进入病人的头脑，就像病人那样去感受。大部分德国精神病医生强烈反对精神分析。那些最激烈的反对者中，有阿尔弗雷德·霍赫，也就是“不值得活下去的生命”概念的创造者。在一次医学会议上，霍赫甚至宣读了一篇关于精神分析的论文，称它为“医生中的心理时疫”。[3]霍赫这样的精神病医生显然感到，自己作为医生和科学家的身份受到了精神分析传播开来的威胁。这种受威胁感很可能强化了他们对自己的教义——“缺乏同情的教条”——的忠诚。这个教义导致了一些暴力性躯体治疗程序的发展（不管它们的功效如何），比如胰岛素和卡地阿唑休克疗法、电击疗法和前脑叶白质切除术。在强迫之下，那些守持这种“缺乏同情的教条”的精神病医生就更容易在杀掉病人的项目上进行合作。

如果一个人，其职业身份的核心就很容易认同精神疾病患者——或许还有其他群体——缺乏普通人的品质，因而也认同为了其他人表面上的健康要消灭这个群体，那么他就很容易去接受与他这种有机—遗传看法相一致的新“疗法”。用这样的方式（本章题辞所描述的），许多精神病医生都会顺应纳粹用屠杀进行治疗的宏大愿景，甚至还会成为其中的典型。

德国精神病学界中的第二个影响因素是这个职业与国家的传统关系。作为个体的德国精神病医生总是将自己认同为国家的仆人，而不是独立的执业者，精神病院更是国家管理结构的一部分，甚至大学的医学院系也是这样。这种长期的安排，再加上德国文化强调权威和服从所产生的内化和支撑作用，就使得个体的精神病医生在被召唤去参与任何一种项目时，都难以思考——甚至难以想象——要去进行反抗。

医学领导人 114

“正派纳粹”：卡尔·勃兰特

在“安乐死”项目的领导人中，首先出现的是卡尔·勃兰特（1904—1948），元首挑选他来启动该项目，并充当元首在这个项目上的信息传递者。虽然在该项目的日常工作较少，但他是该项目的终极医学权威。就精英阶层、受过高等教育、献身医学的治疗者对这场医学屠杀的积极参加程度而言，勃兰特超过其他任何纳粹医生。

勃兰特出身于阿尔萨斯一个低级公务员家庭，在医学上接受的是外科医生格奥尔格·马格努斯和费迪南·绍尔布鲁赫的训练，20多岁时，他已经成为一个有才华的外科医生，以及大脑与脊髓损伤方面的权威。[4]他还是一个热心的国家主义者，投身于纳粹“复仇者，党之希望”的运动，该运动要求德国重新获得阿尔萨斯地区的一部分，当年勃兰特为得到德国国籍被迫离开了那里，勃兰特的一个朋友和医学院同学称此为勃兰特的“异想天开的梦想”。然而，还是这个卡尔·勃兰特，又被艾伯特·施韦泽这个阿尔萨斯人强烈吸引，据说仅仅是因为法国在服兵役和国籍方面的限制，他才未能随施韦泽一起到非洲去从事医学工作（兰巴雷内位于法属非洲）。在勃兰特的一个老朋友看来，“施韦泽和希特勒是对勃兰特一生影响最大的两个人。他们是他的两个榜样，他的两面镜子”。[5]

勃兰特于1932年加入纳粹党和纳粹党德国医生联盟，同年，由他的未婚妻——一位德国游泳冠军引见给希特勒；1934年，29岁的勃兰特成为希特勒的私人“陪同医生”。在希特勒身边的那个内部医学圈子中，勃兰特是科学人物和可靠的传统意义上的医生，这与西奥多·莫雷尔不同。莫雷尔从1939年开始担任希特勒的私人医生，被认为是一个庸医和一个江湖骗子（这是很准确的）（见本书132页）。[6]当莫雷尔保持对希特勒的掌控时，勃兰特发展出来了与希特勒的一种可称为“养子”的关系，类似于希特勒的私人建筑师、后来担任了武器和军工生产部长的艾伯特·施佩尔与希特勒的那种关系[7]。这两个年轻人都长得高而优雅，来自受人尊重的家庭，与德国学术界和专业界都有很好的关系，这些优势是希特勒本人缺少的，但他喜欢这些，而且可以利用。*

其他纳粹医生也对勃兰特有非常高的评价，在专业上和人品上都是如此。他们认为他正派、直率和可靠。一个很了解勃兰特的医生形容他是“一个道德水准很高的人……是我职业生涯中见过的那些最有理想主义的医生中的一个”。

115 勃兰特的好友，艾伯特·施佩尔+向我谈到他时，把他形容为一个广受赞赏者，“不管做什么，都全心全意去做好”。战后施佩尔得知自己这个朋友参与了“安乐死”时很感困惑，他说勃兰特是一个非常正直的人，如果参与这个项目，那“他一定是真正相信了它”。

关于勃兰特，一份最为热情洋溢的证词或许来自一个父亲，他的孩子

---

*关于传说中勃兰特的社会和文化特异之处和家庭背景的某些神话，其来源不清楚。他父亲实际上是一个警察。我要感谢迈克尔·卡特尔在澄清勃兰特背景上所做的工作。

+我使用施佩尔的名字，是因为在我们的谈话中他明确允许我这样做。他与勃兰特不仅是密友，而且分别拯救过对方的生命。1944年，勃兰特叫来自己的医生伙伴，救治因希姆莱一次医学谋杀而得病的施佩尔。施佩尔对希特勒所具有的影响，让希姆莱感到不安。战争快结束时，当希特勒以“背叛”之罪判处勃兰特死刑时，因为勃兰特安排自己的妻子和孩子去了美国占领区，而不是让他们死在希特勒想要的忠诚纳粹的大规模自杀之中，施佩尔也曾动员一些力量来保住勃兰特的命。[8]

就是希特勒用来启动这整个屠杀项目的那个病童（见本书50—51页）。此人在1973年对一个来访的作家说：

> 就是在这里，勃兰特站在靠近窗户的地方。他身材很高，相貌堂堂，似乎占据了整个房间……他向我解释，说元首本人派他前来，我儿子的情况让元首非常、非常关注。元首想探讨那些没有未来——他们的生命没有价值——的人的问题……从这一刻起，我们再也不用因这种可怕的不幸而遭受折磨了，因为元首已经允许了我们儿子的仁慈致死。此后，我们会有其他的孩子，英俊而健康，帝国会因他们而骄傲……德国要建设，每一点点能量都是需要的。勃兰特先生这样解释给我听的。他是一个骄傲的人，聪明，非常让人信服。对于我们，他就如同一个拯救者，是那个能将我们从重压中解脱出来的人。我们感谢他，告诉他我们是多么感激。[9]

勃兰特近乎神话的优雅和纯洁之光环使得他成为“安乐死”的完美倡导者，成为元首在这方面的理想代表。这种光环甚至在某种程度上俘获了一个与保护自己病人免遭这个项目杀害联系最紧的人——弗里茨·冯·波德尔施温格（见本书90—91页）。在1945年夏天英国广播公司的一次广播中，据说波德尔施温格曾经这样评价：“你们决不能将勃兰特教授视为一个罪犯，相反，要将他视为一个理想主义者。”在放过波德尔施温格的病人上，勃兰特显然起了作用。[10]波德尔施温格死后，他的继任者出示了他一份关于勃兰特的证明书中的看法，要让勃兰特在纽伦堡审判中免于死刑。勃兰特愿意倾听反对意见，这给波德尔施温格留下深刻印象，他觉得勃兰特较之这个项目中的其他人有较多克制，想将它限制在那些“完全熄灭的生命”的范围内，他的动机“不是残忍，而是某种理想主义……植根 116
于他对于生命的概念”。[11]

然而，勃兰特也有其他的方面。一个见过他的法国心理学家弗朗索瓦·贝尔在纽伦堡审判时，一再形容他“富有个性、精力充沛……［但］缺乏约束、好斗和孩子气……因他的野心而脆弱……［还有］骄傲”，他“拥有鲜明的智力……［但］没有逻辑清晰性，有许多很容易受到影响和变得混乱的想象”，“他的性格……同样容易受到影响”。[12]贝尔强调他的强烈野心与易受影响的结合，与他对希特勒异乎寻常的依恋和希特勒对他的持续掌控是一致的。

希特勒圈子边缘的一个纳粹医生对他也有很大的不同意见。他向我描述勃兰特被希特勒弄得眼花缭乱，被“拥有权力的感觉”深深吸引，但在他做的几乎每一件事上都是“彻头彻尾的失败”，包括他想在德国不同地方建立一个军队医院网络的打算。这个医生认为，如同纽伦堡审判的那样，勃兰特有刑事犯罪，不仅要为“安乐死”负责，而且要为集中营中各种致命的医学试验负责。施佩尔对自己这位朋友勃兰特的回忆也揭示了他对权力的敏感，勃兰特在一个相对较低的党卫队等级上待了若干年，“突然他就跳到了［比其他人］高得多［的等级］……突然他就是……一个高级党卫队官员了”。

尽管勃兰特不被视为一个强烈反犹主义者，但以色列特拉维夫的赫希医生却讲了一件事。1925年，慕尼黑的一个学医的同学曾要求看看他的笔记，把笔记本还给他时，上面多了一幅绞刑架和一个人被绞死的画，并附有这样的字句：“赫希的末日：19××年？”这个学生被证明是勃兰特。[13]

在纽伦堡审判时，勃兰特强烈表达了自己确信对不可医治的病人实施“安乐死”是有价值的。然而，在勃兰登堡的一氧化碳与吗啡注射杀人效果比较的“试验示范”中，从勃兰特在其中的作用来看，他已经很残忍和麻木了，他将这个过程视为“医学史上的一个重大进展”。曾当过勃兰特助手的一个医生告诉我，那些比勃兰特走得远得多的精神病医生中，有些人觉得他们应该“把许多也许不应该处死的人加以处死”，勃兰特发现后很生气，要求这种做法马上停止。他的这种态度类似于他愿意挽救某些病人一样，并不能真正改变屠杀项目本身。他是那种想让这样的项目尽量“公正”和“人道”的纳粹。

最重要的是这样一个事实：勃兰特从来没有以任何方式脱离德国政府、纳粹政权，或者是希特勒本人。所以，主审法官说，“在这个被告席上坐着一个看不见的人”，“这个看不见的人就是希特勒”，[14]就毫不奇怪了。

117 尽管希特勒后来对勃兰特很有敌意，但勃兰特从来没有质疑过他们的关系，甚至没有质疑过元首发动“安乐死”的人性，从来没有挣脱过希特勒对他所拥有的强大吸引力。所以，1948年6月，勃兰特在被绞死之前还由衷地宣称：“我总是凭良心为我的个人信念而奋斗，诚实地、坦率地、公开地这样做。”[15]

较之任何其他医生，勃兰特都更是我所称的“正派纳粹”的一个典型。这样一个医生通常来自贵族或专业的、常常是医学的家庭，他们通常的文化教养和投身纳粹之前的道德标准，与他们纳粹忠诚的深度似乎有着令人吃惊的差异。这种忠诚包括对集体复兴这种主题的狂热参与，勃兰特尤其信奉希特勒，不仅视其为父亲，而且视其为先知和救世主。在这些医生中，一种浪漫空想的倾向与信奉科学—医学合理性乃至崇拜结合起来。在这个纳粹项目中，正是勃兰特那种宗教—浪漫主义般的卷入，导致了他对大规模屠杀的麻木，导致了他能够不同寻常地一直寻找整个纳粹项目的好处。在直接的人际关系中体现出某种程度的正派，反对自己周围那些较为“粗鲁的纳粹”，通过这样的方式，他强化了一种个人美德的感觉。勃兰特自己是个医生，是个治疗者，就这个过程而言，他对自己的这种强烈感觉是至关重要的。

这个“正派纳粹”为这个政权做了许多事情，对于纳粹的大屠杀是不可或缺的角色。

医学“老斗士”：维尔纳·海德

维尔纳·海德（1902—1961）是完全不同的另一类人——医疗界的“老纳粹”或“老斗士”。他在接管“安乐死”项目之前，就是党卫队的一个“职业杀手”。即使是对那些与纳粹政权关系密切的医生而言——他们之中的一个人告诉我，海德也“名声很坏……是一个没有控制的真正纳粹”。

无论是他的家庭背景（他父亲是劳齐茨的一个纺织厂主），还是他早期的学业表现（据说他“在班级总是第一名”），都看不出来他后来会变成这种人。他比勃兰特大两岁，16岁时就应征入伍，当时已是第一次世界大战的最后几个月了。

18岁时，他参加了“卡普暴动”*，以及随后一系列与激进国家主义和国家社会主义有关的组织与事件。

海德20世纪20年代早期在医学院读书时，据说上过霍赫的精神病学课程，成为了一个能干但却不为人注意的精神病医生，就像另外一个医生对我谈到他时所说的“一个普通人……［一个谁也］不会想到的人……能去做这样的事情”。他开始时是一家精神病院的病房医生，后来做了门诊的“主任医生”，靠着纳粹的身份（他于1933年5月1日加入纳粹党），他强化了自己的事业，于1939年在维尔茨堡成为一个正教授。1935年，他担任了维尔茨堡种族政治办公室的领导人。

118

可以说早在1933年，他的党卫队生涯就开始了，当时他与特奥多尔·艾克建立了密切关系，艾克曾是他的病人，在这一年6月担任了达豪的司令官，后来被任命为所有集中营的一个总巡视员。艾克作为集中营系统的主体建筑师和许多集中营司令官的导师，对系统化的身体和心理暴行做了很多制度化的工作。海德也可能对这些设想也起了一些作用。（见本书153页）

在艾克的催促下，海德先是加入了纳粹党。通过这种关系，然后通过与臭名昭著的党卫队首席医生恩斯特·罗伯特·冯·格拉维茨的关系，海德于1936年加入了党卫队，立即被授予上尉，接下来在1941年、1943年和1945年里，他一步步被提拔为少校、中校和上校。他执行的那些党卫队任务中，包括创建了一个神经精神病学部门，以及监管在集中营囚犯身上进行的“精神病学—神经病学和遗传研究”。后面这个任务被视为“格外紧迫”，因为它具有“科学应用”的潜力。海德也是柏林盖世太保的一个神经精神病学咨询专家。这个任务涉及一些秘密活动，对此，海德在他的纳粹个人简历中写道：“我自然只能是提到为止”，它可能包括提出能让囚犯招供的拷问方式的建议，以及对盖世太保有用的精神病学评估。[16]+

---

*这场暴动是右翼准军事和军事组织在1920年3月发动的，企图推翻魏玛共和国。它4天后失败，失败的原因很大程度上是因为左派的团结和果断的反击。

+海德曾就格奥尔格·埃尔瑟——那个1939年几乎成功刺杀了希特勒的木匠兼电工——写了一份报告。德国对外情报局局长沃尔特·舍伦贝格对这份报告做了详细评注，称它是当时做得“最好的分析”。它能告诉我们精神病学的堕落可以走多远：（转下页）

对于“安乐死”这个大规模屠杀项目，海德既是一个核心人物，也是其医学合法性的体现。在欺骗的整个结构和屠杀整体程序的策划上，海德都起了很大作用；在被尼切替代之前，他也是最终决定谁将被处死的“首席专家”。与此同时，如同我们已经看到的那样，在“指导”其他医生尤其是年轻医生参与这个项目上，他也是令人印象深刻地颇为理性，表现很专业，一副学者派头。这个活跃的精神病医生—组织者和直接医学屠杀的管理者，将自己在屠杀中的参与延伸至14f13项目中的集中营。 119

战争结束后，海德从监管中逃了出去，他弄了一些虚假证明文件，做过不同的工作，最终在基尔附近的一家学校做了一个运动医生。在这里，他使用萨瓦德医生的假名，开始给各种情况包括精神病学的情况开具有法律效力的专家医学意见。他挣了很多钱，生活奢华，他的真实姓名和身份逐渐被这一地区的政治和司法领导人所知，也为其他的精神病医生和其他医生所知。他最后被克罗伊茨费尔特教授揭发。在一份反纳粹的老人认为会招致反对意见的法庭意见中，后者认出了海德的痕迹，但这份意见也反对克罗伊茨费尔特教授。对此，教授有点踌躇不决，但他两个医生儿子一定要他把这个事情弄个水落石出。法庭准备好了一份详尽得令人印象深刻的审前卷宗，然而在1961年，海德被发现死在自己的牢房里，是自杀，发生在审判开始之前。这件事类似于战争末期党卫队人员的陆续自杀，但仍然有一些普遍的怀疑，认为海德得到了帮助，甚至是被迫自杀，一些与党卫队有关系的人，可能也包括其他医生，对看守做了渗透，不想让这场审判举行。[18]

海德是一个相对平凡的精神病医生，他对德国国家主义和纳粹改革

（接上页） “［海德］说这个刺客是一个固执己见的典型的反常狂热者。他［埃尔瑟］有精神病性的强迫症，尤其是在技术问题上，这种强迫症来自一种冲动，要弄出真正引人注意的事情来。这源于对为人所知和获得承认的一种病态需要，又因渴望报复对他哥哥所称的不公而强化［他哥哥作为共产党人的同情者被逮捕，并被送往集中营］。通过杀害第三帝国的领袖，他就可以满足所有这些冲动，因为他自己可以出名，他也会因将德国从一种巨大的邪恶中解放出来而感觉到道德正义，另外是他对受难和牺牲自己的渴望。这些都是宗教和宗派狂热的典型表现。往前回溯，人们发现类似的精神性失常在埃尔瑟的家族中也曾发生过。”[17]

愿景的热情参与，导出了一种近乎绝对的意愿，让职业原则服从于纳粹党、党卫队、盖世太保和这个整体的纳粹项目。像他这样的人，可能既信奉纳粹以治疗名义而行屠杀之实的疯狂原则，同时也可能多少意识到自己卷入了肮脏和杀戮。然而，从我进行这项研究从头到尾所探讨的心理机制来看，他可以把这种意识最小化，从而继续心安理得面对自己所做之事。他无疑也有精神变态和虐待狂的倾向，但在其卷入纳粹之前，这些心理需求并不突出，也没有被激发出来。海德的一生揭示出，某些医生被意识形态、被制度化的安排所驱使，在舍弃此前的职业本性上，在使用自己的医学技能杀人方面，他们可以走得有多远。

残忍医生：赫尔曼·帕方缪勒

赫尔曼·帕方缪勒（1886—1961）如同海德一样，也是1933年5月加入纳粹党，他是这种堕落的、纳粹化的精神病医生的另外一例。就是这样一个高级医生，在将近60岁时，作为一家护养机构的院长，抓着一个饥饿之中、濒临死亡的3岁幼儿的双腿，笑着宣称：“这就是最简单的方式”（见
120 本书61—62页）。很想称他为一个“精神病学暴徒”，就这样来称呼他吧。

一个反纳粹的精神病医生格哈德·施密特在战争末期接管了帕方缪勒的这家机构，他就自己在这里和其他地方看到的“安乐死”项目的情况写了一本书。施密特强调，帕方缪勒深深信奉“不值得活着的生命”的观念，深深信奉纳粹的世界观，这种世界观要求消灭帕方缪勒所说的只显示着“貌似存在”的“可怜病人”。[19]在战后才第一次见到帕方缪勒的施密特，在我们的交谈中，说他是“一个简单的人，坚信［‘安乐死’项目］是急迫需要的”，属于那类“觉得他们能够用这种方式来使人类更为健康”的人。他还说帕方缪勒有一个名声，“内心非常柔软，是一种柔软的压抑类型”，通常“不会伤害一只苍蝇”。有可能是这样，帕方缪勒是一个极端的案例，既是一个真正的纳粹意识形态的狂热信仰者，又是压抑者，用伤害其他人来克服自己的焦虑和死亡想象。然而，当帕方缪勒走到饿死婴儿、儿童和成年人这一步时，他身上似乎就是一种强烈的、无所不

能的、施虐者的心理状态了。与此同时，他会继续视自己为理想主义者，甚至是正派人。帕方缪勒后来在法庭作证时，说自己与海德不同，自己是希望考虑“工作能力”，即使是那些只能从事最简单工作的成年病人。这个证词无疑在为自己辩护，但也反映出即使到了这个时候，他也努力视自己为进步与人道的专业人员。1948年，一个慕尼黑法庭宣布帕方缪勒的身体状况不适于受审。第二年，他被判了6年刑期。[20]

帕方缪勒可作为残忍的医生转变为凶手的一个代表。他的动机中，有意识形态的因素（生物医学上和政治上的），有在纳粹层级中的官僚机构的热情、职业野心，也有压抑和无力的心理倾向，而这要用无所不能的、施虐的行为来克服。

双重自我生活：马克斯·德·克里尼斯

马克斯·德·克里尼斯教授（1889—1945）可能是“德国精神病学界中最直言不讳和最有影响的纳粹”，[21]而令人吃惊的，却是他想要去过的那种双重自我生活。1939年，他接替卡尔·朋霍费尔，担任柏林大学和查理特医院精神病学讲座教授，也是纳粹政权最高层面的精神病学顾问。如同前面提到的，人们认为他曾经向希特勒提供了最初“安乐死”法令的草稿，在策划这个项目的所有方面他无疑都很积极，不过从来没有被认为是这个项目的领导人之一。

德·克里尼斯是奥地利人，从1918年下半年起，就积极参加反对共产党的活动和“自由军团”（见本书126—127页）的活动，他于1931年加入 121
纳粹党，1934年反抗陶尔斐斯政权的暴动失败后，他逃到德国——他很可能参加了这场暴动。到了1936年，他已经不仅活跃于党卫队，而且活跃于它的保安部，他后来在公开场合编造出这样一些紧密关系，得到了官方的理解。*同样，德·克里尼斯参加了1939年一次关于“安乐死”项目的早期组织会议，据说他对所有策划出来的东西都“显示出了积极态度”，但又

*有证据表明，有一个官方政策，“安乐死”项目的医生要隐藏他们的党卫队关系，但德·克里尼斯看来将此做到了极端。

被允许“因个人原因”而降至仅作为一个专家来服务。不过，他在党卫队的种族与安置办公室很积极，而且在1941年担任了教育部的医学指导。他至少参加过一次在荷兰的怪异的情报任务，充当一个卷入反希特勒阴谋的军官的替身。[22]

德·克里尼斯在大学和柏林的医院中都享有“迷人”和学者风度的声誉。尽管众所周知他与纳粹关系紧密，但他还是费很大力气去隐瞒自己参与了“安乐死”项目，甚至表现出反对医学杀人。比如，一个我访谈的医生告诉我这样一件事：一个严重脑积水的儿童被带来让德·克里尼斯和他的助手检查，但当问起这个儿童是否应被送交给导向“安乐死”的渠道时，德·克里尼斯尖锐地表示否定：“他应该去其他的地方。”（在给希特勒做了检查，诊断了他的帕金森症之后，德·克里尼斯也参与了高层一个以医学为中心的密谋，与舍伦贝格、希姆莱和康迪一起商量在西部停战。[23]

关于德·克里尼斯的活动，一些流言终于出现在大学和医院之中，据说朋霍费尔曾就这其中的一些事情与他对立。然而，德·克里尼斯又的确保护了查理特医院的病人免遭医学杀害。他还积极追踪在躯体上治疗精神疾病和一般性情感障碍的科学研究。对于抨击精神疾病的心因性假设和反对非医疗性的精神疗法，德·克里尼斯是精神病学界的发言人。精神疗法甚至被怀疑为某个“犹太人的”追求。

不管是出于什么原因，德·克里尼斯必须隐藏他在“安乐死”和党卫队上参与程度，这种模式还是展示出一种明显的“角色转换”过程（见第19章和20章）。有可能是这样：德·克里尼斯在很大程度上暗暗维持着自己作为一个精神病医生的学术身份——一个“原有的自我”，而这又多多少少自主地与他那个纳粹化的“安乐死”和党卫队智囊的自我共存。后面这个自我因纳粹意识形态的热情和夸张而建构起来，使他能够执行在直接医学杀人中的重要任务。德·克里尼斯于1945年5月1日自杀，使用的是规定的纳粹方式，即吞咽氰化物。[24]查理特医院的一位院史作者于1963年宣
122 布，在该院令人骄傲的250年历史中，没有其他医生有过接近于德·克里尼斯程度的犯罪。[25]

精神病学理想主义者：卡尔·施耐德

卡尔·施耐德（1891—1946）也是奥地利人，代表着一个杰出的精神病学家信奉纳粹的世界观，成为“安乐死”屠杀项目的关键人物后的道德沉沦。关于施耐德，最令人吃惊的，是他在忠于直接医学杀人的同时，又有那么多对病人同情和采取康复措施的记录。

我曾与一个为施耐德工作过的女心理学家交谈，她强调他的理想主义，他和其他人有一种“安乐死”可以结束那些病况严重、锁闭、恶化的精神疾病患者惨状的感觉，这种惨状是“隐藏的犯罪……医学的黑色一面”。她觉得施耐德对心理症状极其敏感，并不是“一个坏人”。

一个年轻同事后来形容施耐德是“杰出的精神病医生……非常敏感……对年轻的精神病医生非常好”。施耐德“厌恶强力和冰冷的程序”，他允许精神病医生与病人一起吃午饭，并传播同情病人的原则，尤其是对癫痫病人。他是在伯特利研究所形成这种态度的，作为一个牧师的儿子，他在这家研究所担任主任医生直至1933年。[26]*

施耐德离开伯特利，担任了海德堡大学诊所的主任。1932年他加入纳粹党，在纳粹掌握权力后，助手们观察到，他由“一个总是带着雨伞和公文包的低调学者，潜心于对精神分裂症的最为精微的研究”转变为“德国精神病学界的一个领袖，承担着宣讲国家社会主义的使命，将他自己富有启发的工作治疗项目，作为国家社会主义显示出来的优越性来宣讲”。[27]具有讽刺意味的是，确切而言，卡尔·施耐德这个工作治疗项目正是被埃瓦尔德教授（见本书83—85页）举例为治疗精神分裂症上一种极有希望的发展，这种发展与将精神分裂症患者送去“安乐死”，与整体杀害之间，是强烈对立的关系。

施耐德原来的助手沃尔特·里特尔·冯·贝耶尔觉得施耐德是“一个矛盾的人”。讨论许多病人时，施耐德本人都会提出“两种可能的方式来

---

*尽管自己曾在伯特利任职，但施耐德还是参与了纳粹要控制新教教会而针对波德尔施温格的阴谋。

帮助”，一种是工作治疗，另一种是绝育和医学致死。冯·贝耶尔也感觉施耐德属于那种“敏感和软弱的人”，他们很容易因国家社会主义的信念
123 而转变为具有新能量与信心的“很有攻击性的人”。他对年轻的精神病医生们产生巨大影响，因为年轻人“会首先认同这个敏感的人，然后在其接受国家社会主义意识形态后，又认同他较为攻击性的一面”。[28]

这种新的信心可以表现为夸张的形式——从来没有实现过的种种计划，要建造一座宏大研究所来专门研究“白痴性”的遗传影响，而且要创造新的“生物学人类学”，这门学科将“最终结束关于人类的种种旧观念”。施耐德的确成功地为一个研究所弄到了大笔资金，在这个研究所，他启动了这方面的一些工作，而使用的主要是由“安乐死”项目得到的大脑。[29]

施耐德的堕落之路源自他的精神病学理想主义。然而，走上这条路后，他也感觉到被不朽的专业力量所召唤。不管他体验到了什么样的冲突，一方面是自己对精神疾病患者不同寻常的同情，一方面是纳粹生物医学愿景以及它要结束苦难和强化种族的人道主张，他还是能够将这两者结合起来。一位原来如此敏感的人深深浸入纳粹的意识形态，就使得他既是富有同情心的精神病医生，又成为了医学刽子手。

治疗者转变为杀人者的终极样本：伊尔姆弗雷德·埃伯利

最后，是在医生中也属于很独特的伊尔姆弗雷德·埃伯利（1910—1948）。他从担任T4主要毒气设施的首领，到32岁时担任一座死亡营的司令官——不是主管医生，而是总管一切的司令官。

埃伯利也是奥地利人，是高度政治化的早期纳粹医生中的年轻一代，21岁就加入了纳粹党。当1940年在勃兰登堡进行毒气杀人的试验示范时，他属于在场的第一批观众。作为这个屠杀中心的首领，他大量使用这种技术；关闭之后，作为贝恩堡的首领，也作为那个精神病学专家内部圈子的一员，他得到特别授权进入各类精神病院，来检查它们对待“安乐死”杀人项目的态度，是否工作积极。[30]

在监管极为重要的死亡原因虚构上，埃伯利是海德的一个特别代表，

他的任务就是让各个杀人中心与各项政策保持衔接一致，这样就能令人信服地维系各种理由。[31]*在犹太病人运到其勃兰登堡屠杀中心的特殊转运方面，埃伯利积极参与了其组织工作。所以，埃伯利的衔接一致原则，就是需要一个谨慎的医学谎言。他在一本袖珍日记本上用字母“J”来表示这 124
些犹太人的转运，还有人数以及相关城镇的名称，这些城镇的机构把被转运者送到勃兰登堡来。[33]

埃伯利对于“安乐死”屠杀的热情表现于他积极倡导立法，这样就可以让这个项目公开合法化，也可以按要求而仁慈致死。他指出，不管医生这一方存在着什么样的保留意见，“那些在观念上不接受的医生，其人数会一年比一年少，因为绝大多数的新一代必定在观念上是赞同的”。[34]

当特雷布林卡死亡营于1942年7月启用时，埃伯利被任命为司令官。来自T4项目的一个工程师协助建造了这里的毒气设施，如同波兰其他的死亡营一样，它的人员也主要是此前参加过“安乐死”项目的党卫队人员，但新增加了带着狗的乌克兰看守。埃伯利是人们所知道的唯一担任了死亡营主管的医生，这个事实表明，纳粹很有理由相信，他在对待屠杀犹太人的态度上与非医生并没有什么不同。这也意味着，此时纳粹已在考虑广泛使用医生作为死亡营主管，从而延伸医学化屠杀的原则。

如果使用埃伯利是一个测试，那么他是失败的。在第一批被转运者来到此地数周后，一个党卫队巡视员前来检查，他看到的是一片混乱。火车不断开来，但没有处理而腐烂的尸体到处堆积，让到来的犹太人马上就明白是

---

*以这样一种角色，埃伯利给哈特海姆屠杀中心的主管鲁道夫·洛劳尔写了一封仔细论证的长信，反对他的一个助手使用肺结核作为一个病人的死亡原因，因为这个病不大可能突然致命，而且结核病还有强制性的法定传染病措施，比如隔离病人和关闭病房或机构。这封信里有引人注意的这样一段话：

“总之，我必须说由于上述所有这些原因，你经常使用的“肺结核”诊断（我们接到的所有病例中，约有40%到50%用了这个诊断）可能会招致异议，所以我要求，为了成功合作你要克制，少用这个诊断，不能这样多数量地用该诊断，尤其是当病人此前没有这种症状时。我还必须驳斥你办公室主任的劝告，因为他不是医生，不合适来判断这类事情；他说这个问题是一个纯粹的医学问题，所以只能由医生来决定，这一点，我赞同他。”[32]

什么在等着他们，于是增加了管控的难度；火车也没有安排好，一列火车会挡住另一列。埃伯利马上就被免职了。他应对不了屠杀的新规模，但他的无能并没有减缓这个过程。在8月下旬的高峰期，火车每天都运来1万到1万2千犹太人，到8月底，约有21万5千人被杀掉。（相比之下，作为一个T4项目医生，埃伯利在一年半多一点的时间内“仅仅”杀掉1万8千个病人。）[35]

在他短暂的任期内，据说埃伯利总是穿着医生白大褂巡视死亡营。无论他是否真的如此，在这个短短的时期内，他已经变成了从治疗者转变为杀人者的终极样本，尽管他并没完全达到后者的标准。不管他此前有什么样的全能、施虐和暴力的心理倾向，他显然体验到了深深沉浸于纳粹意识
125 形态的如鱼得水，这种意识形态，允许在任何时候以任何方式杀掉任何人或群体，以此来推进净化和治愈非犹太民族白种人的愿景。

生物浪漫主义：约翰・S

尽管约翰・S并没有太多地卷入“安乐死”项目，但他经历了纳粹医学领导人的整部历史和意识形态。我与他在整整3天的时间内交谈了大约20个小时，我发现，这个生活在在繁荣的乡村环境中的老人精明、精力充沛而狂热，在我访谈过的所有医生中，他是最顽固不化的纳粹。他的一生，独特地体现出纳粹对暴力国家主义和狂想生物学的特殊混合。

我们第一次见面坐下来不久，他就提到近期一个电视节目，讲的是一个医生的研究计划，要消除临床前的理论与临床工作的分离，他说自己在第三帝国时期也曾经在这样的计划中工作过，当时“医生们形成了一个紧密联结、完全自足的医学组织”，它将所有的卫生组织和私人机构都融为“一个完整的医学部门”。这就奠定了他与我交谈的基调：对美妙纳粹医学经历的怀旧，对其失败的辩解，毫不后悔自己信奉这样一种愿景。的确，他实际上是作为一个医学“老纳粹”和这个政权高层的一个医学官员度过了他的整个医学生涯，一直在追求和实施这个愿景。

约翰・S形容自己是“一个医生的儿子”，他的医学家族可以回溯到17世纪初期，并且与普通老百姓相关（当兽医和铁匠），然后才上升为进步

的乡村贵族（他的祖父和外祖父都是德意志共和国国民议会的民族自由派成员）。他童年时就参与到各种各样的动物生活之中，当我问他什么东西让他最感兴趣时，他毫不犹豫地回答："永远是生命，永远是生物。"稍大一些后，他开始读威廉·博希和恩斯特·海克尔的著作。海克尔是德国生物学的顶尖人物，早期是达尔文主义者，也是一个种族主义者，信仰那个神秘的"人民"，并且强烈提倡优生学，"可以说是［纳粹"安乐死"项目的］直接始祖"。[36]博希是一个文学批评家，后来成为海克尔的一个弟子和传记作者，他因向希特勒提供了"对海克尔社会达尔文主义主要观点的直接接触"而出名（见本书441—442页）。[37]

约翰·S 11岁时，他父亲把自己的行医事业从农村搬到了大城市，约翰·S将这次搬家与失去了理想化的乡村社会生活联系在一起（"我们那时总是有朋友不请自来，分享我们餐桌上的东西……我们的马车夫会和我们坐在一起……生活在一起"），与发现了城市中人们的"可怕孤立"联系在一 126
起（"人们在同一座房屋中死去，其他人甚至压根不会注意到此"）。他甚至说"我之所以成为一个政治家*，可以追溯到这种［孤立］"，他的意思是说，重新恢复这种理想社会成为了他政治奋斗的主旨。

克服战争与"背叛"

他的青少年早期正遇上第一次世界大战的爆发。他还记得，当时动员令带来的"巨大轰动"和民众的兴高采烈，以及后来在市场上对每一场德国胜仗的宣布。他的整个家庭都直接卷入了那场战争：父亲当了军医，哥哥接受军官训练，母亲是各种后援活动的一个领导，甚至祖父也当了一个骑兵团的兽医，而男孩约翰·S本人也被军队所吸引，整天围着住在他家的军官们转。然而，时间不长，胜仗和庆祝就被失败、食物短缺和饥饿所替代。最糟糕的是来了一封电报，告知他父亲受伤了。父亲"在火车站里，站在我面前……胳膊打着绷带……穿着军服还有……居家拖鞋"，这样一

*由于"政治家"一词对于约翰·S医生这种有乡村背景的人来说，通常有一种贬义，所以他使用这个词，可能暗示某中无意的自我谴责。

幅画面触目惊心，如同一种记忆幻觉，他坚信就在电报到来那天的前夜，自己在梦中就遇见了这个场景。（后来弄清楚了，他父亲是被德国飞机发射的子弹所伤。但他不想承认这种荒唐事，想把它说得有所不同，将父亲之事与黑森的威廉王子之事相提并论，可威廉王子也是被德国子弹击中，而且被杀死了。）尽管他父亲活了下来，但约翰·S回忆了此后的一系列事情，同样令人揪心，包括最后的战败和回来的军队高呼反战和反君主的口号，这些人组织了士兵委员会，将军官身上的军衔徽章撕掉（这让约翰·S格外“震撼”）。让事情最终完结的，是他哥哥在战斗的最后几天中受伤，“接下来就是政府崩溃了”。

事实上，这个家庭从来没有完全离开过这场战争。哥哥与别人一起创建了“自由军团”的一个单位（这些“自由军团”是自愿的准军事组织，主要由复员军人组成），当时17岁的约翰·S也参加了，在他哥哥手下。他很想参军：“我属于没有被征召参加1918年战争的那个年龄段。”这些自由军团的组织开始受到了一个软弱政府的鼓励，以此来帮助它维持安宁和镇压威胁之中的共产党革命，自由军团的成员开始把彼此当做是“由他
127 们的鲜血而结合”在一起的，并共同战斗，想要让这场战争持续下去，来改变它的结局，旨在恢复德国的荣耀。[38]就在这种氛围中，约翰·S直接进入了战斗和死亡的浪漫之中。他自豪地回忆那个勇敢的自由军团单位，使用拼凑起来的装备就击败了共产党的部队，他哥哥奇迹般地逃脱了共产党人的处决，而他实践着自由军团那些（一个参与者描绘的）“战争与冒险、兴奋与摧毁”的原则。对于年轻的约翰·S来说，自由军团是一种有意义的成长经历；而对于研究这个现象的一位杰出历史学家来说，“这场运动真正的重要性在于……自由军团那些人遗赠给第三帝国的残忍精神和弄权的洋洋得意”。[39]

约翰·S认为，第一次世界大战的经历“使得我们成为一个民族”，德国并没有“在军事上被击败”，而是被“军工厂的罢工”所破坏。这是普遍接受的右翼所称的“在背后插了一刀”之说的一个版本：德国在一战中并没有被击败，而是被背叛了，被左翼分子、共产党人、非德国人，以及最重要的，是被犹太人所背叛。在自己的大学和医学学习过程中，约

翰·S呈现出一种激进右翼的知识分子面貌，既是精英的又是民粹的，看不起魏玛共和国（“我们说了，‘这个破烂必须被一种完全不同的东西来取代’”）；他阅读奥斯瓦德·斯宾格勒，回应他的话（用最近一个评论者的话）“一种国家和种族灵魂的……庆典……与坐落于……犹太人灵魂的异质躯体中……无根的国际金融相对立”。[40]休斯顿·斯图亚特·张伯伦的“历史观”也“深深影响”了约翰·S。这个英国人在20世纪初成为归化的德国公民，娶了理查德·瓦格纳的女儿伊娃。张伯伦用德语写作，其种族主义的历史观将日耳曼种族的成员表现为处在生死奋斗之中的“人类拯救者”，“将决定低劣的犹太人精神是否会战胜雅利安灵魂，以此让世界沉沦”。[41]约翰·S属于一种新的国家主义，它强调“鲜血的群体”，强调对一次大战“前线经验”的神秘超越（用恩斯特·容格的话来说，就是要有“最后一场战争，我们的战争，这个时代最伟大最强有力的事件……这场战争的精神是进步的精神……是生命成长转化为能量”）。[42]* 128

在上大学期间，约翰·S遵循着家庭传统，积极参加全国性学生社团的活动。他将此与日耳曼之根联系起来，与“人民”的原则联系起来：“第一批国家社会主义者医生中，有许多人是学生社团的成员”。+一位他所钦佩的教授也与学生社团有联系，此人身上融合了多种：极端的古怪、魔法般的明显的临床和治疗才华、压倒冰冷理性和机械的直觉，甚至有医生对王权的胜利（有一个故事，讲约翰·S的这个偶像曾让一位顽固的皇帝付了不菲的医疗费用）。这些主题都与纳粹医学相吻合，而且最重要的，是与纳粹的原则和该政权元首的原则相一致。

---

*容格是“前线一代”以其第一次世界大战战壕“内在体验”的领军文学代表。作为一个富有才华的小说家和散文家，他“对魏玛共和国的有效破坏很可能超过任何其他一个作者，而且协助培育了一种纳粹主义可以繁荣的精神氛围”。不过，容格反对加入纳粹党，而且在第二次世界大战的军队经历后，他在日记里“鄙视自己曾经做过不小贡献的纳粹精神”。[43]

+在19世纪早期，这些学生社团一方面作为致力于德国国家统一（反对拿破仑—法国的军事、政治和文化影响）的学生团体而出现，另一方面则主张政治自由化（反对普鲁士专制压迫）。这些学生社团开始时瞧不起传统学生社团，瞧不上后者只会决斗和饮酒，但后来自己在仍然坚持一种狂热国家主义的同时，也变得保守，也来也强调同样的这些活动了。

约翰·S的家庭要与德国战后极度的通货膨胀搏斗，他后来与父亲一起作为“工人的医生和穷人的医生”行医，他对社群的高度投入使得他倾向于一种右翼社会主义，有时称为“普鲁士社会主义”，其依据的是容格所称的德国工人—战士的完形。[44]这种倾向，再加上他在自由军团的经历（他认为冲锋队是自由军团的“一种延续”），以及事实上他此前整体的政治观点形成，就使得约翰·S在1930年底加入了冲锋队。另外还有他浪漫的自我想象，他形容自己看到：“一支小小的部队，身着褐衫，举着卍字旗帜*……唱着霍斯特·威塞尔之歌（Horst Wessel' song）+……真正的年轻工人……被嘲弄的共产党人所包围……当他们仍然勇往直前”。这种想象导致他觉得“我应该为自己感到羞愧。这些孩子们冒着生命危险，而我却没有做任何事情”。

他投身入他们“完全军事化的”游行，为他们的组织提供医疗服务，将自己视为——冲锋队的领导人也视他为——一支革命军队的一部分，这支军队要把街道从“赤色分子”手中重新夺过来，从而完成希特勒的胜利。最重要的是，这种经历十分强大有力，他感觉自己已经融入“真正的工人……而这是希特勒最伟大的成就之一……我们可以在亲密的社群中与这些年轻的工人生活在一起了”；最后一点是“我们这年轻一代”曾有过“前线经历”——对此，约翰·S以前只是从哥哥的讲述中听到过。

有意不谈冲锋队的可怕做法，约翰·S的怀旧近乎是兴高采烈地描绘游行的壮观、他的团体“在满是赤色分子的街道上勇敢游行”的高贵，他宣称“这是我一生那些最美妙的时刻之一”。

129 此外，他认为他的医生同伴们在冲锋队中依据一种革命医学的命令、一个生物学化国家的命令而发展出来了某种东西：“他们全都是像我一样的医生，我们要生物学地思考，将生物学视为医学思考的基础……我们不

---

*卍字旗帜首先用作纳粹党的象征，然后用作纳粹德国的象征。卍字旗帜由希特勒设计，红底中间为一个白圆，里面是一个黑色卍字（卍字在梵文中为幸福或好运之义，是许多文化中的一个古老象征）。

+霍斯特·威塞尔之歌由一个年轻的冲锋队领导人作曲，他在1930年柏林的一场争斗中被杀。戈培尔以某种方式有组织地利用他的死亡，把一个事实上的恶棍变成了一个苦行僧般的殉道者。

想要政治，我们批评政治，但关注人真正是什么，而不仅仅是观念或哲学。”

作为应用生物学的国家社会主义

这个国家现在就要依据约翰·S和他那个军团所认定的生物学真理——“人真正是什么”来运作了。这就是为什么当他听到鲁道夫·赫斯宣布国家社会主义“就是应用生物学”（见本书31页）时，有一种真正的“找到了！”之感，一种“就是它！”之感。S医生感觉自己不仅仅与赫斯相融（他带着几分兴奋地告诉我：“当时我站的地方距离他不足10米！”），而且也与元首本人相融：“赫斯最清楚希特勒所想……他是唯一所有时候都与希特勒关系密切的人。”约翰·S很快参加了纳粹党，把自己奉献给这个生物学主张的实现。

他骄傲地指出，那些早期冲锋队医生构成了纳粹党德国医生联盟的核心，如同他所言，这些医生“是第一批对国家社会主义具有完全信心……在大街上游行的知识分子”，实际上也就是把他们的性命押上了。

现在，约翰·S的英雄是格哈德·瓦格纳，瓦格纳也参加过第一次世界大战、自由军团和冲锋队，并且是纳粹党德国医生联盟的创建者和领袖。一个观察者准确地把瓦格纳形容为“众所周知的反犹太人种族法律的公开倡导者”。[45]对于约翰·S而言，瓦格纳是“一个奇异的人，一个来自医学世家的全科医生，对希特勒有着个人影响”。瓦格纳是鲁道夫·赫斯的门徒，约翰·S知道这两个领导人都赞同永久变革的法则，视国家社会主义为“一种运动而不仅仅是一个政党，它依据人民躯体的‘健康’要求而持续成长和变革”，“如同人体会被疾病压垮一样，人民的躯体也会”。

在德国医学的纳粹化上，约翰·S与瓦格纳密切合作，两人都信奉赫斯的“人民”神秘主义和对非医学治疗者的倡导，这是整体医学的一种纳粹版本，它将“一直被忽略的精神问题……提升到了前台”（见本书40—41页）。这种医学扩展至所有医学机构（它具有医学权威，所以“工厂的雇员就知道他们的老板不能给医生下命令”），它是“一种新的医学世界观”。这种世界观取代了两种虚假的学说，一是“只在灵性感知中”理解

人的基督教学说，一是宣称“所有人生来平等”的法国大革命学说，在约
130 翰·S看来，这二者“与生物学经验相冲突……与生命法则相冲突”。

从1934年到1939年的这些令人激动的岁月中，约翰·S变成了这种生物医学愿景的一个传教士，在医生组织、纳粹党的会议和一般大众中做了几百场演说。他将自己神秘的“生物学社会主义”概念与纳粹领导层的那些原则结合起来，尤其是强调医生具有领导权，是种族和人口问题上真正的、实践性的生物学家，对人民的这些需求以及其他许多需求作出判断。就反犹主义态度和行为而言，约翰·S坚持说“种族问题……[和]对犹太种族的怨恨……与中世纪的反犹主义没有关系……只与自我实现、人民的自我实现有关系”。也就是说，它根本上是一个科学生物学和社群的问题。同样，约翰·S也怀念地说：“对我而言那是一个美好的时代。”

1939年，一切都改变了。格哈德·瓦格纳在这一年死去，战争在这一年开始。尽管约翰·S对战争所持的是纳粹的看法（战争是因波兰人虐待那里的日耳曼族人而强加于他的国家的），他还是觉得战争打断了他的生物学使命，战争“结束了整个国家社会主义运动”。他认为，这场运动的医学层面在接替瓦格纳的康迪的领导下，在内政部内越来越官僚机构化，律师们来接管了，像他自己这样的有着纳粹党基础的梦想家的发言权减少了。不过，即使是在1939年之前，约翰·S也开始对纽伦堡种族法律和绝育项目中表现出来的尊重法律的倾向进行批评了。不需要法庭和精巧复杂的法律机制，约翰·S想让医生来掌控这一切，医生自己就可以决定哪些人有危险的遗传特征，医生可以依据变化的医学知识来改变政策。

这方面的另外一个坏蛋是党卫队领袖希姆莱。约翰·S称希姆莱“只是一个动物饲养员……觉得自己在种族问题上很有能力”，其实从来没有代表过纳粹党的真正观点，人们对纳粹党的许多不公正批评，都要归咎于他。约翰·S设法安排让自己被重新派出柏林，以逃避这种官僚机构的“怪异”。

就“安乐死”而言，约翰·S赞同这个想法，强调它是一种“赐福”，让那些严重的精神疾病患者得以“解脱”。但是，他激烈批评这个项目的

实际执行，认为它是“希姆莱圈子”的产物，它带来了一场官僚机构灾难。他也反对纳粹国家——整个社群或共同体的代表——来取走人命，似乎也倾向于把这种事完全交给医生就好了。他认为对“安乐死”的“最响亮的抗议”来自那些担任地区医学官员的老纳粹医生，所以纽伦堡审判处决了卡尔·勃兰特是“完完全全的不公正”，应该负责任的人是布莱克和比勒，前者是一个“失败的医生”，只追求自己的晋升，后者也不是一个专业医生，在纽伦堡审判中，曾举证勃兰特，并以此保住自己的性命。但是，这个话题还是让约翰·S局促不安，他从这个话题转换怒骂，对他而 131
言，这是典型的表示要结束谈话了。他骂“俄国军队带来的”残忍氛围，骂哈伊姆·魏茨曼这个犹太复国主义者对德国人“宣布战争”（魏茨曼是出生在俄罗斯的英国犹太裔化学家、第一任以色列总统。——译者注），骂“对德国进行空袭的残忍”。

在所有这些中，约翰·S不仅将自己表现为一个生物学理想主义者，而且还是反对其他人过分行为的“理性的纳粹”。他为“日耳曼种族有一些独特品质”这样的概念辩护，宣称这是“一个科学观念”，“我们想要唤起北欧的、真正的欧洲文化［Kultur，这个词在纳粹的用法中可以指‘种族文化’］……本质而言日耳曼种族的精神实质”。然而，他又承认德国民族是多种族的一种混合，把“人民”等同于种族，“我们把事情看得太狭窄了”。不过，他把这些错误归因于当时遗传学知识的不足，也就是说，只是一种无知。

约翰·S显然是一个激烈的反犹主义者——至少在纳粹时代如此，但当他得知我是犹太人后，就油腔滑调地称：“犹太人问题是我们的悲剧和你们的悲剧。”他解释说，它的启动“是来自东部的［犹太人］洪流”，是达尔文原理使得犹太人特别能干，可以在“在两千年的岁月中通过这样一种严酷选择”而占据了如此多的医学位置，于是德国医生就被排斥出去；不过，他补充说：“今天我们知道了，我们所有人，犹太人和德国人，都属于同一个文化社群”，必须团结起来对抗“相反的文化社群”，这包括中国和俄罗斯，但尤其是伊斯兰民族不断扩张的人数，这“就是危险的由来”。除了重新安排他的各方角色外，约翰·S并没有多少改变。从种族上讲，他实践了他所传播的东西，他有一个庞大的家庭："我总是相信那些适宜的人应该尽可能多生孩子，那些不适宜的人就应该尽量……少生孩子。"

他对待希特勒的态度基本上还是崇拜："他……是一个不同寻常的好人，像父亲一样关心他手下的人……他是一个天才……才华横溢……有着难以置信的记忆力。"他并不为"安乐死"或屠杀犹太人这样的暴行负责，认为那些是希姆莱这样的人在希特勒背后搞鬼所为。而且，"希特勒并不真正反犹"，但"当犹太人发动了一场反对他的战争后，他当然愤怒了"（约翰·S这里是指1941年西奥多·N·考夫曼写的一本题为《德国必须灭亡！》的书）。*不过，约翰·S也说，希特勒被打造成"一种上帝般的
132 存在"，这是非常不幸的；约翰·S说，希特勒是那种必须"让自己摆脱"各种问题的人，会陷入自相矛盾，而人们急于去做他们以为是他想做之事，结果如同所有天才一样，他在心理层面变得不稳定，成为"我们医生所称的精神病患者"。约翰·S说，在自己动身去参加战争之前，曾告诉康迪"你不可能要求我跟随一个……我认为心智不再健全的元首"。不过，最后约翰·S还是宽恕了希特勒，将他的精神问题归因于他那个庸医莫雷尔的不当医疗处置，说此人一直给希特勒服药，结果造成了约翰·S所认为的安非他明和静脉葡萄糖的成瘾。**以这种方式，他对希特勒本人和纳粹政权的错误与暴行做了一个医学解释。

关于集中营，约翰·S说，在那里工作的医生"与我们没有任何关

---

*此书出版于1941年，的确倡导"消灭德国国家，将它的所有人民从地球上彻底扑灭"，富有讽刺意味的，也是要用系统的、"大规模和彻底的""优生绝育"项目来达到这个目的。这样做的道理就在于防止未来的战争，因为事实上从历史的开始起就存在着一种德国的"战争之魂"或"战争渴求"，它以不同形式表现出来。[46]这本书被纳粹宣传部门没收，但并不是基于约翰·S医生所说的理由。

*约翰·S医生说，未能实现自己与英国结盟的梦想，希特勒对此很悲痛，结果导致了慢性胃病，于是让莫雷尔治病。这是一种心理历史学的扭曲。莫雷尔无疑是庸医，但他是否造成了希特勒的安非他明和静脉葡萄糖成瘾，这是有争议的。一项研究的结论是"安非他明中毒是一种可能性极大的诊断"，但另一项更新的研究则得出结论说并不存在这样的成瘾。[47]不管希特勒与安非他明的关系是什么，必须认识到，用药物成瘾当作希特勒或纳粹的极端行为或历史负面走向的"原因"，这是很危险的。

系”，也就是说，并不是和他一起工作或他主持过的那些医生群体的一部分。他坚持说，自己在战争结束之前没有听到过关于集中营的任何事情，关于医生进行医学试验和筛选处死囚犯的讲述都是“有争议的”，负责所有这些事情的“整个希姆莱小店”做事诡秘，所以难于了解真相；最后则是宣称“这些机构中的医生最不可能是国家社会主义者”，“如果他们是真正的国家社会主义者，他们就一定是在前线”！——约翰·S本人正是去了前线。

1943年，当他看到了希特勒“退化”的症状和其他的“大错误”后，去找了康迪，面斥了康迪的过失，尤其是康迪未能保护希特勒免受莫雷尔之害，然后就突然与其他老冲锋队员一道，作为普通士兵加入了一支党卫军部队，上了俄国前线。约翰·S寻求某种形式的净化，遵循一种重要的个人追求（“我想经历战争”），而最重要的是，寻求可与第一次世界大战相连的神秘的“前线经历”。他再次提到了他的哥哥和父亲，说：“所有那些给我留下了如此深刻的印象，所以尽管我有7个孩子，我也自愿去寻找……这种战争经历……到前线去找。”他没有失望。他神采飞扬地讲述他作为大兵和作为军医的经历，补充说：“从人的角度和医生的角度来说，如果我没有经历过这些，我就会缺失一大块。”

约翰·S一生的故事说明一些历史力量与个人—心理倾向的相互作用。关于这种相互作用，我要强调的，是约翰·S对不朽“人民”的强烈信念： 133
战争的神秘性，以及在第一次世界大战中的胜利和挫败，不可抑制的沉浸在战争带来的死亡和战败国的低落，对“前线经历”的荣耀化，用“在背后插了一刀”来解释战败等，通过这些明显的是非颠倒，德国的再起成为一种幸存者的使命和对死者的还债；那些死者“根本没有真正死去……晚上爬出了他们的坟墓，在我们的梦中来拜访我们”。[48]这种集体的赎回—复兴冲动，其暴力就通过军事化的男性团体（自由军团和冲锋队）表现出来，而且具有可能残忍对待其同性恋倾向的矛盾心理。[49]“人民”的浪漫主义、武士气质、与生物主义梦想相融的国家复兴、以日耳曼为中心的种族主义、狂热的反犹主义，所有这些因素在一个神秘星座中结合起来，而具有神秘的医学—炼金术士力量（见本书481—484页）的医生—哲人之王，他们既体现、又服务于这个“元首原则”，将带来不朽的种族复兴。

约翰·S医生决定到战争中去净化自己，也很可能是要避开一种感知，即与整个纳粹项目必然相关的整体失败、谬误甚至是邪恶。（一种类似的净化冲动，也可能促使希特勒在战争末期拼命想要毁灭德国的一切。）不管约翰·S在前线的经历起了什么作用，他经历了这些却不后悔。他知道纳粹杀了许多犹太人，但却要证明这个数字被夸大了，许多犹太人并不是被德国人而是被乌克兰人所杀，而且“数字并不说明什么”。他尽力（而且成功地）坚持他的纳粹宗教。他的结论是，国家社会主义并不错或者并不坏，而是“时间太短了”，让它实现目标的时间太短了，这“将用许多代人的时间”；希特勒如同摩西一样，“打开了进入一个新世纪的大门，但没有穿过入口”，说希特勒从本质而言“是19世纪的人”。最后，“国家社会主义之所以失败，是因为我们没有发展出足够的生物学教育，这就不可能在生物学上对人民进行足够的教育”；因此，“国家社会主义的悲剧，在于它从来没有实现”。

约翰·S在逻辑模式与疯狂模式之间的这种游走或许可归因于其年事已高，但这也是一类人的特征。一方面是一种精心构建的有某种内在一致性的信仰体系，另一方面则是这个体系更大的在智识上的荒谬和道德疯狂，这类人就陷于这二者之中。其关键在于，这个屠杀项目的广泛参与性，所以那些最古怪的想法和政策“对于所有参与者来说，就显得正常了”。[50]约翰·S的案例表明，纳粹医生们是如何将某种逻辑结构与这种道德疯狂的华丽和残忍的表达结合起来，并在这个过程中发挥作用。

第6章　把“安乐死”带到集中营：14f13特殊处理行动 134

“种族卫生的责任必然关注更严厉地消灭那些道德低劣的人，在这方面要超过现有的程度……对自然和自由生活的选择起作用的一切因素，我们都要实实在在地更换……在人类的史前时代，对持久、英勇和社会有用性等等的选择，完全靠敌意的外部因素来做。现在这必须由一个人类组织来做了，否则人类就会因缺少这些选择因素，而被伴随驯化而来的退化现象所湮灭。”

——康拉德·洛伦兹

T4屠杀项目延伸到集中营，这大概是不可避免的；但它以14f13的代号来进行，却多少有些神秘。从我这项研究的立场来看，或许可以将这个14f13项目视为我们已经讨论过的一种关键手段，它将直接医学杀人和后面要谈到的集中营的医学化屠杀联结在一起，也就是说，将“安乐死”的纳粹版本与种族灭绝联结起来。

党卫队没有掌管T4项目，尽管它与这个项目关系密切。我们看到它如何了提供杀人手段，比如党卫队军官克里斯丁·沃思开发出来的一氧化碳毒气室，以及转运病人和将他们杀掉所需要的人手与设备；而同135 样重要的，还有党卫队与领导T4项目的那些精神病医生的关系，以及海德从1936年后就作为对囚犯的“神经病学和遗传学控制”的监督者参与到那些死亡营之中。

1941年年初，T4领导人比勒同意让希姆莱使用T4项目的人手和设施来处理那些有着“过多”囚犯——尤其是那些身体上和精神上“疾病最为严重者”——的集中营。这有时就叫“囚犯安乐死”或（囚犯们所叫的）“残废者操作”（Operation Invalid），由此而来的项目官方名称是“14f13操作［或‘特殊处理’］”。*这个名称来自“集中营检查员辖区”文件中表示这个项目的号码。+这一年春季，来自T4项目的“富有经验的精神病医生”被派往这些集中营，在筛选“缺乏社会性”因素的人方面，这些医生们得确保该工作具备科学重要性。如同在T4项目中一样，他们的工作也是依据此前的问卷调查表。不过，就这次的目的而言，问卷调查表要简短些，只询问囚犯的姓名、种族和“健康”（即是否“不可医治”）。≠问卷调查表之所以变短了，是因为尽管集中营的司令官或营中医生已经做了最初的筛查，但T4项目的专家还是没那么多时间。为了掩盖真实目的，那些被筛选出来的人被告知他们将被送往“养老院”。（事实上，人们显然愿意去，但后来只见那些去“养老”者的个人物品回来了，人却没有回来，这才意识到发生了什么。）[6]

T4项目的筛选标准已经很低了，而14f13项目则更低。T4医生的“检查”很马虎或干脆没有，问卷调查表常常没有任何医学信息，只列举囚犯

*有一些证据——弗里德里希·曼奈克在纽伦堡法庭上的证词[1]——表明，早在1940年夏天，来自T4项目的精神病医生就被派往集中营，对那些已经由集中营医生填好了问卷调查表的囚犯进行评估。一个评论者在这个早期程序中看到了医学屠杀扩展的“试验”阶段。[2]不过，其他人则质疑到底是否有过任何“试验”阶段。[3]

+比如，与此相类似，自然死亡者编号为14f1，自杀或事故死亡者编号为14f2，企图逃跑时被击毙为14f3，处决为14fI。[4]

≠这与尼切后来的证词有矛盾。尼切说：“集中营的筛选也完全是依据同样的标准，使用同样的问卷调查表，与精神病院中的完全一样。”他宣称，由于大众对那些被运到集中营的精神疾病患者有一些不安的传说，所以就将他们返回到合适的机构之中。[5]

犯罪的罪名和政治上的问题。普通的党卫队集中营人员就可以将囚犯的政治信仰或对元首的无礼评说解释为“心智缺陷”或“心理偏失”，而来到集中营的T4医生委员会几乎从来不反对这些党卫队人员提出的“转运”（至屠杀设施）的要求。不管这是多么歪曲拙劣的医学障眼法，囚犯们看到的“医生们穿着白大褂”，也有一些人显然猜到了他们是伪装起来的盖世太保。[7]

就犹太人而言，这些白大褂医生发展出来了一种后来成为纳粹标志的处理方式——集体诊断。对于犹太人，既不需要“检查”，也不需要健康上的考虑。如同一个参与了T4项目的精神病医生所回忆的：“从文件中找到逮捕理由（这常常非常丰富！），将它们转录到问卷调查表上，这就够了。”[8]

这就意味着唯一要考虑的事情就是他们为犹太人，可以作为一个整体提出来。我们看到，这个过程已经很接近于奥斯维辛的筛选过程了。还是 136
这些精神病医生曾把达豪和拉文斯布吕克的党卫队档案中的话抄到这些囚犯照片的背后。有一条是这样的：“煽动性的犹太人，对德国人有敌意，在集中营懒惰和无礼。”另外一条：“反德国倾向，症状：有名的德国共产党官员，好战的煽动者。”再来一条：“诊断：狂热的仇恨德国者，无社会性的精神病患者。主要症状：根深蒂固的共产党人，服军役不合格者。”[9]如同战后一个德国精神病医生所言：“精神病学职业如此被政治操纵，难以再找到能够超过这些文件的了。”[10]

显示14f13性质的一个关键，是“特殊处理”一词成为这个项目名称的一部分。“特殊处理”一词尽管后来成为大规模屠杀的委婉说法，但最早（从1939年开始）是被用作一个特别的盖世太保概念和代码术语，对不受法律管辖的处决进行合法化。所以，盖世太保首领赖因哈德·海德里希于1939年9月3日和20日两次颁布法令，强调要区分“用通常方式来对待［的囚犯］与要求特殊处理的囚犯”，对于后者，由于他们的严重性、危险和“宣传上的后果，就需要考虑以无情和不作为人看待的方式来消灭”。这个概念与希特勒那个正式的清晰宣布（它于1939年10月宣布，是战争爆发后不久）——“不考虑现有法律而是基于所有德国人的生死而做出决定的权利”是一致的。T4项目本身就是在这个宣布之下启动的，但14f13则是与“特殊处理”原则相联系而特别构建出来的。所以，这个术语延伸至秘密警察工作中的各种情况，延伸至“种族与安置办公室”领导人就处理种族上不需要的人而发布的法令。到了1941年中期，这个术语又被既成事实地与东部对犹太人的屠杀相连，甚至被开发出来了各种动词形式，比如过去时态：“已被特殊处理”。1942年6月，希姆莱在批准对患肺结核病的波兰工人进行“安乐”处死时说：“对那些已被授权医生证明为不可医治的波兰人，我不反对对其进行特殊处理。”[11]

所以，“特殊处理”一词的使用，形成了顺序：首先是用于所说的危险罪犯，然后是更大社会中那些医学上被判定为“不值得活着的生命”，最后是集中营中也属于医学化的“安乐死”（通过14f13项目，它总是使用这个词），其对象是所有被这个政权认为不想要的群体（犹太人、同性恋者、政治上的反对者、普通罪犯、“偷懒无能的因素”、天主教批评者，等等）和现在所谓的“不值得活着的生命”。以这种形式延伸至集中营的“安乐死”，无限地扩大了医学屠杀的潜在范围。这种不受法律支配却又
137 合法的屠杀形式具有特别优先权和绝对地位。1940年1月1日，党卫队就与种族相关的移民问题召开会议，会议记录宣布，就“特殊处理”作出的单个判断，“如同一个医生的判断，是不可置疑的”（也参看本书430—433页）。[12]

尽管14f13这个代码来自“集中营检查员辖区”的文件，但命令和指示却来自T4总部，医生们从集中营向这个总部报告，提前和海德或尼切预约见面，上交已经完成的表格等待处理；转运名单也在这里制定，所以名单上的囚犯就可以直接运到那些仍在运作的屠杀中心（比如贝恩堡和哈特海姆），囚犯们在那里就像T4项目中的病人一样，被同样的方式毒死。与T4程序的不同之一是：尽管仍是编造的死亡原因，但死亡通知改由集中营寄出，而不是集中寄出了。（到1942年年初，就不再寄死亡通知了。）这个持续使用的伪医学“安乐死”用语也保留在纳粹文件中，比如“囚犯安乐死”；对于集中营囚犯则使用“残废者转运”。[13]

走向种族灭绝的医学桥梁

14f13项目的运作过程中，它的重点有过好几次改变。它的重点（如果事实上有过这样的重点的话）几乎是一开始就从精神疾病患者转变为政治犯、犹太人、波兰人、逃避兵役者和那些被认为在军事上不适宜者，以及犯有“种族”罪行者、习惯性罪犯，直至与精神疾病几乎没有关系了。然而到了1942年3月，一道党卫队命令发到了集中营司令官手中，强调能够干活的囚犯不要包括在14f13项目之中。（要保存干活者的这个决定，可能多少受到一个事实的影响，这就是留存下来的T4设施已经负荷过重了。）到了4月，随着更多的集中营囚犯被弄去从事军工生产，司令官们甚至被告知，只能筛选真正的精神疾病患者来“退出”，即使是卧床不起者也可以分派可干的活。如同我们在关于奥斯维辛的内容中可以看到的那样，这些集中营总是会卷入两个派别之间的冲突，这两个派别都可以在党卫队的官僚机构中找到。一派想要最大程度的屠杀，另一派则想要最大程度地利用苦役劳动力。[14]

汉斯—巩特尔·泽拉菲医生是战后几次审判中的专家证人，在他看来，14f13项目医生委员会较倾向于推动“无情消灭”，他们的官僚机构是在希特勒的总理府，而不是集中营管理方。[15]这个项目的大部分时候可能是这种情况。不过，到了1944年年初，随着战争中死去的人越来越多，14f13项目就进入了另外一个阶段。比如，靠近林兹的茅特豪森集中营变得过分严重拥挤，卫生状况越来越糟糕。

于是，就要求附近的哈特海姆T4设施来帮忙。由于集中营极需要腾出 138
空间，所以问卷调查表和专家都省了，集中营人员自己来筛选，被处死者中包括来自东部的奴隶劳工、俄国战俘、匈牙利犹太人、耶和华见证人教派信徒，而最重要的，则是“穆斯林人”（Muselmanner）。*

哈特海姆也接收了来自达豪和拉文斯布吕克的一车车囚犯。在这种情况下，即使是还能干活的囚犯也被杀掉。从死去囚犯牙齿上拔出金料的工

---

*“穆斯林人”（Muselmanner）是集中营里的俚语，对那些如同行尸走肉般活着的人就这么叫。根据赫尔曼·朗本的说法。[16]

作被移到了这个T4中心。显然，要杀掉这么多囚犯，哈特海姆的毒气室必须重新用起来。这里的毒气设施最终于1944年12月被拆除，这座世纪之交的文艺复兴风格的城堡变成了一个儿童护养院，打算掩盖住这里曾经发生过的事情。在哈达玛，也是在这个时候，根据党卫队的命令，来自东部的奴隶劳工一律诊断为“肺结核”而被注射致死（见本书100—102页）。[17]

一个密切观察者注意到，14f13项目起初旨在消灭集中营中那些患有精神疾病者，所以，鉴于需要使用的欺骗手段并不复杂，“就难以理解为什么希姆莱不信任自己的集中营医生来处决这些人。在有了标准之后，任何党卫队军士都能以同样的能力来完成……专家教授在柏林签字就可以了”。[18]我认为，不这样做的原因就在于一股强大的纳粹冲动，要赋予最广泛的屠杀以最大的医学合法性。这有时是自觉的，有时是未能完成的。

在已有的屠杀概念和政策与没有限制的种族灭绝之间，14f13项目提供了两个至关重要的桥梁。首先是观念上的桥梁，从杀害那些被认为在生理上不值得活着的生命，延伸到在医生指导下消灭事实上是这个政权不想要或认为无用的任何人，也就是说，从直接医学杀人延伸到医学化屠杀。即使对执行该项目的人而言，这个过程的欺骗性也很明显，甚至一个14f13项目医生在给妻子写信时也引用与“检查”有关的用语，[19]对于那些个体参与者来说，这种医学用语的持续使用起到了观念上和心理上的欺骗作用。

第二是机构上的桥梁，从T4项目延伸到集中营（那些在1933年修建的集中营［见第7章］）。这些集中营本身由一个医学—优生杀人的原则联结起来。这种屠杀的管理顺序是：从T4项目到管理这些集中营的中央办公室和视察团，再到集中营医生们逐渐扩大的更大主动权。以这种方式，集中营医生就逐渐接管了“安乐死”，这种功能与他们在大规模屠杀中的参与融合起来了。在对集中营胡作非为的调查报告中，党卫队法官康拉德·摩根将这个顺序清晰地显示出来。

139 摩根对集中营中合法形式的杀人与非法形式的杀人做了区分。对于合法的，他提到了“医生根据他们的个人决定，使用药物来仁慈致死，把那些不可医治的病人从痛苦中解脱出来的情况”。他接下来又补充了一句：“这也包括医生在一种紧急状态下采取的做法，他们杀死瘟疫患者和疑似感染者，让他们无痛致死，以防止发生大规模死亡。”[20]而谋杀很容易与这两种情况中的“仁慈致死”并列，并被体现为某个医学功能。（在第二种情况中，我们就会看到，这样一种对于瘟疫的“防止”措施如何被系统地用作大规模屠杀的一个部分。）

除了奥斯维辛外，所有运行14f13项目的集中营（比如达豪、萨克森豪森和拉文斯布吕克）都属于同一类，在这一类中，囚犯被毒打、挨饿，从事苦役，常常被杀害，但这些机构自身的整体功能并不是大规模屠杀。通过给这些普通的集中营配备屠杀中心和鼓励胡作非为的筛选过程来促进大规模杀人，14f13项目就将它们在功能上转化，并等同于那些灭绝营了。这些安排可以是暂时的，也可以是持续的，比如茅特豪森和哈特海姆的情况。在14f13项目的早期，T4医生在茅特豪森做了大量的筛选工作；后来，茅特豪森集中营的医生到哈特海姆去做筛选处死之人的工作。这样的联系持续到该中心被拆除，而这个命令不是来自党卫队，而是来自希特勒的总理府，尤其是来自“安乐死”项目的核心管理者维克多·布莱克。[21]

所以，14f13项目最终提供了“安乐死”项目事实上没有限制的使用，尤其是用于犹太人，也包括吉普赛人、俄国人、波兰人和其他德国人。对于受害者，对于可能存在的观察者，尤其是对于纳粹自己来说，纳粹的信息就是：我们所有的杀人就是医学的、用医学来表明的、由医生来执行的。人们认为14f13项目杀害了2万多人，而由它推进的概念和政策，更是促成了数百万人的死亡。

对14f13项目的一个内部观察：弗里德里希·曼奈克

在自己前往巡视的不同集中营里，弗里德里希·曼奈克给妻子（她本人也是T4实验室的一个助手）写了一系列信，它们提供了对14f13项目的一个内部观察。非常适宜地，这些信常常就写在印好的“安乐死”问卷调查表的背面。

曼奈克是一个狂热的纳粹，于1932年加入纳粹党和冲锋队，是他所在地区的纳粹党副职领导——对于一个医生而言，这多少有点不同寻常，而他作为一个泥瓦匠的儿子当了医生也不同寻常。在纳粹党的通信中，他宣140 布了自己对“遗传生物学”和绝育的全力的专业投入。在艾希贝格政府精神病院仅仅当了3年精神病医生，他就于1939年担任了院长。这家医院为大量杀掉病童建立了一个专门的区域。1941年，年仅37岁的曼奈克就成为14f13项目最年轻的核心人物之一。[22]他写给妻子的那些信，表明一个医生可以用多种方式在参与谋杀中展现专业热情。

一是一种特别的专业机会之感：“我们在这里（萨克森豪森集中营）的工作非常、非常有意思……我正在获得……大量的新鲜经验。”（1941年4月4日）3天后，“我觉得这些检查对最终未来的科学应用具有特别的价值”。对于自己职责的增加，他有着一种自豪：“我与海德医生电话交谈，告诉他我自己可以处理所有这些事情，所以今天就不会再派别的人来帮忙了。”（1941年11月20日）有一种专业上的忙碌：“［1941年］12月13日，我们又前往柏林，12月14日还要再去弗斯滕伯格［拉文斯布吕克］，15日我们就要在那里开始工作。12月21日我们就得结束在拉文斯布吕克的工作。”（1941年11月25日）有一种工作效率很高的感觉，这种高效率建立在统计数字的基础上：“尽管我今天不得不晚半个小时开始工作，但一项纪录打破了：我尽力完成了230份表格，所以到现在为止总共完成了1192份表格。”（1941年12月1日）第二天上午在不到2个小时内“飞快”完成了另外80份表格后，他表达了对完成总共320份表格的必胜之感：“穆勒（Muller）医生［他的14f13项目同事］肯定是在两整天中做不到这个的。无论是谁干得快，就节省时间！”（1941年12月2日）*他的工作热情传给了一个集中营医生和司令官，“我关于哪些囚犯应该考虑进行登记的想法”导致了一个让他高兴的决定：“这个数字要增加60—70［个囚犯］。”（1941年11月20日）

与此同时，曼奈克至少是部分意识到了这个项目本质上的欺骗性，这表现在他经常使用与“检查”相关的那些用语，并且有这样的评论：“只

*也必须提到，这会给家里带来更多的钱。T4项目专家从事的是计件工作。每月高达500份的问卷调查表，报酬是100马克；如果完成了2000份，则是200马克；如果达到3500分，可得300马克；超过3500份，就是400马克。[23]

有2000人，会很快结束，因为他们看起来已是流水线类型。”（1941年9月3日）“关于［拉文斯布吕克］的病人构成，在这封信中我不想写任何东西。”（1941年11月20日）他显然出现了一种幻灭，所以当海德要求他继续无限期地投入这项工作后，他在1941年11月19日给妻子的信中写道：“我非常礼貌地拒绝了。”后来又在1942年年初的一次讨论中告诉尼切：“我想回到我的机构［艾希贝格］。”（1942年1月14日）[*]

面对着这种意识到的欺骗，曼奈克能够继续干这种活的办法之一， 141
就是谴责他所认为的这个项目中的过分行为（“汉斯·格拉斯医生……据说在布痕瓦尔德就这么要命地干过……他的行为更像是一个屠夫而不是一个医生，损害了我们整个运作的声誉。我们现在必须解决这类问题。”（1941年11月25日）相比之下，曼奈克暗示自己是一种有尊严的专业态度，给这个项目带来了很好的医学声誉。

如同许多参与了这种医学谋杀的人一样，曼奈克谴责“柏林”——也就是这个项目的领导人——对他施加了太大的压力：“柏林（耶拿魏因[+]）的话就是做2000多个，是不是会有这么多人符合基本指导方针，这似乎没人在意！”（1941年11月20日）他表现出一个顺从的官员对上面无能的愤怒——上面又要求他第二次回到一些集中营去。他发一点“今天柏林的混乱达到了一个新高点”之类的牢骚，可能恰恰就提供了一种情绪发泄口，使得自己可以继续去做这工作。让他继续待下来的更重要的原因，则是有

---

*在1946年11月的法庭证词中，曼奈克说从1942年起，他就意识到了“纳粹政府的所有这些方式都是不人道、残忍、完全不分青红皂白和有罪的”。1940年时他就认识到了部分真相，他应该因此产生怀疑，但在他从事致人死亡的工作热情中，可能有意避开了这种意识。他宣称，在他最早巡视集中营时，囚犯是单独被检查的，“以确定精神错乱或精神病学症状的存在”，所以它仍然是“一个医学问题”。［24］这个说法可能完全是假的。但是，如果部分为真，它就表明这个项目即使从其源头讲，它的医学层面也是非常暧昧的。

+“耶拿魏因”（Jennerwein）是T4项目主要管理者布莱克的代号。由于布莱克不是医生，曼奈克这里的怨恨也可能部分指向他所感觉的“非医学”无知或无理性。他说的被违反的“基本指导方针”，具体指什么，也不好说。有可能是与囚犯能否干活有关。T4项目官员迫切要求把越来越多的不能干活的囚犯（或者是被评判为不能干活的囚犯）纳入被杀掉的网络。

机会与这些“柏林”上层人物在慕尼黑的巴伐利亚霍夫这样的豪华宾馆交谈共饮：“我们晚上7点去火车站接尼切教授（与海德教授）和尼切夫人”（1941年9月3日），“［海德］非常、非常友好……［尼切教授］非常、非常热忱，还问候你。”得到了赞扬，被作为共同掌权者看待，曼奈克高兴到得意忘形：“海德还对我的工作评价极高……我与他讨论了与我们工作有关的很有意思的一些东西。”（1941年11月19日）与权威身份融合在一起的这种父亲般的赞扬，对其专业—医学地位的肯定，帮助曼奈克维持了他的麻木：“第二批是1200犹太人再加上［人数较少的非犹太人］，不过他们用不着进行‘检查’了。”（1941年11月25日）

这种麻木变成那个“医学杀人的自我”的重要部分，在双重自我的角色转换过程中，这个自我或多或少地区别于其他的自我，我将在讨论奥斯维辛医生时，详细考察这种现象。对于这个过程而言，重要的一点是要通过对自己妻子的钟爱来肯定原先的那个自我：“下次我妈咪会来……爱你的老爹送上最亲密的吻……永远爱你的弗里茨爸爸送上亲爱的小吻。”令
142 人愉悦的与14f13项目领导人和同事的社交活动，将自我的这两种因素联结在一起。曼奈克从慕尼黑附近的著名风景区施塔恩贝格湖给妻子寄了一张明信片（“由于我们明天才开始工作，所以我们就来了一次美妙的游览”（1941年9月3日），而且在这张明信片上署名不仅有他自己，还有萨克森瓦尔德海姆研究所所长格哈德·维舍医生、尼切医生、维克多·拉特卡医生、哈特海姆的主管鲁道夫·洛劳尔医生、专车司机埃里希·鲍尔，西奥多·施坦梅尔医生也格外加上了署名。这群放松的游玩者还拍了不少照片。[25]*

有助于他这两种自我形成平衡的，还有自己被归入这个政权的“精华”（所以也就不会被征兵），被该政权赋予的荣誉。战争结束后，曼奈克被一个德国法庭判了死刑，但1947年，他因在“安乐死”项目时感染的肺结核而死于狱中。[26]

*曼奈克去过一家机构推进“安乐死”筛选，他在对这家机构主管的感谢中展示了同样的游玩心情：“我们会愉快地回忆起我们与您一起度过的那些日子……对那些单人病房有最为美好的记忆。”

逐步形成的种族灭绝心态

关于T4项目和14f13项目杀害的人数，通常是以下这些统计数字：来自各家机构的成年精神疾病患者8万人到10万人，各家机构的病童5000人，针对各家机构的犹太人病人的特别行动的1000人，集中营囚犯转运至（14f13项目）屠杀中心杀掉的2万人（克莱估计，到1941年年底，约有93521张“床位”被腾空派作其他用场［7万病人被毒气杀掉，外加2万死于饥饿和药物］，换言之，这些精神病机构的病人中，约有三分之一被杀掉）。[27]然而，这些数字很可能过低，被杀掉的人数可能是这些数字的两倍，我们不知道实际情况，很可能永远都不会知道。欺骗的因素，造成的混乱，许多记录的毁灭，这些都使得获得准确的估计数字，已不可能了。

那些特别屠杀中心杀掉的人数也是如此。哈特海姆屠杀中心的普通“安乐死”和14f13项目屠杀的人，人们的估计从2万（此地主管洛劳尔的继任者格奥尔格·伦诺估计的数字）到40万（茅特豪森前司令官法朗士·佐尔雷斯临死前所说）不等；3万人大约是较准确的估计。[28]尽管与“最后解决”中屠杀的数百万人相比，这些数字看起来不起眼，但它们代表了在被称为医院的地方所进行的令人震惊的大批量谋杀。

曼奈克于1942年1月12日——这是从T4项目走向种族灭绝的一个模糊却又关键的时刻——写信给他的妻子。“就在前天，”他写道，“我们项 143
目的一大队人由布莱克先生率领前往东部，去帮助拯救我们那些在冰天雪地中的伤员”。这个任务是“顶级机密！只有我们项目工作最急迫而离不开的人才没有一起去”。这支队伍由20到30个医生、护士和办公室人员组成，尤其是从哈达玛和索伦斯泰因抽调了人手。它显然穿越了俄国边境，进入到明斯克地区某地。就表面看，这样一种看起来救人和爱国的任务没有理由要保密。它的伪装显然是双重的。首先，一些观察者认为这支队伍是去对德国士兵实施“安乐死”——对象或是那些严重受伤、尤其是大脑受伤者，或是在心理上不适于战斗的人。[29]当然，这样的杀掉是一种公开的禁忌。第二，这个任务与在波兰建立死亡营有关系，为此队伍中有些人留在了东部。关键人物是克里斯丁·沃思（见本书71—72页），他在T4毒气室上的技术知识现在可以用于东部了，还有伊尔姆弗雷德·埃伯利，他很快就担任了特雷布林卡的司令官。[30]*

这次任务中的另一个医生霍斯特·舒曼也很快就会完成他在格拉菲内卡屠杀中心和索伦斯泰因屠杀中心的工作，前往奥斯维辛。（见本书278—284页）

夏天时，恩斯特·格拉维茨医生曾向希姆莱推荐使用毒气室，认为这是进行大规模屠杀的最好方式。于是，为“安乐死”开发出来的一氧化碳毒杀方式就用于除了奥斯维辛之外的所有死亡营了。

所有这些发展都表示着一种种族灭绝心态的逐步形成。纳粹正在走向用暴力来实施洛伦兹要取代在选择上的进化力量的愿景（本章题辞引了他的一段话）。[31]因为，如同劳尔·希尔贝格和其他人所强调的那样（也如同我在本书第三部所要讨论的那样），纳粹的种族灭绝似乎并不是一个清晰的长期计划的最终结果，而是由纳粹领导人头脑中共同的想象演化而来。[32]这种种族灭绝心态逐步形成的一个关键时期是1941年年初，此时越来越放弃对于屠杀的限制，大胆的行动首先是得到了支持，然后是要求这样做。这是入侵苏联的准备时期，是特别行动队的激活时期，是T4项目延伸至14f13项目的时期，是纳粹生物医学愿景转变为“最后解决”的时期。这一年6月对苏联的入侵极其重要，它极大地占用了德国的所有资源，包括看守大量苏联战俘所占用的资源。这场入侵，也导致越来越多的犹太人区
144 域的增加，这些区域的犹太人数量巨大，随之而来的，不仅有饥饿，还包括有可能传染德国人的疫病——而这发生在犹太人大规模移民计划被驳回之后，包括马达加斯加计划。放在纳粹生物医学愿景和战争心态的框架之内，所有这些问题，可以用持续扩大的“安乐死”来解决——用“分配生存”来解决，一种在人类历史上从未落实得如此完整、如此实在的做法。

*这些原来被派到东部的人中，有很多人返回了德国，然后被派往各个死亡营。

第二部

奥斯维辛：种族治疗

147

前 言

如果纳粹没有按照他们的那些概念来称呼其“安乐死”机构，那么就很可能使用“哈特海姆（或格拉菲内卡）治疗性遗传致死中心”这样的名称，于是相应地也会有“奥斯维辛治疗性种族致死中心”。

一个名叫海因茨·蒂洛（Heinz Thilo）的纳粹医生，给奥斯维辛起了一个合适得多的名称——“世界的肛门”（anus mundi），这个词说出了另外一个纳粹医生约翰·保罗·克雷默（Johann Paul Kremer）要表达的特点，他形容“毒杀羸弱妇女的行动……格外令人不愉快”：是“所有恐惧中的最恐怖”。[1]

一个机敏的波兰精神病医生认为“世界的肛门”一词准确反映了纳粹关于“清洁这个世界之必要性”的看法，反映了“德国超人的世界……没有病人、残废、心理不道德者的存身之地，更不能受犹太人、吉普赛人或其他血统的污染”。[2]他说，所有这些就是纳粹生物医学的废弃物。在奥斯维辛，这尤其指犹太人。

尽管奥斯维辛的种族灭绝把吉普赛人、波兰人和俄国人也包括进来，但只对犹太人进行了系统的筛选。*在奥斯维辛重建后，它的主要功能就是杀害纳粹能够（用希姆莱的话说）在任何地方抓到的每一个犹太人。

党卫队医生不指导医学工作，其主要功能是执行奥斯维辛制度性的医

*奥斯维辛早期也对集中营里的波兰人和其他人进行有限的筛选。吉普赛人集中营在1944年则全部被选中，处决。（见本书185—186页）不过，对之进行制度化的筛选而送往毒气室的，只有犹太人。

学化种族灭绝项目。[3]就党卫队医生在奥斯维辛的活动而言，他们在比克瑙集中营（见第8章）对运来的犹太人囚犯进行最初的筛选。这些筛选通常依据这样一个规则来进行：老人和虚弱者、儿童、带着孩子的妇女，这些人全被筛选出来送到毒气室；相对健壮的年轻人允许活下来，至少是眼下可以暂时活命。受害者的经历给出了一幅最真实的画面，我们就以此作为开始吧。

筛选结束后，主持医生会坐一辆通常标有红十字符号的党卫队汽车赶来，一起来的，还有一个医学技师（他属于卫生兵中一个特别的“消毒队”）和毒气丸，毒气室不远处就是焚尸场。作为这支队伍的“元首”，这个医生对正确执行屠杀过程负有监管职责，医学技师则实际投放毒气丸，整个顺序已是例行公事，并不需要什么干预。医生也有宣布毒气室内的人已经死亡的任务，有时要通过窥孔来观察里面的情况。这也变成了例行公事，所以整件事情也就是：施放毒气，20分钟左右后，打开毒气室门，移走尸体。 148

党卫队医生还要进行另外两种形式的筛选（见第9章）。一种是非常简短的通知，让犹太人在集中营内各个地方排队，随着挑选的进展，队伍会缩小，以便腾出地方容纳新运来的人中的可能出现的较强健者。另一种，是在医疗区中所谓的病情分类里直接筛选。这并不是简单地让那些最接近于死的人去死，以便利用有限的医学资源来治疗那些可能的治愈者——传统的伤情分类是这样（法国军队最早使用这个术语是这个意思），纳粹将病情分类与屠杀结合在一起，将那些被判定为病情严重或十分衰弱者，或者是需要两三周才能恢复者，送入毒气室。

这种医学性的病情分类—屠杀成为一种标准的党卫队政策，促成它的，既有“最后解决”的愿景，也有法本公司对奴隶劳动力的需要。不过，还有一个非常重要的因素也对集中营内14f13“安乐死”行动发生影响。也就是说，医学圈子内建立的原则，即杀掉弱者、病者和不想要者，特地延伸到了集中营内，然后在奥斯维辛制度化了（还是在医学圈子内）——这只发生在奥斯维辛，成为了奥斯维辛现象。14f13项目对屠杀心态和医学病情分类杀害的合法性都起到了影响，所以，法兰克福法庭将这种医学病情分类杀害视为很可能来自14f13的政策。换言之，纳粹的“安乐死”版本和“最后解决”聚合于奥斯维辛医疗区，使它们成为奥斯维辛屠杀生态的重要中介。[4]

党卫队医生也执行“流行病学”形式的屠杀：患有传染病——一般是斑疹伤寒，也包括猩红热或其他情况——的囚犯，会被送往毒气室，有时是与医疗区的其他病人一道（这些人中，许多人可能并没感染传染病），由此腾空的医疗区就可以彻底“消毒了”（在波兰的犹太人区，纳粹医生也干同样的活，以控制传染病尤其是斑疹伤寒的名义来镇压）。[5]

149 党卫队医生下达命令和监管，有时他们自己也直接杀害衰弱的病人，也就是说，在医疗区将石炭酸注射到病人的血液中或心脏（见第14章）。在奥斯维辛的早期（1941—1943），这种注射使用得最多，当时毒气室还没有充分发展出来。注射一般由医学技师或残忍的囚犯来做，由他们来代理医生。党卫队医生还要承担奥斯维辛政治部（实际上就是盖世太保）下令杀掉者的类似注射，这被称为“秘密执行”，杀掉的人有波兰政治犯，偶尔也有因各种原因被处死的德国军人或其他人员。医生们还要参加对政治犯的其他处决过程——通常是枪毙，以便正式宣布此人已死。

在所有这些杀害中，医生都要签署虚假的死亡证明，为奥斯维辛囚犯或从外面带到此地加以杀害者找到某种疾病（心脏的、呼吸的、传染性的或其他什么）作为死亡原因。那些刚刚运来、在坡道上就被筛选杀掉的犹太人，永远不会进入集中营，也就不需要什么死亡证明了。

在负责监管囚犯的工作中，那些与医生一起参加筛选的党卫队牙医，把毒杀后的犹太人口中的金牙和黄金填料拔下来。

党卫队医生（据霍斯说）也要对被发现怀孕的“异族”女性进行堕胎。不管这是否包括犹太女性在内（因为犹太人是单独分类的），犹太人囚犯医生也会对怀孕的犹太女性进行秘密堕胎，因为他们知道，犹太女性如果被诊断出怀孕就意味着马上送往毒气室。

就官方的肉体惩罚（比如笞刑）而言，党卫队医生一是要签署表格证明囚犯的身体状态可以承受此刑，二是在行刑时要到现场。

党卫队医生还积极出主意以保持筛选的顺利进行，比如建议妇女和儿童是否单独分开来筛选，或者是与队伍一起进行。一方面纳粹政权需要囚犯干活，另一方面允许相对虚弱者活着会造成越来越大的卫生问题，对这两个方面进行衡量，允许多少人活下来，医生们在这些方面提供建议。

在焚烧尸体上，医生的技术知识派上了用场。1944年夏季，焚烧尸体成为奥斯维辛的一个严重问题，当时有大量匈牙利犹太人运来，焚尸场的设施不堪重负，尸体必须露天焚烧，于是用上了医生的知识。

筛选，这个奥斯维辛仪式的精华，象征和维持着治疗—杀害的悖论。新来的党卫队医生进行的前几次筛选，是他的一种启动仪式，他由此从普 150
通人的生活转入奥斯维辛的世界，也是其奥斯维辛自我的早期唤出。

就实际的专业要求而言，绝对没有必要让医生来做筛选者，任何人都可以筛选出虚弱和垂死的囚犯。然而，如同纳粹理论家那样把奥斯维辛视为公共健康之事的话，那就只有医生才有资格来筛选了。在这样做时，医生就投身进入了治疗—杀害的悖论。

尤其对医生而言，杀害变成了治疗的先决条件。只有当屠杀场开足马力时，他才能够安排医疗之事。医生的治疗区域（集中营的医疗区）同时又是进一步屠杀的清算室。他在两个基本层面上倡导屠杀：一是集中营的生态层面（在火车站坡道上筛选更多的人；当集中营过分拥挤，卫生状况受到威胁，患病囚犯或虚弱囚犯拖累了医疗设施，降低了劳动效率时，则在医疗区里多多筛选［见本书180—181页］）；一是与那种大的生物医学愿景（通过让日耳曼种族摆脱危险的犹太传染病，从而治愈它）相联系，而不管自己投身这种展望的强度或模糊的目标是什么。这个治疗—杀害的悖论就是恩斯特·B医生所称的“精神分裂情境”。然而，这种情境却是一个持续的制度化安排，是奥斯维辛进行这种社会平衡的基础。（见本书210—213页）

可是，又不允许囚犯们杀死自己，自杀违反了这个治疗—杀害悖论的逻辑。的确，公然的自杀，比如冲去触高压电网，被认为严重违反了狱规，常常会被极端详尽地调查。（特雷布林卡集中营囚犯的自杀，被一个评论者形容为“对自由的最早肯定”，推动了这个集中营内囚犯的重大反抗。[6] 而“穆斯林人”（Muselmanner）事件中那样的逐渐服从于死亡，则是可以容忍甚至是被鼓励的，因为它似乎没有挑战纳粹对生死的控制。一旦治疗—杀害悖论被奥斯维辛自我内在化，就会要求纳粹作恶者这一方对生死有完全的控制。

治疗—杀害的颠倒关系中，一个关键词是“特殊处理”，它由纳粹实践而来，尤其是由14f13项目而来（见本书136—137页）。我们已经看到，屠杀的委婉说法是如何巧妙地将某些东西潜入医学治疗的法则中，再加上对“比合法更合法”的强调。（在官僚机构的一般用法中，“特别”就是“常规”的反面，比如特别列车与常规列车、特别法庭与常规法庭等等。）特殊情况，就注定要有特殊的做法。这个词不仅给屠杀解毒，帮助它例行公事化，与此同时，还让“奥斯维辛自我”在执行屠杀时具有了一
151 种近乎神秘的优先权。

屠杀被假定了一种必须和适宜的感觉，这种感觉被围绕着它的医学和军事光环所强化。

“特殊处理”是屠杀所有犹太人的神秘而紧急命令的一部分，一旦奥斯维辛开始执行这个命令，任何犹太人的到来或犹太人囚犯，都会被纳粹医生的“奥斯维辛自我”指定去死，而且在心理上视作已经死亡。杀掉一个已经死了的人，并不会被体验为杀人。由于犹太人长期以来就是纳粹指定的受害者，是被普遍感知为携带着死亡的人，或者是死亡污染的承载者，他们已经是“双重死者”了。就像一个人不能再去杀一个已经死了的人，无论怎样在医学试验中损毁他们的身体，也不是对他们的伤害。纳粹医生进行的人体试验（见第15章），尽管与集中营的生态问题没有什么关系，但与这个政权更大的生物医学愿景却是完全一致的。

就党卫队医生对奥斯维辛生态的管理而言，他们需要囚犯医生来做实际的医学工作，反过来，这些囚犯医生也需要党卫队医生让这种工作成为可能——让其他人活着，让自己也能活着。由此导致了囚犯医生在处理与奥斯维辛生态的关系上，处理与他们的党卫队主人的关系上的深刻冲突——囚犯医生们尽力避免参与筛选（见第11章），尽力想保持真正的治疗功能（见第12章）。然而，起决定作用的是那些党卫队医生，虽然他们也有自己的重大内心冲突，但却能够充分适应奥斯维辛系统，来维持它

的医学化屠杀（见第10章）。他们的适应涉及我所说的双重自我的角色转换，这个过程允许他们为毒气室筛选死者，同时又不把自己视为杀人者。

在本书第二部结束时，我会更详细地考察3个党卫队医生的行为和心理体验。他们中，有一人设法避免了筛选，尽管有纳粹的心理矛盾，但还是帮助了许多囚犯（见第16章）。另一人是臭名昭著的门格勒，他在奥斯维辛找到了充分的自我表现（见第17章）。第三人是一个主管医生（见第18章），他试图用一些有利于囚犯的方式来“改革”奥斯维辛系统，即使是他架设起了医学化屠杀的整部机器。

第7章　奥斯维辛研究所 152

“无疑，有一些民族多少世纪来彼此仇恨。但是，一个民族如此系统地、在医生帮助下屠杀仅仅是因为属于另一个民族的人，这在世界上是全新的。”

——党卫队奥斯维辛主管医生的弟弟

纳粹集中营、与法本工业公司有特殊关系的苦役营、灭绝营：只有放在其三个历史身份的关系中，才能理解奥斯维辛。

奥斯维辛作为集中营

几乎是从纳粹夺取权力的那一刻开始，集中营就建立起来。达豪集中营是第一所，是希姆莱于1933年3月20日建立的，共产党人、社会民主党人和其他所谓的政治敌人被“集中”关押于此。“国会纵火案”*后，1933年2月28日开始实施紧急“保护性监禁”法令，这些政

*这场火于1933年2月27日发生。它是否为纳粹所安排以作为一种挑衅，尽管对此 （转下页）

治犯因为被捕，人数颇多。经过了党卫队管理上一个短暂的疯狂残忍阶段后，达豪成了集中营的范本。作为“刑法典和法律常规过程之外的合法的独立管理单位”，这些集中营被希姆莱建立起来。[2]

在1934年年中，特奥多尔·艾克担任了达豪集中营司令官，后来又担任各个集中营的巡视员和负责党卫队骷髅总队（Death's Head Units）*的准
153 将，在他的领导下，集中营此前的疯狂残忍被一种非人格化的系统恐怖所替代。艾克以前曾因自己的暴力行为被希姆莱下令囚禁，有一段短暂时间转到维尔茨堡大学精神病学诊所，在这里如同我们前面提到的，他是海德的病人。他被释放后，希姆莱指派他去管理达豪集中营。不管精神病医生与病人之间发生了什么，这种关系表明海德很早就在职业和医学两个层面对集中营的政策有了重大影响。无论如何，艾克领导下的这些政策发展成为了鲁道夫·霍斯——他在达豪接受训练后担任了奥斯维辛的司令官——后来所称的“对严格的崇拜”和“达豪精神”。根据这些，所有囚犯都是国家的敌人，集中营看守要被训练得残忍，以无情（或“坚硬”）、超然和清廉来执行任务。[3]然而事实上，在这样一个系统中，腐败是一种特有的现象。

20世纪30年代中期和后期，集中营囚犯的类别扩展至被认定的“习惯性罪犯”、“反社会因素”（乞丐、流浪汉、吉普赛人、游民、“不愿工作者”、懒汉、妓女、赌博者、习惯性酗酒者、流氓、交通违法者、所谓的精神病人和精神有问题者）、同性恋、耶和华见证人教派信徒（这个组织因持绝对的反战主义而被宣布为非法），以及“水晶之夜”（1938年11月9日至10日夜晚）后的重点——犹太人。一个鉴定系统建立起来，根据这个系统，每个囚犯的囚服上都缝有一块长方形布料，上面印有不同颜色的三角形：红色表示政治犯，紫色表示耶和华见证人教派信徒、黑色表示“无社会性”者（比如妓女）、绿色表示罪犯、粉红表示同性恋。犹太人

（接上页） 还有一些历史争议，但纳粹显然把它当做一个机会来围捕政治对手，开始巩固其独裁专政。[1]

*党卫队骷髅总队由希姆莱创建，在达豪由艾克领导，其成员充当了集中营的看守人员。这个名称来自他们佩带的骷髅标志。

的三角形通常为红色，但附加了一个黄色三角形，构成了六角星形（大卫之星）。1944年后期，这种“犹太星”被废止，改为分类三角形上方加一根水平黄色条。[4]

1936年发表的关于集中营的法律和社会理论，有着很明显的生物学和治疗色彩。希姆莱的法律权威维尔纳·贝斯特将“极权主义的政治原则”与“系统上不能分割的国家社群的意识形态原则”等同起来，宣布“不管其支持者的主观意图是什么，如同疾病的症状威胁着不可分割的国家有机体一样，不同的政治观念想要获得承认、或乃至于鼓励的任何企图，都会被无情地处理掉”。[5]*所以，疾病治疗的意象就延伸到了集中营——一个 154
更大的治疗与屠杀的颠倒。

这种颠倒，事实上从开始就支配着集中营里的医疗区。极为常见的是尤金·科康所说的：“在集中营内生病，意味着死亡。”党卫队医生或医护兵常常会注射毒药来促成这个结局。比如，在布痕瓦尔德，一个党卫队医生“以注射依维派钠的方式，结束了整整一排囚犯”，然后“从操作室漫步走出，手拿一根香烟，快乐地吹着‘完美一天的结束’的口哨”。[6]

科康曾是布痕瓦尔德主管医生的囚犯文书，他描述了医疗区的囚犯官员的权力，囚犯怎样作为病人被带到这里，如果被认为危险（因为他们暴力对待那些检举他们的囚犯，或者是那些人属于敌对的政治派系），负责的囚犯或是不给其治疗，甚至将其注射致死。在大多数集中营里，开始时是普通罪犯负责医疗区，他们对囚犯的虐待是最严重的；后来政治犯夺过了这种权力，情况就大大改善了，囚犯医生也被允许来做医疗工作。然而，过了不久，党卫队医生和医护兵使用集中营医疗区来进行屠杀。达豪有一些“康复”区，病人和衰弱者被放在里面等死。[7]+ 我们知道，医疗区被用来集中那些看似不可医治者或其他的不想要的人，对他们进行“安乐死”杀害。

---

*1936年2月颁布了普鲁士关于国家秘密警察的法律，删除了对盖世太保、尤其是将它用于“保护性监禁”的司法限制。这引起了一些争议。

+健康的囚犯并不总是被允许随意杀掉，至少集中营的早期是如此。1933年6月，慕尼黑检察官办公室暗示，达豪集中营的一个医生与艾克的前任一起谋杀了一个囚犯。[8]不过，集中营里这样的法律顾忌一定是极少的。

不过，医疗区也可以成为科康所称的“无数囚犯的一个救护站”。比起集中营里的任何地方，囚犯可以在这里隐藏，囚号可以换换，纳入要杀掉名单的病人可以得到警告和被放过。它另外一个好处，是可以把囚犯藏在传染病房，党卫队人员是很少去那里的。科康说他自己就有3次是藏在肺结核病房，从而逃过被运到奥斯维辛去杀掉的命运。[9]也会有真正的康复区和其他医疗安排来帮助一个人存活下来，比如“康复纸条”就能够让一个人在相对较好的环境中待上几天。

一般来说，被派到早期集中营的党卫队医生医术平平，与纳粹关系紧密，自命不凡。“普遍而言，他们更长于营私自肥而不是治疗，长于杀人而不是救人”。[10]在囚犯身上进行试验也主要发生在这些传统集中营中，虽然在20世纪40年代初期之前，这还不是大规模地组织进行。纳粹医生更经常的工作，是对弱者、病者，以及其他想要杀掉的囚犯进行“病情分类
155 筛选”而杀掉。集中营医生有时也会做类似于巡查囚犯病情的事情，但多半很勉强，甚至很粗暴。

医生的态度一般是好斗的，从一开始起，他们的医学功能就从属于集中营，以及让残忍和杀戮合法化的那些要求，比如，医生填写表格，表明囚犯身体能够承受肉刑，或者是可以被运往另一个集中营。尽管医生也有控制和防止流行病的实际医学功能，但他们唯一关心的，却是党卫队人员的健康。

1940年6月，奥斯维辛被作为传统集中营的样本而创建起来，当时的意图显然主要是关押波兰囚犯，也作为一个检疫和转运送往德国境内集中营囚犯的地方。最初，奥斯维辛的医学安排与其他的传统集中营并无二致。

作为苦役营的奥斯维辛

在集中营里，囚犯总是要做苦役的，这是恐怖和羞辱的系统程序中一个普遍部分，常常作为逐渐但有意屠杀波兰人和犹太人的一种手段。从1937年起，集中营里的劳动力就被充分组织起来，被视为一种重要的国家性强迫劳动来源，而且，由于对这种强迫劳动的需要，有了越来越多的逮

捕。就T4项目的囚犯而言，能不能被判断为值得活下去的生命，就只看他们给第三帝国权力干活的能力。然而，这使得他们如同人们指出的那样，“活得不如奴隶”。[11]

不过，在这种实用主义之下，是纳粹对劳动的崇拜，他们有一个囚犯可以通过劳动而获得自由的神话。艾克尤其热衷于这个神话，并非讽刺，他很可能就是那个人，那个首先在达豪然后在奥斯维辛入口处贴上那句臭名昭著的口号——“劳动带来自由”的人。*

至少是从1941年下半年起，劳动的作用开始在集中营里占据核心重要性，这最终导致了囚犯处境的相对改善，比如牢房情况和食物，有时还有点金钱奖励、香烟和去营中妓院。劳动成为重点，这与集中营在1941年3月划归党卫队的经济与管理部（Economic and Administrative Department）是一致的。

党卫队的这个部门由奥斯瓦德·波尔领导，负责使用囚犯苦役的经济事务。对比之下，帝国中央保安部作为一个政治和警察单位，则负责对囚犯的残忍关押和大规模屠杀犹太人（见本书174—175页）。[13]

奥斯维辛开始变成奴隶劳动的一个重要来源，为法本公司一个生产合成机油和橡胶的大工厂干活。在1941年年初选址时，这个工厂就考虑了能够得到集中营的劳动力和煤与水的资源。整个运作被称为“法本奥斯维辛”。奥斯维辛囚犯来修建这座被称作“法本丁钠橡胶”的工厂，+后来在比克瑙建立法本公司下属的集中营，而那里的大部分屠杀已结束。1942年，法本公司在莫诺维茨建立了自己的外营，它仍然是奥斯维辛整个系统的一部分。这处设施，意在增加法本公司对劳动力的控制，降低开销，减少囚犯前往工作场所耗费的时间和精力。在这种莫诺维茨经济中，法本公司负责囚犯的食物、住所和医疗，党卫队负责警卫和惩罚。在对囚犯的野蛮剥削上，集中营当局与法本公司官员之间一直有密切的沟通。囚犯们从

*用霍斯的话来说，“艾克坚定的意图是：不管属于哪一类，那些沉稳和积极劳动的囚犯都会使自己与其他人不同，最终会被释放，即使盖世太保和刑事警察办公室可能不这样想。的确，这偶尔发生过，但战争使得所有这些良好的意图都结束了。”[12] 156

+丁钠橡胶是法本公司开发出来的一种合成橡胶，首先是用煤来试验制造，后改为使用石油。

清晨三四点开始干活，一直干到天黑下来肚子饿瘪之时。（见本书187—188页）然而，不管他们采取什么样的措施，或是进一步虐待囚犯，或是稍稍改善一下处境，工作效率总是很低。[14]*

从1943年年初开始，在剥削奥斯维辛囚犯劳动力方面，其他大公司也加入了法本公司的行列。这些公司中有克虏伯，它把一个被炸毁的雷管工厂迁到了奥斯维辛；有赫尔曼·戈林公司（煤矿）；有西门子—舒克特（电气部件）；还有施佩尔的武器和军工生产部的“战斗机办公室”，1944年时它曾打算征用囚犯修建一些秘密的飞机工厂，但因能够干活的囚犯越来越少而受阻。这些公司和其他公司主要是使用莫诺维茨（它被称作“奥斯维辛III”）的囚犯，在方圆数英里内修建了一个卫星营系统。[15]

霍斯指出，由于有官方政策，要让足够数量的囚犯活下来干活，“奥斯维辛变成了一座犹太营……一个犹太人的汇集之地，在规模上远远超过以前所知的那些集中营。”[16]然而，实际上大部分犹太人刚一运到就被杀掉，所以在1944年之前他们没有构成集中营囚犯的主体，即使在那以后，就囚犯层级而言，也是人数较少的德国人（政治犯和普通刑事犯）和波兰人居上。

集中营的劳动功能，不仅要求进行大规模筛选来判断哪些囚犯要马上
157 杀掉，哪些可以干活而暂时留下来，+而且要求集中营的医疗区起作用，囚犯可以由囚犯医生来治疗。的确，与其他任何集中营相比，奥斯维辛更体现了纳粹在实用主义强化（利用囚犯苦役从事战争工作）与屠杀狂想之间的内在冲突。但是，不管劳动的安排设计得有多么好，与集中营的屠杀功能相比，它仍然是第二位的。

作为灭绝营的奥斯维辛

灭绝营于1941年底和1942年初出现。在波兰有6座：切姆诺（库姆霍

---

*在党卫队和法本公司最初的讨论中，估计奴隶劳动力的劳动效率不会超过（德国工人的）75%，但实际上不到三分之一。

+法本工厂中犹太工人的平均寿命为3个月到4个月，如果在偏远矿山干活，则是1个月。[17]

夫）、贝乌热茨、索比波尔、特雷布林卡、马伊达内克和奥斯维辛。前面4座完全用于屠杀功能，但有时只有切姆诺和贝乌热茨被视为“纯粹的屠杀营”，因为特雷布林卡有过强迫劳动的少量生产性活动，而索比波尔也至少有过这方面的计划。不过，只有奥斯维辛和马伊达内克把相当份量的奴隶劳动与系统屠杀功能结合起来了。那4座完全的屠杀营由党卫队警察部门管理，而不是管理奥斯维辛的经济与管理部。不同于奥斯维辛，其他屠杀营（切姆诺不在内）的设备和人手大部分直接来自“安乐死”项目，包括一氧化碳毒气室和屠杀中心的人员。其屠杀设备早期的安装和运作很大一部分上实际上由克里斯丁·沃思监管，他也为T4屠杀中心做了这些事（见本书71页）。[18]

在大规模屠杀的愿景和技术上，奥斯维辛有了巨大的提升。纳粹那种生物学想象光怪陆离地体现在奥斯维辛的愿景之中，霍斯曾回忆希姆莱对这座屠杀营目的的描述，对此有所揭示：

> 犹太人是德国人民的永恒敌人，必须被消灭掉。我们掌握之中的所有犹太人都要无一例外地毁灭，就在现在，就在这场战争之中。如果我们未能成功地毁灭犹太人这种生物，犹太人有一天就会毁灭德国人民。[19]

霍斯回忆，1941年夏天，希姆莱“突然召他”前去，告诉他：“元首已经命令犹太人问题要一次性地全部解决，所以我们党卫队就要实施这个命令。”希姆莱解释说，东部现有的灭绝中心不能够完成“可以预见到的大规模行动”。奥斯维辛被“特别指定”用于这项任务，因为它的位置对 158
于通信和运输都很有利，同时又孤立和掩人耳目。希姆莱向霍斯强调这件事的重要性，这项“困难而又繁重的工作”要求“全身心地投入，不管会出现什么困难”。霍斯要“把这个命令视为绝对秘密”。[20]

对于大规模屠杀犹太人的这样一个很快就会阐明的政策，奥斯维辛作为其主要的执行机构具有特殊地位。这项任务要求，霍斯与帝国保安总局负责犹太人事务的阿道夫·艾希曼一起探讨“实施这种消灭的方式和手段”。[21]

尽管希特勒早期就有过消灭犹太人的言论，但纳粹考虑了驱逐、自愿移民、在马达加斯加进行重新安置等不同的计划。只是在这些计划被放弃之后——发现它们因各种原因难以实施，包括其他国家不愿意接收大批犹太人，于是做出明确的决定来实施“最后解决”。1938年时，德国还有大约35万犹太人（已是由51.5万人减少而来的数字），而纳粹的入侵和吞并又带来了更多的犹太人。1941年3月，威廉·凯特尔签发了入侵俄国后希姆莱屠杀部队在俄国行动的命令。7月31日，在入侵开始后，戈林给海德里希签发命令，授权他做好组织上和财政上“所有必要的准备”，以“完成德国在欧洲影响范围内的犹太人问题的完全解决”。[22]其他机构也得到命令，在需要时给予配合。

组织驱逐犹太人的权力这时交给了艾希曼——这个帝国保安总局的犹太人事务专家。霍斯记忆中与希姆莱的会面，可能就是执行这个命令。1941年11月21日，海德里希命令政府各部门秘书和党卫队首领开会，讨论“最后解决”，这就是1942年1月20日在帝国保安总局一座别墅内召开的“万湖会议”。会上引用元首的权威，讨论将犹太人遣送到东部的问题，在东部，幸存者的劳动价值将“得到相应的处理”。会议上也有一些枝节问题的讨论，比如混血婚姻、老犹太人和战争老兵的问题，据说这些人将送到特莱西恩施塔特的模范集中营去；但会议的核心很清楚，尽管并没有完全说出来。如同希尔贝格所言：“普遍而言，关于‘最后解决’的新闻已是传遍了官僚机构的各个层面……一个人对此知道多少，这要看他与这些毁灭行动的关系密切程度，看他对这个毁灭过程性质的了解程度。”[23]

1942年年初，这个屠杀程序的细节既不清楚也没有解决，直到春季在波兰设立了那些毒气室集中营后，才被落实。由此导致了遣送开始与建造屠杀设施之间的时间不衔接，于是一些东部犹太人区就出现了过分拥挤，
159 出现了让犹太人“迁移”的官僚神话。霍斯的回忆很清楚地表明，一旦人们知道了元首实际上想要什么，个人动机会极大地影响这种“解决”。[24]

寻找一种“适当”的方式

特别行动队执行面对面枪杀时遇到的严重心理障碍，被纳粹领导人知道了。鲁道夫·霍斯后来这样回忆：

“我听过艾希曼的描述，犹太人被配备机枪和自动手枪的特别行动队扫射倒地。据说发生了许多可怕的场面，人们在被射中后乱跑，还要再次去击毙已经射伤的人，尤其是妇女和儿童。特别行动队的许多人再也不能承受在血泊中行走，结果自杀了。一些人甚至疯了。这些突击队员大部分不得不依赖于酒精来完成其可怕的工作。”[25]*

1941年秋天，特别行动队的领队将军之一、埃里希·冯·登·巴赫—泽勒维斯基的一份报告让希姆莱震惊。他告诉希姆莱，当他们目睹了约100个犹太人被杀之后，再“看看突击队员们的眼睛，他们是何等深深地动摇着！这些人的余生算是完了。我们在这里训练的是些什么人？不是神经过敏就是野蛮人！”[27]巴赫—泽勒维斯基本人后来也感觉到了这种效果——因严重的胃肠疾病而住院治疗，按照党卫队首席医生恩斯特·罗伯特·冯·格拉维茨的话来说，他是经历了“精神上的耗尽”，“与［教唆］枪杀犹太人相关的幻觉”以及“在东部痛苦的其他经历”（参看本书437页脚注）所致。[28]

于是，如同霍斯所解释的，只能是认真地考虑毒气屠杀了：“因为绝对不可能用枪杀来解决预料之中的大量人口，这对不得不去执行改变任务的党卫队人员来说，造成了太沉重的负担，尤其是在受害者中还有妇女和儿童。”[29]不可避免地，他们就转向了早期纳粹的毒气试验，而艾希曼也让霍斯熟悉“安乐死”项目的用法，即通过淋喷头来施放一氧化碳毒气。不过，由于需要大量的毒气和建造毒气室的许多工作，这种方式对于大批人数来说还是不够的。东部使用的流动毒气室也有类似的局限。所以，“艾希曼就决定尝试和找到一种供应充足、不需要特殊安装工作就能使用的毒气。”迟至1941年11月，艾希曼和霍斯还没有发现一种合适的毒气，
但集中营司令官已经在奥斯维辛挑选了一个孤立之地来进行屠杀，把一处 160
原来农民的农庄改成了毒气室“沙坑I号”（Bunker I）。他们还没有考虑焚烧尸体，这里的草地能够挖出长长的埋尸沟。[30]

1941年8月，有一次霍斯离开奥斯维辛在外地出差，他的副手、党卫队

---

*据说希姆莱观看了一次大规模枪杀后就病了，后来下令要“较为人道”地杀掉。[26]

上尉卡尔·弗里茨“主动地”使用齐克隆-B毒气（Zyklon-B）（这是氰化氢或氢氰酸的德国商品名称）对11区——惩罚区——的俄国战俘进行了成功的试验。齐克隆-B毒气“在奥斯维辛一直被用来熏杀灭虫，所以手头总是有这样的气罐供应”。[31]霍斯回来后参与了这种试验的重复，戴着防毒面具观察毒杀过程，注意到人死得很快，尽管他后来宣称“在毒杀人们的最初试验中，我并没有充分认识到在发生什么，这也许是因为我被这整个程序震惊了”。*

当艾希曼再次来到奥斯维辛时，他和霍斯决定，将这种毒气“用于大规模消灭行动”。在经过了两个临时选址后，屠杀地点于1942年春季移到了艾希曼和霍斯最初选定区域的“沙坑I号”和“沙坑II号”。被屠杀的人包括来自上西里西亚（这是在凡尔赛条约中被割给波兰的领土）的犹太人和俄国战俘。现在，霍斯开始对这种新方式感到自豪了。他前往切姆诺+和特雷布林卡的灭绝营，看到它们使用的一氧化碳效率低下，由卡车引擎排出的废气并不总是足够，所以不少受害者“只是失去了意识，不得不再用枪来击毙”。即使是在战后，在波兰监狱中，霍斯仍然对“他的”毒气效

*有一些证据表明，并不仅仅是霍斯和他的副手“发现”了齐克隆-B毒气可以作为大规模杀人的手段。1956年3月1日，一家英国军事法庭在汉堡开始了对布鲁诺·特希医生的审判，他是TESTA公司的拥有者，该公司向奥斯维辛派送这种毒气。他在作证时说，在它不仅作为一种杀虫剂而且作为有效杀死大批人之手段的可行性方面，他自己也进行过试验。一份名叫布赖特韦泽的一名党卫队军官提交的报告显示，这名军官显然参与了奥斯维辛的早期试验，据说他注意到了用齐克隆-B毒气熏杀灭虱的高效，于是说：“现在，我们有了消灭囚犯的办法了。”耶胡达·鲍尔和埃里希·库尔卡认为，对使用齐克隆-B毒气屠杀的这种高度关注，部分证明了奥斯维辛在纳粹“最后解决”计划中的更核心的地位，这超过了原先人们所认识的。奥斯维辛使用齐克隆-B毒气的早期试验中，有一些生病的囚犯作为牺牲品，也表明奥斯维辛从一开始起就关注治疗与屠杀的那种凶残颠倒。情况可能是这样：已有的齐克隆-B毒气熏杀灭虱的试验，加上已知的要用有效手段来大规模屠杀的需要，使得采用这种毒气的想法就多多少少地同时出现了。一方面是制造和派送这种毒气的公司的“理论家”想到了，另一方面则是奥斯维辛的“实践者”。[32]

+霍斯之所以去切姆诺，部分是想了解一下那里使用的焚尸方式。1942年夏天，希姆莱下令开挖万人冢，尸体要烧掉，而骨灰的“处理方式让未来的某个时候不可能计算被烧掉的尸体数量”。[33]

率感到自豪："试验表明，称作齐克隆-B的氢氰酸以快得多的速度和确定性导致死亡，尤其当房间保持干燥、闭气和人员密集时。试验也表明它们适用于尽可能多的送气通道。"[34] 161

对犹太人的大规模屠杀开始于1941年后期或1942年年初。奥斯维辛管理方间接地从齐克隆-B毒气的生产商德国害虫防治公司那里获取它。很大程度上由法本公司控制的这家公司，还通过其他两家公司派送这种毒气，在奥斯维辛地界是通过TESTA公司[35]来派送。到了1942年，这种毒气在党卫队内的分配就变成了由约阿希姆·姆鲁古斯基医生担任所长的党卫队卫生研究所集中管理。考虑到这种气体以前大量用于啮齿动物和传播疾病的害虫的灭杀，我们或许可以说，它一直就被视为某种形式的医学手段，但由于它主要化学成分的灭绝性，一直处于严格的医学监管之下，甚至在奥斯维辛药房储存过一段时间。*

还有一个变化。过去法律规定必须在齐克隆-B毒气添加少量刺激味道的气体，目的是当用它烟熏消毒后如果房间通风不够，这种刺激性能够让进入房间的人意识到危险的存在。从1943年某个时候开始，这种气体就不再添加刺激性气体送往奥斯维辛了，并且加上了这样的警告提示："注意！无刺激味道！"。去除刺激味道，显然为了方便屠杀过程，但这样做，又给那些使用这种致命毒气的杀人者造成很大危险，所以总是需要进行特殊培训。开始时都是生产商那边的人手来做此事，后来这种责任就转给了党卫队医护兵中一个"消毒"特别分队。这些人变成无委任状的精英。奥斯维辛坡道上的那些医生，他们职责的一部分就是采取必要措施保护这些人不被齐克隆-B毒气熏到，并做好准备，在发生了这样的事情后

*我访谈过一个医生，他在纳粹非军事结构和军事结构中都任过高级顾问。他告诉我，他曾担任一个高级委员会的主席，这个委员会负责给平民和医疗团体也包括党卫队分配稀缺的医疗用品。他说，战争结束后自己既感到可怕又非常气愤地得知党卫队这样来使用齐克隆-B毒气。这个事情也证实了这种气体原是作为医学之用。关于这个医生所说的不知情，我得说，他当年是展示了各种方式的极度的心理防御能力，对不想知道的东西采取了否认和麻木。就他而言，这种防御机制必须是极度地使用——人们会怀疑，党卫队为奥斯维辛熏杀害虫索要的这种气体数量越来越大，其他集中营大约6个月送一批，奥斯维辛是6周送一批，他心理上至少是部分知道的。

马上进行治疗。所以，我们可以说，齐克隆-B毒气变成了危险的“屠杀药物”，只能由医学人员来使用。[36]*

从1943年开始，由于盟军突袭影响了生产，齐克隆-B毒气出现了短
162 缺。有时甚至需要集中营官员用卡车到西北300英里外的德绍附近的生产厂家去拉货。霍斯后来（在法庭作证时）估计，奥斯维辛总共使用了1900公斤这种屠杀药物。[38]甫一开始，他就向奥斯维辛的医生咨询了齐克隆-B毒气的效果：

> 我总是认为受害者会有一种可怕的窒息之感，但那些尸体都没有惊厥抽搐的迹象，无一例外。医生向我解释说，氢氰酸对人的肺有一种麻痹作用，但它起效非常快非常强，所以人还没有出现惊厥抽搐时就已经死亡了，在这一点上，它的效果就不同于一氧化碳或通常缺氧所带来的效果。[39]

这种解释虚假地暗示无痛致死。然而，这种通常的医学效果可以安慰霍斯，他再也用不着经历面对面屠杀的可怕了：“一想到要用枪杀来执行消灭，我就总是发抖……想到我们总算是避开了那种大屠杀，受害者在最后一刻到来之前也避开了折磨，我就有解脱之感。”[40]

然而，他最大的解脱——以及这毒气提供给他的最为重要的个人“治疗”，就是它解决了指派给他的技术和官僚机构的问题：“我甚至必须承

---

*制造商反对去除这种刺激性气体，因为它在这种刺激性添加气体上拥有专利，而不是齐克隆-B毒气本身。库尔特·格斯坦当时在柏林的姆鲁古斯基手下工作，作为党卫队消毒主管官员，他参与了去除刺激性气体的工作。格斯坦有工程方面的背景，又受过一定的医学训练。对于历史学家和传记作家而言，他是少见的令人困惑之人。他一方面大量参与了党卫队在大规模屠杀中心的活动，有着狂热的党卫队行为；另一方面他又与新教福音派的反纳粹有联系，曾不顾一切地要把“最后解决”的真相告知外面的世界（包括与瑞典外交人员的一次冒险见面）。格斯坦后来宣称——也有一个传记作家相信了他，他之所以提议在齐克隆-B毒气不再添加那种刺激性气体，是因为这样处死会较为人道；让齐克隆-B毒气不易被觉察，他也找到一种借口，宣称它危险泄露，从而摧毁托运的这种货物。大部分观察者——尤其是罗尔夫·霍赫胡特在他1964年那部话剧《副手》中，都强调格斯坦不同寻常的反抗行动；其他一些人如希尔贝格则主要突出他在大屠杀过程中的作用。在某种意义上，这两种看法都是正确的。我认为，格斯坦是我这项研究中所遇到的双重自我角色转换的一个最极端案例。[37]

认，这种毒杀让我心里宁静下来。对犹太人的大规模消灭很快就会开始，而当时艾希曼和我都还不肯定这种大规模杀掉要怎样进行……现在，我们有了这毒气，我们已经建立了一套程序。”[41]这套“程序”是以“流水作业线”为基础进行屠杀，奥斯维辛一个医生的这个用词是很贴切的。[42]

第8章　坡道上的筛选 163

“他们全都是医生。”

——奥斯维辛幸存者

受害者的经历

对于抵达奥斯维辛火车站这处坡道的犹太人来说，似乎没有任何医学之事发生，尽管他们此后在这里的经历中会处处有纳粹医生出现。此刻是一片骇人的混乱，在许多方面都是他们从自己家乡被驱赶，走上这次迫害之旅的延伸，是挤在混浊拥挤的货车车厢内缓慢、痛苦、非人地走了数天或数周后来到这座集中营的继续。抵达这里的犹太人一般都会看到党卫队医生站在坡道上，就像是另一个对他们拥有绝对权力的党卫队军官。很多人都没意识到的一个筛选过程正在进行之中。

1943年年初，一个17岁姑娘玛丽安·F从捷克斯洛伐克被这样运到了奥斯维辛，她的经历就很典型。首先是这种接收的怪异：

> 我们是晚上到达的……由于是晚上到达，你就会看到延绵数英里的灯光——还有火光来自……焚尸场。然后是尖叫和吹哨和“出来，出来！”［她开始模仿］“raus！raus！raus！”［通俗德语的“出来！”］那些穿着制服的人和带着狗的党卫队，还有穿着条纹服的囚犯——当然，我们当时不知道他们是干什么的，他们说：“把所有东西都扔出来。排队——马上！”

然后是混乱而急速的筛选：

> 他们把你分开，然后是五人排成一队……有两个男人站在那里……一
> 164 边是门格勒医生……另一边是……“劳动队队长”，他是……负责劳动突击工作队的人。到处听到的是……“你走，你坐卡车走。你步行，你坐卡车走”……队形很快就形成了，你可以看到——大约14岁以下和35岁以上的人被指定到卡车那里去。在我们实际走进集中营之前，你不知道这些卡车究竟去哪儿了……这就结束了，我是说，非常快，非常高效。

接下来就是老囚犯们的一种惯例接待：

> ［我们］直接步行前往集中营……走入集中营的那一刻……一个所谓的由囚犯组成的欢迎委员会会看着你，直至你列队走进淋浴间。她们全都是囚犯，是斯洛伐克姑娘，大约一年前就来到了这里……她们唯一感兴趣的事情，是抢在党卫队弄走之前先从我们这里弄到能够弄到的一切——珠宝或手表，不管你有什么——因为她们已经是在内部圈子里，知道怎样操作和组织弄到食物和东西。其次，就是马上告诉我们什么在等着你，会发生什么——［她们会想］“你们可能也知道，我们都在这里这么长时间了。”

数小时甚至数分钟内获得的这种知识，唤起和维持了一种极度的麻木，它成为集中营所有生活的特征：

> 当然，此时你马上就意识到那种难以置信的气味是……你一直在闻的气味……她们对此已多少早已习惯了……你已经知道，如果你在此地待得

够久，你也绝对不会再有任何情感了——你所关心的，就是生存。

然而，大多数人不能生存。这个捷克斯洛伐克姑娘得到的这种可怕认知，被一个奥地利犹太人囚犯医生奥托·沃尔肯记录下来。他密切观察集中营内发生的事情，尤其是党卫队医生的行为：

> 随着时间推移，5座焚尸炉在毒气室所在之地修建起来。来自各个国家的人，男女都有，各个年龄都有，统统被毒死了……从法国、比利时、意大利、匈牙利、希腊、捷克斯洛伐克和德国运来的囚犯，还有从波兰集中营和挪威来的，刚一抵达，毒杀就不可想象地发生了。当这些运输火车开进来，这些来到的人就必须在……上班……的集中营医生前走过。此人用他的大拇指或是朝右指或是朝左指。左边就意味着被毒气毒死。 165
>
> 在一趟火车所装的大约1500人中，约有1200到1300人去了毒气室。那些被允许活下来的人的比例很少会超过这个。在这些筛选中，门格勒和［海因茨·］蒂洛医生一边吹着好听的口哨，一边筛选。那些被选到毒气室去的人，必须在毒气室前脱下衣服，被鞭打着赶入毒气室，接下来是门被关上，开始施放毒气。大约8分钟后（约4分钟后就会出现死亡），毒气室被打开，执行任务的特别突击队必须将尸体运到焚尸炉去焚烧，焚尸炉日夜燃烧着。匈牙利的运输（［1944年5月下旬开始］）后，焚尸炉就不够用了，因此不得不挖大壕沟来烧掉尸体。木柴被喷上了汽油，尸体就扔在这些壕沟里。一些还活着的儿童和成年人也被扔到了这些烧尸沟里，这些可怜的人活活地被烧死了。这种燃烧所需要的油和油脂，部分就取自那些被毒杀者的尸体，以节省汽油。”[1]

如同玛丽安·F接下来描述的那样，那些进行这种屠杀的集中营有一系列入营前的羞辱：当着党卫队男人的面脱光所有衣服，然后进入淋浴间；所有的体毛都必须剃掉（“的确，这对于防止虱子……是有好处的，这种地方当然会有虱子；但是从心理上讲……这是难以置信的羞耻……”）；给囚犯发的是非常小的、极不合体的衣服，大部分是旧的俄国囚犯服；还有烙字（“我记得当这件事［把编号烙到每个囚犯的前臂］发生时……我感染了，出现了各种状况，肿胀等等——我没有感觉任何疼痛，已经完全麻木了”）。

她谈到了这整个过程的心理影响：

> 这里有一种不管是由谁形成的残忍的洞悉……事实上，如果你做什么事情，那是完全不会相信……你没有能力去相信，你就是不信。奥斯维辛发生的事情……那些毒气室——无人会相信这些。所以，焚尸场的那些房子——你知道的，那些砖房、窗户、窗帘、房前的白色尖桩篱栅。人们永远不会想到任何事情——不管烟囱在怎样冒烟。他们就是不相信……这有一点天生的残忍。

沃尔肯也同样说到，尽管一个以前来过奥斯维辛的波兰人在他被送来之前跟他讲过这座集中营的事情，但他和他的朋友“就是不想去相信他……我们说他一定没去过那里，他给我们讲的是神话。”[2]

166 纳粹医生和其他参与这个接收过程的人在基调上颇为不同。另外一个幸存者因工作关系可以在营中走动，他解释说，“他们［纳粹］在心理上对于每一种情况都非常有准备”，所以有时“医生对人们非常友好……会关心地问‘情况怎么样？’和‘你是干什么的？’”然而，当一个新来的囚犯提到生病，显得衰弱，或者是太年幼或太年老，仍是这个医生决定将他或她送毒气室。这个幸存者接下来讲了一件事（这是“特别行动队”的一个队员告诉他的）*：囚犯们正在毒气室前面的那个房间里脱衣服，一个医生走了进来，他注意到地板上有眼镜破碎后的玻璃碎片，于是提醒那里的人“请小心一点，不要伤了你自己”。这个幸存者得出结论说：“所以他们［纳粹在最后一刻仍］……使用欺骗。”

他列举了党卫队医生参与屠杀的一系列步骤：首先，主管医生指派他的下属关注值班安排和执行囚犯抵达即行筛选的政策；第二，就是值班医生站在坡道上，“以一种［看似友善］非常高尚的态度”来进行筛选；第三，医生坐着救护车或印有红十字的汽车前往焚尸场；第四，医生下令“从天花板朝孔眼里投入多少毒气［丸］……这要依据有多少人，以及谁

---

*“特别行动队”由犹太人囚犯组成，任务是处理犹太受害者的尸体。“特别行动队”也可以一般性地指执行特别任务的小队，比如党卫队在东部的杀人部队。

来做……一般有3到4个‘消毒员’”；第五，“他通过孔眼观察人们的死状”；第六，“当人们死了……他下令通风……打开毒气室的门，他戴着防毒面具进入室内”；第七，“他签署一份［表格］证明人都死了……以及用了多长时间”；第八，“他观察……从尸体上拔牙”。这个幸存者得出的结论是：“这个屠杀过程——从一开始到结束，均由医生领导。”

其他幸存者表达了他们那种怪异的不真实之感（“穿着条纹囚服的活骷髅，他们的头颅剃光了……如同沉默的黑影，爬到火车上去……奇怪的‘行李搬运工’［他们］拿下我们的行李”），还有混乱之感（“穿着条纹服的野人……半是意第绪语半是德语；什么都扔下了；棍棒落下来，殴打”）。[3]

一个人可以麻木到如同紧张性精神症患者。一个犹太人女医生吉尔达·N于1944年6月下旬来到此地，她这样描述：

> 我们是如此困惑，如此震惊……他们剃掉了我们的头发，给了我们那样可怕的衣服……他们把一切都拿走了，我们的行李，所有东西……我去了一个叫“墨西哥”的营……那里什么都没有……甚至连水都没有……我想有一千个人拥在一个营房里……我们第二天才吃上我们的第一顿饭…… 167
> 我必须说，我当时处在一种……恍惚之中……我不能动，我只是坐着，不能动……前面那些天我真的是动也不动，可能有一周或十天……

“你不可能认识它”，这是另外一个囚犯医生的说法，意思是，一个人不可能接受或承受这样的经验。

从1942年年末或1943年年初开始，那些作为医生来到此地的人不仅被允许活下来，而且成为了囚犯中的另外一类。他们通常在坡道上就被挑出来，但也有一些被带到了集中营（而不是被送往毒气室）内再筛选，筛选的基础是相对年轻和健壮，也确定他们的医生身份。这个过程可能很随意，一些年龄大的医生会被直接送往毒气室而不入营筛选。还有另外一种极端。一个幸存者医生说，当由他负责医疗事务的那趟火车抵达奥斯维辛后：

> 车厢门猛地打开了，我们被告知赶快到月台上去。那里有一个高级党

> 卫队医官走近我们，我用尽可能好的德语告诉他，诺拉［这个幸存者的未婚妻］和我是负责这趟车的护士和医生。他看来很友好，告诉我们站到一个地方，不让任何人来动我们。他像对待同事一样对待我们。他甚至让我拿着我手里拿着的这些书随后到营里与他联系，说我会得到很好的照顾。[4]

可疑的是，对这名医生而言，即使是因被善待而来的轻松，伴随着的其实也有其部分压抑住的内在恐惧。而且，作为医生被确认和受到优待，还会因家人的命运不同而加重痛苦和自我责备。一个囚犯医生说，当党卫队医生在筛选中确认他为医生后，“他指示我站到右边，我的母亲去左边”。另外一个囚犯医生于1943年9月从荷兰的一个转运营来到奥斯维辛，向我讲了他的一种双重感受，一方面是想要活下来的渴望，另一方面则是全家人唯有他因医生身份而活下来的负罪感：

> 我们中有……我妻子、我的孩子、妻子的父母。我们从车厢里走出来。有一个德国人，他说女的站一边，男的站一边。于是我——我并不确切知道到底发生了什么……当时我与我岳父站在一起。他大约超过70岁了，是一个老人。我在想：“或许我可以帮帮他。”当我站在那里时，我听到有人在说“医生［这个词用的是英语］走出行列”。我走了出来，他们把我推到了较年轻的另外一小群人中……你知道，如果我没有听到那声
> 168 喊［喊医生出来］，我就不会在这里了。运气实在太重要了。
>
> 我听到了这声喊，我站了出来。我当时并没有想……这事有点特别。我在想或许……它意味着什么……但是我得强调我的命就在于我是个医生。所以我欠我父母的［他们并没有钱，但做出牺牲让我接受教育］。我从来没有因此感谢过他们……这也是一种负罪感，你知道的……然而……毒气室，是他们救了我的命。
>
> 一个小时后，有人告诉我们，我们这趟车的其他人都被毒杀了。你会震惊。什么是正常呢？如果你听，“上帝与我们同在”，那应该有一个电话说你妻子和你孩子都走了，什么是正常反应呢？……所以我听到了我妻子、我孩子、我父母、我岳父母、我妹妹——全都被杀了。然而我仍然想活。你可以说［这是］弗洛伊德的“自我保存本能”或“生存本能”，或

> 者不管你叫什么，但这是不可理解的。它太难接受了。生命中没有一个时刻你可以说不。这就是终结……你听到你的整个家庭都被毒死了。一个小时之后，他们又会叫喊“医生，排队”，我还会站出来。

一些来到奥斯维辛的医生此前听说纳粹要杀知识分子，只留下那些能干体力活的人，于是不想表明他们是医生。一个1943年11月抵达奥斯维辛的人这样描述：

> 我听到他们在问……年龄和职业。我以前听说，那些说自己是一些体力职业和干体力活的人全都没有与老人弄到一起，没有弄到卡车上去。所以，当我到后……我就以一种军人姿势站着，我说了我的年龄，说我是一个混凝土工人……当我们到达集中营后，那里的职员，他们也是囚犯……就询问一些不同的细节：名字，然后是职业。他们之中一个人，一个犹太人，说：“如果你们之中有医生，不要害怕。就说你们是医生，因为现在就需要医生。”不会再消灭医生了。因为在此之前把所有医生都消灭了，而且不仅是医生……但是——你称作什么啊？——知识分子……那些学习而成为专业人员的人……当时我说……我是一个医学博士。

如同许多幸存者告诉我的，在筛选的时候“他们把医生和孪生子叫出来”。但是，被允许作为医生活着，就意味着一个人去目睹其他人的死亡。一个囚犯医生亨利·Q在1942年6月来到奥斯维辛，当时的筛选还没有正式确立，集中营的条件正是最恶劣的时候。他告诉我，一个月内他这趟
车运来的800人中90%的人如何死去，“到获得解放的时候，我们这些人中 169
只有14人（不足2%）还活着”。

孪生子也被分离出来，因为门格勒要用孪生子来进行研究。筛选时可以听到喝令：“孪生子，出来！”和“孪生子，朝前一步！”一个十几岁的女孩与孪生妹妹和她们的母亲到达后，听到了这种声音，母亲做出了回应。第二天，一个有经验的囚犯告诉她们：“你们是孪生子，所以你们有机会活着。”

有一些悲剧性的努力，想要保护自己的家人，结果适得其反，使得幸存下来的人更有一种特别痛苦的负罪感。一个当年17岁的女性告诉我，当

时她和比她小4岁的妹妹一起归为一类。见到妹妹不知所措，“我几乎是把她推”向她们的母亲和奶奶那一群，她告诉党卫队的人：“她妈妈在那里。”她不知道，那群人是要走向毒气室的。“这就是伴随我一辈子生活的记忆”。

亚伯拉罕·C医生也讲述了同样的悲伤。他是一个放射科医生，与妻子一道在一个寒冷的夜晚来到奥斯维辛，他把自己的皮大衣给她穿上，把自己的围巾围在她头上。他回忆说，由于“她看起来像一个小老太”，于是被命令站到了走向毒气室的那一队。“所以，在某种意义上正是我对她的保护，使她被弄到了错误的那一队；否则的话，她年轻、活泼，是应该与那些三四十岁的年轻女性站到一起的，这些人活着去了集中营。”

屠杀的顺序

这些事情直接源自纳粹医生们进行的操作和欺骗。他们想要隐瞒的真相在毒气室和焚尸场被发现，一个波兰犹太人将这些记录下来。他从1944年3月来到奥斯维辛，在10个月的时间里，大部分是作为“特别行动队”员干活。他的直接证词相当罕见，为了消灭亲眼目睹者，“特别行动队”员通常都在干一段时间后都会被杀掉。他之所以能够逃脱这种命运，完全靠的是苏军红军对奥斯维辛的解放。*他讲述了集中营的政策如何从早期的残忍行事转变为“另外一种使他们工作较为容易的方式，也就是告诉新到来
170 的囚犯，在经历了长途旅行后他们得洗个澡弄干净”。“特别行动队”中犹太人的工作，现在变成了“安抚这些人［新到来者前往毒气室］”。之所以让这些犹太人来进行这种欺骗，是因为他们“处在一个屠宰场中，无处可逃，每个人都会紧握自己的生命”，也是因为“让受害者避免酷刑，这要好一些”（以前的做法是用鞭打、恶狗和恶魔般的吼声把人赶向毒气室），所以，“通过从党卫队人员那里接过这个任务，他们就算是为这些候死者做了最后的服务”。

---

*“特别行动队”的成员能够被允许幸存下来，是因为他们的工作技能，或者是因为奥斯维辛最后数月出现了普遍的混乱。

这个目睹者说，“特别行动队”中的犹太人开始时的确告诉新来者他们是前去被毒杀，“他们变得疯狂，所以我们后来就倾向于不说了”。[5]

他描述了屠杀的顺序：

> 当这些新来者被带到靠近焚尸场的地方时，他们必须完全脱光，因为他们被告知要洗个澡。然后他们就被党卫队赶进——常常是使用鞭打——所谓的浴室，实际上就是毒气室。这是一个彻底密封的房间，约有80平方米，高约2.25米。毒气室有两个门，一个是入口，另一个则是运出尸体之用。就在天花板之下有两个小窗户，齐克隆-B毒气就由一个党卫队的人从这里扔到里面去。里面的人死亡时的挣扎持续大约15分钟*……
>
> 我们的任务是把尸体弄到担架上运往焚尸炉，把它们扔入炉中。每10分钟就扔4具尸体。如果炉里的骨灰很多了，我们就要把骨灰掏出来（大约是一周掏一次），把它们弄碎，装到卡车上。这些骨灰运往维斯瓦河，扔到河中。[6]

一个到奥斯维辛来调查“腐败”的党卫队法官，注意到焚尸场并不怎么引人注意：

> 一扇大门通向所称的脱衣室。它们里面有编号的座位，甚至有衣柜标签。墙上的箭头指向浴室。文字使用了6种或7种语言。在这样一个巨大的焚尸场里，每件东西都光亮得如同一面镜子。没有任何迹象表明就在一个夜晚之前数千人在这里被毒死和烧掉。他们什么都没有留下，甚至连小小的灰尘也没有留在焚尸炉的电枢上。[7]

这个“特别行动队”队员进一步解释说，如果要杀掉的人相对较少，“那就不值得用毒气毒杀他们”。一个名叫格奥尔基的军士“承担亲自用枪杀掉这些人的责任”。“我们之中的两个人”把人带给格奥尔基，他“从背后朝他或她的颈部开枪”。后来，由于焚尸场无法处理新来囚犯的
巨大数量，只好在露天壕沟中焚烧尸体，格奥尔基“变得更加敢干，更为 171
残忍”，有时让“特别行动队”员把受害者“带到烧尸沟处，命令他们躺

*大部分人很可能死得更快一些。

下，［他］一个接一个地枪杀”。[8]

这种大屠杀是系统进行的，有着精心的组织：

> 有5座焚尸场，约有800个囚犯干活。每座焚尸场有4间特别为它们建造的房间，还有一个由原来的农舍改造而来的房间。每座焚尸场约有180个囚犯干活……
>
> 每座焚尸炉24小时可焚烧大约800具尸体。这是不够的。于是又挖了一些万人冢，它们大约两米深，10米长，5米宽，用来烧人……
>
> 当四座焚尸场已不再能够消灭越来越多的运抵者后……我们就不得不把尸体扔到烧尸沟中。结果德国人发现，为了节省汽油，可以将人油倒在这些尸体上，它们又流入一个更低的沟中。我们把一桶桶的人油倒在尸体上，这样它们会烧得更快一些。我们在这里从1944年5月干到1944年10月，每天工作12到16个小时。每座焚尸场有4个党卫队的人，180个囚犯干活。火一直在燃烧，日夜不停。

所以毫不奇怪，“直到今天，我脑中仍然听到那些人的可怕叫声，无法摆脱”。[9]

希尔贝格指出，比克瑙的4座焚尸场一天最多可以烧掉大约4400具尸体。然而，在1944年5月和6月，单是匈牙利犹太人每天就被毒杀将近1万人，所以就需要增加烧尸沟来烧掉尸体。这些烧尸沟得有人来挖，于是有了4个犹太人“特别行动队”，约有1500人到2000人干活。到了1944年8月，有时候一天就要烧掉2万具尸体。[10]

在这个精心设计的医学欺骗中，医生们是中心角色。亨利·Q医生这样强调：

> ［纳粹］医生……在欺骗上的共谋……是一种真正的表演……一辆红十字卡车让人们安心，卡车里装的就是要用来杀掉他们的氢氰酸。当人们运到时，会有一辆红十字救护车。这些细节就是用来让大家安心的。当人们看到救护车，会想这是一种医疗救护。用这种深思熟虑的心理处理来让人们不要有反应……
>
> 172 有一些卡车，病人和老人、儿童和怀孕的妇女都告知到卡车上去。人

们认为德国人文明，用卡车送病人、老人、儿童和妇女。人们真的认为德国人没有那么坏。然而，健康的人去了集中营，卡车去了毒气室。人们争着上这些卡车，［说自己有］糖尿病或心脏病。他们本来是去集中营的，但他们以为卡车的结局会好一些。

即使是亨利·Q医生和那些囚犯医生同伴也会被骗住：“我们是过了一段时间后才意识到，医生……参与了所有这一切。”

党卫队医生：专业安排

集中营的医生依据一个医疗统治集团来执行筛选。医生们的顶头上司是奥斯维辛主管医生或驻营医生。主管医生是爱德华·维尔特（见第18章），就我们谈论的这个时期而言，大多数时候他都在两条分开的指挥链中工作。他从属于党卫队经济和管理部的集中营主管医生，那个职务从1942年起就由恩诺·洛林担任，此人常驻柏林，但经常来奥斯维辛和其他集中营。与此同时，维尔特也从属于集中营司令官，平常主要与集中营司令官打交道。*

其他医生有不同的职责，属于不同的指挥链，并不期待他们来进行筛选。这些人中包括军队医生，负责党卫队人员的医护；一些专门派来在囚犯身上进行医学试验的医生（尤其是卡尔·克劳贝尔格和霍斯特·舒曼），他们一般与希姆莱有更直接的关系；还有集中营地方卫生研究所的医生。这个研究所位于大集中营之外，是另外一条指挥链的一部分，这条指挥链区别于集中营医生和集中营司令官的指挥链。它的官方任务是研究流行病学和细菌学问题，是1942年爆发过一次严重的斑疹伤寒传染病后在奥斯维辛设立的。

“奥斯维辛的医学活动就是筛选人送往毒气室”，曾在奥斯维辛待过的恩斯特·B医生这样告诉我（我将在第16章详细谈他）。无疑，所称的“坡道值勤”是奥斯维辛集中营医生的中心工作。通常大约有7个党卫队医

*这种双重指挥链是纳粹官僚机构的特点，它常常涉及一个人所在具体机构的层级，以及纳粹党本身或其隶属结构的层级。

生分担这种值勤，他们所执行的筛选，被视为一种军事管辖权，在军事机构的架构中，筛选是唯有他们才被认为有能力来执行的医学任务。

173 唯有医生才能筛选，由上面制定的这条原则得到了维尔特的坚定捍卫。的确，他本人就在这方面做了范例。他不仅自己来筛选，而且在做了主管可以不用亲自执行筛选后，宁可把其他的事推掉，也要在安排自己筛选的时段去执行这种坡道值勤。[11]他的态度与集中营司令官霍斯的态度相似。霍斯也觉得有时必须在场，不仅是筛选时在场，整个屠杀过程都必须在场："我必须向他们展示，我并不仅仅是发布命令和制定规则，自己也随时准备好去执行我分配给我部下的任何任务。"值得注意的是，他说医生们也对他有如此的期待，他感觉有必要"从毒气室的窥孔朝里面看，观看这个死亡过程本身，因为医生们想让我来看"。[12]

党卫队医生恩斯特·B觉得让一个医生来执行筛选，"就使它完美了"。他的意思是："如果别的地方的什么人来说我们人不够，或者说我们人太多……那么可以强调的是医生们来做这件事［筛选］——以精确的医学判断做这件事。"这种"精确"涉及相应医学活动的呈现——奥斯维辛那种"犹如"情境，而（按照霍斯的说法）医生执行筛选的政策在很大程度上是由党卫队首席医生恩斯特·罗伯特·冯·格拉维茨制定的。[13]

可以理解维尔特有额外的理由来坚持必须由医生控制筛选，这些理由跟他的职位与司令官或军方指挥之间不断的摩擦有关。如同恩斯特·B所言："在主管医生看来，军方所做的每一件事都是愚蠢和错误的。如果他把自己的职责交给军方——这里指筛选，那么他对军方的影响就会减弱。他必须以自己能够使用的任何方式来撑起自己的权力，避免放弃自己对不同层面的掌控。" 恩斯特·B医生暗示，维尔特作为一个医生视他自身较为人道，但同时也与传统的官僚机构斗争有关。基于同样的原因，恩斯特·B医生认为，和自己的医生下属相比，主管医生维尔特更倾向于保持对筛选的控制，从而维持他的普遍影响："在每个官僚机构中，每个人都想扩大他的'办公桌'。"

整个过程要有医学效率，维尔特以这样的原则监管着筛选过程，包括人员安排，从而维持了奥斯维辛屠杀的效率（我将在第18章中考察他的行为和冲突。）

执行筛选一直被比拟为进行战斗。来自希姆莱的信息，来自集中营司
令官的信息，来自那个医疗统治集团的信息，都在说这个困难的任务要作
为战时值勤来理解。筛选常常被比为战争中的伤员验伤分类处理。所以，
恩斯特·B医生可以引用他的朋友门格勒经常说的话：“战争中对自己人的 174
筛选与紧急医疗相关——谁会得到医疗，谁不会。那要难办得多。”——
相比之下，奥斯维辛的筛选要容易多了。

筛选的值班安排非常简单。*主管医生（维尔特）把自己管辖下的医生名单——后来又加上了药剂师和牙医的名字——提供给本单位的排名士官（通常是一个军士长或一个技术军士），命令他排出坡道值勤的值勤表。这个值勤表包括哪天哪个医生承担主要的筛选值勤，同时还有一个备用医生。备用医生也应该到场，但并非总是到场，尤其是到了1944年的毒杀后期，就更不到场了。值勤表要由维尔特签字，提前一周张贴出来。医护兵的坡道值勤也有类似的值勤表，包括“消毒员”，后者是唯一允许去操作毒气的人。

当司令官的办公室得到运送囚犯的列车到来的通知后，会马上告知党卫队医学部门。党卫队医学部门又告知值班医生和“消毒员”负责人，以及车辆调配场负责人——救护车或其他车辆（通常有红十字标志）由这里派出。这种仔细的内部安排是要确保从党卫队医生和人员的角度来看，筛选是有序进行，其方式也是合适的，也就是说，是根据规则来进行的。+这种控制之下的有序延伸至在焚尸场干活的犹太人“特别行动队”员，他们要密切地配合这个医学结构。

上面关于运来的犹太人要杀掉多少或允许活下来多少的指示，极大地影响着每一次筛选。一般来说，政策是在柏林由党卫队高级官员制定的，包括希姆莱本人。但是，奥斯维辛的主管医生和司令官之间的商议也较大地影响着这些决定。整体而言，一方是认为自己要对消灭所有犹太人负责的党卫队警察部门，一方是考虑战时对生产性奴隶劳动力越来越极度需要

---

*一个曾在维尔特身边工作过的前囚犯，还有恩斯特·B医生，与我谈了这些情况。

+常常用来形容它的一个词是“正当步骤”。

的党卫队经济部门，这两方之间有基本的冲突。维尔特和其他医生视自己基本上属于第二方，因为除了执行筛选外，他们的任务还包括维持那些奴隶劳动力的健康，至少是要保证他们能够干活。不过，党卫队医生也可能采取另一方的观点，宣称过分拥挤和极度糟糕的卫生条件会导致灾难性的传染病，所以就强调运来的囚犯要少一些被允许入营，这事实上就是更大比例地杀掉囚犯。维尔特和霍斯一直就这个问题提出意见，而且我们知
175 道，这两人之间有相当程度的意见分歧和关系紧张。维尔特一直想要较好的医学设施，而霍斯则关注大规模屠杀怎样取得最高效率。按照恩斯特·B医生的讲述，这两人在许多事情上磋商，尤其包括那些可能“做错”的事情。

这些可能做错的事情中，有一件是：由官员而不是医生来非法执行筛选。他们或者代表着帝国安全（警察）的立场（艾希曼），想看到所有犹太人都被杀掉；或者代表了经济和管理部门的立场，想尽可能多地让犹太人活着干活。霍斯宣称医学部门支持他的警察立场，尽量多杀：

> 党卫队首席医生格拉维茨……持这样一种观点：只有那些完全适宜和能够工作的犹太人才能被筛选去干活。那些弱者老者和那些只是相对健壮的人很快就不能干活了，这会导致健康整体标准上的进一步下降，导致医院膳宿不必要地增加，导致需要更多的医疗人手和医药。由于他们最终是要被杀掉的，所以这一切都没有意义……
>
> 我本人持这样的观点：只有真正强壮和健康的犹太人才应该被选去干活。[14]

党卫队里的这种矛盾从来没有彻底解决。在某种意义上，这也用不着。提倡尽量多屠杀的人在运来的犹太人绝大部分被杀掉上得到了满足，筛选也给提议留一些奴隶劳动力的人选出了干活的奴隶。医生们的建议由两种趋势得到了回应：大量的屠杀防止了牢房过分拥挤，而筛选出来的较强健囚犯也减轻了医生维持囚犯人口整体健康的任务。

在表现屠杀的“人道”上，如同恩斯特·B医生所说，他们实际上可以将他们医生的任务视为“［医生中间的］讨论是怎样人道地做这件事。这

是医生的问题……讨论事关［屠杀中］仁慈的可能性……［面对］设施普遍负载过重时的人道主义［方式］——是这样的问题。”

“一种常规工作”

如同一个囚犯医生雅各布·R对我所说的那样，筛选变成了“他们生活的一部分”而已。恩斯特·B医生也注意到，不管开始时党卫队医生如何有所保留，但他们很快就将筛选视为“正常值勤”，视为“一种常规工作”。的确，在奥斯维辛的氛围中，就像另一个幸存者所言，“杀掉一个 176
人什么都不是，不值得谈论”。一个大多数时候都极有礼貌和正派的医生，“对于把人送往毒气室毫无内疚”。[15]

从1944年春末开始，匈牙利犹太人的大量运到，给值勤表上医生的安排造成了压力，执行筛选的方式于是就改变了。现在，就像恩斯特·B医生所解释的，必须做出大量的安排。在医官们的一次特别会议上，维尔特宣布牙医和药剂师也要与医生一起值班执行筛选。筛选要以“团队”来进行：“当火车抵达时，要用扩音器这样来宣布，比如‘母亲和儿童，去左边！’”

尽管有两个医生在场，但他们不再一个个地就抵达者做出筛选决定，医生变成了“只是一个监管者”。医生到场仍然很重要，因为他有责任监管那些非委任人员——也就是筛选“团队”中的其他人和囚犯——的行为。这些人全都参与把运来的男女囚犯按类别分开排队。随着每天都有数千人运到，一个晚上可能就多达1万人，筛选“就只能一群一群了……不可能再一个一个地筛选了……规则中讲对每个人都必须在医学基础上评判其有无工作能力——‘工作价值’，但这从来没有执行过——因为不可能。对一个人的筛选……只是依据分类。”不过，医生仍然是中心角色，恩斯特·B医生强调：“他站在那里，起领导作用。”

对于筛选的方式或技术，医生们会非常积极地提出建议：*

> 那些要参与［某次特别］筛选的医生会讨论几天。“哪种方式好一

*形成鲜明对比的是，他们事实上从来没有讨论过这些筛选的性质问题（见本书193—194页）。

> 点？让母亲跟她们的孩子一起去毒气室？还是把母亲与孩子分开，然后对母亲进行筛选？”……这就是奥斯维辛的问题——不是观念问题而纯粹是技术问题。而战争最终解决了这些问题。

恩斯特·B医生谈到，从德国罪犯中找出来的女性罪犯头目怎样给医生和集中营党卫队主管提建议，这些人发现让母亲们继续带着她们的孩子，这样处理起来要容易得多。

医生们认真讨论，从医学和卫生所考虑的观点出发，多少人应该被杀掉，多少人应该被允许到集中营来：

> 有很多讨论是：应该多毒杀一些还是少毒杀一些？这条线定在哪里？也就是说，如果你把太多的老人带到了营地，那么就会有较多的病人，而
> 177 由于许多原因，如果他们是在一个劳动营中，这就是很糟的问题……劳动营中只有有限的可能性［让数量有限的人活着］……所以集中营领导层就来了……说：“你们给我们送的人，我们无法处理，他们让人头疼”……你知道，就是这些纯粹技术问题在热烈紧张地讨论着。

恩斯特·B医生告诉我，面对要烧掉大量尸体的压倒性技术问题，“医生们的确非常投入”。由于焚尸场无法处理数量巨大的新负担，就挖了焚尸沟，将尸体堆积在里面。

> 不得不烧掉巨大的一堆堆……那么多的一堆堆。要把这一堆堆尸体点着，这是一个大问题。你可以想象——都是裸体，没有什么燃烧物。怎样来处理呢？……
>
> 他们是从毒气室来的，现在是成千上万地躺在这里，必须烧掉。怎么办呢？人们尝试了各种各样的方法——医生们也被找来尝试解决这个问题，他们帮助找到了解决方法。

恩斯特·B本人在详细解说这个技术问题时，变得有点兴奋了：

> 你知道，毒气室是够用的，它没有问题。但要烧掉尸体，对吧？焚尸炉已经崩溃了。它们［尸体］不得不用大堆来烧……这个问题的确是一个

> 很大的技术难题。也没有很多的空间，所以开始时大家认为应该堆一些小堆……好吧，这个总得试一试……然后，每个人都把自己的物理学知识贡献出来，讨论怎样做会有所不同。如果你是在尸体周围挖沟，那么空气就会从下面朝上流动，木柴放在下面，汽油放在上面——或者是汽油放在下面，木柴放在中间，就是这样一些问题。嗯，解决办法就是不让火熄灭。保持好毒气室与焚尸之间的衔接。当［火］达到一定的强度时，那就正好——不过，此时你又不能接近它，因为太热了，等等吧。就这样一些问题。

他进一步解释不同的人做不同的事：

> 实际工作当然是由下面的指挥官来做的，你知道的，就是那些士官，那些在清理方面有经验的人。他们……必须来处理这些日常乏味的事情。
> 也有一些有技术才华的人……医生以及……士官和公司方面的负责人与集 178
> 中营领导人。一些人……怎么说呢？……好吧，也没有别的说法——对此很有兴趣。他们非常积极，或者说是全身心投入……他们说：“其他人做的全都是垃圾！”……还有一些曾在其他集中营待过的人经历过这样的事情，比方说焚尸场无法运作了或者是太小了……医生们和其他人——所有这些人都相信自己是专家，全身心地投入了。

就像恩斯特·B对此事的总结那样：“这个问题……不是筛选而是当焚尸炉无法工作时怎样烧掉巨量［的尸体］。这就是大家谈论的东西，没有别的。”

这个问题导致了医生和其他党卫队领导人之间的对抗（“为什么你没有主意？”），以及对责任的推卸（“这不是我们的工作——你们得做点事”）。很快地，对这些唠叨挑剔问题的讨论就不再限于小小的医学圈子或技术圈子，而是延伸至任何下班时间，人们这样议论：“那个笨蛋，他做了什么什么——他怎么能这样做呢？”恩斯特·B医生解释说，那些“最好的主意”并不一定出自医生或其他官员，而是出自党卫队人员中一些“非常简单的人”。他们传递的信息总是实用的中心，总是怎样起作用——“而不是道德或美学或任何其他类似的考虑……因为它［这一领域的感觉］已经被锁闭了……纯粹就是技术之事。”而且，与此有着令人心寒的一致性，在伦理问题是：“不，‘伦理’绝对不［起作用］——这个词就不存在。”[*]

恩斯特·B提供了一个简单但很有说明力的模式：

> 集中营氛围中事情的整个模式……如同在一个文明社群中一样，也有着所有的人际争吵，你知道的……就如同计划盖一座房子或做类似的事情，做你在任何社群中都可以看到的那些事情……不仅有专业的冲突，而且有不同的权位……在争斗，如同任何文明组织中一样。然而，在这里它们全都与奥斯维辛焚尸场和此类事情相关……完全是一样的……生活在社群中的人们有一个任务……要在某地做某事……他们总是以这种同样的方式来做——依据规则，比方说帕金森定律[+]……集中营中也完全是这样——由于秘密、由于它［集中营］有这样一种特殊地位［这里是指‘特殊功
> 179 能’］就更是如此……这些……行动的不同寻常［的性质］……不是一个可以争辩的问题……而是一个必须接受的问题。诸如焚尸场和它的能力的问题等等——它们就相当于其他地方的排水系统之类的普通问题。

所以，就是一个程序化的处理废料的社群之事。

医生们的反对，绝大多数时候不是针对这个项目，而是针对违反了他们认为的公平而来的受害之感：“比如……一个人要连续值三个晚上的班……因为另外一个人……逃避了，为自己找了一个到外营视察［的任务］，让自己过得舒服一些。”

然而，集体精神还是可以调动起来的：“比如，医生们不值班，但另一个［值班的医生］难以应付……他们就会去帮他，根据自己的［技术能力给他以建议，告诉他怎样让焚尸场重新运转起来］。”

使用一辆标有红十字的车辆，这看起来是非常自然的：“这是一辆军车。他们还能用什么车呢？毒杀是医生们的职责，医生们只有标着红十字

---

*德文原文是：Nein.Ethisch spielt uberhaupt—das Wort gibt es nicht.

+这是一个半幽默的定律，由C·诺斯科特·帕金森在1980年那本题为《帕金森定律》的书中提出，指官僚主义蔓延至一切可以蔓延的空间。

标志的车。所以，还能期待［他们用什么车呢］？”

恩斯特·B的细致描述遗漏了党卫队医生意识某个层面残存的不洁和邪恶的感觉。所以，克雷默在他的日记（见本书147页）中会这样说：“相比之下……但丁的地狱几乎就是喜剧了。他们称奥斯维辛为灭绝营，这并不是乱说的！”[16]的确，这样的话是他执行了第一次和第二次筛选任务之后说的；从那以后，尽管克雷默不再执行这种任务，但他在奥斯维辛几个月的日记中仍然有很多这样的评价。然而，恩斯特·B医生本人在过了35年之后再谈坡道值勤，还是承认“没有办法形容奥斯维辛的筛选”。

第9章　集中营中的筛选 180

"医生不是医生。医生是筛选。这就是医生是什么——筛选。"

——奥斯维辛幸存者

通常的集中营筛选

事实上，筛选可以在集中营任何地方发生，当然也包括医疗区。我们或许把"通常的集中营筛选"（或干脆"集中营筛选"）用来指在医疗区之外的任何地方发生的筛选。通常的集中营筛选，可以发生在一个区或更多的区，或者是有各个区的前面（有时是点名时），或是在突击工作队干活时（常常是早上派到外面干活时），要不就是集中营内任何集合的地方。这些筛选的规模不同，在集中营相对较小的区域可能是从几十人到几百人不等；如果是集中营内一个很大的单位，则可能是数千人。当然，它们都只筛选犹太人。

如同所有的筛选，这些筛选也是杀人与奴隶劳作之间的总体平衡的一部分，是我所称的"奥斯维辛生态"的一部分。它们也受到集中营内"卫生"状况的影响，也就是说，对"医疗"设施的压力，以及因“穆斯林人”（Muselmanner）数量过多或囚犯极度衰弱而有传染病风险的影响。尽管大政策是由上而下传来，但下面也有相当程度的变更和创造性即兴创作的空间。

没有（1942年5月）党卫队经济和管理部的集中营主管医生由恩诺·洛林的命令作为开始，奥斯维辛屠杀囚犯的基本政策是不可能进行的，这就表明在实施筛选政策上的高度医学参与。[1]我们也知道，在筛选政策的构思上也有相当程度的医学卷入。不管怎样，这种杀掉那些看起来衰弱的囚犯的政策，在接下来的18个月中（从1942年年中到1943年结束）被如此冷酷无情地实施，以至于上面常有额外的指示发布，提醒须留下足够的囚犯
181 来干必须干的活。[2]到这一段时间要结束时，筛选就减少了很多——除了1944年年中，有两座集中营被整体灭绝。

有时，指示集中营筛选的命令显得足够精确了，至少司令官和医学当局足以解说为精确的数字了，那么医生们就以这种相当精确的要求来执行筛选。然而，更多的时候是命令中有很大的余地，就如同一个知情的幸存者所说的那样，“非常、非常随意”，于是执行筛选的那个医生常常是“想怎么做，就怎么做”。

要求进行筛选，这可以是正式的，也可以是非正式的。（还是那个幸存者告诉我们，一个分营的头可以去找党卫队医生，抱怨自己那里“人太多了”。）无论哪种情况，医生们可能从两个方面考虑来做：一是遵循通常的政策，二是自己很大的自由裁量权。

那个留下了记录的囚犯医生奥托·沃尔肯，谈到了“1943年8月的最后一个周日”集中营内发生的一次大规模筛选，筛选了4000名犹太人送去毒杀。他谈到了坡道筛选的顺序，谈到集中营当局鼓励狱头杀人，谈到了那些被允许来到集中营但却做不了指派给他们重活的囚犯，当“这些主角失去了做这件事［杀人］的乐趣后……集中营医生就上场了”。医生的上场等同于那个可怕的命令——“此区封锁！”这意味着无人能够离开他所在的区，窗帘或百叶窗拉上了，以防外面看此区或此区朝外面看。

> 集中营医生由一些党卫队陪同，从一个区走到另一个区。他从办公室得到了每个区中犹太人的数量情况。犹太人被从这些区中带走……点名来

> 核对他们的数量。然后他们就被要求彻底脱光——无论是夏天还是冬天。医生在一排排裸体囚犯面前边走边看，所有显得衰弱或虚弱的囚犯，所有打着绷带或身上有疖疮甚至是伤痕或疤疤的囚犯……都被筛选到那些被送去毒杀的行列中。[3]

沃尔肯谈到了从一个区到另一个区的这个过程的系统化组织，那些被筛选出来的人被带入一个专门腾空的区，他们会在这里待上一两天，“如同沙丁鱼一样挤在一起”，分配给他们的根本吃不饱的饭食又被狱头拦截很多，他们用这些饭食换酒喝，“饮酒狂欢，最后通常是以对被筛选出来的这些人的严重虐待而结束”。以这种方式杀掉一些囚犯，是没有关系的，因为“只要总数是对的就行，他们不一定非要活着”。当晚上用卡车把他们运往毒气室时，执行任务的党卫队开着“粗鲁的玩笑”，同样也喝了酒，外加鞭打和杀害。[4]

追求效率、极度随意，还有残忍和羞辱，在集中营筛选中，这些情况 182
格外突出。一个捷克犹太人囚犯医生雅各布·R描述了“有时党卫队会把整个特别行动队叫来，让他们脱下裤子，看看他们是不是没有臀肌［这表明了饥饿和衰弱］，如果没有就送往毒气室”。沃尔肯讲述了执行筛选的医生挑一些“由于这个或那个原因，让他不高兴的［囚徒］……压根就没有医学检查”，所以他的一个朋友“就因为阑尾炎手术留下一个老伤疤被送往了毒气室”。如同他所补充的：“这样一个医生可以在10分钟内检查完一个区里的所有囚犯——大约是500人，这种筛选是怎样进行的就可想而知了。”[5]

17岁的捷克斯洛伐克姑娘玛丽安·F描述的筛选过程甚至更随意和不可预测：

> 这个［筛选的标准］坦率地说从来没有过任何逻辑性——因为当我得了斑疹伤寒，看起来这个样子［她做了一个苦脸］——没有头发、骨瘦如柴时，［我没有被筛选走］。然而，我旁边的人，我前面的人，我后面的人，她们都已经生存下来了——已经五六个月了，已经是接近于正常了——却被带走。你真是说不准。

她继续描述一天面对两次筛选（她从1943年1月到5月或6月就是如此）时的感觉，一次是早上离开集中营去干活之前，一次是晚上干活回来之后：

> 这天……你早上4点钟起床，当时还是伸手不见五指——我指的是冬天……然后是点名，你站着、站着、站着……有时是两个小时或更多——站成五排，直到点名人数吻合。直到今天我仍然不知道——我算不出来它怎样吻合。我是指这些数字怎样才能吻合，因为一群群的人……在夜里死了……还有那些被打死的人……因为她们不想爬出［她们的铺位，出来供筛选］。我是指，我从来都算不出来他们是怎样计算的。不过，一定得是非常准确的计算，因为有时点名人数没有吻合，我们站到了七八点钟！然后，当点名一通过，你就得列队出去……乐队在左边，［演奏］活泼的进行曲；右边是医生和“劳动队队长”——和筛选。
>
> 有时只有门格勒一人，有时是其他医生中的一个，有时是两个……他们就站在大门口喊“停！”他［门格勒或其他医生］会俯视队伍……会盯着人们的脸。
>
> 183 “你，你，你！——出来！”后排的人就必须上前，又构成了五人一排……
>
> 当你晚上6点钟走回来时，又是同样的这些人在迎接你……我们已是精疲力尽到了极点（在整整一天极其艰苦的体力劳动之后），已经做不了任何事情了……但还是得小跑走进大门。你在小跑进门的这整个时间里，他们都在筛选。真的，我不想小跑……我们知道医生就是它的一部分。

筛选有时找一个神圣的犹太节日来进行，或者是挑一个共同的节日比如圣诞节。一个本人是犹太人，但被弄到一个大部分为波兰非犹太人的行政小组去工作的女幸存者这样回忆：“［1943年］［围坐于］圣诞树，唱着圣诞歌……很可能三四辆卡车就从那里直接开往毒气室了。”

囚犯医生尽管从1942年后期到1943年前期可能得到了一定的保护，但如果被感觉到弱或病，就会与其他囚犯一起被筛选出来。但较之其他人，囚犯医生能够较好地研究筛选程序，找到一些办法来逃开它。

囚犯们采用一切可能的办法来制造一种健康、强壮、尤其是能干活的外观感觉。一些人在衣服里塞一些破布，以显得胖一些（在不要求脱光衣服的情况下）；有些人则把自己能够找到的任何东西涂到脸上，或者是快速地用力擦脸，以便把苍白遮住，让脸上有点颜色；每个人都尽量做出精力旺盛的举动（小跑或跑步到达位置），远远超过他们当时的实际体力。玛丽安·F向我解释说，尽管并不理解为什么和怎样做，“我就要在我脸上保持着一种坚定的笑容……［我］决定永远也不露出害怕”，她忍受着痛苦也要刷牙和洗脸——这些都是一些囚犯要争取活下来而采取的不同寻常的努力。

一些女性试图让衣服弄成褶皱状垂下，以藏住自己的怀孕（对于犹太女性来说，怀孕就意味着送往毒气室），一些人让犹太人囚犯医生进行秘密堕胎。一个女性谈到门格勒曾怀疑地问她是不是怀孕了，说如果是的话，“我会把你送到另外一个条件较好的地方”。她说自己是这样回答的：“从哪儿看到有怀孕？”于是就被放过了。[6]

一个罗马尼亚犹太人幸存者把囚犯们反抗的信息清晰表达出来：“每个人都对我们说：‘由于你们肮脏，所以你们就得死’。”“肮脏”代表派给犹太人的所有不洁杂质，所以他们就必须被消灭。

囚犯们，尤其是囚犯医生们，常常用改动记录和报告，尤其是囚犯号码的做法试图救下一些人。沃尔肯讲述了自己与一个犹太人囚犯职员合作，救一些已经被筛选出来的人，采用的办法就是给他们配上已死者的号
码，在有可能的时候把他们的名字从选定名单上去掉，“我有一次甚至在 184
集中营医生的眼皮子底下偷走了……一堆报告……那些要毒杀者的号码就从它们里面来取走”。[7]然而，如同所有的筛选一样，集中营内的筛选仍是冷酷无情地进行着。

对整个集中营进行筛选

有两次，整个集中营——捷克家庭集中营和吉普赛人集中营——的所有囚犯事实上都被筛选送去毒杀了。这并不是通常意义上的筛选，没有医

生来区分哪些人死哪些人活。*这两次行动都有来自高层（柏林）的命令，要消灭一个保持原状未动的数千人的特定群体。这样的事情在集中营被认为是大规模筛选。

很可能医生也参与了这样的决定，考虑了这些家庭集中营带来的健康问题，尤其是吉普赛人集中营，许多人将这个营形容为饥饿沼泽，疾病达到了即使在奥斯维辛也属格外严重的程度。无疑，这些命令来自上面，但医生在执行这种大屠杀中是关键人物。

下面是一个前囚犯的描述，他当时在“特遣队”干活，所以是这些事件的近距离目睹者，他看到的是对捷克（犹太人）家庭集中营的两次大屠杀的头一次，它发生在1944年3月8日，毒杀了（按照沃尔肯的数字）3792个男人、女人和儿童。捷克犹太人大部分是1943年9月从特莱西恩施塔特的样板犹太人区运来的，纳粹曾利用他们做过大量的宣传，包括精心拍摄了一部纪录片，大肆编造集中营的各种安排，所有这些都与一个传言相连，说这个集中营处于国际红十字会的保护之下。然而，在执行这次屠杀时，党卫队意识到集中营里的囚犯已经在奥斯维辛待了很长时间，已经知道这里在发生什么了，所以就用激烈而公然的无情对待他们。

> ［在焚尸场的脱衣室里］人们满身是血，头上和脸上都是伤，表明极少有人能够逃过院子里的棍子殴打。人们的面容因害怕和痛苦而灰白……仅仅在几天之前，约翰·舒瓦佐伯还以他作为一个党卫队领导的荣誉向他们承诺，他们和他们的家人将去海德布莱克（法本公司的一个工厂）干活……希望和幻觉消失了。留下来的是失望、绝望和愤怒。
>
> 185 他们开始相互道别。丈夫拥抱妻子和孩子。每个人都流着泪。母亲转向自己的孩子，温柔地亲吻他们。那些幼小孩子……与妈妈一起哭，抓着她们不放。然而……突然几个党卫队头头——其中包括约翰·舒瓦佐伯和门格勒医生出现在脱衣室的过道，那些靠近他们的人一下子变成了愤怒。痛苦和悲伤变成了对这些人不加掩饰的仇恨……
>
> 过了一会，我听到了刺耳的尖叫、拍门的声音，还有呻吟和哭泣。

*不过，医生也可以安排来救一些人（见本书232—233页）。

> 人们开始咳嗽。他们的咳嗽每一分钟都在恶化，表明毒气开始起作用了。然后，喧闹开始减弱，变成了许多嗓音的一种低沉嗡声，不时被咳嗽声压住……
>
> 对我而言，今天的死亡似乎比往常来得快一些。从投入毒气丸到毒气室安静下来，不到10分钟。[8]

当“特遣队”的这个成员与几个干活的囚犯同伴从焚尸场升降机下来，他发现这个集中营的司令官（这个分营的领导）和门格勒就站在毒气室外面：

> 门格勒正在开灯。然后他弯腰从门上的窥孔朝里面看，确定里面是否仍然有任何生命迹象。过了一会，他命令特别行动队员打开那些排气扇把毒气驱散。排气扇排了好几分钟后，通向毒气室的门——它上面装了好几道水平门闩——被打开了。[9]

党卫队医生——尤其是门格勒——也同样参加了1944年8月1日对吉普赛人集中营4000名囚犯的屠杀（参看本书375页）。门格勒是这个集中营的主管医生，在这次屠杀过程中非常积极，许多与我交谈过的前囚犯都认为他本人要为这次屠杀负责，是他下达了这次命令。有证据表明他实际上反对过这次屠杀，但一旦命令下达了，他就以异乎寻常的精力来执行它（见本书323页）。

当时在这座集中营工作的囚犯医生告诉我，那一天门格勒似乎在集中营各处同时出现，积极地监督将吉普赛人弄到毒气室去的各种安排。他曾与一些吉普赛孩子关系亲密，给他们带食物和糖果，有时是一些小玩具，还带他们到外面去转转。只要门格勒一出现，这些孩子就会热情地喊他：“门格勒叔叔！”然而，这一天孩子们害怕了。亚历山大·O医生描述了这个场面和一个孩子对门格勒的请求：

> 门格勒大约在8点或8点半到的。天已经大亮了。他来了，然后孩子们……一个十一二岁的吉普赛女孩……整个家庭中年龄最大的——也可能十三岁了，由于营养不良，有时她们发育迟缓。“门格勒叔叔［她叫 186

道］，我小弟弟哭喊他自己要死了。我们不知道我们妈妈在哪儿。他哭喊他自己要死了，门格勒叔叔！”她找谁哭诉呢？找门格勒——找这个她热爱也知道是爱护她的人，因为他爱她们。门格勒的回答是：“为什么你不闭嘴？你这个诱人的小东西！”他说得直白粗俗……但……有几分温柔……

其他人谈到门格勒如何搜遍各区，把那些藏起来的吉普赛儿童找出来，他本人怎样用一辆汽车把这样一群孩子运往毒气室——利用着他们对他的信任，与他们亲切交谈，保证他们没事，直到那个终点。

与成年人打交道就有所不同了。亚历山大·O医生回忆起成年人的抗议，他们说自己曾“为德国而战斗”过。另外一个囚犯医生想起了那次“监区封锁”：“任何时候我只要看德拉库拉（爱尔兰作家布拉姆斯托克1897年写的哥特式鬼怪小说，德拉库拉为吸血鬼形象，后被改编为电影和电视剧。——译者注），我就想起门格勒在吉普赛人集中营跑来跑去——就像德拉库拉……我们可以听到他们把吉普赛人弄到车上去时，因殴打和虐待而带来的可怕哭喊……［附近那些监区］人们也在哭和叫喊：‘我们担心门格勒和他那些人会来，会把我们烧死。’”

医疗区的筛选：屠杀的病情分类处理

当筛选在医疗区进行时，可以最好地——或许是最有揭示性地——观察纳粹医生。在这样的筛选中，党卫队医生是在一种医学背景中执行其混乱的治疗—屠杀。所以，这就是医学化屠杀的一个关键，是奥斯维辛一个特殊真相。在医疗区进行的筛选是病情分类处理的一个屠杀版本，医生筛选出病者和弱者，送去喂食这架杀人机器。

一位著名的波兰囚犯医生瓦迪斯瓦夫·法基尔形容奥斯维辛“健康服务”的“主要目的”是作为“大屠杀中的一环”。“门诊中心”是“筛选之地”，而住院则是“死亡之前的‘候诊室’”。在他看来，奥斯维辛的医院也在提供一种医学合法性：“如果人们得知在集中营有这样的……机构，他就不会相信囚犯会是饿死、恐怖或大屠杀的对象。”医院还有隔离病人的功能，尤其是那些传染病患者，以“防止可能的流行病，它会影响到党卫队人员和德国工业所雇佣的隶属于集中营的平民奴隶劳动力”。医疗区也有给这些平民奴隶劳动力和在集中营干活的囚犯提供一些真正治疗的功能，不过，奥斯维辛的早期实际上不提供这样的治疗，而且无论哪种医学功能都是很有限的。而且，如同法基尔医生进一步解说的，奥斯维辛的平均饮食让一个囚犯活不过3个月，3个月后就会出现憔悴和“饥饿病” 187
的症状；而早期的医疗区只是“那些受饥饿病折磨的人能够度过从此病的开始到死去这段时间的地方”。[10] 在这个意义上，医疗区就变成了维持集中营屠杀性生态的一种特殊的直接手段。

就普通的奥斯维辛功能而言，医疗区是一个矛盾的存在。面对集中营的条件和几近饿死的饮食，它们对奴隶劳动力的健康并无什么大的作用；然而有足够的犹太人源源不断到来，可以替换那些已经衰弱者。医疗区之所以存在，很可能是因为此前集中营的做法，担心传染病，担心专业人员和纳粹医生的心理感受，而最重要的，是纳粹要让屠杀有医学合法性的这个基本冲动。

随着1942年9月爱德华·维尔特作为党卫队主管医生的到来，以及官方对需要更多囚犯的工作能力的强调，医疗设施得到了相当程度的扩大和改进。囚犯医生被允许进行真正的医疗工作，在那些重要的与医疗有关系的职位上，较负责任的政治犯（他们中许多人是德国共产党人）替代了多半很残忍的刑事犯；党卫队医生在大多数时候都对这些改进给予了支持。然而，几乎也是在这同一时期，对犹太人的大屠杀也扩展至最极端的比例，党卫队医生也是主要的配合角色。他们“做了司令官所希望的每一件事情”，也就是说，“在消灭囚犯上……密切合作，与此同时，又做了一切事件让人们相信他们进行了适当的医疗。用这样一种方式，他们就帮助掩盖各种犯罪”。他们的作假包括证明食物定量足以维持生命，以及随之而来的死亡证明（那些进入集中营的囚犯死亡需要证明）。[11]

法本公司为奥斯维辛的病情分类处理—屠杀增添了一个重要的经济维度。1941年3月，它同意为党卫队支付集中营奴隶劳动力的费用，非技术劳动力每人每天3帝国马克，技术劳动力每人每天4帝国马克，童工是每人每天1.5帝国马克。法本公司的代表有时会抱怨党卫队对囚犯太残忍，防碍了他们干活（同时也同情党卫队的做法，“对于这些人只有野蛮力量才起作用”，“没有身体惩罚，什么活都干不出来”）。不过，最主要的抱怨或许还是“来自柏林［指柏林当局］的运输仍然是有那么多的妇女和儿童以及老年犹太人”（也就是说没有足够的能干活的男性劳动力）。到了1942年9月，法本公司就在莫诺维茨经营起自己的集中营了。[12]

法本公司与党卫队的这种合作不同于“常规的奴隶经济学”（在常规
188 的奴隶经济学中，奴隶是“要维持和最佳利用的资产设备”，须在充分的生命长度中逐渐“折旧”），而这种合作是：

> 将奴隶劳动力降低为一种消耗性的原材料，一种人力矿石，系统性地从里面榨取生命之矿。当没有可用的能量后，这些活着的矿渣就被运往比克瑙屠杀中心的毒气室和焚尸场烧尸炉，党卫队在这里又将它们循环为德国的战争经济——金牙送到帝国银行，头发制造垫子……即使是走向死亡者的呻吟也变成了一种工作刺激，劝诫活着的囚犯更努力地干活。[13]

整个过程与纳粹的官方政策是一致的——“利用工作来摧毁”所有的“非社会性因素”（包括奥斯维辛囚犯），在实践中这实际上就意味着让人干活至死。[14]

尽管法本公司被迫扩大了它在莫诺维茨集中营的医疗设施，但它制定了一条规则：任何时候都不能有超过5%的囚犯人数呆在这些医疗设施中。而在这5%之中，病人必须能够（由医生来估计）在14天内回去干活，否则就送往毒气室（法本公司的记录使用了委婉说法“送往比克瑙”）。这两周时间的标准有相当的份量，因为法本公司与党卫队达成协议：当一个囚犯住院超过两周，法本公司就不再就他向党卫队付钱。两周之内的付钱则是作为一种“健康保险”，法本公司支付给——这么说吧——拥有这些奴隶劳动力的机构。[15]

在达成这些协议和执行它们的过程中，法本公司的官员用一些娱乐项目来款待党卫队人员，比如狩猎和正式宴会等等。比如：“［1941年］12

月20日，法本公司的代表参加了党卫队的圣诞节聚会，聚会非常欢乐，以饮酒狂欢而结束。”[16]党卫队医生很可能参加了一些这类的友好活动。

1942年下半年，下令杀掉所有不能干活之囚犯的洛林命令延伸至那些估计四周内不能恢复干活的病人囚犯身上。然而，实际上这个期限通常不能超过两周或三周。医疗区中的囚犯数量（指奥斯维辛主营和比克瑙，它们不同于莫诺维茨，法本公司在这座集中营里仍然实施更严厉的政策）在夏天不能超过囚犯总数的7%，在冬天不能超过10%。[17]*

医疗区不仅是进行筛选的场所，也是保存屠杀记录的地方。一个曾在医疗区干过文书工作的波兰女囚幸存者讲述了“我们有档案……一份每 189
个囚犯死亡的记录——当死亡机器全速开动时。我们知道一切”。这位女性的医疗区有一份该集中营所有女囚的档案，负责管理它的囚犯“被命令……将那些［送去毒杀的］女性作为‘转走’而删除”。换言之，医疗区是奥斯维辛死亡控制的共用通道，是一本囊括这一切的书籍。

医疗区也是集中营内一个自治单位，从技术层面讲，它只归集中营医生和其卫生兵助手管理，甚至不受集中营司令官的管辖。

然而，党卫队医生的这种管理很快就是屠杀性的了。罗伯特·莱维（Robert Levy）医生在后来的一篇文章中这样记述：“1944年1月21日，在我的医疗区内，由于党卫队医生蒂洛的不可改变的决定，我的100个病人在短短的几个瞬间就失去了96个。”[18]

在1963—1964年的法兰克福奥斯维辛审判中，医疗区内的筛选顺序得到了准确的概括：

> 上午8点到9点之间，集中营的党卫队医生［弗里德里希·恩特里斯］出现了……［他］走到第21区的医生室……在做了一些安排之后，他就和［约瑟夫·］克莱尔［一个臭名昭著的卫生兵军士，参与了许多层面的屠杀（见本书265—267页）］一起去第28区的门诊室。这里有一些带来给他看的新病人……囚犯医生讲了自己的诊断。他只是看了病人几眼，扫一

*有时这个数字减少为6%。似乎是在5%到7%之间。囚犯医生们一直努力绕过这个比例，设法在医疗区偷偷多留一些超过这个比例的囚犯病人。

> 眼囚犯医生或护士给他的索引卡，看看病人是不是犹太人，然后马上就决定这个囚犯病人的命运。或者是把他留在医疗区，或者是让他回监区去，或者是“特殊处理”——这意味着石炭酸注射处死。只有犹太人才“特殊处理”，尤其是那些看起来衰弱者，或者是看来不能很快恢复去干活的病人……有时，恩特里斯医生会把“检查”过的囚犯卡片放成不同的几堆。圈内的每个人［党卫队助手、囚犯医生等］……都知道哪一堆是被判定“特殊处理”者的卡片……许多［被筛选出来的囚犯］对此毫不知情……有些人则感觉自己会被杀掉，因为尽管极端保密，但集中营内还是有传言说囚犯在20区被克莱尔用注射石炭酸处死。这就是为什么许多犹太人囚犯即使病情极其危险也只报告为生病了。”[19]

有些评论者对医疗区的“小规模筛选”和“大筛选”做了区分。如同上面所述，在小规模筛选中，党卫队医生会快速巡视各个医疗区，或者
190 是把一些病人带到自己的办公室，筛选一些较衰弱者用石炭酸注射处死。大规模筛选则是把所有囚犯病人带来排队，通常都是裸体，集中营医生审视，决定他们之中谁留下来谁被杀掉。这种大规模筛选可能会选出200或300名囚犯，在筛选后的一两天内，他们就会装入卡车运往毒气室。

如果出现了斑疹伤寒传染，或者是担心会出现传染，医疗区就会有大规模的筛选。这些筛选中，最臭名昭著的一次发生在1942年8月29日。当时主营出现了斑疹伤寒传染，传播得很快，既影响到囚犯也影响到了党卫队人员，于是专门搭建了一座木头房子让斑疹伤寒病人住。决定“清除”这些斑疹伤寒病人的决定显然来自柏林，恩特里斯筛选了700或800人，包括斑疹伤寒病人、疑似者和正在康复者。囚犯医生和护士原来也打算包括在其中被杀掉，但看来是由于某种磋商的结果，他们得救。[20]

一位著名的波兰囚犯医生扬·W指证了这个党卫队医生当时的筛选原则：“一个人只有可以工作时才能活着——除非他工作……否则他就必须死”；这个医生与他的助手一道，“事实上的任务是加速……［这种］死亡”。

“筛选行走”

囚犯医生可以看到这些医疗区的筛选的真实情况。极受尊重的卢齐厄·阿德尔斯伯格医生在比克瑙妇女医院那个极度拥挤的犹太人区*工作，他报告了这样一幅场景：

> 病人躺在草包上，乱七八糟、横七竖八，这个压在那个的身上，既伸不开疼痛的四肢，也不能躺好休息。病床上满是污秽和粪便，死者和腐烂者的僵硬尸体压着还活着的人，他们不能行动，躲也躲不开。集中营里的每种病在这里都有：肺结核、痢疾、因爬行害虫导致的疹子、饥饿导致的浮肿——那些瘦得皮包骨头者用水来代替那些消失了的细胞组织、因鞭打而导致的身上一道道血痕、肢体受损、冻僵的脚、电网的击伤，或者是因琐事而被一个爱扣扳机的党卫队开枪击伤。人们全都处在痛苦之中，呻 191
> 吟，饥饿，干渴，在薄薄的覆盖物之下因寒冷而发抖，然而还要为这可怜的生命而挣扎活下去。[21]

曾在法国学医的囚犯医生亚历山大·O描述了男性医疗区的类似情景：

> 我们绝大部分病人是犹太人……第20区二楼的“康复病房”。这个房间被称作“痢疾房间”，我们在这里收治那些主要是下肢浮肿的病人，我们将此称为“全身无力”。他们几乎全都有溃疡，由于腿肿，溃疡不会愈合。所以，所有这些病人就归类为有病，就是在这里等着去毒气室的那个时刻。

亚历山大·O医生讲，有一次他来到这个病房不久就听到要来筛选。他的囚犯同事坚持要他催促囚犯们赶紧从铺位上爬下来站好，哪怕是用鞭子赶也在所不惜。他感到困惑不解。后来证明，这是唯一能够救这些人的办法。当他们两个医生想方设法把差不多所有病人都弄下来站好后，筛选开

---

*规则要求犹太人囚犯由犹太医生来治疗，“雅利安”囚犯由非犹太医生来治疗。这种区分如何严谨地执行，这在纳粹医生处因人而异，但较之别处，比克瑙妇女医院似乎执行得更为严格。

始了：

> 他们宣布："立正，营地医生到！"一个年轻人，身材挺拔，瘦高，一个党卫队军官，走了进来，后面跟着一个军士。这些人被称作……我们就说是医务人员吧，有医学的标志……所有病人依次——裸体——从这个医生面前走过，要跑着过去，要挺胸，要尽可能像军人……任何一个没有见过瘦骨嶙峋而显示这种状态者，不会知道这是什么样的堕落和耻辱……如果一个瘦骨嶙峋者走得弯腰、缓慢而行，他表现出来的是一种正常状态，甚至可以说是一种得体的状态。然而，看到这个瘦骨嶙峋者的队列踏着军人步伐，抬头挺胸，肩朝后仰，随时立正——这真是一种令人悲哀、令人慨叹、令人无语之事！一个瘦骨嶙峋者以这种方式裸体行走——阴囊里的水肿（液体）在摆动，完全干瘪的阴囊在摆动——这是一个人永远忘不了的场面。"

为了避免被囚犯医生想要救人的努力所欺骗，那些更狂热和凶残的党卫队医生如弗里德里希·恩特里斯，就想出了一种办法，这种办法被一个身为非医学方面的幸存者，也是一名科学家称为"负筛选"："也就是说，他挑出一个看起来最健康者，以便发现有关人员被隐藏起来的人员，发现各种欺骗。党卫队永远也找不到一种十分简单的办法来防止这种欺骗。恩特里斯并不经常使用这种'负筛选'，但他的确这样做过。他是我所知道的唯一一个进行过'负筛选'的人。"

192 即使进行的是部分筛选时——部分筛选更为经常，大量的病人仍然可能走上死路。阿德尔斯伯格医生这样描述：

> 大约10点左右，集中营医生出现了。"立正！"犹太人区有683个病人！这个医生今天要在这里花很长时间，他一个一个地审视病人。那些可以行走的病人必须列队在他面前走过。那些走得不够矫健者，那些脚肿或皮肤上有溃疡者，那些从病床上下不来者，所有这些人的号码全都记录下来。不到一个小时，超过400个号码就被写下来了。这个医生离开后，病区里一片令人窒息的沉默。超过400个人知道，几个小时之内他们就会被转运到另外一个区，那里或许已经有很多很多人在等着了……那是一个与

集中营其他地方隔开的区域，只有搬运尸体的人才能进去，因为毒气室里等待着的死亡已经在他们身上盖上了不可改变的印记。[22]

第10章　屠杀的社会化 193

> “他们［党卫队医生］做他们的工作就如同上班族做自己的工作一样。他们是上班下班的绅士，他们进行监督，也会放松，有时也微笑，有时也开开玩笑，但他们从来不快乐。如果愿意的话，他们也能诙谐。个人而言，我没有留下他们易受周围事物感染的印象——不会感到震惊。这已经好几年了，不是一天两天了。”
>
> ——奥斯维辛囚犯医生

事实上奥斯维辛所有的纳粹医生都在执行筛选，尽管在怎样做的程度上，在对待自己所做之事的态度上有所不同。谈吗当中，有人会热情投入，有人会到犹豫迟疑，也有人会暂时拒绝，至少有过一次成功的抗拒或至少是避免了去筛选。

对于大多数党卫队医生来说，筛选是一个工作——不太愉快和常常让人精疲力竭的工作，是一个要大量饮酒的事情。卡尔·K（Karl K.）医生这样解释道：

> 筛选基本上是一种折磨［表示劳累、疲乏、身体劳损、苦差

> 事］。也就是说，要站一晚上。而且不仅仅是站整整一个晚上，连第二天也完全被毁了，因为每一次都会喝酒……到下半夜时，已经是半醉，到最后就完全醉了……
>
> ［饮酒是］在筛选的时候……每次筛选都会有提供若干瓶酒，每个人都喝，相互敬酒……谁也不可能不喝。结果就是——到了下半夜两三点时，大家开始变得很疲倦，于是又喝得更多。*

194 而且，在一些长期驻营的党卫队医生看来，这样的筛选过程已是对早期集中营条件的一种改善了：

> 有些老人经历过比早期筛选还要糟糕得多的事情——自己将一个囚犯打死之类的事情……［这种值勤］不讨人喜欢，不让人高兴。然而，那些在这种筛选刚一开始就来了的真正的老人，经历过人就死在集中营内，囚犯相互殴打致死或将那些濒临死亡或怀疑得了斑疹伤寒的人打死之时代+……对于他们来说，现在的筛选实际上——虽不能说是解脱——无论如何已是一种改进后的局面了。它变得好一些——事情规范化了。

那些没有经历过早期集中营这种残忍状况的新来者，“最初受折磨于”这些筛选，但“后来就变成例行公事了——如同奥斯维辛所有其他的例行公事一样”。党卫队医生极少将筛选作为聊天话题：“如果有的话，那就是抱怨……如果某人不得不比［其他人］多站一个晚上，或者是［应该不值班］而仍然值班，如此之类的事情，他可能就感觉自己吃亏了。”

---

*康拉德·摩根（见本书138—139页）讲述了党卫队医生如何用他们自己的方式分享权力的感受。他去过一个党卫队卫兵室，发现这里远不是那种斯巴达式的简朴清苦。长沙发上躺着“玻璃眼镜闪亮”的党卫队人员，有美貌的犹太女囚犯“像对待巴夏一样”（Pasha，土耳其古代对大官的尊称。——译者注）伺候他们。陪同摩根的这个党卫队人员（很可能是个官员），看到摩根对这一切似乎非常震惊后：“只是耸耸肩，说：这些人刚度过一个艰苦的夜晚，他们不得不把好几批人弄走。”[1]这个陪同也相信他们有这种权利。

+尽管K医生绝大多数时候对奥斯维辛的细节记得十分清楚，但有时会强调囚犯的残忍行为而淡化党卫队人员的残暴，此处是一例。

适应：从局外者到内部人

奥斯维辛的一个幸存者、一个著名的编年史记录者赫尔曼·朗本将纳粹医生分为三类：急于参加屠杀过程甚至多做屠杀的“额外工作”的狂热者；有条不紊地参与这个过程，做他们觉得自己必须做的事情，处于这个范围之内的人；不情愿参与屠杀过程的人。[2]朗本主要是谈集中营内的筛选，囚犯医生和其他一些囚犯对此有近距离的观察（朗本自己作为维尔特的文书就看到了很多）。不过，这些不同也可以用于坡道上的筛选——无论是前面谈到的那种喝酒筛选的模式，还是它的整体情况。

比如，另外一个幸存者就将普遍认为是不太情愿的弗奈兹·卢卡斯与
约瑟夫·门格勒做了对比。卢卡斯是“一个随和、慈爱的人，在坡道上进 195
行筛选时非常仔细，动作缓慢”；而门格勒则是“潇洒而快速地筛选”。门格勒这种精神饱满的态度反映了一系列观念和性格上的东西，我们将在第17章进行考察。卢卡斯较为谨慎的态度则显示着这样一个人，按照囚犯医生们的讲述，他“总是正派地对待病人……待我们很好”，“是一个人……让我找回了对德国人的信心”，他对待囚犯的相对温和使他与其他的党卫队医生和官员冲突不断。然而，尽管有这一切，他还是执行了筛选。

这些差别是真实的，对囚犯医生和其他囚犯也带来了很大的不同，但恩斯特·B医生认为它们的差别并没有看上去的那样大，而他本人就被一些幸存者作为一个罕见的例子、一个有人性的党卫队医生而被敬重。然而，他认为，人们对其他党卫队医生的那种更批评也更害怕的态度，与那些人“典型的党卫队”威严有关，在他看来，这不过是一个医生对病人的态度问题。在讨论他自己与他在奥斯维辛时的医学上司（此人是囚犯们最害怕、最不想见的）时，恩斯特·B医生使用了一个类比：两个医生以同样的职业资格进入这个群体，甚至使用同样的药物，但“在人们看来……一个是好医生，另一个不是”，他们声名的这种差别仅仅是因为“他们与病人的个人关系”。

不用说，“个人关系”在奥斯维辛有着惊人的重要性。由于自己的心理原因，恩斯特·B医生缩小了他与其他党卫队医生之间重要的实际差别（比如，只有他自己设法避免了执行筛选［见第16章］）。他承认医生们对待筛选的态度不同，但他指出所有的党卫队医生都深受他所称的“实际”（即实用）因素的影响，这是有道理的。他们与一个机构有共同的关系，与这个机构的筛选要求有共同的关系，都受到上一级医学当局和指挥当局的制约。随着越来越多的囚犯运来，筛选也就进行得越来越多，如同恩斯特·B医生所言：“如果一个人必须在集中营干的话，是没有办法避免［去审视筛选］他们［囚犯］的。”

随着筛选的压力越来越大，大部分党卫队医生都经历了一个他视为不同寻常的个人心理转变——从厌恶到接受：“在开始时这几乎是不可能的。在那以后就几乎变成了例行公事。只能是这样来说它。”

这种转变涉及在奥斯维辛的社会化，包括从局外者到内部人的重要转变。

对于这种转变，酒精起到了至关重要的作用。一起饮酒，常常喝得大
196 醉，在军官俱乐部里的这些夜晚，医生们“想说什么就说什么”，“表达了最私密的抗议”。一些人会“谴责整个事情”，强调“这是一件肮脏之事！”恩斯特·B医生形容这些爆发是如此迫切，就如同“一种狂燥……一种病……针对奥斯维辛和……毒杀”。

这样一些喝醉的抗议不会带来什么反响——而且，甚至有可能被鼓励，它与值勤或行动没有关系。于是，“无论一个人谴责或不谴责它，都不是问题之所在。”问题之所在，如同恩斯特·B医生所界定的，是“奥斯维辛是一个存在的事实。一个人不可能……真正去反对它。你懂的，无论它是好是坏，一个人只有去顺着它”。也就是说，大屠杀是一个顽强的生活事实，每个人都被期待着去适应它。

任何时候一个党卫队医生来到奥斯维辛，都会重复这个过程：新来者提出的问题被他已有经验的喝酒同伴给予回答：

> 他会问：“这里怎么会发生这样的事情？”然后，就会出现一种类似于概括性的回答……论证了一切：什么对他［囚犯］更好——是他死在屎

尿之中，还是在［一片］毒气中上天堂？这就把提问者的一切都平息了。

恩斯特·B医生说，这种看似人道的争辩，本身就是将奥斯维辛的现实确定为其他一切的底线。他关于开始的这番话是合适的，筛选是一种特殊的“考验”，必须经历这样的开始，才能作为一个发挥功能的奥斯维辛“成年人”而出现。通过暴露怀疑，与怀疑进行斗争，这样的饮酒聚会就有助于压抑先前那个自我的道德层面，支持一个新的奥斯维辛自我。

怀疑也可能包括医生参与屠杀这样的基本问题：“一个人会说：‘筛选不是一个医生的职责领域，因为它是完全非医学的行为’……我必须拒绝去筛选，因为我的唯一目的就是维护生命。”这样的质疑也总会引发“一个回答……一个任何人都无法反对的回答：‘那你在战争中做什么……在战斗中，你在那里不也得进行筛选吗？’由于并非所有人都能得到治疗，并非所有人都能被运走，这［种筛选的必要］就是每一个军医的事情”。

不管用任何逻辑标准来衡量，这种比拟都是非常荒谬的，但在奥斯维辛这种背景中，这种比拟却似乎可信。如同恩斯特·B医生所补充的：“某种东西你的信或不信，这总是与情境相关。”在他看来，奥斯维辛医生的“基本心理情境”就是顺从它的屠杀结构：“我在这里。我走不出去。如果囚犯来了，那是一种自然现象。我必须尽量做得最好。”（最后这一句，恩斯特·B医生是用英语说的。）

除了顺从，党卫队医生还在心理上进入到他们所感知的奥斯维辛现实。通过饮酒聚会，他们的抗拒就被“带出来了”，所以，大约在两周之后，新来者“就不再谈这些事情了”，由于“每个人都知道其他每个人的 197
观点……就不再有任何［关于它］的讨论了”。于是，新来者就变成了“内部人”。

恩斯特·B医生带着强烈的感受概括了这个转变过程的极端和神秘：

> 当你第一次看到一场筛选——我不仅仅是在谈我自己，我谈的还包括即使是最强硬的党卫队人员……你看到……儿童和妇女如何被筛选出来，你会如此震惊……简直难以言表。在过了几周之后，一个人就可以习惯于

> 它了。这个［转变过程］无法向任何人解释。但是，正是这同样的现象现在就发生在恐怖分子之中，一些封闭的恐怖分子组织就是这样……只有经历［过它的人才会知道］。专家可以记录它，但不能进入到它的里面……不过，我觉得我可以给你某种感觉。当你走进一家正在屠宰牲畜的屠宰场……里面的气味也是它的一部分……并不仅仅是它们［牛］倒地死去等等。此后你吃牛排很可能感觉不太好。但当你每天都这样做［待在这个情境中］，持续两周，你的牛排就如同以前一样美味了。

这个屠宰场的例子实在太恰当了，但恩斯特·B医生努力想做出一种解释，同时也传达出他回首往事时对于这种心理转变的畏惧和焦虑。

不过，就像他所解释的，医生们在内心想要进行这种转变，他们急于成为一个内部人。恩斯特·B医生暗示道，在这样一种异乎寻常的环境中，个人的孤立是不可忍受的，人们都急迫地希望"以某种方法建立［与其他人的］联系"。新来者会找到那些他们可以认同的人——具有大致相同的背景和观点。比如，一个刚刚加入党卫队的年轻医生会找到自己的同类人，而不是那些在集中营系统已经待了数年的医学"老斗士"。会有一些相同的地区性态度（比如巴伐利亚人对普鲁士人的敌意），或者是受教育或阶层的共性。有时，有经验的奥斯维辛医生会被指派为新到来者的导师（我下面会讨论是在哪些方面），这表明当局意识到了早期转变经历中的冲突模式。

压力与导师制

上面一直有持续的压力，医生要最大化地参与到筛选之中，尤其是从1944年春季开始，连牙医和药剂师也被命令参与坡道筛选了。这些牙医
198 中的一个后来在法庭作证时说，他向维尔特请求，说觉得自己没有能力来进行筛选，希望离开集中营。他得到的是一个冰冷的回答："根据'元首命令'，在集中营服务被视为前线值勤，对此的任何拒绝都会被视为逃跑。"（见本书393—394页）[3]

压力和导师制可以结合起来，就如同弗奈兹·卢卡斯的情况一样。大

家知道他对筛选有犹豫迟疑，于是维尔特和门格勒就把他带到坡道，多多少少地向他展示怎样来做。卢卡斯显然试了一些小诡计来逃避筛选，包括装病，即使是在顺从之后，由于他对囚犯的仁慈和医疗，还是导致了对他的叱责和最终的调离。[4]

普遍而言，证据表明维尔特更多地是使用说服而非威胁，如果一个医生态度真正坚定的话，可以避免执行筛选而不招致什么报复，但他表达的，必须是没有能力来做此事而不是反对此事。在一些军士的记载中显示，他们面对坡道筛选时崩溃了。尽管维尔特据说有一次因此而“狂怒和尖叫”，但在战争进入第五个年头时，已经没人能支撑住“如此多愁善感的同情心”，往往会让这些人去执行其他的任务。官方的态度在变化，据说在一个党卫队医生不想去执行筛选时，维尔特甚至说过这样的话：“归根到底，这是个有个性的人呀。”

不管他是否说过这个话，他坚定地守护着他那个只有医生才能进行筛选的主张。比如，恩斯特・B医生谈到，在匈牙利转运危机时，一个集中营司令官得知执行所有这些筛选需要的医生人数远远不够时，就提出派一些他自己的人来做。维尔特坚定地回答：“不，这是我的职责。我不想要其他人来做。”

在恩斯特・B医生的讲述中，筛选已如此渗透于奥斯维辛的日常工作中，已经变得“如同天气”，马上又补充说，“如同一场暴风雪”，“当它来了之后，人是不会去想它的”，也就是说，筛选并非一种平静的生活现实，而是激动和焦虑的。

党卫队医生在奥斯维辛屠杀上的这种社会化，也因这座集中营与外面的世界相隔绝而得到强化。与外部权威进行联系的医学人物是恩诺・洛林，他经常来往于集中营与他在柏林的办公室之间，但基本上是一个无能的酒鬼。恩斯特・B的印象是：此人的上级倾向于不去知晓这些集中营的太多细节，有一种“让它们隔离于”党卫队常规单位的基本做法。集中营医生又以自己的不愿意让别人“看他们的牌”——恩斯特・B的说法——维持着这种隔绝。结果变成：用恩斯特・B医生稍带夸张的说法是：“集中营［变成了］一个完全独立的实体，与一切都绝对隔绝，尤其是奥斯维辛。”

所以，除了与奥斯维辛这种现实的联系外，被派来的医生与任何事物的联系都很有限。他们变得一门心思地让自己适应这里的现实，道德上的厌恶可以转变为不舒服、不开心、焦虑和失望之感。个人的主观挣扎替代
199 了道德质疑。他们不再关注环境的邪恶，而是怎样与这个地方达成某种妥协。

于是，他们就变成了恩斯特·B所说的奥斯维辛最为重要的环境或氛围的一个缩影：“在这种氛围中，每件事都要以与现在不同的方式来看待。”在我讲述的所有这些压力和适应倾向之下，“在这个环境中待上几周，一个人想的就是‘是的’”。

筛选机器的运转并不平顺。不仅有太多的囚犯运来，而且运输的组织也很差，集中营的检疫区没有地方容纳新来者，有时毒气的供应也不够。在军队中，由于饮酒过多而可能影响到效率，医生方面也有类似的情况。医生们的确喝得很多，尽管恩斯特·B说只有一个医生是公认的酒鬼，但他自己也不过是“有足够的自制，在执行筛选任务时不喝醉”。可以说，不管有着什么样的技术问题或人之脆弱性，奥斯维辛还是调动了一种集体决心，让这个毒杀过程运转。

心理距离

对筛选的参与也因一种感觉而得到巩固，这就是，他们并非这个恐怖层级的最早的行动者。比如，恩斯特·B就强调“一些其他的事情要糟糕得多”——比如吉普赛人集中营中将儿童饿死，这里通常都有80%的囚犯濒临饿死，而少数一些人可以“生活得非常好”。他强调了“这每天就发生在你面前，持续不断”，让人难以接受，“要用很长时间才能接受它”。

所以，如同在其他的情境中一样，起作用的就是一个人所看到的东西，所感觉到的东西：“屠杀基本上排除［在谈话之外］……它并不是直接看见的东西。直接看见的是所称的‘穆斯林人’。［还有］正在挨饿……走向死亡的人……这是一个更大的问题……一个人更受此影响。”

靠着不怎么直接看见的屠杀，医生就可以将自己与他们所积极监管的

屠杀拉开距离。通过看到他们所宣称的更为可怕的恐怖之事——在俄国战俘集中营和其他集中营内发生的事，也能起到这样的作用，这能够让他们得出结论“我们在这里做得好得多”。恩斯特·B医生进一步解释说：“让奥斯维辛特别臭名昭著的是它的毒气设施。对不对？那些东西多多少少是隔得较远的，人们事实上只能靠气味才能感觉到它们。”然而，如同他前面所暗示的，人们也能习惯于一种气味。而且，还有一些更为“基础性的争论”，党卫队人员对此有更多的疑虑。其中之一就是恩斯特·B提到的盖世太保获取口供的方式。对于这种方式，“人们有着很大的保留”。由
于医生们并不直接看见屠杀，所以筛选可以作为一种已经确定的事情而接 200
受，似乎没有一些特别残忍的任务（比如在酷刑中使用医学手段来获取口供）和直接面对把囚犯饿死那样沉重。然而，也可以换一个角度想：筛选是如此沉重，如此与异乎寻常的邪恶相连，所以纳粹医生必须使用每一种可能的机制来避免在心理上接受他们所做之事，必须使用各种形式的心理麻木和去现实感（见本书442—447页）。由于恩斯特·B医生目睹了许多筛选而自己没有去做，所以他只能说：“留下的是一些个人印象，这些印象就它们自身而言也并不是真正残忍的事件。如果一个人现在想要描述筛选，那几乎是不可能的……因为它是一个技术过程……我可以描述许多孤立的画面……它们仍然在那里，但一个人必须将它们从自己的记忆中拉出来。”回忆的这种困难，表明纳粹医生们从来没有去完全感受——也就是在情感体验——他们在执行筛选上的最初行为。

奥斯维辛在道德上区别于这个世界的其他地方，医生们的这样一种共同感觉，进一步使他们能够执行筛选，这也就是如同恩斯特·B医生所言的“治外法权”。*他并不是指奥斯维辛在地理上的隔绝，而是指它作为一个怪异的邪恶飞地的存在，这使得它豁免于通常的行为规则。他还强调其功能上的极端矛盾。

---

*在现代史的意义上，“治外法权”一词，指一个西方支配国家的国民在他们的居住区域内不受所在弱国（殖民地国家或受到某种威胁或控制的国家）的司法管辖。

奥斯维辛在道德上区别于这个世界的其他地方，医生们的这样一种共同感觉，进一步使他们能够执行筛选，这也就是如同恩斯特·B医生所言的“治外法权”。

比如，他谈到，一方面是一种高度超然的军事专业主义精英之感，另一方面则是无处不在的腐败。这种军事专业主义来自党卫队和较早的普鲁士传统，它要求一种笔挺的站姿、风度、正直和某种形式的自我控制，它使得“谈论［内在或私密］情感……不可想象”。而底下的腐败则是公共的秘密的性质，它涉及所有人，而且在一定程度上还有助于凝聚力：

> 每一个党卫队人员都有以某种方式腐败的众多可能性，几乎每个人都做过某些事情，“他的手杖上都有脏东西”。每个人都知道其他每个人的不端行为，这就是为什么腐败什么事都没有，因为每个人都知道其他每个人。这就是为什么党卫队的特别行动队总是那样团结——至少外表上——的原因。

恩斯特·B所说的“脏东西”是指把杀害犹太人之前所掠得的黄金和其他贵重之物藏起来，而不是上交国家；或者是纳粹人员包括医生与囚犯
201 进行交换或做其他交易来弄到黄金或金钱。而且，恩斯特·B进一步指出，奥斯维辛的规则规定，“［一个党卫队医生］在结交的那一瞬间，他就是在……犯罪”。在发展出来的这样一个矛盾和违法的堕落圈子里，一个人不管用什么办法来抑制违法之事，通常都只会带来更多的违法。为了抑制腐败的党卫队人员或狱头过分地用食物交易或囤积黄金，就需要向掌权的人做一些特殊的安排（基本上就是不同形式的贿赂）。由于在这种氛围中任何事情都有可能，所以就很难将事实与传言区分开来，或者是与恩斯特·B所说的“公厕谈资”区分开来。恩斯特·B说：“即使是鲁道夫·霍斯——他无疑是集中营司令官中最清廉、最端正者……也有一些传言……很多议论……说他与一个犹太女性有男女关系。”*

食物情况是堕落的一个永恒来源。本已吃不饱的配给又在不同的地方被抽走，普通囚犯靠着自己能够得到的那份是无法生存的。所以，如同奥斯维辛的行话所言，每个人都“组织”——安排——某种方式来得到能够

*典型而言，这个传言部分为真（他的确与一个囚犯埃莱奥诺雷·霍迪斯有男女关系），部分为假（这个女囚犯不是犹太人）。就不是犹太人这一点而言，这个传言是诽谤的。然而，对于霍斯所谓的清廉，还有更多的质疑：当霍迪斯怀孕后，他试图杀掉她。[5]

活下去的食物，以及帮助朋友活下去。这个意义上的堕落是保存生命。不过，如同恩斯特·B所言：“所有在奥斯维辛幸存下来的人，他们的食物都是从其他人那里拿来的。”然而，由集中营医学和指挥当局执行的党卫队政策，才造成了这种根本性的生—死堕落，这一点他没有说。他们利用这种情况对囚犯进行奖赏与惩罚的控制，也经常利用它进行额外交易以中饱私囊。

最根本的堕落就是大屠杀的存在，集中营基本上是围绕着它而演变的。由于屠杀过程要靠大量囚犯来干活，当集中营情况相对较好时，它就能够维持最高的效率。换言之，纳粹医生为囚犯健康所做之事——的确改进了集中营的卫生，扩大了医疗设施，支持了囚犯医生的工作，就不仅仅是服务于这群劳动力，而且服务于屠杀机器。这就是他们所有人“手杖”上的真正的“脏东西”。

尽管有许多纳粹医生一直努力要弄到较好的医治条件——到处寻找有用的设备，在他们自己的医疗区积累起来，想弄到较好的手术室，但归根到底总是面对恩斯特·B所言的那个“障碍”——饥饿的威胁，所以他们建造的医疗结构就只是一部“虚构作品”的一部分。即使可以“组织”到足够的食物让病人活一段时间，“但主要的基础仍然缺乏，这些人仍然在走向饿死”。我们或许还可以补充：今天得到了帮助的这些病人，某天就 202
可能被送到毒气室，或者是用来维持这个屠杀结构的运转。这也就是恩斯特·B所说的“精神分裂情境”，他指的是在奥斯维辛根本性的大屠杀使命中又有着表面的努力治疗和帮助。

恩斯特·B医生告诉我们，纳粹医生“生活得如同上帝”，因为“实际工作的每一件事都由囚犯来做”。这种“好生活”给了他们额外的动机来参加筛选：如果不是这样的话，他们可能就会强烈要求调走，那么很可能调往俄国前线，而在那里，他们的生命会处于极度危险之中。

这种“好生活”包括高雅的风度，尤其是从囚犯的角度来看（“党卫队医生真是穿得极好……保持距离的绅士，从来不碰一个囚犯”——这是囚犯医生亨利·Q的讲述），以及在集中营一种无处不在的出现（“他们掌控着局面……医务室里有……筛选时有……车站有……焚尸场有……到处都有他们”）。

这种合法性不仅仅体现于“医学”的病情分类处理——杀戮，而且体现于他们用自己那种所有犹太人都已裁定为死的感觉来帮助医学化的奥斯维辛屠杀。马格达·V医生关于门格勒的一段话对于党卫队医生有普遍适用性：“[是否筛选了某人或没有筛选，]这对他并不重要，因为他知道或早或晚他们都会去[毒气室]……对于他而言，我想我们……已经是死人了。”另外一个幸存者同样将这整个过程称为“只是一场戏”：在这场上演的戏剧中，“我们全在那里要被杀掉，问题仅仅是首先杀谁”。

对于党卫队医生来说，筛选中的效率变成检疫安排和实际医疗区的改进等，这些全都是为了保持有足够的囚犯能够干活和集中营不出现传染病。在这个背景中，党卫队医生就必然认为自己的专业职能既不仅仅是杀戮，也不仅仅是治疗，而是二者之间必要的平衡。按照党卫队医生恩斯特·B的说法，这种治疗—杀戮的平衡是奥斯维辛医生的“主要问题”。从这一点来看，如同他进一步解释的，当一个监区出现严重痢疾时，“清除”的原则——将这里所有人都送往毒气室，就可以被视为“假冒的道德”和“假冒的理想主义”。他的意思是：这个环境中的这样一种做法，可以被医生们自己认为是伦理的和理想主义的，他们为了集中营平衡的更高目标完美地执行了自己的任务。

这个自我欺骗的过程中，语言也发挥了缓解的作用。如同囚犯医生雅各布·R所解释的，党卫队医生在把人们送往毒气室上无疑起着关键作用，但“永远不承认这一点”：“回到集中营后，他们称此为进行了转运。”另外一个囚犯医生讲述了这种委婉语如何促成了一种进行否认的普遍氛
203 围：

> “我不能请求[弗里茨·]克莱因医生‘不要把这个人送到毒气室去’，因为我并不知道他要去毒气室。你知道，那是秘密。每个人都知道那是秘密。它是一个秘密。如果我对他说：‘克莱因医生先生，为什么你要把这个人送往毒气室呢？’我想他会说：‘毒气室？你什么意思？’”

部分是由于无聊，但更重要的是心理上的原因，所有纳粹医生都有

恩斯特·B所说的“爱好”。这些爱好可能包括近似于真正医学工作和医学研究的东西，或者是与较有经验的囚犯医生合作进行各种医学活动如外科手术和门诊与实验室的研究。在这些活动中，与囚犯医生相联系的纳粹医生，既是学生，也是生死判官。无疑，渴望建造一些野心勃勃的医疗区也是另外一个爱好。这些之所以都是爱好，就在于恩斯特·B所说的“我们是以爱好的节奏或爱好的态度来做［它们］”。或者简单来说，奥斯维辛的本质，即对屠杀的漠然——或者还不到那种程度，是对作品成果的漠然——只能是一种爱好。

所有这些爱好都指向一个特定的目的，恩斯特·B曾揭示：“一个人可以找出一个任务、制定一个任务，在这个任务中也寻求成功。以这种方式就扫除了桌子下面的［奥斯维辛屠杀的］问题。”所以，修建医学设施可以为某种心理目的服务：即避免意识到自己屠杀和他人死亡。如同恩斯特·B所言，在这种环境中，“一所医院就是一个客观的矛盾物……医生可以躲到……幻觉之中去”。

对于党卫队医生来说，一系列的个人联盟也是至关重要的。每个医生都想和与自己一起在坡道工作的党卫队人员搞好关系。用不同的方式，党卫队医生通过与囚犯医生的关系（这种关系我们在后面会讨论），发展出恩斯特·B所称的“个人交流中的小小空间”，于是形成了“许多、许多小小的人性之岛”，也能体验到各种心理满足。不管这些“人性之岛”多么不稳定，它们能够让党卫队医生感觉到自己可以“真正［为人们］做很多好事”，从而帮助他们在人性上和奥斯维辛的屠杀大陆隔绝开来。

意识形态与“犹太人问题”

对于执行筛选的能力而言，至关重要的是一个医生与纳粹意识形态的关系。其中很重要的，是大部分医生早期被纳粹关于德国复兴的承诺所吸引，这种联系使得他们克服了对纳粹的有所保留和不舒服之感：“我们视 204
它［奥斯维辛］为一个完全搞砸了的事情。［但是］你不能改变它，你知道的。这就如同在一种民主之中，你可能发现有许多不足，但你不能改变它。或者说不管怎样你还是忍耐它，因为［你］觉得民主还是好一些。”这是一种强烈的暗示：奥斯维辛的纳粹主义是所有可能的世界中最好的。

然而，不管多么具有讽刺意味，谈到自己和其他人对纳粹承诺要克服那些严峻的国家问题的感觉，恩斯特·B认为大屠杀中的这些医学参与者因一种他所称的“连贯体”和“共同努力”的原则而忠于大屠杀背后的政权。于是，他就谈到了一种“信念”，乃至于一种“实践的信念”来加入一个群体。在所有这些之中，“桥梁……就是这种意识形态”。这个“桥梁”可以将纳粹医生与他们在奥斯维辛工作中一种直接的群体感和共同的目的感联结起来。

反犹主义是这种意识形态中的一种活跃成分。尽管多多少少会因人而异，但恩斯特·B认为“所有医生都绝对相信‘犹太人是我们的不幸’”。这句话首先是海因里希·冯·特赖奇克说的。那种“反犹是正直”的感觉之所以形成，这个19世纪的政治家—历史学家是起了作用的（见本书35—36页）。[6]当我提到一个党卫队医生用“坏死的赘余物”称呼犹太人（见本书15—16页），恩斯特·B医生马上回答说纳粹医生的总体感觉是：“不管你是不是想称之为赘余物，它都必须被拔除。”他甚至说，就连杀掉所有犹太人的政策也得到了这种“理论和观念”立场的轻松论证，所以“他们当然就支持它”。

在其他一些场合，恩斯特·B的言论有所不同，他强调，奥斯维辛的纳粹医生大部分并不那么意识形态化，但他仍然强调医生们有一种“犹太人问题”的感觉，医生们倾向于用他所说的通常的宣传腔调来谈论：“所有文化都已经意识到犹太人……必须隔离在正常文化之外……德国文化如果被‘犹太地’渗透，就不可能成长；或者是类似这样的话。”

然而，要执行筛选的任务，纳粹医生就必须完成从意识形态到实际屠杀的心理转变（如同卡尔·K下面所解说的）：

> 德国或世界上没有一个人没听到希特勒和施特赖歇尔宣称犹太人必须被消灭……每个人都听到了。每个人都“听而不闻”，因为没人相信这样一种事情会变成真的……突然，一个人就面对着一个事实了——我的
> 205 天呀！一个人习惯的，以为不过是宣传废话的东西，现在变成了完全

> 的、彻底的、整个的事实了！而且在战略上很具体，它以百分之百的战略实现了。这就是最让人震惊的。这是人没法预见的……你原本知道它，［但］突如其来，你就面对它了。你真的知道它？

这段话足够清晰地表明医生们面对迫害意象实实在在地在实施时的震惊。不过，我认为它也表明了在接受纳粹现实的黑暗一面时德国人那种普遍的心理抗拒，尽管这种黑暗存在已经有了那么多的证据。这种不接受的心理抗拒今天仍然存在于纳粹医生中，尽管——同时也是因为——他们暴露了纳粹现实中最为黑暗的一面。

医生们可以使用一种关于善恶的绝对化的纳粹版本来论证其所见所为，并且进一步避开心理现实（如同恩斯特·B下面解释的这样）：

> 确切而言，由于他们相信这种正义性……或相信……国家社会主义者的“世界赐福”和犹太人是这个世界的根本之恶——确切而言，由于他们是如此相信这个，所以他们就真的相信，或者说强化［这种相信］犹太人，甚至是存在性地，必须被绝对地消灭掉。

尽管“并非每个人都赞同这种毒杀”，也有“许多理论在讨论”，人们还是得承认使用毒气克服了原来那些方式的低效率：

> 支持毒杀的主要论点是：人们想要创建犹太人区……它们的持续永远不会超过一代人或两代人。我们这样来说吧，到那时候，犹太人区就会变得可渗透，会有漏洞。这就是支持毒杀的主要论点。反对毒杀则有许多不同的最没有意义的推算……强迫绝育之类……大量的这类理论提了出来。

现在有了一种解决“犹太人问题”的更成功的途径，就像恩斯特·B所补充的，对这种成功的“一种确定手段”。

在谈论这些事情时，恩斯特·B从来没有直接回答一个我再三问他的问题：在杀掉所有犹太人的必要性上，医生们是否有不同意见？或者对此没有不同意见，只是在所使用的手段上有不同意见？我相信，这种含糊不仅是回避，更是一种心理特征。从恩斯特·B和其他观察者所传达的信息来看，可以确切地说，奥斯维辛的绝大部分医生都相信，他们认为“犹太

206 性”的那种东西必须消灭，无论具体办法是把所有犹太人运至马达加斯加，还是强迫绝大部分犹太人离开德国、留下小部分已根深蒂固者进行彻底的同化，或者是把他们中的最后一个也杀掉。靠着这种模糊，纳粹医生就有了一种额外手段来逃避心理现实：即大屠杀的决定和正在实施中的屠杀。通过将这整个事情视为一个需要解决的“问题”，通过采用什么手段实现，如此，实际目标就成为了唯一的关注点。“最后解决”一词具有双重心理目的：它既代表了看上去不像感觉也不像的大屠杀，也使焦点集中于问题的解决之上。所以，在解决“犹太人问题”的必要性上有了最大的共识，医生们和其他纳粹人员就可以接受乃至于赞同大屠杀项目了，因为只有它才承诺了真正的解决，是一劳永逸地清除了这个问题，是一种终极解决。

不过，意识形态与态度的组合却是因人而异的。即使是一些较老的职业医生——比如汉斯·威廉·考尼格能够服从党卫队的原则，但保留了一定程度的人性，（就像雅各布·R所说的）“只要一个人还能允许活着，就会得到像人一样的对待”。考尼格对一个女囚犯艺术家友善（见本书232—233页），雅各布·R也谈到在奥斯维辛之外的强迫行军中，他发现自己实在走不动了，有被当场枪毙的危险，这时考尼格帮助他站起来，从而救了他。

相比之下，弗里德里希·恩特里斯就普遍被认为残忍。按照雅各布·R的说法：“他只对这个体系感兴趣，对病人没有兴趣，犹太医生则是被忽视的人。”波兰囚犯则更有他们自己的特殊理由害怕恩特里斯（见本书262—263页）。

不过，对于洛蒂·M医生来说，“狂热者是克莱因”。克莱因坚持雅利安人医疗区与犹太人医疗区要保持分开，他认为犹太人是必须去除的“坏死的赘余之物”，这是与筛选过程一致的。“他觉得要做的正确之事就是杀掉这些人……这样做是正确的。”洛蒂·M 医生回忆起来，仍觉得有点难以置信。如同一个捷克医生埃里希·G所观察的，更为普遍的情况是纳粹医生“将犹太人视为具有人的生命形式但却没有人文素质”，是“德国种族的潜在污染者”——这就是为什么纳粹医生“变成了屠杀者而不是治疗者”，这种现象“我天天看到”。

职业性的关注与意识形态以不同的方式彼此强化。从职业的角度来看，奥斯维辛的任务具有多重价值。它的优势在于获得官方认可的可能性，包括提升和未来的好处；执行困难的值勤，对于一个医生而言尤其意味着工作上的效率和热情。然而，就对于一个医生一直非常重要的有用的医学经验而言，奥斯维辛所能提供的，则非常少。洛蒂·M 医生注意到纳粹医生希望总 207
是在专业上“处于医学前沿的顶端”，所以，当他们说“不，不，这不好”时，他们是指某个事物“将他们的专业打断了，所以不好”。

纳粹医生没有忆起，他们在奥斯维辛尤其想到的他们的希波克拉底誓言。所以，当我跟他们谈到它时，他们感觉不舒服就不奇怪了。事实上，他们中的一些人直接告诉我，作为党卫队军官，对希特勒的效忠誓言对他们而言要真实得多，远远超过了医学院毕业典礼上一个模糊的惯例仪式（也参看本书435页）。对希特勒的效忠誓言有巨大的力量。我从一个医生那里了解到，尽管他长期以来反纳粹，但在战争末期就因为对希特勒的誓言而拒绝听英国广播公司的广播。（德国人尤其将誓言感觉为对一种不朽原则的绝对义务，将自我与一种超越性的道德联系起来了。）不过，洛蒂·M 医生感觉，对于德国医生而言，希波克拉底誓言总是以某种方式出现，与一些更为直接的忠诚义务和对希特勒的效忠誓言有所竞争。这位女囚犯医生觉得，不管希波克拉底誓言在意识中如何暗淡，但在一些场合却是一个重要的因素，比如纳粹医生为囚犯争取较好的条件，或者如考尼格坚持“怀孕女性不能关在集中营里”。[*]尽管他们参与了大屠杀，但一个曾经与希波克拉底誓言相关联的治疗者自我的残存影响，也使得党卫队医生如同一位著名的非犹太人囚犯和抵抗运动领导人所说的那样，成为“党卫队之链上最薄弱的一环”。然而，对希特勒的效忠誓言维持住了这一环。

让这个系统运转

恩斯特·B强调一种情境的绝对性，必须马上决定“你得去［这

*考尼格是指怀孕的非犹太人女性应该被释放。

里］——你去［那里］！——完全没有时间来额外讨论”。这种绝对性与僵硬的党卫队军事精英的身份是一致的。如同恩斯特·B也指出的那样，“党卫队医生从一开始起就不同于其他的军医”，只有他们才能佩带手枪，而且有一种感觉：“一旦有需要，他会像其他任何人一样成为一个战士。”而且，在希姆莱发出的信息中，在集中营服务的党卫队医生专门给予了一种特殊地位：“希姆莱总是清晰地告诉我们，集中营人员的任务具有特殊的意义［重大、基础、生死攸关］……是最高层面之事……高级而又高尚……所以，以这种方式［在执行筛选上的冲突或反感的表达］就被
208 切断了。”恩斯特·B医生认为医生们“肯定”受到了希姆莱这种信息的影响，因为就集中营工作的党卫队军官和工作人员来说，它强化了一种感觉，即他们成了一种特殊的精英，而医生则更觉得是精英中的精英。

参与屠杀所得到的这种特殊承认，有助于将医生们的冲突转变为组织内部的冲突——个人是忠于主管医生还是忠于集中营司令官这样的问题，或者是一个人“作为公务员（或至少是类似军事岗位）的职责感”的一般问题。由于这些和其他一些原因，恩斯特·B就能够说他没有见过反感筛选的直接表达，尽管他“总是在琢磨”为什么会是这样。对此问题的部分回答是：意识形态与犬儒主义超然的结合，变成了一种相当舒服的心理立场。一位非医学方面的科学家囚犯曾近距离观察过一些纳粹医生，读过他们的一些记录，对此有这样的描述：

> 他们认为自己在扮演“奥斯维辛大治疗师”（Therapia Magna Auschwitzciense）。他们甚至使用T.M.这个缩写。开始时，这是嘲弄讽刺的，但渐渐地他们就用它来指毒气室了。所以，任何时候你见到T.M.这个缩写，它指的就是毒气室。这个词是舒曼发明的，他觉得自己是奥斯维辛医生这个知识分子圈中的学院派知识分子。比如，他们用这个词来表示将人们从斑疹伤寒传染中拯救出来，他们为人们做了好事。也有他们所做之事是一种人性方式的感觉……“大治疗师”这个概念的第二层意思是进行科学研究——为科学而了解知识，等等。

就一些抗拒筛选的医生而言，恩斯特·B未能成功地找到他们之所以

如此的原因。他只能得出结论说，当一个人“从一开始就目睹了这整个过程……那么你只能用一种显然是直觉的方式说：‘这是不可能的！’我对此找不到任何解释。”（迄今为止我们只知道有一个党卫队——也就是恩斯特·B本人——成功地拒绝了执行筛选，而且坚持下来，尽管他与指挥链的一种特殊关系帮了他；另外一个党卫队医生汉斯·德尔莫特也尝试坚持了一段时间。）

治疗和屠杀的极端矛盾与复杂使得恩斯特·B谈到一种精神分裂情境，且这种矛盾和复杂性也对医生们那时候的抗拒筛选产生了不利的影响，也妨碍了后来对其的理解。恩斯特·B医生曾想就奥斯维辛进行写作从而来解释它，但他说：“对我而言，这是不可能的，因为……如果你在某一点上开始了，那么［无穷无尽的细微差别和进行解释的］问题就会随之而来；因为，你知道，没有什么东西是具体有形的。”

奥斯维辛环境具有巨大的力量，这一点很清楚。数年后一个当年的党 209
卫队医生回忆道：“在奥斯维辛，一个人只有刚来到的那几个小时可作为正常人那样反应。一旦他在这里待了一段时间后，就不可能正常反应了。在这个背景中，每个人都被污染了。”一个幸存者补充说，那些党卫队医生“做的是社会想要你去做的事情”。

亨利·Q医生愤怒地提到了那些“关心病人”的医生却又“没有抗拒地参与到这样的大屠杀之中”，他指出，只有一个党卫队医生（事实上关于他的事有一些质疑）要求改派去俄国前线。亨利·Q将这个记录与囚犯医生始终如一的抵抗做了对比，后者冒着生命危险改动送往毒气室人员名单，以各种方式在筛选中救人。他近距离地看到了程序化与极度道德冷漠的关系——也就是本章题辞中形容的“上班下班的绅士”那种“放松”的态度。囚犯医生马格达·V指出（如同亨利·Q医生也指出的那样），不管纳粹医生对待筛选的态度有什么差别，他们还是将此作为“他们工作的一部分”而执行——而且还有着这样的顺从：“我想这些杂种知道他们来这里是干什么。”

不过，马格达·V医生也注意到了医生们的行为会因人而异。这里面的一个因素就是害怕。谈到考尼格，她说他之所以在医疗区的筛选中超过他需要去做的而留下较多的人活着，“是因为他害怕了”，并且补充说，“［在党卫队医生中并没有］……很多胆大的人……我们看到的其实并不是……人性的精华”。

医生们也受到了德国即将战败的影响。一些人变得可亲和乐于助人，寻求将被解放的囚犯的支持，他们知道自己很快就需要这种支持了。但是有些人的反应则相反，更为起劲地把人们全都筛选去死。洛蒂·M医生看到：“对于他们而言，似乎更有必要去相信自己是对的……你多少会感觉到他们在说‘我们仍然是对的’。”个人对待男性和女性的心理态度在某些方面也很重要，值得讨论。比如，洛蒂·M医生告诉我，罗德对于女囚犯医生就相对照顾——事实上，是格外积极地安排怀孕的非犹太人女性从集中营释放出去（奥斯维辛后期的规则允许这样做了），但与此同时又是“对待男性很可怕的男人”。

另外一个因素是他们所受的教育与知识水平。波兰医生塔德乌什·S强调他们“不是受过教育的医生”，“既不懂人也不懂医”，有时类似于学医的学生，基础上的无知使得他们去想一些“空想的试验”，而这些与纳粹意识形态一结合，就更是如此了。在那些医学版的“老斗士”——曾是早期纳粹的较老的党卫队医生身上，这种无知最为突出。塔德乌什·S医
210 生提到纳粹医生在专业上普遍欠缺，提到他们是纳粹伪知识分子的医学版本，一种半吊子教育的版本，高度意识形态化，在知识方面缺乏训练，本质上反智，不可靠又极端自大。

避免对囚犯产生同情和怜悯，这极大地影响着医生们的行为。一些纳粹医生强调自己的医学教育中缺乏任何关于同情的原则，尽管他们产生的微弱同情是一种普遍现象，但说独立于纳粹的德国医学本身就缺乏关于同情的教育，这多半是公正的。纳粹当然突出了这种模式来培育他们冷酷原则的医学版本。一个纳粹医生在卫生兵“消毒员”施放毒气时说出：“现在，开始吧，给这些犹太人喂食吧。”[7]这种残忍的犬儒主义就达到了极致。

精神分裂情境：双重自我的角色转换

党卫队医生深陷“精神分裂情境”的鲜明矛盾之中，恩斯特·B认为这

种精神分裂情境是理解奥斯维辛的关键，我也将此视为那种“疆界之外”感的进一步表现，也就是一种在此发生的事情不算数的感觉。医生们的这种精神分裂，其核心在于这样一个想法：在一所“屠宰场”里做建设性的医学工作。如同恩斯特·B所解说的，这种精神分裂的一个相关方面就是一种“分裂情况”：一方面是一个世界更美好的大德意志国家的理想主义，另一方面则是这种特殊的纳粹“世界赐福”及他所称的（他仍然不想直接说大屠杀）“其他的情况，这里所使用的这些……方式的情况”，这二者之间的“分裂情况”。

马格达·V医生对一些医生执行筛选时行为的差异印象深刻：“那就是……一个不同的人……在做不同的事。我告诉你……他们精神分裂了。”她是想说他们看起来就是两个人。比如，罗德在执行筛选时“心神不安……很可能……粗声大嗓或者是，你知道的，肯定是更粗暴”。塔德乌什·S回忆罗德有一次用他的手枪朝天开了一枪，“当时他看着人们走向毒气室，是他把他们筛选到那里去的”，这是“愤怒、酒醉和焦虑的一种混合——一个良心问题”。然而，罗德还是“做着和其他人完全一样的事情［筛选］”。

医生们对待筛选的态度可分为不同的层级。按照马格达·V的讲述，罗德是“仇恨筛选”，大量喝酒；考尼格是“极守纪律……视它为职责”；门格勒是“超然……似乎是在消灭害虫”；克莱因则是“享受它，这个杂种”。塔德乌什·S将霍斯特·费舍尔和弗里德里希·恩特里斯归类为“最 211
坏的杀人犯……有着牧师的面孔……却非常冷酷”。然而，他们内在的分裂却因一个事实而表现出来：大多数情况下他们都是筛选一结束马上离开，把剩下的事情交给下属去做（如同马格达·V所说的“他们［自己］没有……做任何事情”），也就是说，是一种将自己与他们实际所做之事拉开距离的方式。

彼得·D医生对霍斯特·费舍尔医生（他支持过彼得·D医生在耳鼻喉科的工作）身上的这种内在分裂有这样的评说：“［他的］态度是人性的……当他独自与我在一起时；［然而就筛选而言，他］从来没有对自己所为有过后悔。”彼得·D医生“琢磨他怎么能够……去做这种事［筛选］呢？”

纳粹医生应对奥斯维辛的另外一种方式是过一种双重生活，这种双重生活既反映也强化了他们心理上的双重自我。所以，他们大部分时间都用在集中营里（除了偶尔到附近地区出公差或游玩），但每隔一个月左右就要离开几天，一般是在德国，与他们的妻子和孩子共度一段时光。他们很清楚地意识到这两个世界的区分。自己的妻子、孩子和父母现在代表着纯洁，与奥斯维辛肮脏的内在感觉相对立。比如，恩斯特·B就设法每隔两三个月就要回家一周左右的时间，但却坚决反对妻子想来奥斯维辛看他的想法："我永远不会让我妻子近距离看到这些事……我甚至不能恰当地把我的感觉说出来，［但］想到她要到这里来，就会导致［我］极大的［内在］抗拒。无论如何不能考虑这种情况。”*

恩斯特·B注意到，每个党卫队医生都会在自我中唤起两种截然不同的心理兴奋丛，一种建立在“普遍接受的价值观念”和正常人的“教育和背景”之上；另一种建立在“这个价值观念与普遍接受的价值观念颇为不同的［纳粹—奥斯维辛］意识形态”之上。第一种倾向可能在一天出现，第二种就在第二天出现，很难说在某个场合会出现哪一种，或者说可能是二者的混合。

只有某种形式的分裂或双重自我，才能解释在同一个党卫队医生身上存在的残忍与正派的两极。克莱因可能是这样的一个典型例子。这个残忍和狂热的种族主义者被马格达·V医生视为极度虚伪，就是一个“坏人”，也被另外一个囚犯医生奥尔加·伦杰尔视为管理着这个纳粹屠杀项目的“最炽热的狂热者之一”；然而，奥尔加·伦杰尔也谈到克莱因展现出的仁慈，曾给她带来给她父母的药，并保护她免受残忍党卫队人员的迫害（见本书226—227页），她还说克莱因是“奥斯维辛唯一一个永远不吼叫

*也有例外。如同其他司令官的妻子或家人一样，霍斯的家人就与他一起住在奥斯维辛；医生之中，维尔特的家人在集中营住过一些时候，其他一些医生的妻子或家人也都偶尔或短暂来住过。然而，即使是这种情况，这些人看来也要维持奥斯维辛屠杀世界与附近的他们的家庭生活之间的分开（参看本书319页）。

党卫队军官们也有涉及到德国女性——主要是平民——的社交和性的机会，这些女性在附近的指挥区做行政工作，有些则就在集中营内做行政工作。

的德国人”[8]。

对于克莱因，另外一个囚犯也有令人吃惊的正面感受。有一次，他 212
在集中营内以一种极不寻常和危险的步伐径直走向这个党卫队医生，请求他把自己的妻子——一个护士——从一个阁楼的工作场所转到她以前工作过的医疗区，因为阁楼上有大量的锯屑，导致她的咳嗽越来越严重。并非像每个人意料的克莱因会说“把这家伙带走！”，克莱因竟然答应了。这个幸存者评论说：“这些事情是这样地混合在一起——一方面是谋杀和灭绝，但又有一些非常小的细节，一些事情是另外一种处理。”他进一步沉思：

> 当我讲这个……在35年之后，我想，这怎么可能呢？……一个人能够影响这上帝，让一个……屠杀了成千上万人的人……去怜悯一个囚犯女孩，救了她……人性中会发生一些事情……即使一个富有经验的精神分析师也难以理解……这种分裂……它可以是非常微妙的……或许由于这些小小的［正面］之事——发生在克莱因身上，［说明］他们身上有着……某种医学的传统。不过，普遍而言，我相信他们已不再是医生。他们是党卫队军官。在这些事情上，这种团体的精神要比个人的精神强大一千倍。

这个幸存者是说克莱因主要是以党卫队的集体气质来工作，这也是我所称的“奥斯维辛自我”；但是，在一些特定时刻，他也能够接近自我的人性一面。

然而，事实上，自我的人性因素的存在可能有助于克莱因和其他纳粹医生的残忍。比如，当党卫队医生要怀孕女性走出队列，她们可以得到双份的食物配给，但在第二天就又把她们送到了毒气室——内在“医学行为”的瞬间感觉（改善怀孕女性的饮食）可能增强了这个医生进行这种可怕的愚弄的心理能力。

在我与洛蒂·M 医生的交谈中，她提出了几个问题，希望我与纳粹医生联系起来进行探讨：他们在何种程度上将奥斯维辛的全部看作是“看看一个人能承受多少的一个试验”？他们在何种程度上能够承认“种族理论的……非理性”？在哪一点上“他们开始担心结局”？不过，她最关心的是“分裂性忠诚的问题”——相互冲突的誓言，屠杀残忍与瞬间仁慈的矛盾，党卫队医生在奥斯维辛期间似乎一直显示着这样的矛盾。

由于这种分裂倾向于不能解决，它的持续就成为使党卫队医生能去做他这种杀人工作的整体心理平衡的一部分。他融入到了一个庞大、残忍、
213 高度功能性的系统之中。所以，亨利·Q医生就明智地催促我把核心放在纳粹医生与这个系统的关系，而不是某一个臭名昭著的个人如门格勒：“让我们印象深刻的，是奥斯维辛是一种集体努力这个事实。它并不是一个人，而是很多人。而且令人不安的是它并不是某种激情［非理性］之事。它是平静的——奥斯维辛完全不是意气用事。”

在讨论纳粹医生的持续功能时，雅各布·R医生强调了“权力的问题——对别人拥有不受控制的权力”。就这种权力的邪恶使用而言，塔德乌什·S医生引用了费舍尔医生告诉他的一段话：“我们［纳粹］现在已经走得这么远了，我们已经无路回头。”这句话可能有两种含义：一是道德原则，邪恶不能消除；一是心理原则，即维持了一段时间的死亡工厂，必须维持其功能。从心理学角度看，残暴带来残暴：为了给杀戮辩护，证明其正当性，也为了将其视为杀戮之外的东西，持续的杀戮沦为了心理需要。

以这种分裂和麻木而生活的动力，在恩斯特·B所说的纳粹医生后来的态度中也显示出来：“哦，他们仍然生活在世界各地。他们没有道德不安。他们只是对失掉了这场战争不高兴。”

囚犯医生们最后这些话表明，医学化屠杀的集体过程在心理上和技术上都能自身永存，纳粹医生们发现了一种从事这个过程的方法——我所说的分裂，以足够的分离对心理不适和责任进行最小化，如此持续。

第11章　囚犯医生：选择的痛苦 214

“他们待我差不多还像一个人——然而，这始终是集中营的现实。”

——奥斯维辛囚犯医生

就那些一直作为治疗者的囚犯医生而言，他们有着深刻的英雄性和同样深刻的矛盾性：就他们与压倒性的奥斯维辛洪流进行战斗而言，是英雄性的；就他们不得不依赖那些放弃治疗而屠杀的人——纳粹医生——而言，又是矛盾性的。在囚犯医生能够在奥斯维辛成为治疗者之前，他们首先要成功地完成一个非常困难的任务：在精神上和身体上活下来。

从1942年后期起，才有较多数量的囚犯医生被允许在医疗区工作，开始时多半是作护理员或护士而不是医生。早期的集中营几乎是完全忽视病人，若干囚犯医生（主要是波兰人，在女性集中营则是德国人，然后也有了捷克犹太人）事实上无法向大量垂死的病人提供任何医药和治疗。病人更受党卫队人员和狱头的残害，这些人在医疗上一无所知，却常常在医疗过程中虐待性地在病人身上试手（比如，一个臭名昭著的前钳工就吹嘘自己做过许多起截肢）。

恐惧与特权

从1942年后期或1943年初期开始，作为医生被运到奥斯维辛的犹太人
不仅仅被允许活着，而且成为囚犯中享有特权的一类。然而，他们在集中
215 营的经历让他们有深深的恐惧。我们已经看到，作为一个医生的较好待遇
常常伴随着自己家人被杀掉的痛苦和内疚（见本书167—169页）。

在被允许作为医生从事医疗之前，就像任何其他囚犯一样，许多身为医生的囚犯是被杀害、各种残忍和极端羞辱的对象，有时甚至更甚。亚历山大·O医生向我描述，他第一次与大约12个其他医生一道，在一个突击工作队去做清理工作，被派去清除一条当厕所用的大沟，里面满是排泄物。“作为医生，我们的特权就是清理这条巨沟，把厕所棚屋拆除，打扫干净，但是只能用集中营的方式——也就是说，没有抽吸工具，而是用我们的双手。”其他人表面上担任了所指派监区的医生，但他们的主要功能之一就是“把死尸运走——每天早晨，每座营房前面都会有10具、20具、30具，把它们运到堆尸处”。[1]

新来的主管医生爱德华·维尔特带来了改进，包括在达豪和其他集中营使用一些在某些情况下有医学经验的政治犯，也来了一支较为专业的党卫队医学分遣队——卫生兵队伍和里面的“消毒员”，他们受训为既治疗也屠杀。作为与传染病战斗的一种协助，卫生研究所（见本书304—305页）也在这一时期迁到了奥斯维辛，并且雇用有学识的囚犯医生：“来自布拉格、来自布达佩斯、来自各个地方的许多著名教授。”——党卫队医生恩斯特·B这样说。

不过，数量多得多的囚犯医生必须在集中营医疗区工作，在这里的党卫队医生的控制之下，他们更容易被拉入到筛选之中。

一些人开始时是作为病人来到医疗区，很快就得知了医疗区的筛选，有时候是经历之后知道的。即使被派到了医疗区去工作，但他们在技术层面还是登记为病人，所以法本公司就可以不把他们作为工作者而付钱。首

次来到医疗区，作为病人入住，这具有囚犯—医生最初仪式的特点。那位捷克医生雅各布·R告诉我：“我从病人的集合室看去，是医院地下室里堆积的尸体——处理它们就像对待原木。［这就是］我对奥斯维辛真正是什么的第一印象。”

指派了医生的工作，对于一个囚犯，尤其是一个犹太人囚犯来说，是名符其实地从奥斯维辛的渣滓提升为某种特权地位的状态。迈克尔·Z（Michael Z.）曾在一个突出工作队干了两个月，用自己的外衣搬运泥土（“一直在跑着干活，狱头一直在抽打我们”），转到一个新区当医生后，“被‘名人’、大人物、狱头和监区主管所保护”。有一次他得了斑疹伤寒，有一段时间是一个同事保护他不被筛选走，但后来就失败了，他被“装上了一辆开往毒气室的卡车”，又被一个波兰监区主管救了下来，216
“我曾经给这人看过病”。

而且，一个人最终还可以采取主动步骤来让自己或其他人生存下来；有时为了让自己转到一个较好或不那么危险的环境中，可以利用自己的影响，利用自己获得医疗区食物的便利，甚至是安排一些记录做改动。

然而，囚犯医生们很快就看到了医学结构下的一系列作假伪造，它们包括精心编造死亡原因，这不仅用于被筛选出来注射处死或毒气杀死的囚犯，而且用于政治部下令处决、在医疗区注射处死的那些人。在后面这种情况中，会有一些类似于“安乐死”项目的安排，波兰囚犯医生扬·W对此说得很清楚：“电报……官方表格、对家人的告知——死亡时间精确到小时和分钟，尽管受害者实际上几天前就被处决了……死亡原因……这个或那个——比如肺炎。”不管党卫队医生的这个世界如何让他们惊骇，但囚犯医生别无选择，只有适应它。

亨利·Q医生认为，纳粹医生所做的事情，在“被训练为去治疗、去帮助、去解除痛苦和延长生命的人”看来，就是对医学的“一种憎恨”，“他们所为与此恰恰相反”。意识到自己根本做不了什么的囚犯医生会感觉自己（如同吉尔达·N医生所言）如同“集中营中的一个囚犯，他有［医学］学位，但实际上做不了医生的工作”。囚犯医生不得不与奥斯维辛的这种治疗与屠杀的医学颠倒连接起来，尽管他们在努力去减弱。

不管囚犯医生们处在什么样的特权状态，他们一直清醒于奥斯维辛的真相，清醒于任何表面安全之下的极度危险。比如，亨利·Q医生回忆起一个周日的上午：

> 我们看到被驱逐的妇女［女囚犯］一队一队地进来，持续了3个小时。她们是从焚尸场到火车站去。每个妇女都推着一辆儿童车……这些车载着她们的孩子前往毒气室的。她们现在把它们推回到火车站，让德国人运到德国去使用。我们知道这一切……但我们仍然拒绝相信这个实实在在的场面是真的。

党卫队医生使用了相当大的压力来让囚犯医生进入到奥斯维辛的这整个系统之中，因为他们需要后者在许多方面的合作。比如这样一件事：由
217 于只有囚犯医生才直接与病重者接触，尤其是斑疹伤寒患者，要想控制住集中营内的传染病就必须有他们合作。如同恩斯特·B解释的，在1942年年中之前，如果集中营的某个区域出现了几例斑疹伤寒，“这一区域就会关闭……所有囚犯都要被毒杀（无论是否显示了斑疹伤寒的症状）……然后对这个地方进行消毒，人们希望这种消毒能起作用”。然而，恩斯特·B医生知道囚犯医生会使用“每一种可能的办法来阻碍党卫队医生认定……一种传染病”，把斑疹伤寒病人藏起来，或者是做出别的诊断。

党卫队医生有时也会多多少少征招一些他们觉得对自己有用的囚犯医生。比如，马格达·V医生在1942年年初被运到奥斯维辛时尽管很年轻，也没有什么医学经验，但在一次紧急的气管切开中却显示了心灵手巧，给一个党卫队医生留下印象，于是几乎就马上被任命为女性囚犯主管医生，她在奥斯维辛的整个时期都一直担任这个职位。

同样，彼得·D是一个熟练的耳鼻喉科专家，在一个小而偏远的集中营里工作。一次一个囚犯同伴得了急性乳突炎兼脑硬膜外脓肿，他准确地诊断出来，并且用唯一能够得到的木匠工具为他做了手术，救了他一命。这在奥斯维辛是一种危险的违法行为。然而，当负责这个集中营的党卫队医生霍斯特·费舍尔发现了这件事，很快就将彼得·D医生调到莫诺维茨的一个大医院，给了一个15张床位的病房和相应的手术器械专门用于耳鼻喉疾病。

这些医生之所以被征招，最重要的是因为党卫队医生需要维持集中营内实际的医疗工作。另外，许多囚犯医生懂德语，他们的知识对于某些种类的报告和记录——常常是伪造的记录和报告——也有用，这比实际的医疗更重要。他们能不能被征招甚至也看活干得是否干净整洁。比如，卫生研究所的所长、党卫队医生布鲁诺·韦伯对一个囚犯医生进行测试，考察他依据实验室数据制作一张准确和美观图表的能力。这个囚犯医生想起了一个也曾受过类似测试的“年轻法国人”，受此启发，想尽可能地画得完美，结果画出来的图表“有点模糊失真，几个地方还有擦拭留下的污迹”。韦伯没有要他。几个月后，他就是一个“穆斯林人”（Muselmanner）了。[2]

不过，所有征招中最引人注目的程序是用于旺达·J医生的。她在另外一个集中营时作为一个妇科手术医生和医院组织者的能力就得到了承认，导致集中营医疗服务的总主管恩诺·洛林去看过她。洛林告诉她，要以一种没有先例的安排将她转到奥斯维辛，而且她的头发可以不被剃掉，也不会在她手臂上烙囚犯编号（事实上是给了她一个雅利安人而非犹太人编 218
号）。事实证明，臭名昭著的第10区进行各种试验，需要她来为这里的女囚提供医治。

由于奥斯维辛真正的医疗工作——为患病的囚犯进行医疗——与筛选不可分离，党卫队医生让囚犯医生做前一部分，就等于让他们至少是外围性地参加了第二部分。在这样做时，党卫队医生为了避免自己的负罪感，就尽可能紧密地将囚犯医生带至所有医学工作中最肮脏的部分。在这个程度上，他们就能够成功地弄脏他们能够支配的这些人，感觉自己不那么脏了。以这种方式，他们能够把迫害者与受害者之间、医生狱卒与医生囚犯之间的界限弄得模糊了——至少是对他们自己而言。

在讨论这些事情时，恩斯特·B医生会回到一个观点，再次强调我前面已经引用过的他的看法：“所有在奥斯维辛幸存下来的人，他们的食物都是从其他人那里拿来的。”

所以，囚犯医生的最终适应就涉及到一种交换条件——“此物换彼物”。党卫队通过党卫队医生给予囚犯医生们的“此物”，最重要的就是生存。不仅仅是一个人自己的生存，而且是能够帮助别人生存之能力的生存。囚犯医生非常清楚他们的医生身份与能活下来之间的关系：“如果我不是［作为一个医生］在医院里，我也已经死了”；或者是“对于我而言，是医生就是救了命”；或者是“我们由于我们的职业而活了下来”。

一个囚犯医生讲述了这方面的一些具体情况：

> 面包是……主要货币，是权力和地位的象征……我意识到，作为一个医生—护士，我是集中营社会中的中上阶级：我看起来吃得好一些，我似乎更有权力一些。作为［医学］人员中的一员，我能得到两份汤，有时还能得到一些额外的面包。节省一点精力是很重要的，我仿照老护士的榜样，设法在午饭后溜走，找个角落打个小盹。[3]

囚犯医生克服面对其他囚犯的负疚感的一种方式，就是去帮助他们。

党卫队医生从囚犯医生那里得到的“彼物”就是囚犯医生们在集中营的工作，那些使囚犯医生们触到筛选边缘的工作。另外一个囚犯医生自我撕裂般地谈到这些工作，他说：“我们做了这工作。他们给了我们一些额外的东西——额外的食物……但是［他们说］，‘你们必须帮助我们。你们必须做这工作。’他们很精明。他们对于人的心理懂得很多。”

囚犯医生所做之事还有更多的悖论。他们之中许多人与党卫队医生工作关系密切，似乎在筛选中积极地配合，但实际上是利用他们的位置尽可
219 能地多救人。那些时常激烈表达反对与党卫队医生任何合作的人，也会做出他们自己的适应，他们自己的交换条件，其中就不得不包括一定程度的合作。

终极的悖论是治疗—屠杀之悖论，囚犯医生们生活于其中。他们意识到，随着他们治疗能力的增长（以及奥斯维辛医疗和生活条件的普遍改善），毒气室和焚尸场也会实现它们最大的功能。雅各布·R脑海中就有这样的悖论，他对比了（即本章的题辞）自己相对喜爱的治疗（“差不多还像一个人”）与“集中营的现实”。尽管他后来法庭作证时说曾在医疗上和精神上帮助过许多囚犯同伴，但他自己还是表达了囚犯医生们的那种道德困境。在这点上，他说：“我们可以保持我们的价值观念——基本价

值观念——我们的医学价值观念。”然而，在另外的时候：“［对于囚犯医生来说］整套价值观念完全改变了。一个人真的不知道什么是对什么是错。”在不同的程度上和不同的方式中，他的这两种观察都是真实的。

党卫队医生如何需要囚犯医生的帮助来进行“好的”筛选（也就是杀掉弱者，留下相对强健者以干活），恩斯特·B医生谈了党卫队医生的观点：“他［党卫队医生］个人是绝对一个人也筛选不出来的……他自己怎么知道他筛选得正确？他不知道。所以他就依赖囚犯医生的主管。”

恩斯特·B医生进一步解释说，如果一个党卫队医生“想简易行事”，就会对主管的囚犯医生说：“我明天需要一个100人的名单。”如果囚犯医生对此迟疑，党卫队医生就会鼓励他把这件事交给一个囚犯医生同事，或者是党卫队医生自己去找另一个他知道较为顺从的囚犯医生。“如果他觉得自己得到了一份‘好名单’，那么……他会说……在这些人排队走过时，‘这些人的确是最次的’，他以后还会这样来做。但是，如果他觉得自己得到的是一份‘坏名单’，他或者是去找另一个囚犯来重做，或者是这样的态度：‘下次我自己来做吧。’”

另外一类党卫队医生——恩斯特·B医生所形容的“自信、负责、意识形态上是绝对的党卫队坚定类型”，会检查病人的记录，把他们带到自己面前查看，自己来掌管整个过程。不过，即使是这种类型的党卫队医生，也可能以询问病人身体状况的方式，在某种程度上将囚犯医生吸收进这个过程。实际上，党卫队医生可能会较为间接地行事，在确定较弱病人和做出决定上寻求尽可能多的囚犯医生的合作。囚犯医生也可以找到间接的方式来抗拒这些压力中的某些，同时又要避免成为一个党卫队医生发怒的目标，那就太危险了。雅各布·R医生是一个有着敏感良心的人，他就非常忧愁地琢磨：“一个人是继续工作，协助这种局面［以这种方式推进 220
筛选］……还是应该放弃［让自己被转到干活的工作队去］，但换一个人……［会不会］更糟糕？”

囚犯们，尤其是犹太人囚犯，已经知道进入医疗区是多么危险了。比如，一个捷克女囚犯幸存者就感激地记得自己在奥斯维辛得到的第一份忠告——“待在医院外面”。她谈到了集中营里的两种自杀方式：“去触电网或者是自愿到医院去。”相比之下，如果一个囚犯被派到医院去干活，那是很理想的：摧毁生命的户外苦役换成了轻松的室内工作，得到较多食物，有可能发挥一些影响，在这里干活的囚犯既想去帮助别人，也想巩固自己的位置。

然而，当医疗设施变得严重超载后，这些享有特权的囚犯就会感觉整个情况完全不能维持了，一些囚犯医生（如同恩斯特·B向我解释的那样）：“会有这样的看法，如果筛选能够正确进行的话，那么对于相关者［被选定者］反而要好一些，强过他们在集中营里饿死。”一个党卫队医生这样说会有他为自己辩护的一面，但敬业的囚犯医生洛蒂·M 也证实这种普遍性：

> 你看到他们来了……队列就在我们集中营旁边、我们病［区］旁边……我［对自己］说：“啊，他们是会到营里来还是去毒气室？如果他们到营里来，那是多么可怕。没有床位，没有被单，没有食物，什么都没有。这种情况会越来越严重。”你看到了吧？我们忍受不了这个。我们总是说：“啊，如果我们［能够保持］我们现在的人数……这是可以忍受的。再多一个对于我们就已经是太多了。”所以，此时你就希望他们不要来，尽管你知道如果他们不来……那除了毒气室就没有别的选择了……所以我说这是一个［与后来的］……负罪感［相联系的］大问题。

她说这些，是作为一位相当坦率和正直的女性在做个人的忏悔。囚犯医生会体验到这种矛盾心情，这个事实也会增加党卫队医生对他们自己深层分裂的接受。

马格达·V表达了一位高尚的囚犯医生要帮助别人和对病情分类处理整体上一种迟疑的默许：

> 我问在场的其他女孩［囚犯医生］……你知道的，我们说，有多少人正在死去？好吧——这样，我们就大致知道了我们能够向他们［党卫队医生］显示什么。剩下的人……我们就告诉他们要看起来健康……要站起来或者是想办法，你知道的，打起精神。他们［那些接近死亡的人］不管怎么样都会死。没有机会来救他们了，没有机会……如果你选择了……他

们，好吧，他们会早死一天或早两个小时。

合作的程度可以救下至少是那些相对健康的病人。

困境

然而，如同雅各布·R医生所言，问题是人“变成了这个系统的一部 221
分——这就是最令人困扰的事情”。作为一个献身于尽力帮助他人的人，他带着特有的悲伤和真挚告诉我：“这些年来一直难以忘怀的事——我从来没有谈起的事……对不能工作的囚犯进行……筛选的事。”他描述了有些病人在经过几天住院治疗后仍然非常衰弱，没有任何改善：“所以，或早或晚他们都会被［认定为］不能工作——我们也无法帮助。所以，他们就去了……去了毒气室——［筛选］由党卫队医生控制。我们必须决定他［党卫队医生］会看到哪些人。”

囚犯医生的这种困境是：在多大程度上成为这个系统的一部分（用雅各布·R医生的话），以及在何种程度上对筛选的合作。当党卫队医生要求或命令开列病人的名单时，囚犯医生常常会一起商量以形成一个共同的立场——通常是一种妥协，他们会同意有限的合作（把那些明显憔悴的病人开列出来），同时尽量救他们能够救的人。

他们之间也会有分歧，按照洛蒂·M医生的话来说，这种分歧很难率直地讨论，因为会带来痛苦的感觉、冲突和彼此间的怒气。所以，纳粹医学统治者迫使囚犯医生们陷入一种道德困境，不管这种困境如何解决，都会导致愧疚感：一个人只有协助了奥斯维辛的筛选做法才能拯救生命；一个人只有拒绝行使自己的救命能力才能不参与奥斯维辛的筛选。

来自纳粹医生的压力导致囚犯医生出现团结、沉默和争论。事情会变得如此复杂，以至于出现这样的情况，即某个囚犯医生要是不在筛选中帮助摆脱困境的话，就会被另一个医生视为某种形式的背叛。比如，吉尔达·N医生就告诉我，她和一个同事在一个犹太医生朋友兼上级手下工作，此人通常是保护她们这两个年轻同事的。反过来，当这个女上级把门格勒要求确定病重病人的命令告诉她们时，她们也会合作。“我们……去挑那些很可能一两天就会死去的人。”但是，有一次，这个女上级特别激动，告诉她们，“在今天晚上之前你们必须给我……25人的被筛选者的名单”，因为门格勒要求这样做，“如果你们不做，他说他会枪毙我们”。于是，吉尔达·N和她那个同事“爆发”了，“决定停止它［她们的合作］”，把自己藏了起来，直到截止期限早已过去。吉尔达·N医生不完
222 全清楚她们为什么要这样做，但这与对自己这个上级既害怕又怨恨的情绪有关（“［她有着所有这些地位和权力的］优势。她自己应该来做这个［筛选］”），还有一种挫折感——给了她这个“责任”，她自己的医生一面被残忍地摧毁了（“我们根本就不是医生……我们没有任何权利……没有药……什么都没有……我们就像是木偶”）。当这个上级最终找到她们两人时，吉尔达·N医生说：“她非常生气……我们怎么能让她独自做这件事，［她说：］‘你们觉得这样做算同事吗？’”。

囚犯医生利用他们与党卫队医生的关系，尝试用每一种可能的计谋来救人免于被筛选走。一个囚犯医生表达了他们想尽办法救人（“我们设法把基本记录藏起来，告诉病人藏到浴室里去”），然而，却是接近于徒劳（“用这种办法，即使我们做不了太多，他们或许会有一个机会，或者至少是多少自然死去”）。

他们也可以发展和卫生兵中的某些军士的良好关系，这些人中，有一些曾是医学院和神学院的学生。一个囚犯医生描述了一个人们认为特别正派的人，他会悄悄地说：“他们可能明天会来［筛选］。”其他一些则可以贿赂，用装着现金的信封就可以要求他们帮助安排改变一些选定的囚犯号码，救下一些人来。

亨利·Q医生强调了幽默的重要，他讲述了一个中年法国犹太牙医，此人“开玩笑，大笑，给我们讲故事”，“我告诉自己此人是完全疯了”。他会对亨利·Q医生说这样的话：“亲爱的侯爵，五点钟我们将一起饮茶”，使得亨利·Q医生想这个牙医是不是“不知道这里在发生什么”。然而，回想起来，此人以“讲他的故事”而帮助了这些囚犯医生，也就是说，不管多么不真实，对这个可怕现实而言，他创造了一种持续的揭露性的选择，来帮助囚犯医生们对于囚犯医生身处于的这个死亡之海来说，怎

样强调都不过分。除了持续的筛选外，这里还有——尤其是在早期——在医疗区进行的惩罚性点名，每个病人，不管病得多重，都必须到医疗区前面来，或者是立正站着，如果实在站不起来的话则躺在地上。即便天气寒冷，他们也必须脱得只剩下内衣，有时候还会被冷水弄湿，结果导致许多人死去。人们必须坚持，仿佛生命还能继续下去一样。“奇怪的是，每个人是怎么知道和不知道一直萦绕他们的死亡临近呢。”[4]与每天的日常之事相伴的，是持续的谈论（和证据）——“爬烟囱去了”。尽管人们致力于挣扎着活下去，囚犯医生们就如同吉尔达·N医生那样都相信，“死刑是给我们所有人的……［不管］……今天或明天”。

来自党卫队医生的威胁和压力可以让这种死刑感觉十分迫切。一个囚犯医生讲述了党卫队医生弗里茨·克莱因怎样一直在要求关于病重病人 223
的更多信息，以便将更多的人送到毒气室去。他以他那种悲伤的口吻补充说：“问人们一生中这样的事情是没办法坦率的。或许你不得不做一个圣人来说没有。你知道，我对我自己的行为并不乐观。然而我并不是一个坏人，的确不是。但是，存活来问我了，‘是你活还是我活’，我说‘我’。”

除了筛选之外，囚犯医生还得做一定程度的病情分类工作（就他们而言，这是真正的医学工作）。比如，当那个年轻的波兰医生扬·W能够通过他的地下关系弄到一点珍贵的斑疹伤寒疫苗后，他并不是简单地以“先来先得”的原则进行分配。对于那些他觉得“太过衰弱而不能恢复”或年迈和虚弱的囚犯，他没有给他们疫苗（在正常情况下，恰恰应该给这些人疫苗）；而是给了那些“年轻，疫苗能够帮助他们的人”。而且，扬·W也更倾向于把疫苗给自己的“朋友网络”，也就是像他自己一样的波兰政治犯：“对我而言……克拉科夫学校的一个朋友远比我以前从未见过的某个荷兰犹太人亲近得多。”

另外一个医生——一个荷兰犹太人——也同样倾向于自己的同类人。他讲述了他把自己拥有的所有20片磺胺全部给了一个患皮肤丹毒的人，从而至少是治愈了一个人。但是，这个医生补充说：“当然，他是一个荷兰人。对他和对我都比较轻松，我们语言相通，彼此都懂。如果他是一个波兰人，恐怕就难说了。”

除了属于一个人自己这个群体的考虑之外，还有着道德和医学方面的考虑：是把这20片或30片磺胺或其他药物分给10个人，一天就把自己的药物供应全部用光而没有任何效果；或者是只给两三个人，每人都有一天的足量，但过后就没有了；或者是只给一个人，他治愈所需要的这几天中每天都有足够的量。如同埃里希·G医生所言：“这是医生们的一个困境……每天的困境。”

至少有三种情况，囚犯医生们觉得必须参与到杀人之中去。首先，在医疗区里将那些杀害和殴打其他囚犯的狱头杀掉，瓦迪斯瓦夫·法基尔对此有讲述（见本书186—187页）。这样的杀人拯救了众多的生命——然而却仍然是杀人。某个人——通常是一个抵抗领导人或一个抵抗组织——来决定哪个狱头“危险”，在其他人也同意的情况下可以杀掉他；还得有人来做这件事，这通常是一个囚犯医生与在医疗区工作的其他囚犯合作进行。*

第二是囚犯医生觉得有些病人不得不杀掉。埃利·科恩医生在一本
224 副标题为《一个忏悔》的书中讲述了一件事：他当时负责一个“疯子房间”，其中一个人逃到了集中营里面，造成了骚乱，导致党卫队司令官发布了一个警告，不能再发生这样的事。科恩与一个和他一道工作的囚犯医生的共同反应就是：如果他们不能在病房里让事情平息下来，“我们全都得去毒气室”。由于这个精神病患者极难控制，那个同事的反应是质疑他“为了一个疯子要牺牲600人！”于是他们两人合作，用注射过量的胰岛素杀掉了这个人。科恩后来写道：

> 那一次我……是的，我违反了一个医生不能杀人，而是要尽力让他们活，尽力治愈他们，帮助他们的伦理规则。然而……第一步总是起作用的。在接下来的几周中，这种事又再次发生了。不过这一次我的道德顾忌就少多了，我再次上楼对V说……‘还是老情况。我们还得再做一次。’
>
> 我们又做了一次，这个人也死了。

---

*奥斯维辛有一些抵抗网络，其中最突出的为共产党领导（见本书388—390页）。

报告这样的事情是没有问题的：

> 当然，这很简单，因为你不过是在已故者的卡片上填写一些东西。肺炎……你愿意写的任何死因。因为在这个房间里就是一场闹剧。我给每个病人都准备了一张非常整洁的表格，显示他的体温，甚至有给他服用的药物。即使没有给他这些，这些也会进入到他的表格中。”[5]

所以，奥斯维辛就可以给一些囚犯医生施加上直接医学杀人的某些因素，类似于本书第一部讨论的“安乐死”。

科恩和其他的囚犯医生努力反抗这个环境的整体残忍，在这个环境中，如同一个前囚犯条分缕析地告诉我的：“所有人性和伦理标准的堕落发生得如此之快……一个人必须非常严厉，才能防止多少强壮一点的囚犯加快了较弱的囚犯同伴的死亡。”这方面极端的例子就是一些强硬的犯罪型精神变态者的行为，他们加入了党卫队人员在特别行动队的杀人。杀人之后，囚犯会被派出去把尸体拿回来，以填满必须的“五人一排”，从而点名时报数正确——这种点名报数有时就在囚犯乐队奏乐（前面已经提到）时进行，乐队演奏的是“这就是我们怎样度过每一天”。[6]

第三种形式的杀人是某些囚犯医生参与的：在怀孕不同阶段进行的堕胎，在女性秘密生产后将新生儿杀掉。这些堕胎和杀婴之所以进行，是因为女性（尤其是犹太女性）如果被发现怀孕或生产，就会被党卫队杀掉。关于这些秘密事件有很多讲述。比如，吉尔达・N医生就讲述了一个勇敢的 225
囚犯医生是她眼中的“堕胎的女英雄”。

有一次，当一个匈牙利医生对一个快要生产的女性进行人工引产时，* 吉尔达・N医生本人来了。如同吉尔达・N医生所言，这个匈牙利医生的重点是要“救这个女性的命”，“她［这个匈牙利女医生］这样做是冒着自己的生命危险”，靠的就是“无人谈论——这是……一种沉默的共谋”。吉尔达・N医生谈到每个被堕胎者的心理痛苦：“对于母亲，［这是］可

*吉尔达・N医生不确定引产所使用的方式（“我想她大概是进行某种注射”），但看到了这个匈牙利女医生使用了一个移动台“像是一个小小的手术桌”，还有“一件小小的器械……非常原始”。

怕之事，然而，十分奇怪的是她最后竟然同意了。有些人会说不，我不想要，她们宁可和自己的孩子死在一起。但最后她们全都同意了。我们中的一些人会说：‘哦，你［未来］还会有孩子的，如此之类的话。’”

还有一些其他的记述，谈到新生儿被遗弃在医疗区等死，以及新生儿被勒死或闷死以免被发现。因为吉尔达·N医生强调，如果党卫队发现了，他们就会说这个匈牙利医生和帮助她的人是“谋杀者”——而不是他们自己。

奥尔加·伦杰尔医生在她那本题为《五个烟囱》（1947）的书中辛酸地谈到这些事情。

她讲述了当婴儿在医疗区出生后，“让［婴儿］被认为是死胎”的必须。她谈到有一次偷偷摸摸带一个女性到医疗区来生产，“［生产之后，］我们捏紧这个小东西的鼻孔，当他张嘴呼吸时，我们又给他服了一点毒药。打针……会留下痕迹。” 伦杰尔医生谈到自己留存的负罪感：“可是，我徒劳地想让我的良心赦免我。我仍然可以看到这些婴儿由他们的母亲产下。如同我抱着他们一样，我还可以感受到他们温暖的小小身子。我惊异于这些德国人使得我们变成了这样的人！”谁又能不受她接下来那句可怕评论的困扰呢？——“所以，德国人成功地让即使是我们也成为了谋杀者。”[7]

科恩医生在他的“忏悔”中说得更具普遍性：“作为一个学者，作为一个医生，你……脑海中有一些如此艰辛之事。”[8]

第12章　囚犯医生：努力治愈 226

“一天，我打碎了一支注射器。我吓坏了。打碎注射器是比杀死一个人要严重得多的犯罪。一支注射器远比一条命更有价值。”

——奥斯维辛囚犯医生

“我们的骄傲——我的骄傲——就是让人们留在那里……我相信，尽管有着所有这些事情，我们在精神上还是医生。”

——奥斯维辛囚犯医生

“一定程度上是同事”

然而，囚犯医生治疗的冲动感人地坚持着。事实上正是这种冲动使得他们受缚于党卫队医生，形成了这两个群体之间一种奇怪的、矛盾的，然而又很重要的关系。党卫队医生恩斯特·B告诉我，奥斯维辛的规则严格禁止与囚犯的“友善关系”，但他又补充说，“但心理事实却是人不可能生活在一起而没有友善关系”。这个意义上的生活在一起，是指至少为了某些共同目的而在一起工作。

恩斯特·B医生还说：“医生们想要较多的医院建筑，其他人［党卫队司令官］则说这些要少，［屠杀］火焰的燃料要多。”不管党卫队医生们在这个问题上有什么意见分歧，但较多的医院设施和较多的真实治疗，即使与官方的政策是一致的，也有助于他们感觉到自己是医生。有的时候，他们会与囚犯医生联合起来反对集中营指挥系统的做法。比如，奥尔加·伦杰尔谈到，由于两人都会讲罗马尼亚语和来自特兰西瓦尼亚这个地方，所以弗里茨·克莱因待她颇友好，保护她不受臭名昭著的集中营残忍
227 监督伊尔玛·格里塞的威胁。有一次，他把伦杰尔医生从格里塞惩罚性的点名行列中叫出来，让她把药给病人送去，为此这两个党卫队军官之间发生了对峙。他成功了，而格里塞则愤怒地宣布：“医生，别忘了，是我在这里下令！”[1]然而，克莱因又是一个纳粹医学意识形态的狂热者，正是他把屠杀犹太人比拟为清除坏死的赘余之物（见本书15—16页）。

有一个引人注目的党卫队人员，他不是医生，而是卫生兵的军士，名叫威廉·弗拉格，他完全是因为治疗而被囚犯们记住。弗拉格对待病人温和，愿意帮助，一直对抗着一个残忍的看守主管汉纳·鲍曼的淫威（此人说病人都是在装病不去干活），坚持医疗部门的自治。洛蒂·M医生记得他曾说过：“你在这里没有权力。这是我的区域。我说他们得留下。”其他的卫生部队人员是施放毒气和进行石炭酸注射处死，这就更增加了囚犯们对弗拉格的感激。

在囚犯医生的不得已参与中，他们会因自己的纳粹主人、尤其是纳粹医生显现出来的最微小的人性之光而格外感动。埃里希·G医生非常鲜明地记得在集中营与一个德国医生的一次短暂相遇：“［他］与我握手。［他］真是人性。”吉尔达·N医生同样谈到了关于一个“非常年轻”的德国医生的难忘记忆，她从奥斯维辛疏散到另一个集中营后遇到了此人，他要求看一看她病房里的病重儿童：“我突然在他眼睛里看到了……巨大的怜悯……他怜悯这里的这些孩子，病得如此之重却没有真正的治疗，他［也］怜悯我。”

医学教育和学习的模式构成了这些关系中一些最矛盾的方面，导师是囚犯奴隶——犹太、波兰和德国囚犯医生，学生则是他们的狱卒主人。比

如，党卫队医生霍斯特·费舍尔对彼得·D医生的手术技巧印象深刻，决定将他调到较大的莫诺维茨医院，给他器械和病床来治疗病人，但这种安排还不止于此。彼得·D医生被要求打算做手术时要让费舍尔知道，因为费舍尔坚持要到场，事实上则是“擦洗”（这是手术团队中一个助手去做的消毒程序）和协助手术。彼得·D医生记得费舍尔作为“一个医生想要学习……［对关于病例的］每一件事……都感兴趣”。*

彼得·D和其他囚犯医生也谈到了费舍尔在精神病学方面的学习。一个
波兰精神病学教授在电击治疗方面有一些当时还很新的知识，他向费舍尔
展示了一个自己在莫诺维茨营区的电力部门协助下制作的电击装置。费舍 228
尔安排将一些被认为需要进行这种治疗的女性（因为她们“疯狂”或在某
些方面情绪不稳定），带她们给这个教授来进行电击治疗。同样，费舍尔
也是一个认真的学生，教授这些电击治疗时，他几乎全都到场，而医院的
其他囚犯医生只是观看了最初的两次（见本书298—300页）。

尽管类似的合作努力并不常见，但它们显示的医学纽带却十分常见。不管这种纽带如何被筛选的存在所玷污，它对囚犯医生而言意义重大，对纳粹医生也起到了作用。

有的时候，甚至由于两方在一起熬过了令人难受的筛选程序，这种纽带竟得到了加强。一个囚犯医生讲述了自己对克莱因医生的认识。克莱因每两周执行一次筛选，但是“非常仁慈”，他强调他们之间形成的这种纽带：“如果你每周都看到此人，尤其是在筛选时与此人在一起”，你就会“非常、非常”了解他。马格达·V医生对这种事做了说明：“这就类似于你读到的恐怖分子的受害者会对那些绑架他们的人有感觉一样。”也就是说，这种纽带是由极度的强制和一些因素形成的，其中包括一种命运共享——至少是暂时共享——的感觉。

这种纽带要求囚犯医生进入到党卫队医生所处的麻木和现实感丧失的

*但是彼得·D医生对于他的协助却得小心。有一次，当彼得·D祝贺费舍尔在自己监督下成功完成了他的第一例乳突手术时，费舍尔却愤怒地回答：“你拿我开心吧？好像我就只是个学生。”彼得·D医生对我评论说：“我必须说，除了他的党卫队那一面外，他还真有人性。”

状态。比如，马格达·V医生在医学领域和应对纳粹医生压力方面都显示出相当的技巧。但是，当我问她关于石炭酸注射的事情（见第14章），她说她“非常麻木”，没有“记住细节……有人说了一些什么，但是它……不真实”。同样，关于筛选和其他方面的经历，她的回答也是：“整个事情都极不真实……我可以肯定我并不是唯一有这种感觉的人，我们都觉得处在一种象牙塔中，这些事情没有发生。”

雅各布·R医生谈到纳粹医生有时“一定程度上是同事”，他也告诉我，对于他和其他囚犯医生而言，“没有某种情感麻木的话，在奥斯维辛是不可能活下去的”。在将近20年后，直至被唤至在英国的一场审判中作证，他才克服了这种麻木：“面对［奥斯维辛受害者］是一个可怕的震撼……他们的经历……那些试验……［就在此刻］我的心智才修复了。”

埃里希·G医生谈到了一种“心理免疫反应”，这就是“如同穿了一件
229 石棉衣服，所以着火时火不会影响到你。”而且，“你还不能让它［这种心理免疫反应］熄灭”。面对筛选，一个人不能放弃与纳粹医生的这种纽带，它对于个人的生存和救治他人能力的生存是太必要了。

尽管这种纽带极度不牢靠，而且囚犯医生从来也认为奥斯维辛的纳粹都是谋杀者，但还是有一些例外的积极关系，比如一些囚犯医生和奥斯维辛卫生研究所的两个党卫队医生恩斯特·B和德尔莫特·G之间的关系。几个幸存者医生清楚地告诉我，这两个党卫队医生对他们真正关照，帮助安排他们在集中营与妻子和家人违法的见面，而且可以有个人之间的信任。然而，即使是在这些不同寻常的例子中，囚犯医生也很难完全放松。

有时，一个纳粹医生会用这样的关系来进行某种精神发泄，来表达（尽管很少是直接地）因参与筛选而来的负罪感。波兰囚犯医生扬·W将维尔纳·罗德（一些囚犯认为他相对正派）形容为“德国‘博世’*……较为友善［超过了其他纳粹医生］”，是一个待囚犯医生为“医生同事”的人。另外，“他［罗德］有时甚至讲述他头天晚上的梦。我给你讲一个他的梦吧。有一天，他走进来，告诉我们：‘我昨天晚上做了一个什么梦啊！一个可怕的梦。我梦到了油煎犹太人人头——犹太人人头在一个煎锅里。’这就发生

*“博世”是一战时对德国人的一种蔑称，但这里也指一个粗人。

在一次筛选之后，这次筛选有大量的人被毒杀和烧掉”。

罗德的梦很可能反映了一种负罪感、死亡焦虑和一定程度虐待狂的混合。这样的忏悔只能向波兰医生讲，或有可能也包括向德国囚犯医生讲。然而，囚犯医生们这种表面的自由并不意味在对党卫队医生精神发泄方面，他们可以随便做出任何反应。

与党卫队医生表面上的同事关系可以被理解为一种诱捕。一个囚犯医生讲述了克莱因有时称呼他为“同事先生”或“博士同事先生”，克莱因是多么“友好”和“非常仁慈”，费舍尔、克莱因和罗德“对待我们相当正常”，“与我们谈论医学”。然而，他的观点是他和其他囚犯医生都在这种关系中被操纵和利用：

> 他们不鞭打我们。不，根本不打。他们没有必要这样来做，因为我们非常服从。我们就是奴隶。你总是要立正站着［说到这里他碰了一下脚后跟，立正，显示这种军人的奉承］……
>
> 我们来干活……所以，只用很少的人你就可以控制整个国家。你把对 230
> 的人放在对的地方就行了。”

彼得·D医生赋予这种关系以较为积极的价值：费舍尔成为了“一个朋友和同事，达到了这样一个程度，以至于他从来不从我的工作中带走一个人去集中营［筛选毒杀］”。马格达·V医生则震惊于这种关系在一些情况中被用于某种“扩散责任”，“每个人都把责任推给另一个人”。不过，对于党卫队医生来说，也有一个恩斯特·B医生所提到的原则：他们需要“逃避到一种幻觉之中……觉得自己是在做很好的专业医学工作”。

党卫队医生和女囚犯医生

党卫队医生与女囚犯医生的关系较为复杂，含有“骑士风度”的因素，有时甚至有喜爱，但也有欺骗和危险。如同洛蒂·M医生所言，罗德尤其将集中营视为“德国男性对犹太人男性的战争……［但他］多少会帮助女性和保护她们”。[2]她和其他人都谈到罗德“非常喜爱我们的犹太主管医生……对她印象极好”，这使得她能够对罗德有相当的影响。洛蒂·M医生形容马格达·V医生是一个“好看和非常聪明的女性”，囚犯中普遍传言马格达·V医生是罗德的情妇。一些囚犯将马格达·V显而易见的特权地位归因于传说的这种关系，这也成为战后在捷克斯洛伐克想起诉她的一个因素。由于她与党卫队医生工作关系密切，与他们走得很近等依据，她被控为筛选的共犯。洛蒂·M医生认为这个指控“完全是疯了”，因为就像她指出的那样，马格达·V医生实际上是做了一切可能的事情来救人。

我分别访谈了洛蒂·M医生和马格达·V医生，她们都认为罗德在战争刚一结束就被绞死是很遗憾的，她们都认为与其他纳粹医生相比，罗德是“一个较好的人”，“他以自己的方式做一个正派的人”。马格达·V医生多少有点夸张罗德的优点，坚持一个印象即“他拒绝执行筛选，宁可到俄国前线去”（事实上不是这样）。她还说她还因罗德不了解犹太人却贬低犹太人而责骂过他：“你怎么能这样谈论犹太人？”与此同时，她嘲笑了关于自己与罗德有勾结和性关系的指责，强调纳粹有“种族耻辱或犯罪”的法则，这可以应用于与犹太人的性关系：“我只是一个囚犯，搞什么名
231 堂啊！”“你必须想到这种情况。”对我来说很清楚，马格达·V医生既没有勾结也不是情妇。但是，谈论到纳粹医生欣赏她的风度和语言及医学能力，认为她“美丽”和“事情做得漂亮”，她再次谈到了一个囚犯医生与党卫队医生建立的任何关系中都可能有的污点。另外一个囚犯医生可能最为准确地概括了这种纽带，他认为马格达·V医生“对于罗德而言，是一个母亲—忏悔对象。”

罗德救过洛蒂·M医生的命。当时她得了斑疹伤寒，病情危急，罗德告诉那些照料洛蒂·M的囚犯医生，“我不想让她死”，监督让洛蒂·M得到好的照料和有营养的饮食。他甚至给她带来了一件衣服，然后在她的要求又带来了一副胸罩，这样她才能走下病床。所有这些对狱头和党卫队人员都有作用，他们“感觉［洛蒂·M］被他所保护……他们也不会对此进行妨碍”。罗德对洛蒂·M 的友善态度，是从得知她是在自己的母校读的大学和学医后开始的。他动情地怀旧，向她打听母校那些教授、餐馆和小店。罗德显然发现洛蒂·M医生聪明和有魅力，所以如同洛蒂·M所言：

“我并不觉得跟他距离近，但他觉得与我距离近。”她对他并非非常敬重，形容他是“傻……帅运动员类型……没有什么聪明的想法”，但她仍然找到了理由来感谢他：“有趣的是，他总想让我获得自由。”他感觉，洛蒂·M作为一个非犹太人德国人，她应该得到帮助离开奥斯维辛。有了这个想法，他甚至安排洛蒂·M与一个新来的营区司令官谈了一次话。洛蒂·M沮丧地回来了，告诉罗德这个新来的营区司令官“看来是一个强烈的反犹主义者［洛蒂·M的被囚禁，部分是因为帮助犹太人］”，罗德回答说：“好吧，我们全都是反犹主义者。” 洛蒂·M 告诉他自己对他没有这种印象，他的回答是：“嗯，集中营里的情况不同一些。”他的意思是——仍然是奥斯维辛治疗—屠杀之精神分裂的又一种表现——集中营的“非正式”允许一个人对犹太人个人态度松弛一些（就像他与马格达·V医生的关系），尽管他可以将群体的他们作为大屠杀的对象。

罗德想向洛蒂·M医生传递他在执行筛选上的迟疑，他需要喝酒才能执行这种任务。尽管他对自己喜欢的囚犯医生如洛蒂·M和马格达·V有过保护，但他看来还是想让她们分享他通过喝酒能让自己进入的那种麻木状态。所以，有一次监区封锁起来进行筛选，罗德看到洛蒂·M医生在窥看囚犯们被拖入卡车，运去杀害，就带着几分激动说：“你为什么看它？你不需要看它，这还不幸运？最好是别看。”

克莱因医生如同埃洛·林根斯—赖纳医生所言，是一个“真正的”反犹主义者，所以他发现她不是犹太人而是德国人后很高兴。由于他常找她出去，“喜欢与我交谈”，所以囚犯中也有流言说他们之间有男女关系。232
事实上，埃洛·林根斯—赖纳医生感觉自己是不得不小心地讨好克莱因。不过，她与他在一起也感觉很好（如恩斯特·B医生所指出的），以至于能够提出了那个导致克莱因说出了“坏死的赘余之物”的问题：

> 克莱因到这里时已是他们毒杀……非常多的时候了……你可以看见焚尸场，你可以看见黑烟和火光——甚至火光从巨大的烟囱中冒了出来。我站在那里看着它，克莱因在我旁边。然后我说：“克莱因医生，我想，你可以执行这样的事，但你从来就没有想到过你的希波克拉底誓言吗？”他说：“我的希波克拉底誓言告诉我从人体上切除坏死的赘余之物。犹太人

就是人类身体上坏死的赘余之物。这就是为什么我要切除它们。”*

事实上，克莱因的浪漫兴趣是在一个富有魅力的年轻波兰医生身上，她与5个女囚犯医生住在一个房间。尽管（在洛蒂·M医生看来）他们之间也没有肉体关系，但克莱因形成了星期天一大早就来这个房间的习惯——此时这些女性都还在床上，克莱因与这个富有魅力的波兰医生“调情”，主要是颇为详细地讲自己的政治见解（“他的……观点是波兰人应该与德国人团结起来，对抗俄国人”）。洛蒂·M医生进一步解说——她的解说揭示了这种关系的某种基本性质：“我们不想死，你知道的，所以我们就待在床上，直到他结束了与这位女士的调情。”克莱因后来被调离了这座妇女营，因为一个卫生部队的军士在克莱因这样的一次周日上午来访时正巧走进了这个房间。如同洛蒂·M医生所说的，他“对集中营的头提到了……这位克莱因医生与囚犯的关系太好了”。

伊娃·C是奥斯维辛集中营内一个20岁左右的艺术家，非常有魅力，她讲述了自己与另一个党卫队医生汉斯·威廉·考尼格的关系，这种关系不仅救了她自己的命，而且救了她的母亲。她描述了——并非没有感情——她对考尼格的第一印象是“一个平平常常的党卫队人员，看起来像堂吉诃德，袖子太短了”，又讲述了他怎样开始天天出现在她做医学绘图的那间小小办公室里，愉快地与她聊天，聊各种事情，只是不聊“与集中营有关的事情——提到这个他就说不、不。”

1944年年初，伊娃·C听到（通过她与一个男性囚犯的关系听到的，此人是监区地位较高的人）要把整个捷克斯洛伐克家庭营的人全部毒杀的计划，她们是这个营的一部分。当考尼格在在几周没来之后又一次来时，她把这件事告诉了他。时间不长，几乎可以肯定是在考尼格的鼓动下，她
233 被叫到了门格勒面前，这样她的编号就可以放入数量极少的被允许活下来的人之中。然而她坚持自己不会考虑“单独活下来”，在场的另外一个囚犯医生向门格勒解释说她有一个母亲，仍然年轻和健壮，可以干活；门格勒开始不同意，后来妥协了，把她母亲的编号也加了进来。在此后不久的

---

*这是她对这次交谈的记忆版本，她的书中也引用了这次交谈（见本书15—16页）。

对捷克家庭集中营的第二次即清算筛选中，考尼格不仅再次安排了这对母女的留存，而且当囚犯们被迫裸体从党卫队医生们面前排队走过时，伊娃感到了羞辱（因为她认识这些人而更是如此），但她说“我看到［考尼格的］眼睛只看着我的眼睛，根本不看别的地方，我非常感激这一点”。她觉得考尼格是在安慰她“一切都会变好的，他是一个朋友”，“我感觉到他的关心”。

然而，她对考尼格这种态度的评估却是：“他把我当作了某种宠物……有一种调侃，说党卫队下级人员与党卫队上层人员举行的聚会中有一种调侃，我听说了。他在这种聚会中被人调笑，因为他总是带一些礼物——香烟、食物等等，给那个‘美丽的艺术家’。”她在这种关系中持续的矛盾心理，对于一个幸存者来说，作为一个终极问题而出现：“他救了我。但是，有时候我会想，如果我有机会来救他的命，我会不会呢？”

在这些关系中，女囚犯医生会去发现纳粹医生身上隐藏的人性从而去救人。有时她们是通过一种思量过的心理态度来这样做。比如，曾跟随早期精神分析学家奥古斯特·艾希霍恩学习过的洛蒂·M医生，就试图把艾希霍曼所强调的接近青少年违法犯罪者的一种最好态度用于党卫队人员身上，甚至是纳粹医生身上：

> 说的内容要非常严厉，说的方式要很友善——或者是反过来，说的内容很友善，但用一种严厉的方式来说……所以［艾希霍恩］说，如果你有一个小男孩，你说：“好吧，弗兰克［要用严厉的口吻］，这是我最后一次帮你收拾烂摊子了。”或者是你说［用温柔的口气］：“弗兰克，你知道我喜欢你——我知道你是一个好孩子一个聪明孩子——但是你现在所做的事是绝不行的，我必须惩罚你。”……我觉得——所有党卫队人员都像那样，所以最好的方式就是这样来对待他们。

她把这样一些方式与偶尔的惊讶、直率乃至于幽默结合起来。（有一次一个党卫队医生听到她用法语以一种贬损的方式提到自己，她没想到他懂法语，此人威胁性地对她说：“你对我的抱怨结束了吧？”她回答说：“没，我还没有结束，不过如果你希望的话，我可以中断我自己，马上结

234 束。”这导致此人大感惊骇，摔门而去。）

洛蒂·M医生承认，“你必须处在某种位置上”才能如此大胆行事（她是德国人，而且不是犹太人，还担任一个医疗领导职务）；但是，她补充说，她不仅是从艾希霍恩处，也从马格达·V医生处学会了使用这样一些态度——马格达·V作为一个犹太人女囚犯医生，很擅长处理自己与党卫队医生的关系。

在进一步讨论罗德时，马格达·V医生谈到了在心理影响上的一种观察：“我可能自己并不知道地影响了罗德……我可能抑制了罗德……要杀掉一个你认识了5年的人是非常、非常困难的……哪怕是5天……你发展出了某种关联。”但是她也承认当时要拯救生命是极端困难的：“一切都非常之快……他们被筛选出来，半个小时之后他们就变成烟了。”

医学价值与医学上的“犹如”

党卫队医生的欺骗和伪善是无处不在。马格达·V医生讲述了克莱因是怎样“假装很好”，“每个人眼中的家庭医生……矮小、圆滚滚的……很好的家庭型医生，非常关心你”。有一次，一个有15岁女儿的女性向克莱因抱怨未能得到马格达·V医生的亲自治疗，克莱因拍拍女孩的头，告诉这位母亲：“亲爱的，不要着急……你们去医院吧，我来照料你们。”但是，马格达·V医生“知道这是什么意思：两人都送毒气室”。马格达·V医生进一步追问：“一个被训练为救人的医生怎么能这样做？”

不管是在意识的哪一个层面，她感觉到了这样一种纠缠的关系：他和我都是致力于治人的医生，但他不仅违反了我们的誓言，而且假装要做一个仁慈的治疗者；而我却必须依赖他才能生存、才能做真正的治疗者；可是这样做的话，又需要我逐步陷入他所做之事，面临的风险是：变得像他一样。

这位囚犯医生的挣扎中，一个关键主题就是雅各布·R医生所称的“保持一个人的医学价值”作为一种“能作为人活下来”的手段和“拒绝接受集中营中的价值”。一个人可以把一定的麻木与低调行为结合起来，这样对于医生来说，“一种突出的个性……就不重要了”，更重要的，是集中精力，悄悄地帮助病人和“做在这种大环境中可能去做的事情”。

困难在于，他们必须在一个医学结构中工作，这种医学结构既是屠杀的一部分，又建立在医学上的“犹如”情境的欺骗之上。亨利·Q这样说它：

> 在德国人终于为囚犯建立的医院中……一张体温表、一张观察表比起一个人的生命来要重要得多。并不需要把病人治好，但必须在观察表上提 235
> 到他得到了其病情所需的所有药物，这样德国人以后就可以向世界证明，白纸黑字地证明，如果他死了的话，那是因为他太虚弱，而不是他所得到的糟糕治疗的结果。

由于他们与纳粹医生的关系，囚犯医生们尤其被拉入这种医学真实性的幻觉之中。在讲述自己与门格勒的工作关系时，洛蒂·M医生清楚地说明了这一点：

> 我就像是在一所正常的医院中工作，尽管我知道它不是。但是……当门格勒走进医疗区时，我会说：“我能让您看看这个病人吗？……我能把这个人带到男营做手术吗？因为我们没有手术室但男营有……”我给他看病人中的十个，他说行或不行，然后就走了。这完全是正常的主任医生查房的形式。

洛蒂·M作为一个非犹太人的德国人有一定的地位，而犹太医生吉尔达·N则向我讲述了她在“责任”问题上的痛苦，形容她和其他囚犯医生在医学工作上的努力不过是一场“闹剧”。由于事实上没有药物（“一个监区有数千人，我们每天只有10片阿斯匹林”），她们就只能治疗那些最严重和症状最明显的病人。由此而来的无助感就加重了，并且加上了因期待不能满足而来的愧疚和挫折之感：“手中什么都没有……一个医生又能干什么呢？……甚至连水都没有……但我们还是得做，好像我们对什么东西负有责任一样……对你负不了责任的东西负有责任……这是一种……精神分裂……非常精神分裂。”

如同恩斯特·B医生，吉尔达·N医生也使用了“精神分裂”这个词来叙述治疗与屠杀的这种颠倒与混淆，叙述面对屠杀却要尝试和提出治疗的颠倒与混淆。不过，吉尔达·N医生进一步揭示：对于坚持医学责任感的囚犯医生来说，这种治疗—屠杀的矛盾带来了可怕的心理后果。她没有直接说，但她显然受困于纳粹医生那种阴险地将责任观念延伸，将有过失和责备也包含在责任之中，他们指责囚犯医生要为病人的死亡“负责”，以此作为一种为自己和其他集中营当局免罪的手段。如同我们将要看到的，这种“责备受害者”的模式（这里指医生—治疗者—受害者）对纳粹医生在心理上是很重要的，但我们也尤其要注意它对囚犯医生潜在的毁灭性的心理影响，哪怕他们自觉地意识到了这种指责很荒谬，也有影响。

一个与之相关的矛盾是囚犯医生感觉到：自己在党卫队医生的鼓励
236 下，向囚犯提供了很多原本是成功的治疗，但这些人却被杀掉。亨利·Q医生讲述了一些“复杂的开放性骨折，复杂的［接骨］复位装置，骨缝术［将骨头的断裂端联结起来的手术］”的病例，这些治疗煞费苦心，非常难做：“当他们就要愈合了，他们被杀掉了——因为他们虚弱。”扬·W医生讲述了一个类似的模式，那个因热心于筛选而臭名昭著的弗里德里希·恩特里斯从一个波兰囚犯医生那里学到了一种外科手术，这个党卫队医生将它用在了病人身上。但是，

> “如果治疗后的恢复期稍长一点点，哪怕是手术很成功，他就会认为这个病人是医院的一个负担，影响到了医院的出院率。于是，以这种途径学到了这门技艺的这个党卫队医生，在做了手术之后，也会很快地把病人送往毒气室或者是石炭酸注射处死。”

治疗与屠杀之间的这种精神分裂般的矛盾一直持续到最后。如同雅各布·R医生所言：

> 我在奥斯维辛的最后职责（在他被转运到布瑙之前）……是典型的否定现实的态度——囚犯和党卫队都是如此。俄国人越来越近。［然而］我们为集中营里的医生准备了一系列讲座，［教他们怎样］把囚犯医生当得更好。这已经是1944年的9月了……是党卫队医生命令我们［这样来做

的］。与看护人的心态非常不同。这是一个权力位置的问题。

这也是一个维持奥斯维辛“犹如”医学情境的问题，在这种欺骗中要求囚犯医生充当关键角色。埃里希·G医生对纳粹医生“不能压抑住所有人性”的观察，应该是一种双重真实：他们的确不能抑制自己的所有人性，但他们更不能抑制住囚犯医生奴隶们的所有人性。

保持做一个治疗者

绝大部分囚犯医生都尽量以一些能够维持存活下来的方式与纳粹医生一道工作。他们除了在“核心会议”上制定关于筛选的做法外，就像吉尔达·N医生谈到自己与其他女性医生的关系时所言，以不同的方式“他们真了不起……面对饥饿……干渴……处在如同所有其他人一样被处死的威胁之下，他们仍然尽力［去帮助别人］。”

囚犯医生的生命有时被感激的病人所救，但更多的是他们自己的相互
救助。埃里希·G医生谈到了现在是东欧一个生物学讲师的当年同事，在奥 237
斯维辛时，他失去了活下去的动力，如果不是囚犯医生同事的两次干预，肯定就死了。一次是埃里希·G医生发现这个同事朝电网走去想触电身亡，于是一把拉住了他；另一次是另一个同事把此人从已经选定送毒气室的一群人中拽了出来（这个沮丧者想法让自己被选去），“打了他一耳光……把［他］拖远，他活了下来”。这种彼此之间的支撑期待从奥斯维辛一直延续到战后的生活。埃里希·G医生的另外一个同事，在集中营时的健康状况恶化到几乎成为一个“穆斯林人”（Muselmanner），埃里希·G医生救了他。数年之后，与埃里希·G医生在同一个医学部门工作的此人又病了，于是又去找埃里希·G医生，说：“请你救我吧，就像当年在奥斯维辛那样救我。”

奥斯维辛治疗的另外一个方面是囚犯医生需要伪造诊断结果，以避免病人被筛选去处死。比如，迈克尔·Z医生就讲述了在卫生研究所的细菌学实验室工作时，“我常常给出一些伪造的化验结果，因为科氏杆菌……肺结核……疟疾，［如果我不给否定性的化验结果的话］……那自动就是毒

气室……［所以］我就自己这样做，如果知道是一个囚犯的化验，就给出一个不会伤害到他的结果”。同样，迈克尔·Z和其他囚犯医生也利用了纳粹医生的无知和对生病囚犯的厌恶。比如，囚犯医生（当在医疗区工作时）会把斑疹伤寒诊断为流感，他们知道这些病人“很脏……全身是伤口和溃疡”，党卫队医生不会靠近他们：“所以很容易给他们［党卫队］编故事。”

然而，有的时候，拯救生命也取决于努力得出真实的诊断——当党卫队医生将因肺炎而发烧的人诊断为斑疹伤寒时。鲁道夫·瓦蒂克医生就有过这样的事情。但是，当他未能阻止这些被误诊的人被运往毒气室，他自己也因与党卫队医生的异议而被调到一个搬运尸体的小队去干活。[3]

囚犯医生同样需要学会拒绝一些要求，以及拒绝的适当方式。迈克尔·Z就抵挡住了对他治疗者身份的终极威胁——一个狱头强烈暗示他去对病人进行石炭酸注射处死。他坚持说：“我不知道怎样做……我不知道怎样做，我就无法做。”他显然感觉到（正确地感觉到）说自己不会而不是反对，这种态度能使一个人抗拒某事而不至于带来直接后果。

238 为了坚持做一个治疗者，囚犯医生必须利用党卫队医生之间的对立和竞争。旺达·J医生认为自己之所以能够在臭名昭著的第10区（医学试验区）弄到一些好的医疗设施，“是因为一锅粥”，“因为他们相互仇恨……［维尔特］恨克劳贝尔格教授……克劳贝尔格教授恨他。他恨霍斯，霍斯恨他。就是这样的闹剧。”

霍斯的情妇（见本书201页）在怀孕4个月做了流产，此后出现了髋关节结核，被送到医疗区进行治疗，于是旺达·J医生有了一个特殊的机会来利用这种情况。她马上就把所有情况都告诉了维尔特，因为“我是维尔特的人”（她在维尔特手下工作，维尔特在一定程度上保护她），也因为“集中营的地下组织［她是这组织的一部分］就依赖于霍斯与维尔特之间的仇恨而得以生存”。也是在地下组织中，她从维尔特的囚犯文书处得知，维尔特很快会去柏林，拿这个情况来做文章；尽管并不知道结果是什么，但她感觉“他们相互斗是我们的好运”。

如同扬·W医生指出的那样，当相对友善的党卫队医生如罗德允许

“他与囚犯医生之间关系很好……是专业人士之间的关系”时，囚犯医生就会利用这种关系，但与此同时也限制这种关系，以便远离筛选，保持作为治疗者的身份。就像亨利·Q医生解释的那样：“我们在这种可能性的限制之中遭受折磨和［行动］……我相信，医生们的确提供了一些安慰。这是对病人的安慰，病人觉得有人与他在一起，有人理解他，试图做一些事情来帮助他——这样的事情已经很多了……我们是一个群体，而不仅仅是我们医疗区的［单个］医生。”所以，他就能够得出结论（也就是本章题辞所言）：他和他的朋友们“我们在精神上还是医生”。

帮助儿童，这对囚犯医生尽力维持作为治疗者的身份很有帮助。比如，亨利·Q医生讲述了来自波兰一个犹太人区的一个9岁男童的影响，“在朝毒气室去的卡车上，他是那样吵闹，党卫队就把他弄了下来”，允许他为他们做一些跑腿的事。亨利·Q医生自豪地补充说，这孩子在他的病区待过，现在“还活着，我们常常在巴黎见面”。他甚至更为详细地谈到了一个更年幼的俄国孩子（“这在集中营是很罕见的”），他有一次把这孩子带到医务室去：

> 我从所有监区前面走过，你可以感觉到所有成年男人，超过一万人，都看着这个小孩子。我跟他走在一起非常自豪……就好像与共和国总统走在一起一样。国家只有一个总统，这里只有一个孩子。

第13章　囚犯医生：与纳粹医生的合作 239

“我们得接受锁匠、理发师、刑事罪犯等等的虐待……然而，一个50岁的［囚犯］医生却会用最为残忍的方式殴打自己的年轻同事，他还会把他们送往毒气室，这对我们而言简直就是可怕。”

——奥斯维辛囚犯医生

有几个囚犯医生开始证明他们与纳粹医生和集中营当局有足够亲近的关系，能够被视为合作者。这样的合作可以与各种民族主义群体的反犹主义联系起来，与普通刑事罪犯与政治犯之间的敌对联系起来，也与犹太人自己内部的敌对联系起来。

长期的波兰反犹主义表现得尤其强烈。雅各布·R是一个对其他人有深入理解的犹太人，他谈到了“民族主义和反犹主义的”波兰医生和甚至更糟糕的囚犯护理员，他们“的确虐待犹太人……用一种让人遭受折磨和死去的方式”。有些犹太人也的确对波兰人有敌意，但波兰人最先来到奥斯维辛，并且得到了相对有权力的囚犯位置，包括医疗方面的位置。波兰人遭受了痛苦的折磨，他们的知识分子尤其成为纳粹直接和间接屠杀的目标，但他们是“雅利安人”（尽管是奴隶），而不是像犹太人那样的反种族。一些波兰人可以和纳粹当局有共同的目标，也就是（用一个囚犯医生的话来说）“都极端反犹，所以不在乎
240 犹太人被毒杀或被注射处死”，因为“他们有一种感觉，觉得自己是上等人”。所以，许多波兰囚犯参与了暴力对待犹太人的奥斯维辛模式——身体殴打（有时候是致命的），有些波兰医生形成了打耳光和殴打几下的习惯，犹太医生也会成为他们的受害者。握有权力的犹太人有时也会“相互打耳光”，但是（如同埃里希·G医生所言）与“波兰人或其他人打犹太人相比，这就不是问题”。即使波兰同事的行为“完全没有问题”，但（如同一个捷克女幸存者所言），犹太人也会感觉他们是故意屈尊，“我们知道他们是反犹的”。

整个奥斯维辛结构——它对犹太人的处死——都有助于对待犹太人的那种极端的麻木不仁。在一个医疗区工作过的一个波兰幸存者在部分为波兰医生辩护时这样说：

> 考虑一下一个年轻的［波兰］医生或［高年级］医学院学生的处境。他知道90%的犹太人早晚都会被处死，他必须得完成同样百分比的［通常的］“穆斯林人”的筛选配额。如果他拒绝，他就帮助不了任何人，他自己也得死——另外一个人会马上来填补他的位置，做他拒绝做的事情……人们对一些事情慢慢就变得冷漠了。如同一个医生切开一具死尸（验尸）发展为一种习以为常。

奥斯维辛的这种死亡污染极大地强化了一些波兰医生早已存在的对所有犹太人、包括病人的敌意，经常有传言说波兰医生想方设法让犹太医生从医疗区转至集中营中那些可能导致他们死亡的地方。这些做法一般都会成功，但有时也会被犹太医生向其他一些有影响的囚犯求助所挫败，而其中至少有一次是向维尔特医生本人求助。

有某些权力的犹太医生如马格达·V，会坦率地告诉波兰同事：“注意，我们在这里全都是一样的……我不允许这里有这个［反犹态度］……我们全都在这同一条船上。”如同她所解释的：“［他们知道］我会像为

波兰人冒险那样来为……犹太人冒险，我跟他们讲了这个。”她强调许多波兰同事“没问题”，有些甚至在帮助每个人上面有点“异想天开”。其他的犹太医生讲述了他们的生命因波兰同事的强力干预而得救。然而，对于大多数犹太人而言，包括犹太医生，他们不得不警惕波兰人管理层和波兰医生及官员中普遍的反犹主义，这些导致了各种方式的犹太人死亡。

波兰人—犹太人的这种斗争与政治犯与普通刑事犯之间的深层冲突交织在一起。普通刑事犯曾造成大量的苦难和死亡，直至政治犯逐渐接管过来为止。政治犯的医疗队伍以一群由达豪转来的德国共产党人为先锋， 241
这些人曾与维尔特有过联系，他们到了奥斯维辛仍然能够维持这种起作用的关系。双方的冲突可能成为暴力，包括在医疗区域的一些安排（如同波兰医生塔德乌什·S形容的），把一些杀害和殴打囚犯的刑事犯狱头“送往……死亡”。随着时间推移，党卫队医生倾向于支持政治犯，因为政治犯帮助维持了较好的医疗安排和整体上的较好组织。

犹太医生彼此之间也有冲突，比如较有经验的女医生就厌恶马格达·V医生，因为尽管她从医学院毕业的时间并不长，但因来奥斯维辛较早就得到了较有权力的位置。其他人表示理解（如同洛蒂·M医生所解释的）“这并不是正常的医学安排……她是一个很好的组织者，有非常聪明的方式［来处理事情］”，这对其他的囚犯医生有用。来自不同国家的犹太医生之间也有敌意，包括法国犹太医生感觉他们作为一个群体应该负责一个医疗区，当来自某个群体的犹太医生觉得另外一个群体的犹太医生“用门格勒威胁我”时——也就是说，试图利用与一个党卫队医生的较密切关系来强化自己的位置时，也会心生怨恨。

对于那种涉及犹太人身份的突然羞辱，医生们总是很敏感的。迈克尔·Z医生被派到一个吉普赛人集中营去工作，但“［只］待了非常短的时间，因为发布的一个法令宣布犹太人没有权利来照看吉普赛人”。而且，在某些情况中（在某些监区和奥斯维辛早期），犹太医生会因自己的“精英”病人而有相当大的危险，他们必须充当波兰人和德国人狱头的护理人员。“这些人有时会每天打我们一顿，［作为］承认我们照料的一种方式”，迈克尔·Z医生这样说，他还想起，“我们看到了多少［犹太人］大学教授、医生被他们的病人所杀害”？

犹太医生也面对来自普通犹太人囚犯的怨恨，这些人抱怨一些犹太医生的地位或“无耻”态度，抱怨他们总是下达粗暴命令而不是关心，甚至连个微笑都没有（“他们通常不会因为你微笑一下就枪毙你吧？”）有一个犹太人幸存者告诉我，有一次她的幼儿——双胞胎中的一个——病了，她听说有一个来自东欧的“著名教授”，于是就带着孩子穿过集中营去找他，但这个医生却不肯为孩子做一个检查，结果孩子死了（“我不是说他可以救活我的孩子，但他甚至试都不试一下……他放弃了他作为医生的责任”）。

尽管与其他的犹太人囚犯相比有特权，但犹太医生也与他们一样，有着无时无地不处于势不可挡的危险之中——而且实际上是来自每个人的危险——之感。一个囚犯医生承认波兰人中“有好人”，但他更普遍的感觉
242 是“波兰人是反犹者，所有波兰人全是”，他说自己曾听到波兰人说——在犹太人被运抵奥斯维辛时说：“对于我们波兰人而言，希特勒也有好的一面——他正在让我们摆脱犹太人。”尽管他知道“欧洲各个地方”都有可钦佩的人们在抵抗，但所有“非犹太人的囚犯都是反犹者……只是细微差别不同罢了”。

四个医学合作者

不可避免地，至少会有一些囚犯医生超过底线，成为其他囚犯所认定的与党卫队的积极合作者。我们来考察他们之中的四人——三个波兰人和一个德国犹太人，每个人都参与了某种形式的合作，分别是：执行筛选、试验性手术、身体暴力和“犹太人合作”。这四种形式的合作不仅揭示了这些人自身，而且也揭示了那些编排这些合作的纳粹医生，以及发生这些合作的奥斯维辛环境。

这四人全是男性，之所以如此可能是这样几个原因：男性囚犯医生多；男性囚犯医生一般也较有权力；女性囚犯医生——如同女性整体——更善于灵活地适应奥斯维辛，尤其是适应党卫队医生，而不必屈服于（或

至少是不那么极端地或不那么频繁地屈服于）奥斯维辛层级中“权力位置”的诱惑。

执行筛选：亚当·T

亚当·T是这四个医学合作者中唯一还在世的。我不是在波兰而是在德国找到了他，从战争结束后他就一直住在德国，甚至把他的姓也德国化了。雅各布·R在描述他时重复其他囚犯医生的话，说他是“一个机会主义者……一个反犹者”——雅各布·R以补充说“我们所有人都倾向于帮助我们的人［我们自己的人民］”而强调了这个评判。彼得·D医生也认为亚当·T是反犹者，而且“过分热心”，他“想要受宠于［党卫队］医生，因为他作为一个基督徒有较好的机会走出集中营”。然而，彼得·D医生也补充说，“他对我很好”。一个能够近距离观察亚当·T的非犹太人的前囚犯，也把他放在这样一些囚犯医生中，“他们筛选的人甚至超过了党卫队医生会筛选的人”。那位非医学方面的科学家也曾是一个近距离的观察者，他的概括是：“亚当·T是一个狂热反犹的波兰民族主义者，而且脾气很坏。他很容易兴奋，从残忍跳到仁慈，忽好忽坏，不可预测。”

对于我的这项研究，绝大多数幸存者都给予温暖的同行情谊和赞同，而亚当·T对于与我见面的不耐烦，却让我吃惊（“啊，所有这些都过去那么长时间了。我不想再谈它们了。我现在已经很老了”），当我们还是见 243
面之后，他的戒心加防御也让我吃惊。我见到的是一个衣着讲究者，家中家具奢华，很快就提到自己的大诊所和在地中海有夏季别墅。

然而，他也向我展示了他手臂上烙的囚犯编号，指出这个编号很靠前，说明他来到奥斯维辛非常早，待的时间非常长——整整4年。他告诉我，当时他是一个波兰抵抗组织的成员，因偷听盟国广播而被捕，在克拉科夫的一所监狱经历了6个月的残忍对待（“你时时……准备着他们会在任何时候枪毙你”），转到奥斯维辛后又遭到党卫队人员的毒打（他的一只胳膊被打断），此后很快又得到了严重的斑疹伤寒。作为医疗区的一个病人，他看到“党卫队做事的方式”（石炭酸注射处死，将尸体搬到车辆上运出去），他从医疗区出来的第二天，“整个医院都被送去了毒气室”。

即使他强调这些事情是为了为自己开脱，但他对奥斯维辛的暴力领悟（尽管他也干过一段时间的劳工），对奥斯维辛“医学”本质的暴力领悟是确凿无疑的。

他带着情感回忆了奥斯维辛早期的恐怖：每天都有大量波兰囚犯因各种形式的残忍而死去，而这与纳粹要摧毁波兰知识分子的整体计划是一致的。然后，他用一种我觉得奇怪的口吻补充说：“对于他们的战略而言，可能这是对的”——他似乎不同寻常地神往于“他们的战略”，这就显得奇怪。

在他被允许做医学工作，然后又管理一个主要营区的一个大医疗区后，他的境遇有了很大改善。他将此时的自己形容为被政治犯所围攻，他说这些政治犯是“老德国共产党员”、“犹太人共产党员”和“德国犹太人共产党员”，他说这些人一直在找他的麻烦，暗中图谋反对他。他坚持说这些人中的一些仍然在这样做，想要以虚假罪名控诉他（他不仅指对待他的态度，而且指要让他接受审判）。

雅各布·R对亚当·T医生所说的这种情况做了无疑很准确的说明。有一个犹太人共产党员囚犯，他是医院里一个有影响的官员，告诉来到这里的雅各布·R，说亚当·T是一个反犹主义者，而且很狂热，必须反击。此时的亚当·T走得更远，他向雅各布·R吐露必须“消灭某些共产党员”，并说雅各布·R之所以能够得到这份工作，是因为他适当关照的结果。雅各布·R感觉到他面对任何这样的建议而困惑地后撤，都会被亚当·T视为“非常愚蠢”，而亚当·T已经把奥斯维辛的风气搞成了不同寻常的局面，“他认为自己就是医院里的一尊神”，毫无顾忌地施展“他的绝对权
244 力”。亚当·T开始像纳粹医生一样，“就为了学做手术”而在犹太人身上做手术，还坚持要一个有经验的外科医生协助他，否则的话他就根本不考虑病人，对待犹太人“就像他们不存在”。对于亚当·T而言，“最重要的事情就是这个系统运转顺利”，他能保持自己的权力和特权。

在向我谈到党卫队医生时，亚当·T开始时不屑一顾地说“就是一些大纳粹”，“一点不懂医学”。然而，随着我们谈话的进展，他对他们的讲述就变得越来越同情。他讲述了他们怎样帮助他用“真正的医生”替换

了非医学人员，后来这些人中的一个又与一个党卫队军士一起被不公正地关押起来。在同情地回忆党卫队医生时，他也在为自己的行为辩护。比如，他说自己在一次筛选中曾对党卫队医生说过“有些人还能够再工作几周”，党卫队医生说：“好的，他们就留在这吧。”对于亚当·T这种要求，党卫队医生“总是说可以”。而且，他坚持说并不是党卫队医生，而是集中营司令官要求进行筛选，而“第一个自负的杀人者是政治部，［它］与［党卫队］医生毫无关系”。在他看来，党卫队医生“非常好，与我们说话很安静”，他们并不是施加压力让囚犯医生参与到屠杀中，而是以改进他们集中营里的医疗设施和医学数字而自豪。无论如何，“清除”是非医学人员干的，“医生们并没有做那么”。同样，党卫队医生也受到了压力来顺从，“党卫队也可以杀党卫队”，“我总是说当个英雄并不容易”。

以这样一种方式，亚当·T就把真相的核心、半真相和虚假混合在一起，为党卫队医生，为与他们共命运的囚犯医生来辩解。这种辩解包括了责备受害者的因素，强调一些犹太人原先过着舒适的生活，现在有了艰难的“心理状态”，得了“囚犯神经衰弱症”，最终绝望而寻求自杀，扑向电网，被警卫塔上的看守开枪打死。

亚当·T想把自己呈现为一个治疗者，是一个在死亡海洋中“让人们活下来”的人，并且与囚犯医生同事密切合作改进设备，做能够做的事情来帮助病人。

然而，当谈到筛选时他变得紧张了。他讲述他的医院变成过分拥挤后病人如何被运走，他使用了一个我以前没听到过的委婉说法来指毒气室——“中心医院”。他使用这种委婉说法的方式，是将筛选等同于战争中的伤情分类处理来证明合理，党卫队医生也被告知这样做。他谈到有一次情况异乎寻常，集中营遭到了轰炸，死了500人，1000人受伤：

> 人们来到了我们医院。一些人情况非常糟糕。党卫队会说：“你不可能让这些人恢复健康。你必须把他们运到中心医院去。”对于党卫队而言这不是问题，在前线是同样的情况。如果一个德国士兵受了开放伤［骨折］——一条腿截肢——如果能够在三到四周内治愈，就会把他送到医疗 245

> 室去抢救。然而那些他们无能为力的士兵——这些士兵就只有死。他们对自己的士兵还是这样。这就是战争——一种非常难办的局面。*

在他的叙述中，除了这种夸张和多半的谎话外，还将奥斯维辛当局描绘成一个被围困的群体，在“非常艰难”的战争时代想尽量做得最好。亚当·T医生谴责维尔特应主要“为这整个灾难性的局面负责……［在这种局面中］他们从医学观点进行了这种消灭”。他的愤怒可能既反映了对党卫队医生的一种残存的恐惧（“晚上，他们［可能］把一张纸条送到办公室，这就意味着［有人］第二天就会被杀”），而更重要的是他回忆起维尔特与共产党员政治犯的联系时，仍然将他们当作自己的敌人。不过，谈到维尔特时，在某一点上他明显柔和下来，这给我一个鲜明印象：他无意之中将这个党卫队主管医生与他自己的道德困境联系起来了。“我问我自己，为什么维尔特要待在奥斯维辛？他可以走的。他可以说自己想上前线。当然司令官会说‘我没有其他人了，我需要你’。”

亚当·T医生强调自己经常与他所居住的这座德国城市的犹太人联系。一个囚犯医生在评论他与犹太人的这种广泛联系时，带着几分挖苦说：“我听说他成了一个‘台扎迪克’。”这是希伯来语中的“圣人”之意。犹太人幸存者很难相信的这种转变，是他战后适应的一部分。

另外一个犹太人幸存者艾萨克·K曾在同一所医院里作为非医生工作过，他证实亚当·T无疑是反犹主义，但承认他在被人请求时偶尔也会帮助救犹太人囚犯的命，尽管这些时候通常都需要贿赂他才行（食物、金钱、衣服或其他东西）。艾萨克·K谴责亚当·T执行了筛选——当党卫队军士逃避这种任务时，他显然做过几次，但又补充说在奥斯维辛的结构中“有人不得不去筛选，［因为］医院太拥挤了”。艾萨克·K说亚当·T越过了要求一个囚犯医生去做的，即使是在奥斯维辛。他有一个更为严厉
246 的谴责：“我们证明他与党卫队合作”，这是指向党卫队报告三个犹太人囚犯想要逃跑，这三人不久就被抓起来，按照奥斯维辛的一贯做法，他们被公开吊死了。艾萨克·K又说到亚当·T医生如何从犹太医生那里学外科

---

*关于对德国士兵的“安乐死”，可看本书143页。

手术技巧，但又补充说“他待这些医生非常好”，他自己也与亚当·T关系不错：“［他可以］非常、非常好……但是我从一开始就感觉不能信任他。”

艾萨克·K认为亚当·T有一种角色转换模式，我在纳粹医生们身上也发现了这个（我在后面会详细讨论）。亚当·T的波兰右翼民族主义和反犹主义的结合，再加上他回应自己那种压倒性的死亡焦虑上无所不能为的立场，就导致他发展出一种与党卫队医生非常相似的“奥斯维辛自我”。雅各布·R医生向我指出，这并不完全是“对侵犯者的认同”（这是精神分析的一个术语）那种情况，而是一个人认同于了奥斯维辛的整体权力结构，在战后的岁月里，亚当·T仍然是半撤销半维持了这种认同。然而，在奥斯维辛，这样一种适应就使得他能够直接进入由执行筛选作为缩影的治疗—屠杀的颠倒之中。

试验性手术和“诽谤”：维拉迪斯洛·迪林

三个成为了合作者的波兰囚犯医生中，第二人是维拉迪斯洛·迪林，他对犹太人囚犯进行了残忍的试验性手术，这由于他在1964年伦敦一场不同寻常的诽谤官司中充当原告而广为人知。[1]

迪林由于参加波兰地下组织的活动而被囚禁，很早就来到了奥斯维辛（1940年8月15日），并且遭到了盖世太保的毒打。在奥斯维辛，他开始是做繁重的体力劳动，然后当了护士，后来成为一个领导的波兰医生，而且在囚犯中“开始时名声很好”。[2]在这个早期阶段，他帮助了许多人，尤其是波兰同胞，被囚犯和党卫队医生认为是一个技术非常熟练的外科医生。

早期有过一件重要的事情：一个德国医生让他进行石炭酸注射处死。按照他在后来审判中的说法，当他发现注射器里液体的性质之后，就拒绝注射。不过，一个囚犯医生后来作证说，迪林事实上按照恩特里斯的命令做了注射，但不知道自己注射的是什么东西。当这个囚犯几乎是马上死亡后，迪林“很震惊，宣布他再也不会进行任何注射了”。[3]不管哪种叙述是真的（我倾向于相信那个囚犯医生所说），迪林无疑被这种经历所震撼和吓坏了，尽管如此，这还是起到了让他越过门槛走进暴行的作用。

247 1943年，作为一个囚犯医生，迪林被给予了前所未有过的权力，维尔特任命他成为了医务室的监区长者，不仅让他担任囚犯主管医生，而且还是一个领导的狱头。在这一时期，霍斯特·舒曼（在维尔特的协助下）将迪林征招为进行与绝育试验相关联的手术医生。有大约200个囚犯的卵巢或睾丸先是接受辐射，然后迪林把它们摘除下来，以供病理检查，判断辐射是否起到了绝育作用。他还以一种粗糙和痛苦的方式进行了脊椎麻醉试验（不是采用通常的手术步骤先进行注入通道的麻醉），常常是强绑住病人后进行手术。他做手术常常是手和器械不进行无菌消毒就进行，做得极快，接下来缝合也是匆忙粗糙。整个过程大概只要十分钟。（旺达·J医生回忆，当她以缺乏手术设施为借口拒绝舒曼要求她做这种手术时，舒曼告诉她："我会让你看一个10分钟做一例的医生。"）

尽管在波兰医学院上学时就认识迪林的旺达·J医生知道"他并不是非常……亲犹太人"，她开始时还是很高兴地得知迪林成了医务室的监区长者，因为她认为"他会帮助我"。然而，他断然拒绝她为那些极为病重的病人提出的饮食要求，她觉得是因为他认为"我们［犹太人］是注定要死的"。

迪林要进行手术时，要她在场安抚被手术的年轻女性，所以她看到了很多实际过程。她带着某种苦涩告诉我，在一次手术中，她用波兰语问迪林："你知道你在做什么吗？"迪林的回答是："当然知道。我在摘除卵巢……因为，你知道，舒曼在这里。"她补充说，"迪林一天做了10个女孩……一个下午"，手术条件则是"腐烂"（意思是感染和没有消毒）。在接下来的照料这些女孩中，她看到了严重的组织破坏和感染，这是因深度X光照射、粗糙的手术和奥斯维辛的整体情况共同导致的。她不仅要尽力让这些女孩活下来，而且要找到办法让她们免于官方的仔细审查身份，因为她们作为"秘密的承载者"（"秘密"这里是指这种手术试验），她们总是处在被送往毒气室的危险之中。

其他的囚犯医生也看到迪林越来越残忍。雅各布·R医生谈到有一次在一起查房时，迪林看着自己动过手术的一个病人，说了一句"大绝育"。

这是一个有意的双关语，因为同一个术语“伟大的绝育”在医学中是指发现了绝育程序来防止传染。迪林也用他从犹太人囚犯身上摘除的睾丸阴囊做成了一个烟袋，有时还拿给其他的囚犯看。[4]

就迪林的反犹主义而言，雅各布·R医生同样提到查房的这一天，迪林 248
对他说：“你看到这里对犹太人所做的事情不是非常道德，但是这是唯一的办法，唯一的解决方案。”

迪林被认为向奥斯维辛政治部汇报过一些囚犯。他利用自己的影响力让一些自己不喜欢的犹太人囚犯——包括至少一个医生和一个护士——甚至不经筛选的形式而送入了毒气室。

迪林因他的这些所作所为得到了从奥斯维辛释放出去的回报，他去了卡尔·克劳贝尔格（这是另一个参加了试验性绝育的奥斯维辛医生）在德国的诊所工作。旺达·J医生看着迪林离开，他带着两个手提箱，看起来状态很好。她说：“不管怎样，他是一类德国人——德国种族的人。”

战后迪林回到了波兰，由于担心波兰的法律程度，不久逃到了英国，在一所英国监狱里被关押了19个月，直到最终决定不引渡他或驱逐他而出狱。他作为一个医生参加英国殖民地医疗队在非洲工作了10年，然后回到伦敦，在国民医疗保健制度内开业行医。[5]

他平静的行医生活在1959年被令人吃惊地打断了。这一年，一个美国犹太人作家利昂·乌里斯出版了一部小说《出埃及记》，里面讲到奥斯维辛第10区的纳粹医生“使用女性作为小白鼠，舒曼医生用阉割和X光进行绝育，克劳贝尔格摘除卵巢，迪林医生不用麻醉实施了大约17000例外科手术‘试验’”。[6]迪林感觉到必须在自己儿子和再婚妻子（他的第一任妻子据说是在得知他在奥斯维辛所做之事后与他离婚了）的眼中洗清自己，于是他对乌里斯和这本小说的英国出版商和印刷商提出了诽谤控告。结果出现了一场不同寻常的诉讼，纳粹绝育试验和迪林与他们的关系在这场诉讼中得到了戏剧性的揭示。3个领导的女囚犯医生——其中两人为犹太人，还有这些手术的幸存受害者，每个人都被带到了伦敦作为目击证人。几位女囚犯医生在诉讼过程中起到了主要作用，既提供了确凿的证词，又与那些曾被做过手术的女性联系，并且不仅是安排她们到伦敦出庭作证，而且把奥斯维辛展览馆中的手术记录弄到了伦敦。这些手术记录按照德国人喜欢整洁有序的习惯，包含了（按照这些女医生中一个人的讲述）“女孩们的号码……他［迪林］对谁做了手术……做了什么，还有那些男子的号码——一切全在记录中”。

在这场诉讼中，两个前波兰囚犯医生为迪林作证，主要是证明迪林在奥斯维辛早期救了他们和其他人的努力。另外一个波兰囚犯男医生作证指责迪林。不过，三个女囚犯医生的证词，乃至于更多手术受害者的证词，
249 都是压倒性和决定性的。最后的裁决在技术上对作为原告的迪林有利，因为乌里斯小说中涉及的手术*和麻醉数量不准确；但是，用英国人的话来说，他得到的回报是“半个便士”——对迪林的严厉道德谴责。这场诉讼后不久，他就得病去世。[7]

就迪林在集中营的整体行为而言，雅各布·R作为一个犹太医生作了一个简朴而准确的描述：“1943年年初，他仍然很屈从。他是一个卑屈的囚犯。但是……他变了，他变得更是党卫队医生的一个同志。”

所以，迪林从恐惧变为奴性，再变为认同于奥斯维辛环境，尤其是掌管生死的医学化权力。这条路径基本上只提供给非犹太人，尤其是那些具有强烈反犹倾向者，又尤其是德国种族的人。

身体暴力和“为邪恶而邪恶”：泽伦·扎克台勒

泽伦·扎克台勒是一个波兰囚犯医生，他以身体暴力虐待在他手下工作的犹太人囚犯医生而声名狼藉。这些人中的唯一一个在战后对他进行了法律检举，他被判有罪入狱。

亚历山大·O是一个犹太医生，曾在扎克台勒手下工作过，他明确地说“从来没有过任何同事情谊”，“他就是一个敌人，一个天生的敌人”，他带着相应的辛辣口吻说：

---

*这部小说中说的17000例手术显然来自一个囚犯医生，此人听到迪林吹牛自己在奥斯维辛做了这么多手术，它们大部分与试验性绝育没有关系。所以，我们可以推测，这个绝对不正确的数字既来自迪林自己的吹牛，也是因为奥斯维辛的环境如此极端，在它里面发生任何数量的伤害行为、杀害或犯罪性手术都似乎可能。

> 一些人……喜欢虫子。我喜欢仙人掌……他［喜欢］打人……A医生过得——我用德语的表述吧——‘像上帝在法国一样’，但他每个小时都要小便。我们［一群必须在户外做艰苦体力劳动的医生］都累得跪下来或坐下来，因为我们实在站不起来了，我们太饿太虚弱了……A会出去，对着监区的墙小便，通常是左边……他之所以到外面来小便，是因为每次他出来，我们就得赶紧干活，坐着或跪着干，我们的背部会被踢。他就这样出出进进小便，随时踢我们。不过，那些距离他远一些的人没有被踢，因为他不会离开他那条路。他只会多走两三步去踢人。于是，那些人就只得到这样的问候“混蛋！蠢猪！”……我从来没见过扎克台勒出来小便而不踢那些离他近的人的背。”

这个犹太医生的评判很清晰（扎克台勒“是唯一可以没理由就进行 250
殴打和辱骂的［囚犯］医生……唯一进行消灭、迫害、为邪恶而邪恶的医生”），所以，解放后不久他在一家医院遇到扎克台勒时，内心的怒火使他认真想过要杀了扎克台勒（“我向你保证，如果不是我过于吃惊和担心被发现，我就把他勒死了”）。

其他囚犯医生在根本上是同意这个评判的。他们也理解扎克台勒在心理上的惶惶不安。如同一个囚犯医生所说，扎克台勒“古怪”，“高度不稳定”，他殴打同事和病人是他“暴力发作”的一个方面。这种不稳定性部分就来自奥斯维辛不可避免的扭曲或矛盾——就他而言，偶尔也会显示出正派。当另外一个囚犯医生因斑疹伤寒而生命垂危时，是扎克台勒首先想办法把他送到了“雅利安人”区，他在这里有较好的机会存活下来。尽管救活的尝试失败了，但被送到了这个区就使得这个生病的医生显然足够“精英”，在进行筛选时不会被送到毒气室去。

然而，本质而言，如同其他的囚犯医生进一步解说的，扎克台勒“是党卫队医生的忠实仆人”。尽管扎克台勒本人“权力足够大，能够决定任何囚犯的生死，甚至是囚犯中的主管医生们的生死”，但在与党卫队医生的关系上，“他的顺从是百分之一百的”。

扎克台勒的故事在许多方面类似于亚当·T和维拉迪斯洛·迪林的故

事：波兰民族主义与反犹主义的结合，早期的恐惧和身体与心理因残忍对待而几近崩溃，以对纳粹层级的奴性行为和对囚犯的谋杀行为来适应，然后是一系列自私的结构性和心理性安排来维持个人权力和无所不能。不过，扎克台勒与亚当·T和维拉迪斯洛·迪林的不同之处是他极端的身体暴力和普遍虐待行为。我在后面会论证，这样一种虐待心理与一种无所不能的感觉是分不开的，与战胜一个人自身与死亡与损毁的挣扎有关系。不过，不管我们怎样理解这些心理和社会潮流，我们必须认识到奥斯维辛环境所起的作用，这种环境鼓励他们进入到这样一种个人过程之中，使得至少若干囚犯医生成为了纳粹医学化屠杀中的活跃分子。

犹太人医学合作者：马克西米兰·塞缪尔

那些能够纳入本节内容的医生中，我所知道的一个犹太医生是马克西
251 米兰·塞缪尔，曾是科隆一位出色的妇科医生。[8]他也曾是一个热心的德国民族主义者，因在第一次世界大战中的服役表现而被授予铁十字勋章，还积极地参加了反对法国占领科隆的运动。很可能是因为这些原因，他被运到奥斯维辛时有关于他的指示，要特别关照他，尽管他已经62岁，但并未被筛选送毒气室。

他开始时是在布瑙工作，这里至少有一个囚犯医生记得自己生病时塞缪尔给予了很关心的医疗照顾。但时间不长塞缪尔就转到了第10区，他的妇科经验在这里派上了用场，他越来越多地参与了在女性身上进行的试验。他的主要活动之一就是摘除了很多女性的子宫颈，这些女性是爱德华·维尔特对子宫颈癌前病变进行的“研究项目”（见本书391—392页）的一部分。一些囚犯说，他比做这个手术的那些纳粹医生要好一点，对子宫颈的切除要少一些；然而，大部分囚犯医生印象深刻的是塞缪尔在与纳粹合作时的极度“勤勉”。而且，他向纳粹医生告发了另一个囚犯医生，此人拒绝为他的手术继续提供麻醉。也有一些证据表明，塞缪尔还向臭名昭著的政治部告发了一些囚犯。

在我所采访的那些认识塞缪尔的人中，只有一个人对他有正面评价。这位女性曾在第10区成为绝育手术的对象，她记得塞缪尔“对我们很

好”，对犹太人受害者说话温柔，想让自己和其他人对她们实施的手术尽可能没有痛苦。不过，她可能是希望看到一个犹太医生如此行事。无疑，我访谈的大部分前囚犯——犹太人或非犹太人——都记得塞缪尔或是傲慢或是乏味，或是傲慢兼乏味。

他们也认为塞缪尔是一个破碎的男人。他们夫妇与19岁的女儿来到奥斯维辛后，妻子被杀掉了，女儿被筛选去干活。人们有很深的印象，塞缪尔所作所为是他想要救下女儿性命的绝望努力的一部分。他甚至从集中营给希姆莱本人写了一封信，强调自己在一战的表现，恳求放过他的女儿。（这封信放在第10区的办公室里没封口，被另外一个囚犯医生看到了。）

然而，在这些试验进行之中，塞缪尔突然被处死了。我从幸存者那里听到的关于他死因的推测颇不相同。一些人强调他身上出现了严重的皮肤问题或湿疹（一些幸存者认为这是他极度的紧张和恐惧所致），使得他看起来病得很重，再也没有什么用了；或者是导致他的脸对党卫队来显得“令人厌恶”。其他幸存者则谈到了他与克劳贝尔格的争论和冲突。还有一些人认为随着年轻一些的犹太人女医生旺达·J来负责第10区，他就变得多余了。然而，最重要的是，囚犯们认为他看到了那么多，做了那么多， 252
已经到了一种“秘密的承载者”的危险境地。“他一定是知道得太多，或者是向不该谈的人谈了”，一个囚犯医生这样说。

带着相当程度的个人痛苦，赫尔曼·朗本谈到了另外一个重要因素：

> 有一天，主管医生询问我对塞缪尔的看法。甚至更早之前，维尔特也偶尔问到我对医务室官员的看法，但没有说他为什么要问。后来总是会搞清楚的，维尔特想了解他的想法，因为他在考虑找一个承担领导功能的人。因为就我所知道的关于塞缪尔的全部，我怀疑我帮助了他去获得一个有影响的位置。我的回答正好相反。维尔特回答说他对塞缪尔的看法也不是很好，［他］还口述了其他的事情。此后不久，塞缪尔医生就被主管医生的军士弗里德里希·昂特尔带到了比克瑙。办公室得到命令来准备他的死亡通知。

朗本认为：“［深入再想］我得出了一个结论，这是我可以作出反应的唯一方式。”然而他还是一直在问自己：“我是不是无意之中也共谋了此人的死亡？”[9]

他将塞缪尔归纳为这样一类奥斯维辛囚犯，这类人尤其出现在较老的囚犯之中，他们“尽管有着很高的智力和丰富的人生经验，尽管知道奥斯维辛这部灭绝机器，但拒绝接受现实……培育着能够为自己创造一个例外的疯狂希望”。[10]这个例外之想，如同我们知道的，与想让他女儿生存下来有关；但同样极为重要还有塞缪尔对自己是一个德国人，是纳粹的同胞，是党卫队医生的同事的这样一种强烈感觉。他可以在奥斯维辛使用这种身份来尝试救他的女儿（女儿也被杀掉）和他自己。

如果关于囚犯医生合作者最后还有什么话，那么最好的可能就是扬·W医生所说的了。我问他对迪林和塞缪尔行为的看法，这位波兰医生的谨慎回答试图传达出奥斯维辛道德真相的一些复杂性，以及他个人的体谅人性：

> 对囚犯的行为做出评判，是很难的。指责特别行动队的犹太人将人推入毒气室而帮助杀害自己的犹太人同胞，这很难。这是在一种剥夺了他们意愿的压力之下的行为。然而，有时一个人也会超越我们期待他不会超越的底线，去做超过了需要去做或要求他去做的事情——他带着虐待的快感
> 253 去履行职责，甚至没有得到任何命令就去做一些事情，以这种方式来迎合纳粹。这些事情就可以视为犯罪……
>
> 也许医生的例子有点不同，因为医生受职业伦理的约束，也是受过高等教育的人。然而，迪林和塞缪尔的情况又有所不同……迪林在集中营得到了一定的位置……就他而言，你可以期待他有一定的能力可以让自己免于做某些手术……塞缪尔是个犹太人，这意味着一个在集中营百分百会死的人。所以他有权利去延长自己的生命——一周接一周，一月接一月。

第14章　注射器杀人：石炭酸注射 254

“然而，这样做不是为了医治，而是为了杀害……它非常像一个医学仪式……他们那般认真地保持一个医学过程的全部精确，但目的却是杀害。这是最让人震惊之处。”

——奥斯维辛囚犯医生

奥斯维辛所有屠杀方式中，最为医学化的就是石炭酸注射处死了，这在奥斯维辛相对较早时期被制度化。病人被带到治疗室，在这里由医生或（大多数时候是）他的助手用药，他们都穿着白大褂，使用注射器和针头来进行注射。在集中营的行话中，有一个主动动词“打针”，还有一个被动动词“打针打死了”，与它们平行的名词形式是“冲涤”和“石炭酸了”的意思。[1]

在早期阶段，石炭酸注射是与“安乐死”项目的直接医学屠杀联系在一起的。所以，1947年，曾在奥斯维辛组织这种注射的弗里德里希·恩特里斯医生作证说，自己是得到了“进行安乐死的命令”，该命令来自他所称的党卫队集中营医疗主管医生恩诺·洛林，要求杀掉

“无法治愈的精神疾病患者、无法治愈的肺结核病人和那些永远没有工作能力者”。后来，这个命令扩展至将“四周之内不可能恢复的生病囚犯”包括进来。这个命令很可能于1941年年中或后期下达，当时纳粹正在寻找高效的屠杀方式；到了1942年年初，在恩特里斯的命令下，至少有200个患肺结核的囚犯被石炭酸注射处死。[2]*

255 大约是“安乐死”项目延伸至集中营的14f13项目期间，石炭酸注射就成为了“在家里”——就在进行筛选的同一个地方——进行这种屠杀的手段，而不是将受害者运至主要为德国和奥地利的精神疾病患者设立的屠杀中心再杀死。最初“安乐死”项目中杀掉病情严重者的做法，扩展为事实上杀掉想让其死掉的任何人。实施时，“雅利安”囚犯通常是极度衰弱时才给予石炭酸注射处死（当然也有例外），而犹太人囚犯只要是进入了医疗区就要面对这个。

所以，石炭酸注射处死预告了毒气室的充分发展，并且与毒气室一起使用，因为被屠杀的人数相对较少时，使用毒气被认为不经济。比如，两个荷兰犹太人被注射了取自斑疹伤寒病人身上的血，以判断斑疹伤寒病人多长时间会传染。这样的试验结束后，这两个人就被注射石炭酸杀掉。[3]瓦迪斯瓦夫·法基尔医生谈到了由门格勒下令进行的对两个年轻吉普赛人的这种“打针打死”，这可能是因为他们是双胞胎，门格勒感兴趣于解剖他们的尸体。[4]不过，奥斯维辛的屠杀是非常灵活的，即使一小批人已经指定要石炭酸注射处死了，“但如果正巧运来一批人要去毒气室，那么他们也就去毒气室。”

从1943年1月开始，越来越多地用石炭酸注射处死儿童。这一年年初，多达120个来自波兰扎莫希奇市的13岁到17岁的男孩——他们被称为父母已被杀掉的儿童——用石炭酸注射处死了。+这些孩子给囚犯们留下了深刻

---

*恩特里斯记得第一次命令是1942年5月来到的，但朗本认为他把日期记错了，因为石炭酸注射处死在1941年秋已经开始了。扬·W医生告诉我，“1942年每天都有20人到30人被用这种方式杀死”。绝大部分受害者是犹太人，但也有其他囚犯被这样处死。

+关于这个数字，有一些分歧。有一个来源是斯坦尼斯洛·克罗德辛斯基医生提到的两次分开屠杀——2月23日杀掉了39个男孩，3月1日杀了80个，这可能部分解释了一些数字的不同，有些可能是原先躲了起来的犹太儿童。

印象，囚犯们把“他们最好的东西”给这些孩子，甚至想办法找了一个球让他们玩。当孩子们被命令在浴室里脱衣服，他们哭喊“你们为什么要杀我？”时，囚犯们都听到了，接下来就是小小身子接连倒在地板上的“低沉声音”。[5]

石炭酸注射变成了秘密政治杀害的标准程序。这些受害者既包括奥斯维辛的囚犯，也有从外面带来用这种方式杀掉的人。如同扬·W医生所言，“政治部可以下达命令将［前面说的这两类］犯人在医院里处决，执行这种命令的责任由党卫队医生承担。”

用注射进行的医学屠杀一点也不限于奥斯维辛，在某种意义上，它可以追溯到注射吗啡处死，以及在儿童“安乐死”和后来对成年人的“野生 256
的安乐死”上的使用。石炭酸和其他致命物质的注射处死在其他集中营也广为使用。早期在布痕瓦尔德进行的石炭酸注射处死，由党卫队卫生研究所的柏林总主管姆鲁古斯基下令进行，当时发现血清中比例很小的石炭酸与几个德国士兵的医疗事故死亡有关系。欧文·舒勒（别名“定”）是布痕瓦尔德集中营的医生，他解释说，“以前从未见过石炭酸注射致死之例的［他］或姆鲁古斯基”，就继续进行被认为“对作战部队而言很急迫”的这种试验。[6]不过，在布痕瓦尔德，石炭酸注射主要是用来杀掉生病的囚犯，尽管也用来处决各类政治犯。瓦尔德玛·霍芬医生作证说，有一次他这样做时被同事舒勒看到：“［他］说我做得不正确，于是……他自己操作了几例。”[7]*从所宣称的德国军方的（生—死）需要，到对一个“危险”群体或“种族”成员的大规模屠杀，在这样的发展中似乎有着某种心理意味。

石炭酸注射与视为传染病传播者的犹太人

在奥斯维辛，大约从1941年9月开始，石炭酸注射处死就成为筛选后

---

*霍芬想暗示自己那些石炭酸注射处死是在囚犯的要求之下所为，他们请他帮助摆脱一些威胁性的囚犯。在布痕瓦尔德，有这样的杀人，它们与政治犯与刑事犯之间、以及各个派别之间的争斗有关。

的主要去处。病人变得衰弱或医疗区被认为过分拥挤时，负责的党卫队医生就“筛选一排囚犯，他们马上……就被石炭酸注射处死。”那些在医疗区时间相对较长者，最容易被筛选上，还有肺结核病人（遵照洛林的命令）。“安乐死”或“仁慈致死”的委婉说法与预防医学的原则结合起来，按照鲁道夫·霍斯的说法，“犹太人有［传播］传染病的嫌疑”，所以必须消灭。一个囚犯医生说，“恩特里斯医生决定要用石炭酸注射处死的方式与斑点发烧（斑疹伤寒）战斗”；一个党卫队医生“决定无论病人是否进了医疗室，或者是注射石炭酸，或者是送回集中营”。[8]另外一个囚犯医生谈到，有一次集中营医生看到一群憔悴的囚犯，马上做了一个“闪电般的决定”：把每个病人的卡片放到两堆中的某一堆去。

不过，霍芬和其他党卫队医生显然主要是杀害生病的囚犯（使用石炭酸或依维派钠注射），包括肺结核病人。当党卫队官员调查布痕瓦尔德的腐败时，霍芬被捕，这部分是因为他毒杀了一个反对集中营前司令官的重要证人。

257 然而，与控制传染病相反，广泛使用石炭酸注射处死带来了相反的效果。当过维尔特文书的赫尔曼·朗本，讲述自己告知奥斯维辛的这个主管医生：“进入医院的绝大部分病人并不是得到治疗而是被注射处死”，他解释说，“如果一个人头痛或发烧［斑疹伤寒的症状］，他会想一切办法避免被弄到医院去……这就是为什么斑疹伤寒会停留在集中营的原因。”朗本知道他这些话会被倾听，因为他知道维尔特下决心要阻止斑疹伤寒的传播，柏林下命令要他这样做。朗本觉得维尔特听到他关于石炭酸注射处死的这番话时显得吃惊和焦虑，维尔特要求恩特里斯这个负责任的医生进行解释，但恩特里斯说石炭酸注射处死只用于那些不可治愈的肺结核病人，维尔特又再次被骗了——在柏林指示的基础之上，维尔特显然愿意接受这个谎言。最终，朗本得以把事情的真相显示给维尔特，石炭酸注射处死此后就明显减少，并最终完全停止（见本书387页）。[9]

其他的幸存者在与我的交谈中，对朗本与维尔特之间的这些谈话能起多大作用表示怀疑。当时（1942年后期）奥斯维辛的屠杀安排已经放松到保持最大数量的囚犯来干活，而毒气室和焚尸炉越来越多，这基本上替代了用石炭酸注射来进行大规模屠杀。[10]尽管不可能准确估量这种种因素的确切份量，但我们可以推测朗本的确因向维尔特发出的信息（如果你真想阻止斑疹伤寒的传播，就必须想法制止大规模的石炭酸注射处死），从而起到了一定的作用，因为这与维尔特的任务是一致的。（关于维尔特这个主管医生的治疗—屠杀之矛盾，我将在18章详细讨论。）

注射程序

就注射的致命物质来说，其选定和注射程序在奥斯维辛经历了特别的发展。对其他的致命物质也有过颇多的试验——挥发油、汽油、过氧化氢、依维派钠、氢氰酸（氰化物）和空气，把这些东西注入血管。一个囚犯病理学家米克洛斯·尼伊兹利（见本书350—351页），认为自己在对四对由门格勒处死的双胞胎进行尸体解剖时发现过氯仿，他认为它是注射到心脏的。[11]

开始时，石炭酸是注射到受害者的血管，以尽量让这个过程显得医学。

一个波兰的非犹太人囚犯医生马雷克·P生动地描述了在自己通常协助外科手术的房间内，这种致命的注射是如何进行的： 258

> 这一次，在一张桌子上准备好了注射器。石炭酸是装在瓶子里。还有药棉——进行注射所需要的一切东西。还有酒精，如同普通的注射一样——以及橡皮管止血带。只有一张桌子……［受害者的］右臂伸在一种支撑桌上面［以便让手臂不动］，如同常规的静脉注射，橡皮管止血带也捆在手臂上，以形成压力让血管显露出来——全都是正常方式……门格勒［他实施这次处死］把酒精擦在手臂一处，就在肘部下方，他在这里注射，然后把石炭酸注射进去……他做这一切就如同做正常的手术。

然而时间不长，注射方式就变为直接注入心脏。一些目击者认为这种改变是因为血管有时难以找到，但真正的原因看来是直接心脏注射的屠杀效率要高一些。将石炭酸注入血管的病人，可能要残喘几分钟甚至是一个小时乃至更长时间。“进行静脉注射杀人要用很长时间，所以他们就发明了一种较快的方式”，马雷克·P医生这样说。（有一些证词说，许多女囚仍然是被注入血管，当时告诉她们要接受“预防接种”。）

于是，这样的一个地方就被决定下来，“1号房间”变得臭名昭著，后来则使用一个曾被卫生研究所用作实验室的不起眼房间。一个波兰囚犯医生告诉我，“那不是一个特别的房间，那些要被注射的囚犯是不会起疑心的。”

发展出来的“高浓度石炭酸溶液”，被证明是“廉价、易用、注入心室具有绝对效果”，10到15毫升注入心脏，15秒内人就会死亡。这种溶液装入类似于保温瓶的瓶中，注射者把它倒进一个小碗内，然后抽入注射器中。使用大号注射器和长针头，“把长针头刺进第5根肋骨处推药”，处决就完成了。[12]

在法兰克福审判时，克罗德辛斯基医生回忆了当时的场面：“有时是上午，有时是中午，那些被筛选出来的人被带到20区。他们穿着衬衣，裹着一条毯子，脚上是木底鞋，通过一个侧门被带进20区。那些已经不能走的人就用担架抬进来，在走廊里等候。”然后是命令关闭此区，监区“死一样的寂静”：“监区的所有病人都知道正在发生什么。”

259 尽管克罗德辛斯基医生说“那些被筛选出来的人大部分不知道什么在等着他们”，*但许多人一定至少是部分意识到了。然后，卫生兵打开1号房间：

> 这个房间其他时候是关着的，它的窗户被涂成了白色。门的左边有一张小小的桌子；上面是一排注射器针头和注射器，旁边是一瓶淡黄带粉红的液体——石炭酸。房间里还有两个凳子，墙上有一个挂钩，上面挂着一个橡皮围裙。”[14]

两个犹太人囚犯助手把一个受害者带进房间（有时是一次带入两

---

*这是由于“石炭酸是……集中营医院里的一个秘密”，人们说出它会有生命危险；医院的囚犯工作人员知道，如果告知这些人真相会导致他们更大的痛苦，所以就试图造成一种幻觉，即“注射只是一个正常的管理和医学步骤”。拒绝“接受生命正在走向终点的想法”是人的一种普遍心理需要，而受害者之所以坚持否认，更是因为“［在来到奥斯维辛之前］每个人多年来已经将医院、医生、护士、注射、治疗的观念与拯救生命联系在一起了——而不是与谋杀联系在一起。”[13]

人），把他或她放坐在一个脚凳上，通常是让受害者用右臂盖住自己的眼睛，左臂则水平朝旁边伸展；有时则是受害者的右手放在脖子后面，左手放在肩胛骨背后；有些受害者被一条毛巾蒙住了眼睛。这种姿式是要让受害者的胸膛挺起来，最大限度地显示出注射可用的心室区域，而受害者本人看不到注射过程。（也有人提到了另外一种姿式：受害者右臂的摆放不是用手盖住自己的眼睛，而是盖住嘴，这样就能堵住自己叫喊。）进行注射的人大多数时候是卫生兵军士约瑟夫·克莱尔，他用注射器从瓶子里吸入石炭酸溶液，然后直接将针头对着这个坐着的囚犯心脏刺去，将注射器里的液体推完。[15]绝大多数囚犯会马上死亡，但有一些还能活几秒钟甚至几分钟：

> 这些刽子手总是吹嘘自己的记录。“一分钟三个人。”……他们不等这个注定死亡的人完全死亡。人还处在临死的挣扎之中，就被人从两边的腋窝下抓起，扔到对面一个房间的尸堆上。下一个人又被按坐在脚凳上。
>
> 实际上已经是程式化了……一个半到两个小时能处死大约50人。所以只需2分22秒就足以杀掉一个囚犯了。

最后，如同克罗德辛斯基医生看到的，“这些被石炭酸杀掉的人，很快他们的尸体皮肤下就出现了淡红青灰色的出血点，结膜［眼球暴露的表面］充血。死后僵直会持续几小时”。[16] 260

那些犹太人助手中的一个叫珍·韦斯的人，讲述了可能是我所听过的最不能忍受的一次：

> 那是1942年9月28日。我不知道在我父亲前面排了多少人。门开了，我父亲与另外一个囚犯进来了。克莱尔与我父亲交谈，告诉他：“我给你打一针抗斑疹伤寒的针。”我哭了。我必须自己把我父亲抬出去。克莱尔干得很匆忙，他同时注射两个囚犯，因为他想赶回去弄他的兔子［他养兔子作为业余爱好］。

第二天，克莱尔问韦斯为什么昨天哭了，韦斯告诉了他。克莱尔说如果他知道那是谁，“我会让他活”。在后来的审判中，一个法官问韦斯为什么当时没有告诉这个卫生兵军士，韦斯的回答是："我害怕克莱尔会让我坐在［他父亲］旁边"——与他一起处死。[17]

和其他药物一样，石炭酸的供应也储存在奥斯维辛的药房，获取途径也一样——向柏林申领。一个曾在这药房工作过的幸存者说，申领它的名称标为"注射用石炭酸"。

开始时，只申请数量相对较小的石炭酸来用，但后来每个月就需要4到10磅（2到5千克）了。主管药剂师维克多·卡佩休斯医生对他的下属解释说，石炭酸是与甘油——一种合法的医学制剂——合在一起作为滴耳剂使用。在法兰克福的奥斯维辛审判中，一位法官评论说，"有如此之多［的石炭酸］，整支军队的耳朵都可以治疗了。"[18]这种医学借口并没有什么信服力，然而却是一种心理需要，这种需要一直维持到最后。

石炭酸注射处死使得医院变成了一个大规模杀人的地方。克罗德辛斯基估计，约有2万人在奥斯维辛主营（绝大部分石炭酸注射处死是在这里进行）被杀，而令人印象尤其深刻的是，这些屠杀发生在从1941年8月到1943年4月的20个月中，也就是说，超过500天，因为一般不在周日或节假日进行注射。平均每天屠杀30到60人，有些天也有过多达200人。

261 **医生作为石炭酸注射刽子手**

对于一个医生而言，石炭酸注射是整个治疗—屠杀之颠倒最名副其实的范例。尽管大部分注射都由非医生来进行，但是党卫队医生在奥斯维辛启动了它们，并一直负责它们的实施，有时自己也去执行这种注射。

石炭酸注射的一个早期实施者是弗朗茨·冯·博德曼医生，朗本形容他对这种形式的屠杀显示了相当程度的"积极性"。尽管博德曼在奥斯维辛的时间很短，但作为1942年夏天时的主管医生，他还是尽力对许多囚犯进行了血管的石炭酸注射，导致这些人缓慢而痛苦的死亡。有一次，有两个女孩被党卫队开枪击伤，一个伤在腹部，一个伤在大腿，被送到了医疗区。博德曼不准任何人对她们的伤口进行处理，然后自己对她们实施了石炭酸注射。[19]此人对石炭酸注射处死的狂热，似乎与他特别热心纳粹和党得自己无所不能及虐待狂倾向有关系。

尽管不像博德曼那样经常，约瑟夫·门格勒以他那典型的超然与天资的结合（对此我将在本书347页讨论），也做过几次石炭酸注射。不过，在奥斯维辛，与石炭酸注射联系最多的单个医生则是弗里德里希·恩特里斯。恩特里斯是德裔波兰人（来自一战后割让给波兰的东部领土），是在德国的小学和中学接受的教育，在波兹南读大学时又加入了亲德国和亲纳粹的学生组织。他加入党卫队很早，在完成了医学学业后（甚至还没写学位论文）很快就进入到集中营系统，先是在格罗斯—罗森，然后于1941年12月来到奥斯维辛，当时年龄仅27岁。朗本以颇为过硬的理由将恩特里斯概括为“所有集中营医生中最臭名昭著者”。[20]用各种物质进行注射处死试验而最终有了石炭酸，先是注入血管又发展为注入心脏，恩特里斯在自己接到的中央指示中将屠杀因素发挥到极致。他对这些指示的解说通常是遵循政治部的解说，他自己也与政治部那个极其残忍的头目马克西米兰·拉格布纳关系密切。和拉格布纳一样，恩特里斯也与爱德华·维尔特有冲突，后者是1942年9月来到奥斯维辛的，并主张对这些指示不做那样严厉的解说。

比如，维尔特能够接受对肺结核病人进行“特殊处理”的指示，因为他们对其他人是一种危险，在奥斯维辛也不能得到医治；但他希望将这种做法限于这类病人；恩特里斯和拉格布纳则“将来自柏林的命令解说为没有限制地允许对所有‘穆斯林人’和不可能很快回去干活的病人统统注射
处死”。我们记得，恩特里斯曾想欺骗维尔特，说自己用石炭酸注射处死 262
的大量病人全都是肺结核病人。恩特里斯在1942年8月29日实施了奥斯维辛医疗区中最大规模的一次筛选，不仅把得了斑疹伤寒的病人送往毒气室，而且还有很多正在康复者，甚至包括根本没有得病的囚犯医生和其他医疗人员。[21]扬·W医生告诉我，“在这难忘的一天，因为斑疹伤寒，恩特里斯几乎清除了20区的所有病人，还有来自其他监区的病重病人——他们腹泻，或者是做过手术，或者是内科病房的人，还有正在康复的人。这就是他的……摆脱集中营里斑疹伤寒的方式……在党卫队下属的协助下，恩特里斯自己来做这一切。”

扬·W医生估计恩特里斯这一天筛选了1000到1200人，仍然带着用最残暴方式解释是来自柏林的认可。那些被杀害的康复病人中，有一个是布西内斯克医生——波兰卫生部的前部长。布西内斯克医生曾请求留在医疗区，在这里工作；但据说恩特里斯对他说，要送他去康复病房或疗养院，在那里他可以得到另外一副听诊器——在他进入开往毒气室的卡车时，他意识到听诊器落下了。[22]恩特里斯不仅因执行筛选时特别“激进”而出名，而且也因有意让囚犯染上斑疹伤寒，然后观察其传染性这样的医学试验而臭名昭著。[23]

他在获取医学经验上残忍无情。他设立了一个肺结核病房，目的是在瓦迪斯瓦夫·顿杜斯指导下获取气胸疗法（将空气引入胸膜腔从而让结核肺坍塌）的技术，顿杜斯是一个波兰囚犯医生，是肺病专家。恩特里斯练习这种技术一段时间后，就下令将整个病房的所有病人全都用石炭酸注射处死了。他还在波兰囚犯外科医生的指导下获取外科手术经验，结果导致很多病人的伤害和死亡。他尤其与维拉迪斯洛·迪林这个有经验的外科医生和德裔波兰人走得近，在后者对犹太人囚犯摘除卵巢和睾丸以作为绝育的一部分和阉割试验（见本书246—247页）中“受训”。[24]

石炭酸注射项目成了恩特里斯医学“激进主义”的一个主要宣泄口。大多数时候，他都以一种超然的姿态监督它的进行。他自己早期也做过一些石炭酸注射处死，但人们普遍的印象是他不同于博德曼和有时的门格勒，恩特里斯喜欢把直接的屠杀交给别人去做。

波兰囚犯医生对恩特里斯的看法是一致的（1941年到1943年他在奥斯维辛，这一时期基本上不允许犹太医生在医疗区工作）。一个波兰医
263 生说他是“一个非常冷淡的人……没有任何表情。比如，我从来没见他笑过……事实上对我而言，他是我这一辈子里见过的最为残忍的医生之一。”

塔德乌什·S医生也强调恩特里斯的极端冷淡和距离（“他就不看我。我仿佛是空气，而不是一个人”），以及他身上散发出来的危险（“我极害怕他”）。

扬·W医生强调，恩特里斯对纳粹意识形态的坚信和需要“把自己与

自己的波兰影响彻底切断”——这二者的结合导致了他对于囚犯医生和其他囚犯的“过分狂热”：“在集中营里，他可以眼睁睁地看着以前的朋友——现在已是囚犯的波兰人，他不会帮助他们，不会用波兰语与他们交谈……并且假装自己不懂波兰语。他甚至冷漠对待与他毕业于同一所大学的前同事。他想让他的这些朋友尽可能快地消失。”

扬·W医生认为，恩特里斯是不得不“呈现这种冰冷性格”，以避开对波兰人软弱的任何怀疑，如果他讲波兰语，“他可能就显得太友善了”。在扬·W医生这个年轻的波兰囚犯看来，恩特里斯“完全忠诚于他的意识形态”，对待波兰人的态度是“或者是强壮得能够去干活，或者是不行就马上被清除”，他“没有心理上的顾忌”。

对于扬·W医生而言，恩特里斯是“一个特别狂热的纳粹，这种狂热十分明显”，相信纳粹主义“是唯一的道路，为了这条道路，就必须献上其他人的生命”：“他对待德国人如同对待超人，对待波兰人如同对待下等人，犹太人则根本不算人。”

朗本认为，恩特里斯的“极其僵硬的外表，病态般的气质”可能助长了他要显示出“‘更强硬’、对其他人更冷酷”的需要。扬·W医生认为恩特里斯作为德裔波兰人，希望“通过夸张的杀人狂热来弥补这个缺陷”。在我看来，朗本和扬·W医生的这些话都具有心理学上的准确性。对于恩特里斯这样的人来说，亲德国和信仰纳粹主义可以达到那样的强度和绝望程度，以至于把它们作为生活本身的唯一道路——就他而言，还包括了医学生活的唯一道路。另外，作为一个医生，除了是集中营内的一个杀人医生外，他也没有其他的什么兴趣爱好。他把在治疗—屠杀之颠倒上绝对的意识形态热情，与可能是任何党卫队医生中最极端的麻木和角色转换结合起来了。他很可能真的认为，自己在奥斯维辛的行为就是真正纳粹医生的最高表现。1946年，恩特里斯受到一个美国法庭的审判，被定罪绞死。

医生代理人 264

大部分石炭酸的注射，是由残酷无情的囚犯和党卫队人员来执行的，他们总想维持一种医学光环，实际上，他们将自己视为医生。

执行石炭酸注射处死有一个层级，最下面是一个叫彼得·韦尔施的德国政治犯，然后是4个波兰囚犯，再上面就是领导的卫生兵军士约瑟夫·克莱尔和他的两个人。在这个序列中，最热心执行注射的那些人可能在“扮演医生”。比如，一个名叫米尔泽斯瓦·潘斯扎克的波兰囚犯护理员，就“自夸亲手杀掉了12000人”，这不仅是用注射，而且包括他“尽管没有受过任何医学训练，还喜欢做小的外科手术。当他切开脓疮时，有时连肌腱和血管一起切掉也无所谓。”[25]

其他囚犯完全有理由认为，这些人在其屠杀的享受中是精神病态。一个波兰囚犯医生清楚地指出，他们也从其所作所为中获得了个人的好处：他们有这样一份“安全”的工作，不必像其他人那样干重活，得到的食物和各方面的待遇都比较好。注射者“得到政治部……集中营内盖世太保的保护”，“其他囚犯害怕这种人”。

扬·W医生谈到一个波兰注射者，他很认同纳粹的反犹主义，“想让囚犯们如同害怕党卫队人员一样害怕他”。一天上午，此人告诉扬·W医生：“我做了一个有趣的梦，梦见我死后能够生活在一个特别的地方，我在那个地方能够统治，有成千上万人被送来让我亲手石炭酸注射处死。这真是一个精彩的梦。”扬·W医生认为，这个做梦者觉得这是“一个非常积极的梦——可以把人杀掉”，这种任务“并不是强加给他的东西”，而是“他为自己选择的东西，他享受它。”这个梦象征了奥斯维辛的最终愿景：通过持续的、制度化安排的、医学化的（这个梦只提到了石炭酸注射处死）屠杀，来达到天堂般的不朽和绝对的全能。

也有一些波兰囚犯带着迟疑来注射。有一个人在被征召去做这些事情之前，拒绝杀掉一群儿童，救了一些病人，使之免于被注射杀掉。另外一个人，尽管进行了注射，但一直在救人，并且利用他作为一个石炭酸注射者的权力来干掉一些危险的告密者。[26]

迪林身边的囚犯医生似乎偶尔也做石炭酸注射。尽管德国或波兰囚犯最有可能被叫去做石炭酸注射，犹太人囚犯医生有时也被要求做这种事。朗本的来源提到了兰道医生，后者很可能是一个犹太人，据说就做过石炭酸注射。[27]而且，还有一个囚犯医生对精神疾病患者进行了胰岛素注射（见本书223—224页），这是一种非常不同的情况，但也是奥斯维辛医学 265
屠杀的一种形式，而且它可能并不罕见。我们还想到，迈克尔·Z医生以强调自己技术不行而拒绝进行心脏注射。朗本也引用了一个类似的例子，米克卢拉斯·柯恩医生“很担心由于拒绝进行注射，会有比任何‘雅利安人’拒绝的都要严重得多的后果”，但没有被惩罚。[28]扬·W医生还讲述了一个波兰医生，他敢于拒绝而且“侥幸逃脱了惩罚”。

纳粹医生在使用囚犯进行注射时，他们看来并不强迫那些迟疑者，而是倾向于寻找那些其心理倾向和意识形态倾向愿意、甚至热心做这种事的人。

约瑟夫·克莱尔：“今天我就是集中营医生”

1942年的一段时间，石炭酸注射处死基本上是由约瑟夫·克莱尔来做，他是作为纳粹医生的一个代表来屠杀：“[恩特里斯]把这个工作留给克莱尔后就走掉了。”[29]克莱尔是来自上西里西亚的一个半文盲工人，是一个病房护理员，然而却想作医生来杀人：“克莱尔穿上他的白大褂，告诉女孩：‘你心脏有点问题。’然后就进行注射。”[30]他的绰号是“教授”，他不仅认同这种医生角色，而且认同医生在奥斯维辛的特殊杀人角色。克莱尔有时自己进行筛选，1942年圣诞节前的那一天，有人告诉他医生不会来了，他马上回答“今天我就是集中营医生”。[31]

克莱尔为自己的医学技术感到自豪。据说，他之所以接管石炭酸注射处死，是因为一个囚犯在注射时弄断了一个注射器针头所致。他设计放置囚犯的姿式，更利于对心脏进行注射，并对自己的杀人速度很感骄傲——一分钟两到三人。他甚至自己来做腰椎穿刺或脊椎抽液这种对医生要求很高的手术，这要用一个很长的针头穿进脊椎之间。他通常是在他要进行石炭酸注射处死的囚犯身上进行试验，如果他们喊叫（他不采取措施止痛），他“据说就会殴打这些受害者——在他们死亡之前”。[32]

克莱尔是无所不能的奥斯维辛医生的一个终极缩影。据一份对苏联“政委”进行特别处决的材料所讲，受害者“全身是血”，被四个囚犯压住，“克莱尔……穿着白大褂［站在］他旁边，拿着皮下注射器，准备杀掉。”也有类似的描述说克莱尔在一堆尸体中仍继续注射，袖子卷起来，身着白大褂或“淡红色的橡皮围裙和橡皮手套”，手中“拿着一支20cc的注射器，上面是长长的针头”。[33]

如果没有党卫队医生在场，克莱尔就会把自己作为一个医生的想象与
266 作为一个东方君王的想象结合起来：

> “开始，一个囚犯必须立即去擦亮他的摩托车，他总是骑摩托车来。接着，他直接进入医生房间，一个囚犯替他脱下靴子，给他洗脚。与此同时，另外一个囚犯要擦干净和磨亮他的手指甲。然后，他坐到房间的中间，吸起烟斗，脚还放在浴盆里。有时，有8个囚犯围着他转，察颜观色，看他想要什么。他的一举一动就像一个巴夏（译者注：指土耳其古代对大官的尊称）。比如，一个囚犯裁缝前来给他量身材。他向另一个囚犯口授什么东西。此时，集中营的医疗区长者也得来到，向他汇报……医疗区发生的事情。囚犯药剂师要给他拿来药，他随身带走……不过，这一切都是在集中营医生不来的情况下，他才如此行事的。”[34]

就像克莱尔行为中其他令人吃惊的方面一样，1944年秋天，他所进行的这种“医学”颠倒，在他到了格莱维茨的外营后却改变了。他来到这里的一个医疗区工作，不再进行注射处死了。一个捷克囚犯看到“克莱尔改变了很多。他使这里不再有那么多的残忍，基本上是正派的。”这个囚犯还听到过克莱尔与他妻子之间的一次谈话。妻子问他是否参与过任何奥斯维辛发生的可怕之事，他回答说：“我是一个卫生兵。我在这里治疗，我不杀人。”[35]他妻子走后，据说他甚至更积极地主张改善集中营内的囚犯条件。这个捷克囚犯对克莱尔的妻子和孩子（他们被允许在附近住了一段时间）也有印象，似乎不能理解克莱尔怎么会有这样一个家庭。[36]人们相信他注射处死了数千囚犯。

在家人影响、尤其是妻子影响（妻子可以较为频繁地来到格莱维茨）的帮助下，如同真正的医生一样，克莱尔也能相当从容地从杀人者转换为治疗者——至少是在一段时间内。前线的不妙情况可能也起到了作用——

也就是说，担心面对敌方的正义。受审时克莱尔自己的陈述中，却没有悔恨，法庭上的他看不到有什么治疗者的成分。法兰克福的奥斯维辛审判定了他的罪，判他终生监禁，外加15年强迫劳役。[37]（我在20章中将与纳粹医生的奥斯维辛自我结合起来讨论这种矛盾的行为。）

人们估计，克莱尔参与了对1万人到3万人的杀害（执行筛选和实际注射）。只有475例能够直接证明，外加大约在2000多例死亡中的共谋。法庭宣判所认定的这475例“他自己主动用欺骗进行”的谋杀，为法兰克福奥斯维辛审判中的数量之最。法庭宣判后，其他被告都沉默不语，只有克莱尔马上发言，说不接受这个判决。在最后陈词中，他说自己并没有进行毒气杀人或单独的筛选：“作为奥斯维辛的一个小人物”或“执行命令的士兵”，他“只是执行医生们的命令，而且内心迟疑不安”。[38]

总体来说，克莱尔唤醒了奥斯维辛巨大的精神错乱的潜力，所处的环境已经唤起了其潜能（比如那些经常进行石炭酸注射的囚犯）。每个社会都有克莱尔这样一群人被用来进行它的杀戮任务，而奥斯维辛屠杀的医学化维度又给他一种形式，让他把无所不能的感觉、偏执虐待狂和精神分裂般的麻木融合在一起。（如同一个囚犯所言，“[他]可以像鞋匠从鞋上拔掉磨烂的鞋跟那样杀掉几百个人。”）克莱尔在奥斯维辛找到了一种自己强有力的专长，其他的党卫队人员休假回来时，都会抱怨又得回到“这个杀人犯之窝”，而他似乎对集中营和自己在这里的工作感到如鱼得水。[39]

奥斯维辛的克莱尔，在很大程度上是党卫队医生、尤其是恩特里斯的创造物，他是这些人的心理代表，来执行他们启动的屠杀行为。由于他的手太脏了，所以党卫队医生们就几乎能够——也只能是几乎能够——觉得自己的手是干净的。

“正派”的杀人者

集中营里的另外两个党卫队卫生兵赫伯特·舍帕和埃米尔·汉特也进行石炭酸注射，但却被囚犯们视为很不同于克莱尔，是较为“正派”的杀人者。一个前囚犯护士这样说，这两个人“与克莱尔相比，他们的行为就如同圣人。他们从来不打任何人……他们的行为彬彬有礼。最重要的是，当他们进来时，他们会说‘早上好’；当他们走时，他们会说‘再见’。对于我们这些如此受践踏的人来说，这些就是人性的小小展现。”[40]

然而，就是这两人，从1943年2月23日到3月1日，被派去杀掉了从扎莫希奇市运来的120个波兰儿童。屠杀完成后，汉特显得“是一种完全崩溃的状态”，“完全垮了，咒骂着这场战争”，失去了他的党卫队风度。尽管囚犯们对他因此而崩溃印象深刻，但也有人评论说他“太胆怯而不敢拒绝去执行杀人的命令”。[41]

舍帕的反应甚至来得更快。在杀人的中途他就从房间出来，咕哝着“我再也干不了”。集中营里传说他也“崩溃”了。人们看到他“面色苍白，焦虑不安”，对主管医生说他无法去杀儿童，于是很快就调到一个外营去了——甚至还得到了提升。[42]

然而，舍帕和汉特也杀了大量的人。战争结束后法庭认定舍帕参与了至少200起屠杀，被杀掉的人数至少有900人；汉特参与了至少42起屠杀，

268 被杀掉的人数至少是380人。

法庭考虑到他们在屠杀中的相对迟疑和对囚犯的友善，因而对他们的判刑轻得令人吃惊：舍帕判处4年半劳役，汉特为3年半劳役（他在等候审判的拘押期间就已经服完刑了）。[43]

即使是那些进行了很多杀戮的人，如果能显示出对此的厌恶反感，这在奥斯维辛也意义重大，这是对囚犯们作为人的一点点承认。然而，这里真正的心理要点在于：那些远比克莱尔普通得多的人——那些并没有克莱尔那种自命不凡、虐待狂和麻木相结合的人，也能够被征召到石炭酸注射杀人中来。无疑，这些人更容易崩溃，尤其是要去杀儿童时（这一点类似于特别行动队的屠杀者）。这些“正派”的石炭酸注射者，由于他们的杀人是直接的，维持起来就较为困难，超过了那些“正派”的纳粹医生，医生们的责任无疑更大，但他们能够在自己与尸体之间拉开一些距离。然而，能够有“正派”的石炭酸注射者——也就是一些相对普通的，相对好心的人，这个事实向我们揭示了奥斯维辛环境的邪恶，揭示了平凡之人变为杀人者的普遍可能性。

第15章　试验冲动 269

“我无法言说。我觉得我们都是人。我们都是活着的生灵。他们怎么能够做这样的事呢？”

——奥斯维辛幸存者

纳粹医生因其残忍的医学试验而臭名昭著。无疑，这些试验是要杀死人和使人致残的，作为实实在在的医学犯罪，在纽伦堡医学审判中，它们得到了相当的重视。然而，它们又不过是大规模系统化屠杀的一个小小部分而已。所以，我主要讨论这些试验的一个方面——它们与纳粹生物医学愿景的关系。

纳粹医学试验一般可以分为两大类：纳粹政权基于某种意识形态目的和军事目的而进行的试验，党卫队医生们因某种所谓的科学兴趣而进行的试验。

在奥斯维辛，主要由卡尔·克劳贝尔格和霍斯特·舒曼来做绝育和阉割试验，而这作为种族理论和政策的一种直接表述，得到了官方的鼓励；关于斑疹伤寒传染性的试验（从斑疹伤寒活跃期患者身上抽血，注射到健康者身上）和各种血清制备的有效性试验（用于试验性地治疗斑疹伤寒诱发病例），则与东部德国军队和文职人员中斑疹伤寒蔓延控制的军事考虑有关；*关于子宫颈癌前病变的研究则反映了奥斯维辛党卫队主管医生爱德华·维尔特和他的妇科医生弟弟赫尔穆特的科学兴趣。不过，这些类别会有交叉重叠。（我们在17章要谈到的门格勒对孪生子进行的试验，是因他的某种科学兴趣而产生，但也受到纳粹意识形态的强烈影响。）我们在这里主要关注大量的绝育和阉割试验，奥斯维辛是这方面的
270 一个较主要试验地，它也是纳粹生物医学愿景的一种直接延伸；但也关注其他形式的试验和科学活动，包括用奥斯维辛提供的犹太人颅骨建立的一个展览馆。

第10区

这些试验项目的中心就在声名狼藉的第10区，此地可以被视为奥斯维辛的浓缩之地。这里主要关押女囚，但却是在男性集中营之内，它的窗户总是关着、用百叶窗遮闭或钉上木板，所以它与外界的联系就被完全切断。曾在这里待过一年的一个女性囚犯医生说，自己来到这里的第一天就有了一个挥之不去的印象，自己被弄到了一个“可怕之地”，它既像地狱又像精神病院。如果一个人能够朝外偷窥，就会看到旁边臭名昭著的11区院子里的处决，囚犯被枪杀。

与此同时，这一区的囚犯面对党卫队医生以及有时非医学军官的到来和监管毫无躲避可能：“党卫队来往不息……我们从来感觉不到安全”。这些人的到来可能意味着新的危险，所以囚犯们就只能“心焦地等待着……到了夜晚，我们会像笼子里的野兽一样被锁起来，但仍然感觉不到轻松”。[1]

另外一个女囚犯医生阿德莱德·哈特沃尔谈到来自欧洲不同国家的500个女囚犯“小白鼠”，她们全都是犹太人，通常是从火车站直接筛选送

*关于斑疹伤寒的传染性，在奥斯维辛只进行了有限的试验，但在其他集中营进行了广泛得多的试验。

毒气室，但基于纳粹医生试验者的需要被留了下来。“有些医生需要结了婚的，有些人要年轻姑娘，还有人各种类型都要。”第10区的整体条件要比妇女集中营好一点，因为不能让“这些小白鼠……在试验结果得到评估之前就死掉”。不过，第10区的囚犯也同样挨饿，同样处在永远的“这一次会怎样”的不确定之中，因为他们已经知晓了奥斯维辛“任何事情都允许”的原则。与此同时，女囚犯更害怕被转到比克瑙集中营去，她们知道在那里更有可能被杀，因为在第10区至少还有一点希望——“这次之后他们可能还会让我们活着”，尽管很少有人相信这种可能性。[2]

第10区分成了不同的试验区域：有供克劳贝尔格教授和舒曼教授之用的（这两人都进行绝育试验），有供维尔特医生和他弟弟使用的（他们研究子宫颈癌前病变），还专门有一个区域供卫生研究所进行研究之用。

不可避免地，这里也有着奥斯维辛的精神分裂症特征：22个妓女——大部分是德国人、波兰人和俄国人——构成了第10区中仅有的非犹太人。根据希姆莱的命令，党卫队在奥斯维辛和其他集中营里开设了妓院，向囚犯中的精英人物——主要是德国人——开放。

这被用作一种工作刺激，也意在减少男囚犯中蔓延的同性恋（基于这个 271
目的，尽管结果可以预测，但有时妓女也被指派给已知的同性恋者）。[3]妇科医生旺达·J讲述了这些妓女如果发现自己有任何性病的征兆就会来找她。集中营司令官们经常来第10区，为自己的营区筛选妓女。就像旺达·J医生在谈到这种卖淫时所言，“这是一切的一部分。”

关于第10区，集中营中有各种极端的传言。囚犯们认为它是神秘邪恶的“险恶之地”。人们普遍传说克劳贝尔格在这里用人工授精进行试验，女囚犯们被植入她们子宫内的“怪物”吓坏了。我访谈的幸存者中，有些人认为这样的试验的确进行过。还有人说克劳贝尔格讲过他的意图是在未来进行人工授精试验。还有一些关于第10区“展览馆”的传言：“颅骨、身躯部分，甚至是木乃伊”，一个幸存者说：“一个朋友……看到了……我们的高中老师在第10区被做成了木乃伊。”同样，任何事情在这里都是可能的，不管在这里发生了什么，都会是纳粹种族主义的一种显示。

用注射来绝育：“教授”

第10区常常被称作“克劳贝尔格区”，因为这是为他和他的试验努力而建立的，他要找到一种低成本而高效的大规模绝育方式。他是第10区的最高权威人物，如同旺达·J医生所言，是“试验绝育的主要角色”，“在设备和空间使用上格外突出”，除了属于他的病房外，还有专门的X光设备和4个专用试验房间，其中之一是冲洗X光照片的暗房。作为一个文职人员，克劳贝尔格是奥斯维辛的外部人员，他从党卫队这里租用设施、研究对象，甚至是囚犯医生。他是一个强有力的外部人员，拥有党卫队预备役中将的军衔。霍斯和其他人都知道希姆莱对这件事感兴趣，是希姆莱下令让克劳贝尔格来到奥斯维辛。克劳贝尔格于1942年12月在比克瑙开始了他的奥斯维辛绝育研究，不过他说服了当局，说自己的重要研究需要一个专门的监区，于是在1943年4月他将自己的试验转到奥斯维辛的第10区来进行。

他的办法是把腐蚀物质注射到子宫颈，从而阻塞输卵管。他筛选的试验对象是20岁到40岁的已婚女性，尤其偏爱那些生过孩子的人。他先给她们注射不透明的液体，用X光查明是否存在着先前的堵塞或损伤。克劳贝尔格试验过不同的腐蚀物质，但对于自己选定的那一种的确切性质非常保
272 密，这很可能是想保护自己的“医学发现”，不让研究竞争者获知。

集中营司令官鲁道夫·霍斯对这件事很感兴趣，观看过几次注射，但即使是他，后来也写道：“克劳贝尔格给我讲了这种操作的细节，但从来没有告诉我他所使用这种物质的确切化学成分。”人们现在认为这种物质应该是福尔马林，有时也与奴佛卡因掺在一起注射。[4]*

这种注射在一个月内分三次进行，但也有一些女性后来说被注射过4次或5次。注射这种腐蚀物质的目的是在输卵管内造成粘连，导致输卵管在大约6周的时间内会堵塞，这可以用X光探查出来。克劳贝尔格有一个囚犯护士西尔维亚·弗里德曼，她负责观察试验对象被注射之后的任何症状。

---

*这种配方显然是由克劳贝尔格和他的助手约翰内斯·格贝尔医生开发出来的，后者是德国先灵制药公司的首席化学家。

尽管试验在女性受害者身上引发了恐惧，但一个法国囚犯医生玛丽·L却强调说，许多人非常害怕被送回比克瑙（在那里她们是“站在冰霜、污泥和沼泽中等死……没有水，没人照料”），于是将第10区视为“一点幸运，活下去的一点可能性”。克劳贝尔格自己也鼓励着她们的这点希望，说不打算把她们送回比克瑙（也就是毒气室），而是把她们带到他在克尼古舒特的私人研究诊所去，那个地方距离奥斯维辛仅有几公里之遥。这倒很可能是真的，因为霍斯后来报告说，“在成功的试验之后……克劳贝尔格计划在年底让每一个女囚与一个专门筛选出来的男囚性交”，以考察他这种绝育方法的效果。不过，这个试验“由于战争的进程”而未能实施。[5]

最后有多达300个女囚在第10区供克劳贝尔格进行试验。试验要求是高度机密的，曾经尝试过把被注射过者与没有被注射者隔离开来。关于那些他做过试验的女囚的命运，有着不同的说法。那些拒绝接受试验者，或者是那些由于种种原因不适合者，都被送回比克瑙毒杀了——那些接受试验后变得极度衰弱者的命运也是一样。大部分接受试验的女囚留在了第10区，她们中很多人发烧，有各种腹膜感染。

由于知道得太多，人们一直担心自己被杀；她们也害怕绝育和人工授精。据说克劳贝尔格曾告诉囚犯，他打算进行人工授精试验；有一份报告谈到他曾对两个助手承认有在未来进行自然授精和人工授精的试验计划。

那些接受试验的女囚，用普通人可以理解的说法告诉我们克劳贝尔格到底做了些什么。一个名叫玛格塔·诺伊曼的捷克犹太人女囚讲述了自己被带进一个暗黑房间，里面有一台大型X光机：

> 克劳贝尔格医生命令我躺在妇科手术台上，我可以看到西尔维亚·弗 273
> 里德曼，她正准备一支有着长长针头的注射器。克劳贝尔格医生用这个针头对我的子宫进行了注射。我感觉到自己的腹部剧痛。我开始尖叫，整个监区都可以听到我的叫声。克劳贝尔格医生粗暴地告诉我马上停止尖叫，否则立即把我送回比克瑙集中营……这次试验之后，我得了卵巢炎症。

诺伊曼谈到，任何时候只要克劳贝尔格出现在病房，女囚们就会“被不安和恐惧所压倒”，“她们认为克劳贝尔格医生所做的事情就是刽子手的行为”。[6]

幸存者们还提到了克劳贝尔格那些残忍的冰冷“玩笑”，提到了他对其他纳粹集中营官员的愤恨，那些人想把第10区关掉；以及他对试验对象的保护，一些人认为这是他要维持住自己试验的一种方式。

玛丽·L医生有段时间负责照料第10区的女囚，曾近距离观察过克劳贝尔格，形容他“矮小、秃头、不讨人喜欢”。克劳贝尔格实际上身高5英尺左右，好几个囚犯提到他时有种“漫画化”。另外他有过暴力史，学生时代就如此，后来是对妻子，还有一次是对情妇。玛丽·L有保留地认为，“我觉得他身上有某种很不稳定的东西”。同样，塔德乌什·S医生也用克劳贝尔格来论证他所认定的“最大的刽子手也是最大的胆小鬼”的定律，他将克劳贝尔格形容为“肥胖、长相讨厌……小个子、丑陋、相貌滑稽，长得有点畸形。他想模仿普鲁士军官，但看起来却像一个戴了将军帽子的推销员……他很可笑”。

然而，克劳贝尔格也是一个教师、一个妇科研究者，一个颇有声望的执业医师。他与基尔大学有很深的渊源，在这所大学进行妇科教学和研究工作。1937年，39岁的他因研究成果和学术论文获得了讲师的学者地位。他开发出来的治疗不育的荷尔蒙制剂雌酮和孕酮至今仍在使用（早在1935年6月的一封信中，克劳贝尔格就讨论过雌酮对于维持和终止妊娠的作用），[7]被称为“克劳贝尔格测试”来测量黄体酮的活动情况。

然而，克劳贝尔格的个人史和意识形态史却是一条人们常见的轨道。他是一个后来搞做武器生意的乡村工匠的长子，于1916年应征入伍，在法国参加战斗，战争后期当了英国人的战俘。1933年，他加入纳粹，成为一
274 个坚定的纳粹党员，总佩戴着因立功而得到的纳粹金质党章，与此同时又保持着个人和专业上的勃勃野心，于1940年获得了党卫队预备役中将军衔。[8]

就在1940年，他的一个党卫队官员同事安排他与希姆莱见面，这标志着他们之间关系的开始，这种关系建立在一种生物医学和政治—种族意识形态的恶性结合之上。这个医学界人士与党卫队领袖之间启动了你来我往的关系，这个过程的高峰就是奥斯维辛的“克劳贝尔格区”。在这次会面

中，克劳贝尔格把自己想建立一个生殖生物学研究机构的想法告诉了希姆莱，这个研究机构要研究不育的原因和治疗，开发出绝育的非手术方式。希姆莱原来就因克劳贝尔格成功地治愈了一个高阶党卫队军官妻子的不育而知晓了他的工作。克劳贝尔格向这个全国领袖解释，这样的治疗需要一种制剂，它能够软化堵塞输卵管的任何粘连或物质，从而疏通输卵管。希姆莱此时的真正兴趣是绝育，据说他听后就建议把这个过程反转过来，使用能够导致堵塞的介质来堵塞输卵管。作为这次会面的结果（不管是谁向谁提出建议），克劳贝尔格转变了研究方向，转为找到大规模绝育的有效方法这样的明确目标。

有了希姆莱安排的财政支持，克劳贝尔格开始了动物试验。他发现，5%到10%的福尔马林溶液可以导致想要的发炎和输卵管堵塞，如果把福尔马林掺入高粘性（不能流动）的液体，在注入子宫后就能够让它停留在卵巢管内，并且使用了X光示踪技术来监测效果。[9]

一年后，希姆莱又把克劳贝尔格召来开会，建议他在拉文斯布吕克集中营进行绝育试验。然而，靠着现在已经参与此事的党卫队首席医生格拉维茨的帮助，克劳贝尔格最终让希姆莱相信奥斯维辛是一个更可行的地方，因为它靠近克尼古舒特，而克劳贝尔格在这里已经有一个研究诊所了。1942年5月30日，也就是他们第二次会面后的第三天，克劳贝尔格给希姆莱写了一封信，鲜明地表达了这个德国医生积极、乃至坚定服务于纳粹生物医学愿景罪恶目标的决心。

克劳贝尔格不仅是聪明地服从希姆莱的总体权威，而且服从于希姆莱的“科学”关注。在这封信中，他说自己已经知道：“当今德国唯一对这些事情特别有兴趣、唯一能够帮助我的人就是您——至高无上的全国领袖。”谈到在“积极的人口政策”上所提议的工作时，克劳贝尔格先是巧妙地提到希姆莱十分珍视的农牧业层面（“雌性繁殖能力最终和最可能的重要发展，这需要得到阐明”），然后转到自己真正想要的那个点上——“消极的人口政策”的问题。在这个问题上，他提出了一个激进的建议。在展示了由动物试验表明的不用动手术就能绝育的可能性之后，他写道： 275
“现在我们必须进一步在人身上进行最初的试验。”这封信接下来就是把奉承、华丽的科学光环和详细的研究项目（一个实验室用于动物试验，一个试验农场用于研究“农牧业和丰产”的问题，诸如此类）融合在一起，以及一个普遍性的医学焦点（“一个中心，所有的想法都由此生发，所有的问题都由此而提出……并最终转化为实际之用，这就是、而且一直是：临床”），所有这些导向了一个计划：“对没有繁育价值之女性不用手术而绝育的方法进行评估……在最终证明了它的有效性后持续地使用这种方法。”克劳贝尔格清楚地表明，奥斯维辛是“提供人类试验材料”的理想之地，甚至提议用希姆莱来命名这个研究机构，称为“党卫队全国领袖生物繁殖研究所”。这封信将纳粹生物医学愿景中医学研究者的心态和堕落暴露无遗。[10]

希姆莱的助手们和其他一些党卫队医生又有一些激动的意见交换，克劳贝尔格本人又去见了一次希姆莱本人，最终希姆莱（通过他的助手鲁道夫·勃兰特）在一封信中批准了克劳贝尔格的这个计划，信中表明希姆莱“颇想知道……对一千个犹太妇女进行绝育需要多长时间”，还提出一些关于绝育方式的建议，赞同测试一下“作为一种实际试验，将一个犹太妇女和一个犹太男人关在一起一段时间，然后看看会是什么结果”。[11]

希姆莱对克劳贝尔格这个研究的热情是因他与另一个医生阿道夫·波克尼的通信而培育出来的。此人是德裔捷克人，是已经退休了的高级军医。他于1941年10月给希姆莱写了一封信，也充分展示了这个治疗者在意识形态上的堕落。波克尼的这封信是为了回应一个观念，即“敌人不能仅仅是征服，而且要毁灭”，他觉得必须告知希姆莱，近来在“医学绝育”上的工作——某种植物（含有五彩芋）的树液可以导致雄性和雌性动物的“永久绝育”，他提议“马上在人（罪犯！）身上进行研究”，并大量种植这种植物，同时严格保密。波克尼得意于这是“一种可供我们使用的强大新武器”：“单是想一想现在已经成为德国俘虏的300万布尔什维克可以被绝育，他们可被用作劳动力，却不能繁殖后代吧！这开辟了一种最为深远的前景。”[12]*

---

*这封信使得波克尼在纽伦堡审判中站到了被告席上。他为自己辩护说，五彩芋显然完全不适于人类绝育，他之所以给希姆莱写信提出它，就是为了让希姆莱的注意力从考虑一（转下页）

这种药物被证明对于人的绝育完全不可行，但希姆莱显然认为这样的试验研究具有极大的重要性。他开始形成一份他所称的“医学绝育”的档案，另有一份用X光射线进行大规模绝育的档案（我们下面考察舒曼时会谈到它）。于是，克劳贝尔格的项目就被希姆莱视为由一个著名教授提出的“医学绝育”的一条新的科学途径。 276

然而，尽管克劳贝尔格有着强有力的后盾，得到了霍斯的热情支持和参与，还有所要求的维尔特的襄助，但这位教授在奥斯维辛还是遇到了自己的困难。他与这里的许多医生产生了颇大的人际冲突，在获取他觉得需要的先进放射设备上也遇到了拖延。而最大的问题在于：在他这种绝育方法的功效上，陷入了自身的困境。他一直在夸大这种功效，这既是由于他自己的野心，也是因为希姆莱的压力，要对纳粹这个项目作出、而且是快快作出革命性的种族贡献。1943年6月7日，克劳贝尔格写信给希姆莱，为自己的缓慢进展辩护，提到了一些包括他长时间地等待X光设备的“暂时困难”；然后就开始了一些含糊其词的空话：他的方法“只要得到完善就会很好”，但还需要一些“改进”，所以“即使是现在它也可以投入实用……用于常规的优生绝育”，他现在已经准备好去回答“全国领袖您一年前要求我去回答的问题——也就是使用这种方法对一千个妇女进行绝育需要多长时间？”对此仍然是一些模棱两可的回答（“如果我的研究继续产生同样的结果……那么我可以确定的时间就不会远了”），最后是一种虎头蛇尾的表态（用他自己的话强调）：“一个受过充分训练的医生，在一个设施完备的地方，需要可能是10个助手（助手的数量要与想要的速度相适应），那么极有可能每天处理数百人——即使达不到一千人的话。”[14]

这个声称至少仍然模糊不清，然而信的笔锋一转，说写这封信的“主要原因”是请求做出一些新的安排（具体哪些安排在信里不清楚，但很可能和克劳贝尔格与舒曼之间的“绝育竞赛”有关），以及希姆莱对他安放在柏林的另外一部X光机予以批准。这封信的内在重要性，在于揭示了纳粹

（接上页）些较为可行的方式上转移开。法庭认定他这封信“荒谬，建议低劣”，没有定罪。裁决是：“所以，我们认为被告必须被赦免，这并不是由于被告当年所提供的，而是尽管如此，也可赦免。”[13]

的政治和生物医学意识形态及其医学化，出现了困境和短处——甚至可以说是不可避免的失败。这些困境，再加上克劳贝尔格自身的不稳定或“复杂”，就使得这个项目命运多舛。有访谈者向我引用过集中营主管医生维尔特的话，他说克劳贝尔格“彻底完蛋了”，变成了一个地道的酒鬼，一
277 个“完全寡廉鲜耻的角色”。维尔特的弟弟也是一个医生，也认为克劳贝尔格是“我所遇到的最恶劣的人之一”。*

克劳贝尔格在奥斯维辛的助手约翰内斯·格贝尔，负责制作必须用到的腐蚀物质和改进X光示踪材料，尽管他不是医师，但也做了许多这种注射。[15]克劳贝尔格和格贝尔两人以这种方式所绝育的女性数量，估计数字是几百人到“数千”人。[16]根据护士西尔维亚·弗里德曼的讲述，如果一个妇女在注射之后死掉，克劳贝尔格“完全不感兴趣，完全没有反应，似乎这与他根本没有关系”。这样死掉的女性，人数不少。[17]

随着俄国军队逼近克尼古舒特，克劳贝尔格逃到了拉文斯布吕克，并且安排将一些试验对象也运到了这里。局面极其混乱，但他仍然进行绝育试验。3个月后，随着盟国军队的到来，他再次逃跑，这次跑到了石勒苏益格—荷尔斯泰因，想加入希姆莱身边最后一群效忠的党卫队领导者行列之中。他是奥斯维辛医生中唯一这样做的。然而，希姆莱被捕并自杀了，克劳贝尔格本人也于1945年6月8日被俄国军队抓住。他在苏联被关押3年后受审，因战争罪行被定罪，判处25年监禁。不过，在斯大林死（1953年）后，经过一些外交安排，他和其他德国人一起于1955年10月被遣返回国。他不但不知悔改，而且很自大和怪异，在名片上列出了纳粹时期自己任职的医学团体，包括他参与“主动优生学”时管理的“母亲之城”，并用本名登广告招聘一个秘书。媒体采访他时，他自豪地谈论他在克尼古舒特和奥斯维辛的工作，宣称“我得以改进一种全新的绝育方法……［它］今天在一些病例中也很有用”。[18]

由于幸存者组织和其他人的种种压力，克劳贝尔格于1955年11月被捕；不过，在一段相当长的时间内，德国医学界的官方组织“德国医学

*他补充说：“有人说他［克劳贝尔格］本人就是犹太人［当然他不是］，但至少他看起来像。这［也是］因为他总是极其谨慎地掩盖自己的痕迹。”

会”一直抗拒要剥夺他医生资格的行动。一些奥斯维辛前囚犯医生发表了一个令人印象深刻的声明，谴责克劳贝尔格当年的行为“完全违背了每一个医生的宣誓职责”，辛辣地揭露“那些……让自己服务于国家社会主义来毁灭人的生命的……医学从业者……今天又重新处在再次执业的位置之上，而他们曾经以那样一种可耻的方式亵渎玷污了这个行业。”[19]德国医学会最终撤销了克劳贝尔格的行医执照。不过，克劳贝尔格于1957年8月
9日突然神秘地死在了牢房，人们普遍认为他当时正要把纳粹医疗统治集团 278
的顶层人物讲出来，于是，他的那些医学同事就促成了他的死亡。[20]

将克劳贝尔格的罪恶医学行为归咎于他的外貌和因此而来的“复杂”，这过于浅薄了。无疑，他可以被视为阿尔弗雷德·阿德勒所描述的因内在深深的身体自卑感，而去寻求极端形式的补偿性行为[21]的一个经典例证；但我还是要强调他与纳粹意识形态的紧密关系（这种关系因第一次世界大战一种颇为典型的历史经历而来），以及他本人在纳粹体系中不同寻常的野心。他原来的一个学生谈到，尽管克劳贝尔格是“一个丑得可怕的矮子”，“充满了复杂性”，但对学生很友善，周末常带他们郊游。这个学生说，“我当时很喜欢他”。也就是说，即使有着这样的心理畸变，克劳贝尔格将技艺、自大和堕落结合起来使用，在一个不同的政体之下也能找到自己的生存方式。或者换一种说法，如同总是会有克莱尔这类人来进行直接屠杀一样，也总是会有克劳贝尔格这样的人来进行意识形态和专业上的犯罪与屠杀。纳粹制度为培育克劳贝尔格这种补偿性的浮夸和心理变态倾向提供了理想的氛围。奥斯维辛也吸收了他的研究才华，这种才华在为纳粹生物医学愿景的“被动优生学”的服务中急剧堕落。

X光和手术阉割：生物医学赞助人与政治医生

霍斯特·舒曼不同于克劳贝尔格，他不是著名专家，但却是一个可靠的“老纳粹医生”（他在1930年就加入了纳粹党和冲锋队），可以参加各种残忍的医学行为。他作为格拉菲内卡屠杀中心的主管，是“安乐死”项目中的一个领导角色。当这个屠杀中心关闭之后，他又接管了索伦斯泰因的一个屠杀中心，随后作为医学委员会的一个成员积极参加了14f13项目，

走访各个集中营，以这个资格于1941年8月28日来到奥斯维辛，参与了对575个囚犯的筛选，将他们送到了索伦斯泰因屠杀中心（见本书142—143页）。他在奥斯维辛X光阉割上的资格，更多的属于政治性而非医学性。

就这种试验而言，希姆莱与积极参与了“安乐死”项目和死亡营建立的总理府官员维克多·布莱克一道，在它的制定上甚至起到了更大的作用。1941年年初，希姆莱和布莱克已经交换过备忘录，都赞同大规模地“用X光的方式……进行绝育或阉割”（见本书274—276页）。布莱克后来声称，将X光绝育用于犹太人，尤其是波兰的犹太人的想法是出自希姆莱，并且暗示希姆莱身边那个最残忍者赖因哈德·海德里希起了作用，但与此同时他也承认希姆莱的话“深深地打动了我”。无论如何，布莱克将他们这种共同的幻想扩大为将“几乎察觉不到”的流水线绝育操作包括进来，
279 这样的操作是在一个柜台后，不知情的受害者被要求在柜台前用两三分钟来填写表格。

> “坐在柜台后面的官员操作这个X光照射装置，只需扭动一个开关，它可以同时打开两个活门（因为X光必须从两边来照射）。使用这样一个双活门的装置，每天可以对150—200人进行绝育；所以，20台这样的装置每天就可以对多达3000到4000人进行绝育……至于这样一个双活门装置的代价，我只能给一个大致的估计，大约是2万到3万帝国马克。”[22]

这样的想法不仅与纳粹的生物医学整体愿景一致，而且体现了海因里希·希姆莱思想的特点。约阿希姆·费斯特曾经准确地提到，希姆莱希望将自己视为“不是一个杀人者，而是一个科学的赞助人”。[23]而且，他还要积极参与自己赞助下的科学事业的概念和方式的决定。在这场纳粹运动中，他是出类拔萃的伪医学科学家，是这种治疗—屠杀之颠倒的个人和意识形态之缩影。*希姆莱开始时学的是农业，他将自然神秘主义与一种生物力学

---

*希姆莱的愿景有着不同的荒谬和伪科学的色彩。比如，一些神秘的种族主义说法，比如沉没的亚特兰蒂斯大陆曾是雅利安人的起源家园；不同于其他人类，雅利安人不是由猿猴进化而来，而是从天上降临到地面，这个天空从时间之始就保存于冰中；希姆莱对它们坚信不疑（希特勒和戈林也是如此）。事实上，希姆莱在1937年在圣遗物研究（见本书284—287页）中创建了一个气象学分支，以“证明”这种“宇宙冰”理论，尽管这个（转下页）

结合起来，为自己幻想出某种医学幻景。罗森伯格的种族愿景，理查德—沃尔特·达尔的农业神秘主义，他将这些融合到了一起。人们认为，正是达尔“催促希姆莱把注意力从培育植物和养鸡转向了人”。[25]*希姆莱的妻子玛格丽特·希姆莱是一个护士，据说是她让希姆莱对“顺势疗法、麦斯麦催眠术、麦草浴和草药医学”产生了兴趣。约阿希姆·费斯特说得很清楚，希姆莱的语言一直是生物医学的：“他大谈‘种族试验的田野’、‘北欧田野化’、‘生殖帮助’、‘我们血统的基础’、‘基本的生物学法则’、‘我们血统的毁灭’、‘培育一种新的人’或‘日耳曼血统的植物园’——实在是一个来自沃尔库德林的家禽农场主的愿景啊！”[26]

于是，布莱克这样的党羽和克劳贝尔格这样的医生就提出了一些项 280
目，他们知道这与希姆莱的想法和政策是一致的。布莱克对绝育和阉割的热情也可以与他自己曾是一个病人，接受了X光治疗，并咨询过一个医学权威，问这种治疗会不会导致身体损伤，尤其是生殖器损伤的经历有关。布莱克的父亲是妇科医生，自己也有着医学渴望但学医不成。1942年6月，在德军进攻深入俄国的高潮之中，布莱克变得更为狂热夸张。在给自己上司和波兰地区主管——这里的犹太人数量最多——的建议中，他谈到了实施“整个犹太人行动［最后解决］”的必要，但他估计欧洲一千万犹太人中会有二百万到三百万是适宜干活的，所以应该“保留”下来，不过与此同时“要让［他们］不能再繁殖”。在遗传病患者身上使用的普通绝育方式费时太长，代价太高，而“用X光阉割……不仅相对便宜，而且可以在最短的时间内对成千上万的人实施”。他提到了“已经完成的试验”，+宣称

（接上页）新部门公开宣布的目的是开发新的长期天气预报的技术。希姆莱热心于自然治疗，激烈批评职业医生的传统主义和“基督徒”偏见，他将集中营里的人体试验视为对束缚的解放，是一种大胆的科学创新。[24]

*作为帝国农场主领袖和帝国粮食部部长的达尔，是一个鼓吹“鲜血与土地”的纳粹意识形态理论家，宣扬德国农民是历史的驱动力量。

+纽伦堡审判时，舒曼提到这些并不存在的试验，辩解说自己是想操纵希姆莱，在他脑中植入一个对最后解决的替代方法，从而停止这整个过程。[27]证据表明舒曼的确操纵了希姆莱，但却是为了全力推进阉割绝育项目。在他的虚假证词中，关于真相的核心部分包含了可以定罪的东西。

自己已经准备好、甚至是急于去启动这样一个项目。但希姆莱这位科学家却坚持“使用X光绝育……至少还要在一个集中营再进行一系列试验来决定”。[28]舒曼被选定负责此事，到了1942年下半年，他已经在比克瑙的30区进行X光阉割了。

舒曼在奥斯维辛没有克劳贝尔格那样的特殊地位，但他的试验却比克劳贝尔格更为阴毒。如同塔德乌什·S医生所理解的，两人相比，舒曼是“因别人命令而为……试验……不是原创的。克劳贝尔格则是唯一一个有自己想法的人……舒曼是被意识形态宣传家……所激励”。玛丽·L医生进一步认为，舒曼“进行试验的方式显示出在妇科解剖学上的一无所知”。

舒曼的外貌也与克劳贝尔格完全不同：高挑宽肩，身穿德国空军制服很神气，面容有人说是英俊，有人认为“冷酷”，玛丽·L医生认为是“新德国种族主义者理想的一个样本”。一些囚犯形容舒曼“端正”，但一个囚犯文书补充说他“冰冷”，“对囚犯不显示人的情感”。[29]总之，这些描述揭示了纳粹式傲慢的一种平静的常见版本，再加上超然的态度和缺乏
281 同情。他的试验做法残忍而毫无限制。舒曼在30区进行试验，是在比克瑙的妇女医院里，有一个大房间，里面装了两台大型X光机，还有他自己的操作亭，这小亭有一个窗户，亭子当然做了铅板防护，以避免X光辐射。

试验对象是相对健康的青少年或20岁出头的男女囚犯。头一天下命令将这些人从集中营带来，在一个等候的房间里排队等待，随后一个个带进，他们多半完全不知道接下来会发生什么。女性被放在两块照射板之间，一块紧抵腹部，一块靠着后背；男性则是将阴茎和阴囊靠在照射板上。舒曼自己开动机器，机器的嗡嗡响声很大。按照斯坦尼斯洛·克罗德辛斯基医生的讲述，每次“治疗”要持续“几分钟”，另外一个囚犯医生爱丽娜·布雷达则说是“5到8分钟”。许多女性出来时带着玛丽·L所说的“严重的灼伤”，它可能会感染，需要很长时间才能愈合；许多人则很快出现腹膜炎的症状，包括发烧和剧痛及呕吐。在这种X光照射后不久，女性的卵巢就会用手术摘除，通常是分两次手术。手术主要由迪林来做（见本书246—249页），经常使用的方式与中线剖腹手术（腹部开口）不同，而是在阴部横向切开，这有很大的感染风险。摘下来的卵巢送到实验室，用

以检查X光对摧毁组织有无作用。[30]

玛丽·L医生写道："出现了死亡，出现了并发症，出现了因没有事先检查而带来的肺结核的恶化。出现了胸膜炎，长时间不能结束的化脓。"她也看到，这种手术"以越来越快的节奏"来进行，于是迪林最终在2个小时内能做10例。[31]

旺达·J医生被命令一个接一个地去抚慰那些被手术之后的希腊年轻女囚（"一些希腊孩子，因为她们只是16岁到18岁之间……［已经］是形同骷髅了"），在粗砺的脊椎穿刺和粗糙的10分钟手术中，姑娘们尖叫和哭喊（"她们叫我妈妈，她们以为我可以救她们，但我做不到"）。一个可怜的、孩子般的受害者被用担架抬出去，下一个又被带进来进行脊椎穿刺。旺达·J医生说，迪林根本不顾通常的必要步骤，不用一片腹膜（腹腔的衬膜）来遮盖和保护卵巢已被摘除的卵管"底桩"，于是就导致了后来的流血和严重感染的并发症："她们在床上躺了9个月。我一直在给她们护理——那个味道，我没法跟你说。她们在一个大房间里——只有……8个人了，因为2个已经死去。"

后来舒曼对这些人失去了兴趣（就阉割—绝育而言，在她们身上已经没有什么新发现了），但旺达·J医生还是要小心翼翼地把她们多多少少隐藏起来，"因为如果舒曼知道她们还活着……在第10区，他可能会马上杀 282
掉她们。"这些人被称作"舒曼的女孩"。

35年之后，我与这些女孩中的一些交谈时，仍然可以鲜明地感受到她们那种深层的被侵害感和毁灭感。一个希腊犹太人女性谈到自己从镜子里看到"他们切开我肚子时，血倾注而出"的恐惧，然后，在经过了两个手术之后，"脓从同感染伤口的凹陷处流出，发高烧……肺炎。我全身肿胀，我按自己的手臂会陷下去（水肿）。他们让我吃药。我麻痹瘫痪……我不能动。我整个人都肿了"。另外，"我们知道自己就像是不会结果的树了……试验就是他们摧毁了我们的器官……我们在一起因此而痛哭"，"他们用我们做试验，是因为他们没有兔子"。

舒曼对男性的试验也是类似的过程。迈克尔·Z医生在一份书面报告中写道：首先是有传言，说"一个空军中尉医生""用X光对犹太人进行了绝育”；然后是舒曼来到了一个男性病房，命令他们准备接收40个病人，做好这40个人的医学观察记录；这些被试验的受害者带着阴囊上的灼伤红疹运来了（“从他们的描述中，我们知道了这种X光机器”），这些受害者后来谈到自己的精液被采集（用一根插入直肠的木棍蛮力摩擦他们的前列腺），对他们进行手术，摘除一个或两个睾丸，有些人则是再进行一次手术，把剩余的那个睾丸再摘掉（手术“非常残忍”，麻醉很有限，“病人的尖叫听起来吓人”），“灾难性”的术后发展包括出血、败血症、刀口丧失肌张力，所以，“许多人……很快就死去，在心理上和身体上急剧衰弱”，其他人则被送回去干活，“这也会结束他们”。然而，“他们的死亡很无所谓，因为这些小白鼠已经完成所期待的作用了”。

埃里希·G医生谈到了试验对象的心理痛苦，以及他们向他提出的问题（“我还能够当父亲吗？我还能与女人性交吗？”），但他说当时这并不是最大的情感压力（“能够活下来是最重要的，这超过了被损毁甚至是被阉割”），担心的是试验受害者又被杀掉（“难以相信他们会允许人们活下来在战后当一个见证者”）。

舒曼的冷酷体现于（塔德乌什·S医生的讲述）他设计的“一个小小装置”，把它插入试验对象的直肠，刺激前列腺，导致射精。这个过程“痛苦……让人羞愤，病人很受罪”。同时它还会导致“可怕的感染”。然而，“对于舒曼而言这根本不算什么……他只是检查他试验的结果”。

一个男性受害者讲述了这种X光照射的顺序（“我的生殖器，还有阴
283 囊，靠在一个机器上……响起了马达的声音……大约有5到8分钟”。此后，他“有一种全身都病了的感觉”）；采集精液的情况是（“迪林医生拿着一根木棍一样的东西进来，把它插入我的直肠……几滴精液流了出来”）；在照射手术开始之前（“我说，‘为什么你要对我做手术？我没有生病。’［迪林］回答道，‘……如果我不把你的睾丸摘掉，他们就会把我的摘掉’”）；关于痛苦的脊椎穿刺麻醉和手术本身（“几分钟后我看到了迪林医生，他手里拿着我的睾丸，给舒曼医生看，他也在场”）。还有一个囚犯在手术开始之前也问了同样的问题，迪林的回答是：“不要像狗一样吠叫了。你反正要死的。”[32]

舒曼在奥斯维辛的残忍也由一个较小的研究项目揭示出来。许多男囚由于剃须时使用同一把胡须刷而脸部得了癣菌病，尽管经验表明用各种药物治疗，这种病都很容易治愈，但舒曼却抓住这个机会来试验他的X光效果。X光照射导致了严重的皮疹和感染，许多受害者的唾液分泌功能和泪腺功能都受到了损伤，此外还有面部和眼睛的麻痹，而这些反过来又导致很多人被送到毒气室杀掉。[33]

除了这些犹太受害者之外，还有一些年轻健康的波兰男性囚犯成为了X光阉割试验的对象。很可能让这些人接受了超高剂量的照射，因为一个曾在病房担任过护理员的囚犯报告说，“他们的生殖器开始慢慢溃烂”，这些人“常常痛苦地趴在地板上”。给他们涂过药膏，但没有作用，在长时间的痛苦折磨后，蒂洛下令把他们送到了毒气室。[34]

克罗德辛斯基医生写道，有多达200个男性成为了X光阉割试验的对象，其中约有180人被摘除了至少一个睾丸，他们之中有90人是在1942年12月16日这同一天被手术的。尽管整体的统计数字不能够确定，但一般的估计是约有1000个男女囚犯被进行了X光绝育或阉割试验，其中约有200人又被进行了睾丸或卵巢的手术摘除。奥斯维辛的做法是对这些试验保存相对准确的手术记录，所以能够由此获得相关的统计数字。[35]*

如同克劳贝尔格一样，舒曼也在拉文斯布吕克继续了他的试验，一些年仅13岁的吉普赛女孩受害。

战争结束之后，尽管纽伦堡法庭认定舒曼是战争罪犯，但他隐藏身份在德国躲了起来，直到他去申请一份猎枪执照时，其真实身份才被发现。随之，他迅速逃离德国，各处行走，最终在苏丹首都喀土穆定居下来，做 284
了一所医院的院长。大约有7年的时间，他看来变成了一个心地慈善者，日夜工作，医治非洲人，并且进行昏睡症方面的研究；他对一个采访的记者说自己“发现了一个人道德平衡所需要的平静和安宁”。[37]然而，就是

*在审判迪林时，关于手术登记是这样概括的：“有一个编号130行的名单，每一行都标有从1943年3月5日到11月10日某一天的日期，还有一个囚犯的编号和姓名，以及用拉丁文标明的手术性质，比如‘阉割’、‘绝育’、‘左侧睾丸摘除’、‘右侧睾丸摘除’、‘卵巢摘除’，等等”。[36]

与这篇报道相配发的照片，让一个奥斯维辛幸存者认出了他。他又逃到加纳，最终在加纳被递解给西德的代表（时间是1966年11月，是在担任加纳总理的克瓦米·恩克鲁玛去世之后，恩克鲁玛曾经庇护过他一段时间）。此时的舒曼已因慢性疟疾和其他疾病而变得衰弱。在关押了几年之后，他因参与直接的医学屠杀即“安乐死”而被定罪，但由于心脏问题和整体恶化的健康状态，就没有再审理他的绝育和阉割试验罪行而释放了他。[38] 1983年他死于法兰克福。

有一些报道说他表达了悔意乃至于痛悔，说他承认了自己在格拉菲内卡参与“安乐死”和奥斯维辛的试验，说“我们做的是可怕之事”。[39] 不过，在其他一些时候，在法庭和其他地方，他却不远是这样痛悔，而是对自己的行为进行辩解或否认。他是不是在道德上面对了自己过去的行为，这是有疑问的；但他在非洲的工作尽管主要是要逃避法律，但最终还是在部分心理层面上成为了一种赎罪。

舒曼因其行为而对我们有重要意义——直接的医学杀人和异常残忍的奥斯维辛试验，他都积极参与了——一个既平常却又高度纳粹化的人和医生。

人类学研究：展览馆里的样本

在纳粹生物医学愿景最为怪异的表达中，有所谓的“人类学研究”，而第10区在这方面也起了重要作用。玛丽·L医生讲述了它在奥斯维辛的开始：

> ［第10区］来了一个新的种族主义理论宣扬者。他在自己面前摆开各种年龄裸体女囚的档案……来筛选他所需要的材料，他要做人类学的测量……他无止境地对人体各个部分进行测量……他告诉被测量者，她们被选中实在是运气太好了，她们会离开奥斯维辛，去一个很好的集中营，是在德国某地……［在那里］她们会得到很好的待遇，她们会很快乐。

285 玛丽·L医生对奥斯维辛已经知之甚深，所以猜到了可怕的真相（“我马上告诉自己……‘她们要被弄到一个展览馆去’”），但她和其他人由于

“缺乏勇气”而忍住没说出来，也觉得保持沉默更仁慈一些，而且对于自己的怀疑也不是非常确定。

这些女囚被带到了靠近斯特拉斯堡的纳茨维勒集中营，尽管它并没有被指定为灭绝营，但却有自己的毒气室。这个毒气室除了通常的伪装淋喷头之外，还有一个自己的特色：装有一面单向镜子，毒气室外面的人可以观察里面的人。之所以安装这样的镜子，是因为毒气室建造时就将此作为必要的研究设备了。

一个囚犯医生报告说，对这些奥斯维辛女囚（根据其他的记录，共有39人）进行了虚假的身体检查来欺骗她们，然后就用毒气杀死了，她们的尸体马上被运往斯特拉斯堡大学医院的解剖学馆。一个法国囚犯曾在这个项目的主管、党卫队上尉奥古斯特·赫特医生手下干过活，他讲述了怎样“马上就开始保存”刚运来的这些尸体，它们“还是温暖的，眼睛大大睁开，闪闪发亮”。接下来又运来了两批男尸，这些人的左睾丸都被摘掉了，交给了赫特的实验室。[40]

赫特是一个解剖学教授，新的毒气室开始使用时用来杀害奥斯维辛囚犯的氰盐，就是他根据希姆莱的指示准备的。在给希姆莱的一份备忘录中，他最早提议要确保被俘的“犹太人布尔什维克政委”颅骨的完好。当时的目的是“获取实实在在的科研材料”，“它们代表着……一种令人厌恶但颇为典型的下等人类”。这份备忘录建议让“一个下级医生跟随德军”，先是进行照相和各种测量，对还活着的这些人进行研究，确保在杀掉他们时不损坏头部，然后采取专门的措施来保存头部，把它们运到指定的研究机构，在那里就可以对颅骨和大脑进行研究，包括“种族分类”和“颅骨构成的病理学特征”的研究。强调被研究的人中必须有两类终极邪恶者（犹太人和布尔什维克），预料在他们的颅骨和大脑中必会有解剖学上的特别发现。纳粹就这样把种族生物医学和政治意识形态结合发挥到了极致。[41]

不过，要弄到“犹太人布尔什维克政委”显然有困难，而切下头来也可能不太好办，所以就决定利用整个身躯而不仅仅是头颅，在能够收集样本的地方来收集样本——这就是奥斯维辛。据说有115人这样被杀，全都是

286 犹太人（79个男性，30个女性），外加2个波兰人和4个中亚人。这个项目的相对优先性，从艾希曼亲自参与它的安排上就可以看出。[42]

这件事，即使按照纳粹的标准也是相当怪异的。赞助它的机构是党卫队的“历史遗产”办公室，这个机构由希姆莱在1939年建立，旨在进行“北欧、印度—日耳曼种族”的“历史”和“科学”研究。这个“历史遗产”办公室搞了一些神秘的科学概念（“灵魂与身体的统一，头脑和血统的统一”），将盖世太保控制德国知识分子生活的任务与希姆莱的幻想结合起来。考古项目、德国本土之外的德国种族意识倡导、集中营里的医学试验，它为这些项目提供支持。根据希姆莱的命令，“历史遗产”办公室甚至赞助了一个利用集中营内犹太人数学家来解决火箭制造的理论问题的研究项目。它所赞助的集中营里进行的试验中，包括西格蒙德·拉舍尔在达豪的臭名昭著的高海拔耐寒效果试验，为此他随意弄死试验对象；还有舒勒在布痕瓦尔德进行的更为恶毒的斑疹伤寒疫苗试验，有600人因此死去。[43]

赫特据说是由一个后来成为他在斯特拉斯堡项目中助手的人带入“历史遗产”办公室的，这个人叫布鲁诺·伯格，是希姆莱随身侍从中的一个党卫队军官，被派到柏林研究人类学。伯格对希姆莱最狂热的理论也倾向于信奉，就是他在奥斯维辛做了最初的安排，而且很可能以赫特的名义写了我上面提到的这份不同寻常的备忘录。[44]

一个原来的狂热纳粹记得赫特，他们早年在德国一家领先的医学中心作年轻讲师时是好友和同事。此人说赫特原是瑞士人，但归化为德国人，他形容赫特是“日耳曼人类型，蓝眼金发”，是一个高贵而稳定的人，虽然有时“有点冲动”，是出色的解剖学家，有很好的专业前景。不过，我的一个美国同事曾在赫特指导下学习过，他记忆中的赫特是一个非常傲慢、令人生畏的纳粹。无论如何，赫特热心地投身纳粹，或者是作为主角参与“展览馆”项目——即使伯格是这件事的推动力量——从而效力于纳粹的生物医学愿景，这些是确凿无疑的。（准确地说，赫特的这个老友想要否认自己的主角作用，他强调赫特的整个行为可以理解为这个解剖学家冷漠麻木的表现。）

战争将要结束时，是不是还要继续和如何继续这些研究程序，这上面显然出现了一些混乱，最终是下令销毁所有的证据。然而，这个过程还没有结束。当法国军队解放斯特拉斯堡时，发现赫特的解剖室里有“许多完全没有处理过的尸体”，许多“部分处理的尸体”，有一些已经“剥掉了皮肉……是在1944年下半年”，头颅用火烧过，以避免被辨认出来，还“特别处理掉了左前臂上刺的囚犯编号”。赫特本人此时消失了，现在人 287
们知道没过多久他就自杀了。[45]

这个展览馆项目之所以引人注意，是因为它把希姆莱的种族愿景与非常具体的伪科学的人类学参与（伯格所为），以及医学参与（赫特所为）融合在一起，这正是纳粹生物学和政治学心态的一种逻辑结果。[46]

卫生研究所：避难所与污点

一些或许最奇怪和仁慈的试验也发生在第10区，发生在第10区为卫生研究所工作保留的那个区域中。不过，这个研究所也很难逃脱奥斯维辛的邪恶。

谈到奥斯维辛的各种事情和态度时，我经常提到恩斯特·B医生，其试验就让囚犯医生们困惑，他的试验将牙科感染与风湿和其他身体症状联系起来，涉及注射用这种感染制成的疫苗来测试人的敏感性。迈克尔·Z医生觉得恩斯特·B医生缺乏研究重点（“［他］几乎每天开始一个新项目”），批评他把人们的牙齿拔下来作为一种试验性治疗。另外一个囚犯医生也觉得恩斯特·B医生是用这些试验来“娱乐自己”。不过，旺达·J医生因其在第10区的位置也曾近距离观察过这些试验，她却不赞同恩斯特·B医生是在做不合逻辑的“蠢事”的看法。她提到了恩斯特·B医生试验的另外一个方面——在人的皮肤上擦一些物质，她指出，用水来替代这些物质其实是很容易的。她进一步指出，更为重要的是，她得以因此去“筛选女孩”来做这种试验而不是克劳贝尔格的那些试验；为了消除女孩们的恐惧，她会在自己皮肤上擦这种东西（常常就是水），“向女孩们显示它啥也不是”。

恩斯特·B医生将自己和上司的意图表达得很清楚，搞这些试验就是要把一些女性（这些人的丈夫或男性亲属囚犯多半是在卫生研究所里干活）从克劳贝尔格的病区解救出来，如果她们待在那里的话，很有可能被试验伤害，然后再送往毒气室。第10区一般是克劳贝尔格的领地，为了能够继续占据那里的一席之地，卫生研究所就不得不向他显示出自己也在进行“严肃的试验”。为了这个目的，恩斯特·B医生就安排了一些效果，把炎症注射到这些女性的大腿上。他尽量向她们解释这样做是好意和必要的，但与此同时他也知道“这会在整个集中营造成一种印象，我也卷入了危险的、威胁生命的试验之中”。他证实这些试验涉及将从（其他人）牙科感染中提取的疫苗注射到他人身上，看看是否有阳性反应；当出现了阳性反应后，就照牙科X
288 光片，看看是否出现了牙齿感染。他说这些女性后来被偷运出了第10区，这靠的是一套做法，包括宣布她们死亡，以及贿赂“妓院狱头”，让她们随那些居住在第10区，但每天都去其他监区工作的妓女一起离开第10区。战后恩斯特·B医生也在法庭上受审，而这些他用这种办法“试验”的女性为他作证，说他这样做是救命，一些男女囚犯医生也这样证明。

然而，在我们的交谈中，恩斯特·B医生非常坦率，谈到了促使他进行这种试验的多重因素。有把人从克劳贝尔格的病房中弄出来，从而“作弄克劳贝尔格［他和他的上司都恨克劳贝尔格］”的因素；同样，这也意味着帮助“一个囚犯的亲属，此人在我手下工作，我们是好朋友”。另外，他还听说克劳贝尔格的试验受害者中包括“医生和［其他］素质很高的女性”，这也让他很不满；而发现通过妓院渠道，“把她们弄出去，并不是我们想象的那样难”，这也起了作用。

不过，除了上述这些因素，恩斯特·B医生还有一个与进行试验的许多其他医生一样的动机：“这些试验……让我感兴趣。”能够得到必要的人来进行这些试验，这样的机会“如果是在任何其他环境中……其获取都要困难得多”。换言之，他也被奥斯维辛提供的试验机会吸引了，他对一些男性试验对象的试验就证明了这一点，这些人并未处在克劳贝尔格拿去作试验的危险之中。

我们在16章将进一步详细讨论恩斯特·B医生，但在这里可以说，对于奥斯维辛和其他集中营的医生而言，他们都有着强烈的和多因素的试验冲动，而实现其人体试验的氛围又是如此强烈，虚假或半虚假的试验至少在不算多的情况中被用于挽救生命的特定目的。

深层的矛盾性

卫生研究所只是第10区的一个小单位，这必然会有深层的矛盾性。人们普遍将这里视为避难所——没有筛选，令人愉快的工作条件，细菌学和血液学方面的问题都会得到真正的治疗。在某种程度上，这个单位将自己的整体良性氛围延伸至它在奥斯维辛的中心位置——位于奥斯维辛郊区的拉斯科小镇。所以，玛丽·L医生就称赞“非常能干的医学人员，在那里工作的犹太男人和女人”“对于我们是很大的帮助，因为他们总是愿意秘密地做我们所需要的分析”，也就是提供阴性反应的报告单来帮助病人。卫生研究所做了很多这样的工作，大量的血和尿化验、排泄物、唾液和咽喉细菌检查，都在第10区的这个单位中进行。

然而，它也进行了有害的试验。卫生研究所所长布鲁诺·韦伯*对一 289
些囚犯做了抽血分组，把采取到的这一组的血液注射到另一组人身上去，以研究由此带来的血细胞凝集的有害程度。比这个结果更为严重的是采血带来的后果，无论是用于这个试验还是其他试验，或者是用于给德国人输血，采血都会造成严重的后果。不仅仅是有时会对非常衰弱的囚犯采血，而且有时采血的方式很残忍甚至是杀害性的——有些囚犯是被针头插入颈动脉，导致他们因抽血而死。迈克尔·Z医生讲述了一个党卫队军士是“房屋油漆匠出身，［他会］从每个病人身上抽700、800乃至于多达1000cc的血”，他作为一个医生，“非常怀疑这些病人中有谁能够承受这样的抽血”。

恩斯特·B医生解释了——很可能是忠实地——抽血的意图是要制作血清供各个抽血群体使用。尽管他看来是为自己的上司辩护，但他也承认

*朗本有一个“韦伯对奥斯维辛的种种事情感到厌恶的印象，但仍然宁可待在一个灭绝营中也不愿上前线服务。他一直想要强调他这个研究所的重要，他把自己的全部精力都投入到它的扩大之上”。[47]

韦伯曾告诉党卫队的人“去集中营，给你们自己弄几个胖狱头，让他们放点血”——但结果却是党卫队的人并不限于从那些营养良好的囚犯身上抽血，而是从“他们能够弄到血的任何地方抽血，因为这要省事得多”。

另外，囚犯医生很快就发现卫生研究所是使用人而非动物的肌肉作为营养培育基。玛丽·L医生这样讲述：听到了院子里传来的执行死刑的声音（“沉闷的……射击声，我们全都已经非常熟悉了”），她和其他人就从第10区窗户的缝隙朝外看，看到4具女尸被移走了；大约半小时后，“这些尸体回到了原来的地方，但已经被损毁了……大片地方的肉被深深地切走了”。玛丽·L医生于是可以确认在实验室干活的囚犯注意到“营养培养基中的肉片有着无毛皮肤”后产生的怀疑了。直截了当的结论就是：“由于党卫队偷走了用来做营养培养基的动物肉，所以卫生研究所的党卫队主管医生就觉得用人肉来代替是很简单的事情。”迈克尔·Z医生谈到，还是那个残忍大量抽血的党卫队军士，他陪伴韦伯医生去死刑现场，“带来了满满一箱子人肉做营养培养基用”。

所以，在奥斯维辛，人肉比珍贵的动物肉类消耗得还多，使用它看来是可以接受的，甚至是“明智的”，奥斯维辛“医学科学”就这样来显示。

事实证明，韦伯医生也参与了其他致命的试验，做过恩斯特·B医生所称的“用化学品洗脑”的事情。恩斯特·B医生解释说，盖世太保酷刑拷问集中营里的囚犯——主要是波兰人，想要获得这些人的忏悔和关于地
290 下组织的同志的招供，但效果并不令人满意，“于是接下来的问题就是：为什么我们不像俄国人那样做呢？他们是怎样弄到有罪供述来组织那些表演性审判的？”他们认为这类有罪供述是靠药物手段得到的。韦伯被找来研究这件事，按照恩斯特·B医生的说法，他“和他们［盖世太保］一起研究”。韦伯与罗德和党卫队主管药剂师卡佩休斯合作，想要找到一些巴比妥酸盐和吗啡的衍生物来用。有一次，人们看到他们把一种状似咖啡的东西让4个囚犯吃下，已知其中至少2人就在当天夜里死亡，另外2人很可能后来也死了。当告知这些死亡时，据说罗德评论说他们是一种愉悦的死亡——在当时背景下，一个普通的党卫队医生很可能会这样说。[48]*

---

*纽伦堡和其他地方谈到的相关试验可能涉及到使用迷幻药麦司卡林。

恩斯特·B医生在得知自己上司这种试验之后的反应，也向我们揭示了奥斯维辛的氛围。他说他对韦伯的喜爱和尊重“一点都没有”改变，因为“在奥斯维辛的背景中*，三两个人又算什么呢——这些人已经在盖世太保手中，已经是死了。” 恩斯特·B医生为他上司的行为提供了一种“心理学解释”：一个患有严重肾病的人（战后不久他就因此死去），有着颇大抱负和很高智力，于是有一种“我现在就必须做一切”的感觉。恩斯特·B医生补充说，韦伯在工作上与柏林纳粹党卫队中央卫生研究所主管医生姆鲁古斯基关系紧密，这种意识形态和医学上的合作可能是更为重要的影响因素。姆鲁古斯基正是许多集中营中毁灭性医学试验策划和实施的关键人物。纽伦堡法庭判他因策划布痕瓦尔德的斑疹伤寒疫苗的致命试验（实施者主要是舒勒），因在萨克森豪森进行“毒药子弹”的致命试验（与舒勒一道，还有参与了T4毒气项目的党卫队化学家艾伯特·威德曼，因在拉文斯布吕克的有意造成感染的致命磺胺试验中协助格布哈特，因策划和下令实施布痕瓦尔德的致命气体肿胀试验，包括进一步注射石炭酸试验而有罪。作为党卫队所有卫生研究所的主管，姆鲁古斯基无疑还协调了许多其他的试验。而且，以这样的主管身份，他还是奥斯维辛和其他地方使用的
齐克隆-B毒气在保障供给和分配上的关键人物。[49] 291

奥斯维辛较为良性的机构中的这样一个卫生研究所，被证明不仅仅是策划一些杀害性医学试验的地方，而且还是死亡营中大规模屠杀的技术提供之地。即使是在奥斯维辛，第10区这个卫生研究所的小小实验室，也常常是石炭酸注射处死的一个地方。（见14章）

第10区的卫生研究所是一个治疗与杀戮结合起来的非常具体的例证。15章中讨论的维尔特在第10区进行的相对仁慈但仍然危险的试验，也可以这样看。囚犯医生和党卫队医生中一些不同寻常的建设性安排救了许多人的命，这就正如同希姆莱、姆鲁古斯基和格拉维茨的恶毒顶层设计与奥斯维辛医学当局（维尔特和韦伯）参与致命试验和支持屠杀项目结合起来了一样。

---

*在我们的这些交谈中，他一直使用“在奥斯维辛的背景中”这个表述来做其他类似辩解。

试验的奥斯维辛

奥斯维辛将它的大部分精力用于屠杀人们，但由于它事实上对任何形式的残害人类都敞开大门，这就不可避免地导致各种各样的其他试验。爱德华·维尔特作为它的主管医生，就是这些试验中绝大多数的支持者和推动者，尤其是那些柏林上层感兴趣的试验。

这方面的一个例子就是党卫队上尉医生赫尔穆特·费特尔持续的试验行为，他是奥斯维辛和其他地方药理学“试验”的一个关键人物。他多年受雇于勒沃库森的法本公司的拜尔制药，到了奥斯维辛后，也仍然保持着这样的联系。在奥斯维辛和茅特豪森（可能还有其他集中营），他为拜尔进行好几种药物的医学试验，包括磺胺类药物和其他一些成分不能确切知晓的制剂。*

费特尔来往于奥斯维辛与茅特豪森之间，为的是监督“鲁斯诺尔”和“3582”药物在很多不同的严峻医学环境（斑疹伤寒、伤寒、副伤寒、痢疾、肺结核、丹毒、猩红热以及其他疾病）中的作用。他让奥斯维辛传染病房的150到250个病人服用这些药物，其中只有50人左右得了斑疹伤寒。囚犯医生们的感觉是这些药并没有治疗作用，一些病人在服用之后很快死去。费特尔不愿意接受这样的不利结果，总是坚持说其他集中营取得了较
292 好的效果。[50]

费特尔吸收其他的党卫队医生加入自己的研究，包括爱德华·维尔特。维尔特不仅成了像一个观察者所称的费特尔在奥斯维辛的“官方代理人”，而且后来他自己也积极进行斑疹伤寒药物试验。由于当时没有可用的实际病例，于是4个犹太人囚犯被人为地传染上斑疹伤寒，后来被杀掉了。这些显然是费特尔工作的延伸。

费特尔代表着纳粹的研究官员，在他们身上，普通的医学虚荣心变成了取人性命之物。他在奥斯维辛建立了一个试验区域，在这里他既不受

*在这些制剂中有一些编号为3582（尼妥卡丁制剂）、V1012和鲁斯诺尔（3582制剂与砷酸的混合）。

因伤人或杀人而带来的内疚的限制，也不受治疗效果要进行严格评估的限制。

新鲜的样本与麻木的超然：约翰·克雷默

约翰·保罗·克雷默医生也是同样，他在奥斯维辛也想实现自己宏大的专业目标。1942年8月他来到奥斯维辛时是59岁，与集中营的大部分医生相比属于老一代了。从1935年开始，他就在明斯特大学担任解剖学教授，是唯一一个担任了党卫队集中营医生的大学教授。[51]

克雷默对于饥饿问题长期以来就有研究兴趣，他用那些被筛选去死的衰弱囚犯作为试验对象，并在后来将之称为“合适的样本”。他长期的研究重点是体重和体重丧失，当把病人放在解剖台上后，一个党卫队勤务兵就会进行心脏石炭酸注射。“我站在解剖台边上，手里拿着一个广口瓶，准备在此人死亡后马上就把片断（器官）切下来装进去……切的是肝、脾和胰腺的部分”。[52]有时，克雷默会安排在处死他们之前先进行身体检查或照相。我们可以说，他为了自己的科学目的，对这座死亡工厂做了最大程度的实际利用。扬·W医生谈到，如果克雷默发现某个囚犯的头颅形状看起来不同寻常，或者是其某个方面引起了他的兴趣，他就会下令对此人拍照，然后进行石炭酸注射，以收集“肝和其他器官的新鲜尸体样本”。扬·W医生的结论是：“克雷默将这些囚犯视为是那么多的实验兔子。”

克雷默医生因他记的一本日记（这本日记后来被发现并且出版了）而恶名远扬，下面是日记中的一些片断：

> “1942年9月4日……参加妇女营的一次特别行动（筛选）……恐怖中的最恐怖……”
>
> “9月6日……今天星期天，美妙的晚餐：西红柿汤，半只鸡加土豆和红叶卷心菜（20克脂肪），甜布丁和硕大的香草冰淇淋……”
>
> “10月10日……我采集并保存了……取自很新鲜尸体的材料，也就是肝、脾和胰腺……”
>
> “10月11日……今天星期天，我们的晚餐是很大一块烤野兔，外加饺 293

子和红叶卷心菜，1.25RM.”。[53]

这本日记的另外一个主题是克雷默觉得自己成为“医疗机构”受害者的感觉，它否定了他两个心爱的科学理论。其中一个理论依据他宣称发现了创伤性畸形的遗传性而建立，而这与过去和现在的所有科学证据都格格不入，尤其与纳粹只关注纯粹遗传的重点相冲突。他实际上已经因发表一篇题为《创伤性畸形之遗传性问题的一个值得注意的贡献》而受过所供职大学校长的申斥。他的另外一个理论是宣称白血球和其他噬菌细胞实际上是（来自身体其他器官和区域的）腐烂或“退化”的组织细胞。由此他认为他的奥斯维辛研究格外有价值，因为他在这里得到了那些“新鲜样本”（临死之前采集），能够使他去研究不能归因于死后变化的退化效果。[54]

尽管克雷默有过教授头衔，但他从来没有作为教授授过课，他在日记中愤愤地想象“……一旦战争结束……搞一个我自己的小小实验室……［因为］我从奥斯维辛带来了绝对值得进行研究的材料”。奥斯维辛变成了科学突破和复仇的来源，这样一种期待再加上他整体上的纳粹化和才疏而志大，导致了他麻木的超然，其程度即使在奥斯维辛医生中也是不同寻常的。战后克雷默在波兰被关押10年，回到德国后又在明斯特接受审判，又被判处10年监禁，但认定在波兰已经服过了。他死于1965年。[55]

男性试验区

在主营区的医疗区，28区的一部分中也建立了一个男性试验区。一个医学院高年级学生埃米尔·凯斯切布在这里得到了维尔特的支持，是维尔特把他带到了此区，并热心地询问他有什么研究需要。那些相对健康的犹太人囚犯成为了试验对象，他们手臂和腿上被擦上有毒物质，造成一些严重感染的区域和大片脓肿。这样做显然是为了获取一些信息，一些想逃避兵役而制造这种生病效果的德国人会因此而被识破。[56]一个曾在此区当过护士的囚犯认出凯斯切布使用的这种材料是“石油类物质”，它既可以注射到皮肤中也可涂到皮肤上，造成大片炎症和脓肿，里面是乌黑的“闻起来像石油”的液体，必须放出来。

另一个系列的试验涉及把乙酸铅涂到身体的不同部位，使其出现痛苦的灼伤和各种形式的皮肤变色。在这两类试验中，这些被试验的囚犯都被弄到实验室去进行研究和各种拍照，为各种症状留下记录。这个囚犯护士 294
谈到了一个大大的“黑色柜子”被用作照相设施的一部分，被试验的囚犯必须直挺挺地在里面站很长时间，导致了更多的痛苦、呻吟不已，几乎崩溃。他说：“我常常不得不把这些动都动不了的人弄回他们的床上。”[57]

第三类试验是让囚犯吞下一种粉末，研究由它造成的肝损伤的那些症状：恶心、没有胃口、黄疸和尿液颜色不对。这种研究据说是因为希姆莱表达过对研究各种肝病和黄疸的兴趣，它们在德国军队中引发了一些问题。

所以，28区进行的这些试验，主要反映了官方对影响到军事的各种状况的研究兴趣，但也可能与一些个人的“科学好奇”有关。奥斯维辛提供了相对技术化（就照相设备而言）的研究实验室，年轻的新手医生被鼓励这样干，以试验的手段求得自己在医学上的名声。

最后，集中营的各个地方还有一系列的外科手术演示。

有一份报告谈到了比克瑙集中营41区“3个著名的德国教授”以活体解剖的方式来展示人的腿部肌肉，然后是各种药物的测试使用。[58]另外一份报告涉及医学院学生们自己在一个女性医疗区进行实验性外科手术：突然出现了“许多身穿白大褂的年轻医生（后来证明是学生）……穿行于病房，上下打量我们。他们对囚犯医生下令，筛选了一些女性，给她们戴上麻醉罩，弄到了一个手术区。几个小时后，这些女性被运回，她们在床上醒过来，每个人都有多处不同的伤口”。这些女性推断，“每个学生根据自己的专业对她们做一个实验性手术：喉科、眼科、腹部或妇科”。进行了妇科手术，是一位女性在法庭作证时证实的，过了很长时间后她才发现自己的子宫和卵巢被摘除了。[59]*

我们知道党卫队医生们喜欢尝试各种手术来获得外科经验，有时由较

---

*由于奥斯维辛的氛围，任何试验都有可能，这样的描述虽然可能会有不准确或扭曲，但与这些描述相类似的事情是非常有可能真的发生过。

有经验的犹太人或波兰人囚犯医生在场指导，有时则没有；那些被开刀的囚犯常常并不是必须进行手术。党卫队医生系统地从医院病历或囚犯点名
295 册上查找具有潜在手术性质的病或病史者，比如胆囊、阑尾、肾结石，等等，将这些报告给医院。“如果什么时候一个德国医生研究胆囊手术，那么有这种病的囚犯就会摆在手术台上。”[60]

同样，奥斯维辛又变成了一种医学讽刺：医生们急于获取外科手术经验。没有伦理上的约束，自己想做什么手术就安排什么手术，合适的“病例”就会出现在自己想做手术的那个时间。如果感觉了希波克拉底誓言带来的良心不安，那么通常会用这样的想法安慰自己：这些人已经注定无论如何是要死的，所以我并没有真正伤害他们。伦理暂且不论，除了一些其他的不方便外，毕竟难以找到如此理想的手术实验室啊！

囚犯医生与研究

囚犯医生不可避免地被拉入到奥斯维辛的试验世界之中。“我不相信有任何一个党卫队医生，在没有囚犯医生某种形式的帮助下做过试验，不管囚犯医生的帮助是情愿还是不情愿”，法国囚犯医生弗雷德里克·E这样说。通常而言，这样的卷入不会超过帮助对受害者进行治疗的程度，“因为他们在这些试验之后病了”；但也有可能扩展至进行这些试验或“研究”。

在后面这种情况中，很重要的一点就是要区分囚犯专业人士与此的关系。比如，洛蒂·M医生提到了一个波兰人类学家特里萨·W。此人是囚犯，门格勒对孪生子进行研究时让她进行测量工作。尽管洛蒂·M医生和其他对这个女人类学家评价很高，但其他囚犯却因为门格勒偏爱她（她有自己的房间和充足的食物，生病时能得到特殊的治疗安排）以及“她真正参与了试验”而怨恨她，也就是说，她按照自己的专业标准进行了准确测量。相比之下，洛蒂·M医生谈到了自己有一次对待考尼格医生这种要求的反应。考尼格要求她在24小时内对一个病人每2小时抽一次血，以跟踪血沉速度。由于洛蒂·M医生不想在夜里每2小时起来一次，同时也“对他的工

作没有兴趣”，于是就一次抽够了所需数量，分装在12个容器中，然后上床睡觉，第二天把这12个容器里的血交给了考尼格：“我不在乎这不［真实］……反正是怠工。”特里萨·W却“没有这种态度”，表明了一种道德上有问题的科学诚实。当经常与一个党卫队医生（他也可能能够觉察欺 296
骗）一起工作，所做的看来又是相对无害的事情（同时也让人意识到自己的专业身份）时，一个囚犯医生是很有可能尽量做好它，特里萨·W的测量就是如此。然而，这个波兰人类学家又宣称她对许多人都很清楚的事情一无所知，也就是说，不知道门格勒有时会处死一两对孪生子，用尸体研究来获取他需要的科学信息（参看本书349—354页）。特里萨·W后来在法庭上不太愿意指证门格勒，这不仅仅是门格勒救过她的命——尽管这个理由也足够了，而且是因为她需要对自己参与的这个“科学”项目拉开距离和保持麻木。

有时，一个囚犯医生可能会坚持一种自我强化的科学准确，而代价却是他人的生命。比如，一个犹太人教授坚持确认一种特殊形式的肺结核是奥斯维辛所遇到的骨头感染的并发症状，而且（如同雅各布·R医生所说的那样）还试图说服每个人都同意他这个看法，后来有同事警告他不要再这样做了，因为人人知道“在奥斯维辛，肺结核的诊断结果就等同于死亡——至少对犹太人是这样”。

囚犯医生中更为常见的做法是：即使是明明白白的临床研究——比如卫生研究所实验室里的工作，人们也会避免把可能危及囚犯的结果报告出来。于是，如同迈克尔·Z医生告诉我们的白喉病例的情况那样，如果报告阳性结果的话，就可能意味着病人被筛选送往毒气室，等于是“签署了他们的死刑令”。“痰样本中群集多少结核杆菌我们就可以报告阴性呢？”他补充道。我们或许可以说，这些囚犯医生真正的治疗任务，是依据他或她的不仅是医学科学的知识、而且是对奥斯维辛医学化屠杀的了解来作出报告和诊断——无论是准确的还是虚拟的，这才能尽可能地让囚犯们活下来。

“诺玛研究处”：贝特霍尔德·爱泼斯坦

奥斯维辛党卫队医生与囚犯医生之间“研究合作”的那些例证中，有一个很有争议。

一个囚犯医生讲述了一件事，门格勒接触一个著名的囚犯儿科医生贝特霍尔德·爱泼斯坦教授，提议爱泼斯坦帮助他进行一项研究，研究结果用门格勒的名字发表，回报就是“他生命的延长”。门格勒给爱泼斯坦一天的时间考虑。作为来自布拉格那种同化了的捷克犹太人背景的“老人”，爱泼斯坦有着“关于荣誉的奢侈概念”，对门格勒“想要从他那里夺走灵魂”很感愤怒。然而，他的同事很快就让他认识到“这种距离焚尸炉只有300米的态度太不现实了”，所以，“在科学研究的托辞下”，囚犯医生可以为其他囚犯做一些好事，也可以改善一下自己的地位。

于是，爱泼斯坦提议对“诺玛”的治疗进行研究，这是脸和嘴部一
297 种严重的、扩散的溃疡性坏疽，常常能够致命，在集中营里的吉普赛儿童和青少年中常见。门格勒同意了，很快就成立了一个“诺玛研究处”，有45到70个孩子来到这里，给他们以特殊的营养饮食、维生素，磺胺类药物——这些都是应爱泼斯坦要求门格勒安排的。门格勒在治疗之前、之中和之后都给这些孩子拍了照片，并带其他党卫队医生到病房来观察治疗。孩子中很多人都出现了明显的改善。[61]无论这个回忆的所有细节是否准确，*它表明党卫队医生基于自己的专业雄心，会允许囚犯医生真正意义上的治疗研究（参看本书360—361页）。

抗拒试验的种种方式

囚犯医生们也被迫参与到显然是害人、怎么都不能视为合法的研究之中，这样的情况我已经做了讨论（12章）。一些囚犯医生，比如塞缪尔和迪林，屈服于这样的压力；而其他囚犯医生则进行抵抗，这种抵抗常常是

*朗本证实了这个叙述，补充说效果最明显的病人是一个10岁左右的女孩，她的面颊原先溃烂地可以看见里面的牙齿，治疗后以瘢痕组织愈合了。他还说，在“诺玛”得到控制之前，门格勒把那些因此死去的孩子的脑袋切下来，保存在玻璃容器里。[62]

间接和小心翼翼的。

旺达·J医生回忆了她与维尔特相处的情况。维尔特在第10区尊重她、需要她，以此来避免舒曼和克劳贝尔格的介入。就舒曼而言，旺达·J医生告诉我："我并不是一个英雄，但我的确不是他的财产"，这就使得她能够假称（舒曼多半也知道为假）自己"不是外科医生"。与克劳贝尔格和舒曼打交道，旺达·J医生都设法让自己的参与仅限于对受害者的治疗性帮助。与维尔特打交道，她必须更为间接，甚至是更为含糊。维尔特曾建议她去切除（如同塞缪尔做过的那样）一些被认为有子宫颈癌前病变的女性的子宫颈，她踌躇犹豫，强调一个事实："我最重要的是组织医院的工作"。（见本书237—238页）

一个法国囚犯医生玛丽·L有着强烈的新教教义信仰，因直接拒绝纳粹的要求而出名。洛蒂·M医生记得，玛丽·L医生曾跟她谈到人们的一种普遍看法——没有人能够活着走出奥斯维辛，所以"……留给我们来做的……唯一之事……就是在这短短的时间里做一个人"。当维尔特逼迫她进行子宫颈阴道镜检查（以探查癌前病变）时，玛丽·L医生开始时这样做了，但在首先是发现这些检查完全不准确，接着又了解到它们有可能带 298
来损害后果（手术切除子宫颈）后，她就以自己腿上一处旧伤疤为借口，不再参与这个研究。不过，她也害怕，尤其是当很快又进行了第二次拒绝后，于是同意在塞缪尔医生为舒曼做的一次试验性手术（摘除卵巢）中担任麻醉师。不过，仅仅有此一次，从那以后她拒绝再做任何这类事情。

面对维尔特时，玛丽·L医生与他有过一次交谈，这次交谈变成了一个传奇。玛丽·L医生向维尔特解释说，这样的事情"与我作为一个医生的概念相冲突"；"维尔特于是问：'你看不到其他人与你不同吗？'我回答他说是有一些人与我不同，就从改变那些人开始好了！"

玛丽·L医生也表达了对维尔特弟弟赫尔穆特·维尔特的抗拒，他参与了他哥哥的研究。当维尔特后来问她对绝育的看法时，"我回答说我是绝对反对的，这是一种我们没有的权利，以这样的方式来处置人的生命，对他们进行绝育"。于是，她从第10区被调到了比克瑙，但没有受到其他惩罚。一些见多识广的囚犯建议她，处在这样的不确定状态，她应该尽量少出头露面。她也断然拒绝了另外两条路，一条是塞缪尔医生建议的参与试验，“因为反正这些人要处死”，她对此的回答是：“如果我做这些事情，我随后就自杀”；另一条则来自门格勒，“当然我告诉他我不想做这种事”，后来“他告诉其他人，他无法让我去做我不想做的事情”。

玛丽·L医生对试验的抗拒是异乎寻常的坚定，这得到了她宗教信仰的支撑。她宁可死也不违背自己的道德原则。无疑，比起犹太医生来，她在表达这些原则时的余地要大一些，但她的勇气也同样让人印象深刻。这种抗衡中的一个重要因素是维尔特和门格勒都做了让步，而不是惩罚她或杀了她。从1942年下半年起，党卫队医生们就尽量让囚犯医生们活着和干活，但总是想方设法征召那些较温顺的人来干他们的脏活。不过，玛丽·L医生也在焦虑中挣扎，也免不了短暂地参与过试验，后来才成功地完全退出来。

真正的研究

囚犯医生自己有时也能启动一些真正的研究，比如一个波兰神经病医师所研究的电击治疗。另外一个参与了这个研究的囚犯医生弗雷德里克·E告诉我，这个波兰人在战前是一个著名的神经病医师，他进行研究的动机
299 之一就是人们都知道的“德国医生喜欢自己的集中营中有不同寻常的事情发生，这会给他们带来很大的个人声誉”，“囚犯医生做出一些在科学上让人感兴趣的事情，他们很是高兴”，然后这些可以用他们的名字发表。就汉斯·威廉·考尼格而言，这一点尤其如此。他热心地回应了这个研究计划，不仅安排把男性“精神分裂”病人带到医院区进行电击治疗，而且还采取了不同寻常的步骤，从距离7、8公里之遥的比克瑙带来女病人进行治疗（见本书227—228页）。

考尼格实际上对这个研究很感兴趣，定期来参加电击治疗过程。弗雷德里克·E医生也参加过几次，并感觉这个过程是真正治疗性的，是救命的：“有着神经紊乱的这些病人从来没有被考尼格筛选［送到毒气室去］，因为他对他们接受电击治疗的效果感兴趣。”而且，诊断为精神分裂的病人被置于“费舍尔和……考尼格……的保护之下，于是……得到了一种较好方式的

对待”——或者是允许留在医院中，如果送回集中营也不会被派去干重活。

不过，没有什么研究或治疗能够逃脱奥斯维辛的污染。一个曾在比克瑙医疗区干过活的囚犯后来在法庭上作证说“考尼格医生对女性进行了电击试验”，并补充说“这些女性后来谈了对她们的这种试验。我相信考尼格每周两次对有病的女性进行电击试验，她们后来被毒气杀掉了”。

换言之，电击治疗可以视为送往毒气室的前奏。依据这样的证词和日内瓦国际红十字委员会（与西德阿罗尔森“国际追踪服务”联合）进行的其他调查，“电击试验”被列入“伪医学试验”的目录，其受害者可以得到补偿。[63]

不过，弗雷德里克·E对这个认定深感不安，他觉得这其实是流传起来的一种神话，因为这样的“剧烈电击”会造成“一些流言，说发生了可怕之事”。他给国际红十字委员会写了一封信，强调这个项目事实上是治疗性的，要求改变它为“伪医学试验”的认定。红十字委员会回信说，这种电击有时用于那些没有精神疾病的人，这样做时是“极其秘密的”。弗雷德里克·E医生后来被告知，判定为“伪医学试验”意味着病人可以得到补偿，这是德意志联邦共和国付给波兰政府的赔偿的一部分，就不再坚持自己的意见了。他在自己的最后一封信中清楚表明，他不想让任何人得不到这种补偿，但坚持说这个认定是“一个错误”，在今后的出版物中不应再出现。

他无疑是在捍卫他同事的体面，也包括他自己的。不过，这整件事也 300
再次揭示了奥斯维辛环境的趋势：任何医学努力事实上都可能被纳入它残忍无情的毁灭之中。

医学见证者

还有一类更为罕见得多的研究，完全由囚犯们自己来进行，将自身成为研究对象来研究，也就是说，是一种将自身作为医学见证者的研究。弗雷德里克·E和一个著名的囚犯同事研究26个奥斯维辛（莫诺维茨）囚犯的血液，从新来者相对较好的血液情况到那些已经待了很长时间的消瘦者和水肿者的血液情况，将其分成5类。这两位医生最终写出了一份认真的科学报告，于1947年发表。弗雷德里克·E医生带着几分骄傲地对我说，这是“在德国人统治之下唯一一篇［由囚犯］完成发表的医学报告”。[64]他和他的朋友感兴趣于饮食的剥夺和这种剥夺造成的生理影响：“你看这是在1944年，我们已经能够意识到德国正在输掉这场战争，我们想知道我们会得到一些什么东西来吃。”然而，为了得了考尼格的同意——他们需要他的批准来进行这项研究，他们就说是从医学的观点来研究“囚犯”的体重减少，而不是承认他们是在评估集中营的饮食。

考尼格很可能是因为想到可以“用他自己的名字在德国医学文献中”发表这项研究成果而同意了他们的研究：“对于他来说，完全有可能把这项研究是在奥斯维辛所做的事实省略掉……因为总是有体重减少的人，总是有可怜的人。”

就在奥斯维辛疏散前夕，弗雷德里克·E医生总结出了一张浓缩这个研究成果的图表，复制了两份，这样他们两个研究者就可以各自随身带上一份。他的那一份因一次搜查而失去了，但合作者却设法将自己那份保存了下来。他们与布痕瓦尔德卫生研究所的一个医生讨论过在那里继续这项研究的可能性。虽然继续研究未能做到，但弗雷德里克·E医生通过与这个党卫队医生讨论此事而获得的地位却很有用，使得他没有被运到其他地方去，“可能救了我的命”。

这篇论文本身是一些枯燥的医学术语描述，比如“无水肿的恶劣体质”、“中等消瘦……与中等程度的水肿”和“大面积水肿［和］降低的血浆总蛋白与清蛋白”。

301 然而，在这些词语之下，却是幸存者通过揭示它残忍医学维度的一些方面，来见证和揭露奥斯维辛经历的使命的激情表达。尽管他们甚至可能有过自我质疑的时候——是不是自己也把其他的囚犯变成了“小白鼠”（由于这个研究需要得到一个党卫队医生的批准，所以就更是如此），但这两个囚犯医生还是肯定地将它主要当做有助于让世界了解奥斯维辛的真相。

限制的解除

奥斯维辛的研究还有一个功能：这个集中营成为了几乎任何地方研

究所需要的牺牲品的一个持续来源。除了将奥斯维辛的囚犯带到斯特拉斯堡，作为赫特教授骨骼收集的一部分外，还有许多其他输出：奥斯维辛的8个囚犯被运到萨克森豪森进行传染性肝炎的试验，囚犯可能因此死去就考虑在这个试验之中；从5岁到12岁的20个犹太儿童从奥斯维辛运到了汉堡的诺因加默，也是一个臭名昭著的事件，他们在这里接受了恶性结核血清的注射，同时也是其他试验的对象，后来又从诺因加默运走，在盟军到达之前被秘密杀掉。[65]奥斯维辛不仅是一个医学化的死亡工厂，而且是其他地方那些致命性医学试验的“原材料”的来源。

纳粹试验者们如何不把囚犯医生和其他囚犯视为人，囚犯医生们对此有苦涩的准确记忆。有囚犯医生看到“人是最便宜的试验动物……比鼠还便宜”。另外一个囚犯医生认为，那些试验“没有科学基础，那些进行这些试验的人，他们的主要兴趣就是在给柏林的详细报告中造成一种很重要和持续工作的幻觉，于是这些勇敢的‘研究者’或许就能够以这种空头工作而远离前线”。

我们知道，纳粹医生是以觉得犹太人反正是注定要死而部分为这些试验辩解的。尽管囚犯医生没有做这样的辩解，但他们的情感也受到了犹太人死亡命运的影响。雅各布·R医生还记得一种感觉：“比起我在那里看见的整体地狱来，试验显得不重要得多。”

除了其他因素外，试验还代表着医学限制的一种解除。通常的医学行为建立在维护生命之上，不能以强化自己这个群体或民族生命的名义来实际或可能地杀害或损害自己的病人。具有讽刺意味的是，社会治疗的医学化却直接促成用医学来杀害或伤害。于是，奥斯维辛的一系列试验，以 302
及其他人在其他地方所做的那些，包括用磷燃烧弹人为造成烧伤的测试试验、饮用海水后果的测试试验，各种形式的中毒测试试验，子弹射击或射箭的伤害测试试验，普遍进行的人为诱发斑疹伤寒的测试试验，传染性肝炎和疟疾的测试试验，测试人体反应和敏感性的“冰水”冷冻试验，研究芥子气会导致哪些伤害的试验，关于骨骼、肌肉、神经组织再生的试验，从健康女性身上切除骨骼、肌肉和神经进行骨骼移植的试验，等等。所有这些试验都与纳粹生物医学愿景相关联，无论它们是直接促成文化上的种族灭绝（比如绝育试验），还是德国医生在生物学和遗传学净化上起领导作用的那些活动。

当然，绝育试验中的意识形态来源和目标非常清楚；但其他的所有试验也反映着纳粹对“不值得活着的生命”的想象，对那些劣等生物的想象，所以就可以研究它们、改变它们、操作它们、损毁它们，或者是杀掉它们，以此来为日耳曼种族服务，最终是重塑人类。所以，要没有限制地试验，以便把“最好的血统聚焦起来”，或者是“一代接一代地繁育纯种的日耳曼德国人”。[66]这个任务永远都不会完成，所以就必须持续试验下去。奥斯维辛整体不仅变成了一个硕大的试验，而且是一个无止境的试验。

第16章　“党卫队制服中的人”：恩斯特·B 303

“他第一次来到第10区的实验室……对我们就是一个不同寻常的惊奇。他不像其他党卫队医生带着武装进来，他没有带狗（韦伯总是带着一条狼狗），他进来之后把门关上了［这样别的党卫队就看不到他的行为］，他说‘日安’，做了自我介绍……与我的同事们和我握手……我们已经……很长时间不习惯集中营当局的任何人将我们作为与他一样的人来对待了。”

——奥斯维辛幸存者

在见恩斯特·B之前，我就听到和读到了大量关于他的事。我听到读到的全都是好话，对于一个纳粹医生而言，这很令人吃惊。那些前囚犯医生们，无论是书面记述还是口头讲述，都一直将恩斯特·B医生形容为奥斯维辛中一个与众不同的纳粹医生，一个将囚犯（尤其是囚犯医生）作为人看待，救了许多人的性命，拒绝去进行筛选的人。他是如此赢得囚犯医生们的好感，以致于战后审理他时，他们为他行为所作的证词使他得到了无罪开释。他被称作“党卫队制服中的人”。

我所访谈的大部分党卫队医生都需要费劲查找，但恩斯特·B不需要，一个德国法官把他介绍给我，在门格勒的引渡过程中，这位法官从他那里得到了宣誓作证。恩斯特·B医生实际上表达了与我见面、详细讨论他当年经历的热切愿望。我见到的是一个衣着整洁、60多岁的人，他身材矮小，举止令人愉悦。事实上，他是这样让人感觉愉快，以至于我有点不安，我悄悄地提醒自己，不管他有多少优点，他仍然曾经是奥斯维辛纳粹医生中的一个。

304 调到奥斯维辛

恩斯特·B当年是一个年轻的全科医生，从医学院毕业没有几年，战争就于1939年9月爆发了。第二年，部分是由于德国早期胜利带来的爱国主义热情，他开始发展出强烈的从军愿望。作为一个年轻人，他觉得“我必须参与”，但由于他所在地区的战时医疗规划人员认为他需要在本地区服务，所以难以实现这个愿望。一次，他在市里一条街道上偶遇医学院读书时的一个朋友，此人得知他的愿望后，对他说：“海德里希［帝国中央保安部主管］是我的一个好友，我来为你安排吧。”恩斯特·B说，朋友去安排的其实是党卫队，但他当时对党卫队与军队没有什么区分，只是觉得党卫队“像一个好俱乐部”。几个月后，召唤来了，让他去参加了一段时期的基本训练，然后是一个特别的军官训练。回顾起来，他看不起这些训练，认为无非是党卫队内部医学军官的新生训练，但谈到了有关于党卫队意识形态的讨论，重点是党卫队作为一个精英群体。

由于他有细菌学方面的学习背景，所以被派到了党卫队众多卫生研究所中的一个，这是“一个正常的党卫队内部的医学—军事命令”。在这个卫生研究所里，有人与他谈话，对他意识形态观点进行了考察，他被调到党卫队卫生研究所的特别集中营部门。他的印象是那些被选到这里来的人都被认为“意识形态坚定……可靠”。推荐他的人是海德里希的朋友，这样一个高起点也可能起了作用：主管党卫队所有卫生研究所的姆鲁古斯基教授因这个调动把他召去，“我实在是一个小人物，但他待我就如内部圈子里的人……因为［最早的］推荐。”姆鲁古斯基将他派往奥斯维辛，这表明了相当的重视，而且几乎是得意地说，“在那里你会找到一个好朋友的。”

尽管恩斯特·B听说过达豪“以及可能还有德国北部的一两个集中营”，但他说当时对奥斯维辛是一无所知，“对灭绝犹太人一无所知”。无疑，对于自己1943年年中到达奥斯维辛后会遇到的事情，他毫无准备。他这种相对的无知由一个事实而得到证明：他是和妻子一起来的（就在他这次调动之前不久，他妻子和他调到一起了）。他们坐着一辆敞蓬车从集中营里驶过，所看到的景象让他们震惊了：“饥饿的人们在干活……那么多人……每个地方都有看守……远方是一道巨大的栅栏……实在太糟糕了。”

他们被领到了布鲁诺·韦伯的办公室，他就是姆鲁古斯基所说的会遇到的那个“好朋友”。在恩斯特·B第一次去的那个卫生研究所里，韦伯就是他的上司，恩斯特·B喜欢他并尊重他。恩斯特·B和妻子都对见到的景象表达了自己的惊骇（他妻子尤其说：“这不是我们要的地方！”），韦 305
伯把恩斯特·B拉到旁边，告诉他把妻子送回家去，问他何以如此莽撞轻率，竟把妻子带到了这里。

单独与韦伯相处时，恩斯特·B仍然表达了想离开的愿望，但让他迟疑的是觉得“幸运的是有韦伯［在这里］作为我的朋友”。韦伯鼓励他留下，依据命令在这里服务，强调他如果走的话会导致他们共同的党卫队恩主一种尴尬的“复杂情况”，也会对恩斯特·B自己的未来带来不确定性。

韦伯然后“几乎是带着讥讽”地给恩斯特·B讲述了奥斯维辛中心营区的真相，援引了官方所言的“犹太人问题的最后解决”：“他［韦伯］说，‘如果你想看看这怎样进行，去窗户前朝外看看。你会看到……两个大烟囱……这部机器的正常产出……是24小时1000人。”

韦伯然后补充说了恩斯特·B所称的“对我而言最为重要的事情”——解释了卫生研究所怎样独立于集中营，卫生研究所的医疗统治集团使得他们能够保持双手干净，“站在这整个勾当之外”。韦伯还说，他们只对他们柏林的主管姆鲁古斯基负责，姆鲁古斯基鼓励奥斯维辛的这个卫生研究所在它的实验室里使用能干的囚犯医生，来做一些能够用他名义发表的研究工作。这种安排有助于卫生研究所的有利地位，而卫生研究所在对付斑疹伤寒传染危险上的重要作用也起到了作用。韦伯说，如果恩斯特·B留下来（“如果你和我合起来”），卫生研究所的地位会变得更强。恩斯特·B马上就被说服了，不再要求离开。

“一方面是听着……［奥斯维辛的］事情，看着焚尸炉的冒烟，另一方面则是直接面对这架实际的机器”，恩斯特·B有过两次让他醒悟的事。第一件事是以他来到集中营的头几天中突然看到的眼前景象而开始的。这个印象他至今仍不能确切知道怎样来评价。他看到了一群“营外特别行动队”的模样悲惨的囚犯，干完活排着队回来，六个人一排，走着羞辱人的快速步伐，全都憔悴，身着囚服：“突然……我觉得——我不知道是真的还是我想象出来的，我现在还不知道……我觉得我看到了我的一个同学……我随后就与韦伯谈，告诉他，‘我可以肯定，那是西蒙·科恩’。”

西蒙·科恩是恩斯特·B的一个犹太人同学，家境优越，在20世纪30年代初期是其好友，而此时反犹主义已经在德国席卷开来。这两个年轻人之所以相互吸引，部分是因为他们都对功课缺乏兴趣，假期一起骑着自行车长途旅行。1933年恩斯特·B出国待了一年，回来后发现这个犹太男孩“再也见不着了”。他有时会想这个朋友发生了什么。

韦伯对恩斯特·B的回答是，叫科恩的人很多，而囚犯的登记并不是
306 按名字而是按编号，所以毫无可能性找到这个人。恩斯特·B坚持要找，于是遇到了一种卡夫卡式的恶劣推诿：恩斯特·B看见这群囚犯进去的那座营舍的党卫队负责人员，把问题提给这里的狱头：“我们有一个西蒙·科恩吗？”狱头又问另一个囚犯，这个囚犯又去问别人，最后这个问题本身就一层一层地不了了之了。

恩斯特·B于是认识到每个人都觉得他这个问题很奇怪，完全不适宜，而且可能很危险。囚犯们担心一个党卫队军官要找出他们中某个编号的人，这“对这个人不可能意味着好事”。然而，他好几天痴迷于要找到西蒙·科恩，并且“进行了一些人际接触”。他没有找到科恩，但在这个寻找过程中却与另外一个犹太人有了这样的接触，他就是囚犯医生迈克

尔·Z。迈克尔·Z医生在卫生研究所工作，他向我讲述了恩斯特·B当时闯进实验室，吓了他一跳，“他要找一个犹太人朋友。他问我，声音很大地问我：‘你认识科恩吗？’我告诉他，‘［请］安静，你没有权利这样说话。’”迈克尔·Z医生解释说，他觉得有必要用让恩斯特·B安静下来的方式来保护他，这样也等于是保护了他自己。他告诉恩斯特·B“有成百上千的、成千上万的犹太人……来过”，“他们之中许多人都叫科恩”。要找到任何一个这样的人是不可能的。然而，与此同时，迈克尔·Z也被党卫队医生的这种寻找深深打动：“我明白了，他实实在在是一个人，是另外一种不同的头脑……他具有人的感情……是的，这的确打动了我……看到一个党卫队说出自己犹太人朋友的名字，这是前所未闻的。”

这件事使得恩斯特·B认识到，奥斯维辛是“一种完全不同的存在”，他必须去“理解这个地方的整体心态”。就在这次不成功的寻找之后，他开始一再梦见西蒙·科恩，开始时是经常梦见，随着他在奥斯维辛待下来而梦见得少了，但直到我们见面的现在还偶有梦见：

> 他一直是非常讨人喜欢的小伙子。现在［在梦中］他非常憔悴……他谴责地看着我，恳求着什么……好像是说……“怎么可能是你站在那里而我……［是这个样子］……”或者更可能是一种失望的表达：“你怎么能属于这些人呢？这不可能是你！”

恩斯特·B医生接着说：“我年纪越大，就越觉得这不会真的是西蒙·科恩，就越相信这是一个幻想……一个想象的……创造。”他甚至琢磨是不是自己“只是梦见有这件事”，但我们从囚犯医生迈克尔·Z的回忆中知道恩斯特·B的确有过这样的寻找，迈克尔·Z医生的印象是很深的。我们可以说，恩斯特·B的这种幻觉（觉得这件事可能是想象出来的）和这 307
些梦，是他人性的一种持续显露，是他厌恶和负疚于成为了奥斯维辛机器的一部分的显示。这些梦中对他集中营身份的那些质疑（“怎么可能是你站在那里而我……你怎么能属于这些人呢？这不可能是你”），表达了他对屈服——甚至是完全屈服——的反抗，对他正处在发现过程之中的“奥斯维辛心态”的反抗。与此同时，这些梦也标志着他由一个普通人转变为一个奥斯维辛医生。

第二件事是他直接面对党卫队医生的工作方式，或者用他的话来说是奥斯维辛的“治疗体系”：

> 党卫队医生……监管囚犯医生的工作……主要是……确保工作的经济性。换言之，一个人……不再能够干活了，就会被筛选送至焚尸场。看到这个程序我实感震惊……每一天，任何时候从集中营里走过，都会看到……被筛选出来的成群的人……在等待卡车把他们载走［去焚尸场］。

恩斯特·B向我清晰地显示出来，这两类景象（苦难中的西蒙·科恩被这座死亡工厂所吞噬，成群的囚犯被他自己的同事筛选出来，也是同样的命运），是一种深远心理转变的一部分。这种转变的性质，奥斯维辛同化时期的性质，在他使用的屠宰场的类比中反映出来了（进入屠宰场，一个人首先是被吓坏了，但经过一段时间之后，就适应得能够享用自己的牛排了［见本书197页］）。他也像其他人一样，大量饮酒是麻木过程的一个关键因素，这通常是在军官俱乐部里，韦伯经常陪他去那里，把他介绍给其他军官，“尤其是那些……得与人家一起工作的医生们”。在酒精的作用下，恩斯特·B能够表达自己对奥斯维辛的怀疑，他的酒伴们就会以个人做不了什么和随波逐流之类的话来回应（见本书196页）。如同他进一步解释的那样，这些怀疑本身也是“不切实际地［戏剧性地］夸张着”——是一些逃避的幻想，而不是严肃的道德质疑。比如，喝到很多时，“我什么都不会想，只会想‘我怎么来到这里了？……我怎样能够……和妻子与四个孩子一起去瑞士呢？’”然后是“再来一杯”，直到什么都不想的状态。“第二天，一个人会非常清醒，会意识到头天晚上想的那些东西实际上是不可能的。”

他的转变也因他急于不再做“局外人”，急于尽快成为奥斯维辛的“局内人”而推动，这个目标必须以与党卫队同事军官和党卫队人员，以
308 及一些重要的囚犯的“和谐”来实现。恩斯特·B发现，大部分党卫队医生从素质方面来看都令人失望（就智力和家庭背景而言，远不是他原来期待的精英），他们之中只有两个人对他具有特殊意义，一个是韦伯——这方

面前面已经提到了，另一个是约瑟夫·门格勒，恩斯特·B提到他的名字时很自然地说是“我［在那里］遇到的最为正派的同事”。关于他们两人的关系，我们后面会谈到的。另外，恩斯特·B也对一个非医学方面的党卫队军官印象深刻，此人管理奥斯维辛的农业运作，恩斯特·B觉得他的管理方式公平而救命，给自己提供了一个怎样在奥斯维辛建设性地、与大多数人“不同地”工作的榜样。*

为了成为囚犯医生中的一个“局内人”，他做了一系列的努力，“接触，见人，克服［他们与自己之间的］障碍”。他的方式如同本章题词所言，在奥斯维辛的背景中简直就是轰动性的。

在几周时间内，他感觉自己赢得了这个囚犯群体的信任，也感觉被党卫队同事接纳，发现自己在集中营的环境中变得颇能够待下去了。然而，这种感觉在大约6个月后因维尔特要求他去进行筛选而被打碎。维尔特并不能命令他去做（“我不是他的下属”），然而，他作为主管医生却能够也的确施加了相当的压力让他顺从。这是1944年的夏季，大量的匈牙利犹太人被运来，人数相对较少的集中营医生事实上已经不可能处理所有这些筛选。恩斯特·B记得，集中营司令官曾建议让自己的一些非医学军官来承担一部分筛选，但维尔特坚持这个筛选过程必须是医学的，于是转向卫生研究所这个正常是在他权力范围之外的单位，将它作为医生增加的唯一来源。维尔特成功地说服了韦伯来参与筛选，但尽管一直接触恩斯特·B，但恩斯特·B总是找各种理由来拒绝：他有太多的工作要做，不适合做这种事情，或者就是做不了——在心理上做不了。最后这个理由，他是这样来对维尔特讲的：“我……看过它［筛选］……只能忍受半个小时，就忍不住吐了”，维尔特对此的回答是：“这会过去的。每个人都有过这情况……对此不要大惊小怪。”

压力越来越大，恩斯特·B医生觉得他可能难以坚持他的抗拒了，于是

---

*这个党卫队中校约阿希姆·凯撒博士有农学家的学位。按照恩斯特·B的说法，凯撒曾经与希姆莱关系密切，但因为不同意党卫队的一些方式，作为一种“讽刺性的惩罚”，他被派到了奥斯维辛。不过，让他负责奥斯维辛的所有农业运作，按照朗本的说法，这个位置其实是希姆莱十分看重的。[1]

突然坐上夜车，去柏林找姆鲁古斯基。他告诉姆鲁古斯基，自己就是无法
309 执行筛选。他记得姆鲁古斯基回答道：“我自己也做不了这个。我也有孩子。”于是，党卫队所有卫生研究所的主管愤怒于“自己的”医生被维尔特所逼迫，拿起话筒打了一些电话，重申他保护恩斯特·B不参加筛选的权威。“几分钟内，一切搞定。” 恩斯特·B认为，姆鲁古斯基的做法并不仅仅是维护自己的权威，“我必须说，这也是一种人性”；他进一步评论说，“然而此人后来却被作为战争罪犯被绞死”，这或者是说明姆鲁古斯基行为上的矛盾，或者也可能表明恩斯特·B觉得纽伦堡对姆鲁古斯基的判决不公平。

尽管再也没有人来要求恩斯特·B去做筛选，但这件事却给他带来一些感觉不舒服的其他事情。作为一种妥协，姆鲁古斯基提供了一个名叫汉斯·德尔莫特的年轻医生，把他派到奥斯维辛时就特别说明，他有一半时间在卫生研究所工作，另一半时间作为集中营医生，这就意味着由他代替恩斯特·B去做筛选。德尔莫特是一个20多岁的热心的党卫队成员，来自一个与纳粹关系密切的家庭，刚从一个党卫队培养医生的干部训练班的前几期中毕业，他想被派到前线去，但后来同意来奥斯维辛，因为答应他可以在这里同时撰写他的博士论文。

在参加第一次筛选时，德尔莫特呕吐了，回到自己房间已是大醉。然而，不同寻常的是他第二天上午没有走出他的房间。恩斯特·B听说，韦伯去看他时，发现他处于“紧张性精神症……完全僵硬住了”。韦伯开始时以为这个年轻医生突然得了重病，但后来发现他不过是喝得太多了。当他最终激动不安地恢复意识时，听到他说“不再待在一个屠宰场”，想要去前线，“作为一个医生，他的任务是帮助人而不是杀人”。他的这个观点，恩斯特·B说，在奥斯维辛“我们从来都不用”，“这是完全没意义的”。的确，我做这项研究所访谈过的其他奥斯维辛医生都清晰地一再表明了这一点。恩斯特·B认为，德尔莫特之所以这样说，只是因为“他的率直，他年轻没有经验，他对这方面事情的完全无知”。恩斯特·B还强调，德尔莫特学医是“带着崇高的理想和巨大的热情”，他“在一个党卫队干部营中成长”，曾经“下决心不背叛他的党卫队理想”，然而他却说（尽

管是在喝醉时）如果自己“知道有奥斯维辛这样的事情存在的话”，他永远不会加入党卫队。换言之，德尔莫特抗拒筛选的深层，其实是他的党卫队理想主义。[*]

当德尔莫特得知自己是来顶替不愿意去做筛选的恩斯特·B时，愤怒 310
地找到恩斯特·B，认为他虚伪（“你凭什么这样来做？”），强调“如果你不愿去做筛选，那么我也不会去做筛选”。恩斯特·B“对这整个事情感觉尴尬”：“当然，我没有告诉他我去找过姆鲁古斯基。”在谈到德尔莫特后来忿忿地因恩斯特·B和韦伯没有支持他而疏远了他们两人时，恩斯特·B承认其实还有其他的办法来处理此事：“我必须羞愧地承认这一点。”

德尔莫特的事被报到了集中营新来的司令官亚瑟·里贝汉彻（他临时替代霍斯）[+]那里，遇到的是一种“治疗性”态度（“我对此肯定理解。一个人首先要习惯于一个新环境”），恩斯特·B讲述了里贝汉彻对德尔莫特的回答。的确，很可能得到了与自己关系很好的维尔特来合作的里贝汉彻，也得到了韦伯的合作，于是安排了一个“治疗项目”，它包含三项内容。

首先，德尔莫特被派给门格勒来指导。门格勒也从类似的党卫队忠诚和意识形态角度说话，来传达一种信息：即使一个人认为灭绝犹太人为错或使用的方式为错（恩斯特·B说，德尔莫特认为必须与“犹太人的影响”

---

*朗本证实了恩斯特·B关于这些事情的讲述，他说在德尔莫特爆发后的第二天上午，他就意识到酒精并不是主要原因。他还看到德尔莫特向上司陈情时“在沟通上非常笨拙——他［德尔莫特］后来告诉我们——由于他被正式拒绝了，于是他要求或是把他派到前线去，或是他自己进毒气室，就是不能做这个［筛选］。”

+在奥斯维辛政治部领导人马克西米兰·拉格布纳被捕之后，霍斯也于1943年11月被替换。拉格布纳是因党卫队的一项反腐调查而被逮捕的，这项调查本是针对他的牟取暴利，但也指控他超越授权杀害囚犯，尤其是波兰囚犯。拉格布纳的退出得到了维尔特医生的支持，维尔特在杀人的事情上与他发生过冲突。尽管霍斯也牵涉到拉格布纳的犯罪之中，但他事实上却被提拔至中央的集中营管理处。在朗本看来，这种变化是因为外部世界对奥斯维辛发生的事情知道得太多了，所以，这种改变显然就是表面的，尽管新来的司令官里贝汉彻在减少武断程度和减少惩罚上做了一些改进。当然，奥斯维辛的主要之事仍如同从前一样持续着。

进行战斗，但不赞同奥斯维辛的这种方式），“作为一个党卫队也必须参与”。门格勒还可以说，由于囚犯生病，会悲惨死去，所以“把他们筛选出来要更为人道”。他最终还会落脚到爱国主义、民族主义、种族主义和生物医学观点的结合之上，会说在这样的战争紧急时候，一个人不应该妨碍所追求的宏大目标——“日耳曼种族的胜利”。也就是说，门格勒能够利用同样的党卫队理想主义——正是这种理想主义导致了德尔莫特的拒绝参与筛选——来说服他：两周之后，德尔莫特就去进行筛选了。

其次，韦伯作为一个“出色的心理学家”，也做了很不同寻常的安排，让德尔莫特的妻子与他一起住在奥斯维辛。按照恩斯特·B的说法，德尔莫特的妻子在美貌和道德漠不关心上都是异乎寻常的（“没心没肺，啥都没有”），她在奥斯维辛唯一让人注意到的兴趣就是她在卫生研究所养的两条巨大的大丹犬，总是在爱抚它们。很明显，让德尔莫特能与妻子有正常的性生活（恩斯特·B的说法），能够使他较为“平静”。

“治疗”德尔莫特的第三个因素是让他有一个专业导师（用于他博士论文的研究和写作），这是一个著名的犹太人囚犯医生，一位年迈的教授
311 和广受赞誉的科学家，按照恩斯特·B的说法，对于德尔莫特来说，他成了一个“父亲般人物”。这两人关系非常密切，恩斯特·B说这个教授甚至建议德尔莫特去执行筛选，因为“如果拒绝的话就会受到严厉惩罚”。恩斯特·B的印象是：这个教授“做得最多的是帮助德尔莫特走出他的［困境］——这样说吧，激励他”。由于他自己的心理需要，恩斯特·B很可能夸大了教授在筛选问题上所起的作用，我要更强调门格勒的影响，以及奥斯维辛整体环境的作用，但我看到的这个教授写给德尔莫特的信证实了两人的密切关系。

德尔莫特没有别的任何意外地参加了筛选，直至1944年秋季奥斯维辛的筛选不再继续。在奥斯维辛疏散之后，恩斯特·B曾在达豪短暂见过他，从那以后就“再也没见过了”。德尔莫特想逃回自己家乡，但很快被抓住，在被美国军队拘留（或类似这种情况）期间，开枪自杀。

恩斯特·B觉得，德尔莫特的自杀是因为参加筛选而违背了自己的医学原则，也是因为他觉得美国人会判他死刑，他想让自己和自己家人免除

被定罪处决的痛苦与羞辱。不过，德尔莫特到底怎么想的，这仍然困惑着恩斯特·B，一直是一个他觉得有必要“进一步探讨”的“关键问题”。他的确做了一些探究，但还是不能知晓得更多。他带着一种对他而言不同寻常的情感说：“我曾经……希望我可以对他有所帮助，因为我对他感到内疚……他不得不去做我成功摆脱掉的事情……或许我应该待他更诚恳一些，但在那种情况中这太难了。”

恩斯特·B的背景

这个不同寻常的奥斯维辛医生恩斯特·B是何人？对他历史的探讨表明他并不是一个非常特别的人，而是一个有着特定关注和能力的人，这影响了他在奥斯维辛的行为。

恩斯特·B来自一个中上阶层的专业人士家庭。他的父亲是大学教授，在自己的科学领域颇有声誉，尽管他与父亲“没有个人接触，没有个人联系”，但他还是非常尊重父亲，这是因为父亲的强烈的专业献身精神，以及他个人的正直和对孩子们各自性格的宽容。母亲“正好相反”，富有爱心，与他关系密切，坚守着自己的信仰和自己家族传统的美德，而这些均有强烈的民族主义的特点，母亲家族中也有两人是著名的医生。

恩斯特·B的早期记忆中有乡村景色、与世隔绝，害怕野兽，这部分 312
是父母讲述的丛林故事造成的。他将这种害怕和孤独与第一次世界大战联系起来，与战争造成的越来越困难的生活条件联系起来，也与他的家乡在德国投降后被法国人占领所带来的屈辱体验联系起来（他当时是个小孩子）。

然而，与战争相关联的一件事情形成了一个最终的家庭悲剧：当军医的叔叔因伤重而亡。这位叔叔被形容为拥有传奇般的品质：一个“百分之百的模范医生”，也擅长艺术，死时还不到30岁，却留下了一直被人们高度评价的楷模般行医生涯。

恩斯特·B早年生活的一个中心主题一直延续到他的青少年和成年，这就是他一直难于与其他人建立他所称的“联系”。他与其他儿童交往感觉困难，包括与他的妹妹和弟弟。他在一种模糊的宗教觉醒中寻找这种联系，也就是他所称的“宗教交流”，这在他的圣诞感受和聆听“和谐与和平”的布道感觉中体现出来，他由此有了一种信念——一个人应该属于某种宗教，这种想法不同于他父亲的后新教无神论，也不同于他母亲在需要之时会信，但根本上对天主教和新教都排拒。上学时，他对托马斯·莫尔的乌托邦思想乃至于20世纪20年代的共产党想法也颇有兴趣，在一段不长的时间中，“对我而言的基本联系就是早期基督教和共产主义”。

不过，进入青春期后，恩斯特·B受到了母亲强烈民族主义的影响，反对这些观念，受到了她所效忠的那些强调“民族与好战活动”，由“非常、非常情绪化的德国人”组成的右翼反革命团体的影响。母亲参加的这个团体叫“青年德国秩序”，它源于一个较早的浪漫主义回归自然青年运动或称“候鸟”，他母亲就是这个组织的积极成员。恩斯特·B与母亲一起去参加政治集会，他并不怎么喜欢游行，“但游行后的痛饮很不错”。

事实上，大约从15岁起，饮酒对于恩斯特·B就变得很重要，用他的话说，尽管这“也不是非常不同寻常”，但“与别人相比是很早的了”。在生活看来屡遭挫折的时候，他通过喝酒来与同伴“建立联系”。在学校，他是“一个很糟……很懒的学生”；在家里，他在感情上疏远于父亲，而与母亲在“另一个方向上已经走得过近了”，同时又感觉自己与家里“非常高的文化水准”——尤其是音乐，很不相配。“所以我就只能是与……年轻人饮酒。”他说，在自己生活的这一时期，“在与人建立联系上我
313 有着普遍的问题”，“除非我喝上几杯啤酒，我就没办法与别人建立联系”。同样，他的初恋对象拒绝了他，也让他感觉自己“狗屁不是！”

在自己的生活转变过来之前，恩斯特·B还有一场失败。年轻的恩斯特·B对艺术和绘画有兴趣，觉得自己可以通过到国外学习而在这方面“有所成就”，而不至于感觉自己什么都不是。他到国外去学了一年，也取得了一些进步，但还是感觉孤独，在外语学习上也很觉困难，于是又开始大量饮酒，以此寻求与别人的联系。“［建立］联系是一个完完全全的基本困难”，他这样说。

回国之后，他准备去做一种新的献身：“我看得很清楚……我必须当一个医生。”的确，他的父母站在家族传统的基础上——尤其是以一战

中被杀的医生叔叔作为代表，“从我是一个孩子时就有这个想法”。他父亲现在像苏格拉底似的启发性地接近他，问他是否觉得自己能够成为德国“排名前十的画家之一”（他如果要画，就必须达到这个成就）。这对恩斯特·B而言不啻是“一个启示”，“一切都变得清楚了”。他恼怒于自己从来没有这样想过，全身心投入到了自己的学业之中，通过了高中会考（这是获得读大学资格的关键考试），他放弃了绘画，转向医学方面的学习。

父亲给他的零用钱很少（“他害怕我又开始去喝酒”），可他需要钱用。他了解到有一种接待外国学生来挣钱的工作，但申请者必须懂得诸如戏剧和歌剧这样的文化知识，要考试通过才行。恩斯特·B对歌剧一无所知，于是想到了一个窍门：去图书馆，认真研读所有报纸上关于近期上演的重要歌剧的评论，这样，考试时他就可以说：“是的，不过汉堡的演出完全失败了，这是因为什么什么”，显得精通于自己其实所知甚少的这个领域。这份工作的性质帮助他解决了长期以来的那个问题——“（主要来自）美国的学生喝啤酒时只对建立联系感兴趣”，于是这“也变成了他的责任”。他的学习很好，生活也变得平衡了，回家时“我可以告诉我父亲，我再也不需要零花钱了……还可以向他展示优异的考试［成果］。”不仅如此，这种经历还给他以“自己人生中自信感”的高涨，感觉“我很适于［能够掌控］人生”。

他在纳粹政权的早期就参加了纳粹学生组织，这进一步显示了他的这种适应性（当时只有20%左右的学生参加了这个组织），因为他意识到要保住自己这份工作，就必须这样做。他觉得有必要向母亲隐瞒自己的这个身份，因为母亲是一个热心的反纳粹人士。的确，他的家庭从一开始起就视 314
纳粹是一种肮脏之物，是这个社会最坏的因素。然而，到了20世纪30年代中期，纳粹政权“壮观的”经济成功开始改变人们的印象，随之而来的还有“年轻人的……热情”。他父亲勉强地转变为肯定希特勒，用一种迂回的、非德国式的方式问道：“这样一个粗鄙之人怎么可能达到这样一个有影响的位置呢？”他自己的回答是：“只能是他并非那样粗鄙，而是装得粗鄙。”恩斯特·B本人也有类似的纠结：对于普鲁士军事文化总是既反对又尊敬。他被一件事所迷惑："保守的普鲁士军人，尤其是那些年轻人，开始变得非常国家社会主义化"，这就使得他去想"［国家社会主义］有更多的东西……它一定有更多的东西"。

然而，他却是以一种既偶然又计算的方式发展出来了与纳粹的紧密得多的联系。20世纪30年代中后期，他在完成自己的医学学业时形成了一种印象：必须参加一个官方背景的组织。他不想参加那些准军事组织，于是参加了一个学生组织"科学协会"。他马上就被这个组织发起的一个竞赛吸引住了，这个竞赛是找到一种德国本土的产物（而不是从外国引入进来），用作细菌学工作的培养基。部分可能是因为他在自然知识上的基础，恩斯特·B在找到这种德国产物上"有了一个好点子"，于是突然发现自己处在一个不同寻常的位置上了："作为一个学生有了一个实验室，两个助手和一块奖牌。"他现在是"一个得到了纳粹党高度赞扬的科学家"，一个有了"良好开端"的人，"尽管我的主题……不是政治性的，但却能够幸运地得到政治支持"。现在，他已不是处在"仅仅接受命令"的位置上，而且担任了领导去指导科学团队来研究一种将种植在一些巴伐利亚森林之中的东西，研究需要把哪些东西砍伐掉，以腾出空间来种植这种东西。在一个较为公开的仪式上，他又得到了一块奖牌，这只给他带来了一个烦恼：他未来的妻子觉得他是一个"杰出纳粹"了，于是有段时间有意回避他。他荣耀地完成了自己的医学学业，自豪于他就本土培养基的发现所写的论文"很简洁……大约二十行吧，我想，不会再多了"。

这次特殊的"经历"（他用这个词指这整个过程）无疑影响了他当时参加纳粹党的决定："这不仅是因为在实际层面上我必须参加［以得到一个诊所的协助］，而且是因为有一种好感……［并］没有义务，没有强迫。"事实上，他的确得到了他渴望的协助以及他所在大学的医院的协调，同时维持着自己在细菌学部门的位置，1939年甚至还得到了为期两年的奖学金到国外学习——只是被战争的爆发打断了。

315 在接下来的两年医学工作中，他开始观察到纳粹政权那些非正面的特征：重要的医学位置被"政治人物占据"，甚至他父亲的专业声望也不能保护他免于纳粹所指定助手的详细审查，以防止潜在的政治异常。

恩斯特·B医生并不认为自己是一个纳粹意识形态的坚信者，但如同当时的许多德国人一样，对“［纳粹的］经济成功，对改革［社会的］可能性持积极态度”。让他不安的是人们的这样一种想法，将他视为一个能够走在前面的人，因为他“得到了［政治上的］合作”，他尤其想让自己的母亲和未来的妻子相信并非如此。战争爆发后，一种冲突导致了他的羞愧感，尤其是当人们偶尔谈到一些像他这样的健康年轻人不在为自己国家战斗的“士兵”之中时，就更感如此。

帮助囚犯医生

克服了那次筛选危机后，恩斯特·B医生在奥斯维辛就没有什么大的难处了。他巩固了与囚犯医生的引人注目的良好关系，他们之中约有百人被派到卫生研究所工作。尽管这些人的处境在他来到奥斯维辛之前就已经有所改善，但他还是比任何人都要积极地关注他们的处境。当他们生病时，他给他们提供药物，安排照料，自己也去探望。他帮助他们把信息传递给关在集中营其他地方的妻子和朋友，安排这些人来探望他们。奥斯维辛有什么动向和计划，他及时通知他们，帮助他们存活下来。他还用一些其他的方法直接救了一些人的命，比如不让把囚犯医生筛选至毒气室，如果他们被筛选上了，就去找他们，救出来；另外就是第15章中谈到的那些善意的试验。

囚犯医生们于是把恩斯特·B视为一个非常特殊的人——按照埃里希·G医生的说法，是“唯一……在精神上自觉对抗［奥斯维辛和纳粹］的人……唯一真正以朋友方式对待囚犯医生的人”。另外一个囚犯医生认为恩斯特·B“奇怪地与党卫队格格不入”，自己生重病时恩斯特·B很关心，后来又坚持不让他太早地回去干活，“而是在外面晒太阳休息”，这让他深受感动。还有一个囚犯医生觉得恩斯特·B是“一个受过教育的研究工作者”，第四个人则认为他是“一个非常仁慈的人”，不过并不特别聪明：“我们觉得……他有点蠢……因为他待我们太好了。”

他的正派对囚犯们产生了强烈的影响（“没有经历过集中营的人，不可能知道这样的事对人的精神状态具有什么样的真正价值”），一个囚犯

316 医生这样说。人们普遍认为恩斯特·B是一个与奥斯维辛和党卫队格格不入的人，于是就去寻找为什么他既是党卫队又来到了奥斯维辛的解释。人们相当准确地看到他是被党卫队“命令来到这里”（塔德乌什·S医生这样说），而且塔德乌什·S医生还进一步说：“他自己……常常重复［一点，他］并非自愿加入党卫队，而是因为压力所致，这在1944年时是可能的。”还有一个囚犯医生也说：“他告诉我，他并不被党卫队视为干净，［因为他妻子是一个德国军官的亲戚，而此人同情一个同盟国国家］，所以他们就把他放在了卫生研究所的这个位置上……这样可以密切盯着他。”我怀疑这些说法是编造的（事实上，他急于加入，并且承认是自愿地加入了党卫队），这种编造主要是因为他需要得到囚犯医生们的最大接纳。但也有可能是囚犯医生们的夸大和扭曲，他们需要相信，这样一个人性对待他们的党卫队医生不会是一个真正的党卫队军官，不会真正是“他们之中的一个”。

恩斯特·B倾向于对自己与这些囚犯的融合进行浪漫化：“在［奥斯维辛］的半年之后，我与这些囚犯公开地讨论了所有的个人问题……和所有可能有的问题。我与他们的社会交往与我与其他人的社会交往没有什么不同”——以此表明这种融合事实上达到了何种程度。

所以，对于没有利用一个机会从奥斯维辛调出去，他把自己所称的这种“违反常情的反应”归因于自己已经“与这里融为一体了”。他与之谈到有调走机会的那些囚犯医生当然很希望他留下来，他也谈到了在奥斯维辛整体环境中自己与他们的关系，补充说，“情况是这样异乎寻常……你无法抽身而去”。

他还记得问过自己：“留下来对吗？或者说走了更好？”他还是决定留下来：“在这里我有影响，我感觉［与其他可能的工作分配相比］在这里我可以做一些积极的事情……至少可以做一些人性的事情。”他列举了其他一些他可以帮助囚犯生存下来的方式：把让他检验的肉转给囚犯食用，告诉党卫队官员他需要大块肉的“样本”；帮忙进行一个项目，用坏了的桔子果酱制成桔子白兰地，可以用它来与党卫队人员交换来自屠宰场的肉类或面包房的产品，所有这些都转给囚犯。随着时间的推移，他意识到这些做法其实安全，“因为那里的每一个人也都腐败”。

恩斯特·B还有另外一个梦，它反映了他身上的冲突和他与囚犯们融合的深度，但这个梦想也很危险，所以他记得只是在自己离开了奥斯维辛之后才做这个梦的，但我感觉这个梦的片断或许在奥斯维辛时期就出现过。这个梦涉及一个年轻的女犹太人，她在卫生研究所的实验室当助手，她擅长于把党卫队军官和人员的家人照片画成肖像，一个党卫队军士把她安排 317
在这个位置上，此人利用她会画像赚点小钱。她用恩斯特·B的妻子和孩子的照片替他画了这些肖像，恩斯特·B被这个非常“纯朴”的女孩迷住了，她既能够把粗鲁的党卫队人员画出粗鲁的感觉，也能够把像他自己这样较有教养的党卫队军官画出“令人惊异”和“趣味高雅”的感觉。她来自附近的贝斯基德山区，有一次当恩斯特·B谈到要开车进山时，她警告他不要去，因为“那里的游击队员太多了”。

> 我梦见我与她一起逃进贝斯基德山区去找游击队员……我可以肯定这里面没有任何色情因素……这个梦有不同的版本……［大多数时候］我们是在一处原始的贝斯基德山区房屋中，然后游击队员来了，我们和他们一起走［加入了他们］，等等……我记不起更多的细节了。

恩斯特·B觉得这个梦可能与他回到德国后再次看到那幅画有关（他显然是把这幅画从奥斯维辛寄到了德国妻子处），对于这幅画他是既珍惜（有时挂在他办公室里，有时挂在夫妻的卧室里）又感焦虑（有时会把它取下来，“因为我有太多恶梦”）。含有色情意味的与一个年轻女囚犯一起逃走去加入纳粹的敌方，这暗示着一种最终的融合和一个要超越和擦除奥斯维辛污点的形象——不管这样一个形象有多么令人害怕。

那些前囚犯们倾向于对恩斯特·B身上的冲突进行夸大和简单化，一个囚犯医生曾说恩斯特·B“承认……他喝酒越来越多，为的是对自己周围发生的事情反应越来越少”。人们问他是否相信希特勒会赢得这场战争，据说他的回答是“如果正义在地球上存在，那么希特勒就会失掉这场战争，但地球上真的有正义吗？”——这种谜一样的回答，囚犯医生们会觉得非常鼓舞人心。

只有一个囚犯医生注意到恩斯特·B身上的“情绪问题”，观察到他有时变得眼泪汪汪，有各种身心疾病和“一个重度饮酒者的行为模式”。这个囚犯医生也承认恩斯特·B对单个的犹太人很正派，但说他“对［犹太人］整体怀有敌意”。这是唯一一个囚犯认为恩斯特·B如此。

不过，恩斯特·B身上的冲突并没有影响他对这个地方的基本适应。他对我说：“我必须说——这一点现在必须说出来——人们不可能理解，如果我说……我当时并不真正在乎待在那里。”因为他对人际联系的需要在这里得到了满足。他被一个事实“真正感动了”：“只要一个人与一个囚犯有了一点联系……那么最重要的事情——几乎比吃饭还要重要的事情就
318 是……可以与一个人谈谈自己的家庭了。”他甚至说由于自己是一个“局外人”，所以囚犯们能够更从容地向他谈他们的家庭，超过了向囚犯同伴谈。这当然也是一个可以怀疑的说法，但它多少表明了恩斯特·B在奥斯维辛所具有的位置。战后他收到前囚犯们寄来的充满暖意的信，就表明了这种共享的位置。

他之所以能够如此适应，一个原因是他在奥斯维辛的工作使他隔离于屠杀过程，这也就是为什么就大屠杀谈那么多时他会说“我们拨错了弦”的部分原因；“对于医生们来说……［更为前台］的问题是饿死”。但是，即使这个问题也可以克服——“如果一个人有……或至少相信……自己有一个任务要完成，有要去为他们……做一些好事的朋友。”

他的确描绘了一些时刻：通常情况下“一个人多半忽略”的苦难，突然因某个囚犯“一个特别的眼神”而透露出来，刺穿了一个人“保护性的外壳”，人会感觉到“在这样一个情境中的苦难或绝望”。他补充说，这就正如一些细节会让人联想到美好一样，那些负面的“小小生活细节”也是如此，于是“一个人就会变得非常激动”要克服这种感觉。

然而，他的奥斯维辛梦又一再出现了：“对我而言……这整个时期最为可怕的事情……就是那个最好朋友的一再注视”，这个朋友就是西蒙·科恩，他“很可能……是个幻觉吧。”这种周期性的自责被他相对舒适的总体适应所吸收，也可能在他这种总体适应中起到了作用。他从自己与囚犯医生们的联系中格外得到的东西，在一封他给我的手写信中揭示出

来，这是他写给我的唯一一封英文信，它在谈到那位曾当过德尔莫特专业导师的犹太人囚犯老教授时有这样的话：“我崇拜他［这个教授］如同父亲，我相信他也把我当儿子一样接受。”

尽管恩斯特·B可能会有夸大，但这两个年轻的党卫队医生都将一个犹太人囚犯视为父亲般的人物，而且可能在这个过程中还有某种仿佛兄弟之间的竞争，这并不让我们惊奇。这种感情是相互的，这由那些前囚犯医生们的温暖来信，包括这位教授本人的来信而得到了证实。恩斯特·B给我读了这些来信中的一封，然后开始沉思“留在奥斯维辛的责任”和他何以能够“在那里感觉颇为舒适”。他谈到在集中营里有一种强烈的感觉，“我心中有一种特殊的欲望要做一个医生”。这个宣告代表着他自己与奥斯维辛精神分裂情境的联系，其他的纳粹医生是不可能有这种宣告的。

恩斯特·B的家庭：“我从不告诉她全部真相”

恩斯特·B与妻子和年幼孩子的联系对他的奥斯维辛生活至关重要，
但这是间接和隔着一段距离的。他对奥斯维辛的最早反应之一就是“我做 319
错事了，尤其是对我妻子而言。”他提到了一件事，自己坚持要参军，而妻子是反对的，而参军把他带到奥斯维辛来了，尽管“我真的没想到会是现在做的这种事情”。当他们两人感觉怪异地来到奥斯维辛后，“半年之后我才再次见［她］”。这是因为值勤的安排，但也可以猜想是因为对于见她有所迟疑。关于奥斯维辛的事情，他对妻子说：“我和这整个事情毫无关系，我只是待在卫生研究所里。”事实上，“我从不告诉她全部真相”。随着他较为频繁地去探望妻子——他和韦伯的安排使得他每两三个月就能够回家待一周，他“有了一种好的感觉和一种坏的感觉”。他想看到妻子和孩子（“我回到家里当然非常快乐”），但同时又有一种愧疚感（“我……希望让事情再次好起来”）。他觉得有必要让妻子和奥斯维辛隔开。

他谈到自己有极其强烈的“内在抗拒”，不想让妻子到奥斯维辛去看他（“我从来没有过这个想法”）。他们最开始曾一起在奥斯维辛待过几天，当时妻子询问了关于集中营的一些问题，他给了一些通常的编造理由

（在这样大的地方，许多人死去是不可避免的，所以需要有一个焚尸场，焚尸场烟囱那样冒烟，是因为它烧得不好）。尽管随着时间的推移，她不可避免地知晓了大部分真相，但他还是希望能让她有一个“对事情较为闭锁的观察”。每次探亲回来，他还会因奥斯维辛与宁静家庭生活的“鲜明对比”而不安，让他有一种“一个人能够不驻扎在那里面是何等幸运”的强烈感觉。*

1944年，他们的一个8个月大的孩子因婴儿猝死综合症而夭折。恩斯特・B形容自己妻子对此的反应是“巨大打击”，但他自己的反应没有这样强烈，因为他与这个婴儿接触很少，而“未来看来并不光明……作为一个婴儿死去可能并不那样悲剧。”不过，他补充说，这也可能是一个“将要到来之事的颇有道理的迹象”——可能是一种间接的方式表达了对他们的惩罚，这可能是上帝的惩罚，是因为奥斯维辛。

恩斯特・B将对自己妻子和孩子的这些想法与自己愿意去帮助囚犯联系起来，不过他更将这种愿意帮助归因于他与自己父母、尤其是父亲的“联结”。他谈到父亲“正直的人生”，“拒绝做任何让步”来改善自己的经济状况。然后，他表达了另外一个想法：“如果他们两人［父亲和母亲］
320 发现我以这种方式来做这些犯罪的事情，那么对于他们就几乎是不可承受的。”他是不是真的视自己为进行“犯罪行为”，或者是面对着这些，或者是面对有可能去这些事的可能，对此恩斯特・B没有清晰界说。不过，有一点要注意，他是在与一种父母为中心的良心的联系中，才最为接近地把自己的行为与犯罪连接起来了。

党卫队同事

恩斯特・B医生的适应，有一个引人注意的方面：他与囚犯医生走得

---

*一个囚犯医生记得他觉得是恩斯特・B妻子的一次来访：“她是一个很吸引人的少妇，从我们面前走过时以‘日安’打招呼［这在奥斯维辛是一种极有礼貌的寒暄］，但同时她又避开我们待的那些地方。”无论这个囚犯医生提到的是他们最初的到来，或者是她后来又来过一次，恩斯特・B都不记得了，也不想讨论。不管怎样，这个囚犯医生觉得恩斯特・B因看到妻子而心情大好，此后不久他就开始画画了。

近，这看来并没有影响他与党卫队同事的融洽关系。他倾向于为这些人的行为辩护，尽管缩小他们与自己的差别，尽管有十分显著的证据表明不是这回事。

一个典型的例子就是他对自己上司布鲁诺·韦伯的态度。绝大部分囚犯都害怕韦伯，他对他们冷漠无情，一切按章程来，颇为危险。然而，恩斯特·B却说，囚犯对韦伯的"印象很坏"，因为"他显得冷冰冰的……是一个尽责的党卫队医生"，但"事实上，他以一种实际的方式帮助了很多囚犯，超过了我……这是因为他的地位高"。恩斯特·B这种说法的合理要点是：如果没有来自韦伯的一定程度上的"封闭起来的正派"，卫生研究所的良性氛围是不可能的。不过，恩斯特·B却走得较远，将他自己与韦伯的区别视为无非是医生对病人的态度的区别（见本书195页）。他解释说，韦伯"扮演严厉党卫队医生的角色"是因为他"担心"被发现违反了党卫队章程，因为他"有雄心……要在党卫队里干一番事业"。任何时候只要我指出其他党卫队医生的犯罪行为，比如韦伯参与了筛选和致命的人体试验，恩斯特·B就会或者是否认，或者是在谴责这种行为的同时就将它归因于"奥斯维辛氛围"或"奥斯维辛心态"。他作为他们这个社群的一部分而生活和工作，在相当程度上像他们那样思考。他夸大性地宣称大家都一样，无疑表明了他对这个群体的融入。

在一次访谈中，恩斯特·B向我讲述了党卫队医生如何帮助解决烧尸的技术问题，我问他本人是否会考虑去帮助解决这样的问题，他的回答是很清晰的肯定：如果可以避免一种"卫生灾难"，他肯定会"理所当然地贡献自己的知识，就如同面对其他任何问题一样"；"我也身在其中……对我而言它也是每天的生活，你知道的"。他一而再、再而三地对我说：我也是他们之中的一个。

与门格勒的友谊 321

他是他们之中的一个，这一点在他与门格勒的关系上尤其显示出来，这将我们导向恩斯特·B自己的道德和心理暧昧的核心。在我们的第一次交谈中，谈他卷入奥斯维辛的程度时，提到他曾有一次机会离开奥斯维辛但却没有走，他很自然地对我说："我与门格勒的关系很好。你听说过门格勒这个名字吗？"他当时宣称："我真的必须说，他是我在那里所遇到的最为正派的同事。"在我们两年期间总共5次的交谈中，恩斯特·B从来没有在这个令人吃惊的判断上有任何犹豫。他总是热心地提到这个主题，想要纠正他认为的那种关于门格勒及其奥斯维辛行为的广泛误解。他坚持说，将门格勒作为一个"典型的党卫队医生"来谈论是错误的，相反，门格勒是"一个例外"，区别于那些与集中营已有长期联系的人，他在态度上不同、"在原则上对立于这个集中营系统"。恩斯特·B将门格勒、韦伯和他自己描绘为在很多方面相似：韦伯批评对犹太人的灭绝，门格勒同样批评对波兰知识分子的灭绝，恩斯特·B还知道门格勒"对集中营的基本评价［与自己］很相似"。

恩斯特·B医生和门格勒在其他方面也有很多相似：都是30岁出头的医生，都来自中上阶层的家庭，都是传统上反感普鲁士人的巴伐利亚人。而且，恩斯特·B医生记忆中的门格勒"乐于助人"，"是一个志同道合者"，钦佩门格勒"公开表达［对人］厌恶"的率直。

当我提出门格勒进行人体试验的问题时，恩斯特·B马上站出来为他的朋友辩护：在奥斯维辛，人体试验是"一个相对较小的事情"；儿童（门格勒的孪生子试验主要使用他们）在奥斯维辛没有什么机会存活下来，但门格勒却确保了他们有较好的饮食和得到了照料；门格勒还为医疗区的病人安排了较好的饮食，与抽走他们食物的腐败进行了斗争；之所以会有那些关于门格勒的奇怪谎言和想象，是因为他在一个禁止其他人进入的特别房间里进行工作所致。我问恩斯特·B，如果我把门格勒有时将一个或成对的孪生子送往毒气室的大量证据给他看，他会不会改变对门格勒的看法，他毫不犹豫地说不会，"因为在奥斯维辛的环境中，一个人必须坚持认为门格勒的试验并不是残忍的形式"。在为门格勒辩护时，他一再提到"奥斯维辛的环境"或"奥斯维辛的氛围"。也就是说，由于一个人有机会进行"在正常世界中不可能去做的那些试验"，门格勒"的确做了一些科学研究，这些科学研究只有在集中营的特殊条件下才有可能做"。而且，门格勒向他的朋友"保证"，他"最为小心翼翼地防止了他们［这些儿童］

去发现自己未来的命运就是被毒杀”。恩斯特·B的基本论点是：只要一个人是在奥斯维辛的泥淖中做事，我们现在就不能负面判断他： 322

> 一个人必须意识到，在奥斯维辛的环境中——数以千计的人每天都在被杀，这样一件事［门格勒杀了一些孪生子］完全不是异乎寻常的。这绝对不是一件特别引人注意的事情，也不会引起他或其他任何人的格外关注……但是，作为一个局外人，是不可能理解这一点的。

而且，恩斯特·B抗拒关于门格勒之残忍的那些证据：“我不可能相信这个……它与我对他的个人印象……相冲突……因为在工作中我与他只有……纯粹的专业上的关系。”恩斯特·B也承认他可能没有看到所有场合中的门格勒，所以“他在他自己营中的行为……在筛选上……我无话可说”。不过，他的基本意思是：我所看到的门格勒是值得赞扬和很专业的，我没有看到的，我就不能评论；如果人们说他做了坏事，那是他们夸大和想象出来的，我不能相信；不管门格勒做了什么，他只是按照奥斯维辛的基本规则来行事；那些没有亲自经历过奥斯维辛的人，无法理解和评判这些事情。

恩斯特·B的总体意图就是想恢复门格勒的“好名声”，其构建的原则就是“正直”：门格勒是按照自己的信念来行事的，门格勒也做了有价值的科学工作。尽管可能有某种程度的人性丧失（在我的追问下，恩斯特·B承认了这一点），但“如果一个人像他这样相信犹太人怎么都会被杀掉……那么就可以想象这种限制（与正常人性相联系的限制）会怎样不复存在了”——“无论如何，还是要在奥斯维辛的环境中来看问题。”

门格勒不是个伪君子，也就是说，在好几个方面显示出来了主动性和某种责任感。恩斯特·B讲了一个例子，说门格勒“是党卫队医生中唯一让自己去关心毒气室实际使用［层面］的人”，这些“负担过重”的设施和“技术……错误”使得毒杀的整个过程“甚至更为不人道”，所以，“尽管听起来很恶劣，但他费这个事去查看这些事情……为了人道的缘故”。

门格勒这种建设性的精力投入与奥斯维辛常见的那种“关我何事”的态度形成了鲜明对比，恩斯特·B医生在好几个场合讲述了战争末期奥斯维辛要疏散时，所有人想的都是自己的事情，唯有门格勒还有负责任的头脑和意识，组织了毒气室的炸毁。这个任务其实是“在司令官的管辖范围，而不是党卫队医生的”，但司令官“似乎打算把这样一副恶臭的烂摊子留
323 在那里”。恩斯特·B每次讲到这件事，他都会赞扬门格勒的这个行为，尽管赋予它不同的意味：门格勒“不喜欢这整个灭绝建构，它是党卫队原则和他自己宗教信念的一种耻辱”的表达；要擦除“污秽”，不能让占领者看到，表达着门格勒对“德国民族的信心”；他“不想在世界上留下任何让党卫队显得很坏的东西”。

在我们最后一次交谈中，恩斯特·B医生又颇为详细地谈到了当时的“乱成一团”，每个人都在逃跑，“门格勒……是唯一一个注意到［党卫队司令官］把焚尸场留在了那里”，于是他和几个下属又回来了，“尽可能彻底地炸毁了它们”。

如果门格勒遵循着一种在对待囚犯上文明和残忍——或者是把健康的孪生子送到毒气室——相互转换的模式（我能够向恩斯特·B证明这个模式），那么“对于他［门格勒］而言，就不存在什么矛盾了”。在这个问题上，恩斯特·B谈到了鲁道夫·霍斯，“他……让奥斯维辛变成了这个样子”，但是，与此同时，“就其私人生活而言，却是一个绝对正直的人。”（关于恩斯特·B这个例子中涉及到的原则及扭曲的讨论，见本书201页。）恩斯特·B的观点似乎是：一个真正相信纳粹计划的人也能以“绝对的正直”参与到残暴和屠杀中。

对于恩斯特·B而言，门格勒是“乐观性格”的一个无拘无束者，他依据自己的信念行事，哪怕这与奥斯维辛的官方政策相冲突。他谈的一个例子就是门格勒强烈反对对吉普赛人集中营进行灭绝。这是一个家庭集中营，但很快它的环境恶化，即使按照奥斯维辛这样一个饿死婴儿、儿童和成人之地的标准来看，也异乎寻常地糟糕和不卫生。恩斯特·B坚持说，营中得到了“足够的配给……能够让所有人都活下来”，但一些占据高位的成年吉普赛人占有了大部分食物，因此其他人就得不到了，包括那些饥饿的儿童。奥斯维辛的领导人被这种局面所“震惊”，得出结论说实际上已经不可能改变这种局面了，唯一的解决办法就是“把这整个营都毒杀”。

按照恩斯特·B的说法，门格勒强烈反对这个决定，几次去柏林，想把事情扭转过来，甚至对其他的奥斯维辛领导人宣布，灭绝这个吉普赛营是“犯罪”。

恩斯特·B说自己也很关心吉普赛营的情况，他说自己看到那些父亲和母亲自顾自地吃东西，却让他们的孩子挨饿时被震惊了，营中的情况“可怖……比所有其他集中营都要糟糕”，成为了“一个非常大的问题”。他补充说：“由于我从这个吉普赛营幸存下来，我就形成了对于吉普赛人可能是最为恶劣的印象。当我看到一个吉普赛人，我肯定是马上避开……我无法忍受听到吉普赛音乐。”

责备受害者的这种现象，是恩斯特·B感知这件事的一个核心。然而，他卷入和他厌恶吉普赛人的强度，也表明他在与负疚感斗争，而称自己为“幸存者”可能也表明了这一点。他对那些面对营中棘手问题的吉普赛营 324
管理官员表达了相当的同情，尽管同时又钦佩门格勒“勇敢地”反对灭掉它，并觉得在决定不可更改后他又积极参与到这种灭绝之中也是很自然的。对于恩斯特·B而言，门格勒一直是与奥斯维辛氛围相联系的一个深远的来源。

恩斯特·B对门格勒的“早期党卫队意识形态”做了一个详尽的描述：欧洲文化的主要潮流因一些“日耳曼”群体而形成，这些群体是古代希腊人以及诺曼人和维京人；由此形成的文化受到了犹太人来源的基督教道德的破坏，其高潮就是犹太人对德国种族的影响所造成的巨大历史性威胁；所以需要在纳粹运动的核心中创造当代的党卫队秩序，从而回复至古代日耳曼神话，而它的一个主要目标就是消灭犹太人的影响。恩斯特·B对所有这些讲述，里面有一种强烈，甚至有一种热情，表明它唤出了他的这个朋友和他自己身上来自这些信息的一些东西。恩斯特·B说门格勒“并不说教”，他们两人讨论这些事情是“非常客观的”。恩斯特·B习惯将门格勒的狂野空想弄得驯服一些，这既是因为这些空想对他本人并非完全陌生，也是因为他可以唤醒门格勒这个科学家和“种族问题上的研究者”。

恩斯特·B与门格勒所代表的有一种心理搏斗，这反映在他对门格勒的消灭犹太人观点的矛盾描述上。他有时谈到门格勒似乎是强烈反对奥斯维辛的屠杀计划，引用门格勒的话说这是一种形式的“绝对白痴”和“愚蠢”，甚至说“如果希特勒事先宣布一旦我们胜利马上就让犹太人爬烟囱，那么门格勒是永远不会加入党卫队的”；然而，他后来却又强调门格勒“完全相信对犹太的消灭是这个世界和德国得到恢复的前提条件”，唯一可以讨论的问题只是所使用的方式。后面这种观点无疑更接近真相。不过，我要强调的是，门格勒已经变成了恩斯特·B医生自己在“犹太人问题”上的内在矛盾的一种代言人：他自己有时提到消灭犹太人这整个问题时，也似乎视为善良人们应该去沉思的一个严肃问题，这会有某种程度上的不同意见，但要持一种开放的态度和“理性的讨论”。他所概括他在门格勒身上如此钦佩的性格特征（“一个好士兵……没有党卫队中的那种虚伪野心”，“［凡是］他觉得错的……都毫不犹豫地公开表示反对”），也就是他提出来表示钦佩并在自己父亲身上发现的那些特点；然而，富有讽刺意味的却是，他相信就是这些赋予他在奥斯维辛正派行事的力量。

虽然是用同样的风格行事，但他还赋予门格勒更多的东西——一种真正的领导原则。他把门格勒与霍斯相比，认为后者是“一个完美的士
325 兵”——严格按照字句来执行命令，门格勒则是一个“人们的领导者”。对于恩斯特·B来说，门格勒是一个英雄榜样般的人，在智力上走在他那个时代之前，他的政治行为和领导是基于“生物学基础”的，其方式现在学者们开始关注了。门格勒还具有“绝对坚定的生活原则，他对此的坚持超过了我认识的其他任何人，为了贯彻自己的信念，可以冒险到难以置信的程度”。恩斯特·B还补充说，“很少有人这样做。门格勒是其中的一个”。

恩斯特·B医生在门格勒引渡案中的作证在许多方面与我讨论的这种模式是一致的。他将门格勒形容为相信犹太人不得不消灭，奥斯维辛的筛选是必然的，甚至是“人道的”；就将要发生的事而言，奥斯维辛“只是……一种局部的提前发生的最后解决”。尽管他把门格勒描绘为一个有信念的人，说他知道门格勒的孪生子研究中没有发生死亡，但他关于门格勒与筛选关系的详细证词却可以在法律上为他这个朋友定罪。于是，恩斯特·B现在是与德国法庭“和谐”了。

有一次，我问恩斯特·B，考虑到他和门格勒选择了不同的道路，如果他们有机会在未来相见，他会是什么感觉。他的回答虽然很谨慎，但清楚表明他会很高兴见到老友，会在一个比以前更为“理性”的基础上重新开始他们的关系：“这会带来——因为我知道他——完全不带感情的交谈。不带情绪的交谈。情绪留在奥斯维辛了，我们全都是如此。”

奥斯维辛的疏散和恩斯特·B的受审

1945年1月，奥斯维辛准备疏散了，恩斯特·B为“他的”囚犯医生们尽量做了一些安排，让他们能够活下来，无论是那些加入强行军去外地的，还是留下来的。一个在囚犯队伍中得以正常疏散行军出去的医生谈到，“当我们经过实验室时，那里的党卫队人员朝我们挥手告别，祝我们好运。他们似乎给我们一种强烈的‘我们是在一起的’之感”。

当时决定卫生研究所到了达豪要重新聚合，“每个人都在想办法自保”，恩斯特·B却在尽力帮助安排实验室。尽管有说法，说在准备一场德国的“反攻”，但重建卫生研究所的重点看来却无非是要向将要到来的占领者显示纳粹在集中营医学活动的良性性质，以及把医学上的“犹如”情境维持到最后。达豪的情况非常糟糕，那些曾在卫生研究所工作的囚犯医生在这里见到恩斯特·B和韦伯，并且听到他们说“我们想让你们再次和我们一起工作”而大感欣慰。尽管此时大部分党卫队医生都预见到了将要到来的力量反转，都变得对囚犯们友好了，但恩斯特·B却走得更远一些。随着盟军的逼近，他与囚犯医生们讨论一些可能的安排，包括向他们提供党 326
卫队制服的想法，让他们逃脱纳粹的控制。他和他们握手，“以非常友好的方式说再见”，最后是从自己的抽屉中拿出一把手枪交给他们中一人，作为护身之用。他承认这样做有一种自保动机的因素，但后来也解释说：“也存在着……另一场大屠杀……或许发生……的可能性。我有几把手枪，为什么闲着不用呢？”

在达豪的最后日子里，囚犯朋友们建议恩斯特·B先找个地方去躲一阵子，因为随纳粹战败而来的氛围会是“任何穿党卫队制服的人都会被打死”，过了这一段之后，他可以出来，在囚犯们的帮助下澄清自己。他大致听从了这个建议，使用一个假名被来到达豪的美国人关押起来，在一段时间里得到了前囚犯们的保护，当美国人领着他们来辨认党卫队人员时，他们都有意地“不看我”。

关押了大约一年后，他的身份被发现，于是被送去受审。他告诉我，当时“我个人并不感觉有罪”。他谈到了自己与监狱中那些党卫队军官有一种“相聚”的感觉，当其中有些人被判死刑后，他有“可怕”感。事情变得清楚了，是俄国人在负责，他们可能想搞一次摆样子的公审，恩斯特·B开始忧虑了。

那些前囚犯医生以令人印象深刻的证词力挺恩斯特·B。来自第10区的女囚犯医生引人注意地证实了恩斯特·B自己的说法，他在那里进行的试验没有伤害人，而是救了很多人的命。那个与他和德尔莫特关系那样密切的老教授，从许多曾在卫生研究所工作过的人那里弄来了证词，他自己也作证说恩斯特·B“为所有囚犯的权利挺身而出……勇气令人钦佩……提供了诚挚的帮助……远远超过了一般的人性法则”。这位教授讲述了恩斯特·B如何在自己一次严重的胃出血后救了自己的命，“卫生研究所的囚犯中形成了一种真正的‘恩斯特·B医生崇拜’，这不仅赋予他敬畏和尊重，而且还有诚挚的感激和热爱”。

在写给恩斯特·B的一封私人信件中，这位教授也表达了类似的情感，信中热情地详细讲述了自己在战争结束后这两年的经历，说：“你很知道我要感激你的那些事情。我知道，没有你我是活不下来的。”另外，他还谈到曾和一个调查委员会重返奥斯维辛进行探查，看到卫生研究所被毁之后颇感懊恼；而发现那些科学记录仍然完好时又很是高兴。在后来的另外一封信中，他向恩斯特·B询问卫生研究所的另外一些科学数据，建议两人联合发表一篇论文，并且署明“写自奥斯维辛集中营卫生研究所”。几年
327 之后，这位教授已经逝世，我得以与他女儿交谈，她对父亲与恩斯特·B的交往所知甚多，尤其是恩斯特·B曾怎样三次救过她父亲的命。于是，在她心目中恩斯特·B几乎如同一个神话，她不仅将他视为一个党卫队医生，更是“我父亲的救星”，想象什么时候到德国去见恩斯特·B，甚至于说在父亲死后，对她而言，恩斯特·B在某些方面就替代了父亲。

不过，她也困惑于这种关系的一个方面。她曾经见过这两人之间那些充满暖意的通信，包括恩斯特·B被无罪开释后写来的表达感激的信。接到这封信后，她父亲写了回信，说事实上（用她的话）“你救了我的命——我救了你的命——现在我们扯平了”。她注意到此后两人就停止了通信，她曾问父亲为什么不再给这个德国医生写信了，他告诉她：“好吧，我们曾相互救命。这就行了。我们还有什么可谈的呢？”

我怀疑她父亲是否真的体验过两人之间的真正交流。首先，他为一个人的无罪开释和自由而使用了自己的全部精力和影响，而此人曾属于他自己的集中营狱卒之列（尽管不属于那种心态）；然后，他又需要从这种奥斯维辛时期对恩斯特·B医生的依赖和感激上撤回来——也从自己奥斯维辛时期的参与和妥协上撤回来，从而在奥斯维辛的囚犯医生与党卫队医生的不同位置之间最终守住一片不能逾越的区域。

恩斯特·B的“奥斯维辛自白”

恩斯特·B最难忘的监狱经历，与来自卫生研究所的“一屋子档案”有关，已经倾向于他的法官让他看一看这些档案。恩斯特·B一头扎进去，去研究诸如一个生病的囚犯和囚犯整体在奥斯维辛提供给他们的饮食基础上能存活多久这类问题。他投入而又讲究方法地进行研究，考察囚犯们各种不同饮食的营养成分，包括那些各种疾病患者的饮食，得出的结论是病重囚犯的存活不会超过14天，而普通囚犯一般也不会超过3个月。他这个被法庭和其他研究者所采用的发现后来发表了。他向我强调，除了这些统计数字外，“重要的是好几个月我独自待在只有这些档案的房间［牢房］里”，“通过与这些文件打交道，我建立了与奥斯维辛的一种特殊联系。”在此之前，住在一个集体牢房里，“一个人要利用每个机会来抑制这些记忆”，但在这个房间里，“以一种不同的方式……面对这个问题……一个人可以不必将它们堵回去，可以处理这些思绪了”。

328 他将自己的处境与鲁道夫·霍斯的处境进行了比较，他曾短暂地与霍斯住过同一间牢房，在霍斯被绞死的前几天与之交谈过。他发现，霍斯写了他的“自白”之后感觉“解脱了……一个沉重的负担”。恩斯特·B医生觉得自己也相对解脱了，他对奥斯维辛生死因素的科学研究实际上也是他的“奥斯维辛自白”。

这个研究的强度反映在他的梦中，这种梦当时就出现了，后来一再出现：“任何时候我梦见一个与奥斯维辛有关的人时，这些文件也会出现。”研究奥斯维辛这些档案的心理作用，使得他又一次近距离触碰到自己与奥斯维辛关系上清醒的愧疚之感*：“我一直……在潜意识中和梦中……想找到怎样去做可食用的东西，对人有用的东西……在我梦中，[囚犯]的饥饿让我非常……揪心，我们自己过得很好，而其他人，那些囚犯却正在饿死。”

在被无罪开释之后，一个现在已处高位的前囚犯想安排恩斯特·B重新进入学术医学，在大学工作。然而，他选择了回到他过去行医的那个地方，因为“这个绿洲更有意味”。一般而言，“我不想再做任何试验了……想使用最为安全的方式”，“我告诉自己，只有人自身的价值才重要”。

医学上和生活上的“试验”他都想避免。如同许多前纳粹医生一样，他的想法就是退出那些紧张和自己在文化上无力应对的情境，找到一条安全和可靠的路径——就他自己而言，是将自己余生的大部分时间用在对奥斯维辛经历进行理解和挣脱之上。他所在地区的人们接纳了他，显然知道他过去的一些事情，视他为一个与纳粹一起做过事，但已经洗清了犯罪指控的人。

访谈的过程

在我们5次均为一日长谈、总时间约有30个小时的交谈过程中，恩斯特·B的态度和与我的关系发展出来了一些模式。我们第一次交谈时，与我见过的其他前纳粹医生相比，他格外热情和逢迎。我问他的几乎任何事情，他似乎都把他能说的倾泻而出，而且还自己主动谈了很多。如同其他

*这种愧疚不同于他对德尔莫特的愧疚，那种愧疚与他的个人决定及其造成的个人后果有关，而非仅只是自己身处奥斯维辛的邪恶之中；也不同于他对西蒙·科恩的那种负疚，对科恩的负疚他时常感受到。

人，他也很乐于成为自己过去经历的一个观察者；他想要建构一个对自己生活的叙述，这个叙述尽量缩小他与一些烦恼之事的相遇，比如犹太人的迫害、他早期的党卫队受训，以及奥斯维辛时期一些过于肮脏的细节。然而，第一次交谈时他对奥斯维辛的描述在细节上、坦率上和心理氛围上就让人刮目相看。尽管我并不是没有一定的克制，但交谈的基调也很友好。我那个担任翻译的助手后来表示惊异，觉得恩斯特·B和我的生活是如此截然对立，怎么能够第一次见面就谈得如此融洽呢？ 329

由于恩斯特·B的持续热情，我就能够在同一周又安排了第二次一日长谈。这次他清楚表明了他妻子对于我们的见面有保留，这与她自己的奥斯维辛经历有关，与恩斯特·B后来的因此坐牢有关，也与她感觉这种访谈会给丈夫带来伤害有关。事实上，在这次交谈中她来了两次，表达了这些看法以及更多的看法。第一次来时，她犹犹豫豫地用英语说："我不是针对你的，而是针对奥斯维辛。"过了一会，恩斯特·B暂时离开，被叫去看一个病人，她又来了，点燃了圣诞树上的基督降临节蜡烛（当时是基督降临节第三个周日），多多少少是在房里逗留，但什么也没说。我助手和我感觉她希望把我们带入一个较为温和的宗教仪式，带入一种团契氛围中；然而，尽管这个场景很美，窗外是一片树林，远处是暮霭，但我意识到自己到这里来完全不是为了与她在此刻体验一次宗教团契。

我与恩斯特·B的第二次交谈是时间最长的，也是这5次交谈中最为详尽的。值得注意的是，恩斯特·B很愿意越来越深入地展现他的弱点和内心冲突，比如在德尔莫特的事情上，还有他对其他党卫队医生的"内疚"，以及那些有着自我谴责因素的关于奥斯维辛的梦。

第三次访谈是一个重要的转折点。他曾提出要看看我以前做过的工作，于是我送了他一本书，他开始时称赞我这本书里的案例研究很清晰，但接着就强调人们喜欢用一种自己偏爱的方式来重建过去的事件。他明确说这指的是他自己，事实上是告诉我，不要把他讲述的奥斯维辛经历作为全部或部分真相来接受。他尽量想坦率，但可能同时又表达了他那些一贯主题中一个的新版本：奥斯维辛非常复杂和矛盾，它实际上是不可理解，也不可能由记忆来恢复的。

然而，现在他对门格勒美德的回忆开始展现他自己的奥斯维辛参与程度了。他强调他和门格勒讨论党卫队意识形态之深远影响时的“理性”，在某种程度上业已表明他自己其实属于这个党卫队医生群体。他冷静地描述党卫队医生如何帮助解决那些“技术问题”，我感觉到的是他深入到了奥斯维辛的氛围之中。

330 他强调每个人“手杖上都有脏东西”的奥斯维辛原则，这不仅触及了奥斯维辛的核心，而且触及了他自己与这座集中营及其功能之联系的核心。换言之，探讨得越来越深入，人变得越来越坦率，他就不得不展示他自己卷入的一些方面，这就不再适宜于作为那种舒适、控制、他自己希望建构之叙述的一部分了。这就是为什么在这次访谈中他显得比前两次要紧张的原因。这次访谈临近结束时，他想从自己的僵局中撤出来，于是转为谈奥斯维辛的过分拥挤，谈有时候这里怎样挤进了多达14万的囚犯，谈对这些拥挤笼子里的小白鼠的试验如何展示了极端行为，包括非常残忍的行为。

第四次访谈是第三次访谈的9个月之后，这种延迟有一系列因素，但主要是因为他这一方的迟疑，而这显然是因为他妻子一直反对。作为一种让步，我们把见面地点放到我在慕尼黑可以使用的一间小小的大学办公室内，这需要他驾车几个小时来见我。尽管仍然友善，但他的基调却大不同于前几次了。他告诉我，他对奥斯维辛和相关问题的态度变得“坚硬”了。他现在强调要承认纳粹好的一面和坏的一面，强调要看到历史上也有其他形式的残忍行为，所以纳粹也就并不格外不同。

他事实上对我、对这种访谈情境都变得坚硬了，在表达纳粹的观点时变得越来越肯定。所以，他是如何有这种观点转变的，这在当时乃至于现在都留下了疑问。他不同意对当代暴力邪教（尤其是由吉姆·琼斯领导的一个邪教，它以1978年一场大规模自杀性屠杀造成900多个追随者丧命而达到高峰）与纳粹结构进行任何可能的比较，这里面一种蔑视的因素。他强调，对于纳粹医生们来说，因为他们相信纳粹的国家社会主义幻想是一种“世界赐福”，而犹太人则是“根本之恶”，纳粹在奥斯维辛的屠杀就有一种“逻辑性”，这样说有一种有意挑战的意味。他的语言也变得较为粗糙了，比如用“家里问题”这样的话来形容常规问题。他带着我查看了奥斯维辛那些最污秽的地方，但却似乎不愿对此道歉，有时还几乎是兴致勃勃。纳粹医生对焚烧尸体提出建议，他强调他们视此“完全不是一个伦理问题，而是一个技术问题”，他似乎排斥对奥斯维辛做任何伦理层面的追问。这次交谈要结束时，谈到了纳粹时代与今天的比较，他说尽管今天是“充分的自由化”，但缺乏“年轻人的理想”，“缺乏献身”，这会导致“混乱的局面”，难以有“一个凝聚性的社会”。他承认，纳粹在与此相反的方向“做过头了”，但在希特勒的公认的“原始方式”中却有“一些正确的东西”，有一些“纳粹长处”的东西。

现在是我变得紧张了，我发现我被正在听到的东西所震惊，发现自己 331
对此人的同情正在减少——对于奥斯维辛那些最为需要他的人而言，此人曾是一个英雄。然而，谈话临结束时，他又积极评价我们这些次的交谈，因为“通过一些特定的问题，一个人就被迫充分地把事情想明白”，“通过谈论它，事情就变得更清楚一些了”。我于是认为，通过较为强硬地表述那个较早的奥斯维辛自我，他也体验到了某种释放，由于是在自己家之外，是在一个多多少少中立的地方，他可能也较容易这样做。另外一个更为重要的因素，可能是他以为这是我们的最后一次谈话。此前他作为一个奥斯维辛和纳粹的批评者，在与我看法相同上走得很远，那表达是他的战后德国人（非纳粹）自我。然而，随着以持续的坦率对奥斯维辛经历的挖掘变得越来越深入——这种坦率是他自己的心理斗争所需要的，对他来说这就变得越来越困难。在这个意义上，他自身的冲突可能起到了与他妻子反对一样重要的作用，于是对我们这些会面就越来越抗拒了。不过，与此同时他又与它们和我打着交道，他在传达被他复活的奥斯维辛自我时的坦率，是一种潜在洞悉的最后赠与。

他还提出我可以写信给他提出书面问题，他会回答的。然而，我写了，他却没有做到承诺，最后写信给我解释不仅是其他的事情让他分心，而且即使是最简单的问题，如果要忠实回答，也需要对奥斯维辛的精神分裂情境做深思熟虑的描述。另外，他发现“没有交谈时的个人接触”——也就是说，不处在一种面对面的情境中，就难以做这种深思熟虑的解说。

这显然又涉及到了我们的这种交流，他同意我再去德国时见我一次。

我们的第五次谈话是在一个宾馆房间里。这种空间的非个人性和不相关性，可能成为他这次交谈的直率和强度的一个作用因素。他进一步表达了大屠杀的“逻辑”，尽管在回答大部分纳粹医生是否真的赞同奥斯维辛大屠杀这个问题上闪烁其词。他经常宣称自己反对这种做法，但现在他自己的一个因素似乎又至少是赞同它，那么他的立场到底是什么，对此他也没有充分说明。普遍而言，他似乎还是更多地从当时的意识形态的内部来说话，重申他与当时党卫队奥斯维辛结构的联系。不过，比起前几次来，在联想和信息与洞悉的持续倾泻上他更为活跃，这也是他的“最后赠与”。

当我们临近分手时，他更为强势地坚持自己是有主见的人，不再受缚于我们交谈的要求，也不再受缚于得到我赞同的想法。我也更为强势地深挖此前提出的许多问题，不再顾及会失去再与他交谈之可能的风险。

332 我们双方都努力找到足够的共同区域，以确保是一种人道对话的氛围，我们都做了让步，这个过程对于我们双方都有价值，但我们只能够暂时地维持它。分手时，我们都感觉到了某种解脱——总算是回到了过去和现在都真实的自己。这并不是说，恩斯特·B医生又重新成为了一个纳粹，而是说，他公开抗议的一些与纳粹相关的因素在他的自我感觉中仍然很重要。

与将要结束相一致，他没有再做道德陈述。他说得很清楚，尽管天色已晚，他还要驾车几小时回家去，以享受冬季的阳光和明天的滑雪。他看重我们的交谈，但现在却急于离开这个宾馆房间，把奥斯维辛和因我们的对话而造成的冲突留在身后。

恩斯特·B医生与犹太人

恩斯特·B的成就和歧义都反映在他对待犹太人的态度上。这里的基本考虑是他在奥斯维辛的非凡记录，在那里，他把犹太人作为危难之中的人来看待。而且，他关于西蒙·科恩的那些梦，显示了对一个犹太人朋友的充分坦率，能够作为一种良知而存于内心，这也是德国人—犹太人关系上一种人性的表现。然而，当我问他以前是否关注过这个朋友的命运时，他含糊地回答说“也许是潜意识地”；谈到“犹太人移民”时，他补充说，他和他的朋友们都觉得犹太人移民是有“相对较好的条件，因为他们在这里不受欢迎，因为他们没有机会在这里呆得更长久”。他会把科恩一家置入这一类人中，因为科恩家富裕，有社会影响，但这种想象本质上是纳粹性质的，而且只代表了犹太人的早期受害。

然后，为了展示坦率，恩斯特·B补充说，他与西蒙·科恩的友谊“并不是特别紧密”，在他的德国朋友的主流圈子中，“我们并没有很多犹太人。”他还说：“我相信我如同许多其他人一样……有意识地抑制这个［话题］。”对犹太人遭遇到了压迫或压制的主题，在我们的交谈中屡屡被提及。他说：“当对于大多数人来说已经建立起普遍繁荣的时候，干脆不谈那些不愉快的事情，要容易得多。”然而，我们也可以猜想，人们对这种欺骗会有一定程度的知晓以及接受。

在我们的第二次交谈中，这个话题直截了当地提了出来。当时正是他妻子来说不是针对我而是针对奥斯维辛的时候，她也问我：“你为什么不帮助犹太人呢？”她补充说（与当时的以色列和中东僵局联系起来说），“他们仍然是这个世界上最遭人恨的民族”，他们需要得到某种方式的帮
助，这样他们就不会处在一种如此遭人恨的处境中。恩斯特·B接着评论 333
说，德国人和犹太人现在是世界上最遭憎恨的两个民族。尽管他们两人都不是公然的反犹人士，但却与德国以前将犹太人视为“问题”的态度相一致。他们夫妇所说的话也很可能与他们感觉我是犹太人有关。如果是这样的话，他妻子的意思很可能就是这样的：“你为什么不帮助你的犹太人同胞——他们仍然是最遭人恨的民族，所以需要帮助——从而放过我的丈夫？”尽管我们不能将恩斯特·B医生的观点与他妻子的完全等同起来——他妻子总是比他更反纳粹，但他此时的话表明他赞同妻子的观点，也与我们在他责备受害者时观察到的倾向一致。对我是一个犹太人的怀疑，既让他在交谈中想和我搞好关系，也在这样做时产生一种反应性的矛盾情绪。这可能也增加了他妻子的担忧。

恩斯特·B医生对犹太人的态度包括对倡导“最后解决”所持的“理

解”——如果不是赞同的话。他也理解把国家社会主义倡导为“世界赐福”、把犹太人说成“终极邪恶”的纳粹的两极性。对于他身处其中的纳粹背景而言，这种严苛的态度是本质上固有的，但和他对犹太人个体的人性化相比，这种态度在他身上效果并不明显。无论有什么样的冲突或矛盾，恩斯特·B医生的这种能力在一个其目的是要灭绝犹太人的机构中表现出来，就是典范性的；对于许多人来说，是救命。

恩斯特·B医生的战后自我

恩斯特·B的后奥斯维辛自我和世界观的一个重要部分，是他与奥斯维辛的未竟之事。由于他的内在冲突，既需要继续探讨奥斯维辛的经历，又要避免被它的道德意义所战胜。他之所以强调奥斯维辛的不可理解，就是一种心理，即抗拒对自己曾经参与的那些事情进行任何清楚的解说或叙述。于是，他陷于了一种奇怪的创伤后模式：既不能理解（通过寻找故事和意义），也不能将自己从奥斯维辛的想象中解脱出来。

然而，他又需要一些心理策略来避开奥斯维辛邪恶的极端性。这些策略中，有一种是将奥斯维辛等同于其他集体性的虚伪和理想失败的例子，比如，基督教教会做一些“与‘爱你的邻人’毫不相干之事”的精神分裂情况。”奥斯维辛于是就被降低为历史上的平常之事，他也就能够承认多一点的奥斯维辛自我了。

在我们那些交谈中，他的讨论语言和风格与这种心理策略是一致的，尤其是就排除道德层面而言。尽管机智和清晰，但他几乎是完全避免情感
334 的表达，当一些令人不快的问题提出来时，他会不自然地大笑或干笑（我的德语助手注意到这一点）；他会省略动词甚至是副词以避免一些特定的说明，也就是说，避免对他的词语负责，为此，他还常常用一些笨拙的说话形式。

在交谈的过程中，我有一种感觉：他呈现出一种战后的自我，即进步年代的一个令人愉悦的、保守民主派的德国人；然而在他内心却强烈地保留了作为纳粹一代的个人历史。在一些当代生物学家的著述中，均可发现他自身这两种观点之间的关联。他的书桌上常常放有德斯蒙德·莫里斯和

康拉德·洛伦兹的著作，有时，他会主动与我讨论关于攻击和帝国主义的生物学来源。以这样一种方式，他就能够既是一个当代人，又保持了一种与纳粹时代有着某种连续性的生物学世界观。洛伦兹，无论是作为纳粹，还是作为战后德国—奥地利生物科学家，都很有名，所以尤其能够体现恩斯特·B身上的两种特点。具有讽刺意味的是，恩斯特·B似乎需要对那个与纳粹相关的自我进行某种肯定（无论如何，那是年青时代的他），如此才能找到力量和变得坦率，而这是他深入思考自我和奥斯维辛所需要的。

整体生活模式

最后，恩斯特·B的整体生活模式，或许能够帮助我们理解他这种对纳粹的归属感与挽救生命的正直——尤其是他避免参与筛选——的特殊结合，即使在我讨论的集体历史结构中，人们早期生活的一些主题只能揭示出人在这种结构中的某些个体倾向。

从最早的童年开始，恩斯特·B医生最为持久稳定的主题就是他对人际联系的追求。我怀疑德国的家庭结构对这种饥渴起了很大作用，而这在纳粹异乎寻常地强调团结、强调集体融入（纳粹的口号：“一个民族，一个政党，一个领袖！”）中得到了表达和满足。不过，对于恩斯特·B而言，这意味着更强烈的个人寻找，要得到接纳、承认、归属和亲密，需要这当中的某些或全部，从而感觉到自己活着。然而，与这种追寻不可分离的，又是和他父亲（或他崇拜的叔父）相联系的理想，他将此称为“正直”，一个人的一辈子，一个人的自我感觉，都必须坚持这个理想，不管有什么压力都不能放弃或掩盖它。“联系”与“正直”，他的一生基本上就是努力平衡这两种基本的、有时又显得不相容的渴望。

就令人沮丧的耻辱、孤立和丧失——这是最为重要的——而言，恩斯特·B医生的家庭与第一次世界大战德国所经历的基本相同。国家的复兴冲动反映在恩斯特·B身上，就是他被指派了一个“幸存者的使命”：去继续一战中被杀的天才叔父未完成的工作。他摇摆于叛逆的艺术家与顺从的医 335
生之间，体现出来的正是经常遇到的那种德国两极性——反抗与服从、浪漫与科学、远景与实际任务。无论恩斯特·B（以及他的国人）怎样走过了基督教、传统乌托邦思想和民族主义运动等等历程，最终纳粹提供了一条复兴之路，以及一种可以平衡或至少是吸收这种对立性的方式。在集体接纳和立场方面，恩斯特·B发展出来了一种令人印象深刻的才能，但对联系的渴望可能压制了他，他对至高无上的国家战争和胜利的分享，就表明了这一点。

一旦进了奥斯维辛，他对集体归属的强烈需求就可能让他留在这里，但他很有个性地既在同事中也在囚犯中寻求可靠的联系。然而，当要求他去进行筛选时，他就会抗拒身份的转换，而这是执行任务所需要的。我们不能确定他在心理上是如何做到这一点的，但他很可能是在自我过程中既唤起归属的因素，也唤起正直的倾向。对集体的需求可能以一种矛盾的方式帮助了他，他的联结风格是流动而非固定的；和其他人相比，他可能并不囿于绝对忠诚和服从，如果被束缚的话，就会使他跨过双重自我的底线而去执行筛选了。与此同时，正直的一面（最早可能是以父亲作为榜样，但现在是以自己为榜样）不仅和不掩盖有关，而且事关正派、帮助和治疗，这也成为他自我过程的一部分。他的奥斯维辛梦反映着这种人性维度，使得他始终意识到这一点而反对集中营的整体氛围。

无疑，他利用了他这个机构的层级来支持自己，而且如同一个人不得不做的那样，强调的是自己没有能力来满足那些要求，而不是去质疑“意识形态命令和要求服从它们之忠诚的客观正确性”。[3]*在这个行为中，他既使用了自己在集体方面的才能，也有关于自我的正直理想。

如同我们知道的，用这种方式来避免筛选，并不意味着放弃对纳粹的归属感；但却意味着他在奥斯维辛的双重自我不需要像其他医生那样有强烈的反差。尽管他的奥斯维辛自我已经使他能适应屠杀环境中的共同遵守的党卫队要求了，但他此前的更为人性化的自我——它因经常与他的妻子和孩子接触而得到巩固，仍然是相当完整的。不同于其他大部分纳粹医生，他基本上能够坚持医生—治疗者的角色，在这个意义上，他的医学职业有助于他正直地对待囚犯，这样说可能是部分正确的。

*实际上，一个人可以同意一个命令，但又提出一些适宜的实际反对意见，或者是什么也不说而规避这个命令。

这种成就是令人钦佩的，甚至异乎寻常。然而，奥斯维辛在这些年中
仍然困惑着他，而我们现在对此有了一个较好的理解：以不参与筛选，他
将自己从集中营及其功能中分离出来，但作为纳粹的一个从属者和一个渴 336
望集体接纳的人，原来的纳粹纽带对他仍是必要的。同样，他的正直感要
求他既批评性地远离奥斯维辛大屠杀，但同时又要去证实他参与了奥斯维
辛同事和纳粹集中营整体生活的真相。西蒙·科恩和约瑟夫·门格勒作为
交替性的道德存在模式，在他心中回响——如同他们曾经在奥斯维辛回响
一样。

第17章　奥斯维辛医生：约瑟夫·门格勒 337

“一个出自《我的奋斗》的党卫队——非常正直和极端拘谨。”

——奥斯维辛囚犯医生

“他能够对儿童非常仁慈，能够让孩子们喜欢上他，他给孩子们带糖果吃，能够想到他们日常生活中的小细节，会做一些我们真正钦佩的事情……然而，在这一切的旁边……是焚尸场的黑烟……这些孩子明天或者是半个小时后，就会被他送到那里去。唉，这就是反常之处啊！”

——奥斯维辛囚犯医生

我对纳粹医生的研究，自约瑟夫·门格勒开始，也以他结束。这个研究的启动是因一些关于他的法律文件，完成则是在1985年的夏天，一个科学家团队刚刚宣布，有一座巴西坟墓中发现的人骨是他。

尽管最初我曾考虑将研究重点放在门格勒身上，但我很快就意识到，以他为重点的话，将进一步增加关于他恶魔人格的已有议论，从而忽略纳粹医学化屠杀的普遍现象。我的目的并不是要揭穿纳粹邪恶的这个样本，门格勒尽管被关于他的恶魔神话所遮蔽，但在许多方面是罪有应得。不过，我的目的是要去理解他个人的心理特点是如何补充着纳粹生物医学愿景，又被这种愿景所补充，同时也了解在医学化屠杀和医学科学堕落方面他不得不告诉我们的东西。门格勒在奥斯维辛很得势，这个事实不仅揭示了关于他本身的很多东西，而且更为深入揭示了这种制度的心理学。

338 门格勒在战后并没有马上成为一个臭名昭著的公共人物。奥斯维辛幸存者们当然知道他，他们在1945年的法庭作证上提到他，纽伦堡调查期间也偶尔提到过他，然而，无论纽伦堡医学审判，还是随后的20世纪40年代那些医学审判，被告名单中都没有他。只是到了1958年，他才开始成为一个声名狼藉的公共人物，这部分是因为德国作家恩斯特·施纳贝尔的努力，他以安妮·弗兰克[1]为题材写作，收集材料时得知了门格勒在奥斯维辛的所为。世界各地的奥斯维辛幸存者们开始发声，提供证词来促使德国进行司法调查。尽管门格勒在南美不同地方移居，躲避被捕或引渡，但幸存者们提供证词的势头没有减弱，同时又出现了一些较为可疑的报告和说法，它们来自一些不那么具备资格的人。人们知道门格勒在阿根廷和巴拉圭住过较长时间，但他在巴西的长期居住却不怎么为外界知晓，人们在这些地方与他的相遇使得他的传奇进一步扩大，甚至出现了有人把他杀了的编造故事。

无疑，没有哪个纳粹战争罪犯引发了这么多的想象和虚构。1976年有一本小说，后又拍成了一部广为人知的电影《从巴西来的男孩》，门格勒在里面被描绘成一个对希特勒进行克隆的极有才华的恶魔科学家。大约十多年之前，在一部对纳粹种族灭绝进行探讨的较为严肃的戏剧《副手》中，罗尔夫·霍赫胡特塑造了一个类似门格勒的形象，称之为“医生”，此人“其绝对邪恶的程度，丝毫不逊于希特勒”。在一部通常从道德冲突和心理冲突层面敏感表现人物的戏剧中，霍赫胡特强调，要让这个门格勒与“人们所知的关于人类的任何事情”形成鲜明对照，以此表现一个“来自另一世界的不可思议的幽魂”，所以就无意于探讨他的“人的特征”。[2]因此，霍赫胡特无意之中也加深了关于门格勒恶魔人格的神话。在一档著名的美国电视新闻节目中，抓捕艾希曼时负责以色列秘密警察的伊塞尔·哈勒尔对采访者说，“一提到门格勒的名字，艾希曼马上就陷入恐慌”；也在这档节目中，有一个人赞颂了门格勒的能力，此人说自己在巴拉圭经常见到他，称赞他在奥斯维辛努力“让我们自己摆脱了社会中的那些残废”，[3]然而他的方式“不过是在表面挠挠痒而已”。所以，我们需要从关于他的那些神话中回过头来，实实在在地看看这个人，看看他在奥斯维辛做了什么。

门格勒的背景

1943年5月30日，32岁的门格勒来到奥斯维辛。我们对此时的他所知不多。他是一个富有的巴伐利亚实业家的二儿子，但不是那种“老”德国家族，而是所谓的“暴发户”。

这个家庭被形容为“严格的天主教”，门格勒在他所有的官方表格中也都将自己填写为“天主教徒”，而不是使用更为常见的纳粹分类“信 339
仰上帝者”。人们记得他从青少年起就是一个严肃的学生，是一个受人欢迎、热心和让人感觉到“雄心勃勃”的朋友，一个聪明但也属常见的年轻人。[4]

他早期的右翼民族主义倾向由他1931年加入“钢盔团”（一个民族主义的退伍军人组织）表现出来，当时他只有20岁。此后他又热心于纳粹运动，于1934加入冲锋队，于1937年申请加入纳粹党，第二年被接纳入党后又申请加入党卫队。有传言说，他在慕尼黑读书时就见过阿尔弗雷德·罗森伯格这样的高级纳粹，甚至是希特勒本人，这样的传说没有证据，但助长了关于他的神话。

有一点很清楚，恩斯特·B向我谈到他这位朋友时也强调过，这些纳粹经历对门格勒的智力选择产生了相当的影响。他不仅在慕尼黑，而且还去波恩、维也纳和法兰克福的大学读书，越来越靠近他那个时代的体质人类学（译者注：体质人类学是人类学的分支，也称“自然人类学”或“人体学”，是研究人类群体体质特征及其形成和发展规律的一门科学）和遗传学，最终到了法兰克福大学遗传生物学与种族卫生研究所的奥塞玛·冯·瓦舒尔手下工作，这个样板研究所前面已经提到，是要通过个人遗传特征档案的全国系统来创造一个“生物学化”的社会。瓦舒尔的儿子多少年后还记得门格勒是“一个友善的人”，他非常和蔼，以至于研究所里的女性都称他为“门格勒老爸”——这个绰号当然还会有其他的含义。[5]

门格勒在去奥斯维辛之前已经出版了三篇著述。第一篇于1935年完成，但发表是在1937年，这是他在慕尼黑大学人类学研究所（哲学部）写的论文，题目是《四个种族群体的下颌骨前部的种族形态学考察》。在这项研究中，他想要展示古埃及人、美拉尼西亚人、短头盖骨的欧洲人（主要是东欧人和第拿里人［亚得里亚海岸的南斯拉夫人］和长头盖骨的欧洲人［主要是日耳曼人］在下颌骨一部分上的结构差异。他强调，以前的一个研究者由于研究方法上的失误而未能查明这些差异，“任何地方只要可能有区别，就必须判明。”他按照他那个时代，以及当地的做法，并依赖大量的准确测量，得出的结论是下颌骨前部“显示了清晰的差异，与种族区别十分吻合”，这个结果在意料之中。然而，他对两个欧洲种族群体的划分既傲慢又模糊，尤其是没有根据地假设长头盖骨的欧洲人材料“主要代表了日耳曼人的要素”。[6]

他的医学博士论文于1938年发表，题目是《兔唇上颚骨病例的系谱
340 研究》这预示了他后来在奥斯维辛对遗传异常的研究，也间接地影响了他的孪生子研究（他没有使用孪生子进行这方面研究，但提到了它们的重要性）。他足够尊重他那些老师，要证实此前伦茨和瓦舒尔在所谓“不规则显性遗传过程”领域所做的工作，并将这种畸形研究与这些家族中其他各种各样的畸形和异常联系起来。他的方法本质上是系谱性的。[7]

门格勒的第三篇著述题为《漏管耳的遗传传递》（“漏管耳”是耳朵软骨上的异常开口），是作为瓦舒尔领导下的法兰克福遗传生物学与种族卫生研究所的论文，发表在由瓦舒尔主编的《遗传学医师》刊物上。这是关于漏管遗传传递的一个简短病例报告，使用的还是伦茨和瓦舒尔所谓“不规则显性遗传过程”的原理。门格勒也强调，这些漏管与下巴上的浅凹同时出现（据说他自己就有这样的下巴浅凹）。[8]

这三项研究都与纳粹所支持的遗传强调相吻合，但在知识层面并不是

由纳粹发起的。这三篇论文中满是图表、图解和照片，显得很花哨，但很可能被认为是那个时代相对值得尊敬的科学工作，甚至在纳粹德国之外，也这样认为。它们全都表明，门格勒致力于让科学为纳粹的生物医学愿景服务。

门格勒显然是在追求一种学术生涯，瓦舒尔对他评价很高，在一封推荐信中赞扬门格勒的可靠，将人类学方面的背景与医学结合起来了，而且能够把艰深的知识问题用清晰的语言表达出来。[9]门格勒选择了一个教授的女儿为妻，这也与他的学术抱负相一致。

在他一生中，其军事生活赫然耸现：1938—1939年在提洛尔山区参加了一个山地轻步兵团的特殊训练，为期半年，当时被认为是相当高雅的服役形式，包括滑雪和爬山；从1940年起，他在预备役医学部队服务；接下来是在一个党卫队单位干了3年，主要是在东部，包括和维京师在一起的在俄国的行动，最后是由于受伤而被宣布不再适于作战。他一共获得了4枚奖章，包括铁十字一等勋章和二等勋章。人们说他“在东部战役中面对敌人表现得很出色”，被提拔为上尉。他是奥斯维辛唯一拥有这些勋章的医生，他对此深感自豪，经常在不同的事情上援引自己的战斗经历以示权威。有一次，发生了一件颇为滑稽的事情：他在集中营里骑自行车时，制服上的铁十字勋章掉下来一块，直到派了一队囚犯，大找一通才找到。

在谈到自己的这个朋友时，恩斯特·B清楚地表明，门格勒来到奥斯维 341
辛时有一种特殊的光环，因为他多多少少是直接从前线来的（“因为他受伤了”），也因为他显然是选择了奥斯维辛，这里可以提供他研究所需要的机会，他要求把自己派到这里来。我们现在知道，由于门格勒被派到了奥斯维辛，瓦舒尔就为自己这个学生在这里的研究申请并得到了德国研究学会的经济资助。*

门格勒在奥斯维辛实际上做了什么？一些囚犯认为，他在这里不重

*门格勒于1943年5月30日来到奥斯维辛，资助的批准是在同年8月18日。批准资助的文件中谈到他的研究有一项晦涩地与“特殊的含白蛋白事物”有关，另一项是研究“眼睛颜色”。瓦舒尔后来写道，门格勒的研究得到了“党卫队全国领袖（希姆莱）的认可”，与“人类学考察”是一致的；而且，“验血要送到我的实验室”。[10]

要，对他后来如此臭名昭著感到费解。比如，一个曾在奥斯维辛政治部干过4年多的前党卫队队员作证说，在他所知道的党卫队医生中，他一次也没遇见过门格勒，事实上“我在奥斯维辛的整个时期……就从来没有听到过［他的］名字”。[11]如同好几个其他囚犯医生一样，雅各布·R医生也告诉我，门格勒并不显得与众不同，“当时我只是把他视为众多党卫队医生中的一个”。不过，更多的却是相反的印象。亨利·Q医生说，门格勒是奥斯维辛的一个关键参与者，“他的作用非常重要，超过了其他人”，而且门格勒似乎无处不在：“他很有名气，他的名字是人们听到最多的。他无处不在。人们经常看到他，其他人没有这样突出，这意味着他在他们中间是最为活跃的。”“无处不在”和到处都很活跃，这就是门格勒在奥斯维辛的作用和他在这座集中营存在模式的核心。

他还致力于真正的犯罪、杀人犯罪、直接的犯罪。法兰克福法庭在要求引渡他时谈到了他独自或与其他人一起“有意和杀戮欲地”犯下的“可怕罪恶”。这些罪包括进行筛选、致命注射、枪杀、殴打和其他形式的故意杀害。这个清单是从数百幸存者的证词中提取出来的，并有所保留。然而，以奥斯维辛的党卫队标准而言，门格勒是一个值得钦佩的、的确很杰出的医学军官。爱德华·维尔特1944年8月在推荐提拔门格勒时谈到他的“开放、忠实、坚定……绝对可靠”的性格和“杰出”的智力和医生才华，“完成每一项任务的考虑周到、坚持不懈和精力充沛……显示出他胜任每一种情况”，以及“利用自己能够得到的科学材料对人类学科学做出的有价值的贡献”，“绝对的意识形态坚定”和“［作为］一个党卫队军官的完美的行为”，还有说话“直率、自然、令人信服和活泼”的个人性
342 格，使得他“为他的同志所格外喜爱”。[12]虽然任何提拔推荐都会有夸张，但这份推荐却格外卖力，甚至可以说，它从党卫队那一方促进了门格勒的传奇。

考察门格勒的参与筛选，他的“科学研究”，*还有他的各种关系（与党卫队同事的关系，与囚犯医生的关系），我们就可以较为深入地观察门

*在下面的叙述中，我不再给“研究”都打引号了，但读者要理解我认为门格勒的工作基本上是缺乏充分的科学责任感的（见本书365—369页）。

格勒在奥斯维辛的存在，以及他的整体心理特点和对他人的持续意味。

坡道上的门格勒

对于许多囚犯而言，门格勒就代表着筛选。一个囚犯医生这样说："我……想门格勒发展出来了一种固定观念：筛选、筛选、更多的筛选。"门格勒倾向于被确认为（用彼得·D医生的话来说）"那些筛选者的头头"，或者如同另一个囚犯医生所说"奥斯维辛的每一件事情……都在门格勒控制之下……门格勒是所有运送囚犯火车到达时都会出现的那个人。通常是他一个人，他自己，站在坡道上，进行筛选。当他不能来时，他就派另一个聪明一点……党卫队医生［来做］。"

法兰克福奥斯维辛审判时有一个见证者，他曾在"加拿大特别行动队"里干活，为运输囚犯的火车卸货，他唯一记住的名字就是门格勒，这充分反映了人们对门格勒的深刻印象。当时法官说"门格勒不可能总是在那里"，这个见证者回答说，"在我看来，他总是在那里，夜里和白天"。[13]奥尔加·伦杰尔医生谈得没有这样具体，代表的是囚犯们的一种整体印象。她形容门格勒"显然是毒气室和焚尸炉的主要提供者"。[14]

事实上，我们掌握的证据是门格勒如同其他人一样按值班表来坡道上执行筛选，人们觉得所有筛选或差不多是所有筛选都由他来干，这个印象的形成至少有两个因素：一是他在不执行筛选时也经常去坡道处，以确保孪生子被选出来，留给他；二是他在执行筛选时非常卖力，所以他的形象就与筛选联系得最紧密。

前囚犯们形容他是坡道上的一个优雅人物——英俊、整洁、站得笔挺。他们有时仿佛觉得他是"典型的雅利安人模样"，或者是"高大加金发"，事实上门格勒只是中等身材，深色头发和肤色。他的魅力隐藏了奥斯维辛的真相，他"传递着一种文雅和有教养者的印象，与筛选、石炭酸和齐克隆-B毒气都没有任何关系"。[15]一个幸存者向我形容门格勒是"焚尸炉的装饰正面"。

他在进行大规模筛选时有一种轻松的节奏："一个英俊的男人，手里拿着一支手杖［马鞭］……［他］看人的身体和面孔只有几秒钟，［然后 343

说］‘左边’……‘右边’……‘左边’、‘右边’。”另外一个曾在旁边看过的囚犯将弗奈兹·卢卡斯在坡道上筛选时的有意慢吞吞与门格勒的“潇洒而快速地筛选”做了对比（参看本书194—195页）。

有些人形容门格勒的这种超然中有一种玩笑的性质：他“来回走动……脸上有欢快的表情……就像是刚刚玩得开心……日常的乐趣……他非常喜欢开玩笑”。然而，那些敏锐的幸存者可以看到他在扮演一个角色，注意到他至少是以一枚铁十字勋章所显示的突出，他似乎极力想让自己的优雅潇洒与囚犯们的几乎不成人样形成鲜明对照；人们说他“像是好莱坞演员”，“像克拉克·盖博”，或者是“一种鲁道夫·瓦伦蒂诺派头”。

与此同时，囚犯也被其外貌与行为的对比所震惊。一个幸存者形容他“长相英俊……非常有教养”，说“他真的看起来不像是一个杀人者”，但马上又补充说，“他用他的手杖击打我父亲的脖子，把他赶到了那个方向［运往毒气室］”。或者是“他很残忍，但却是绅士风度。”门格勒这种有意的超脱，有时会被愤怒和暴力的爆发所打断，尤其是当他感觉到有人抗拒奥斯维辛的规矩时。比如，一个刚来的少女被门格勒指挥去右边，而她的母亲和妹妹被弄到了左边，她不想与她们分开，于是“哀求和哭泣”，“［门格勒］抓住我头发，把我甩到地上，殴打我。我妈妈也想恳求他，他用他的手杖［马鞭］打她”。

另一件事也与此相似。一个母亲不想与自己13岁或14岁的女儿分开，朝着那个想把她拖到她那一队的党卫队士兵脸上又咬又抓，门格勒拔出手枪，当场朝这母女俩开枪。作为一种整体惩罚，他又决定把这趟火车上那些原已被筛选去干活的人全部送往毒气室，扔下一句“一起去死吧！”[16]

对于正统派犹太教的迹象，他也会以残忍和暴力作为回应。一个女性谈到他如何嘲笑自己母亲的假发（正统派犹太教徒要戴假发），“用他的手杖把它［从她头上］摘掉”。关于他的随意欺骗，有无数的故事：一个女性请求替自己父亲为他干活，他承诺“你父亲情况很好，这里的空气让他健康”，“就在这天晚上，我父母被毒杀了”。一个人请求干点“轻活”，门格勒挖苦地回答说：“你会得到轻活的”，然后把他送到了毒气室。[17]

似乎是一时兴起，他有时也会打破自己的规矩。比如，由于被她们的美貌打动，就留下了一个母亲和她11岁的女儿，据说他还这样评论道： 344
“真是一幅画呀！”[18]尽管会有回忆时的夸张和想象，但关于门格勒有一个可靠的一致印象：站在坡道上的此人，精通业务，既严厉地遵守规则，又几乎是随心所欲。

在医疗区

就像在坡道上执行筛选一样，门格勒在集中营的医疗区也同样是炫耀般地任性和从容。伦杰尔医生称他是一个筛选“专家”，“任何时候，无论白天或夜晚，随时都可能出现在我们面前……哪怕是最不可能出现的时候。”[19]按照另一个囚犯医生的说法，“他没有任何问题——没有良心问题，面对任何人、任何事情都没有问题”。因为如同马格达·V医生所言：“他绝对相信自己做的是对的事情。”伦杰尔医生告诉我们，囚犯们“举着双手在他面前走过”，“他一直吹着口哨——瓦格纳的曲子”，也可能是威尔第或约翰·施特劳斯。这是一种故意装出来的超然，“如同一个机器人，一个绅士在冷漠地执行他的任务”。[20]玛丽·L医生的表述则是：“冷冰冰地……用德语说是‘sachlich’［意思是‘认真高效’，‘讲求实际’］。”

玛丽·L医生说，门格勒用改变手势（不是拇指朝下，而是拇指朝上）来表示将人送往毒气室。他还总是带上一点虐待狂意味：“他有一种特别的微笑……甚至是开玩笑，这个杂种！”更为公开的是，有许多关于他用那根长长马鞭打人的故事，有一次是用它指着一个俄国女囚胸前的纹身转来转去，“然后用鞭子抽打”，“他一点也不兴奋，而是……随随便便……玩耍了一会，好像是一点小小的乐趣”。

最为重要的是，他在病房进行的筛选是冷酷无情地尽责和“负责任”。对于门格勒来说，在他觉得应该被筛选出来的人中，最后一个也要被查出来，一个幸存者将此称为“就像一条寻血猎犬”。

人们可能会猜想，这样一个在意个人绝对控制的人，在筛选时会鄙弃囚犯医生的参与；然而，并非如此。门格勒鼓励或要求囚犯医生参与筛选，以此来扩大而不是缩小自己的控制范围。马雷克·P医生说，“门格勒根本就不听波兰医生们的意见”；马格达·V医生与党卫队医生打交道已颇有经验了，但她谈到门格勒时说：“我不认为我能操纵他，那个时刻从来没有过，从来没有过。”

在医疗区的囚犯中，门格勒激起了人们紧张的近距离观察和最煞费苦心的想象，或者是这二者的结合。人们关注他的眼睛：他是“一个很坏的人……你可以看到这一点……在他的眼睛中……褐色而充血”，一个幸存者这样说；一个女性幸存者认为他违反了自己从母亲那儿学来的看人规律：“不管谁，有一双好看的眼睛，就必有一个美好的灵魂”；又有人说
345 他的眼睛有一种“残忍的表情”，或者是“一双鱼眼”，或者是“死气沉沉的眼睛”、“野蛮的眼睛”，或者是一双永远不看他自己的眼睛。

一些幸存者谈到了他的气质。一个人形容他“年轻……优雅……聪明……身上有古龙香水的气味”，“对不好的气味非常敏感”，“在他到来之前，门窗都必须打开”。曾在医疗区工作过的玛丽安·F较为宽泛地谈到他“军服外面的白大褂——崭新耀眼”，概括他为“干净、干净，干净！”

门格勒对于干净和完美的痴迷变成了一种筛选上的审美：那些皮肤有瑕疵或污脏者、或有小小的脓肿，或者是有以前的阑尾切除疤痕的人，都会被他送往毒气室，“我的两个堂兄弟在我眼前被门格勒送上了死亡之路，就是因为他们身上有小小的伤口”，一个幸存者这样说。儿童身上多少有点像疥疮、皮疹或猩红热留下的疤痕，甚至是风疹（德国麻疹），也会带来这样的厄运。

有一些囚犯对门格勒筛选的反应是一种特别的害怕和无助。吉塞拉·佩尔医生写道：“我们最害怕他的到来，因为……我们永远不知道我们是否会被允许活下去……他是想对我们做什么就做什么的。”[21]有一点很重要：许多目睹了吉普赛营被灭绝的幸存者都认为这个决定是门格勒的。这个猜想可以理解，一是因为这个政策似乎与他这个人是一致的，二是因为门格勒在找出吉普赛人方面冷酷无情，尤其是吉普赛儿童，这些孩

子总是藏起来，想要逃脱自己的厄运。尽管这个猜想事实上不对，但却显示了一种心理真实，也就是门格勒对执行纳粹的屠杀—筛选原则格外卖力。

伦杰尔医生谈到了囚犯们的愤怒：“我们对这个庸医是何等痛恨！……我们是怎样鄙视他的超然、傲慢模样、不停地吹口哨，那些荒谬的命令、那种冰冷的残忍！”她讲述了自己的一次冲动：她看见门格勒的手提包放在一张桌子上，其轮廓清晰地显示出里面有一把左轮手枪，她想“拿起这把枪，杀掉这个刽子手”。[22]尽管对于许多囚犯来说，在他们被从奥斯维辛解放出来之前并不能完全意识到这种愤怒，但无疑这种愤怒是在奥斯维辛积累起来的。

差不多就像霍赫胡特在他那部戏里描绘的那个角色，人们也认为门格勒是一种非人的邪恶力量。旺达·J医生谈到自己从来没有与门格勒说过话，因为后者从来不向她或她的同事说话，并补充了一句“魔鬼才会跟他说话”。另外一个囚犯医生说门格勒是“掌管生命的上帝”。和其他地方相比，这样的比喻在奥斯维辛意味着更多的东西。人们感知到的门格勒的风度与邪恶的比例变成一种神秘的指示器。玛丽安·F观察过门格勒在医疗区的所作所为，谈到自己怎样“玩一个小游戏”：“如果太阳升起是红的，那么今天你可以活，因为它很美丽，你会把［关于门格勒的］形象与你所知道的他分离开来。”她谈到了门格勒的风度，而她可以把其风度和行为剥离开来的能力，给她提供了神奇的生计维持。 346

门格勒以戏剧化的杀人做法增加了关于他的传奇，比如在儿童区的墙上划一条高150到156厘米（大约5英尺到5英尺2英寸）的线，把那些身高达不到这条线的儿童送往毒气室。一个幸存者把这种以身高筛选人的做法理解为与门格勒自身相对较矮有关。

有一次，门格勒听到新囚犯都是精神病患者和护理人员而大发脾气，一个囚犯医生看到后觉得他“精神错乱”。犹太人在纳粹杀害精神病患者的“安乐死”政策下竟然活了下来，这可以解释门格勒的愤怒；然而，人们会怀疑门格勒对所有与精神病有关的事情都是这种态度。

那些不属于他心血来潮致死的囚犯，对他有一些说法。一个囚犯医生说门格勒“存在于一个幻想的天堂之中”，另外一个曾在党卫队医生们的大办公室里观察过门格勒的囚犯医生说自己在这里“不必害怕他”，“我没有看到他身上有任何特别的优雅”。

不过，提到他的干劲和活力，囚犯们将他视为一个在奥斯维辛茁壮成长起来的人。一个人这样写道：“门格勒医生给人这样一种感觉，他在自己的工作中得到了极大的满足，很喜欢自己的职业。”[23]这种观察与党卫队医生恩斯特·B对门格勒的看法是一致的，恩斯特·B说自己从来没有与他这位朋友谈过内心冲突，因为“门格勒没有问题”。

我们可以换一个角度看这个问题，可以说门格勒与奥斯维辛的和谐使得他对自身而言是唯一的，自成一格的。一个前囚犯这样告诉我们：“你看一个英俊高大的人走来。你知道他是否是一个医生或不是一个医生吗？你知道这就是门格勒，不可能是别人。”

有人假定，门格勒无所不能的程度有时会不可避免地让人认为他是一个救星。这个形象的形成与其古怪的让人活下来的决定有关，也与他坚持把那些被评定为年轻健壮、可以干活的人留在不送毒气室的行列里——即使他们不想留也得留下——有关。这方面的一个典型例子就是有一个25岁的女性被示意去右边，然而当门格勒转过身去时，她却“回到了我母亲身边”（左边），这被门格勒看到了，马上把她弄回了右边，可她又“回到了我母亲这一边”，门格勒再一次把她弄去了右边。只有门格勒，而不是当事人，才能够决定死亡；即使对方不愿意，也要让她活着（不管这是多么无意），这对于其他那些走向死亡的人而言，感觉是一种上帝般的营救。

或者说，在一个医疗区，正由于门格勒如此冰冷和坚定，所以偶尔他对人们的请求作出回应，就似乎是神话。比如，一个幸存者认为如果囚犯“年轻漂亮，就可能激起……他身上某种人性的唤起”，这个幸存者讲
347 述了两个女孩，她成功地影响了门格勒而挽救了她们的性命。门格勒无疑也从这些偶尔事情中获得了心理满足，而这种偶尔为之并不改变其基本做法，这就让他更满足了。这两个女孩活了一段不长的时间就被送往毒气室了。

另外一个十几岁时来到奥斯维辛的女性，讲述了门格勒这些营救行为中的一次结果：她响应母亲的请求，一起站到了活下来的队列中，后来在医疗区生了病，在这里“门格勒每天都来看我”，“下令要好好待我”；她还从囚犯医生处得知“门格勒医生对我非常感兴趣，我第二天就肯定会回到我的那个区，他［门格勒］不会去筛选我”。[24]无疑，由于失真和想象出来的态度，这个女性将门格勒视为全能的救助者兼关心人的医生。（有时候，门格勒甚至会亲自给囚犯医生进行检查和治疗，这在党卫队医生中是罕见的。）

一个人也可能因这个上帝般人物的一声咳嗽而得救。一个女士记得，门格勒当时正在对她进行评估，他轻轻咳嗽了一声，允许她快步走向她觉得能活下来的那一列。[25]

直接屠杀

门格勒也会直接屠杀。人们看到他进行石炭酸注射，而且总是带着典型的医生风度。在马雷克·P医生看来，门格勒似乎总是致力于改进屠杀系统，并对其他人的效率不高感到烦恼。“他只要看到人们长长的等待［被注射的］队伍就会大怒，会拿出注射器告诉他们［党卫队卫生兵或进行石炭酸注射的囚犯］怎样做得快一点。”门格勒自己也会“一言不发地”地进行注射，“似乎是在做常规的外科操作……不显示任何情感”。

门格勒枪杀过一些囚犯，据说还至少因用脚踩一个女性的身体使其致死。另外还有一些关于他把新生儿直接扔进焚尸炉或火堆的说法。[26]

无论是进行筛选还是自己来杀人，门格勒都是一种有意展示的超然——也可以说是漠不关心，再加上高效率。

对孪生子的研究

尽管杀人时门格勒常常冰冷而超然，但在进行研究时，尤其是研究孪生子时，他却很有热情。

的确，他来奥斯维辛很可能就是为了这个目的。几年前在法兰克福大

348 学时，他显然就在瓦舒尔手下研究过孪生子，门格勒的老师就是此人，他在1935年后期曾这样强调："对随机选择的……有遗传缺陷和没有遗传缺陷的……一系列家庭和孪生子进行研究，是绝对必要的。"人们可藉此获得"对人的遗传性的完整和可靠的判断"，"由不利的遗传影响所造成的损伤程度"，以及"疾病、种族类型和种族混合之间的关系"。[27]瓦舒尔如此热心地支持门格勒研究，是不足为奇的，驻扎在奥斯维辛的门格勒定期把样本送给自己的老师并拜访他，也是必然的，因为他的研究是在柏林开始的。

在奥斯维辛，门格勒找到了一种办法让源于自己导师的这个知识梦想得以实现。尽管他并非总是能够得到瓦舒尔希望得到的那种可以回溯几代人的家庭数据，但他却可以随心所欲地安排老师所说的"在所有案例中……固定的最低数量的考察"。[28]的确，门格勒可以利用奥斯维辛提供的独特机会，也就是，迅速而绝对可行地弄到大批珍贵的研究对象，尤其是同卵孪生子。

门格勒不仅下令，要求一经发现孪生子就要提交上来，自己还是这个搜索过程中的中心人物，而且非常狂热。特里萨·W有时曾在很靠近的位置观察过坡道上的筛选，她讲述了门格勒如何看起来"很奇怪"，一头扎入刚到来的匈牙利犹太人的"河流"之中，"快速走动……与人群是同样的速度，只听到（他喊叫）'孪生子出来！'……他当时的面容让我觉得他是疯了"。

一旦筛选到了孪生子，门格勒就把他们安排到一种煞费苦心的、奥斯维辛风格的研究结构之中。除了党卫队医生的大单元（由所有党卫队医生使用）之外，他还另有三个办公室，主要用于他对孪生子的研究：一个在男囚营，一个在女囚营，还有一个在吉普赛营。所有这些地方的孪生子都有特殊地位，他们有专门的编号序列，许多时候他们身上纹上的囚号都附有表示"孪生子"的"ZW"字样。他们常常被允许穿自己原来的衣服，有时还可以留下自己的头发。孪生子——主要是儿童，有自己的监区，通常是在医疗区内，常常与门格勒的其他研究对象住在一起，比如侏儒或有其他畸形的囚犯。孪生子中，年龄较大的儿童或成年人通常被称为"孪生子之父”，一般让他们来负责这个监区，他们事实上成为了监区主管。所以，在每个地方，都形成了孪生子占主导地位的不同寻常的世界，由门格勒的“奇特”研究对象组成。

作为他们中间的一个，西蒙·J这样讲述：

> 我们关系很密切……有个小家伙……两岁半……是监区的开心果……我们这些人中什么身高和身材都有……有一对18岁的健壮高大的年轻人，来自匈牙利，两人是杰出的足球运动员……完全一模一样。
>
> 还有一对70岁的奥地利绅士……还有一些侏儒……像是一种愚人船的可怕景象。 349

囚犯人类学家特里萨·W为孪生子做测量，她估计，1944年春夏运来的匈牙利犹太人给比克瑙带来了大约250对孪生子，大部分是儿童，也有一些是青少年。如同她所指出的，“［在正常条件下］找到如此数量的孪生子是非常困难的。”在男囚营中，西蒙·J说，“我们这样的人大约收集了100人……从3岁到70岁都有……单个的和成双的，全是男性。”门格勒保存他那些记录的主要密室在比克瑙，他是这里的主管医生。恩斯特·B关于这个房间神秘氛围的讲述，被其他几个幸存者所证实。比如，有一个幸存者告诉我囚犯们都知道它，但“不能接近这个房间”，门格勒将自己的研究记录保存在这里，“但怎样保存或以什么方式保存，我们是不知道的，因为我们从来都不能靠近他那个房间”。

由于邮寄方面的事情需要囚犯们去做，所以他们证实门格勒是定期将报告和样本寄往瓦舒尔的柏林达雷姆种族生物学研究所。（在本书357—360页，我将讨论门格勒的方法和他的科学抱负）。

他允许孪生子女孩的母亲与她们住在同一个监区，这显然是出于让女孩们保持较好的身体和精神状态的考虑。然而，就像另外一个孪生子所说，“早晚这一天会到来，母亲还是会被送回常规集中营”，这就意味着她们的死亡。对孪生子父亲的研究要少得多，但至少有一个引人注目的例外：有这样的一个医生，自己既是一个研究的对象（接受通常的测试和测量），同时又是门格勒的一个助手（就匈牙利孪生子的地理分布情况写出报告）。[29]

同卵孪生子是门格勒最珍惜的研究对象，她们/他们常常被同时研究和进行比较。有两人女性孪生子*这样讲述：

> 如同一个实验室。首先他们称我们的体重，然后他们测量和比较……并不是身体的一部分被测量和比较……我们总是坐在一起——总是裸体……我们会这样一起坐几个小时，他们测量她，然后测量我，然后再测量我，又测量她……你知道的，比方说测量我们耳朵、鼻子或嘴巴的宽度，或者是……我们骨骼的结构……每个方面的细节，他们都想知道。

这些孪生子强调说，门格勒实际上什么都自己做。不过，她们是在比
350 克瑙，门格勒在这里的人类学助手以其精确测量而出名，所以有可能她们把门格勒的控制（这是一种绝对的控制）与他的实际所为弄混了。不过，门格勒无疑也进行过一些检查，尤其是对同卵孪生子的检查。她们形容门格勒的测量有条不紊："他一次只集中测量身体的一部分……比如［有一天］他测量我们的眼睛就将近两个小时。"她们强调，尽管她们总是裸体接受测量，但门格勒行为适当，"从不粗鲁"，触碰她们时很超然，颇为专业。她们说，在1944年下半年的5个月中，她们被测量的频率高达一周两次；她们也印象鲜明地记得去过一次奥斯维辛主营让人拍照。（门格勒似乎因不同的孪生子带给他的兴趣而研究频率不同，但无疑对同卵孪生子更为关注。）在这些检查中，要考虑一定程度上的家族史，包括各种疾病，但"他最想知道这个家族中是否有更多的孪生子"。如同我与之交谈的其他孪生子一样，这两个孪生子也对从她们身上采血数量印象深刻，每次约为10毫升。考虑到奥斯维辛的贫乏饮食（尽管她们吃得比一般囚犯好一些），"我们都奇怪［这些血］是从哪里来的"。她们记得到了最后血就难以抽出来了，"从我们的胳膊中……再也不流了"。

门格勒孪生子研究更为阴险的一面，体现于他精心安排的对孪生子尸体的病理检查上。囚犯米克洛斯·尼伊兹利曾是门格勒的主要病理学家，

*这两个孪生子51岁时仍然非常相似，她们强调要同时参加访谈，录音带上她们的声音，难以分出是哪一个。

据尼伊兹利说，门格勒准备了一个专门的解剖室，包括一张“磨光大理石的解剖桌”，一个有“镀镍水龙头”的水池和“三个瓷水槽”，解剖室的窗户罩有“绿色金属丝网以防蝇蚊”。相邻的工作间有一张大桌子和“舒服的扶手椅”，有三个显微镜和“丰富的藏书，它们多是一些最新的版本”。如同尼伊兹利后来写道的，它的整体安排就是“任何大城市的病理学机构一模一样的复制”。[30]

尼伊兹利较早的证词（1945年7月所作）揭示了门格勒是他研究的孪生子的直接杀害者：

> 在解剖室旁边的工作间里，14个吉普赛人孪生子在等候［时间是一天晚上的将近午夜］，党卫队看着他们，他们哭得很厉害。门格勒医生没有对我们说一个字，只是准备了一只15毫升的注射器。他从一个盒子里拿出了依维派钠，从另一个盒子中拿出氯仿，它是装在一个20毫升的玻璃容器中，把这些放在操作台上。随后，第一个孪生子被带了进来……这是一个14岁的女孩。门格勒医生命令我脱掉她的衣服，把她按在解剖桌上。他把依维派钠用静脉注射注入她的右臂。当这个女孩睡过去后，他摸一摸她的左心室，又注射了10毫升的氯仿。
>
> 这个女孩抽搐了一会儿，就死了，门格勒让人把她弄到了停尸间。以 351
> 这种方式，所有14个孪生子在这天晚上都被杀了。[31]

对尸体的解剖是门格勒孪生子研究中的最后一步。尽管这未必就是所有孪生子的必然结局（他们中多数人更可能因为是孪生子而活下来），但它表明门格勒将相对正常的科学程序与名符其实的杀人科学狂热结合起来了。

奥斯维辛的独特，不仅在于它能提供的孪生子数量，而且在于它能让一个人对这些孪生子为所欲为：将孪生子置于同样的饮食和生活环境中进行观察，可以“死在一起……但身体健康”——这是尸体解剖比较的理想样本。[32]

有时，门格勒杀死孪生子只是为了验证一个诊断上的争议。亚伯拉罕·C医生作为放射科医生为门格勒工作过，他向我讲述了一种情况：一对吉普赛人孪生子，“7岁或8岁的很好的两个男孩，我们从各个方面对他们进行研究——从我们所代表的16个或18个不同的专业来研究。”这两个男孩有某种关节症状，按照那个时代的一种观点，这与肺结核有关系。门格勒相信这两个男孩有肺结核，但各个专业的囚犯医生在仔细的临床检查后，发现没有肺结核的迹象。门格勒还是不相信，冲着囚犯医生们吼，尤其是冲着亚伯拉罕·C医生吼，告诉他：“所有其他人都可能犯错误，放射科医生不能犯错误……这是必须的。”然后他就走了，命令亚伯拉罕·C医生待在那里。大约一个小时后他回来了，这次是平静地说：“你是对的。没有肺结核。”沉默了一会，门格勒接着说，“是的，我对他们进行了解剖。”后来亚伯拉罕·C医生从尼伊兹利那里听说，门格勒从颈部射杀了这两个男孩，“当他们身体还热时，就开始解剖他们，首先是检查肺，然后是其他各个器官……有一些是他自己来检查的。”所有的囚犯医生都喜欢这两个男孩，门格勒也喜欢他们，“人们待他们很好，各个方面都很宠他们……尤其是这两个……他们让他［门格勒］颇为着迷”。

门格勒对孪生子还进行了其他的研究，其中一些从研究报告上很难评估。比如，一个幸存下来的孪生子告诉我，当他和其他孪生子发现就在他们监区旁边有一个装备齐全的实验室，以及“一些暗室……各种灯光……不同的灯……实际上就是要弄瞎我们”时，我们是何等震惊。他谈到门格勒监督“大量使用化学品的研究”，有时用在他们的皮肤上，看会导致什么样的肤色或反应。他说门格勒的那些助手们“从颈部开始……然后从耳朵后面抽血”，这些人会怎样从后面在不同的部位“扎一针”，包括脊椎穿刺，所有这些都在年幼儿童身上做，有时会导致他们耳聋、衰竭，那些格外年幼的孩子有可能死亡。他和他12岁的孪生妹妹一起被弄来，用一条
352 粗麻布床单隔开，然后就对他们进行各种各样的检查和测试，包括把什么东西注射到脊椎和身体某个部位的夹合处，“以观察你能承受多长时间的这种压力”。

这个详细的描述包括了当事人自己经历的研究程序，也可能包括了他觉得会用在其他囚犯身上的程序，以及并没有清楚看到或只是出于害怕的东西。不过，由于奥斯维辛环境的性质，事实上任何详细的描述都会有相

当程度的真实性，即使是那些并非完全准确的讲述，也具有相当的心理真实。*

在这种奥斯维辛孪生子的小环境之中，有一种古怪氛围，融合了庇护与恐惧。如同西蒙·J的讲述，孪生子们知道："如果我们提供想从我们这里得到的东西……我们就不会被伤害，因为我们是门格勒医生领导的一项研究的研究对象。"所以，"不允许对我们进行殴打"，因为有话传来，"不要在身体上毁坏我们"。西蒙·J甚至说，孪生子们感觉自己"完全有了尊严，与集中营的喧嚣分隔开了"。即便是一个孪生子犯了常见的"终极之罪"——偷盗食物而被抓住，也不是毒打他或送往毒气室，而只是责备或轻微处罚而已。孪生子们意识到，不同于绝大部分囚犯，他们的生命具有存在的价值："有一件事让我们［活着］……他的那些试验"，托马斯·A这样说。孪生子们的存在价值很明显地体现在他们的头发上，他们可以保留头发，这是为了研究孪生子头发特征的需要，包括头发的颜色都要记录下来。

所以，就为他们安排了一些他们想要的事情，使他们能够避免那些最为严重的身体虐待：他们之中的儿童充当"送信人"，跑跑路，或者有时候做一点辅助工作。许多都被允许相对自由地在集中营里走动，所以就有一些宝贵的机会来"组织"（买和卖——主要是食物），悄悄传递一些有用的信息，在孪生子监区创造了他们之中一个人所共称的"繁荣的经济"。

他们的合作可以得到回报。托马斯·A告诉我们："测量又测量……我们有白面包和……牛奶与'卢克金'（一种看起来像通心粉的混合物，在集中营被视为美味）"，以此来补充他们抽血所需的营养。在奥斯维辛的背景中，这是"令人惊讶的"，另外还有一些好处："很好的衣服……门格勒弄来的"，一个孪生子幸存者解释说："我们可以留下头发……他们［其他囚犯］说，'至少，你们看起来是人。'"

但是，同样清楚的是，这个避难所更受门格勒随心所欲的支配："我

*不过，大多数幸存者的描述基本上都是可以证实的，除非另有说明。我认为它们基本上是准确的。

353 们得说［自己］非常幸运，他对我们感兴趣［如同西蒙·J说的那样］。门格勒是上帝——我们马上就发现了这一点。”

作为保护者和潜在的毁灭者，门格勒有“显示着可怕的权力，此人只需用他的左睫毛，就可以把我们全都擦掉”，西蒙·J这样说。他进一步解释说：“他总是随身有某种预兆……某种可怕的威胁，对于那些没有见到过的……正常人而言……我觉得无法解释的。我发现……的的确确不可能把这种恐惧之刻骨传达出来。”

绝大多数时候，门格勒都让孪生子活着，以供他研究。特里萨·W说，她从来不知道他杀害过自己测量过的那些孪生子，尽管她可能是不想去知道全部的真相，但“［对她而言］不知道应该是不可能的”。同样，男性孪生子的“孪生子之父”（他们的负责人）也说：“就我所知，这些孪生子中没有一个被毒杀或烧死。”他说，在1945年1月，年龄较大的男性孪生子被疏散了，但年龄较小的儿童仍然与他待在一起，当俄国军队进入集中营里时，那些孩子是与他在一起的。[33]然而，另一个曾协助特里萨·W进行人类学测量并看到了更多事情的囚犯，却说这些孪生子中，“约有15%”被杀害，其中一些是因对他们的试验、包括外科手术而致死。

所以，普遍而言，门格勒完整地保存了他在奥斯维辛和比克瑙的两个主要“数据库”；单个的孪生子（尤其是另一个孪生子死了之后）或孪生子监区之外的成对的孪生子（尤其是灭绝吉普赛人集中营时的吉普赛人孪生子）就被杀掉以进行验尸检查；*而儿童监区和其他地方的孪生子也成为致命试验的对象。

然而，具有讽刺意义的是，在儿童之中，只有孪生子才有可能活下来。如同一个幸存者所言：“我学校的那些人事实上没一个人活下来，我

---

*某些孪生子不属于任何一个常规的孪生子监区，他们成了门格勒的囚犯医生团队进行广泛检查的对象。在谈到门格勒杀掉单个孪生子来进行验尸检查时，一个囚犯医生告诉我，他和他的囚犯医生同事们“所有这些情况都知道，因为他们要经我们的手”。这些囚犯医生得到了验尸检查报告——“极其详细，所有器官都描述得十分详尽”，“这一群中的每个孪生子都有自己的档案，验尸检查是一个孪生子档案中的最后一份”。这样的孪生子必须杀掉——至少是在某些情况中，以便这份档案是完整的。

这个年龄的也没人活下来，只有我和另外一个孪生子。”在俄国军队当时解放奥斯维辛时拍摄的记录影片中，可以看到这样的证据。[34]在影像中，一百来个儿童从集中营内涌现出来，绝大部分是孪生子，包括一些年龄较大者，他们曾被下令疏散，但在混乱之中得以安全地躲了起来。西蒙·J自豪地告诉我：“我就在这些人之中——我记得非常清楚。”

门格勒与其主要专业助手的关系，也向我们揭示了他对这个项目的感觉。特里萨·W患斑疹伤寒病得很厉害时，把自己的人类学背景告诉了门格勒，说自己担任过一个世界著名的波兰人类学家的助手。门格勒立即给 354
她安排能够得到的最好治疗，门格勒想让她为他工作是“如此急迫”，当她开始恢复时，门格勒马上派人把她叫回来，纵然“非常虚弱，走都走不动”。

如同那些孪生子一样，特里萨·W也觉得这份工作给她提供了一种庇护，避免了更危险的处境，在奥斯维辛，“门格勒是上帝”。她说，门格勒从来没有过与她的“私人交谈”，甚至没有与她谈论过她的教授，他有礼貌但保持距离，只讨论工作。他有时会温和地质疑她对孪生子身体特征的描述，他总是想尽办法为她提供囚犯所能得到的最好待遇。这样一个富有魅力、有着高雅文化背景的年轻女性，在奥斯维辛制造了一些关于她与门格勒有私情的流言。这种私情几乎可以肯定是没有的，但门格勒对那些参与其孪生子热切研究的人的欣赏和慷慨回报，助长了这种流言。

部分是由于过高估计了这种研究的性质和合法性，特里萨·W有一天在奥斯维辛有了一个不太和谐的发现。门格勒要她把一个箱子带到营区的某个地方去，她有一种冲动要打开看看里面是什么，结果发现里面是“一些广口玻璃瓶，盛着人的眼睛”。她“深深震惊了”：“此刻，我认识到，为了获得某些研究结果，门格勒显然是会杀人的。”

然而，她对这项研究是非常信任的，将自己所填的所有表格都做了备份，以保存自己在这项工作上的记录，她将这些备份装在广口瓶里，埋在监区某处，“等到我能够把它们挖出来的那个时候”。然而，她再也没有找到它们。她把门格勒对这些材料会做的研究与她那个教授较为客观的统计学思路的研究做了对比。她觉得门格勒会让他的“种马”（各组孪生子以及他们的子孙后代）活着，以便研究各种特征的遗传——从智力到某些知识能力，再到对各种疾病的敏感性，她相信所有这些会给门格勒“一个相当有趣的结果”。

在她与我的那些交谈中（前后持续了两年），她对门格勒越来越批评，称他为“狂热”和“残忍”，但部分因为仍然尊重这项工作，所以对门格勒还是感到困惑。她是我所知道的一直不愿意对门格勒作出鲜明判断的若干囚犯之一，在法庭审理门格勒时，他们的作证是迟疑犹豫的。门格勒救过她的命，这让她的态度肯定受到影响，但门格勒的专业态度和让她相信这项孪生子研究的有效性，也起了作用。

门格勒自己对于孪生子研究的态度极度狂热。洛蒂·M医生强调了门格勒对“他的遗传想法”投入了什么样的热情，一个波兰女性幸存者讲述
355 了门格勒“［在医疗区值班时］走得很快，以便有更多的时间用在他的孪生子上。”这种热情使得他对于集中营的普遍惨状“完全视而不见”，只要他发现运来的囚犯中有同卵孪生子，这个女性说，“门格勒就会满面发光——喜气洋洋……处于一种着迷状态”。如果失去了有可能弄到孪生子的机会，比如有一次新来了一火车囚犯但没有通知他，大家就发现他变得暴燥，一触即怒。

当孪生子儿童因为害怕或疲劳而打断检查过程，或者如另一个幸存者所言“如果在检查中什么事情没弄对”，甚至当一个体温数据没有记录在孪生子的表格中，门格勒也会暴怒。有一次，一个孪生子儿童感觉自己要昏过去了而尖叫，门格勒“变得大怒……把整张桌子都掀翻了。”按照这个观察者的说法，门格勒的态度似乎是如果他不能马上完成这工作，他“就不可能完成了”。另外一个幸存者说，有一个孪生女孩死得不是时候，门格勒也变得“狂怒”，这就如同有一次他要研究一个孪生女性的梅毒，但不巧她却患了白喉而死掉，于是他怒气冲天一样。活着的那个孪生女性也患了白喉，据说门格勒很喜欢她，对于她的存活很关心，提供了特殊的照料和医疗，直至她病愈。后来门格勒杀了她，这样在验尸检查时就可以验证她的梅毒了。

这种双重性——这种令人困惑的喜爱和暴力的结合，幸存者们一直讲给我听。比如，那个波兰女性幸存者就形容门格勒“冲动……脾气暴躁”，但“对待儿童［孪生子］的态度……如同父亲一样温柔……与他们交谈……抚爱地拍拍他们脑袋”。他可以和他们一起玩耍，可以“跳来跳去”逗他们开心。孪生子儿童经常管他叫“佩皮叔叔”，其他的孪生子也讲述了门格勒怎样带糖果给他们吃，邀请他们坐他的车出去兜风，结果这件事就变成了“与佩皮叔叔坐车转转，转到毒气室去”。如同西蒙·J的简洁之言：“他可以友善，然而杀人。”两个其他的孪生子形容他：“如同一种双重自我，我想，如同化身博士。”

孪生子感觉到了门格勒的吸引力。有一个孪生子觉得门格勒喜欢他，“他马上就视我如同他的朋友”，他“对犹太人中的某种东西非常着迷”，他通常都令人愉悦和“非常人性”。这个幸存者认为门格勒保护了孪生子免受海因茨·蒂洛的虐杀，这个党卫队医生想把孪生子全都杀掉，所以他就是“死亡恶魔”（一个邪恶的杀人者），而门格勒是“死亡天使”（仍然有一些情感）。不过，这个幸存者承认实验室中的门格勒“变成了一个完全不同的人……一个狂热者……如果看不到自己白大褂上的鲜血，他是不会满足的”。托马斯·A还是对门格勒有一个令人困惑的依恋：“对于孪生子们来说，门格勒是一切……很了不起……一个好医生……我们的支撑。如果不是他，我们不可能活下来。”被解放之后过了这么长时间，托马斯·A仍然觉得不可能相信他听到的关于门格勒的那些事，他仍然 356
挣扎于这种矛盾之中。他现在可以这样来概括了：“对于我们，对于孪生子们，［他就］像一个爸爸，像一个妈妈。对于我们，在另一方面，他又是一个凶手。”

若干孪生子幸存者都得出结论：门格勒对他们好只是为了让他们最大化地参与他的研究；但也有一些人难以让自己忘掉一种感觉——门格勒对他们的关爱是真心的。

除了他的研究之外，门格勒所寻求的与孪生子们的关系，与这个环境中所有因素的关系，是一种绝对控制的关系。这种无所不能寻找的形式，再次把奥斯维辛的现实与门格勒自己的心理倾向融合在一起。西蒙·J捕捉到了这种倾向，他说“门格勒就是最后审判日”，并且联想到了一个囚犯的形象：他在一群囚犯之中，慢慢朝焚尸炉走去，唱着犹太人在赎罪日祈祷开始时吟唱的那段祷文。门格勒想要控制的不仅仅是生与死，而且想要控制所有的行为、所有价值观念、科学和道德的标准。

所以，西蒙·J补充说，“就我们所能知道的而言，首先是门格勒——光焰万丈……然后是他们的其他人［其他医生和党卫队军官及人员］。”这种无所不能的光环给那些孪生子们留下了门格勒是“主角”、“无处不在”和“总在负责”的印象。

不同于奥斯维辛的其他人，门格勒将自己对孪生子的研究持续到最后一刻。在他匆忙离开的几个月之前，他还坚持让洛蒂·M医生进入他的密室看看“人类学研究工作的成果”。洛蒂·M医生走马观花地浏览那些图表和统计数字看不出什么东西，但记住了门格勒带着某些情绪的话：“是种遗憾吧？……这些将要落入布尔什维克之手了，难道不遗憾吗？”尽管他明显把大部分记录随身带走了，但洛蒂·M医生的印象是他当时意识到了德国即将战败，所以忧心于这些材料会遭遇到什么。*

一个幸存者认为门格勒必须“赶紧做完很多事情”，因为他与蒂洛及其他人有矛盾，那些人想关掉这个项目。一个宣称自己有消息来源，知道内部情况的幸存者甚至说门格勒的研究在纳粹官员那里名声不好，所以，“如果他不提交结果的话”，他在整个奥斯维辛中的地位就岌岌可危。这些说法尽管在别的地方没有多少支持，但门格勒的“与时间赛跑”却可能是由他自身而激发的，是他需要看到自己是——以及被承认为——一个伟大的生物学和种族科学家的一部分。对于这种抱负而言，他的孪生子研究无疑是处核心地位的。

357 **方法与目标：“再也不会有这样的机会了”**

门格勒的研究方法出自其科学训练和此前的经验，以及他的纳粹意识

*很有可能这些材料的很大一部分的确落入苏联手中，人们认为苏联人占有——或至少是最早占有过——大量的奥斯维辛档案，不让其他人接触，甚至公开不承认。

形态和奥斯维辛背景的独特性。

他的人类学囚犯助手特里萨·W认为，门格勒的方法在那个时代是相对标准的，符合人类学工作的规范。她认为，她在波兰读大学时，一位与德国纳粹之前学术界有联系的著名人类学家对她的学术训练，和门格勒的方法是一样的。那位教授强调，“社会环境的生物学基础”和“种族类型”的描述（但她的教授强烈反对纳粹的种族优越理论），并使用他引进的统计学方法。

门格勒的方法只有一点不同，即“可怕地详尽”，超过了她认为的必要程度。这包括测量头颅和身体，鼻子、嘴唇、耳朵、头发和眼睛的各种细节。作为他的人类学助手，特里萨·W得到了高质量的瑞士测量工具和一件白大褂，“像个医生”；一个文书记录观察结果，一个学人类学的学生囚犯来协助特里萨·W。特里萨·W告诉我，门格勒从来不与她谈研究的目的，但她认为这项工作在科学上是合法的，以前作证时也说它是“在公认的人类学范围之内，［对孪生子的研究］构成了研究非常重要的一部分，而遗传学在其中起到了重要作用”。她对我说：“如果他［门格勒］有可能是在说假话，为什么如此麻烦地做……这些详尽的研究呢？”不过，她的确认为门格勒可能“扭曲了［他的发现］来适应他的目的”，如果能够显示日耳曼种族优越性的话；“如果有什么东西不……吻合……纳粹希望……他不会发表它”。她也意识到自己受益于这项研究：“在某种意义上，他的人类学研究的确在奥斯维辛救了我的命。”*

与异卵孪生子（由不同的受精卵发育而来的孪生子）相比，同卵孪生子（由一个受精卵发育而来的孪生子）在门格勒研究对象中的数量不得而知。另外，他在何种程度上维持这个关键的区分,也不得而知，因为异卵孪生子在遗传上的相似性只相当于普通兄弟姊妹的程度。我们知道，有些普通的兄弟姊妹也可以成功地伪装为孪生子，这个事实就有理由让我们去怀疑门格勒研究结果的可靠性。

---

*门格勒也利用孪生子进行较为一般性的人类学研究。亚历山大·O医生说，门格勒在吉普赛人集中营“保存了……［孪生子的］头发［和］眼睛的样本，以及采集指纹、手印和脚印的设备”，并“对各个吉普赛族群进行比较”。

358 门格勒在奥斯维辛期间一直与瓦舒尔教授联系密切，定期把自己的研究结果和样本送至位于柏林—达雷姆的威廉皇帝人类学和人类遗传与优生学研究所，瓦舒尔当时是研究所的领导。也有一些新近发现的证据，表明门格勒在奥斯维辛期间定期去拜访他的教授，受到了后者的家庭接待。战争刚一结束，瓦舒尔就毁掉了他们之间的所有通信，尽管有着这种犯罪行为，他却宣称自己不知道奥斯维辛的事情，不知道门格勒在收集这些材料时任何可能的犯罪行为。[35]*

洛蒂·M医生这样形容门格勒对孪生子的兴趣："那是他的课题……遗传学……遗传学与环境。我觉得，他所做的就如同他作为瓦舒尔教授的助手会做的一样。" 特里萨·W也强调了他研究遗传原则的这个机会，不管她和其他人对这项工作有什么样的批评，但这个机会都使得它"无疑具有了最高的人类学价值"。

门格勒在奥斯维辛的朋友恩斯特·B将这项工作形容为"纯粹的科学研究"，是利用孪生子来研究同卵遗传倾向的问题，这是门格勒大学期间在他的教授指导之下就已经开始的研究。这个研究可以利用"集中营的极端条件"，比如可以让孪生子中的一个服用蛋白质，另一个不服用，从而对比观察蛋白质在预防疾病上的作用；即使有"潜在的致命后果"，也可以进行研究。恩斯特·B医生知道门格勒"一直与他原来的研究所有联系"，但认为他不会讲多少奥斯维辛的情况，因为"他羞于与自己的前同事谈论这个"。可是，门格勒却向恩斯特·B表达过，自己因同事的称赞而感到自豪，并以此作为进行这项科学工作的"论证"。

恩斯特·B谈到了一件也非常重要，但往往未被认识到的事情：门格勒已经开始了他在教授论文上的工作，想被正式任命为大学讲师和最终的教授的话，就必须有这种学术报告。显然，他在奥斯维辛对孪生子的研究将构成这个"教授论文工作"的主要部分。也就是说，门格勒的学术抱负与他在奥斯维辛研究上的热情是紧紧联在一起的。如同恩斯特·B所言，门格

*瓦舒尔教授的儿子赫尔穆特·瓦舒尔医生还记得，他母亲曾谈到她问门格勒他必须去做的事情是不是很吃力，门格勒回答说"很可怕呀，我不能谈它"。[36]这个记忆难以评估，在我看来也不能作为门格勒在奥斯维辛不舒服的明显证据。

勒认为，“如果不利用奥斯维辛为孪生子研究提供的可能性，那就是一种罪过，一种犯罪……一种［对科学的］不负责任。再也不会有这样的机会了。”

所有这些看起来已经足够清楚，但奥斯维辛关于门格勒研究的普遍看法却颇为不同。就像亚伯拉罕·C所言，绝大多数囚犯认为，门格勒“想要找到多胎妊娠的原因，以繁育更多的德国人，因为德国人已经损失很多了。” 亚伯拉罕·C甚至说，门格勒“非常随意地谈到这一点”。作为“门格勒的放射科医生”（亚伯拉罕·C自己的话），他所处的位置可以观察和听到很多。米克洛斯·尼伊兹利医生与门格勒也有紧密的工作关系， 359
他也说，“注定要成为统治者的人类高等种族，在寻找打开繁育它的秘密上推进一步，这是［门格勒的］一个高尚目标”。[37]

特里萨·W知道这样一种看法，但对它表示怀疑，因为她“没有从门格勒那里”听到过任何暗示这个目标的话。不过，我感觉她对门格勒的目标不再那样肯定。还有一种流言，说门格勒“想把女性孪生子与男性孪生子配对……让他们性交……看看孪生子是否生出孪生子。”一个与此相关的流言则说男性孪生子的精子用来让“德国女士”受孕，这样她们就会生孪生子；或者说孪生子的血被注射到德国女性的血管中，以达到同样的目的。

总体而言，在门格勒孪生子研究的性质上，不像特里萨·W医生，绝大部分囚犯医生都持怀疑态度。扬·W医生觉得门格勒作为一个研究者非常“肤浅”，他在看了奥斯维辛展览馆中保存的这项研究的记录片断后，说“没有科学家会拿它当回事”。（这些记录只有几卷数字，所以很难由此得出任何结论。）一个囚犯医生简单而又绝对地认为，“他是想成为上帝——创造一个新种族”。

在评估这些不同的看法时，第一种看法的真实性是没有疑问的，也就是说，门格勒是在继续其他人以及可能是他自己在法兰克福和柏林研究所已经启动的孪生子研究，这种工作强调遗传决定论。在我工作的早期，我觉得这种前景再加上门格勒的科学和学术抱负，可以解释他的孪生子研究，而寻找多胎妊娠之秘密的说法不过是其他人的想象。然而，现在我不那么肯定了。在我看来，证据至少与一种可能性相一致：门格勒有将他的遗传决定论延伸至某种形式的种族应用的野心，利用对影响孪生子形成的遗传因素的知识，来促使某些特殊情况中的构造。

门格勒还可能希望利用自己在孪生子研究中知晓的东西，用于优等个体的遗传培育，他们倒不一定是孪生子。尽管这些目的远不等于“繁育日耳曼人”，但它们与当时德国的国家目标是一致的，与纳粹意识形态肯定是一致的。它们也与门格勒的朋友恩斯特·B告诉我的另外一件事相一致：门格勒的工作与选择国家领导人有关，因为“不仅要在政治基础上选，而且要在生物学基础上选。”换言之，门格勒可能希望使用来自孪生子研究的遗传学见解来“培育”想要的领导人（特里萨·W视他为“像是一个种马拥有者”），以及从已有的竞争者中进行选择。

不过，对于门格勒的确切动机，我们无法确定。曾与门格勒一道工作的特里萨·W有一次告诉我：“要是能听到他的坦白——他对人们向他提
360 出的各种不同问题的回答，会很有意思。”的确，可能他自己都不完全清楚他的确切动机。不过，我相信他的动机中会包括他那种夸张的科学野心和意识形态狂想的结合。

侏儒、“诺玛”、眼睛颜色和研究的其他领域

尽管什么都比不上门格勒对孪生子研究的兴趣，但他对侏儒的研究也颇有热情，人们说他有一次发现了5个侏儒的一个家庭后“高兴地站在旁边”。对于他的遗传研究而言，这样一个家庭当然是万用灵丹，同时又满足了他对畸形的兴趣。如同他的人类学助手说的那样，他的意愿就是“获得你能够给予他的尽可能多的［异常］特征”。

尼伊兹利讲述了一个情况，即门格勒第一次给那些从运来的囚犯中筛选出来的身体畸形者进行验尸检查。他和其他人先对这些人进行测量，然后一个党卫队军士用枪打死他们，接下来尼伊兹利进行解剖，写一份解剖报告，然后用氯化钙处理尸体，“将弄干净的整副骨骼装箱，将它们送往……柏林—达雷姆的研究所”。[38]同样，洛蒂·M医生也讲述了门格勒得到了一家侏儒后非常热情，对他们进行了极为详尽的研究，似乎非常

慷慨地对待他们，然后是他们的消失：“两个星期的时间……研究结束了……所以，毒气室。”（如同孪生子的情况，也有一些侏儒活了下来，包括托马斯·A谈到过的两个富有天赋的侏儒音乐家，他们住在他那一组孪生子中，经常为党卫队演奏。）

不过，囚犯们认为门格勒对侏儒的兴趣反映着他对犹太人畸形的极力寻找。如同马格达·V医生所言，“我觉得对他而言犹太人必须是畸形的——如同侏儒一样。” 特里萨·W的一个朋友认为门格勒“被各种各样的自然缺陷深深吸引……各个国家的侏儒、驼背、畸形……两性畸形人”——他们全都是犹太人。另外一个囚犯医生注意到门格勒对巨人也有兴趣，而更为普遍的是对儿童和青少年的“发育障碍”和“发育指示器”感兴趣。埃里希·G提到过门格勒的一种“先入之见”和“宗教情感”，认为犹太人中有较多的“劣质遗传”，超过了其他的种族。因此，门格勒对侏儒的兴趣就与他对犹太人的基本态度联系起来了。所以，普通囚犯害怕他对畸形的搜寻就不足为奇了。另外一个幸存者这样告诉我们：“我是很害怕他的。每个人都害怕。他可能这样对你说：‘到我跟前来’，于是就可能在你身上发现他感兴趣的东西。”

门格勒的第三个兴趣是“诺玛”，这个研究领域他可能是更主动选择的，而不是像一个囚犯医生所讲的那样受到了爱泼斯坦教授的影响（见本书296—297页）。不管怎样，我们有相当的理由可以肯定门格勒寻求提高 361
自己的科学声望，他可以只以自己的名字来发表相关的研究成果。

人面部和嘴部的这种坏疽情况，人们认为是因极度衰弱而来，囚犯医生毫不怀疑，因奥斯维辛的饮食和基本条件而来的这种极度衰弱或恶病体质，正是吉普赛儿童经常患上这种通常罕见的疾病的原因。门格勒并不完全否定这种看法，他允许爱泼斯坦教授就“诺玛”问题至少讲一次课，这次课就强调了恶病体质所起的重要作用。然而，门格勒显然更对它的遗传或种族来源感兴趣，所以，一个承担了这方面的细菌学工作的囚犯医生就会问：“为什么德国医生们不去想……如同我们所想的那样……诺玛的流行要归因于悲惨处境、卫生很糟和缺乏营养呢？要归因于这些孩子们遭受的如此折磨，而不是别的什么原因。”

那个给门格勒干活的年轻女艺术家伊娃·C回忆，有一次门格勒带她去看一个极度衰弱的吉普赛男孩，他因“诺玛”的恶化而濒临死亡，已是“一把骨头”。门格勒问她：“你能相信这小孩有10岁吗？”她感觉门格勒并不在乎这男孩看起来要年幼得多，而是暗示，“这就是这样一个种族……就像他没有意识到是他使得这个孩子变成这样。”这种责备受害者的模式，在门格勒的“诺玛”研究中尤其明显。

门格勒在这里也为了科学而杀人。一个囚犯医生告诉我，门格勒有一天拿进来“两个脑袋……用报纸包着……儿童的脑袋……可以闻到石炭酸的气味”。显然，门格勒把这两个孩子杀了，以便对他们进行验尸研究，把脑袋拿来是让这个囚犯医生做细菌学检查。

在奥斯维辛研究中，门格勒对眼睛颜色的研究是一个尤其奇怪，很有启示的插曲。典型而言，它也是以一个科学基础而开始的。他定期把吉普赛人眼睛送回到柏林研究所，这里正在进行一项眼睛颜色的遗传因素的研究，其重点是关注所称的虹膜异色症的情况，如果出现了这种异色症，一个人的两只眼睛颜色就不一样。在此研究所工作的一个名叫马格努森的女医生负责这项研究。尼伊兹利医生负责报告虹膜异色症的出现情况，有一次命令他对8个吉普赛人孪生子的眼睛进行检查，其中6个人的眼睛为一只蓝色一只褐色。他的解剖表明这些孪生子是被石炭酸注射杀死的，虽然也发现了他们都患有遗传性梅毒，有些还患有肺结核。门格勒说，由于患有梅毒和肺结核，这些儿童“无论如何也是活不成的”，尼伊兹利医生将这

362 句话作为一个暗示，在报告中写进了这些疾病，作为死亡原因。他保存了这6个虹膜异色症的孪生子的眼睛，准备将它们送往柏林。[39]

亚历山大·O医生给我讲了一个怪异的故事，它清楚地表明这个项目非科学的一面。门格勒在查明了一个吉普赛家庭中几个成员的虹膜异色症后，指示亚历山大·O医生“当别的事情做完之后”，就把眼睛取出来，放在容器里用防腐剂保存好，以便送往柏林。门格勒还冷冷地补充：“他们所有人，明白吗？”亚历山大·O医生很明白，这个家庭中的成员一个接一个地因极度衰弱而死掉（门格勒显然认为不需要使用石炭酸注射），每死一个就通知他来把眼睛从尸体上取出，做好送往柏林的准备，并把它们交

给监区登记员。有一天，监区登记员生气地把他叫来，说门格勒记录的是8个家庭成员，“你只给我7双眼睛，我们丢失了两只眼睛！”亚历山大·O开始辩解，说只通知了他这7个人，登记员说最后这个家庭成员的眼睛“今天必须送走！你知道这是什么意思吗？它们今天必须就送走！”亚历山大·O明白这是一个暗示：去从任意一具吉普赛人的尸体上弄一双眼睛来。于是，在一堆吉普赛人尸体中找来找去，终于成功地找到了颜色对头的眼睛——从一具尸体上找到了一只蓝色眼睛，从另一具尸体上找到了一只黑色眼睛。他把它们取出来，用常用的方式包装好。

门格勒还有一个附加的试验项目：把人眼睛的颜色改成雅利安人的颜色。亚伯拉罕·C医生曾经不解于门格勒对几个看起来并不出奇的7岁男孩那么关注，后来明白了：“这些孩子有一个奇怪的特征：他们为金发，但眼睛是褐色的。所以，门格勒就想找到一种方法来把他们的眼睛改为蓝色。”门格勒真的将亚甲基蓝注射进他们的眼睛，使这些孩子遭受巨大的痛苦和炎症，然而“他们的眼睛颜色当然没有改变”。亚伯拉罕·C医生记得这些孩子后来被毒杀了，不过他也可能记错了，一个前监区的长者谈到36个这样的儿童，他们显然幸存下来了。不过，有一个名叫达格玛的小女孩的记录：她于1944年出生在奥斯维辛，在门格勒对她进行了眼睛注射后死去。[40]在那些成为了这个改变眼睛颜色试验对象的儿童中，至少有一人因此致盲，其他大多数人在经历了痛苦和感染之后，眼睛逐渐恢复到正常。

就虹膜异色症的研究而言，赫尔曼·朗本谈到自己在战后有一个机会与瓦舒尔教授见面。瓦舒尔教授给朗本讲了门格勒送给他的不同颜色眼睛的“极感兴趣的样本”，朗本告诉他，正是因为有这些异常，门格勒就下令杀掉这些吉普赛人，以得到这些样本。瓦舒尔教授显得“吃惊和不安”。在瓦舒尔的这种态度中，对于门格勒为了科学而杀人的典型模式，我们看到的是一种虚伪的学术共谋。

不过，这种亚甲基蓝注射属于另外一个范畴，这不是因为它们显示的残忍（残忍是常见的），而是因为它们显示出来的异乎寻常的科学无知——或者更准确地说，在科学上的堕落。 363

门格勒被认为在一些不同的领域做了进一步的研究，但不清楚的叙述使得在一些案例中难以区分什么是真正做了，什么是失真乃至于是幻想。不过，每个案例他都可能有某种程度的亲自参与。

比如，整体而言，伊娃·C是一个准确和朴实的观察者，她向我讲述了门格勒带她去过的一个庞大研究单位中那种不应属于科研单位的拖沓和混乱。这是奥斯维辛主营中的一个特别监区，人们在这里被试验，他们之中有些人穿着潜水服躺在冰水中。门格勒快步走动，多少有点焦躁，发布命令的方式显示“他在这里绝对是发号施令者”。其他的囚犯都认为他实施了绝育试验，尽管他显然不是奥斯维辛这方面试验的一个主要人物，但有足够的报告表明他可能与此有着某种外围的联系。一个幸存者告诉我，门格勒“切掉了［一个非常年轻的孪生子的］蛋蛋”，这个目击者事实上看到了这两颗睾丸“放在我们的桌子上”。一个希腊人幸存者的睾丸被切掉了一个，他曾在法庭上作证指控舒曼，但认为门格勒也同样要为此负责，他讲述了在绝育试验中门格勒如何监督用一种残忍的方式从男性身上采集精液。其他幸存者讲述了门格勒如何注射或下令对试验对象的腹部进行注射以造成不育。[41]一个女性讲述了门格勒的一个助手朝她背部注射某种有害物质，导致她经期丧失，不能怀孕。有一个幸存者的未婚夫是在第10区工作，她谈到了“在这一区由臭名昭著的门格勒医生和克劳贝尔格医生进行的医学研究和试验”。[42]另外一个幸存者谈到骨髓试验，其中包括到在她的大腿上做了好几次手术，去除一些组织以进行骨髓移植。一个国际委员会证实这个女性曾是医学试验的对象，她还能够确认另外一个也因这套试验程序而受害的幸存者。

我确信，所有这些报告都来自某种形式的真实虐待，通常是试验，尽管可能会有一些细节上的混淆，包括是哪个纳粹医生参与的问题。门格勒无拘无束的试验兴趣，来到奥斯维辛后的格外兴奋，道德约束的极度缺位，这些都使得他会去做各种事情，它们和无拘无束的幻想一样不切实际，异想天开。

门格勒在奥斯维辛建立一个学术研究机构的讽刺版本。有着不同临床和实验室背景的医生们——大部分是犹太人，被弄来为他的工作服务，这些人为门格勒的试验对象进行诊断，有时也进行治疗（当与门格勒的兴趣一致时）。对试验对象进行确认诊断的关键人物，有放射科医生亚伯拉罕·C和病理学家米克洛斯·尼伊兹利医生。

尼伊兹利尤其在集中营中很有声望，他只要提到门格勒的名字就可以 364
在集中营里随意走动。在被征用之前，门格勒对他的病理学和法医方面的知识进行了一次“考试”。他与门格勒工作的密切关系，使得他在其他一些囚犯医生的眼中成为一个有争议的人物。不过，事情的关键在于，门格勒团队中这个最重要的人，是一个尸体解剖者。

门格勒甚至组织了一系列学术研讨会，通常是大约15个与他一起工作的医生，以及10到15个从其他集中营来的医生参加，由门格勒确定研讨会的主题并主持会议，囚犯医生们则被要求从自己专业的角度来讨论某些病例。如同他们之中的一个人所言，他们的讨论因他们意识到“我们之中任何人都可能因门格勒那边的一丁点不快而被弄出去［杀掉］”，必须小心翼翼。一方面是不敢不同意门格勒，另一方面也要考虑虚假诊断会带来的危险（即使门格勒倾向于它），因为验尸检查会证明诊断是虚假的。

门格勒是一个收藏者。就像伦杰尔医生所说，在收集侏儒方面，门格勒具有“收藏者的狂热，而不是一个学者”。[43]其他的囚犯医生同样视他为一个没有止境的收集者，只是他教授的一个工具，并不拥有自己作为一个科学家的任何特质。（据说他也收集医生。一个囚犯医生谈到门格勒在1944年下半年收集了一大群匈牙利医生［应该有380人左右］，他们之中多数人后来被送到了德国一个苦役营，绝大多数人在那里因重病而衰弱，许多人死了。）

门格勒的收集冲动，其对象可以是任何一种样本——我们知道的有胎儿，还有尼伊兹利告诉我们的“非常漂亮的胆结石”。尼伊兹利解剖尸体时遇到胆结石，马上想到门格勒是“这类东西的一个狂热收集者”，不管他以前是否给门格勒献过这种礼物，他知道门格勒是会喜欢的。他把胆结石小心翼翼地洗干净交给了门格勒，门格勒的反应不仅是高兴，而且模仿武士华伦斯坦来了两句喜剧歌谣以表达兴奋：

在华伦斯坦的家里

胆结石超过了宝石。

这几块胆结石让门格勒心情大好，以至于尼伊兹利能够趁机获得门格勒的允许，在集中营里走动，去探望自己的妻子和年幼女儿。[44]

365 作为科学家的门格勒

特里萨·W在与我探讨门格勒对待他的研究和对待科学的态度时曾说，“在他的科学研究中，他是诚实……和狂热的。他是一个奇怪的人。”“诚实”一词表达了她认为门格勒的方式是合法的，门格勒是一个有着真正“科学背景”的人，他“绝对能够做严肃和适宜的科学工作”。门格勒的狂热对她而言很明显，不仅体现于门格勒在坡道上的筛选，而且体现于当集中营马上就要被解放时他还试图保存他的“科学发现”。他当时变成“一副完全疯狂的表情”，绝望地转移他的设备和文件，“把所有东西——仪器，满地都是，装到箱子里……文件、文具、每一件东西，包装、包装，可怕的速度，一个字都不对我们说，什么都不说，没有表情……就是匆匆包装一切”。他的助手记得，他看起来“就像是害怕什么事情将发生而要摆动起来一样”，面部扭曲，脸色似乎变化，变成了“很暗的颜色，如同褐色”。

特里萨·W在探讨这些事情时，越来越意识到研究门格勒扭曲的可能性，而我们前面已经提到，她感觉到门格勒可能“扭曲［他的发现］来适应他的目的”。尽管她仍然坚持要把门格勒与那个完全反科学的种族主义者汉斯·F·K·冈瑟区分开，因为门格勒“想要成为……［而且］曾经是”一个热爱科学工作的科学家，但她也认识到他被自己的狂热“多少限制住了”。这个“多少限制住了”被证明其实是巨大的份量：

> 如果你觉得日耳曼种族，或者任何种族，是绝对优越的，并且这意味着它有权利来摧毁一个劣势种族，那这就已经是一种限制了……他不想去思考……不想深入去探讨会反驳他自己的问题。［他就像］一个宗教人物……是如此绝对忠诚，只认为那些去教堂的人才是好人——或者那些面孔像他一样的人才是好人。

一个聪明的人类学家和“受过教育的人”身上有着这样的科学扭曲，困惑于此的特里萨·W只能将此归因于门格勒坚信“希特勒所做之事绝对是难以置信之好”。

门格勒视自己根本上为一个科学研究者，总是敏感于“有趣的”或“重要的”医学或人类学材料。吉塞拉·佩尔讲述了门格勒对获取死胎进行研究的强烈兴趣。有一次，她和几个朋友正在吃偷偷弄来的食物，门格勒突然进来，吓了她们一跳。情况十分危险，于是她马上就让门格勒去看一个不同寻常地保存完好的胎儿，以此来转移他的注意力：“您可能对这个样本感兴趣。”门格勒的怒火减退了，“好！……漂亮！”他说，开始 366
谈要把它送往柏林。[45]

同样，有一次门格勒得知一个同卵孪生子的一个睾丸未降到阴囊里，他不仅是从考察可能的遗传因素的角度来研究另外那个孪生子，而且还尽量去掌握关于睾丸未降到阴囊里这种现象的知识。吉普赛人的低发际线是其一个识别特征，他坚信这个假说达到如此程度，以至于不顾所有的证据，硬要说一群法国流浪者原是吉普赛人。亚历山大·O在对这件事进行评论时说，“如此一种有学问的愚蠢，实在是太独特了”，他觉得这种“愚蠢达到如此诡辩的程度”是典型德国式的。

按照马雷克·P的说法，门格勒上午沿着他“惯常的医院道路”对那些医疗区进行检查，经常参与屠杀的各个方面，然后去他位于比克瑙的病理学实验室，获取验尸检查的结果。马雷克·P认为，门格勒以这样一种方式“将他对屠杀过程的兴趣与他的研究兴趣结合起来了”。

他的行为方式像是一个研究科学家。囚犯医生看到了他的工作强度、抱负和目的表面上的严肃性，看到了他截然不同于其他党卫队医生那种相对懒散的“工作狂”。我们知道，囚犯医生们对他的印象是“集中营里处处有他”，尼伊兹利谈到了他在坡道筛选时上窜下跳、精力充沛；而在病理学实验室时也是待“很长时间”，一定要让尼伊兹利在显微镜下把各种人体组织展示给他看。[46]亚伯拉罕·C医生作为门格勒的放射科医生，觉得门格勒最大的快乐就是“在尼伊兹利的尸体解剖室里几个小时几个小时地待着”，因为他“似乎对医学问题有着真正的热情，这些问题当然是在尸体解剖室里能得到最好的解答”。囚犯医生们观察到，门格勒会从病房快快走向他心爱的研究区；尽管由于晚上熬夜引导人们“走向毒气室”而睡得很少深感疲乏，但他上午仍然早早地来到吉普赛人监区研究“诺玛”病例；星期天也去进行测量和弄他那些记录，也真是不同寻常了。

门格勒持续收集测量数据，这被特里萨·W视为是那个时代的人类学，但研究者们却质疑这种无穷无尽地积累和测量的作法。一个年轻的德国科学家在1935年曾经写道：“尽量多地进行测量，这是没有什么用的，科学家必须将自己限定于那些最重要的东西。”而这个年轻的科学家正是约瑟夫·门格勒，他在这篇博士论文中还批评性地谈到了此前一位研究者“在细节中失去了自我”。[47]在奥斯维辛，这种批评看来也是一样。不过，考虑到他视奥斯维辛等于机会，他会认为这里的所有细节都是“重要的东西”。

每个人都意识到了门格勒科学抱负的程度，但特里萨·W的印象又更
367 深一层，她觉得门格勒是在做一个大计划的一部分，“有一天他将拥有一个大研究站……［很可能就在奥斯维辛这里，］他将［在这里］获得、处理、测量人类材料……为进一步的研究做好准备”。

就对待他的研究对象而言，门格勒的超然与他的精神分裂相一致。洛蒂·M形容他是“我所见过的最为冰冷的置身事外者”，他对待囚犯的态度“如同［对待］小白鼠和兔子”。同样，尼伊兹利讲述了一件事：在一次特别行动队的反抗中，一座焚尸炉被炸倒，于是他建议最好也转移尸体解剖室，因为“这个环境对于科学研究来说很不稳定”；门格勒冷冷地回答说：“有什么问题吗？太多愁善感了吧？”[48]

除了门格勒经常提到的“德国心态”外，那个与门格勒一道工作的艺术家伊娃·C，视门格勒为一个帝国主义式的研究者，不关心人，只关心他们的病。在吉普赛人中，“他就如同一个白人医生在丛林中与土著人打交道，不关心那些个体，只关心热带疾病的根除……土著人无足轻重，因为……不管怎样，一只狮子会吃掉他们”。另外，对于伊娃·C来说，门格勒似乎“没有意识到世界上的事情”，“非常奇怪的……对这个世界陌生”。同样的精神分裂性质也可以解释一个囚犯医生对门格勒的观察：

“他是一个非常难以追踪的人……一会儿消失了，一会儿又现身了……又不见了，又出现了。”这表明门格勒的活动有很多可能是虚假的，有着造成一种无所不能之光环的目的——一个可以突然凭空冒出来的人，在控制着一切。

门格勒的确有着对“科学”的敬畏，甚至还可能类似于热爱，但他作为一个科学家的方式却是要寻求对自己研究环境的绝对控制。因此，他的“献身”就像着魔似的，小小的干扰也会让他焦躁不安。有一次，尼伊兹利在他的尸体解剖记录上不小心弄了点油迹，门格勒一下子就爆发了：“你怎么能够对这些档案如此不小心？我是如此珍爱地汇编它们！”[49]这里我们又想起了恩斯特·B曾经说过，门格勒认为如果不利用奥斯维辛提供的可能性，“那就是一种罪过，一种犯罪”，是对科学的“完全不负责任”。马雷克·P医生带着几分悲哀地对我说：“他似乎是把如此之多的关爱与如此之多的杀害结合起来了。”

我们知道，在评价门格勒作为一个科学家上有一些不同看法。对于恩斯特·B来说，门格勒是一个有天赋、甚至是先知般的科学家，表扬他作为一个科学家能够适应奥斯维辛的特殊环境。在囚犯中，对他的评判则基本上是相反的。即使是特里萨·W这唯一一个认为孪生子研究是真正科学工作的人，对于门格勒关于这项工作的阐释，也持保留意见，绝大多数囚犯更是否定。扬·W医生认为，门格勒只是“假装成一个科学家”，炫耀地收集材料，为材料贴标签，但却缺乏做进一步工作的智力连贯性。同样，亚伯拉罕·C医生觉得门格勒有些能力，但他做的并“不是真正的科学”， 368
因为他坚持一些“他认为是绝对的”观念，“他……只是寻找证据来证明它们”。

这种态度反映在门格勒的那些学术研讨会中，这些研讨会基于“他提出的问题，他下达的指示，他让我们去做的这个研究”。在囚犯医生们回答了门格勒提出的问题后，“他会评论，批评，但不会与我们讨论”。亚伯拉罕·C医生有一个印象，尼伊兹利和爱泼斯坦教授是例外，有时门格勒会与他们讨论一些想法，而爱泼斯坦则是唯一一个“敢于反驳门格勒，与他讨论各种想法的人”。不过，即使是爱泼斯坦，也避免跨越某个点。

引发智力兴趣，征求科学意见，同时对那些反对他观点的意见又保持着不接受（有时他会安静，以等待X光和验尸检查的结果，如果结果证明他错了，他会更加安静），门格勒的这个基本模式，始终维持着对这些囚犯科学参与者的生死的绝对控制。艺术家伊娃·C讲述了门格勒如何努力找到支持自己观点的“证据”。他在研究雅利安种族与非雅利安种族的特性对比时，想观察吉普赛人是否“在腰部有一块肤色较暗区域”（尽管“上下两件的泳衣就会造成这种情况”），他还带着某种激动坚持要证明，吉普赛人中的蓝色眼睛“有小小的褐色斑点……所以……它们就不是纯种的雅利安人蓝色眼睛。”不过，她觉得门格勒“在进行这些追求时是认真和真诚的”。

弗雷德里克·E医生更直率。他谈到一项试验，门格勒想要查明一个孪生子是否比另一个孪生子对毒药更敏感，他把门格勒的这个想法称为“一个疯狂的念头，此人对真正的科学问题一无所知，但却……有这种可能性……来进行试验……没有任何控制或限制”。另外一个囚犯医生称门格勒为“一个夸大狂患者，他想成为一个伟大的科学家，而想达到这个目标，最好的办法就是用人来进行试验”。还有一个囚犯医生觉得门格勒的科学工作是“垃圾”，门格勒是一个“从来不应用判断”的人。亚历山大·O医生将门格勒概括为“一个狂热的……被自己的伪科学所掌控的人”。“掌控”用在这里很恰当，表明门格勒的旺盛精力与他对自己所做之事的神秘化融为一体了。

这种“掌控”可能还有第三种成分——内在怀疑的幽灵。门格勒要求自己坚信他在奥斯维辛所做之事，它们因宣称为了科学而得到了合理性的保证。处在自己周围被安排的那些更有学识和智力上超过他的囚犯医生之中，我们可以猜想他会体验到对这些科学宣称的某种内在质疑。他在奥斯维辛那种绝望般的走动，很可能部分就是因为想拼命盖住这些内在怀疑，在其他能够做出科学判断的人面前把它们藏起来——最重要的是让自己把它们忘掉。

369 门格勒这种科学与伪科学、无所不能与怀疑的融合，很可能在纳粹化的德国科学家中相当普遍；在奥斯维辛这个“世界的肛门”与德国医学学术界似乎会认为完全适宜之事这二者之间，门格勒起到了个人的联结作用。门格勒最终离开了集中营，逃往他曾送过样本的柏林—达雷姆研究所。他是给这里带来了新的材料（后来被瓦舒尔毁掉了），还是从这里取用他以前送来的老材料，不得而知。不管怎样，据说他是来到这里写他的科学工作报告。[50]

门格勒和他的纳粹医生同伴

门格勒与党卫队医学同事的关系也展示出矛盾和颇为清晰的模式。我们知道，恩斯特·B称赞门格勒是“我［在那里］遇到的最为正派的同事”，他所讲的门格勒与韦伯的密切工作关系和个人关系，表明奥斯维辛存在着一个“医学—知识分子精英阶层”。

一个曾观察过党卫队医生们在一起时情形的幸存者，觉得门格勒与其他党卫队医生有所疏离，而且“相当傲慢”，但他又说门格勒有“一种强有力的个性，可以影响别人”。我们听到过这种影响力的一些例子，比如门格勒调动洛林来维持对他研究的支持，显然也抵消了维尔特对他某些工作的反对，这很可能就是要求集中营内得有儿童的那一部分。

考虑到这些情况，以及恩斯特·B医生回忆的令人印象深刻的门格勒的“理性”——他以此来编织他那种疯狂的纳粹化种族—历史观念，门格勒在奥斯维辛其他党卫队医生中的位置，可能就与他对杀人之荒谬进行合理化的才华大有关系了。他之所以有说服力，是因为他比任何其他党卫队医生都更能让奥斯维辛“具有意义”。

致命的同事关系：门格勒与囚犯医生

关于门格勒的许多困惑都源自他对囚犯医生的牵挂，尽管并不是没有反例，但它令人印象深刻，而且是救命的。并不仅仅是需要这些人为他的研究干活，门格勒是囚犯医生归为特别的一类。如同洛蒂·M医生所言，普通囚犯（尤其是犹太人）“是兔子和小白鼠”，而囚犯医生们则是“人”，即使是犹太人囚犯医生也可以成为他的“同事”。她讲了一个故事：当对捷克人集中营进行灭绝时，门格勒列了一个人数很少的名单，名单上的人要留下来，里面包括他的孪生子研究对象、他的艺术家伊娃·C和几个犹太医生。这些医生中有一个人对门格勒说，除非让他的妻子和女儿也活下来，否则他是不会跟门格勒走的。门格勒竟然允许他的妻子和女儿活下来。尽管门格勒冷冰冰，但洛蒂·M医生认为他较之其他人聪明，也
370 更为直接和实际。尽管如此，当她告诉他自己是因想要帮助犹太人而被捕时，他还是责骂她（“你怎么能希望这会成功呢？”）甚至说她做这些尝试一定是“有点精神分裂”。

马格达·V医生也说，如果出现了医学问题，“你可以与他交谈”，“提出一个有点智力含量的回答”，“在某种程度上我们有一种工作关系”。这种关系涉及到某种程度的互惠：一方面，“他知道我不会去做任何非百分之百正确的事”；另一方面，她可以指望他的保护。马格达·V医生相信，在奥斯维辛最后的日子里，全靠门格勒的保护才使她免于因知道集中营内部情况太多而被枪杀；不过，她也说“如果他下令枪杀我，我想他也会是想都不想就下令的”。即使他对她实施的控制是在一个相对友善的环境中（“小丑比我自己更懂我”），但她还是感谢他以某种程度的对她的尊重，让她活了下来。

较之自己的男同事，女囚犯医生似乎是更接近地观察到门格勒，也许能更好地理解他；不过，有两个男性医生与门格勒有着可能是最为苦恼的关系。一个是病理学家尼伊兹利，他谈到与门格勒有过这样一些关系密切的时候：“整整一个下午，与门格勒医生深入讨论，想弄清楚一些疑点。我不再是一个谦卑者……囚犯，我……对自己的观点进行辩护和解释，就像是一次医学会议，我是这会议中一个有充分资格的成员。”来自门格勒的友好姿态对尼伊兹利意味着很多，他们似乎将主子与奴隶的关系变成了一种同事关系：“我懂得人，对我而言，似乎我的坚定态度、我说话的字斟句酌，甚至于我的沉默，都是我能够成功赢得门格勒医生好感的特点。那些党卫队在他面前都战栗，但他会在一场特别活泼的讨论过程中给我递支烟，表明他暂时忘记了我们关系的这个环境。”[51]同样，一个幸存者观察到尼伊兹利与门格勒“两人关系密切”，“待在一起很舒服”。

不过，在他1945年1月28日的作证中，在他后来一本书中（1960年出版），尼伊兹利谈到这种关系，谈到门格勒的一些罪行，可完全不是舒服的感觉了。这两份著述之间的某种不一致，很可能就是这种不舒服所导致的。不过，尼伊兹利作为门格勒的病理学家工作所带来的一言难尽，最痛彻心扉的表示就是他后来所断言的："我还会执业，是的……但我发誓此生我再也不会拿起解剖刀了。"[52]换言之，尽管门格勒在奥斯维辛待他颇好，但他感觉这种友谊的代价就是他放弃了自己的医学正直。

另一个男医生是亚历山大·O，他也激动地谈到自己的第一次遇见门格勒（"没有比这更印象鲜明的了"）。门格勒显得很有教养、令人愉悦， 371
不仅是讨论医学问题，而且聊文学，甚至是福楼拜，都显得颇有学识。"他忘记我是什么人了"，所以当两人遇到一起时，"就是一个医生对另一个医生的信任"。亚历山大·O医生觉得自己交了个朋友，但"马上他就让我失望了"。门格勒询问他的家庭情况，他说自己的妻子与他一起来奥斯维辛了（门格勒无疑明白这就意味着她会被杀掉），但幼小的孩子还留在法国。门格勒一下子站起来，质问"为什么他们不也来这？"亚历山大·O沉重地看着我，补充说，"你知道这意味着什么吗？……这意味着：为什么他们不到这里来被毒杀？"得知亚历山大·O的这些孩子已被法国神父们藏起来后，门格勒甚至更愤怒。如同亚历山大·O所说，就是在这一点上，"他让我彻底失望"。

那个艺术家伊娃·C这样来概括她与门格勒的关系："我就是个宠物！"——她对门格勒意味着某种有用、同时又令人愉快（她是一个富有魅力、聪明的年轻女性）的东西在身边。门格勒也发现他的这个"宠物"有她自己的宠物——一个有影响力的男性囚犯送给她的一只小狗。门格勒发现有这么一条狗后，首先是愤怒："这个是什么意思？"当得知狗是她的后，他态度就软化下来，说这狗像一只牧羊犬，"像一只德国狗"，他甚至拍了拍它，再也没说什么就走了。门格勒也把出生在奥斯维辛的两个小孩当作宠物，每天上午和他们一起玩，这成了他一天中的"精彩时刻"，但每个人都明白这两个小孩是会被杀掉的。伊娃·C进一步推进了这种暗喻：一个检查员（门格勒）去看一处城市狗舍，是为了检查那些看管者（囚犯管理人员）和其他囚犯（其他的狗）：

> 他［检查员］可能会指出笼子里的一堆脏物或其他东西……训戒看管者弄走这堆粪便……让笼子保持干净，让狗保持健康，让狗吃好。看看，这只狗没有水了，你最好给它们弄点食物……他就这样检查……这些狗会在这里被杀的这个房间。你知道的，确保它们工作正常。他会说，你们有多少狗？嗯，太挤了。你们最好今天再弄两个房间。

372 伊娃·C进一步解说道，大多数人都认为“发生在这个城市狗舍的事情是健全和正常的，只能以这种方式来做，不可能使用任何其他的方式”，这就是党卫队、尤其是门格勒对奥斯维辛的感觉。对于门格勒来说，最为重要的是“一切都必须控制住……在屠杀之前”，“一切脱离了控制的东西都是错误的”。她说门格勒不仅仅是奥斯维辛的“医学看管者”，而且是奥斯维辛规范的看管者。他会因愉悦和有用的“宠物”而高兴，但她们和其他任何事物都必须处于绝对控制之下。

伊娃·C不认为门格勒异乎寻常，但“是一个有超凡魅力的人”，暗示只有在奥斯维辛他才能发展出这种超凡魅力，变成“门格勒”。伊娃·C觉得门格勒有“明星气质”：“我脑中闪过玛丽莲·梦露的感觉”，这指的是门格勒讲究仪容，他外表的整洁挺拔与囚犯的惨状形成鲜明对比而有一种明星之感。她对他恶语不多——对她而言，门格勒整体上是令人愉快的，以奥斯维辛的标准而言，他使她活得有滋有味；然而，她最后说的话却揭示了门格勒和他想要控制的特点：“我要请您别透露我现在住的地方，因为我知道他还活着，他要是知道我的情况未必会很高兴。”

对于门格勒，囚犯中间有许多涉及到性的推测。有许多传言，说女囚犯们觉得门格勒非常吸引人。不过，伊娃·C告诉我，“他对女人没有感觉”。尽管门格勒在询问怀孕女性时显示出对性细节的好色之欲（按照伦杰尔医生的说法，他“从来不会放弃机会去问女性一些轻浮和不宜的问题”）[53]，但对其他人他似乎还是冷漠和清教徒式的。伊娃·C讲了一件事。有一次门格勒看到一个体格健壮的囚犯在一个监区前面正背对着他脱腰部的衣服，他愤怒地喝道：“这家伙在那儿做什么？”于是，这个囚犯转过身来，显示出她原来是一个女性（她是一个德国同性恋者）。尽管她很傲慢地跟门格勒说话，但门格勒却是“一下子变得非常、非常脸红……满脸通红，赶快说‘哦，继续吧’，扭过头来，转身就走，很快走出去。”洛蒂·M也同样记得，比起其他党卫队医生来说，门格勒对妇女营中的女性同性恋和男营中的同性恋要关注得多。

关于门格勒是否受人影响，是否会腐败，囚犯们有不同的印象。他们之中有一群人在得知门格勒妻子生了一个儿子后曾正式地向他表示祝贺，但无论是当了父亲还是这祝贺本身，看来都没有改变门格勒的态度。人们普遍认为，如同绝大多数党卫队人员，门格勒在奥斯维辛也发了财（与恩斯特·B强调门格勒非常正直正好相反），不过（如同一个幸存者所言），大多数党卫队医生都是“既拿又给”，门格勒却是“只拿”。他的态度常让囚犯们感到困惑，因为如同玛丽·L医生所看到的那样，“无人知道他想要什么”。

尽管门格勒看起来倡导一种同事关系，但绝大多数囚犯医生都不抱平等的幻想。有一件事表明了这种关系的性质：门格勒仔细检查一个波兰囚犯医生受伤的臀部，开药来行清洗和治疗；然而，正是他本人下令因此人所说的一个违反规定而鞭笞他25下，然后又来观察他的伤情。

尽管一般都认为门格勒控制着他人也控制着自己，但他也会因责备和愤怒而爆发。他责备受害者的形式常常是责备那些囚犯“同事”。门格勒曾因吉普赛营的灭绝而大发脾气，他把一群囚犯医生叫来，申斥他们诊断错误，威胁说如果验尸揭示出更多错误的话，“你们得为此付出代价！”一个囚犯医生这样评论说：“这是他停止做一个同事的时候，因为他称我们为猪狗。”马雷克·P记得，当时门格勒特别说到“这是我们的错误”，所以他不得不消灭这些吉普赛人。马雷克·P觉得门格勒当时很焦躁，因为他在吉普赛孪生子上花了那么多心血，“突然就全部消灭了”，所以他就必须“找到一群人，他对这些人可以发泄对那些应负责任者的愤怒”。 373

同样，伦杰尔医生也讲述了就在集中营被解放之前，门格勒来到女性医疗区，“宣布由于我们的疏忽，斑疹伤寒的流行已经达到了这样一种比例，整个奥斯维辛地区都受到了威胁”。在接下来的准备血清和疫苗的匆忙中，门格勒“指责我们破坏疫苗”，“事实上使它们失效了”。他有时会指责囚犯医生“看病数量不够”，而有时又指责“对病人过于治疗，浪费了稀缺的医药”。[54]尽管许多党卫队医生都有这种责备受害者的模式，但门格勒的解说和感觉方式就会产生这样的指责和愤怒。

吉尔达·N医生也讲了门格勒的一件事。他有一次突然大怒，“几乎想要扼死这位女医生——实际上已经用手指围住了她的脖子，指责她对病人治疗很糟，吼道‘他们会死的。我们德国人要负责任！’”吉尔达·N医生补充说，“他是想向我们杀鸡儆猴……这样我们就会相信德国人是真正关心……这里的这些人的”——我也得补充一句，这样他的纳粹美德形象也就能够维持了。

吉尔达·N还谈到，有一次门格勒挥舞着一把手枪走进一个房间，与一个女囚医疗区的主管囚犯医生交谈，要求她筛选出很大数量的斑疹伤寒病人送往毒气室。吉尔达·N补充说，即使没有一把拔出来的枪，任何时候门格勒只要带着一个囚犯医生走进她的房间，他都会隐喻性地用枪指着那个囚犯医生的脑袋。他会直接或间接地进行威胁，尽管大多数时候还是维持同事关系的假象，对囚犯医生们颇为关心。

另外一个囚犯医生谈到被门格勒带进一系列残忍欺骗之中的痛苦。门格勒要求她开列一个怀孕女性的名单，这样他就可以“让她们喝牛奶”，把她们弄到好一点的集中营去，这样她们就会有“健康的宝宝”。尽管对此有所怀疑，她还是开列了这个名单，结果这些女性被送到了“H区”即
374 “天堂区”（Himmelblock），她们由这里必定是或去焚尸场或去试验区。她所称的门格勒的“恶魔”态度还有一个例子：一次门格勒出现在一个犹太人节日里，宣布“今天是第一和第二圣殿的毁灭纪念日”，“我们要举行一场音乐会”。的确举行了一场音乐会，然后则是点名，接着是大规模的筛选，这一切导致她痛苦地追问：“我们就要被烧成灰了，为什么还让我们听音乐呢？”

她强调，门格勒的行为是精心计划的：“他一定是把它写了下来：音乐、坐下、点名、焚尸炉。”所有这些是他“虐待狂游戏”的一部分，她这样认为，因为“每一步门格勒都有心理折磨的用意”。她认为，与其他

党卫队医生相比，门格勒“更为虐待狂……更为老练、戏弄和诡密。他更为动心思……因为他一定懂心理学”。

有时，这种心理虐待可以是赤裸裸的，比如曾有一个犹太人女囚犯医生请求留下她年迈的、也是医生的父亲而被拒绝，门格勒对她说：“你父亲已经70岁了。你觉得他活得还不够长吗？”他也对生病的女囚这样说过：“你从来没去过‘那一边’？去那一边会怎么样呢？……你很快就会知道的！”[55]

门格勒把致命“同事关系”的这些形式维持到最后。一个囚犯医生说，奥斯维辛被疏散后，自己在捷克斯洛伐克一个集中营的医务室里见过门格勒。门格勒提到一个有精神疾病的病人，说“如果你聪明的话……她会发烧，她就需要药了”，意思是“他想要找到一个……理由来摆脱她［或者是一种手段来这样做］，因为她是一个白痴……［暗示］我们太愚蠢了，我们没有理解”。这个囚犯医生很惊愕地补充说：“想一想吧……此时他自己已经是一头困兽，而这对他来说根本不算什么，他仍然要找到方法来杀人。”

“双重人”

囚犯医生们发现他们自己很困惑于门格勒异乎寻常的深层矛盾，困惑于他公然的双重自我。亚伯拉罕·C医生觉得必须提出“一个我们询问自己的大问题：他是一个仁慈的人，对儿童很好，普遍而言很好，只是因他的研究热情而去做那些事情？或者说他是一个怪物，与儿童在一起时只是扮演一个角色，以便较好地隐藏他的游戏，较容易地达到他的目的？”尽管前一种概括只有非常少的囚犯会同意，但第二种也不能令人满意。对这两种说法，亚伯拉罕·C医生似乎都不赞同，因为他继续清晰地说出了对此的难以理解，这在本书的开头已有引用（见本书13页）。对于亚伯拉罕·C而言，门格勒就是这种不可理解性的来源和象征——在他心目中，奥斯维辛发生的大部分事情也是如此。

马格达·V医生也同样谈到门格勒的“分裂人格”。她知道其他人关于门格勒残忍的讲述，而且“不怀疑”门格勒会这样做，但她补充说“从来 375

没有在我面前做过”。她琢磨自己是不是没有对门格勒和其他党卫队医生产生过“人性化的影响”，因为“我将每个人［囚犯和党卫队医生］都当作人来对待”，她表达了另外一种双重原则：每个人自我的重要性都由其他人来证实。“双重”一词（或者是它的法文同义词）事实上也是亚历山大·O医生在苦恼地理解门格勒时所使用的：

> 这个双重人，这种双重，也就是说他有那么多富有感情的行为，那么多人的感情、怜悯，等等；然而，在他灵魂里又有一个密封小室，一个进不去、毁不掉的密室，它只服从于接到的命令。他可以跳到水里去救一个吉普赛人，尽量医治他……而当他们刚刚从水中出来……就告诉此人到卡车上去，车飞快驶向毒气室。

亚历山大·O不但谈到这种双重自我，而且谈到在这个过程中门格勒意识形态的核心作用（尽管只是暗示）。他解释说：“门格勒很喜欢吉普赛人。他爱那些吉普赛儿童，他们管他叫‘门格勒叔叔’”，但是，他知道党卫队全国领袖［希姆莱］曾下令要让吉普赛人慢慢死掉，而门格勒是“这样一种人……相信命令就必须执行”。没有这样一种概念，像特里萨·W这样的人一方面感受了门格勒的正派，与此同时又得接受关于他那些试验和残忍行为的真实报告，于是不得不痛苦地宣布：“我不能理解他！”或许囚犯们会发展出自己的种族理论来解释他身上的这种矛盾。比如，有这样的传言：与别人相比他待吉普赛人较好，因为“他自己的祖先就是吉普赛人”，这个传言又与他深肤色的非雅利安人外貌相吻合。

伊娃·C颇有感触地谈到，她自己作为一个囚犯的心理体验得以帮助她去理解门格勒。她指出，囚犯们也开始“像那样行事……在自己身上也形成了一个硬壳”。在病区中，她自己也是怪异地看着虚弱女囚把手伸出来恳求“救救我！救救我！”，这让她“多少有些尴尬”，因为她当时的感受是“我们都在这里等死，你说‘救救你’是什么意思？”她接着说，“这些人事实上显示了她们的清醒［呼救的行为］，而我当时是发狂……［她们］从来没有进入我心中。你知道的，我已经被整个［奥斯维辛］心态所打动［影响］了”。伊娃·C进一步解释说，党卫队医生和囚犯们都“被这样加工着——所以，我就可以理解门格勒了”。奥斯维辛是“一个不同的星球”，它的规则完全与普通社会的规则相反，按照奥斯维辛的规则，“我们在那里是为了死而不是为了生”。“要能够接受我们到了这里，我们就不得不转变……至一种不同的心态，转变至一种不同的态度。”党卫队医生也得做类似的转变，而他们得到了此前纳粹意识形态灌输的极大帮助，“他们已经很好地准备了。”她把握住了纳粹医生中那种残忍性角色转换的某些东西，而这是通过对他们在对待自己和其他囚犯的一种有限、善意的形式中认识到的。 376

尽管所有纳粹医生在奥斯维辛都有这样双重自我的角色转换，但门格勒却显示出在双重自我的这两种成分上极度的不相容，同时又以异乎寻常的精力将它们用于自己的适应上。他的角色转换因某些心理特征而得到加强。我想到了他角色转换过程中的三种支配特征：他的精神分裂性、他不同寻常的让自己麻木的能力，以及他在虐待狂和无所不能上的冲动（这些又反过来紧密联系在一起）。伊娃·C以一个艺术家身份对此人的描述，让我们感知到了这些特征，这个描述将她自己对门格勒的劣势转为优势，使得门格勒成为了一个人类学研究的对象：

> 他看起来像彼得·塞勒斯（英国著名喜剧演员。译者注），但要好一些……他的脑袋像猫的脑袋，两边太阳穴处颇宽，头发分开向后梳去，深褐色的头发，褐色眼睛，眉毛高挑，像一只猫。使用门格勒自己的术语，我会说他有一个M形的嘴巴，一个直而短的中等程度的常规鼻子，头型宽阔，左耳有一个标记——耳朵软骨上有一片为圆平……他的眼睛像彼得·塞勒斯的眼睛，但虹膜只有一半显露出来，是死气沉沉的眼睛。

这双“死气沉沉的眼睛”是他精神分裂模式的一部分，所以其举止也就导致了一种传言，说他患有“炮弹休克症”，或者说他的战场受伤是一种脑震荡，这也与伊娃·C观察到“他似乎是来自一个不同的星球，刚刚从一艘宇宙飞船降落下来”的感觉相吻合。

门格勒的这种孤独状态也反映在马雷克·P医生关于他“永远不看着你的眼睛……不显示任何快乐的表情……总是显得……脑中在想某种与他正

做之事不同的东西，哪怕他正与你讲话，也是如此”的描述之中。与此相关的一个特征是，另一个囚犯医生观察到他“从关心和快乐的状态闪电般地变化为……在几分之一秒的时间内……冷漠和残忍”。

一个精神分裂者会有相当程度的精神麻木，但门格勒的麻木却是惊人的。如同洛蒂·M医生所言，“他最主要的就是完全缺乏感情，缺乏情感”，对自己参与其中的奥斯维辛的恐怖完全无动于衷。她进一步解释说，“在他对每一个人的蔑视中……他从来看不到一个‘人’——除了医生们”。所以他看来就没有“任何个人联系”。亚历山大·O说门格勒有一
377 双“冷漠的眼睛……对于苦难没有感觉。”特里萨·W说他“脸上没有感情”。有传言说他性无能，人们觉得他“对女人没有感觉”，无论这些是真是假，它们反映了囚犯觉得他整体缺乏人之情感的强烈印象。

虐待狂是指在导致他人的痛苦中获得愉悦，在门格勒身上我们看到了这种倾向的许多表现。甚至他服饰和举止行为的风格，都可以理解为这个环境中接近于虐待狂的表现。它也是人们通常所称的“自恋”，通俗用法中所讲的极度的自我专注，可与精神分析学中所讲的朝向一个人自己身体或个人的性能量（“力比多”）相对照。就门格勒而言，人们的印象是他的“自恋”和虐待狂都与他想要无所不能、想要完全控制环境，尤其是奥斯维辛一个党卫队医生能够得到的生死之控制的内在冲动联结在一起。

的确，奥斯维辛环境在刺激所有这些特点——精神分裂倾向、麻木，以及虐待狂与无所不能的融合——上的重要性，怎样强调都不会过分。好几个囚犯专业人士强调，如果不是在奥斯维辛，门格勒毫无疑问会走一条成功的学术之路。如同马格达·V医生所言，“在正常时期，他会是一个稍稍有点虐待狂倾向的德国教授”。

门格勒的所有行为——尤其是他能够造成痛苦而对受害者毫无感觉，必须与他在意识形态上的参与结合起来理解。不同于大部分党卫队医生，门格勒是一个真正的意识形态者，他将自己的人生理解成是为一个更大的愿景服务。他无疑将自己视为一个纳粹的革命者，一个献身于重塑他的民族并最终是重塑世界人民这个勇敢任务的人。他和他这一类人不同于此前的革命者，他们调用的是生物学，门格勒体现了纳粹的生物学革命。他是

先锋队的一部分，这些人视自己的使命很高尚，将对敌人或任何一种阻碍的勇气和残忍（或是纳粹喜言的“坚硬”）视为个人美德。对于门格勒这样的人来说，意识形态使命可以论证任何事情的正当性。

所以，马格达·V医生就称门格勒是“那些人之中最为绝对虔诚的纳粹”。洛蒂·M医生也谈到他是一个“理智上真正的相信者”，有资格抱怨其他党卫队人员的愚蠢，“然而又相信荒谬……（种族）理论”。伊娃·C也说“除了希特勒之外，他就是最相信的人了”。亚历山大·O称他为“希特勒的机器人”。

如同他的朋友恩斯特·B一直强调的那样，门格勒是一个极端的反犹主义者。他视犹太人为一个具有高度天赋的民族，这个民族陷于了与雅利安德国人的生死斗争。他的反犹主义是种族理论的广阔意识形态席卷的一部分，恩斯特·B医生说门格勒“完全相信消灭犹太人是恢复这个世界和德国的前提条件”，就清楚地表明了这一点。雅各布·R将门格勒理解为一个党卫队神秘主义者，他相信“如果所有犹太人都被消灭，胜利就会自动到来”。

门格勒的反犹主义既是彻底的，又是当下的。按照恩斯特·B的说法， 378
在党卫队医生中，门格勒常嘲笑地说这里待犹太人太好，奥斯维辛成为了一个“犹太人疗养院”。马格达·V医生说，“我真的认为他是仇恨我们”，“对待犹太人就如同实验室里的动物——并不是人”，因为“在他眼里，我们在生物学上是低劣的”。

门格勒这样的意识形态者可以体现为“冷冰冰的超然者”，如果是为了一个“更高的目标”就完全不需要感受别人的痛苦。为了这同样的原因，他们也会有一些实用主义的考虑，门格勒无疑就是这样。意识形态的狂热与个人野心并非不相容。门格勒是党卫队的一个“优秀战士”（按照恩斯特·B的说法），但他并没有“虚假的党卫队雄心”，我们知道他有真正的雄心，这既体现于他的意识形态层面，也体现于他那种要作为一个伟大科学家得到承认的自负愿望。尼伊兹利医生观察到门格勒身上有“那么多超然冷漠”和“那么多邪恶”，或者是评定他为“一个罪犯医生”，[56]对此不会有什么人质疑的。但是，这种超然的冷漠和犯罪，这种麻木和无所不能，所有这些都与一种愿景联系在一起，当时在德国和其他地方有太多的人将此作为一种强有力、甚至是高贵的未来而感受着。

最终的奥斯维辛自我：医生—屠杀者—研究者

超过任何其他党卫队医生，门格勒在奥斯维辛更多地实现了自我。他在这里回归了自身——找到了他才华的表达，潜在的东西变成了现实的东西。聪明但又谈不上非常聪明的门格勒，在奥斯维辛找到超越了自己才华的表达和承认。在他原有的心理特征和意识形态信仰上又增加了最重要的奥斯维辛环境，这就形成了一个医生—屠杀者—研究者的奥斯维辛自我的强化版本。

门格勒把一个党卫队医生在奥斯维辛具有的无所不能的权威加以最大化。他可以用滔滔不绝的强力表演来展示这种无所不能，因为这与他带到这座集中营来的心理特征和意识形态是极为融合的。在奥斯维辛，门格勒可谓是“对的人在对的时候到了对的地方”。他的野心和能量被奥斯维辛所激发，在这里他的所有能力得以同步激发。所以，有一个囚犯（前面已经引用）评说：“他总是有……一个人……做他的事，而且做好，对所做之事没有丝毫怀疑的那股子劲。”或者是如扬·W医生所言：“这是他的一桩大事业，他的奥斯维辛，他很享受做这件事。”

不管这对于一个党卫队驻营医生来说是多么不同寻常，但门格勒成为了奥斯维辛的灵魂，与奥斯维辛最为协调一致的人，成为其他人的一个榜样。所以他被维尔特和韦伯（尽管维尔特与门格勒有冲突）选为德尔莫特的导师，门格勒能够让这个迟疑而犹豫的党卫队医生明白进行筛选的好处和必要性。

379 他之所以能够帮助恩斯特·B医生适应奥斯维辛，而且尽管两人之间有着意识形态和性格上的不同，他也仍然能够成为恩斯特·B的一种“激励”，原因就在这里。

最重要的是，门格勒能够将他的意识形态和医学精力结合起来，从而为奥斯维辛的屠杀过程加上一种逻辑。看到他如此“适合”此地，他的精力释放出来，其他的党卫队医生，乃至于某种程度上的囚犯，都会自然而然地感觉到这种奥斯维辛“逻辑”。门格勒本人当然体验到了这种逻辑，即使在他反对某些做法时（比如屠杀波兰知识分子和毁灭吉普赛人集中营）也是如此，因为这些反对依据的是一种理想的纳粹版本，他想让奥斯维辛据此行事（他显然认为那两类人根本上属于“雅利安人”）。他的意识形态献身和纪律达到了这样一种程度：他对这个纳粹—奥斯维辛大前景的某些方面的反对，永远不会减少——甚至可能会强化——他对这整个前景的忠诚。他曾慷慨给予那么多关爱的那些吉普赛儿童，又被残忍地送向焚尸炉，这显示的，并不仅仅是他对命令的服从，而是他对一个更高真理的忠诚——不管它里面有什么样的小失误。他传播的这种奥斯维辛逻辑与他坚信自己在这里所作所为有关，后者又是一种医学“逻辑”。

这种坚信反过来又成为他角色转换能力的一种显示，与他的精神分裂倾向和麻木超然大有关系，这种能力是奥斯维辛这个机构所极力培育的。于是，这就成为了门格勒形成角色转换倾向的一个双向强化过程，一个恶性循环。奥斯维辛要求这个，而他又在奥斯维辛精力充沛地将之表现了出来。塔德乌什·S医生将门格勒定性为“一个完美的党卫队”，这不妨改为“一个完美的奥斯维辛党卫队提倡者和医生—导师”。门格勒可以成为出类拔萃的奥斯维辛学究，因为他的行为是如此完美地诠释了这座集中营的本质。

正是在奥斯维辛实现的这种特殊生命力，恩斯特·B将之称为门格勒的“强大的生命原则”——这种生命原则包括了强度罕见的无所不能的虐待狂的冲动，在奥斯维辛，门格勒太容易将它发泄出来了。不管他“死气沉沉的眼睛”中有着什么样的自我专注和沉思，门格勒很可能是奥斯维辛最为活跃的党卫队医生。一个囚犯医生说他身为一个医生却“扮演上帝”，又反过来是一种“上帝扮演医生”的形象，这触及到了门格勒的一种感觉：他体现着一种更大的精神原则，是神圣的纳粹神性——不管这种神性本身是对未来的一种意识形态愿景，还是元首本人——之化身。

邪恶之神或邪恶之人？

门格勒在奥斯维辛的行为模式所开始的这个邪恶化过程，有助于我们理解他的光环和他对奥斯维辛囚犯的意义，以及他在今天对我们的意义。这里我们不妨回到那个门格勒传奇：门格勒作为一个邪恶之神的形象。

380 霍赫胡特将他笔下的门格勒形象地描写为“只是扮演着人的角色”，他想把这样一个人物塑造得如此邪恶，以至于不再属于人的范畴，从而对纳粹主义进行简化。这样一种样本对邪恶进行了提炼，并让其变得更清晰，我们对门格勒的充分了解，也让我们知道他的确属于这个范畴。然而，尽管人们把他归为这种传奇角色，但即使是门格勒也显示我们熟悉的人类行为的许多方面，有霍赫胡特所说的“［克制］不去挖掘［他的］人性特征”。[57]我清楚表明了我反对这种单纯的人性邪恶的传奇，我们应该致力于探索动机与行为的关系。现在回到这种传奇上，只是为了更多地探索门格勒作为这种恶魔人格的理想候选人的一种作用。

在奥斯维辛，有一些时候囚犯医生觉得有必要忘掉门格勒的医生身份：“他是一只怪兽，时不时的，完全不是一个医生，”亚伯拉罕·C医生这样说，“一个怪兽……由他而来的只有邪恶和灾难”。

一个女性幸存者谈到了门格勒的一些光环，说“他代表了它［奥斯维辛］针对我们所代表的东西”，也就是说，门格勒就是奥斯维辛。另外一个人说他“如此可怕”，“更像一种抽象物”。为了说明门格勒对她意味着什么，她给我读了她依据自己童年记忆写的一篇短篇小说，其中描述了她作为一个小女孩曾不成功地想要软化和讨好这个男性欺凌者，他当时正在吓唬她和其他犹太儿童。读完之后，她总结说，“门格勒让人害怕……让人钦佩。我们想要讨好他……几乎就像是引诱［一个人］。”所以，门格勒无所不能的感觉就既让人害怕，也让人有某种钦佩，这二者结合起来颇有助于形成一种传奇，人们是很难让自己摆脱这种既害怕又钦佩的状态的。

让门格勒更具光环色彩的是他的逃跑神话。有一种虚假的传言，说他“在集中营被解放之时得了斑疹伤寒”，“当他渐渐康复时，就逃跑了”。[58]事实上，在集中营解放之前他就走了，不过，那个神话与他离开奥斯维辛后据说被人发现的一些地方有关系，这些地方是拉文斯布吕克、达豪和捷克斯洛伐克境内的一个小集中营，但这些说法的准确性不好说。

这个逃跑神话因他对战后当局和司法的明显蔑视而延伸：他在贡兹堡附近的家乡住了几年，在这里得到了当地官员和家族影响的庇护；后来又在南美活动，包括在不同的地方以不同的名字行医，就在阿根廷要把他引渡给西德之前，却突然消失；他就消灭本地印地安人口这类问题给一些独裁者提过建议（比如巴拉圭的阿尔弗雷多·斯特罗斯纳将军，此人是德裔）；他用计谋打败了一个想诱惑他从而把他杀死或抓住的以色列年轻女间谍，最后发现是这个女间谍自己死了；还有传言说纳粹在南美各地有巨大的毒品交易，他参与其中；还有各种报道说人们在巴拉圭见到他，与他交谈，说他在当地的一个德国社区——如果不是纳粹社区的话——仍有影响，说 381
他在撰写自己的回忆录，为自己一生的行为辩护。各种真相、夸张和编造交织在一起，传奇越滚越大。

对于许多幸存者来说，门格勒曾经代表了奥斯维辛邪恶，只有抓住和审判门格勒才能在他们的人生中消除这种邪恶的阴影。“我得活到看见他受审的那一天，然后死而无憾”，一个囚犯医生这样说。他补充说，“人们应该知道……应该被告知他的所作所为是邪恶，［因为］无论如何，除了天国的正义外，还得有人间的正义”。这位幸存者要超越传奇而走向这个人。那个孪生子西蒙·J把这一点说得更为直接：“我很想坐前排最好的位置，听听对他的审判，［因为］我的确害怕他……对我而言，他是我对德国一切东西害怕的根源。”然后是这件事情的核心：“我会非常有兴趣听一听那些细节，看看他怎样变形回到一个人，而不是那个‘全能的上帝’。”另一个幸存者表达了对门格勒的类似需要，也就是要理解“这就是所发生的事情”，他还补充说，“在那之后，我希望自己心里就平静下来了”。

所以，这种想象的对门格勒的审判就涉及到他的传奇和他这个人，对门格勒的正义代表了一种正义秩序的恢复，一种克服巨大的“生命存在法则的创伤”的手段——奥斯维辛可以说体现了马丁·布伯（出生于奥地利的犹太人哲学家。译者注）的这个表述。这也意味着一种可怕神性的摧毁：门格勒这个神不但要还原为人，而且是面对真相和报应的不堪一击者。只有到了审判时刻，许多感觉极度无助，觉得自己人之身份事实上已被摧毁的幸存者才能摆脱他的控制而重获自由，体验到生命力的存在，感觉自己是活着的。这些幸存者中，有些人在探讨门格勒对于他们的意味的同时，坚持要超越门格勒去思考。亨利·Q医生一方面充分意识到门格勒是一个“可怕的人”，是人们在奥斯维辛“听到最多的名字”；同时又提醒我不要过分集中于他身上，因为奥斯维辛必须作为“一项集体事业”来理解。另外一个囚犯医生也有同样的看法：“门格勒不止一个。他们全都是门格勒的一部分，所有那些医生。”她说，门格勒身上在道德层面和心理层面显示得如此刺目的那些东西，可能较为低调地存在于所有党卫队奥斯维辛医生身上。所以，我们可以说，尽管门格勒可以作为“医学奥斯维辛”的一个样本，但我们可以使用他来帮助我们打开，而不是忽略奥斯维辛真相的更为广阔的邪恶。

其他一些幸存者想到了多尔夫（1978年的电视剧《大屠杀》*Holocaust*[59]中的人物）的性格，他是一个聪明的野心家，在党卫队层级中上升，成为了计划消灭犹太人中的一个关键人物。洛蒂·M说，如同多尔夫，门格勒“非常酷”，“面部轮廓清楚”，是一个“英俊小伙子”。尽管门格勒更为意识形态化，但她还是能够想象门格勒去做电视剧中多尔夫所做的事情，为大屠杀提供“最后解决”之类的委婉说法。马格达·V震惊于多尔夫
382 与纳粹医生的相似性：“他不是一个怪兽……他们［纳粹医生们］之中没有一个是……你知道的”，而只是一个易犯错误的、容易堕落的人。门格勒是最接近多尔夫的，但她也说“我相信他们［纳粹医生们］全都是一些多尔夫”。

在这么一个可信的虚构人物中看到了门格勒和其他的纳粹医生，也有助于从神到人的变形。门格勒可以被视为一个有控制才能之人，他自己的野心已被强烈激起，他也对自己如此高效服务的这个屠杀项目进行了无害化。

最后的真相出现在1985年。门格勒的尸体被发现，关于门格勒战后在欧洲尤其是在南美的生活没有什么新的说法。[60]从门格勒在奥斯维辛时出生的儿子那里，从一些向他提供了支持或庇护的人那里，我们得到的是一种此人越来越奔波逃跑的感觉：开始时，他在避开追捕上做得有效而

成功，然而这些年中，他越来越独孤、绝望和担惊受怕，害怕于“那些犹太人”的追杀，有时甚至自杀过。他不再有他的奥斯维辛舞台了。不但不再能绝对控制其他人，事实上也控制不了自己的命运。并不令人吃惊，他仍然是一个狂热的意识形态者，但他的日记内容却变成了科学与宗教的喧闹，他越来越变成了一幅讽刺画的一种意识形态讽刺。然而，他仍然有喜爱的能力：对他儿子的喜爱，儿子在12岁时短暂地见过他，称他为“最好的叔叔”；对他弟弟遗孀的喜爱，在他儿子所谓的“爱的婚姻”中，她成了门格勒的第二任妻子；后来又对一个女管家的喜爱，他要求他与她一起生活，但却遭到拒绝，因为他不会与她结婚；最后是对一群米克斯犬的喜爱，他喜欢与它们待在一起，并为其治病疗伤。

据说他死于1979年，游泳时心脏病发作而死，在巴西用另外一个名字埋入坟墓。对他身份的确定，依据的是对其尸体的研究，尤其是骨骼和牙齿。现在是他的尸体被解剖着，而不再是他的那些奥斯维辛受害者的了。

然而，这个结果在心理上并不令人满意，尤其是对那些奥斯维辛幸存者来说。他们需要的是抓住他，把他交付审判，听听他的自白，把他置于他们的怜悯之下。未能做到这个，许多幸存者都拒绝相信巴西坟墓中的这具尸体是门格勒的。在尸体身份确认后不久，一个被门格勒研究过的孪生子告诉我，她就是不相信她在奥斯维辛认知的那个傲慢、不可一世的人物会有“性格的改变”，在巴西成为一个担惊受怕的隐藏者。她说，事实上，她和其他人在心理上并没有完成门格勒从邪恶之神到邪恶之人这样一种“变形”。不过，我们毕竟还是有了一个变形的故事：一个人被剥夺了他从事邪恶的权力，在生活中渐渐地衰变——身体上、精神上都是如此，然后快速而看得见地成了一具尸骨。在那些幸存者和其他人的脑海中，随着时间推移，这种变形必然会固定下来。 383

门格勒在奥斯维辛的多面性既是他传奇的一部分，也是他被去神化的来源。在集中营中，他是一个幻想的意识形态者，一个效率很高的屠杀官员，一个“科学家”乃至于一个“教授”，一个在几个领域的创新者，一个勤勉的野心家（如同多尔夫）；而最为重要的是，一个变成了屠杀者的医生。他将自己揭示为一个人而非一个恶魔，此人与奥斯维辛多方面的和谐让我们得以洞察——让我们对此停留沉思——人有将治疗转变为屠杀的能力。

第18章　治疗—杀害之冲突：爱德华·维尔特 384

“我可以说，我一直尽自己的职责，我从来没有做过任何与要求我所做之事相反的事情。”

——爱德华·维尔特

爱德华·维尔特最直接、也最极端地体现了奥斯维辛的治疗—杀害之冲突和矛盾。作为一个敬业的医生，他的名声颇好，那些能够近距离观察他的囚犯们形容他“仁慈”、“尽责”、“正派”、“礼貌”和“诚实”，然而，还是这个人，他建立了集中营筛选和医学化屠杀的系统，在两年的时间内监督着整个过程，绝大部分屠杀就发生在这两年之中。由于这种分裂性，他就成为了少数几个奥斯维辛医生中的一个，这些人经常不仅仅是作为罪犯，而且也作为“悲剧人物”被人谈起。赫尔曼·朗本这个政治犯在达豪和奥斯维辛都做过他的文书，认为他是奥斯维辛唯一拒绝屈服于普遍腐败的纳粹医生，他在那里一点都没有发财致富。从第一次在达豪遇见维尔特时起，朗本就震惊于维尔特在医疗上的尽责，认为他“完全不同于其他的党卫队医生”。[1]

他死亡的故事也与众不同——这倒不是他的死法不同（相当多的纳粹医生都是自杀），而是就在他死前发生的事情不同。据说（这很可能是准确的）一个英国情报官员，他属于维尔特所去投降的那个组织，与维尔特打招呼，说“现在，我要与一个人，一个……要对四百万人死亡负责的人握手。”这天晚上，维尔特就上吊自杀，尽管被割断绳索救了下来，但两、三天后就死了，时间是1945年9月。[2]

385 我能够从广泛的来源得到大量关于维尔特的讲述：与他两个关系密切的家人交谈，与在奥斯维辛知道他的那些党卫队医生交谈，与奥斯维辛的囚犯医生和其他接触过他的囚犯交谈，看他自己写的东西，尤其是他从奥斯维辛写给妻子和其他家人的富有启发的信件，以及他在就要被监管之前写的一篇绝望的自传体告白；看各种各样的党卫队记录和法庭材料。最后是朗本，他在自己的著述中和与我的交谈中，是一个很重要的了解维尔特的来源。

近来有一部荷兰纪录片，假定维尔特是我们理解奥斯维辛和纳粹整体最为的关键人物，以此为基础来探讨这个主管医生的一生和他的奥斯维辛活动。[3]在一个前所未有的邪恶项目中，维尔特以一个“好人”的幽灵成为了其中的一个突出人物。

背　景

爱德华·维尔特1909年生于南德维尔茨堡附近的一个村庄，是三个男孩中的老大。他的父亲是出自一个匠人家族中的石匠，他的石料加工厂办得很成功，成为了当地名人。老维尔特在第一次世界大战中做过医护兵，后来境况不好，持有一种和平主义的看法，这无疑体现在他（如他的一个儿子所说的）“我们全都当医生”的愿望中。（他的二儿子也当了医生，老三如果不是童年就因恶性肿瘤死去，多半也会当医生的。）

这位严格而又受人爱戴的父亲具有自由派思想，于是形成了一种人性和民主社会主义般的家庭氛围。

在男孩之中，维尔特在做一个一丝不苟、服从、极其尽责和可靠的人方面，是最受父亲影响的，这些特点持续进入他成年之后的人生。他从不饮酒和抽烟，在与他人打交道上被形容为富有同情心和“温柔”。

爱德华·维尔特一直都是好学生，显然也成为了一个非常好的医生。在著名教授汉斯·亨塞尔曼的指导下，他在妇科学方面有深入的学习。尽管他显示了外科医生的才华，但最终还是在自己的出生地附近的乡村地区做了全科医生，这部分是因为需要在经济上支持家庭，在这里他娶了妻子，妻子也是他一辈子的唯一一个女性。

学生时期，他被民族主义和“人民”的观念所吸引，于1933年加入了纳粹党和冲锋队，并在第二年申请加入党卫队。作为一个热心和理想化的国家社会主义者，*他自愿到魏玛的图林根州种族问题办公室服务，因为就 386
像他在1936年的一份党卫队表格中填写的那样，“我对人类遗传学和种族卫生尤其有兴趣”，他还写到了他“热爱党卫队制定的生物学任务”。尽管他是作为一个天主教徒长大，开始时在官方表格中也这样填写，但后来却换成了纳粹喜欢的分类“信仰上帝者”。[4]

从20世纪30年代后期开始，他就将自己的时间分布在乡村执业（据说他在乡村行医是如此认真，以至于对自己使用的器械都要进行消毒）、州医学岗位（这与这个政权很靠近）、对来自东部地区“重新安置”在德国的德裔人群的医疗工作，以及自愿参加的军事服务这样几个方面。他于1939年进入党卫队，在挪威服务，并在俄国前线参战，直到1942年4月，他因心脏问题和可能有的其他疾病被判定为不再适宜参战。

维尔特早期对待犹太人的态度是矛盾的。他的家庭不反犹，他不仅有犹太病人，而且在当局宣布雅利安人医生治疗犹太人为非法之后仍然给他们治疗。他所在的那个地区没有犹太医生，所以犹太人就在晚上悄悄溜进他的诊室，有时候就是治疗纳粹迫害造成的受伤。与此同时，维尔特显然也接受了广义的纳粹反犹世界观，开始相信“犹太人对于德国是一种危险”，显然他把这种意识形态上的反犹带到了生命的最后。[5]

---

*朗本指出，由于早先的社会民主派倾向，维尔特开始时对纳粹有些不适应。但维尔特后来的纳粹热情是没有疑问的。

奥斯维辛主管医生

维尔特在德国境内的两个集中营达豪和诺因加默待过很短一段时间，然后于1942年9月被派到奥斯维辛。他之所以被派到奥斯维辛担任主管医生，很可能是因为他的医学声望，以前那些主管医生都未能阻止顽固的斑疹伤寒传播，它越来越影响到党卫队人员的健康。朗本后来形容维尔特是“一个有能力的医生，有强烈的责任感，高度尽责和细心”，即使是那个无能却又反对维尔特的上司洛林也形容他是“所有集中营中最好的医生”，奥斯维辛的司令官霍斯也说，“我在集中营部门干了10年，从未遇到过比他更好的医生”。[6]尽管维尔特的医疗人性——对囚犯病人关心和友善——无疑不是任命他在奥斯维辛担任高位的原因，但在朗本看来，这却对奥斯维辛的许多囚犯意味着很多。

维尔特没有辜负阻止斑疹伤寒传播的期待，他使用普遍消毒杀菌程序，与囚犯医生们合作来确认、隔离和治疗斑疹伤寒病人而做到了这一
387 点。他也改善了医疗区的条件，扩大了已经在奥斯维辛待了一段时间的波兰囚犯医生的工作，并且开始允许大量来到奥斯维辛的犹太医生也从事医疗工作。所有这些都与党卫队要在奥斯维辛维持足够劳动力的整体政策相一致，朗本发现，“从纯粹的医疗角度”提出事例，有可能让维尔特实施一些能够救命的做法。[7]

比如，他指出致命的石炭酸注射使阻止斑疹伤寒传播的医学措施不能维持，囚犯们会因此变得害怕医疗区，故而即使得了斑疹伤寒也不愿意进去，于是又传播给了别人，从而说服维尔特停止了致命的石炭酸注射（见本书257页）。一旦被说服，维尔特就把对这种注射负最主要责任的两个人调出了医疗区，一个是下令进行了最多注射的党卫队医生恩特里斯，一个是卫生兵军士约瑟夫·克莱尔——他进行的注射最好，超过了任何其他人。[8]

维尔特也保护囚犯医生和其他做医疗工作的囚犯。有一次，那个臭名昭著的党卫队女军官伊尔玛·格里塞正在鞭打一个在医疗区工作的囚犯，他发现后喝斥并制止她：“不要打我的人！”第10区的一个囚犯主管坚持要打其他囚犯时，维尔特不仅撤掉了她，而且前所未有地授权给一个犹太

人囚犯医生来管理这个医疗区。[9]

维尔特行使他的医疗自治，与奥斯维辛的盖世太保首领马克西米兰·拉格布纳形成了对峙。拉格布纳的政治部在11区的地下室有一个监狱，还经常在11区和第10区之间院子的“黑墙”前枪杀囚犯，然后在官方报告中说这些囚犯在医务室死于某些疾病。维尔特（在朗本的帮助下）得知有这样一件事情后——它大大拉高了医疗区记录下来的死亡率，很愤怒，宣布“政治部必须对它自己造成的死亡负责”。由于发现恩特里斯和克莱尔也参与了这些事情，尤其是通过恩特里斯与盖世太保的紧密关系而参与进去，他们的调走也有助于解决这个问题。这件事发生在党卫队法官康拉德·摩根著名的奥斯维辛腐败案调查期间（见本书138—139页），这位法官支持了维尔特，因为不同于毒气室里的屠杀，黑墙的枪杀不被认为是合法的。摩根还支持维尔特反对拉格布纳逼迫将怀孕的波兰妇女杀掉。在对抗拉格布纳和其他奥斯维辛对手的斗争中，维尔特将自己限定于医学层面的是否适当，与此同时也谨慎地坚持规章制度。[10]

维尔特还使用自己的医学权威用其他方式救人。在奥斯维辛举行的盖世太保审讯中，他经常为被指控的犯人（通常是波兰平民）从医学能力上作证，证明他们可以从事有用的工作，要求让这些人作为普通囚犯进入集中营，而不是在黑墙前枪毙。他做精神病学方面的证明，也救了 388
一些人。

与实际的医疗工作打交道，维尔特显然感觉最舒服。霍斯在法庭上作证，说维尔特“一直与建筑部相争，因为他总是催促对医疗设施进行改善和新建”。1944年，维尔特事实上把他的大部分时间用于计划和建造一所新的党卫队军事医院上面了。在这一年的9月，尽管离战争完全失败和苏联军队已经不远了，这里还举行了一个庆祝这所医院开张的仪式，维尔特被提拔为党卫队少校（大队长）。整个场面体现了这种治疗声称中的狂热因素。不过，如同朗本观察到的那样，“这是一项纯粹的医学任务，维尔特很高兴来做。”[11]

维尔特传递着一种道德上小心翼翼的感觉。比如，在奥斯维辛医生中唯有他自己坚持食用战时食物定量。他一直持反对残忍和随意虐待囚犯，对于那些参与这种虐待的刑事罪犯总是打压，对于朗本这样的共产党员政治犯则要同情得多，在朗本这样的人身上，他可以感觉到他所尊重的那种正直。

他们两人之间发展出来了一种朗本称为“深入的人与人之间的联系”。[12]的确，一个集中营主管医生或一个出色的党卫队医生是有可能与一个囚犯文书发展出一种紧密关系的，在布痕瓦尔德和茅特豪森也有过类似的情况。所需要的因素中看来包括这个党卫队医生要保持医学的人性核心，党卫队官方也鼓励给囚犯提供一定的医疗帮助，以维持所需要的劳动力；而囚犯文书则要聪明、可靠，自己的人生中在道德或意识形态层面忠诚（常常是一个共产党政治犯）；另外还需要这两个人之间用德国文化联系起来。主管医生与囚犯文书之间的联系，还可以因他们对官僚机构的共同的适应能力而加强。

维尔特的冲突和性格特征，使得他易受朗本这种“强有力人格”的影响（塔德乌什·S的话），朗本一直利用他与维尔特的这种关系来改善所有囚犯的处境，尤其是共产党员囚犯地下组织的处境。这种关系使得维尔特能够保持自己的一种人性感觉。朗本和其他几个囚犯（包括卡尔·利尔，他在战后还记得这件事）显然与维尔特及其妻子有相当好的关系，当维尔特家在奥斯维辛时去他家作过客，与维尔特的两个年幼孩子一起玩“骑马”游戏。尽管他们的处境大不相同，但维尔特和朗本很可能体验着一种在浸透了死亡的环境中共同搏斗的感觉。[13]

我们稍后会讨论的维尔特内心的情感冲突，他周围的囚犯看得很清楚，他有时有强烈的愿望要离开这个地方。朗本和其他人好几次都试着
389 劝阻他不要这样做，总是把他给囚犯们带来的好处告诉他，与他走后其他人接替的可怕的不确定性进行对比。这种努力在朗本安排的一张送给维尔特的手写圣诞卡上表现得格外鲜明，这张圣诞卡由一个集中营送信人送给维尔特。贺卡上写着维也纳19世纪戏剧家弗朗茨·格里帕泽的两行诗：

一个人的生命，唉，如此微小，但是，一个人的命运，却如此广阔！

接下来是这样的话：“在过去的一年中，你在这里拯救了93000人的生命。我们没有权利去告诉你我们的希望。但是，我们自己希望在将要到来的这一年里，你还在这里。”贺卡的签名是：“一个代表奥斯维辛囚犯们说出这些话的人”。朗本知道维尔特“不能逃脱奥斯维辛屠杀氛围”的影响，担心“他可能会感到气馁”，于是写了这张圣诞卡来鼓励他留下，继续那些有利于囚犯的措施。93000人的数字是1943年囚犯死亡率与1942年夏天囚犯死亡率进行对比后得出的。[14]

维尔特和朗本之间的关系，并不能逃脱奥斯维辛悖论对所有这类囚犯（包括囚犯医生）与党卫队人员之间相对人性化关系的影响：一方面是它有助于拯救许多生命，但另一方面它也帮助党卫队医生去适应自己在这个死亡工厂中的核心作用。

囚犯医生们的回忆

与维尔特有过接触的绝大多数囚犯医生和其他囚犯对他的印象都很好，他直接救过好几个人的生命。比如，塔德乌什·S医生就承认自己的看法带有“个人情感”，因为维尔特救过他两次，一次是从惩罚室将他救出，否则在那里常常就是死亡。他准确地将维尔特概括为“非常聪明……很有教养，不同于那些野蛮的党卫队人员，但是……是一个纳粹意识形态者……他不喜欢毒气室这种方式……想要纳粹赢，但不是用这种方式……无疑灵魂上是纳粹，但不是一个残忍的人”。旺达·J医生被维尔特确定为第10区的领导人，她对维尔特的感谢既是因为他的这种支持和保护，也是因为“我请求维尔特做的每一件事他都答应了”。这种支持也将她从惩罚室救出，还以安排颇多年轻女囚在她那个区里做“女仆”的办法救了这些人。她对维尔特的最后评判有点含糊：“他是一个纳粹……从头到脚是一个罪犯……因为他筛选女人……和男人去毒杀”；然而，他又救了她的命：“我必须说，对于我，他的行为就像一个绅士。”

另外一个囚犯医生觉得维尔特是一个“来自正派家庭的人，他有一些道德品行”，他谈到维尔特得到了“不染血先生”的绰号。这是鸡眼膏的一个品牌，商标上画着一个老年白发医生希望用这款鸡眼膏来代替鸡眼手 390

术的图案，囚犯们看到后就以此来称呼维尔特。这个绰号可以暗示杀人但自己手上不染血，但这个囚犯医生觉得这个绰号更多地体现了维尔特个人的温和，以及在一个“染血”环境中的建设性努力。

维尔特培育了与一些囚犯的友好关系。塔德乌什·S谈到有一次他去维尔特办公室拿一些报告时，听到维尔特一直在给家人口授信件，信中表达了对囚犯的同情，对战争的不快。塔德乌什·S医生认为，“他想让我听到这些信”，并补充说“想让我们喜欢他”，维尔特已经想到了德国战败后自己的个人处境会是怎样。

朗本谈到了这种关系中一次强大的反转，它发生在战争的最后一年。1944年年中，英国广播公司的一次广播利用奥斯维辛地下组织提供的信息，把维尔特的名字列入到参与了屠杀装置设立的纳粹军官的名单中，并宣布了对他们的死刑判决。朗本从档案中得知这一天是维尔特妻子的生日，在与地下组织的同事们讨论了此事之后，安排了鲜花（这是一个从事园艺的囚犯弄来的）和一幅维尔特妻子和孩子的肖像画（由一个囚犯艺术家根据照片而画）送给这个主管医生。第二天，朗本向维尔特解释了这份礼物，尤其是那幅家庭画，“是为了表示那个死刑判决已经取消了”，并且补充说，“我并不是代表我自己说这个话的”。这是地下组织在一个合适的时候向维尔特宣布它的出现。朗本后来回忆说他当时曾经写下“现在，你是我们的工具了，主管医生！”然而，在希望增加他们对维尔特的最终影响的同时，朗本和他的朋友们也希望建立一个过程，它将导致事实上可以救下维尔特和他家人的性命。[15]

1944年年末或1945年年初，与朗本一起担任维尔特囚犯文书的捷克共产党人卡尔·利尔给维尔特送了一个提醒（他后来在给维尔特父亲的一封信中讲到这个提醒），要求这个主管医生制止一个计划（他和其他人听说了这个计划，这个计划也的确存在），它由政治部提出，要杀掉所有囚犯。仍然是以一种威胁和感染兼而有之的方式，利尔宣布，如果维尔特留下来并且帮助，那么就可以得出结论说：“在这样一个前所未有的困境中，一个人，一个德国党卫队的军官，如同一个人那样行事直至最后”；他希望维尔特不要放弃：“为了你和你的家人，为了一个强有力得多的他

［指上帝］。”在给维尔特父亲的另外一封信中，利尔讲述了他们最后一次见面时，维尔特“带着含泪的眼睛”催促他加入囚犯的疏散，因为他相信如果利尔留在奥斯维辛的话，俄国人会杀掉他。[16]

在这一点上，维尔特的情感无疑受到了他自己的混乱、内疚和对未来充满焦虑的影响。 391

试验性研究

囚犯们关于维尔特的看法，依据的是他们个人的观察角度，有些人就非常批评维尔特，尤其是维尔特的试验性研究。

维尔特的主要研究是子宫颈癌前病变。它首先涉及当时新出现的器具的使用，比如阴道镜，它要插入阴道，这样才能在自然状态中观察子宫颈；然后是使用一些物质（乙酸和一种碘化剂）。如果观察到了某些变化（可疑的病例就要考虑为阳性），那么子宫颈就要手术切除，送往他弟弟在汉堡—阿尔托纳的实验室（这个实验室由亨塞尔曼指导，他是维尔特原来的教授，也是最早使用阴道镜的医生之一），在这里进行癌前病变发展的研究。维尔特的弟弟是一个早已成名的妇科医生，参与了这项研究，由于他进行切除手术，并给其他人作示范，所以也被一些囚犯视为这项研究的发起人。[17]

不过，如同玛丽·L所解释的那样，“初看起来这个试验显得相对无害”，但结果证明远不是这回事。一是阴道镜检查不可靠，二是切除整个子宫颈没有必要（做一个活组织切片检查就可以了）。奥斯维辛囚犯的悲惨处境又造成了许多并发症，包括感染和出血，其中有些或是导致了死亡，或是使得病人极度衰弱而被筛选送入毒气室。这个囚犯医生后来说，维尔特的这个项目“就其任意性质和完全蔑视……源自纳粹头脑而毫无顾忌而言……与其他试验无异”。

几个幸存者医生因塞缪尔医生的被杀而向我谴责了维尔特，这个犹太人外科医生带着痛苦和傲慢同维尔特和其他党卫队医生密切合作，希望以此使自己和女儿存活下来（见本书250—253页），但最后两人还是被杀害了，塞缪尔的死亡尤其被视维尔特一方的背叛——无论是下了这个命令还是参与了这样做。所以，扬·W医生坚持认为“这是对塞缪尔医生就他的［维尔特的］性格说了一些坏话的清算，因为塞缪尔与他合作了很长一段时间，他利用了塞缪尔的知识”。

朗本谴责维尔特的斑疹伤寒试验，它导致了两起死亡，事实上也正是维尔特的这个文书让这个秘密的事情广为人知的（见本书291—292页）。[18]

当医生幸存者们来评判整体的奥斯维辛经历时，他们对维尔特的看法就倾向于较为批评性了。旺达·J医生尽管受到过维尔特的保护，但认为他
392 比其他党卫队医生“聪明”：“他从来不用他的手做［任何事］，而总是命令某个人去替他做。他自己从来不操作……从来不做……任何事……不注射，什么都不做。”旺达·J医生的结论是：“我不得不对你说，他很可能像其他人一样坏”，她这样说时，语气中有些犹豫。扬·W医生则颇为坚定地认为，“从正式的观点来看，维尔特要为从1942年9月到集中营结束这一段时间内其［医学部门］发生的每一件事情负责，所以他必须承担——在意识形态上承担——集中营里发生的每一件事情……数百万人被毁灭了。”

一个“正确”的官僚

维尔特将官僚技能与一种“正确”（这个概念表达适当、受控制、相对非个人的行为，它浸渍着德国文化和性格）的品质以及可靠性用一些方式结合起来了，这使得他既能够帮助囚犯，同时又在党卫队内获得成功。他对组织的忠诚，其他的党卫队观察者总是看得很清晰。恩斯特·B认为他要超过简单的一个纳粹当局的代表，是一个人们可能要躲远一点的人，因为他要求的是“官僚的精髓”。观察维尔特更近的鲁道夫·霍斯谈到他时，认为他是一个“责任感很强”的人，“极其尽责和……尽心地服从所有命令与指示”。这个奥斯维辛集中营的司令官继续说，维尔特与囚犯打交道也很“正确”，唯一的缺点就是对他们经常“太温和了，太好脾气了”，对待囚犯医生“就像同事”。不过，他还是“一个好同志……非常受欢迎”，“每一个向他寻求帮助的人他都帮”，“每个人都信任他”。[19]

要“每个人”都信任他，这就要求维尔特在根本上接受奥斯维辛的情境，如同霍斯在评说他时暗示的那样，尽管维尔特“往往非常敏感于这种事情”，但他从不反对涂有红十字标志的救护车将那些筛选出来处死的人运往毒气室。的确，维尔特本人开的车上就插着“印有红十字的三角旗”。[20]

维尔特弟弟赫尔穆特·维尔特对哥哥的评论中也有类似的意思。有一次，他和他哥哥看到医疗区外那些骨瘦如柴的尸体的可怕场面时，“真正让我不安的是他［维尔特］告诉我，这些人都是自然死亡”。维尔特当然是指他们不是毒气室或任何直接屠杀的受害者，然而，不管把奥斯维辛中的哪种死亡称为“自然死亡”，都表明他在认同这个机构上已经走得很远了。

维尔特意识形态上的反犹对他官僚性地适应奥斯维辛起了作用。他可以允许犹太人囚犯医生做更多的医疗工作，但说“不可能”让他们 393
去治疗任何雅利安人，并且坚持医疗区要分开设立，以防止这种情况发生。在这个问题上，他的“正确”观念与他意识形态上的反犹起着同样的作用。

维尔特这种官僚式的态度也对他的斑疹伤寒试验起了作用。朗本告诉我，他估计维尔特的思维过程可能是这样的：斑疹伤寒仍然是党卫队人员面临的一个问题，必须试验出新的药品或血清，由于当时奥斯维辛已经没有斑疹伤寒病例了，“不管怎样，只有犹太人，他们反正是要死的，但现在我可以［用他们］来试验新药，这对许多［德国］人是很重要的”。[21]

维尔特的组织忠诚或许最有揭示性：他曾邀请朗本以加入党卫队来换得自由。他听说有这样一个政策，它曾几次用于雅利安人囚犯之后十分兴奋，如果以某种方式用到朗本身上的话，那就能够允许朗本继续做他在集中营正在做的工作，但变成在党卫队内部来做了。朗本委婉地拒绝了，维尔特颇不高兴（“他脸上失去了友善”）；不过，听到朗本解释说那些囚犯都是他的同志，他不能去做奥斯维辛的党卫队人员会被命令去做的事情，维尔特说“你这样做是值得尊敬的”，尽管听起来“还是有点失望”。[22]*

筛　选

筛选是事情的关键，对于机构化奥斯维辛，对于它的主管医生，对于理解维尔特的内在矛盾，都是如此。能够说明问题的是，他强烈反对筛选，也反对医生执行筛选，至少开始时是这样。霍斯提到了他对这种大规模屠杀犹太人的反对，朗本也谈到有另外一个党卫队军官记得维尔特曾告诉他医生的任务是治疗，筛选不是他们应该去做的事情[23]。

不过，维尔特很快就发现他要做的是努力将筛选置于医生的控制之下，也就是置于他的控制之下。维尔特的一个密友和党卫队医生同事后来在法庭上作证说，在1943年春季之前，筛选是由集中营司令官和他的下属来做，维尔特认为他们把许多适合工作的人送到毒气室去了，此事应该安排医生来接管（参见第8章）。+

394 如同许多类似政策一样，由医生进行筛选的官方政策（由柏林制定的）在奥斯维辛基本上被忽略。维尔特坚持奥斯维辛要遵守既定政策，这也显示了他官僚性的正确。而且，如同恩斯特·B所强调的那样，对筛选的控制是集中营中一个重要的权力来源，维尔特通过让医生们来进行筛选而巩固了自己的权力。在接受这些动机的同时，我们也必须说维尔特的主张其实是一种坚持屠杀必须医学化的方式。这个主张与本书前面谈直接医学杀人或“安乐死”时提到的那个“注射器应在医生手中”的提法是一样的。

---

*维尔特不知道的是，他想拉入党卫队的朗本其实是半个犹太人。朗本在集中营里小心翼翼地保守了这个秘密（他后来解释说），因为如果被人知道的话，会让他陷于极大的危险之中。

+这种变化与我访谈的一个德国医生相似。此人是著名的学术型专家，在一次军方医生的会议上曾颇为勇敢地说出了对人体试验的不赞同，但后来却参与了（尽管是以一种间接的方式）这样的试验。康迪曾礼貌地召见过他，他与康迪进行了“公平的讨论”，康迪这个上司显然说服了他：对于拯救德国士兵的生命来说，这样的试验很重要。他也觉得有必要忠诚于这个纳粹项目提出来的任务，同时也相信通过自己的参与可以改进所要做的事情。

维尔特也坚持要用他自己的人来值班，进行筛选，而不是把此交给那些下属。维尔特拒绝逃避一种普遍认为是繁重麻烦的任务，这种态度让朗本“颇为尊敬”。[24]维尔特的这种态度看似“人性的医生”与野蛮斗争，但事实上是“让注射器掌握在我手中。如果要有人来杀，就让我来杀”。良心让位于尽责，拯救生命变得与屠杀联系在一起了。

不仅仅是主张对筛选的医学控制，维尔特还变成了筛选的组织者，变成了“负责者”。正是他与党卫队领导人讨论集中营在运来的囚犯中需要什么样比例来筛选送往毒气室的人，或者是在集中营中筛选多少人去杀掉，以减少过分拥挤和传染病的危险。也是他制定了筛选中的那些政策（同样很可能是与集中营领导人以及其他医生讨论后的基础之上），比如母亲与孩子是否或什么时候进行分离，等等。

所以，当大量匈牙利犹太人开始来到奥斯维辛后，就是维尔特对卫生研究所的党卫队医生施加压力，让他们也参加筛选，即使这并不是他们职责的一部分。他还（和门格勒一起）逼迫不情愿的弗奈兹·卢卡斯参加筛选（见本书194—195页），把他带到坡道上，这样就可以让他参加他的第一次大筛选了——而这次筛选正是维尔特本人进行的。维尔特不仅愤怒地指责卢卡斯后来躲避筛选的努力，而且还威胁同样不太情愿参加筛选的牙医威利·弗兰克医生，提到了“元首命令”的原则，提到了相当于前线的值勤，说拒绝进行筛选就等于逃跑。还有一次，维尔特申斥一个下属迟疑于取出尸体上的金牙填料：“［要知道］战争已经进行到第五年了！”[25]*

维尔特没有门格勒的天分和姿态，他自己是一个指挥官性质的人物。他身材很高，“雅利安人长相”，一个幸存者形容他是“所有穿他那种制服者中最为英俊的”。维尔特也对自己的党卫队举止颇为在意，这个幸存者说，他总是“夸张自己的完美，［与］这里的一片衣裳褴褛［形成对比］”。[26]换言之，维尔特这种尊严高贵的举止风度带来了一定的合法性，甚至让筛选显得“庄严”。 395

---

*即使在维尔特有了这种态度变化后，对于一个不愿参与筛选的军士，他还感慨地说过：“归根到底，是个有个性的人呀。”这又是一个他非常善于管理奥斯维辛内在矛盾的例子。

维尔特对筛选的控制最终控制了他自己。塔德乌什·S医生给我讲了一件颇有启示的事情。有一次，当恩特里斯筛选出2000犹太病人要送往毒气室时，他和朗本去找维尔特交涉。他们争辩说，这些犹太病人是健康的，能够为德国很好地干活。“维尔特几乎要哭了”，他帮助塔德乌什·S先是安排了1800人，后来又纳入剩下的那200人，全都留下不送。然而，几天之后，维尔特从一个外营筛选了2000人送往毒气室。所以，塔德乌什·S医生的结论是：“这就是他让自己的工作对上司显得合情合理的方式，不在朗本和我面前去做，这就是他行为的……一个典型特点。”维尔特非常反对将自己视为（也不让其他人这样看他）一个参与屠杀的人，但事实上他以勤勉地监管整个屠杀结构而参与了屠杀。

筛选所显示的——维尔特的参与和陷入治疗—屠杀的矛盾——体现于他在奥斯维辛的整个时期。

个人体验：情书、家庭和家园

除了对维尔特行为的上述观察外，这一时期他在心理和道德上经历了什么，有一些文档可以提供重要的证据，比如他写给妻子和父亲的信，他最后的自白书，还有那些近距离观察他的家人的回忆。

如同大多数纳粹医生，维尔特在奥斯维辛也经历着内在冲突，但也充分地适应了他在那里的工作。一个受着折磨的人却又有效地管理着奥斯维辛的医学化屠杀体系，他因内心冲突的强度和工作的凶残含义而引人注意。他的角色转换既是极端的，又颇不同于其他党卫队医生的角色转换，他身上不像他们那样是明显的一个奥斯维辛自我与一个先前自我的共存，而是两个相互争斗的奥斯维辛自我。一方面，他是一个忠诚和献身的纳粹，对纳粹关于德国国家和日耳曼种族的那些版本恪守承诺；另一方面，他又是一个医学人性和改善囚犯处境的坚定倡导者。他的纳粹—日耳曼自我使得他忠诚地参与到奥斯维辛项目，他的医生—人道自我又使得他成为改善囚犯处境的倡导者。事实上，他不得不将这两个自我分隔开来，尽管他绝望地想把它们结合在一起。他的奇迹在于——不幸也在于：这样一种内在结构能够如此长久地结合在一起，但不过它最终还是崩溃了。

在一种异乎寻常的程度上，维尔特依靠他与家人，尤其是与妻子的联系，得以维持了一种心理平衡。她和他们头三个孩子当时都很年轻，与他一起在奥斯维辛住了数月，可能是将近一年，时间是1943年下半年到1944年9月。在这段时间之前和之后，维尔特在奥斯维辛剩下的两年半时间里，经常给妻子写长信，信中充满了热情、哀鸣，常常还有绝望。他赋予妻子、孩子——以及与她们联系在一起的自我——以一种绝对纯洁和善良的意味。他以一个被邪恶所驱使的人才能产生的强度，紧紧抓住这种纯洁和善良。 396

他的第一封信写于1942年9月7日，是他到达奥斯维辛的第二天，就马上将自己对妻子和家庭的爱和责任与自己在奥斯维辛的工作联系起来。他谈到了自己在这里必须完成的“超人”任务，说自己所做的一切都是“为了你，我的生命、我的心肝，为了你和孩子们”；“只要我有你，有我的所爱，就没有什么是不可能的”。的确，他把自己的奥斯维辛任务说成一个名垂千古的项目：在处理“一片荒野，需要做大量的工作，需要大量的德国精神、精力与德国的工作”。这工作是“先驱者的，很不容易，但为了我们的孩子，必须去做。我的天使，是为了我们的孩子”。[27]

他极力压住最初的震惊和恐惧，迅速转到命运和责任上面来。他将她“无限的爱”等同于他这次任务所需要的“预防接种”，[28]也就是说，他们的爱将使他得到预防保护以面对在奥斯维辛所看到和要去做的。

一旦这次严峻的考验完成之后，“那时候我们将被允许真正地面对自己，我的爱，所以现在的麻烦是值得的”[29]。到了那时，他将因完成了这种奥斯维辛责任而得到他们爱情的美满快乐。奥斯维辛变得与代表着他妻子和孩子之绝对纯洁的崇高德国使命感联系起来了，成为了一个代表未来的不朽使命。

接下来的信件中，他倾泻了一系列无穷无尽的爱，包括对妻子的各种爱称：“最爱的妻子”、“亲密的灵魂”、“我的整个心肝你”、“钟爱的小小珍宝”、“小飞鸟”、“小圣父”和“万能者”。他的这种强度与一种结构上的正式形式相伴（德国读者证实了这一点），他的钟爱是绝对的，但他的文风和用语却远不是无拘无束的。这种钟爱与他要去控制的努力相伴，事实上也大大有助于他的控制努力。

在1943年下半年，他信件中的一个鲜明主题就是他快乐地期待家人到奥斯维辛来与他相聚。他从这个死亡营传出来的是一种几乎忸怩羞怯的准备基调，描述自己怎样把一个老地窖里的成堆碎片和废物清理出去，告诉妻子“最近两天，有许多特别工作队员在我们的园子里干活”，他还发现有一个建筑师，“能画非常美妙的画，提了一些很好的建议”。[30]在后面
397 的信中，他期待屋顶会装上去，地板铺好，窗户装好，还有关于园子的一个特别计划；再接下来，信件的调子就变成了一个会过日子的中产阶级丈夫了，信中提到要买“2把小扫帚，1个捣肉的木槌，一张儿童桌，4把相配的椅子，一个小脚凳，一个木马。”他说因屋子所需要的所有这些准备而感觉有点“尴尬”，但这并不是与奥斯维辛的受害者相比，而是与其他党卫队医生相比，因为他们之中有三个人必须共住一所房子。[31]

他写道他“要求快一点安好栅栏，因为有孩子”[32]。人们会琢磨这栅栏该有多高呢？只要高得能让孩子不越出去就可以了？还是要高得多，所以外面那个奥斯维辛世界就看到很少或一点也看不见？

他微妙地提到了他的性渴望，并把一种暴力的表达对准了任何想从他那里夺走房屋、幸福和所爱的人（“我会打碎他的头颅”）。他体贴地询问妻子的近况，催促她做那些医生规定的锻炼，表达了对显然为产后抑郁症（生了他们的第四个孩子后）、声称自己要死了的妻子的关心。[33]将他们的联系从他的奥斯维辛世界转移到这一方面，这种距离是令人吃惊的。

对于这个顾家男人来说，提到孩子们总是兴致勃勃的，比如一个孩子长出第一颗牙齿时的情景；还有对岳母健康的祝愿关注。似乎要保存和对比这种家庭纯真，他谈到了“一个令人厌恶的家伙”，此人让一个女性受孕，竟又拒绝与她结婚。[34]

维尔特的妻子似乎不想搬到奥斯维辛来，于是信件中出现了某种紧张。显然是针对妻子的要求，他解释说即使房子收拾完了之后也不可能除去“肮脏和混乱”。然后，他讲了一个稍带苦涩的笑话：他的朋友霍斯特·费舍尔评论说“很可能只有当战争结束时”这房子才能准备妥当。[35]这个笑话被证明是一语成谶。尽管有着信件中的这些催促，但他们的女儿

后来认为“他不想让她被拖到这里面来”。他们关系中的奥斯维辛一面对两人都是为难的，维尔特的妻子后来说，自己来到奥斯维辛亲眼看到丈夫执行筛选时的痛苦，她本想离开但没有走。因为一个好友告诉她，“如果你想救你丈夫的话”，她的存在就是至关重要的。[36]两人都对待在奥斯维辛感到矛盾，又都对另一方待在那里感到矛盾。然而，他留下了，她也来了。

当妻子最终走了之后，信中谈的就是家里发生的各种琐事和情况，谈了很多他养狗的变化：巴斯科从栅栏下面的一个弹坑“逃走”了，于是“我不得不去弄来”第二条狗，然后是第三条狗。当新弄来的这两条狗生病后“家中我的小小房间就成了……一个病房”。1944年11月下旬，正是
德军惨败之时，维尔特在信中说到，准备在圣诞节时送给妻子而自养的鹅 398
“又肥又大”，[37]信中的口吻宛如一个乡村地主和一个离家孩子在幻想会有美味糕饼送来。

最后，在1944年12月和1945年1月，维尔特信中谈到送给妻子的礼物就要实用得多了：一个“手摇发电手电筒”，并且告诉妻子怎么使用，以及一些其他的应急装备，还有一瓶香槟酒——因为弄不到食物和食油。他要妻子把自己的滑雪靴寄来（为了滑雪，还是当同盟国敌人到来时逃跑使用？）[38]

现在是对未来的担心了。他虽然也谈到了自己在理查德·巴尔（接替里贝汉彻的集中营新司令官）家里安静的新年晚宴上吃到的“很好的菠萝宾治”，但更强烈地表达出的却是自己的爱，以及越来越大的焦虑（“我只能诚挚地恳求万能的上帝让我保持我们的幸福……为我们保存我们！”）随着俄国人的逼近，他主要的关注变成了不能再给妻子打电话了。双方的信中都出现了死亡形象的意味，丈夫恳求（多半是针对妻子的忧郁想法）：“真的，你决不能离开我，你是我的全部”，“我……几乎要因爱和渴望的痛苦而死去。”[39]一切都在崩溃，他只能紧紧抓住一种更为累积起来的爱和家庭思念来强化他已经受到了威胁的存在。

在一封写于1945年1月中旬的信中，维尔特陷入了一种未来怎样安排他们德国乡村住所的幻想之中：要有一间与居住部分分隔开的诊室，“这

样你就不会怎样受打扰了”，电话要放在厅中，卧室的门底下要有一根分线。尽管他似乎在把自己目前的困境驱赶走，但也是在以考虑隐藏而关注着它。5月24日，德国投降之后，他开始在信中表达“我最大的愧疚”——但不是对奥斯维辛受害者，而是对妻子和孩子，觉得自己让他们“陷入了悲惨和匮乏的境地”。奥斯维辛就在那里，但维尔特用一种道德无知的说法避开了它：“我做了什么恶呢？我不知道。”7月初，他从汉堡寄出一封信，还是同样的主题，但变成了暗示正是由于自己的爱而受到迫害：“我如此爱你们难道是一种罪过吗……？我渴望你，我的全部，我的生命，我不惜任何代价把你的命运与我的命运联在一起，这是一种狂妄自大吗？”在所有这些中——至少是在他写给妻子的这些中，奥斯维辛要不被忽略，要不顶多是他们痛苦的一个不幸来源而已。维尔特给妻子的最后一封信写于1945年7月15日，他再次重申他们的爱会战胜他现在已经预见的死亡，但仍然是爱替代了良心：“我们生命的本质是……一种爱，它美化一切、理解一切、知晓一切和克服一切。”[40]

在奥斯维辛时，他的家庭也使他屏蔽了其他的一切。他在1944年12月的一封信中写道：“当你和小家伙们在奥斯维辛和我在一起时，一个人压根儿感觉不到战争！”[41]我们可以肯定，这里所言“战争”是包括奥斯维辛的。当沉浸在家庭之爱中，维尔特需要的是对屠杀的完全没有感觉。

他女儿的早期记忆就是关于奥斯维辛的，还记得他亲切地与孩子们一起玩耍，“总是对我们好得不得了”。

成年之后回首往事，她谈到了“两个世界，他的家庭和这份……他的
399 工作”。她觉得他的家庭“是唯一能让他走下去的东西”，“他在那里绝望地需要他的家庭以保持精神健全”。按照维尔特的密友克雷默的说法，维尔特的妻子在奥斯维辛，这对维尔特和她都有问题，他视维尔特是一个“与妻子和孩子有着各种麻烦”的人。[42]他“在那里做那种事，他的家人不可能什么都注意不到”，二者之间就总会有冲突。当然，家人在那里时，他能够较少注意奥斯维辛。另外，也极可能有这样的时刻：家人在那里加深了他对自己屠杀功能的意识，他甚至会如同我们前面看到的那样，将自己内在愧疚的对象偏移为自己的家人，尤其是妻子，达到了那样的表

达程度。

随着时间的推移，奥斯维辛对维尔特而言变成了某种家园，甚至是一个避难所。只有在奥斯维辛，他才能与妻子和孩子生活在一起，至少是一段时间；只有在这里，他们才能有一个“家庭住所”。他在一封信中谈到自己在集中营11月下旬的寒冷中“吸鼻和咳嗽”时，写道：“在夏天一个人应该住在奥斯维辛，但在秋天和冬天，一个人就应该呆在家里了。”在同一封信中，他表达了一种悲哀：由于一处河床的重建，奥斯维辛附近“一片野生的浪漫生命”就要失去了[43]。

他在奥斯维辛维持了自己的家庭生活，在给妻子的信中悲伤地讲到他们那条狗巴斯科的死亡：“它太受罪了，所以我给它打了吗啡”，“它死了，这是好事，它最后两只眼睛都瞎了。”[44]如果有人问，维尔特怎么可能描述这件事而不以任何方式将它与奥斯维辛的筛选联系起来呢？回答就是：他对一只狗实施“安乐死”的心理感受提供了另一种道德考虑的来源，从而增加了他对筛选的麻木。

在苏联军队出现的大约两周前，他用奥斯维辛的优势作为一种同情妻子孤独感的方式：“你是对的，我的所爱，在这里一个人是处在生活的中心，而你在家里……却得不到任何经历。”然后，他催促她“当苏联的进攻结束之后，再到奥斯维辛我这里来吧”。[45]他还写信给弟弟赫尔穆特，让他到奥斯维辛来，“因为这里比汉堡要安全”。尽管这个说法从地形上和军事上讲都有道理（汉堡已基本上被盟军轰炸摧毁，而奥斯维辛却很少挨炸），但心理意味却是作恶者在那片自己一直行使绝对生死权力之地上的避难地之感。

父亲与弟弟

维尔特的其他家人，尤其是父亲和弟弟，在他与奥斯维辛的联系上也有非常重要的影响。弟弟在维尔特派到奥斯维辛后不久就在柏林见过他，记得维尔特曾跟他说，［自己］“见到一些非常可怕的事情，不可想象的 400
事情，再也不能回家看着孩子的眼睛了”。哥哥告诉弟弟几千具死尸扔在浅沟里的可怕场面，但当时没有说关于筛选的任何事情。

我们知道他弟弟后来去了奥斯维辛，与哥哥合作进行癌症试验。不过，尽管哥哥的确想在癌症研究上得到帮助，但弟弟后来强调说（可能部分是因为自我辩解的原因）他到那里去不是为了这个原因，而是给哥哥提供一种个人帮助："我知道他非常痛苦"，"我的个人观点是我哥哥并不是……因为这些材料［研究］想要我到那里去……只是需要……一个人可以说说话"。弟弟说，"［至少开始时］我钦佩他，［因为］我是做不到这个的［待在奥斯维辛，进行筛选］……我恐怕早就疯了。"

在奥斯维辛，兄弟之间在筛选上有痛苦的碰撞。哥哥要弟弟和他一起去筛选，表面上的目的是看一看这个地方的整个可怕。弟弟此时已经知道筛选是什么，说自己是不能去的。哥哥曾谈过要离开奥斯维辛，但弟弟和他们的父亲都劝他留在那里，做一些他能够做的好事；所以，哥哥现在就能够愤怒地回答拒绝去看筛选的弟弟："你告诉我我必须留在这里，每一天［我都在这里］，而你［却甚至］一次都不［去看］。"后来哥哥（按照弟弟的说法）说，自己并不真想带他去看，只是想试一试他是否会同意跟他去。这种困惑的交换意见很可能发生过，尽管肯定还说了许多别的话。人们怀疑维尔特并非决心离开奥斯维辛，而是他几乎是任性地向弟弟和父亲强调过留在这里的负面影响，但这样的做法，其实是使得奥斯维辛问题偏移，它被放在家庭的心理纠结上了。

曾计划要在奥斯维辛待两周的弟弟，说自己只待了几天就走了，因为这个地方让他太厌恶了。他来到奥斯维辛的第一个晚上，在俱乐部里遇见了一个党卫队军官，那个人问他是不是很喜欢他们的"度假"，他愤怒地回答说："在这个地方这样说真是可耻！"结果与这个人闹得很不愉快。弟弟说，哥哥不得不出来打圆场，很快就告诉弟弟走人。

弟弟证实自己和他们的父亲的确劝过维尔特留在奥斯维辛，说他们觉得维尔特可以通过做一些事情来帮助人们。"不过，那只是理论上的"，弟弟后悔地补充说，意思是他们的劝告没有把奥斯维辛的实际可怕考虑进去。

父亲劝告维尔特留在奥斯维辛，这无疑有着更大的份量。我们知道，他们的父亲是一个苛求但受尊敬的家长式人物，维尔特是哥哥，总是服从，走着一条直而窄的道路。父亲先后到达豪和奥斯维辛来看过维尔特，他后来用不安和戒备的语汇形容奥斯维辛之行。他记得看到了似乎是“半自由”的囚犯，有两个年轻的犹太女性在他儿子的办公室工作，这两人 401 “基本上是愉快的”，提到囚犯们“早上他们出来唱歌，晚上回去时也唱歌”，他说自己是后来才知道“他们不得不唱！”即使是知晓了奥斯维辛的大部分真相，包括“人们怎样死在那里……由于疾病和……消灭”之后，他还是对他的儿子说：“这整个世界上就没有一个地方像奥斯维辛那样让你可以做这么多好事。忍忍吧。”[46]

不管他们期待维尔特去做什么样的好事，不管他们自己与纳粹意识形态是什么关系，这个弟弟和父亲陷于了同样的德国式的忠于职责和服从，维尔特自己也陷于其中。他们的劝告让他的留在奥斯维辛有了一种家庭支持，与此同时也推进了我们一直在讨论的一种道德置换：这个问题被置换成家庭价值观念和家庭服从上的挣扎，与奥斯维辛大屠杀的关系不大了。

道德十字军东征：正直与妥协

维尔特在奥斯维辛的调整，很重要的一点就是他那种处在持续道德十字军东征中的感觉。这场东征的目的可能不定型——用“德国工作”来改造野蛮的奥斯维辛环境——但却总是处在战争和生存的背景之中（“是的，有战争，是一个艰巨、最为艰巨的时代”）。当焦点集中于一种“医学人性”的版本时，他的这种道德十字军东征就较为具体、较为内在地可信了。在他的自白书中，他谈到了“我困难的奋斗”：与疾病、尤其是斑疹伤寒搏斗；让囚犯有较好的医疗，包括描述奥斯维辛真实情况的准确报告；扩大医疗设施，改良设备和供应；使用一部分犹太医生；用较为正派的政治犯替换残忍的刑事罪犯；在医疗区终止致命的石炭酸注射，减少在医疗区进行的筛选；大幅度降低了集中营中活着的人们中的死亡率。奥斯维辛司令官经常反对他这样做，使得这场道德十字军东征对他而言更是别具意味，据说他曾强调自己是个“劳动力”，就是这个意思。在他的自白书中，他甚至称自己做的是上帝的工作（他得到了“来自上苍的启示，我要而且必须继续奋斗”）来保存犹太人，“欧洲的犹太人之所以活到今天，这很可能要归因于我”。[47]

维尔特之所以几乎相信这一点，一个原因是在他的感觉中他的确反对过由他所监管的大规模屠杀犹太人——霍斯和其他人知道这一点。1944年11月29日，维尔特在给妻子的信中这样说：“你能想象吗，亲爱的，我不再被迫去做这个可怕的工作了，这是多么好啊！是的，它再
402 也不存在了”。*在与父母的通信中，他纠正了老维尔特以为实际上是儿子带来了这些变化的错误印象，但的确把他个人的十字军东征与这些变化的实现联系起来（“我抓住每一个提供给我的机会指出了……这整个程序的不人道、不可能和事实上的侮辱”）。他这样做的方式就是强调“他们[那些提倡屠杀的人]给我们的整个民族……增加了负担……尤其是在这样一场可怕战争的时候”。[48]这种方式既与纳粹对于反对的可接受标准相适应，也吻合他自己的忠诚。不过，他还可以将他的十字军东征理解为代表家庭和未来，也就是说，代表了他那个“正派的自我”。

所以，他的道德十字军东征就代表了维持纳粹运动内可以接受的标准。这可以延伸至一些很小的事情上。他曾告诉归自己管辖的一个医疗人员（他在给妻子的信中讲了这件事），如果他上好交给他的一门课，就可以得到14天的特别假期；并且补充说此人可以买到一些羊毛——这是一种很珍贵的战时商品，维尔特回家时可以把它带给她。[49]（按照奥斯维辛的标准，这不算什么大的过错，但表明维尔特为了取悦妻子也并不是那么正直。）

在反对拉格布纳和奥斯维辛盖世太保的斗争中，维尔特的道德十字军东征体现得格外明显。在这一方面，他可以谴责他们的腐败和杀人的“非法”，在他的单位内偷偷进行杀人。在奥斯维辛的结构中，他反对拉格布纳的这种道德征战很可能需要一些真正的勇气，但它对于维尔特也有巨大的心理价值——这是针对以拉格布纳为代表的邪恶的一种征

*当时俄国军队正在逼近，绝大多数可杀的犹太人已经杀掉了。在预料集中营将要关闭的这个时候，于是决定停止大规模的筛选。

战。

维尔特这种正直与妥协的结合使得他在奥斯维辛有相对舒服的感觉。从一开始起，他就致力于“一件事，一条直道”，要对抗奥斯维辛根本上的腐败。在个人安排上，他可以说“我一无所求”，陶醉于他的朋友霍斯特·费舍尔所强调的他应该得到为他建造的那所房屋和所有其他东西：“如果我在这里没有创造，奥斯维辛就不会是……现在这个样子。”[50]

然而，还是维尔特，他抱怨费舍尔的正直，认为他“总是直截了当和说实话，使得一些事情对他和我都很难办”，他不懂得“婉转地”做，这就意味着妥协，哪怕一个人“坚守自己的直道”也得这样。维尔特身上那个奥斯维辛自我的发展，使得他能够适应这座集中营，能够（用他弟弟的话来说）“习惯这里”。［对于他的奥斯维辛自我，维尔特也仍然能够宣 403
称正直，因为他做了一些事情，比如反对（在1945年1月初，俄国军队已经逼近时）让宿舍已被炸毁的护士们住到军官俱乐部去：“那附近的男人们太糟了。”］[51]

在战争结束后的躲藏中，维尔特的道德十字军东征就变成了调动亲属和朋友来寻找他的家人。当他开始感觉到自己这种逃亡的存在是家人的最大负担（他唯一的未来就是受审、定罪和被处死），他的自杀就可以视为这种道德征战的最后一击了。

一个忠诚的纳粹

不管与这种道德十字军东征相关有什么样的内在冲突，维尔特从来都没有停止过在奥斯维辛党卫队文化中充当一个领导角色和一个受人尊敬的医生。

1944年11月27日给妻子的信中，他倾诉自己的欢乐（“不是一件好事吗？我想吻你，用我深深的爱来吻我爱的你”）：有599人由于“勇敢”[52]被授予了铁十字勋章，这是因为发生了一次特别行动队的暴动，有一座焚尸炉被放火烧着，一枚手榴弹扔到了一群党卫队中，党卫队部队很快将这场暴动扑灭，这些人的“勇敢”就是杀掉了每一个稍有嫌疑参与了这场暴动的人。*维尔特的信中满是各种社交活动庆贺的描述：在总理府为各部门主管举行了一场特别宴会，每个人有半只野鸭享用；1945年1月初搞了一场打猎，他打了6只野兔，被允许自己留下一只（“你，我的全部，明天就会收到它”）；在1944年的圣诞聚会上，一个富有天赋的党卫队军士唱了“一个小孩依偎在母亲怀中”，还有滑稽表演，圣诞老人送给维尔特的“［不是］一枚勋章，而是一根肝泥香肠”（暗示这位好医生是这群人中一个十分重要的成员，所以会成为大家亲切开玩笑的对象）；以及在巴尔家中的那些午饭和晚饭，这个集中营司令官与他关系很好，他甚至成了此人极度夫妻不和中的一个调停者。[54]

他事实上从头到尾是一个忠诚的纳粹。如同他弟弟所言，他真诚地相信“犹太人对于德国是一种危险”；他支持希特勒1939年的警告——如果是犹太人开始一场战争，那将是他们而不德国被毁灭；当1944年夏天匈牙利犹太人到来时，他又说“他们是他们之中最可怜的”。维尔特的弟弟进一步解释说，“［维尔特］相信国家社会主义……［但却］永远不相信希特勒本人知晓［对犹太人的屠杀］”，维尔特曾告诉弟弟：“我必须想办法面见希特勒［告诉他这一切］。他不可能知道……［这些］残忍。”他
404 弟弟还说，直到最后维尔特还“相信希特勒是个好人”，“难以相信他们［纳粹］不会赢”。

在此之前，维尔特曾给朗本看过一个“胜利之后”大规模扩展奥斯维辛的计划。朗本评论说，维尔特“害怕国家社会主义的失败，哪怕在奥斯维辛的他已经比其他任何人都更知晓了它的真面目”，维尔特坚持认为元首对这些灭绝营不知情，是因为“他可能需要这个建构来为自己辩解参与国家社会主义运动的合理性”。在他们最后一次交谈要结束时，朗本说战争已经完全输掉，维尔特说“这太可怕了”，朗本接着说：“这很好，医生”，维尔特回答道：“你怎么能这样说呢？你自己也是德国人呀。”[55]

---

*菲利普·穆勒是一个囚犯现场目击者，他描述“我们的大约450个同志……勇敢战斗，光荣牺牲，拒绝逆来顺受地接受自己的命运……好几个党卫队死了，还有好几个受伤了……后来才知道，在给几个党卫队颁发铁十字勋章时，司令官提到这是第一次由集中营警卫阻止了一场大规模暴动，是一次壮举，所以他们的元首给他们授勋章。”[53]

自白书中，维尔特夸大了在奥斯维辛层级中他与其他人的疏远，夸大了他“以生病……躲避”的程度。他的心脏问题和肾脏问题的确因他内心冲突的压力而恶化了，我们也知道他与其他党卫队军官的实际对立也导致他向霍斯建议把自己调走，[56]但他显然从来没有任何类似于竭尽全力的举动要离开奥斯维辛。后来他说“为波兰抵抗……运动工作”，这是虚假之说，真实成分很少（他支持性地与一些他怀疑或知道属于抵抗组织的波兰人和其他人一道工作过）；他说战争临近结束时盖世太保指控他“败坏人们的士气”，这倒多半是准确的，当时他公开说德国军队已不再能抵抗了——卡尔·勃兰特也有过类似的事情（见本书115页的脚注），对于走到尽头的“正派纳粹”而言，这是很典型的。[57]

尽管德国投降后维尔特躲藏了起来，但他事实上是把职责坚持到最后，其他人（比如门格勒）都跑了之后他还在坚持。所以，他能够在1945年1月13日给妻子的信中颇为真实地（针对拉格布纳的攻击为自己辩护）写道：“我可以说，我一直尽自己的职责，我从来没有做过任何与要求我所做之事相反的事情。”[58]

维尔特的医学自我

除了他在纳粹内部的道德东征和忠于纳粹外，维尔特还通过依赖于自己是个医生的感觉来适应奥斯维辛。医生的治疗形象有助于他否认自己和其他奥斯维辛医生的实际屠杀。他可以把这种屠杀归咎于“集中营当局”，他在自白书中说，当局会“不通知医生，或者有时知道医生不在时，或者是在晚上”秘密出现，把“病人和衰弱者从集中营带走，以便用毒气杀掉他们”。在为这种虚假说法辩护时，维尔特倒是以相当的精准展示了这种治疗—屠杀的悖论：“一个人以医生（尽管他这里并不指囚犯医生们）的努力和技术所救的人，由于治疗、饮食和个人卫生等等改善而救 405
的人，现在又必须杀掉，这是一种精神错乱。”[59]由于一方面他是个医生，出于职业本能反对这个过程，所以他就能够视自己为一个与屠杀战斗的人，尽管事实上他又在组织这种屠杀。*

因此，他后来就能够宣称自己是以“基督徒和医生的良心”行事，“我作为一个医生的工作完全就是提供治疗的工作”，“我的观点是：我只是作为一个医生被派到奥斯维辛的，不能做与良心相对立的事情。”[60]尽管这些说法的荒谬部分是为他在战争结束后的绝望服务，但它们也反映了一个人的一种真实自我形象：他将自己理解为一直致力于维护自己的医学良心。

无疑，他会把这样的兴奋告诉自己妻子。在1943年7月23日的信中，他这样写道：“想一想吧，我想出了一种全新的灭虱药剂，已经在500个人身上试过了，效果极好，尤其是百分之百的成功。”他还补充说，“我希望在这一方面会有一种世界以前没有见过的成功，［这样］我一下子就能够消灭所有的斑疹伤寒；而最重要的是，我的小宝贝，没有人在这上面帮了我……而是恰恰相反。”所以，他就是一个孤独的医学精灵，可以实现一种真正的流行病学成就，哪怕这是因为“它使用了一种强力毒药，它自然不是没有危险的”。[61]这种灭虱药剂就是氰化氢毒气，也就是齐克隆-B毒气。

我们可以理解为什么维尔特发现自己为党卫队家庭留一个“办公时间”很重要，为他们提供婚姻顾问和个人顾问的服务。他在他们之中是一个治疗者，尽管（如同他后来带着几分真实所言）他们怀疑地看他，视他为不甚可靠的知识分子和“学术国际”的一部分，他和他们都视对方自有所求。维尔特在建一所新的军事医院上不遗余力也是可以理解的，所以，在德国输掉这场战争的最后时刻，他向朗本谈到自己的最大悲哀就是“在这所［新的党卫队］医院上的工作完全是徒然的”。[62]

宣称自己是这样一种治疗者的立场，维尔特就可以把他的第10区试验归入一种高贵和技术的医学范畴，是“在亨塞尔曼博士教授大力支持下的大规模的子宫阴道镜检查，进行癌症早期探查”。他甚至给筛选也披上了一种医学色彩，说他“要求集中营当局就［囚犯的］劳动能力

---

*维尔特的自白书是为了辩解，他想救自己的命，为了这个目的就会在很大程度上歪曲事实。

做出决定时必须向医生进行质询”，但他又补充说（同时也就半承认了屠杀因素）“我不得不烦扰医生们服从于我来面对这个可怕事实”。他的自白书里还有一个梦幻般的计划，要建“一个大的用于患病囚犯的野战医院，可以容纳3万到4万病人”，它可以为其他集中营服务，也可以“消除集中营当局的影响”。当然，他没有说这些扩展的医学设施是一种纳粹愿景的一部分：奥斯维辛屠杀和奴役劳动在“胜利之后”要进行大规模扩张。[63] 406

维尔特这个医学自我的适应价值中有一个基本的关键点，他弟弟将他概括为“一个好医生”，在一个假定上“做自己能够做的事情”：“如果有任何人必须被杀掉的话……一个医生必须是目击者……无论是否内疚。”在死亡之中，甚至是自己带来的死亡，一个治疗者有着做一个目击者的高贵功能——因为他是一个治疗者。

对邪恶的适应

维尔特的模式说明了内心冲突与行为之间一个至关重要的区别：缺乏改变一个人行为的基本决定（停止去筛选，离开奥斯维辛，等等），就会出现消化内心冲突，让它服从于自己适应的倾向。维尔特的抑郁乃至于风度举止上的变化（按照他妻子的说法，他从一个开朗、快乐的人变成了一个焦头烂额、离群索居的人），就是一种维持自己适应的方式；当然，他那种相反的倾向——他女儿在奥斯维辛记住的他与孩子们在一起的温柔和快乐，也是维持自己适应的方式。

据说维尔特在达豪就有点抑郁，到了奥斯维辛后更甚，他向弟弟感慨“我怎样活下去啊？”战争结束之后，维尔特写道，“我情感上的重负太重了，我将自杀视为能够走出这些严峻良心冲突的唯一道路”，[64]但是，他又暗示自己的心理状态因能够前往柏林，得到允许在奥斯维辛进行医疗建设而改善。

维尔特显然体验到了愧疚感，体验到了自我谴责之感，但他弟弟说得很清楚，那些“良心不能安宁”的感觉最强烈的时候是“开始时和结束时”，他的内心冲突也是如此。在开始与结束之间的大部分时间里，维尔特可以如他弟弟所说的那样，将奥斯维辛视为“一个任务”（我前面提到的去改善它的“道德的十字军东征”）。他从囚犯那里得到的感激信息，也有助于减轻愧疚之感；甚至当他意识到奥斯维辛的邪恶不但没有减少，而且“变得越来越多”，如弟弟所言“感觉陷于绝望”时，这种绝望也只是部分的，而且并非让他一蹶不振。

他最后的愧疚表达也仍然含混不清。在1944年12月13日给父母、尤其是致父亲的一封信中，他说“罪过是不可否认的”（我们必须假定，这里面也包括他自己的），“但无疑我们的人民通过它的英雄行为，它巨大的牺牲，尤其是女人和孩子的牺牲，已经弥补了很多”（一种减缓的表述，但仍然保持着不仅是对德国民族的忠诚，而且是对它之目标的忠诚——我们有理由这样怀疑），“在我看来，它原是可以避免的，如果一个人从一
407 开始就远离这类事情的话”[65]（对纳粹政策的部分批评，尤其可能是对大规模屠杀的批评）。

对这种叙说产生了影响的，还有维尔特对潜在读者的考虑：对于囚犯，他想传递自己对纳粹过分做法的反对；对于纳粹当局，他又不想显得不忠或是背叛。所以，这封信也是一种适应的方式。

他最后给妻子的那些信变得更为绝望，因为这种适应再也不能维持了：逼近的苏联和美国军队不仅与他的生命危险相关，而且与某种审判日相关。他开始诉求上帝（他弟弟说“他在奥斯维辛变成了一个虔信宗教的人”），也想象着宁静、和谐的家庭生活和行医未来。由于有失去一切的危险，他对妻子的思念愈发强烈了（“我只生活在你之中”）。在离开奥斯维辛后，他对自己“面对上帝和人的良心”[66]的肯定，看来更是一种希望而非确信了。于是，用他弟弟的话来说，他“完全崩溃，成了一个没有希望的人”，这不仅是因为奥斯维辛代表了他的垮台，而且是因为他失去了他一直在适应的包括奥斯维辛和纳粹运动在内的整个结构。唯有对家庭的愧疚是他可以控制的，所以他称此为自己“最大的愧疚”。[67]

在最后的这些日子里，他质疑自己那些上司的行为没有“必要的勇气”，如果有的话，或许就能使他们来缓解他的处境。他仍然是一个道德征战的人，只是现在更感折磨了，现在是要救自己的命和自己家庭的未来

（让“另一方”“理解……我受到的严格限制，以及所有那些……曾折磨过我头脑而且继续折磨着它的事情”）。当他谈到自己时也说了再见：“你的爱德华只希望为你和孩子们而活而战，他将伴你一生，伴上帝和你一生。”[68]

在沉思死亡时，他稍微深入地反思了自己在奥斯维辛的所作所为。他谈到了他们民族的苦难，“在所有这些年的邪恶之后，它是不得不到来的”。对于自己，他的态度则较复杂。一方面是承认深远的错误乃至于罪过，但同时仍然在为自己的行为辩解，用一种宗教上表示顺从的方式否认有罪。[69]

尽管他弟弟和其他人都提出可以隐藏他更长时间，但维尔特显然还是去当英国人的俘虏，如同他自己所写，他抱着一种希望：“在上帝和我的良心看来，我现在开始的这条路是正确的。”[70]他在此时写成、准备交给同盟国当局的自白书，如同我们已经看到的那样，是真实、半真实、歪曲和虚假的合成，呈现出一个人的这样一幅图画：他不情愿地被召进党卫队集中营系统，他在这里为好事而战，但自己总是受害，被“自己的工作果实被抢走了”。然而，这种宣称却与他总是从上司那里得到的高度评价直接冲突：奥斯维辛司令官办公室赞扬他“战士般不屈不挠”，洛林称赞他 408
在自己的位置上做到了“他那些上级最为完全的满意”。在这样一些推荐的基础之上，维尔特在1944年9月得到了提拔。[71]

现在他思考着尼采的一些语录如“啊，毁坏是容易的，但建造却不是！”——思考着“最后的痛苦经历、悲伤事件，将引导我们的心灵回到我们童年的信念”。[72]然而，他根本上还是没有希望，经常向弟弟谈到自杀。在他最后一次偷偷去看家人时，他的弟弟和妻子发现他显然已是一种要自我毁灭的状态。在这一点上，他已经处于临床所称的焦虑性抑郁症，还有极度的绝望相伴。他自杀的必需成分都已经呈现出来了：深陷困境和没有未来的感觉，以前曾有过的自杀想象成为了自己生活中一种可能的选择，渴望传递出来的永恒原则可以用杀死自己来最好地表达（就他而言，就是对妻子和家庭的爱，以及愧疚这个苦恼问题的彻底解决）。

那个英国军官称自己在与一个要为400万人之死负责的人握手，这就激活了上述三个自杀要素。维尔特有理由对任何未来都感到无望，将已有的自杀想象转变为最后的行动，将自己的家庭从因自己受审而带来的痛苦和耻辱中解脱出来——无论这场审判对他罪过的一些方面是确定还是否定，这种痛苦和耻辱都无法避免。

关于维尔特的自杀，必须指出的最重要的一点或许是：他是在做了奥斯维辛所有那一切之后而自杀的。一方面，他的适应中有着绝望，有着人们所称的“自杀之人生”，这种人生中的一个人将自己杀死的可能性，就能使他去避免真正面对关于意义的那些问题；[73]然而另一方面，只要奥斯维辛能够延续，他的内在冲突中，却也没有任何东西会去阻止他在这座死亡营中照常执行自己的功能。不管多么夸张，维尔特的故事仍然是奥斯维辛那些纳粹医生整体经历的一种表现。

评价

看一看其他人在评价维尔特和其自杀上的困难，我们对维尔特的道德和心理矛盾——其更大的意义，就会有一种更深的感觉。

囚犯中与维尔特关系最近的赫尔曼·朗本，据说（出自利尔1946年给维尔特父亲的一封谈维尔特的信）“非常爱维尔特，称他为自己的‘童话王子’，想在战后自己身穿另外一套制服重新见到他，作为一个朋友相见”。[74]不过，朗本也将维尔特极有价值的帮助囚犯与一个事实相提并论：“在两年的时间里，他承担着这座灭绝机构中起决定作用的党卫队功能”。朗本对维尔特在执行筛选上的作用批评不多，认为这是强加给这个主管医生的；他更多地批评维尔特持续到最后的斑疹伤寒，因为这是维尔特自己选择去做的。[75]在与我讨论这些事情时，朗本认为维尔特的行为反
409 映了“奥斯维辛所有身穿党卫队制服者的整体堕落”；他在总结维尔特在奥斯维辛的所作所为时认为，“我能够说的就是：对于我们这些是好事，对于他则很可能是坏事。”他告诉我，他认为维尔特自杀“是因为他有良心”。在公开场合，朗本没有进行确定性的道德评价，他在一个场合曾经这样说过：“谁想做这个法官呢？谁想来定罪呢？反正不是我。”并无朗本这种评判资格的利尔却对维尔特评价很好，他在1945年为了帮助维尔特

而找他，并在第二年给维尔特妻子的信中赞扬维尔特帮助囚犯的“勇气和了不起的机敏”。他称维尔特是“我们最好的同盟者”，宣称“您的丈夫为正义而战，而且是孤身作战”。[76]*这大概就是维尔特对自己道德十字军东征的理想化版本了。

其他囚犯却远不是这般好感。塔德乌什·S医生告诉我，“朗本说他要为维尔特辩护，我喜欢朗本，但我说我会作证控告维尔特。”玛丽·L医生谈到维尔特时带着某种鄙视，扬·W医生欣赏维尔特对囚犯的帮助，但强调应该将他归入“大屠杀者”之中，认为维尔特的自杀并不是良心所致，而是“因为他无法面对［他所为之事的］责任”。旺达·J医生感谢他的帮助，但评判维尔特是“一个罪犯”，在概括自己的看法时却又说，“不管怎样，他做了正派之事，他自杀了”。

我访谈过的两个党卫队医生认为维尔特是一个党卫队官僚。其中一人形容维尔特“正确”和“处于集中营司令官支配之下”；另一人认为维尔特是一个没有什么想象力的人，“相当枯燥乏味……就事论事”。

一部电视纪录片中也有对维尔特的评价。维尔特的一个童年朋友后来学了法律和神学，是一个激烈的反纳粹人士，在这部文献片中他带着感情地回忆维尔特是“我们之中最温厚的，最心软的，最有怜悯心的”，但却因为他们对纳粹有截然不同的看法而很早就分道扬镳了。在评价维尔特父子时，这个在国家社会主义时期由法律转向神学的旧时朋友悲伤而又明确地说：“为他父亲辩护，我会是不遗余力的律师；为维尔特辩护，我会有所保留。”[78]

在所有的评价中，维尔特的家人对他的评价是最为困惑的。

他的遗孀想要坚守一种他那些美德的感觉，避免与孩子们讨论关于奥斯维辛的任何事情，告诉孩子们“只谈个人”。当不得不谈到奥斯维辛时，她就强调维尔特“可以做很多善事，他们没有什么因他而羞愧的”。 410

*也是在这封信中，利尔说维尔特是一个具有“罕见高尚”的人。在1957年给维尔特妻子的一封异乎寻常的信中，利尔作为一个虔诚的共产党人想象“未来人类”的理想是拥有维尔特那样的“勇气、机敏和自我控制”，他“半开玩笑地”将维尔特概括为“一个‘有教养的马克思主义者’……一个‘艾伯特·施韦泽’同志”。[77]

后来，在那部电视纪录片中，她则变成了这样一种看法："如果你和他们在一起……那么这就是罪恶。"她告诉朗本，自己丈夫的自杀"很可能是为求最好"，这可能是指丈夫的绝望、他这个案件的没有希望，一场审判会给所有人带来的痛苦，或者是承认丈夫会被判有罪——尽管她坚信丈夫的善良。

维尔特的两个儿子更直接地纠结于这个问题，但却不那么暧昧不决。有着童年与父亲玩耍之温暖记忆的大儿子说，"我不知道为他辩护是否对"，"我希望可以开放地讨论这个问题"。小儿子没有这样的童年记忆，在他的感觉中看来更多的是父亲的自杀意味着"他一定是感到了有罪"，"我不知道为什么他不一开始就拒绝，因为他知道那里发生了什么"。不过，他否认他的父亲犯了罪，"我不知道"。

维尔特年迈的父亲也纠结于自己当年曾劝过儿子留在奥斯维辛，在一封写给法兰克福法庭的精心措词的长信中讲述了自己"恳求［儿子］……在他能够的地方拯救生命"，"不要执行非人的命令"，而这个忠告对任何人来说在任何一个方面似乎都难以做到。父亲详细列举了儿子在哪些方面拯救了生命，将儿子在奥斯维辛的行为概括为"奉献的"。不过，在这部电视纪录片最后的话语中，他又让自己当年的忠告变成了问题："然而，他还是在那里变成了有罪的人，不是吗？我只能问你们：［我的忠告］它对吗？"[79]

维尔特的女儿——一个40岁出头的已婚女性，回忆起来觉得母亲事实上没有给她讲过关于父亲的任何事情，只有一句"他因战争而死去"，以及"他是一个好人，一个真正的好父亲"，这与她对父亲一些充满爱的记忆是一致的。这个家庭决定与一个荷兰电影制片人合作，拍摄一部关于维尔特的纪录片，母亲开始告诉她较多事情，包括筛选的细节，同时又强调维尔特的绝望、希望离开奥斯维辛，而决定留下"是为了防止一种甚至更恶劣的情况"。在女儿现在开始来读的那些书中，"突然有了一幅［关于他的］完全不同的图画，一个完全不同［的人］"。女儿发现这些"非常冷酷"、"难于相信"，"想为他道歉……想去理解他……想找到理由"。她想把自己父亲视为"战争中的一个士兵，朝人开枪是他的工作”，留下来是为了“拯救他的家庭”（即防止一些后果）。她想要深入理解父亲的痛苦，认为正是家庭纽带才使父亲没有更早地自杀，她觉得他最后已经是一个“崩溃的人”，“知道自己杀人……无法再活下去”。

她说自己与弟弟有过多次反复讨论，“最后我们两人都不能谴责他……我们无法谴责他，他这个人”。然而，女儿关于父亲的终极问题却 411
体现着她的深层怀疑，体现着她难以理解父亲的意识形态何以让他走得这么远。这个问题就是：“一个好人能做坏事吗？”

在家人中，维尔特的弟弟赫尔穆特最多地参与了对维尔特的评价，这显然是基于两个强烈动机：一是叙说维尔特的奋斗，在某种意义上为他洗清；二是在更广阔的层面说明这场纳粹大屠杀事件，以此显示自己是一个积极的见证者。由于他本人参与到了这些事情中的一些，所以他的这个“使命”就变得复杂化了。他经常与赫尔曼·朗本联系，大量阅读关于奥斯维辛的著述，旁听了法兰克福的奥斯维辛审判，有时还带着自己的儿子、一个年轻同事和前面提到的维尔特的那个童年朋友一起去听。他与自己的儿子有过痛苦的对话，“他［儿子］有一段时间曾怀疑那个时代［纳粹时期］压根就没有人能够独善其身——包括我”。

赫尔穆特努力站在一个较为广阔的人性层面，宣称自己“可以理解”，对英国军官没有仇恨。正是这个英国军官称自己和一个要对400万犹太人死亡负责的人握手，结果随后维尔特就自杀了。他说当年自己在离开奥斯维辛时曾对哥哥说，“如果我是一个犹太人，在这场战争之后我会吊死每一个德国男人、儿童……老人，每一个。”但同时要为哥哥辩护的需要也使他强调哥哥做的好事，以至于达到了错误的自欺欺人的理想化，比如，他称维尔特说服了霍斯，允许儿童与父母待在一起，从而导致他们未被筛选而活了下来。

赫尔穆特想把哥哥视为“一个被极端滥用的人”，“一个非常之好的人……最好的父亲，好医生……可怕的命运［将他带入］这种情境”。他儿子突然插嘴说：“如果你进入了这部杀人机器，你就因被逼而变得有罪。”然而，赫尔穆特还是进一步承认：“我有时很难相信关于我哥的这些事情，他怎么会做这些事情……筛选儿童送往毒气室。”对于朗本关于维尔特进行斑疹伤寒试验的讲述，他也感到极度困扰，觉得朗本是不是弄错了，“我是难以相信的”。他似乎将此视为一件更直接违背希波克拉底誓言的事情，其程度超过了其他事情；他承认，如果朗本所言为真，他对自己的哥哥就“感觉不同”了，因为这样的试验“几乎必然意味着人的死亡”。他还承认自己没有理由来怀疑朗本的讲述。

在讨论哥哥所做的那些事情时，他提出了治疗—屠杀悖论这个核心问题：“你能够用杀人来救另一个人吗？”他还说：“不管你走哪条路……你必然变得有罪。”在某种意义上，他很可能将自己也包括在这种评判之
412 中了，——在建议哥哥留在奥斯维辛和自己也积极参与了哥哥的癌症试验（尽管他极力缩小这种参与程度）方面，赫尔穆特内心也有冲突。

关于奥斯维辛，他有相当真切的认识，作为本书第7章题辞的他的那段话就很有说服力。他对哥哥的最终评判仍然是重复古希腊悲剧中描绘的“悲剧之罪……无法逃避之罪”，意思是环境创造了定数，无情地导致了有罪之事；不过，他也懂得哥哥效忠纳粹所起的作用。他强调哥哥当时的年轻和没有经验，自己也是如此，希望自己那时是“一个成熟的人……能够较好判断”，能够站稳“一个无条件反对这些事情的立场”；他最终还是认为：“在那样的情境中，唯一要做之事就是说‘不，我不会做。’”

那么，关于这样一个“认真尽责的好医生”与奥斯维辛屠杀项目之间的心理契合，我们最后还能说什么呢？

开始时的关键因素，是维尔特充满激情的纳粹意识形态与其出色医学才华的独特相融，这种结合会驱使一个人很快进入医学化屠杀中的一个医学领导位置或领导作用。维尔特在三个至关重要的方面深深沉溺于纳粹意识形态：一是主张复兴日耳曼种族和德国人民，二是通过净化基因和种族来实现这种复兴的生物医学之路，三是将犹太人作为这种复兴、这种日耳曼种族当下和长期“健康”的主要威胁的核心。维尔特虽然并不像门格勒那样将这些信念绝对化，而是将它们与医学人道主义的强流结合起来了，但他对纳粹事业的效忠很可能毫不逊色。

维尔特还有一个评论者们未能充分关注的特点：道德主义与强迫状态

的结合，这在正常状态下很有助于一个人成为“可靠之人”，而在奥斯维辛,它就使得维尔特去奠定和维持医学化屠杀整个结构的高效。这使得他总是既“正确”又能严守规章制度——无论是想要限制奥斯维辛的邪恶或（结果证明更重要地是）为这种邪恶服务。

在奥斯维辛，维尔特投身于这种根本上的暴行制造情境。在那里，他遇到一些情况，这些情况无论是组织方面，还是心理方面都已经建构好，使得进入这种情景的人都会去作恶。在这个意义上，维尔特的弟弟认为哥哥一旦被派到那里就必然变得有罪，这是有一定道理的。维尔特原本是可以离开的，然而一些强大的心理力量将维尔特与奥斯维辛连接起来，战胜了他想要离开的矛盾心理。

在奥斯维辛的“忍受”——不管多么难受，留在那里，这种道德姿态不仅是家人和维尔特自己的责任感所要求的，而且也是他关于自我和世 413
界的深层感觉所维系的。从年轻时起，他就有一种“坚持”虔信和服从家长、国家和意识形态的原则，有强烈的立即服从的倾向，对自己觉得是不朽的种族、国家和文化观念有一种超越一切的效忠。这种不朽的拉拽之力会击败他身上作为人道主义者会体验到的任何恐怖，使得他不管多么厌恶都会作为医生管理者留在暴行制造情境中。

无论维尔特怎样与众不同，他仍然是纳粹德国医生堕落的一个代表。要治疗雅利安种族，方法是杀掉感觉到的威胁者，纳粹这些项目中，维尔特是部分项目的自愿实施者，在很大程度上，他体现了如果不是他那代人也是其职业的玷污和罪孽。

他既是自身命运的一个自我激励的实施者，也是一个被那些大于他的力量所迫而为者。也就是说，他首先抓住了一个角色，即纳粹提供的基因的医学培育者，然后就被推入一个以奥斯维辛为顶点的不舒服环境的序列之中，这些环境让他厌恶，但又召唤出他的忠诚，最后以为这个他在道德上反对的屠杀项目提供熟练和可靠的专业服务而告终。他既是残忍地被一个残暴政权所“滥用”（用他弟弟的话来说），同时自身也在滥用这种滥用。

不管维尔特有什么样的痛苦和矛盾，他的这样一种角色转换在许多方面都非常适宜于奥斯维辛的整体功能。他的纳粹—奥斯维辛自我，以及对种族净化和国家复兴的忠诚，就使他以异乎寻常的高效服务于这个屠杀项目；他的人道—医学自我，以及家庭爱之纽带对此的强烈支撑，又帮助他维持通常的医疗功能，有助于他在自己眼中、囚犯眼中，以及许多党卫队同事和军官同僚眼中的“正派”。维尔特正是威廉·詹姆斯（美国心理学家，机能主义心理学派创始人之一。——译者注）所称的“分裂的自我”，但这种分裂是可以为奥斯维辛服务的。人们所称的“正派纳粹”的普遍现象，他是一个典型代表，如同这种现象本身一样，他也做了纳粹之事。

维尔特在治疗和屠杀这两种功能的参与上都是极度的。以这种方式，他与库尔特·格斯坦有双重相似。格斯坦作为一个党卫队军官也是奇怪和难以理解的。一方面，他是一个狂热的党卫队分子，齐克隆-B毒气及其朝奥斯维辛的运送，他都要在技术上负主要责任；但作为一个反纳粹者，他又有一些令人印象深刻的事情。他宣称自己潜入党卫队以破坏它的屠杀行动，并在最后绝望地要把纳粹大屠杀事件公布于世。不过，不同于格斯坦，维尔特从来没有走出自己的纳粹角色向其他人公开抨击自己属于这个
414 邪恶项目的一部分。格斯坦和维尔特都展示出双重自我的角色转换，可以让一个人同时即是屠杀又是治疗的热心倡导者（参看本书161—162页脚注）。

维尔特的自杀并非因为这种角色转换的崩溃所致，也不是因为对这个屠杀项目的反抗；相反，它是这种角色转换和这个项目的结果。所以，扬·W医生认为，维尔特杀死自己是因为他“无法面对［他所做之事］的责任”，这个看法是真切的。突然被夺去了自己在这个不朽的纳粹项目中的官员—医学位置，面对自己行为的不可避免的严峻后果（受审、定罪和处死），维尔特是很虚弱的。

然而，朗本说维尔特杀死自己是因为“有良心”，这或许也是正确的。较之绝大多数纳粹医生乃至于大部分人，他的确更有一种良心；然而，这种良心却是与其忠诚服务的纳粹运动相匹配，即使在奥斯维辛，他也没有与纳粹运动脱离，哪怕这种良心的一部分被用来救助囚犯的生命，也是如此。

他以自杀告知未来的信息也含有某种良心的表达：他在大屠杀中所信奉的那个原则，必须以他自己的生命来偿还；与之相伴的还有一个原则——以摧毁一个家庭中被污染成分的方法来维护这个家庭未来的“纯洁”，虽然在我们看来这一点相当可疑，但也强烈地感觉到了。不过，可能还有与上述两个原则相关联的第三个原则：通过摧毁一个因屠杀而被污染的医生（他本人），来重申那种以杀戮来治疗的精神。

第三部

种族灭绝心理学

417 # 前　言

纳粹医生的行为表明一种种族灭绝心理学的开始。为了澄清一些相关的原理，我首先要系统地强调双重自我的角色转换的心理模式，这是纳粹医生们参与邪恶的一种总体心理机制。然后，有必要分析他们的一些行为倾向，奥斯维辛的环境有利于这些倾向出现，甚至是需要这些倾向，而这些倾向也大大促进了角色转换。这样的探讨有两个目的：首先，它可以为理解纳粹医生乃至于纳粹本身的动机和行为提供新视角；其次，关于人的行为，关于人个体地和集体地、有意识或潜意识地从事各种形式的毁灭和邪恶，它也就此提出了一些深广的问题。这两个问题说到底其实是一个问题。如果我们对纳粹大屠杀的独特特点进行心理评判和道德评判而有实质收获，我们就必须从其中获取一些可以更广泛应用的原理，这些原理如今正纠缠着人类、有可能导致人类自我毁灭的那种异乎寻常的威胁。

第19章　双重自我的角色转换：浮士德式的交易 418

“你不仅会突破此时麻痹不动的困境——你还会突破时间本身……只要敢于野蛮，双倍的野蛮！”

——托马斯·曼

“我们之中任何人都可能成为遭遇自己双重自我中那个替身的人。”

——弗里德里希·迪伦马特

纳粹医生如何做奥斯维辛的这种工作？理解这一问题的关键，在于一种我称之为双重自我的角色转换的心理学原理：自我分为两个运行的整体，所以一个部分自我的行为可被当做整体自我在行事。通过这种替身，一个奥斯维辛医生就不仅可以屠杀和协助屠杀，还可以为了这个邪恶项目悄悄构织一个整体的自我结构（或自我过程），事实上其行为的所有方面都包含在这个自我结构之中。

所以，双重自我的角色转换就是纳粹医生与这个恶魔般环境进行浮士德式交易的心理工具，恶魔环境要换取他对屠杀的贡献；而由于这种特别的适应，他们也获得了各种心理和物质上的利益。超越奥斯维辛，则是向德国医生整体提供的一个更大的浮士德式诱惑：去做种族治愈之宏大计划的理论家和实施者，而手段则是迫害和大屠杀。

对于这种浮士德式的交易，一个人总是要负道德上的责任的。的确，替身的发生多半未被当事人所意识到，但这种责任并不因这个事实而免除。探讨双重自我的角色转换，是为了用心理学的探讨来阐释邪恶。因为在奥斯维辛，对于个体的纳粹医生而言，角色转换就意味着选择了邪恶。

419 一般来说，角色转换涉及五个特点。第一，两个自我之间有一种自主和关联的辩证法。在一个与自己先前道德标准相悖的环境里，个体的纳粹医生需要在心理上启用奥斯维辛自我；与此同时，他仍然需要那个先前的自我，以便继续把自己视为一个仁慈的医生、丈夫、父亲。这个奥斯维辛自我必须既自主，同时又与先前的自我联结起来。第二，角色转换遵循一种整体性原理。奥斯维辛的自我之所以“成功”，是因为它包容，可以与整个奥斯维辛环境连接在一起，它体现出一致性，为各种主题和机制赋予合适的形式，这一点我稍后会加以讨论。第三，角色转换有一个生—死维度，在一个由死亡支配的环境中，奥斯维辛自我被作恶者感受为心理生存的某种形式。也就是说，出现了一个矛盾：一个人感觉是自己的治疗或生存，但创造了一个屠杀的自我。第四，在奥斯维辛，角色转换的一个主要功能就是摆脱罪恶感：去干那些“脏活”的只是第二自我。最后，角色转换既涉及到无意识的层面（如同前面所言，替身的发生多半未被当事人所意识到），也涉及道德意识上的巨变。这五个特点确立了这种心理行为的框架，贯穿于它的全过程。

比如，整体性原理将角色转换与传统精神分析概念的“分裂”做了区分。“分裂”一词含义颇丰，但一般是表示自我的一部分分裂了，这一部分不再对环境有反应（就像我说的“精神麻木”那样），或者以某种方式与自我的剩余部分发生冲突。在这个意义上，分裂类似于弗洛伊德的19世纪同时代人皮埃尔·让内（法国心理学家和精神病学家。——译者注）最初所称的“解离”，而弗洛伊德本人则倾向于将这两个术语等同。但是，与适应的持续形式相关，如何解释分裂出来的那个自我“片断”的自主性，人们对此一直困惑，困惑于（如同一位有想法的评论者所言）“分裂中分裂了什么”？[1]*

所以，“分裂”或“解离”就可以指代纳粹医生的情感抑制或精神麻木，这种状态与他们的参与屠杀联系起来了。+在超过一年、两年或更长的 420
时间里，纳粹医生们持续参与了例行公事般的屠杀，要厘清这一点，我们需要一个解释性的原理，这就要用到整体的功能性自我的概念。（在持续的精神病学障碍中也用到这同一个原理，我对角色转换的强调与当代越来越关注自我的整体性功能是一致的。）[8]

威廉·詹姆斯所说的“分裂的自我”是指自我内部的反面倾向。就此而言，替身是自我整体潜能的一部分。詹姆斯引用了19世纪法国作家阿方斯·都德的说法，都德在强调自己可怕的双重性时，曾绝望地呼喊“双重人，双重人！”面对兄弟亨利之死，都德的“第一自我在哭泣”，而有点嘲弄意味的是，第二自我却在袖手旁观，好像在看一出想象中的戏剧演出。[9]对詹姆斯和都德而言，替身的潜能是人之为人的一部分，这种潜能可能在与死亡相关的绝境中激发出来。

然而，那个“反面自我”可以变得危险地难以控制，就像纳粹医生身上发生的情况。奥托·兰克在文学和民俗学领域对“替身”做了大量研究。他发现，当“反面自我”变得无法控制时，可以从内部僭越和取代那个原本的自我，直至代表整个人行事[10]。兰克的研究也揭示出，“反面自

*这位作者似乎反对自我有一个部分分离出去的观点，他在这篇文章的最后问了一个问题：“我们为什么要发明一种特别的内心分裂行为来解说这些现象呢？——似乎有一把内在的砍刀切掉了什么东西。”[2]让内用“解离”来指“牺牲”或“放弃”某些心理功能的癔病倾向，这些心理功能于是变得与大脑的其他部分相“解离”，并导致了它们的“自动性”或分离症状的复合体。[3]弗洛伊德在与约瑟夫·布罗伊尔合作的早期著述中谈到“意识的分裂”，“大脑的分裂”和“人格的分裂”，将其作为癔病的重要机制。[4]爱德华·格洛弗将分裂或解离的心灵部分称为“自我之核”。[5]另外，以梅勒尼·克莱因的研究作为开始，分裂与自我之中的“全都好”和“全都坏”的两极化形象联系起来了，这个过程可以与正常的发展相一致，但如果出现了夸大，就会与如今称为“边缘状态”的严重人格扭曲联系起来。[6]

+亨利·V·代克在研究纳粹屠杀者时使用了这个概念。[7]

我”的潜能实际上就是作恶的潜能。这种潜能对人的心智而言是必须的：一个人失去了自己的影子、灵魂或替身，也就意味着死亡。

在普通心理学中，替身的适应潜能与人类的心智是一体的，有时还可以救命。比如，一个战斗中的士兵，或是奥斯维辛囚犯这样的暴行受害者，他们就必须召唤出某种形式的替身以求生。显然，那个“反面自我”可以增加生命的强度。但是在某些特定的情况下，在极端缺少控制时，它也会走向邪恶。

纳粹医生的情况类似于兰克研究中的一个案例（它取自一部1913年的德国电影《布拉格学生》）：一个学生击剑冠军接受了一个邪恶魔术师的条件。他被许以巨大的财富，而且能够获得与爱人结婚的机会，代价是那个老魔术师可以从屋子里拿走任何他想要的东西。魔术师拿走的是这个学生的镜像，而镜像通常代表着替身。这个替身最终变成了一个杀手，在一场决斗中，利用这个学生的剑术杀死了爱人的求婚者。——然而，这个学生（原初自我）曾向爱人的父亲承诺过，自己不会参与这样的决斗。这个浮士德传说的变体类似于纳粹医生与奥斯维辛和纳粹政权的交易：为了去杀人，他提供了一个“反面自我”（进化的奥斯维辛自我），这个自我在
421 违背最初的道德标准时，不仅没有遇到有效抵抗，实际上还利用了此人原有的技能（在奥斯维辛的案例中是医学科学）。[11]*

兰克将替身的死亡象征性强调为“现代人格类型的瓦解症候”。这种瓦解导致了一种对“自我形象中的自我永存”[13]的需要，我将此称为一种被文学化的不朽形式，它可以与“体现人格之行动中的自我不朽”，或者是不朽的一种创造性象征形式进行比较。兰克认为水仙花传说（narcissus legend，此为希腊神话。Narcissus 是一个美貌少年，天天坐在湖边凝看自己在湖水中的倒影，后跌于湖中淹死，出事之地长出了一束花，即水仙花。——译者注）讲述的正是这种文学化模式的危险和转变为创造性模式

*在20世纪20年代中期的再次走红中，兰克对《布拉格学生》的看法促使他终生关注角色转换这个主题。兰克注意到，这部电影的剧作者汉斯·海因茨·埃韦斯在很大程度上利用了E·T·A·霍夫曼的《失落的倒影》。[12]

的必要（用“艺术家—主角”来体现）。*不过，纳粹运动是鼓励成为艺术家—主角的，如同水仙花少年一样，医生要保持自身形象的束缚。对此，我们马上就想到了门格勒，他的极度自恋服务于他对无所不能的追求，而他正好可以作为奥斯维辛纳粹医生整体情况的一个讽刺性象征。[15]

角色转换让纳粹医生避免了罪恶感，但这种方式并非不要良心，而是“良心的转让”，良心的要求转让给了奥斯维辛自我，于是这个自我就有了自己的良心标准（职责、对群体的忠诚，“改善”奥斯维辛的条件，等等），从而让原来的自我摆脱了为其行为负责。兰克同样也谈到了罪恶感，“它迫使主人公不再接受他之自我对某些行为的责任，而是将这些责任交给另一个自我，一个双重自我，这个自我或者用邪恶之我来表现，或者用制定一个魔鬼协议而创造出来”。[16]这也就是前面提到的纳粹医生那种浮士德式的交易。兰克谈到有“一种强大的罪恶感意识”启动了这种良心的转让，[17]然而，对于大部分纳粹医生来说，角色转换似乎在罪恶感形成或抵达意识层面之前，就已经被遮蔽了。

死亡和罪恶感之间有一种必然的联结。兰克将反面自我等同于“某种形式的邪恶，它代表了人格中易毁灭和死亡的部分”。[18]角色转换是邪恶的，因为它代表了一个人自身的死亡。纳粹医生的奥斯维辛自我也呈现他们的死亡命题，但与此同时，又用那里的邪恶项目来避开纳粹医生们意识到自己“易毁灭和死亡的部分”。

这个奥斯维辛自我渲染工作的“适宜”，从而代表医生的整体自我来 422
做“脏活”，并用这种方式来保护整体自我不去意识到自己的罪恶感和自己的死亡。

在角色转换中，自我的一部分“否定”了另一部分。被否定的并不是现实本身——个体的纳粹医生通过奥斯维辛自我知道自己在做什么，被否

*在早期论著中，兰克追随弗洛伊德，将这个传说与“自恋”概念、与一个人对自我的“力比多”（libido）联系起来，但给人的印象是他这样做并不轻松，他总是在强调自恋之下潜伏的死亡和不朽的命题。到了后期，兰克就大胆地将死亡主题作为水仙花传说中更早期和更基本的因素，稍带轻蔑地谈到“一些现代心理学家，[他们]宣称[在这个传说中]发现了他们自我之爱原则的象征”。[14]这样，兰克就脱离了弗洛伊德，建立了自己的知识立场。

定的，是这个现实的意义。纳粹医生知道自己在筛选，但不把筛选理解为屠杀。所以，这种否定的一个层面就是纳粹医生的奥斯维辛自我改变了屠杀的意思；另一方面，纳粹医生的那个原本的自我又否定其奥斯维辛自我所做的任何事情。从奥斯维辛自我形成的那一刻起，它就与纳粹医生原本的自我概念严重冲突，所以需要有或多或少的永久否定。的确，否定是奥斯维辛自我的生命力所在。*

角色转换、分裂与邪恶

角色转换是一种主动的心理过程，一种适应极端处境的方式。这就是我用“角色转换”作为动词，而不是更为常见的“替身”作为名词的原因。这种适应需要溶解“心智之胶”[20]，以取代自我的剧烈崩溃。在奥斯维辛，这个模式是个体纳粹医生在过渡期的强迫中建立起来的。在这个过渡期内，纳粹医生不仅体验到了自己的死亡焦虑，而且还有类似于死亡的崩溃、隔绝和郁积等恐惧。他需要一个功能性的奥斯维自我来平息自己的焦虑。这个奥斯维辛自我必须承担日常主导权，减少先前那个自我的表现，先前那个自我只是偶尔，只是在与集中营外的家人和朋友接触时才会显现。只要留在这座集中营中，绝大多数纳粹医生都不会抗拒这种奥斯维辛自我对先前自我的僭越，而且还会欢迎这个奥斯维辛自我作为自己心理功能的唯一途径。如果一个环境足够极端，一个人又要选择留在其中，那么此人只有使用角色转换的方式才能做到。

不过，角色转换并不包含多重或“双重人格”中那种剧烈分离和持续分离的特征。在后面这种情况中，两个自我是更为深刻地区分开来，而且是自主的，倾向于或者是彼此互不知晓，或者是将对方视为异物。另外，双重或多重人格的模式被认为从童年早期就开始了，然后凝固下来，持续下去，或许是无限期持续下去。不过，在多重人格的发展中，很可能有强烈的心灵或身体创伤、极端矛盾的氛围、在身份认同上的严重冲突和困惑

*迈克尔·弗朗茨·巴史克谈到一种“未能锁闭意识感知的认知影响”的干扰。[19]在这个意义上，否定类似于心理麻木，因为它改变了这个象征过程的效价或情绪负荷。

等因素的影响[21]——所有这些，在角色转换中也会起到作用。与这两种
情况都相关的是让内的原理：“一旦被洗礼”——也就是被权威命名或确 423
认，一个特别的自我就可能变得更为清晰和明确。[22]尽管它从来不像多重人格中的自我那样稳定，但纳粹医生执行了自己最初的筛选后，他的奥斯维辛自我就经历了这样的一个洗礼。

近来有一位作家用树的隐喻描述精神分裂和多重人格中的“分裂”深度，这个隐喻可以扩展，将角色转换包括进来。在精神分裂中，自我的分裂就“类似一棵整体朽坏之树的破碎与崩溃，至少是树干的某些重要部分已经朽碎，向下直扑根部了”。在多重人格中，自我的分裂是具体和有限的，“如同一棵本质坚实之树，它不会裂劈得太深”。[23]角色转换发生于一棵树的更高位置，树根、树干和大的枝干先前没有受过什么损害，而是两个枝干被人为地分开了，一枝长出了恶臭的树皮和叶子，以此让另一枝维持了正常的生长。如果外部条件有助于它们合并，那么这两根紧密交织在一起的枝干又会重新合并。

纳粹医生的角色转换是不是一种反社会的“人格障碍”呢？从传统意义来讲并不是。因为这一过程更多的是一种适应的形式，而不是一种终其一生的模式。不过，角色转换可以包含那些带有反社会人格损伤特征的元素，它们包括情感障碍（摇摆于麻木与愤怒之间）、对罪恶感的病态逃避、用暴力来克服隐匿性抑郁（它与被压抑的罪恶感和麻木相关），从而维持一种活力感。[24]同样，在反社会人格障碍和角色转换这两种情形中，毁灭性的甚至是杀戮的行为都可以遮没当事人所害怕的自我崩溃。

我所描述的角色转换类型中的障碍更为聚焦，更具临时性，是作为一个更大的制度性结构的一部分而发生，这个制度性结构鼓励它发生，甚至是要求它发生。在这个意义上，纳粹医生的行为与一些恐怖主义者的行为，与黑手党成员的行为，与独裁者行刑队成员的行为，甚至是流氓团伙成员的行为相类似。在上述这些情况中，深厚的意识形态、家庭、道德，有时甚至是年龄的因素都有助于形成犯罪行为。对于居住在任何犯罪亚文化中的个体而言，角色转换都可以是一种重要的心理机制：黑手党或行刑队的首领冷酷地命令杀掉对手（或者自己去做）；与此同时，他们仍然是

一个慈爱的丈夫、父亲和常做礼拜的人。角色转换是适应这种亚文化创造的极端环境，不过一些其他的影响——有些影响幼年就已开始，也促进了这个过程。*纳粹医生们也是如此。

总之，角色转换是一种心理手段，一个人藉此来唤醒自我的邪恶潜能。这种邪恶既非自我所固有，但也并非与自我无关。过角色转换的生
424 活，召唤出罪恶，这是一种个人要为之负责的道德选择，无论当事人对此在多大程度上意识到了。+通过角色转换，纳粹医生做了一个走向邪恶的浮士德式选择；实际上，这样一个角色转换的过程，就有着理解人类邪恶的一把总钥匙。

角色转换的种类

在奥斯维辛，所有纳粹医生都有角色转换，但各人的方式是不同的。比如，恩斯特·B就以避免执行筛选来限制他的角色转换，抗拒一个充分膨胀的奥斯维辛自我。然而，他自觉地想要适应奥斯维辛，这又是角色转换至少在某种程度上的使用；不管怎样，他说过“在奥斯维辛，对一个人来说，其正常人反应只限于最初的几个小时”，在那之后，“你就被攫住了，不得不随波逐流”，这就意味着你必须采用角色转换。他自己的这种角色转换明显体现在对门格勒的同情上，体现于他至少是某种程度上同情纳粹精神的一种最极端表述（关于纳粹是“世界赐福”而犹太人是“根本之恶”的想象）。尽管对自己角色转换有所限制，但其奥斯维辛自我的许多方面却保留到今天，体现于他评判奥斯维辛行为的方式。

相比之下，门格勒对奥斯维辛自我的拥抱让人觉得是快速适应、密

*罗伯特·W·雷伯（Robert W.Reiber）将“假性病态人格”一词来于此处所提到的这些亚文化中他所形容的“选择性连接犯罪行为”。[25]

+詹姆斯·S·格罗特斯坦谈到“生活在一个人之中的一种分离的存在，它前意识地分离出来，是一种有独立动机和自身议程等的独立存在”，谈到由这种存在的发展可以放射出“邪恶、虐待和毁灭”，乃至于“恶魔附体”。他称自我的这个方面为一种“头脑寄生”（使用了柯林·威尔逊的说法），认为是自我之中一些被人为抑制和早年否定的因素导致了它的发展。[26]

切融合，以至于人们会猜想他或许根本上就不需要任何角色转换。然而，一个人既对孩子们好到不同寻常的程度，然后又亲自把其中一些推进毒气室；或者是一个既与囚犯医生们关系颇为“融洽”，又在执行筛选时那般冷酷炫耀的人，角色转换又的确是需要的。不管他与奥斯维辛的关系有多密切，一个在正常环境下被描绘为“稍稍有点虐待狂倾向的德国教授”，必须形成一个新的自我，才能变成一个精力充沛的屠杀者。门格勒角色转换的核心，是他先前自我很容易吸收到奥斯维辛自我之中，他对纳粹意识形态和项目的持续效忠，使得他那个超过其他纳粹医生的奥斯维辛自我在二战之后的年月里也仍然保持活跃。

维尔特的角色转换，既不像恩斯特·B医生那样有所限制，也不像门格勒那般和谐融洽。这个替身既是强大的，也是有冲突的。我们把奥斯维辛的这个主管医生视为一个“分裂的自我”，因为他的两个自我都保持着各自的力量。然而，从奥斯维辛制度和纳粹项目的立场看，维尔特的角色转换是所有角色转换中最为成功的。甚至他的自杀也是这种成功的一个标志：尽管纳粹的战败让他把自己的奥斯维辛自我更为清晰地等同于邪恶，但他仍然充分保持着对于这个奥斯维辛自我的责任，保持着内部的分裂， 425
不能去想象解决和更新的任何可能性——无论是法律上、道德上或者是心理上。

在奥斯维辛的结构中，份量较重的角色转换包含了未来的目标乃至于一种希冀感。由于每个纳粹医生的奥斯维辛自我都从自己的先前自我中创造出来，有自己的特定历史，有自己的心理机制，所以角色转换的风格是不同的。不过，在所有的纳粹医生中，先前的自我和奥斯维辛自我都被整体的纳粹精神和这个政权的普遍权威联结起来。双重自我的角色转换是他们共享的主题。

角色转换与制度

的确，奥斯维辛作为一种制度，作为一种制造暴行的情境，是在双重自我的角色转换的基础上运行。一个制造暴行的情境是一个外部建构的情境（这里是制度性建构的情境），一个普通人进入其中（这里人是作为德国权威的一部分），就会制造暴行或与暴行联系起来。对于一个制造暴行的情境来说，有一点始终很重要，这就是在心理上驱动个体走向卷入暴行的能力。[27]

在奥斯维辛这样一个强力的制度中，外部环境可以为个体医生的基本“内部环境”定下基调。纳粹医生迅速感知到这种环境信息的一部分就是要求角色转换。这种暗示的命令召唤出一个适应屠杀的自我，但当事人并不感觉自己是一个屠杀者。角色转换不仅变成了个体之事，而且成了一种普遍的心理过程，成了群体规范，成了奥斯维辛“气候”的一部分。这个群体过程又因人们的一种普遍意识而得到了强化：不管其他集中营是什么情况，奥斯维辛才是“最后解决”的技术中心。一个人不得不角色转换，这样他在这里的生活和工作才能不被他所参与制造的尸体所妨碍，不被自己周围的那些“活死人”［“穆斯林人”（Muselmanner）］所妨碍。

奥斯维辛逼迫进行角色转换的压力，不可避免地会延伸至囚徒医生身上，他们之中最为臭名昭著的例子就是一些与纳粹密切合作的人：迪林、扎克台勒、亚当·T和塞缪尔。然而，即使是那些坚守自己治疗者本质、只有最低限度角色转换的囚徒医生，仅仅是与纳粹医生一道工作，也就不自觉地有助于纳粹医生的角色转换；他们不得不与纳粹医生一道工作，所以也就在一定程度上确认了纳粹医生的奥斯维辛自我。

毫无疑问，角色转换也在奥斯维辛的非医学人员中大量出现。鲁道夫·霍斯讲述了那些经常参加筛选的军士如何对他“说心里话”，说他们做这种事的艰难（这就是他们的先前自我在说话），然而又继续做这种事（他们的奥斯维辛自我来指导的行为）。霍斯形容这种奥斯维辛选择是
426 “或者是变得残忍、变得无情，不再尊重人的生命［也就是发展出一种功能强大的奥斯维辛自我］；或者是变得虚弱，直至神经崩溃［也就是坚守自己的先前自我，这在奥斯维辛是无功能的］”。[28]然而，在纳粹医生中，这种角色转换之所以格外明显，是因为一个先前的治疗性自我引出了一个屠杀性自我，这个屠杀性自我本应该与那个治疗性自我直接对立的，但如今在功能上却没有对立。如同在任何暴行制造的情境中一样，纳粹医生也发现他们处在一种自己事实上肯定会选择邪恶的心理气候之中，也就

是说，他们被推向屠杀。

角色转换——纳粹与医学

在奥斯维辛之外，纳粹运动中有许多地方都推动着双重自我的角色转换。纳粹运动整体充满着残忍，于是就要求持续的角色转换以执行这种残忍。角色转换可以是“斜坡下滑”般妥协的渐进过程：开始是勉勉强强地同意，接下来是一系列指定的任务，每个任务都越来越有罪孽——如果不是越来越凶残的话。于是，通过一系列的毁灭性行为而慢慢地浮现出一个功能性的“纳粹自我”。

角色转换也可以颇为急剧，脱胎换骨，（如同一个加入了党卫队的法国法西斯分子所说的那样）有一种感觉，仿佛人进入了一个修会，“必须放弃自己的过去”，“在一个新的欧洲种族中再生”。[29]这个新的纳粹自我，可以有一种与日耳曼人民、与“天命”、与一些不朽的力量融合起来了的神秘之感。也总是会有我前面提到过的理想主义与恐怖的结合，毁灭形象与复兴形象的结合，所以“神……作为摧毁者和文化英雄而出现，就如同元首作为一线的同志和建造大师而出现一样”。[30]希姆莱在党卫队头目“誓盟圈子”[31]中的讲话，特别号召这种角色转换，认为只有这样才能从事他眼中的英勇之残忍，尤其是对犹太人的屠杀。

角色转换的程度并不一定等于加入了纳粹党，所以，霍赫胡特就可以说：“巨大的区别是存在于纳粹［指那些纳粹自我充分发展出来的人］与正派者之间，而不是纳粹党员与其他德国人之间。”[32]不过，大概也从来没有任何其他政治运动像纳粹运动这样，要求如此强度和广度的角色转换。

较之其他人，医生作为一个群体可能更容易角色转换。比如，一个前纳粹医生宣称，他的朋友赫特对犹太人颅骨的怪异的“人类学”收集（见本书284—287页），其实是因为一个解剖学家对骨骼和尸体司空见惯了。尽管这当然不是一个令人满意的解释，但这个医生倒是说到了一种不仅是麻木而且是医学性角色转换的真实模式。这种医学性角色转换通常在医学院学生遇到必须去解剖的尸体时就开始了，甚至是进入医学院的第一 427

天就开始了。他们感觉到必须发展出一种“医学自我”，这才能使他们不仅是对于死亡相对习惯，而且面对这种工作的多方面要求能够较有效率地工作。无疑，一个理想的医生要保持人性的温暖，让这种角色转换处于最低限度，但很少有医生能达到这种理想的标准。研究已经表明，进入医学专业，有一种心理动机就是想要克服对于死亡的异乎寻常的巨大恐惧，医生身上的这种恐惧很可能推动他们在遇到死亡环境时进行角色转换。那些被纳粹运动，尤其是党卫队或集中营医学所吸引的医生，多半是一些此前在医学上就有过巨大角色转换的人。即使是一些对纳粹并非格外同情的医生，也很可能经历过相当程度的角色转换，并且倾向于这种转换的进一步深入。

无疑，纳粹医生中角色转换的倾向是格外强烈的。考虑到向他们展现的一种英雄般前景——作为医生成为人民基因的培育者，作为军事化的治疗者将巫师和通常的生死权力结合起来，他们要去从事的任何残忍就太容易被这种傲慢所淹没了。他们的医学傲慢又因他们在绝育和“安乐死”项目中所起的作用而加剧，因为这样做是为了治愈日耳曼种族和德国人民的疾病呀！

那些经历了“安乐死”屠杀中心和死亡营所需之角色转换的医生，很可能最容易角色转换。当然，一个人被派到什么地方有偶然因素在起作用，但被派往屠杀中心或死亡营的医生一般都是强烈效忠纳粹意识形态的。他们很可能也有较强的精神分裂倾向，或者是容易麻木和无所不能般地施虐，而所有这些也在促进角色转换。即使是在极端条件下，人们也有办法找到和停留在与自己心理相联结的那种情境中，所以我们可以猜想这里面也有一定程度的自我选择。以这样一些方式，医生自我的原有心理特点颇起作用，但这种作用主要体现于倾向性或敏感性之上。在很大程度上，发生于那些心理特点容易变化的人身上。

所以，我们发现必须回到一种认识：大部分纳粹医生所为，都是其潜在的能力之内——至少在一定的条件下，大部分医生及大部分人都是如此。然而，一旦开始奥斯维辛角色转换，纳粹医生就的确将自己与其他医生区分开了，与其他人区分开了。角色转换作为一种机制，一个医生以此用自己的行为从普通人变成了恶魔。（我在20章将讨论这个过程中的一些因素。）

作为德国人的角色转换? 428

德国人在角色转换中有什么特殊之处吗？无论如何，德国是替身幽灵的发生之地，替身出现在它的文学和幽默之中。奥托·兰克虽然把这个主题追踪回溯至希腊神话和戏剧，但他强调它在德国文学和哲学浪漫主义中格外突出，并且提到“内在分裂人格，浪漫主义类型的特征”。[33]这种特征化不仅出现在文学中，也出现在政治和社会思想中，与“撕裂状态”或“劈开”以及德国灵魂的“通道和展厅”[34]这类形象是一致的。尼采断言，一个人身上的二元性可以将他展示为既“反基督”又“爱基督”，类似的“二元集于一身”的法则可以追溯到一些早期德国作家和诗人身上，比如 荷尔德林、海涅和克莱斯特。[35]

的确，歌德对浮士德传说的处理就是一种德国式的角色转换：

> 唉，两个灵魂，住在我胸中
> 各自避开和抵制它的兄弟[36]

这个魔法医生浮士德与奥斯维辛里他的纳粹同胞颇有相似之处。在歌德笔下，浮士德内部分裂为一个先前自我和一个第二自我，先前自我想的是人世之事，包括所爱之人；第二自我则狂妄地追求“高远的祖先之地”*

---

*这段关于“两个灵魂”的诗句接下来是：

“一个有着坚韧的器官装着爱
拥抱中紧贴着对世界的欲望。
另一个横扫俗世尘埃，纵身向上
进入高远的祖先之地”

德国文学史家罗纳德·格雷在德国文化的各个方面都发现了“两极与综合”的模式：路德的上帝概念是“反向地起作用”，荷尔德林的正题和反题法则，来自黑格尔的马克思主义辩证法。在所有这些之中，都有“对立面的融合”，有个体和群体自我的渲染，也有对二者统一的热烈追求。[37]人们几乎可以说，这种德国启示录传统——瓦格纳的“诸神的黄昏”和死亡萦绕的集体终结之主题，可以是这种“撕裂状态”的（转下页）

的超自然力量。在这个传说的较早版本中，浮士德承认他那个邪恶自我的主导权，告诉一个自称的灵魂拯救者："我走得比你想象的还要远，我用自身之血将自己抵押给了魔鬼，永世成为它，肉体和灵魂都如此。"[38]他的这种态度就类似于纳粹医生的奥斯维辛自我的忠于邪恶。托马斯·曼则特地通过一个音乐家主人公，将浮士德传说用于纳粹时期的历史经历，表现奥斯维辛自我对没有限制的"创造力量"的恶魔般追求：得到的承诺是
429 绝对的突破，征服时间从而征服死亡，只要这个新的自我"敢于野蛮，双倍的野蛮！"[39]*

在德国的心理和文化经历中，角色转换的主题强大而持久。而且，因第一次世界大战而来的历史错位和文化象征的破碎，无疑更使德国容易有这种角色转换。谁能否认德国对这种角色转换过程"感觉"如此丰富呢？正是德国文化的一个出色产物奥托·兰克对此做了最好的描绘！

不过，采用浮士德主题的第一个伟大诗人并不是歌德，而是英国剧作家克里斯托夫·马洛。对于角色转换这个普遍性主题，有一系列著名的英国和美国作家做了描绘，从埃德加·爱伦·坡的《威廉·威尔逊》、罗伯特·路易斯·史蒂文森的《哲基尔医生和海德先生奇案》、奥斯卡·王尔德的《道林·格雷的画像》，一直到《超人》这样的连环画。事实上，这个主题渗透于所有国家的作家创作中，比如法国作家莫泊桑的《奥尔拉》和俄国作家陀思妥耶夫斯基的长篇小说《双重人格》。[41]

显然，纳粹抓住了一种普遍现象，虽然是用他们自己的文化和历史做了特殊强调。然而，如果没有其他一些支配奥斯维辛行为的心理模式存在的话，他们也不能唤起普遍的角色转换。这座死亡营环境的内在化表现体现着奥斯维辛自我的特点，但又超越了奥斯维辛那个地方和那个时代。

（接上页） 延伸，进入到更大的人类联结与分离领域。

*托马斯·曼也捕捉住了角色转换的连续性，他谈到德国心理学中"暗示的恶魔崇拜"，并让恶魔明确地告知这个浮士德人物："我们施加于你的并不是什么新东西……只是对那些你们早已如此的东西进行巧妙地强化和增大罢了。"[40]

第20章　奥斯维辛自我：角色转换中的心理学主题 430

“医生……如果不生活在一种道德情境中……有着非常清晰的限制……那就是非常危险的。”

——奥斯维辛幸存者

“他可以随每一阵风而转向，或者是顽强地把自己嵌入某种古怪复杂和非理性的社会制度中，只是为了与它一起灭亡。［人就是一种］变幻无常、漂泊不定的危险生物，［他那］焦躁不安的头脑想去尝试所有的路径、所有的恐怖、所有的辜负……既相信一切，又什么都不相信……为一些虚幻想法而野蛮地杀戮，超过了其他生物争夺食物的断杀；于是，在一代人或者更短的时间内，就忘掉了曾经如此折磨他的血腥之梦。”

——洛伦·艾斯利

治疗—屠杀悖论

纳粹医生陷入治疗—屠杀悖论，这是奠定角色转换基调的关键所在，因为奥斯维辛自我必须靠这种悖论而生存。屠杀犹太人是为了治愈日耳曼种族，一个人如果完全信奉纳粹的这种说法，这种悖论就消失了。奥斯维辛自我可以视自身在实践一种值得赞美的“种族卫生”原则，是在
431 为有机更新的一种高贵远景而工作，也就是创造一个广阔的“日耳曼生物共同体”，于是，最为宏大的德国征服世界的使命与最小的生理学细胞系统是可以相提并论的。[1]即使是“世界的肛门”这样的词汇，也变得与“清扫世界之必要性”的这种积极使命联系起来了。[2]通过屠杀而达到的治疗，也可以成为这个不朽前景的一部分，变成了“最神圣的人之权利和……义务”的一部分，它“要确保血保持纯净，通过保存最好的人种，来创造这个人种更高贵发展的可能性”。[3]

转换为奥斯维辛自我就是这样做的途径，纳粹医生以此赋予自己的屠杀以巫师、牧师和魔术师的神力。因为，对于一个古老的治疗者而言：“他行动于其中的那个幻想领域，他神秘行为要影响的世界事务，这二者之间并无分裂。”[4]也以这样一种方式，奥斯维辛的医生—巫师在他的致命“治疗”中就变得“装载了各种权力”[5]（参看本书481—484页）。他是一个得到承认的有着特殊权力的医生，他的屠杀既因这个政权的整体的治疗—屠杀之颠倒而合法化，与此同时也进一步让这种整体颠倒合法化。所以，用标着红十字的车辆把毒气、投毒之人、乃至有时候是要毒杀者运往毒气室，就是很自然的了。

由于这种治疗—屠杀悖论体现着纳粹政权的整体功能，所以纳粹将奥斯维辛想象为在道德上等同于战争，是有几分正确的。战争是唯一可接受的制度（在纳粹那里是高度受尊敬的制度），战争中也有同样的治疗—屠杀悖论。一个人必须杀掉敌人，这样才能保存——“治疗”他的人民、他的军事团队和他自己。如果一个人遵循战争的规则，他也必须治疗敌人中那些没有被完全杀死而只是受伤和被俘者。这种“等同于战争”的想象，以及它对勇气和忍耐的号召，就导致了对奥斯维辛自我的尊崇。一个纳粹医生既可以避免自己生命受到真实威胁的战争（比如俄国前线），但又参与了所宣称的在道德上相等同的战争，在这场战争中他不必面对那样的危险。这样的类比又因他所遇到的死亡海洋，以及他在奥斯维辛对此所做的

贡献而进一步等同。他可以体验到一种等同于战争的心理，有时会感觉自己是在“种族战争的战场上”[6]。在这个问题及其他许多问题上，部分信念能够与合理化融合起来。

在我们详细讨论过的3个纳粹医生中，门格勒与这种治疗—屠杀悖论最为合拍，维尔特是尽量维持它，但却最感不安；恩斯特·B则是处在它的外围，而且大多数时候都能将自己的行为限定于治疗。不过，这种治疗—屠杀的颠倒界定着他们所有人的外在现实和内在现实。比如，我们还记得，恩斯特·B医生在根本上赞同自己朋友门格勒的说法：不利用奥斯维辛为孪生子研究提供的特殊机会，“那就是一种罪过，一种犯罪”；他对纳粹医生服从“奥斯维辛环境”，在一次次筛选中一个接一个地挑人处死，也有深深的同情。他的意思是：因回应这种治疗—屠杀悖论而发展出来的奥 432
斯维辛自我，应该成为每个人进行评判的基础——门格勒如此，他自己如此，甚至我也应该如此。

治疗—屠杀之颠倒的仪式化

对于纳粹医生而言，筛选过程有一种仪式功能：“在光荣的幸存和挣得的再生中，精心上演的死亡沉浸达到了顶峰。”[7]在奥斯维辛，筛选这种“世界的肛门”的考验带来一种心理幸存感，纳粹医生体验到因自己的奥斯维辛自我形成而挣得的再生。他巩固了自己与这个奥斯维辛群体的关系，这靠的是所称的“血盟”，[8]也就是直接参与这个群体的屠杀——全世界的犯罪团体长期以来就是这样做的。以这种方式，这个奥斯维辛自我就以通过一场考验“坚定”的考试而受到了“洗礼”。

就像大部分功能性仪式，久而久之，筛选变得正规化了，就像奥斯维辛自我也变得确定和更老练一样。所以，仪式强化了奥斯维辛自我的“现实感”，[9]向这个自我提供了忠诚的“考量、具体化和实现”。[10]作为对奥斯维辛自我的支撑，筛选起到了重要的仪式作用，“克服矛盾心理，克服含糊暧昧”，“不仅感受到了命令，而且参与到命令之中”。[11]所以，筛选就把屠杀行为和对邪恶的接受进行了仪式化，奥斯维辛自我越来越沉浸于这个治疗—屠杀悖论了。

筛选也提供了一种仪式化的演出。无论奥斯维辛自我是以一种完整的活力锐气进入到演出之中（门格勒就是如此），或者是带着犹豫和冲突而来（有许多其他人是这样），参与到这种“文化演出”[12]中就会消除焦虑和怀疑，将个体的行为与主导的（纳粹）理念融合起来，如同一般的仪式表演所起的作用一样。奥斯维辛在这里代表着纳粹对仪式的整体热衷，而它们的基本成分都与治疗和屠杀相关。纳粹政权从它存在的仪式化上获取了巨大的力量，如此，它号召的每一个行动都可以视为对“第三帝国”和“雅利安种族”具有深远的神秘意义。即使真的如此——比如筛选就是如此，“仪式无知”[13]的这类仪式推出的违反人类行为已有知识的法则（比如虚假的种族理论），但仪式本身却能够给参与者一种“真理”之感。

治疗—屠杀悖论如此支配着奥斯维辛，以至于创造了一个筛选的世界，人们的奥斯维辛自我带着对它的一种理解而工作：如果某个地方的筛选要减少（比如医疗区），那么在另外的地方就要大幅度增加（比如在火车站的坡道上）。除了纳粹对“需要”的实用估计外，更有着一种凶残招致凶残的心理学法则[14]：为了论证筛选，就必须让筛选持续。为什么要这样，在原始巫医那里可以找到线索：他们“所拥有的魔力……并不是一个
433 非常舒服的资产”，因为“它的拥有者可能要应对困难的情况——在可以使用这种特殊才能时必须使用，否则，他不去使用的这种特殊力量就可能反过来危及其生命”。[15]从心理学上讲，我们可以说这种应急力量之所以如此威胁其拥有者，是因为他有一种潜在的罪恶感，只有将这种致命力量持续地对准外在敌人，才能避开它。同样的法则也存在于纳粹的声明中：每一个犹太人都必须杀掉，否则那些活下来的人或他们的孩子就会杀德国人。所以，奥斯维辛自我就进入了一个屠杀、受到威胁的罪恶感和死亡焦虑的恶性循环，要用更多的屠杀来避开这些感觉到的心理威胁。

从维持治疗—屠杀悖论的立场来看，医生的筛选行为由于传递了一个观念——“进行了准确的医学评判”，所以在官僚机构层面（于是也在心理层面）“让它完善了”（恩斯特·B医生的话）。然而，这样一种医学化就要求奥斯维辛自我捡起医生的自我要求——“怎样人性地做这件事［屠

杀］”。“人性化屠杀”的原则对奥斯维辛自我可能有相当的作用：把斑疹伤寒患者或潜在携带者送往毒气室，就控制了这种疾病；将大量虚弱和患病的囚犯送往毒气室，就改善了奥斯维辛的卫生状况。以这样来理解的奥斯维辛自我进入到治疗—屠杀悖论之中，一切看来就有意义了，就“起作用”了，它反过来又支持了整体的角色转换过程。

强烈的治疗倾向很容易导致党卫队医生个体的内在冲突，导致一种他的奥斯维辛自我不能完全主导的情况。然而，在绝大多数情况中，在医生做集中营之事的过渡期过去之后，他的奥斯维辛自我已有足够功能之后，这种冲突足以克服。我们看到，维尔特的情况就基本如此，维尔纳·罗德这样的人也是这样。据说罗德要喝很多酒才能去执行筛选，据说他的“良心问题”达到了这样一个程度，以至于有一次因沮丧和生气而卸下了自己的枪，然而他“仍然去做其他人所做的事情”，也就是继续执行筛选。医生身上的治疗气质如果的确奋战过的话，那么打的也是败仗，最终还是奥斯维辛自我战胜。恩斯特·B医生谈到一个党卫队医生“在这个环境中待了几周之后……就认为‘是对的’”，他描绘的并非一个突然的顿悟，而是一个过程的终点，这个过程短而富有强度，一个奥斯维辛自我在这个过程中渐变形成了。

所以，尽管希波克拉底誓言是一个保证作为治疗者、否定杀害和伤害自己病人的誓言，但在奥斯维辛并没有被完全抛弃。这个誓言除了在医生的记忆中是医学院毕业时一个遥远和模糊的仪式外，更是被他们马上进入的筛选仪式做了颠倒解说，被摆脱希波克拉底誓言、转换为奥斯维辛自我的一系列直接压力和回报所颠覆。的确，有了对希特勒的宣誓，一个人基本上就把犹太人从他的希波克拉底责任中排除出去了。

意识形态与集体精神 434

纳粹医生原来的思路结构、意识形态和集体精神，对于他们的角色转换也非常重要。即使是意识形态的碎片——许多医生的意识形态都是碎片化的，也能够推动这个角色转换过程，因为这些碎片已经是一个旧的、能够接纳更多新东西的想象性结构或集体精神的一部分了。这里所说的“集体精神”包括意识形态，也常常用来指一场运动中的支配或中心原则；不过，它较早的意思，是指某个文化群体在多少个世纪中发展出来的信仰结构。

纳粹医生或多或少都是要从这场运动中寻找某种形式的民族复兴，他们嘲笑极端的纳粹种族理论主张，但却被强调日耳曼团结一致的“科学种族主义”所吸引；他们认为日耳曼种族整体优越，担心种族混合；他们觉得自己是理性之人，而不是狂热的反犹分子，但又指责犹太医生在德国城市中人数太多，过于突出；他们没有与纳粹分子一起上街游行示威，但却服从和服务于后者，以换取军衔和军服；他们并没有自愿向纳粹事业做出巨大的个人牺牲，但却尊重那些这样做的人；他们寻求在这个新的支配性全国运动中得到最大的专业和个人成功。这样的医生，尽管看似与纳粹意识形态的关系有所保留，但却同样感受着日耳曼—纳粹群体精神的神秘力量。他在某种程度上就能够回应奥斯维辛的召唤。

在奥斯维辛，他被要求为了复兴而进行角色转换，这种复兴既是集体的（与医生们，与作为英雄领袖与更大的雅利安社群的种族中介者一道），又是神圣的（宣称它的终极制裁是第一次世界大战的死者）。希特勒把这一点说得很明确，以“冰冷的清晰”宣布他的学说“与个体之人无关……与人在一个显然不朽之国家中的持续存在相关”；[16]而阿尔弗雷德·罗森伯格（Alfred Rosenberg）则坚称一个人只有“在头脑和灵魂都融入他这个种族千百万人的序列中”，[17]*才能实现自己的个性。这就是不朽的种族—文化之物的强大诱惑。

在年轻医生对这种诱惑的回应中，对实际的纳粹成就的热情与神奇的集体力量感融合起来了。集体精神如此强大，哪怕一个人对纳粹的一些做法深感困惑，对于反对它们也会相当犹豫，因为这意味着“你变成了一个叛徒，在你自己人民的背后捅了一刀”。一个人或者是追随这个集体，或者是被视为（也自己视自己）是一个残忍而胆小的叛徒。

---

*罗森伯格还补充说：“新德国的风格……就是一种行进纵队的风格，不管这个行进纵队身在何处，不管它被引导到什么目的地。”[18]这个行进纵队很好代表了个人融入了一个闯劲十足、纪律严明的集体之中，时刻准备战斗，一直都在行进。

党卫队则是“集体中的集体”的中坚分子，“用誓言约束”，充满了“军团精神”，与它的残忍和勇气相一致。加入党卫队的纳粹医生们吸收了这种集体精神，每个人都要进行党卫队宣誓： 435

> 我向您——作为元首和帝国总理的阿道夫·希特勒——宣誓效忠和英勇。我向您发誓，向由您任命的我的上级发誓，坚决服从，至死不渝。愿上帝助我！[19]

因此，就变成了一个观察者所说的“意识形态战士”，无论他是不是戴上自己那条刻有党卫队口号“吾之荣誉即忠诚”的皮带（通常的党卫队人员是戴的）。这种理想主义不管怎样被奥斯维辛的腐败所侵蚀，但对于党卫队医生来说，仍然是他们最初适应的一种激励，是角色转换的意识形态召唤的一部分。我们不妨回忆一下恩斯特·B医生曾强调纳粹意识形态中的“信念”是通向这个党卫队集体的“桥梁”。对“共同体”的这种信念变成了屠杀行为的一个来源，变成了对奥斯维辛自我的至关重要的支撑。因为这个自我不仅是个人的创造物，而且是神秘的“集体意愿”的创造物，它事实上是“意志的胜利”的奥斯维辛版本。

考验与集体精神

不管奥斯维辛医生们原来有多少抗拒，但他们还是被纳粹的一种原则说服了：杀人是一种艰难却又必要的个人考验。当人们问海因里希·希姆莱怎么能让自己去做如此可怕之事时，据说他提到了“日耳曼世界作为一个整体”的“因缘”，为了这个整体世界，“一个人必须献出自己，哪怕对他而言这常常是非常艰难的，他不应该只想他自己”。[20]*这个屠杀者称这是一种奉献的考验。为了执行规定的献祭屠杀，他就把自己和受害者

---

*托马斯·曼在他的长篇小说《浮士德博士》中捕捉了这种原则，他将乔治斯·索雷尔一战前那本《暴力论》描述为纳粹意识形态的一个先驱。《对暴力的沉思》将真理的命运与个体的命运联系起来，说二者都是“一种跌价，一种贬值”；托马斯·曼认为《对暴力的沉思》“在真理与权力、真理与生活、真理与集体之间挖了一条嘲弄性的深渊”，以表明“集体远居优先”，而真理则被抛弃，代之以“集体形成的信仰”。[21]

献给了不朽的德国民族和英雄神灵——阿道夫·希特勒。

面对他那些高级党卫队领袖——而且至少有一次是在奥斯维辛，希姆莱表达了这种屠杀作为一种使人高贵之考验的集体精神。他“坦率”地提到了“消灭犹太民族”这件事，嘲笑那些心肠软弱者，他们甚至在纳粹党员中也有，说这些人有“自己的一个正派犹太人”想要去救：

> 所有这些如此谈论的人，没有一个人见到过，没有一个人经历过。你们最重要的就是必须知道，看到一百具尸体、或者是五百具，或者是一千
> 436 具，一具挨着一具，这意味着什么。要坚持这样做，把那种人的软弱排除出去，要保持我们的完整性，正是完整性使得我们坚强。在我们的历史中，这是一页没有写下来，而且永远不会写下来的光荣一页。[22]

纳粹医生们的奥斯维辛自我会体验到对这样一种考验的召唤，对要承担的这种必要但艰难、乃至于英雄般坚强的召唤。这种坚强是以种族为核心的，“对流着相同血液的同胞来说，我们必须诚实、正派、忠诚和具有同志情谊，但不对任何其他人”，所以，如果“10000个俄国妇女因挖反坦克壕精疲力竭而倒下……让我感兴趣的，也只有为德国挖的这条反坦克壕完成了”——1943年10月4日，希姆莱在波兹南的一次讲话中这样说。在这个不朽的党卫队使命中，要做的是“带着日耳曼印记的国家社会主义秩序中的人……［他们是］未来几代人的祖先，对于确保德国日耳曼民族的永恒存在是必不可少的”。[23]那种直接参与的“血盟”（见本书432页）就是这种共同考验的一部分。一个特别行动队的参谋“坚持要求［他手下的］所有军官和军士都参与处决”，为的就是让他们都像他曾“克服”了自己那样也得到“克服”。他要求所有这些人都有一种等同于奥斯维辛自我的特别行动队自我，或者是更适宜的说法，即“犯罪事业中的英雄行为”。[24]

对犹太人的大屠杀基本完成后（1944年5月），希姆莱强调只有党卫队才能这样做：这种屠杀“只有由忠诚坚定的人、由热情和高度献身的国家社会主义者组成的那个组织才能承受，才能执行”。[25]党卫队官员们总是“为我们的人民承担重担”，也就是说，随时承受进行杀戮的

考验。

从特别行动队的面对面的屠杀转变为精心设计的毒气室屠杀机器，可以说是降低了这种考验的强度。不过，考验仍然存在，对接受考验的要求也存在。所以，纳粹医生们对执行“令人不快的”坡道筛选任务就越来越觉得紧张、疲劳和艰难（卡尔·K称之为“折磨”），需要大量饮酒才能维持，而这反过来又导致了宿醉带来的更多难受，第二天就被毁掉了。整夜的相互祝酒，无疑是为了给这个越来越堕落的屠杀仪式增加几分高贵感，然而受折磨的感觉仍然还在，恩斯特·B的描述将它清楚地表达出来。在一次访谈中，他想让我相信纳粹医生们在奥斯维辛的决定有多么艰难，他们在执行筛选时心里有多大的压力：“你必须去那里，你去了那里——其他的选择根本就没有讨论的余地。”维尔特坚持自己参加筛选，而不是把它们留给其他的医生来做，这就是个人也遭受这种折磨的一种承担义务——也很可能是一种“克服”先前自我而唤出奥斯维辛自我的努力。

折磨考验和集体精神的相融，这给了我们又一个角度来理解德尔莫特的事情（见本书309—311页），理解一个不确定的奥斯维辛自我的实际效 437
用。德尔莫特开始时被筛选所激怒，感觉它们违反了他那强烈的党卫队理想主义。然而，他的医学上司温柔地劝导他，慢慢地把他带去执行筛选，这与希姆莱关于允许弱点的观点也是一致的。我猜想，门格勒（作为那个“修复［德尔莫特］团队”的指定领导）传递给德尔莫特的信息有一部分是：一个真正的党卫队军官——这个特殊的党卫队集体中的一个成员，为了他的元首和他的种族，必须承担起他大感排斥的这些任务。这个强有力的观点以及与之联系在一起的压力适用于德尔莫特的奥斯维辛自我，而这个自我竟又反讽性地得到了他那个囚犯医生教授导师“父亲般”的支持，虽然到战争结束只有一年左右的时间。然后，随着奥斯维辛环境的倒塌，德尔莫特相对令人钦佩的愧疚之感，再加上他先前那个人性自我的快速浮现，无疑就在很大程度上导致了他的自杀。然而，体现集体精神和群体的折磨考验的原则，还是维持了德尔莫特的奥斯维辛自我，让他能够去执行将他送到奥斯维辛来做的致命任务。*

这里有一种恶性循环：面对屠杀的内心冲突可能会萦绕那个奥斯维辛自我，强化其折磨感，而这反过来进一步减少了它对自己屠杀他人的关注。这样的集体精神会在任何纳粹环境中出现，一个人会像德尔莫特那样去做，去形成他的奥斯维辛自我，因为“人们期待我这样来做”。[29]一种递增倾向也有可能出现，这个奥斯维辛自我的“折磨”逐渐被接受了。

生物学革新

这种复兴的集体精神有一个独特的特征——焦点是强调生物学革新，纳粹医生们一直受其影响。医生们觉得自己是医学生物学家，是为一个
438 “有机不可分割的民族社群”工作，对此的反对会被视为“有病的症状，这种病会威胁民族有机体的……健康整体”。[30]国家社会主义“就是应用生物学”，这种形象不仅是一个医生从一次纳粹演讲中感知到的，而且这场运动强调只是要建设一个生物学上进化的国家而形成了这种愿景。戈特弗里德·贝恩是少数几个具有精神高度的德国作家之一，但也至少短暂地信奉过纳粹这种事业，欢迎“一种新的生物学类型、历史的

*德尔莫特的情况与另一个出名得多的纳粹将军埃里希·冯·登·巴赫—泽勒维斯基的情况有心理学上的相似之处，后者是俄国中部特别行动队的领导（见本书159页）。希姆莱对他这个“喜爱的将军”的情况很感兴趣，用电话与党卫队首席医生格拉维茨商讨，严厉责骂他未能把巴赫—泽勒维斯基的全部情况告知自己，认为他对巴赫—泽勒维斯基的心理治疗很糟糕。[26]然而，这个将军在几个月后恢复得很好，作为新任命的俄国境内追捕游击队部队的总主管又回去杀犹太人了。他的精神崩溃发生在1942年3月初。到了这一年的9月，他就写信给希姆莱，作为一个最有经验的高级警察头目自荐担任这个职务。[27]即使是党卫队内部，巴赫—泽勒维斯基也有着不同寻常之残忍的名声，体现于他对华沙起义的扑灭。

尽管在他生病期间希姆莱非常挂念他，但当这个陷入崩溃的将军询问希姆莱在东部对犹太人的屠杀是否停止时，这个党卫队全国领袖发怒地回答说：“这是元首的命令。犹太人是布尔什维克主义的传播者……如果你对犹太人的事情不格外敏感，你就会看到自己将遭遇到什么！”[28]对于一个在自己遇到的折磨中崩溃的人，同情治疗最为重要，要持续到当事人可以重新面对这种折磨为止；然而，如果他质疑导致了这种折磨的做法，那么同情就停止了。我们很有理由猜想，德尔莫特和巴赫—泽勒维斯基都用党卫队的标准来内化想让自己坚硬起来的愿望，以此从心理崩溃中恢复过来。

突变和一个民族要培育自身的愿望”。贝恩也是一个关注日耳曼种族之“生命力”的医生。并非医生，而是现代伟大的哲学家之一的马丁·海德格尔，在论证自己早期对德国人“想要成为我们自身”[31]的同情时，也与此相类似。

对于医生们来说，他们的领域（生物学和治疗）就是民族振兴的领域，所以这种诱惑是不言而喻的；而这种振兴要选择屠杀之路，“种族警察”的任务被托付给了党卫队这个群体，这又形成了他们的困难。医生们加入党卫队，在接受它的种族要求上毫无困难，也就是要有追溯到几代人之前的雅利安家族之根，这是成为体现这种种族理想的党卫队成员的原则之一部分。当他们成为这个样板群体的成员，期待他们去参与屠杀时，困难就开始出现了。对此，他们需要一个奥斯维辛自我，或者是角色转换的一个类似产物。这个自我的形成得到了一种医学诱惑的帮助，那就是去接管整个纳粹集体精神，去控制被控制的纳粹生命形象。

反犹的集体精神

纳粹集体精神的反犹一面也被生物学化了，抵达奥斯维辛的纳粹医生们携带着这种视犹太人为威胁性的反面种族的集体精神。这种想象在心理上有助于奥斯维辛自我，因为执行筛选变得容易一些了，那些被送去死亡的人已被视为潜在的凶残敌人。

与对犹太人这种严苛、抽象和原始的想象不同，纳粹医生与实际的犹太医生相接触是另外的感觉。对他们人数众多有怨恨和嫉妒，很多时候也气愤于他们的成功和才华，所以当他们被赶出德国医学界后（这会很快地改善纳粹医生的地位）就颇感满意，但同时又有一种共谋虐待这些人的愧疚感——这些人毕竟是他们的同事。一个曾在奥斯维辛短暂待过的纳粹医生这样说：“你可以一直说犹太人有罪”，他们与共产党的危险和其他政治威胁有关联，可以宣布他们是“德国的死敌”，于是，“走到消灭他们 439
的那一步，就轻而易举了”。所以，反犹的集体精神是无处不在。

然而，那些自己认识的犹太医生——有时还是关系密切的同事或受人尊重的老师，会干扰这种集体精神。比如，一个前纳粹医生回忆起“一些［曾做过他老师的］伟大人物——沃瑟曼、摩根罗思，还有布卢门塔尔——我的血清学从布卢门塔尔那里学得最多”，并给我讲述了当年这些犹太人是怎样从他那所学院“消失”的。*尽管这个医生辩称自己对此无能为力，并坚持他热切的纳粹观点，但他此时的愧疚感是显而易见的，而其他的纳粹医生也是一样。即使在奥斯维辛，也有类似的倾向。比如，维尔特对个体的犹太医生就很“正确”，甚至有“绅士风度”，帮助他们，把他们放在负责的位置上，但与此同时仍然持一种强烈反犹的纳粹集体精神。他保持这种信念的一个层面，就是坚持犹太人与非犹太人的医疗区必须分开，而更为恶意的则是在医学化屠杀犹太人中的积极作用。事实上，那个奥斯维辛自我在所有情况中都要锁住面对实际犹太人的潜在愧疚感，而去依赖一种意识形态的愿景，即消灭犹太人或“解决”“犹太人问题”的这个建设性目标。如同我们所知道的，这样一种混合立场中有冲突，但这种冲突根本上对奥斯维辛自我的工作没有什么打扰。

致命的逻辑与神圣的科学

对于德国—纳粹集体精神而言，逻辑、理性和科学的宣称是极为重要的。在奥斯维辛，这种宣称以其极其古怪的形式而具有特别的意义。恩斯特·B就讲述过，奥斯维辛的医生们就杀掉所有犹太人的必要性进行过“理性”讨论，认为它不同于以前那些难以实施的方案（马达加斯加计划，“有漏洞的”犹太人集中居住区，等等。见本书205—206页），为解决这个棘手问题提供了一个“真正”的解决方案。正是这种理性思考的主张，使得当我提出奥斯维辛的心态与1978年琼斯镇大规模自杀性屠杀（见本书330页）的心态的相似性这个问题时，恩斯特·B医生会如此恼怒，坚称后者是某种形式的唯心主义和愚蠢，而他和他的

*奥古斯特·冯·沃瑟曼（1866—1925）是血清学家，沃瑟曼反应梅毒诊断的发明者，有段时间担任柏林达雷姆的威廉皇帝研究所所长。朱利叶斯·摩根罗思（1871—1924），细菌学家，曾与保罗·欧利希同事。弗朗茨·布卢门塔尔（1878—　），著名皮肤学家和血清学家，曾与沃瑟曼同事，1934年移民美国（所以是这些医生中唯一一个“消失”的）。

奥斯维辛同事则是细心地思考逻辑和理论问题。人们会联想到希特勒的“冰冷的逻辑”，如同一个学者所说的那样运作，“从一些疯狂的前提到一些荒谬可怕的结论，希特勒有着冷酷的逻辑”，以这样一种方式，就“得出了热爱人类的他必须灭绝犹太人的结论”。[32]这种致命的逻辑与个体妄想狂有重要的关系。在妄想狂中，即使是妄想或幻想的想法，也会被有逻辑地组织起来，于是就让妄想中的此人相信，常常还让其他人也相信。妄想狂事实上是一种逻辑病，由于所有限定条件都被去除，逻辑就走火入魔了。某些意识形态理论家虽然没有精神病，但已把他们宣扬的集体精神带到了妄想狂的边缘，或者已经是妄想狂了。所以，就可以视他们为一种“妄想狂人格”，如同希特勒本人一样，尽管有时很难诊断出任何形式的精神疾病。 440

关于妄想狂，有一些新的理论，它们强调一种潜在的灭绝恐惧，或者是担心自己被灭绝，或者是担心人类被灭绝（世界末日想象）。这种想象有时被称为“弑魂”，一个著名的早期妄想狂病人用过这个说法，它的观念结构和症状，包括有时的幻觉和错觉，可以理解为一种要去重新获得生活力量的努力，一种想要新生的努力。夸张的逻辑就是这种要把自我拢在一起之努力的一部分。*这种模式的一种集体版本，在我前面谈到的一战后的德国作为一个整体上看得很明显，它出现了一种感觉在军事上和精神上要被灭绝，成为了“弑魂”对象的感觉。那些蛊惑人心的领袖（尤其是希特勒，但也包括其他人）就能够以各种方式触碰这种被灭之痛和“弑魂”，将其归因于一种特别邪恶的外部力量——犹太人。

死亡营的逻辑极端性就是想要把这个奥斯维辛群落拢在一起，这个群落本身就是视犹太人为威胁和邪恶之德国—纳粹集体精神的终极显示，这整个过程类似于妄想狂使用逻辑极端性来把自身拢到一起。不过，这二者之间也有一个重要的区别。个人的妄想狂逻辑一般是在自己的生活中形成，通常源于很容易感知为“弑魂”的极度的早期创伤，也有遗传上易受

---

*从弗洛伊德到艾达·梅库尔佩恩和理查德·H·亨特以及哈罗德·F·瑟尔斯的当代论著，这样一个序列，我在《断裂之联结》一书做了讨论，并将它们放在一个生与死的象征范式之中。[33]

妄想状态影响的因素。集体对所感知的“弑魂”的体验和回应，可以把它那些有着不同心理背景的持致命逻辑的成年人吸收进来，纳粹医生中的情况就是如此。所以，我们就要抵挡住使用“妄想狂”这个临床术语的诱惑，即使从它里面吸收了部分模式。纳粹逻辑宣称的是以我所说的“神圣科学”作为整体意识形态的一部分，这种意识形态对原来的社会创伤和以复兴名义而来的论点和做法做了整体化。[34]

于是，这种纳粹集体精神就包含了一种神圣的生物学，它的逻辑被医生们的奥斯维辛自我所采纳和积极传播。对逻辑和理性的宣称，是纳粹更大主张的一部分，后者直接是生物学实验室的结果。无疑，一些其他的运动，比如马克思主义和俄国共产主义，也都宣称其科学正确性；但是，只
441 有纳粹视自己就是生命科学和生命过程的产物和实践者，是生物学上被任命的指导者，指导着自己和这个世界的生物学命运。不管这有多么傲慢，不管这里面有多少伪科学和科学至上主义，他们将自己等同于他们那个时代的科学。

不过，他们用一种启示录般、非常浪漫的方式来利用科学，瓦格纳“诸神的黄昏”的那种死亡萦绕与最绝对的实证主义合并到一起。不管由此而来的屠杀和治疗中有什么样的幻想荒谬，科学的逻辑总是近在眼前，至少在纳粹眼中是这样。这样一种结合，抽象而言显然易于管理，但运用到奥斯维辛这类地方时，就需要相当的脑力了。这样一种结合的努力对于奥斯维辛自我是一场重要的奋斗，这奋斗因宣称要从最遥远的浪漫氛围回到坚实的科学之地而成为可能。对理性和科学的高度强调，恰如它们本身的高度不靠谱。

实际的科学传统对这种集体精神的贡献，在恩斯特·海克尔这种典型的德国人物身上体现出来。这个令人敬畏的生物学家和达尔文主义的皈依者，将对“人民”的狂热鼓吹与浪漫性的国家主义、种族再生和反犹主义结合起来。*他变成了丹尼尔·加斯曼所称的“德国政治生物学的主要提倡

---

*在《种族和社会生物学文档》这本刊物中，海克尔是一个持续被引用的权威。这本刊物从1904年出版，一直持续到1944年，成为宣传优生学观念和纳粹伪科学的一个主要阵地。

者”。[35]那些非科学的幻想家将他们的海克尔与某种神秘的种族观结合起来，这无疑启发了希特勒和其他高级纳粹。海克尔本人也在神秘的种族观上渐行渐远，用一种说法来装饰自己的反犹主义，说基督的美德来自一个事实：他只是半个犹太族。*

海克尔信奉一个人们广泛相信的19世纪主题（英国博物学家阿尔弗雷德·华莱士有这个观点，尽管没有达尔文那样明确）：人类的每一个主要种族都可以被视为一个单独的物种。海克尔相信人的不同种族具有不同的遗传特点，这不仅仅是肤色，而且更重要的是智力，外在的身体特点是先天智力和道德能力的一种标志。比如，他认为“羊毛状头发”的黑人就“没有能力具有一种真正的内在文化和较高的心智发展”。“一个歌德、一个康德、一个拉马克或一个达尔文与一个最低级的野蛮人之间的理性差异……要远远超过后者与最为‘理性’的哺乳类动物、类人猿之间的理性差异。”谈到那些“低等种族”时，海克尔甚至说，由于它们在“心理上 442
接近哺乳类动物（猿和犬）而不是文明的欧洲人，所以我们必须赋予它们的生命以完全不同的价值”。[37]纳粹医生的奥斯维辛自我在它那种严酷、启示录般的致命理性背后，可以感觉到某种国家—科学的传统。

以所有这些方式，纳粹德国的意识形态和集体精神就在奥斯维辛自我中创造了一种信仰的个人形式，它类似于处在巫术魔法中的原始民族：“［这个信仰之］网并非一个人被关在里面的外在结构……而是他的思维结构，他不可能想象他的思维是错的。不过，他的信仰也并非绝对固定，而是会变化和起伏以适应不同的情境，并且允许有经验观察结果乃至于某些质疑。”[38]

麻木与现实感丧失

奥斯维辛自我依赖于感受的大幅度降低，依赖于一个人不再在心理上体验到自己在做什么。我已经将这种状态称为“心理麻木”，这是一个表

*按照海克尔的说法，基督真正的父亲更为确切地讲是“一个引诱了玛丽亚的罗马军官”。[36]

示降低感觉能力或倾向的范畴。心理麻木涉及心理行为的中断——想象和形式的持续创造与再创造，这构成了人之心灵生活的象征或“形成过程”的特征，现在这个过程中断了。心理麻木的程度各不相同，从日常生活中锁闭过多的刺激，到在回应充满死亡环境上的极度表现，各种情况都有。不过，对受害者没有心理麻木而将其杀害，这大概是不可能的。

奥斯维辛自我也使用与心理麻木相关联的“现实感丧失”的机制，让自己从自身为其一部分的现实中脱身而出，不再将现实体验为“真实”。*（在屠杀上这种现实感的离场与对屠杀政策——即“最后解决”——的知晓并不矛盾。）另外一种心理模式就是“否定”，或者是排斥一个人事实上感知到的东西及其意义。否定和现实感丧失交织在一起，都是整体心理麻木过程的一个方面。对于奥斯维辛自我来说，心理麻木的关键功能就是在参与屠杀时避免罪恶感，这样奥斯维辛自我就可以参与到医学杀人之中，而医学杀人可说是麻木暴力的终极形式。

无疑，一个纳粹医生来到奥斯维辛时就已经带着他的心理麻木了。在此之前，他卷入纳粹医学——包括它对犹太人的清除和使用恐怖，他参与强迫绝育，他对直接医学杀人（“安乐死”）的知晓或参与，他即使不知道奥斯维辛这种死亡营情况，但也在一定程度上知道集中营和它的人体试
443 验，他在参与或知晓所有这些时，大量感觉就已经钝化。心理麻木不仅由这种知晓和罪过培育出来，而且由受人钦佩的“日耳曼冷酷的新精神”[41]之原则而培育。而且，早期纳粹的那些成就也推进了这种坚硬冷酷，所以常常是成功培育着麻木。

在讨论感知降低的模式时，恩斯特·B告诉我，要理解奥斯维辛发生的事情，这是“关键”。他也指出，“在奥斯维辛，一个人的正常人反应只限于最初的几个小时”，谈到来到此地的任何人几乎都会马上把自己锁闭为一种麻木状态。囚犯医生马格达·V的那个有力发问——“我的意思是，你怎么可能理解所有这些恐怖呢？”也是同样的意思。

---

*亚历山大·米切利希和玛格丽特·米切利希强调，纳粹中普遍有着现实感丧失的心理模式，在掌权时和无权后都是如此。[40]

过渡到集体麻木

从有感知过渡到无感知，在奥斯维辛，这种过渡快而剧烈。它以对心理上感知的集中营主要活动——屠杀犹太人——的一种内置遮蔽而开始。大量的犹太人来到奥斯维辛就被杀掉，甚至没有被允许进入集中营，胳膊上还没有刺上囚号而获得囚犯身份——在奥斯维辛，有了这种身份就意味着能活着，不管这种存活是多么不确定。对于这些受害者的心理麻木能够建立，是因为对奥斯维辛而言，这些人从来就不存在。那些大规模筛选让大量的不存在者和这些筛选本身在人的心理上与其他活动分离开来，这归入了一个“不算数”的心理区域。也就是说，既被非现实化了，也被否定了。在这个意义上，恩斯特·B医生宣称筛选对于纳粹医生而言在心理上并不那么重要，比不上他们经常会遇到的饥饿问题，这个说法是有几分道理的。

然而，也只有几分道理。因为，纳粹医生们知道筛选就意味着屠杀，他们必须在心理上唤起一个麻木的奥斯维辛自我，才能去执行这种任务。尽管纳粹医生在执行筛选上的原有想法或意愿上各不相同，但他们都倾向于克服“障碍”（恩斯特·B的用词）或“踌躇”（纳粹文学中的用词）。有了第一次或者也许还需要第二次的执行筛选之后，一个人事实上就下决心保持麻木了，这意味着在奥斯维辛自我的限定感知中生活。

为了这种过渡，我前面已经提到的大量饮酒在好几个层面就非常重要。开始时，饮酒提供了一种不同的意识状态，在这种状态中，一个人可以对可怕的奥斯维辛现实进行“尝试”（恩斯特·B医生描述怀疑和半反对时的夸张乃至于浪漫化表达）。处在这种不同的状态中，内心冲突和反对就不必被视为严重的排拒了，不再危险了。一个人就可以探讨自己的怀疑但不让它们变成真的，他可以让怀疑和自己奥斯维辛新生活的其他方面非现实化。与此同时，对于男人之间的纽带模式而言，酒也起着关键作用。通过饮酒，新医生就进入这个奥斯维辛群体了。

男人们为了“共同利益”而齐心协力，甚至是为了纳粹医生中间感知 444
的那种集体生存而齐心协力。饮酒增强了与“前辈”之间的交流，他们可以为新来者的寻求进入奥斯维辛屠杀天地提供一个奥斯维辛自我的榜样。由饮酒来强化的集体感觉和集体麻木的持续，又进一步塑造了正在形成的奥斯维辛自我。

随着时间推移，随着饮酒的持续，尤其是与执行筛选相连，它就使得那个奥斯维辛自我拉开了与屠杀的距离，拒绝了对它的责任。犹太人作为受害者，越来越不能触动这个奥斯维辛自我的整体心理过程。无论纳粹医生是视而不见地看着犹太人，还是压根就不看他们，他都不再将其作为对自己有影响的存在而感知，即不再作为人来感知。这个过渡过程基本上几天、甚至几小时就完成了，但成为一种确定的模式通常需要2周或3周的时间。

奥斯维辛自我的这种麻木，得到了“责任扩散”的很大帮助。有医学卫生兵更靠近实际屠杀，单个医生的奥斯维辛自我就很容易感觉“杀人的不是我”。他也会将自己所做的事感知为接受军事命令（“命令我去执行坡道筛选”）、被指定的角色（“要求我去把强壮的囚徒挑出来干活，把虚弱的囚犯挑出来‘特殊处理’”）和人们想要的态度（“人们希望我遵守纪律、坚强、克服‘踌躇’”）的一种结合。而且，由于“元首决定着这个国家任何敌人的生与死”[42]，所以责任就在他一个人（或他的直接代表）身上。就参与直接医学屠杀（“安乐死”）而言，那个奥斯维辛自我感觉自己不过是一个“团队”的成员而已，责任集体的，而且是上级领导的，这个团队的单个成员没有什么责任。如果一个人感觉到了某种残存的责任感，他还可以用一种数字上的计较来重新麻木自己：“我们给了他们10或15个人，救下了5个或6个。”

心理麻木可以因强调“团队行动”和对其他团队成员的“绝对公平”而得到巩固。然而，如果团队做极其过分的事情，那么一个人又可以用强调自己不参与而保持麻木。我想起了一个前纳粹医生对医学试验责任的否认。这些医学试验是一个团队做的，他从自己的实验室为这个团队提供试验材料，尽管他也去过集中营，检查过试验表格和试验对象。还是这个医生，他也否认为“团队”（委员会）关于调拨大量齐克隆-B毒气供死亡营之用的决定负责，尽管他在这个决策过程中很突出，因为不管委员会的其他成员知道什么，没有人告诉他这毒气是用来屠杀的。在这两个例子中，尤其是后面这个例子，我们感觉到了麻木可以是坚定不移的，在面对奥斯维辛自我持续参与的通常会导致很多感受的事情时，也能保持麻木。（参看本书161页脚注）。 445

没有杀字的屠杀

奥斯维辛自我使用的语言，以及纳粹整体使用的语言，对于心理麻木都有至关重要的作用。一位研究大屠杀的著名学者说自己查看了“数以万计”的纳粹档案，一次也没有看到过“杀”这个字眼，许多年后他终于发现有这个字的使用——在一份与狗有关的法令上。[43]

关于对犹太人做了什么，这有不同的用语，这些用语通过把杀人说成不是杀人而维持奥斯维辛自我的麻木。尤其是对于医生而言，这些用语显示的是一种负责的军事—医学行为：“坡道值勤”或者有时甚至是“坡道医学值勤”或“[囚犯们]向医生报到”。关于对犹太人整体做了什么，用语当然有“犹太人问题的最后解决”，还有“可能的解决方案”、“疏散”、“转移”和“重新安置”（这个德文词含有从危险区域移出的意思）。即使他们用了“气体处理行动队”这样的说法，但表面的功能却是消毒。“筛选”一词可以暗示把健康者与病人区分开来，甚至可以与达尔文派的科学用语“自然选择”有某种联系，当然与屠杀无关了。

纳粹医生并不老老实实在地相信这些委婉语。即使是一个发展得很充分的奥斯维辛自我，也知道犹太人并不是被重新安置而是被杀掉，知道“最后解决”意味着把他们全杀光。然而，这种语言使用却仍然给纳粹医生们一种屠杀不再是屠杀的表述方式，于是他们就不需要将屠杀作为屠杀来体验、甚至不需要这样来感知了。随着他们越来越生活在这种语言之中，他们彼此之间也使用这种表述，纳粹医生就变得在想象上束缚于一种现实感丧失、否定和无感的心理领域。

随着一个人逐渐习惯于奥斯维辛，这个奥斯维辛自我也就让自己的要求内在化了。群体总是对适应给予着支持，这里的生活变得“如同天气

446 般自然”，只是比天气更可预测，半是自然、半是包封起来的现实。马格达·V医生告诉我：“事实上，从来没有过很多的德国人。”她不仅是在说控制集中营需要的德国人很少，而且暗示了一种自动化的自然力之感。奥斯维辛自我使得纳粹医生去执行筛选，而他的那些助手负责所有细节，囚犯则对集中营发生的所有事情进行记录。一切都自然进行着，运输囚犯的火车来了，焚尸炉冒着烟；冬去春来了，春逝夏来了，如果这个奥斯维辛自我没有确切感受到“上帝在他的天堂”，那它至少也感受到了一种安全，即成为更大而无情的人类流动的一部分所带来的安全。

恩斯特·B医生把奥斯维辛与排水工程这样的普通“民用项目”相提并论，这反映了奥斯维辛自我那种要抓住这种想象，不再多想的强烈心理需要。这种态度类似于劳尔·希尔贝格描述的一种态度：在负责将犹太人从犹太人集中居住区运往死亡营的德国铁路官员中，他们既“了解自己在做什么”，也“以不改变他们的例行工作，不调整他们的组织，不对他们的沟通或通讯方式做任何改动的方式，最终以最为精巧的方式完成了这个任务”。[44]奥斯维辛自我用持续的心理工作来维持麻木的习惯化的内在感觉，从而遮蔽可能会出现的一些势不可挡的联想，它们会与罪行、死亡和屠杀联系起来。如同恩斯特·B医生告诉我的那样，这基本上是成功的，因为那些尸体并不必然会被看到，*“只是闻到”，而一个人已经对这种气味习惯了。

就医生们也得做一些实际的暴行而言，这个奥斯维辛自我会迅速转向一种顺从、“超越战争”的立场。比如，恩斯特·B医生就认为奥斯维辛与其他的毁灭之事没有什么不同，除了“它的规模……而规模显然只是一个技术问题”。或者是奥托·F医生谈到纳粹时代的时候坚持认为的那样，

*常规被确定之后，一个助手就可以通过窥孔观看来确定毒气室里面的人已死，即使还是医生自己来观察，他也不必“看”受害者——不必把他们作为人来感知了。事实上，奥斯维辛看来把自己视为杀手的党卫队人员，只有最直接参与毒杀者的一些、包括医学部队的“消毒员”。他们也并非全都向霍斯“说心里话”，有些人显示出虐待狂，只有一个人“平静，放松，不慌不忙，面无表情”（也就是说，绝对的麻木）。[45]我们可以说，这些人在基本上就替纳粹医生和奥斯维辛其他高级军官，包括霍斯本人承担了罪恶感的压力。

“既要看到坏的，也要看到好的……去评价……真正发生的事情”。这个奥斯维辛自我可能会把自己在如此之多死亡中的幸存当做美德的证明，视为（奥托·F接下来所说的）“有一件绝对洁白的背心”或纯洁良心的证明。对美德的这种宣称，以依赖一种“身份荣誉”（这是马克斯·韦伯术语）之感而维持，[46]也就是很好地遵守了自己那个群体的习俗。

恩斯特·B认为异乎寻常的“奥斯维辛氛围”决定了所有的行为。他这样讲，暗示着奥斯维辛例行公事的麻木性习惯有支配的力量。不管有着什么样的内在冲突和残留的人性，维尔特和德尔莫特最终也对奥斯维辛作出贡献，就表明了这种力量。

“不同的现实”

在我看来，纳粹医生讨论奥斯维辛时好像是来自另一星球的信使。他们描述的那些经历如此极端，如此远离未去过那个地方的人们的想象，名符其实地是一种“不同的现实”了。这种性质，这种与普通经历的绝对不同，就为奥斯维辛自我又提供了一个可以心理麻木的维度。这种自我的一部分已被吸收到例行公事之中，另一部分则可以将这个环境感知为迥异于普通环境，这里发生的任何事情都可以不算数。这样，一个人就可以不相信自己正在做的事情，甚至可以不相信是自己正在做。玛丽安·F就捕捉到了她身边那些纳粹医生的这种感觉。她观察到，“一个事实就是，如果你做完全难以相信之事，你无法去相信它……你就不会相信它……毒气室……焚尸的房子……是砖砌的，有窗户，有窗帘，有白栅栏……没有人会相信的”。这种精神分裂情境的一部分，就是能够让奥斯维辛自我进入它自己不会相信的堕落行为。这种感觉类似于“我在奥斯维辛星球上做的任何事情，在地球星球上都不算数”。一个人不相信的事情，不管对于他自己的行为有多少证据，他都感觉不到。所以，谈到纳粹医生时，塔德乌什·S医生会有一种辛辣的讥讽：“他们没有什么道德问题。” 447

奥斯维辛是一出展现出来的夸张戏剧，剧作家们如此沉溺于自己最疯狂的幻想之中，以至于把它设计得完全荒谬，以至于它的导演（纳粹医生和其他官员）感觉难以相信，那些被迫进入这出戏剧的演员（囚犯）也难以相信，它的观众（当地民众、德国人、世界）也是难以相信——观众中的这些群体更有着颇多的其他动机，趋向于不信。那个在奥斯维辛短暂逗留但陷入颇深的纳粹医生奥托·F，认为纳粹时代是“一种短暂现象，它的到来有着一些最为多变的因素……这些因素压根就不在德国民族的心态之中”。

对于奥斯维辛自我而言，其行为——它所知道的邪恶程度——的古怪性，正支撑着它麻木地从事这种邪恶的能力。*

无所不能与无能

奥斯维辛自我摇摆于两者之间：一方面是对囚犯生死的无所不能的控制，另一方面则是似乎相反的无能之感，在一个由看不见的他人控制的庞大机器中只是一个齿轮。这种两极化的感觉无疑在死亡营人员中普遍蔓延，但对医生具有特殊意味，他们日常体验着这样的两极感觉，每天都要面对疾病和死亡，每天都要与自己的死亡焦虑斗争。在奥斯维辛，这种两极性表现得非常怪异：纳粹医生们一方面唤起无所不能之感，以及与之相连的虐待狂；另一方面则是无能和某些时候的受虐狂，以此来平息死亡焦虑。

448

我们大多数人都难以想象，奥斯维辛自我所拥有的对其他人的那种生死控制的巨大权力，这在心理上意味着什么。一个囚犯医生想做一个类似的比拟，他说纳粹医生“拥有超越了罗马皇帝的权力”。尽管这种无所不能应该受到了上面制定的政策的限制——虚弱囚犯杀掉，健壮囚犯留下干活，但在实际执行中，党卫队医生的情绪或一时奇想就决定了囚犯的生死。这种无所不能延伸至对囚犯身体、尤其是犹太人的没有限制的操作使用之上——医学试验，对于真正的医学研究者而言，这是一种残忍的讽刺性的无所不能。

---

*亚历山大·米切利希直接对我谈到，纳粹时代的大部分德国人都不能面对他们的罪恶，因为其份量太大了。也就是说，无论是过去还是现在，他们不能允许自己去感知。

囚犯们的普遍恶化状态，在集中营的筛选中绝望地想要显得强健，这又导致另外一种无所不能：实际上已接近于饿死，但却挣扎着精神饱满地行进或跑步；在衣服里塞东西，以显得健壮；找点东西把脸颊或嘴唇涂得红润，以掩盖苍白菜色。而且，无所不能和恶劣状态本身已经变成了常态，所以奥斯维辛自我就来要求它们发挥作用。

死亡控制

然而，这些无所不能的人物看来又很害怕。“［塔德乌什·S医生观察到］他们非常害怕死亡。最大的杀人者就是最大的胆小鬼。”他们面对可能被疾病传染显得“僵硬石化”（玛丽安·F这样说），无所不用其极地避免潜在的传染病囚犯。[*]无疑，奥斯维辛自我那种无所不能的姿态显然起到了掩盖其死亡焦虑的心理作用。放弃了原本可以防止一些死亡焦虑的治疗职责，一个人就持续地需要一种无所不能了。

我已经一再提到无所不能如何与虐待狂结合在一起：门格勒执行筛选时那种“特别的微笑”无疑包含着对别人苦难的愉悦。但是，这种苦难造成的死亡威胁又可理解为支配和控制另外一个人的最高表现。从一种生死 449
范式的立场来看，虐待狂是无所不能的一个方面，是要扑灭一个人自己面对痛苦和死亡的脆弱性和敏感性的一种努力。

在党卫队医生对囚犯感受的戏弄中，也有类似的结合：先是显示仁慈，接着是极其残忍和明显快乐，这样来把人们送向死亡。的确，奥斯维辛自我在一种无所不能—虐待狂的结构与期待中成型的，想要避免这种立场，需要某种形式的内在抗拒。

纳粹医生身上想要无所不能的冲动可能吸引他们加入党卫队和来到集中营系统。同样，在这个方面他们也各不相同，在这些冲动的程度上形成

---

*当然，要回避的病人主要是犹太人，正是所称的对整个日耳曼种族的“污染”源。纳粹的那个口号“犹太人、虱子、斑疹伤寒”，就把这几种污染联结到了一起了。纳粹医生对犹太病人的回避，既是一种自我来实现一种预言（纳粹强迫犹太人进入发展出斑疹伤寒的情境，这样他们就真的变成了传染性和危险的），又是一种新的生动隐喻，可以进一步巩固纳粹医生无所不能的兴奋神经和迫害犹太人的冲动。

了自己不同的呈现情况。不过，环境性的结构是至关重要的。所以，无疑处在无所不能—虐待狂之极端的门格勒，如果是处在其他环境中会变成一个相对正常的德国医生—教授。甚至可以说，如果一个医生的无所不能—虐待狂冲动过于强烈，在奥斯维辛也会带来一些麻烦，因为这种冲动会与所要求的麻木发生冲突，这种冲动的表现可能会打断平稳的屠杀技术。（我们可以回忆一下，门格勒就能够将这种冲动和其他的个人倾向与环境的要求协调起来。）

然而，奥斯维辛自我已经进入到了一个持续强化的过程中，它对应的是对强化无所不能感觉的鼓励，以及如同要求的那样在相对结构化的奥斯维辛形式中来表达它们，而这种表达反过来又创造了与死亡和屠杀相关的实际的或潜在的焦虑，于是又要求额外的无所不能—虐待狂之感来遮蔽这种焦虑。所以，就有一些囚犯医生注意到，随着时间的推移，纳粹医生身上奥斯维辛自我的无所不能—虐待狂的表现明显增加。

奥斯维辛是纳粹普遍的无所不能—虐待狂的一个中心，它有着对死亡及其各种毗连的巨大吸引力。对于医生们来说，还有医学尤其是国家社会主义作为“不是别的，就是应用生物学”（见本书129—131页）之前景的无所不能之趋势的额外成分。这种前景也融入了纳粹神秘的集体“意愿”版本，这在德国哲学中多半被视为一种绝对的形而上学原则和“自然与历史法则的体现”。[47]所以，相信这些的纳粹就将自己视为“神之子”[48]，被授予权力代表神之要求来进行摧毁和屠杀，作为人，他们宣称着“虚假的神之属性”。[49]所有纳粹都依赖某种这般超越状态的宣称，而医生们则是用生物学、进化和治疗这类名义而来的怪异而咄咄逼人的宣称来支撑他们的无所不能。奥斯维辛自我可以感觉自己在把自然本身的力量来源装配为纳粹运动的发动机，或者是一部自然的发动机。

450 **自然的发动机**

“自然的发动机”这个隐喻也表明了无所不能与明显相反的无力或无能之感，自己不过是其他人机器中一个小小齿轮之感的联系。奥斯维辛自我会从这一端摇摆到那一端，而这两种感觉其实都是同一心理兴奋丛的两部分罢了。提供掌控他人权力之感的力量，也能够导致自己感觉到自身被压倒、受威胁，要熄灭。人们的观察显示出来另外一种法则——“在奥斯维辛，一个人的正常人反应只限于最初的几个小时”，正说明了这环境压倒任何进入其中者的异乎寻常的力量。

而且，奥斯维辛自我又很快追求一种无能为力的姿态（如同恩斯特·B医生引用一些医生所言，“我来到这里并不是我想来……我改变不了囚犯来到这里的这个事实。我只是尽量往好里做”），以此来为那未说出口之事——“囚犯来到这里”是被屠杀——撇清干系。在情感上和道德上屈服于环境，这有很大的心理好处。这样，奥斯维辛自我就可以觉得：“我不为筛选负责。我不为石炭酸注射负责。我与囚犯一样是环境的受害者。”不仅仅是一种退缩性的合理化，这种免除责任的姿态，还是一种在残暴行为时避免罪恶感的手段。奥斯维辛自我允许这个邪恶环境压倒它，而且自己进入其中。它接受了环境的规定：“大屠杀是正常，所以筛选就很好，因为这可以救一些人；在囚犯身上做试验，致残或致死一些人，这也无所谓，因为无论如何他们已经注定要死。”这样，奥斯维辛自我就可以变成一种绝对的环境创造物，没有更好的方法来放弃道德责任了。一个人可以用相当可观的心理能量来寻求和实现这种无能为力的被动姿态。

不过，更为准确的形象可能是“环境的工具”。一件工具不会主动行动，而是以强化使用工具者的技能和效率来起到重要的技术作用。当然，这里的使用工具者就是纳粹领导层，最终是元首本人。不过，就纳粹生物医学愿景而言，奥斯维辛自我也是这个进化过程中的一件工具，是生物必然性的一件工具。以这样一种方式，奥斯维辛的生物学化——整个纳粹德国的生物学化，就导致一个医生的自我放弃和无力之感，这一点也不亚于他的无所不能。

奥斯维辛自我还能体验到服从的愉悦。就像无所不能总是与虐待狂相伴一样，无力或无能感也总是与受虐狂相伴。奥斯维辛自我体验到的害怕不仅与特定的上司有关，而且与担心不再能够保持无所不能之力量与无能无助的平衡有关。那种平衡要求持续地遮蔽焦虑尤其是责任。奥斯维辛 451

自我中的这种平衡倾向于不稳定，如同巫师一样，他“即使力量再大……也总是显得不够”，他一直生活在“自己在一个精神世界中相对无能的感觉”[50]之中。

“无助”的无所不能

与无所不能联系在一起的无力感，事实上是在纳粹运动中形成的。奥托·F医生对它做了概括，说类似于学生进行带着武器的军训是“当然之事”，对于医生来说进入“一体化”也是如此，因为“你必须”：你必须去进行绝育，因为“这是大学所命令的，大学接到了州卫生署的命令”；在奥斯维辛，“你就在那里，无能为力”（尽管他担任过集中营主管医生，至少是短暂地担任过）。奥托·F医生解释说，医生们要接受集中营司令官的指挥，但即使是司令官也受制于纳粹政权强加于他的某种勒索，所以他也“很遭罪”。同样，谈到在成功地治愈了特别行动队员后又送他们回去进行屠杀，一个前纳粹医生告诉我：“这是一件可怕的事，但我们什么也做不了。”谈到与直接医学杀人或“安乐死”的合作，另一个医生沉思地回忆道：“好吧，能做什么呢？首先我们就无能为力，我们改变不了这种情况。”

不过，在所有这些情境中，纳粹医生感觉到而且想要一种无力感，但他们又处于一种无所不能的位置。的确，元首的整个原则使得一个人既是一件无能为力的工具（因为只有元首才能决定一切），同时又通过作为元首的代理人（或工具）来服务而分享着元首的无所不能。由于元首的意愿就是终审法庭，所以这对于其他任何人来说就是一个不需负责的体系。而且，即使是元首也可以被描绘为“无能为力”，因为是犹太人的邪恶逼着元首去采取措施或对他们开战，或者说元首心理上的无能为力之感“投射到了犹太人身上”，这种无能为力之感带着“对污染的担心，对虚弱的担心……对男性主要身份来源和力量来源被毁的担心，它们在文化上……被现代庸众世界所侵蚀……这在德国尤甚而且尤为痛苦，因为它那悠久的宗法传统正重创般地垮掉”。[51]

作为屠杀者的医生：职业身份

有一点虽然讽刺但在心理上并不令人吃惊，这就是纳粹医生们在执行他们的屠杀功能时，仍然想尽量维持自己作为医生的感觉。如同恩斯特·B医生告诉我的那样，因为“［对于纳粹医生们来说］在奥斯维辛的医学行为就是筛选人送往毒气室”，所以他们就更想维持医生的感觉。医生奥斯 452
维辛自我的功能所要求的因素，其中之一就是对医学身份的强调。

奥斯维辛逐渐形成了一种做法：不是要按规定的那样去称呼党卫队医生的军衔，而是要称他们为“大夫”，赫尔曼·朗本由此感觉到了这种身份的重要性，因为这创造了一种较为温和、较随意的基调。这个称呼也证实着一个人对自己作为医生而非仅仅是党卫队军官的感觉，这无疑也有助于朗本为囚犯说话，主要是在医疗区的事务上。我们知道，在纳粹医生来到奥斯维辛之前，他们的医学身份就已经被纳粹的集体精神所渗透。他们也是一种伟大的医学传统的传人，这种传统一直关注医学伦理，包括长期以来德国医生中对人体效果不明的药物的限用，以及经常在医生自己身上先试用这类药物。他们也是颇为激烈的医学政治性论战的传人，德国医学甚至于鼓励对一种医学—科学家观念的讽刺，这种人只关注疾病本身而遗忘了自己的病人，他的地位——尤其他如果是一位教授的话，就可以使他宣称自己具有不犯错误的智慧。尽管医生们与德国医学这种立场的关系各不相同，他们之中当然也有许多献身的治疗者，但远在纳粹出现之前，他们也有着那种“医学元首”的榜样。德国医学伟大职业传统的遗产在衰败，它在这个行业中的地位已经很不稳定，[52]这就使得纳粹医生们尤其渴望一种职业前景，如同个人和国家的复兴一样。

纳粹用殷勤、恫吓、奉承、威胁，尤其是“整合”等办法，迫使医生们与他们残酷无情的“一体化”政策（见本书33—35页）吻合起来。与此同时，他们又把医生的身份扩张为“军事化的医学元首”之身份。曾担任帝国首席医生利奥纳多·康迪之副手的库尔特·布洛梅在一本自传性的书籍中捕捉住了这种医学身份的精髓。在这本《挣扎之中的医生》（1942）中，他兴致勃勃地以生死之战将医学力量与军事力量相提并论[53]。医学的军事化是在大学开始的，这如同奥托·F医生告诉我们的那样，“绝大多数学生都变成了士兵”，许多教授也是如此，对于医学院学生来说，进行带着武器的军事训练是一种骄傲。许多高层的纳粹医学领导人在“自由军团”里战斗过，没有突出的军事背景，一个医生在纳粹德国不可能获得显赫的医学声望。

对于这种新身份，可能会有相当的困惑。比如，许多医学“老斗士”如洛林和布洛梅，就会因医学技术不行而被其他医生看不起，认为他们更多的是纳粹而不是医生。他们无疑是典型的纳粹“半吊子受教育者”（见本书492—493页）的医学版本——约阿希姆·费斯特用这个词来形容理论家阿尔弗雷德·罗森伯格。[54]

453 即使是受过充分教育的纳粹医生在坚持自己的医学身份时，也不能避免这种困惑。一个前纳粹医生在纽伦堡审判中被定罪（因参与人体试验）而长期服刑，他花了几十年的时间想要恢复自己的医学荣誉。在我们的交谈中，他一再请求我对此事正式干预，甚至在法律上代表他说话，尽管我从一开始就清楚地告诉他我完全不可能这样做。

由于犹太人变成了受害者，犹太医生就被剥夺了他们作为治疗者的身份（我在第1章对此做了描述）。远在奥斯维辛出现之前，德国就提出了这样的口号：“一个犹太医生不是医生，他是堕胎者和投毒者。”[55]然而，德国医生也变成了他们指控犹太医生的这种情况：不是堕胎者，而是婴儿和儿童的屠杀者，毫无疑问的“投毒者”，同时也是他们自己方式的病人“治疗者”或“处理者”。更大的奥斯维辛反讽（在其他集中营也有）在于：仅有的真正治疗者只有囚犯医生，当然他们主要是犹太人。

靠着替代性地生活和医学化地说话，通过他们驱使和支配的囚犯医生，纳粹医生就能够在心理上利用这种反讽。奥斯维辛自我能够披上它自己的医学身份（并用医学嗜好和“科学”试验来巩固），从而能够更好地进行屠杀。

纯粹的技术

奥斯维辛自我的医学功能，单一的最大关键因素或许就是对每一件事的技术化。通过只关注“纯粹的技术”或“纯粹的专业”，这种自我就能够让自己放弃当下的伦理关注。展现“人性”只意味着技术效率来进行屠杀。

对于奥斯维辛自我而言，这里有一种逻辑关系：医生的任务是减轻痛苦，在任何情况中都施加人的影响；如果情况是一种大屠杀的背景，那么就意味着调动医学和技术能力来减少被屠杀者的痛苦。这种逻辑依赖对医学功能的一种高度技术化的看法，而奥斯维辛自我更是抓住了“人性化屠杀”的伪伦理法则。

这个法则不仅由奥斯维辛医生们提出，而且也由纳粹政权本身所提出。希特勒本人在他最后的自杀遗嘱中，对比了“欧洲雅利安各民族”饿死、战争或炸死等痛苦死法与“较为人道的方法”，“真正的罪犯……［以后者］为他的罪恶赎罪”。[56]

使用毒气——首先是一氧化碳，然后是齐克隆-B毒气，就是一种允许“人性化屠杀”的技术进步。所以，当希姆莱咨询党卫队首席医生格拉维茨时，他很早就建议使用毒气室，无疑就是这种技术—医学咨询的终极了。

不过，这两个“人道主义者”无疑更关心屠杀者的利益。特别行动队 454
在面对面屠杀时体验的心理艰难（见本书159—162页）也因这种形式的医学技术论解决了。给特别行动队中患这些心理疾病者进行治疗的国防军神经精神病学家，用最超脱的临床口吻向我讲述了这些症状——焦虑的各种表现，包括焦虑的梦境。我问他，他是否因所有这些屠杀或对屠杀者的治疗而有过焦虑的梦境，他回答说没有：“我从来没有杀过任何人”，“作为医生……我们是局外人。”有一点也变得很明显：他和他的同事们在治疗这些“杀人部队”（我们交谈时，他这样称他们）时，在医学上并没有任何重大的改变，只是尽量解除症状，帮助这些人重返任务。他有时甚至温柔地警告他们：“现在要小心了。你在抱怨，但你的情况很好。”他想向我暗示，他这样做是在考虑个体杀人士兵的利益。不过，他无疑在扮演怀疑有人装病的医生角色，在决定将这些人送回去重新执行杀人任务上，他坚持严格的医学标准。这种极度的医学—精神病学技术论在这里有两个维度：首先，为了一个军事单位指挥结构的利益而使用个体的专门知识，这个军事单位的功能常常是杀掉敌方士兵；然而，这里还有一个特殊的方面，病人送回去所执行的“任务”与战争无关，只是要屠杀犹太人。一个人把他们送回到一种制造暴行的极端情境之中，送回去执行的任务不仅是通常情况下的暴徒，而且是分配给个人的工作（见本书15页）。

恩斯特·B描述的纳粹集中营中较粗糙的屠杀形式是“手工”层面，可视为从原始的特别行动队面对面枪杀到老练的奥斯维辛屠杀的中间阶段。证据表明，在所有这些层面，医生都很积极，通过改进技术序列而贡献他们的专业技能，其顶点就是恩斯特·B所称的奥斯维辛的“完善”。这方面的例证，包括医生在“安乐死”屠杀与死亡营之间起联结作用的14f13项目中的重要作用，以及医生在齐克隆–B毒气开发上医生所起的早期作用，尽管我们知道这种毒气本身及应用于杀人是由非医学的技术专家发明的。这种医学—技术立场对奥斯维辛自我的重要性由恩斯特·B表达出来，他谈到一个医生关于改进焚尸炉效率的特别建议被证明很成功，“他的高兴就如同［任何医生］做了一场成功的［外科］手术之后一样”。这里的职业自
455 豪与德国文化中对个人和组织起来的效率的高度重视结合起来了。这种结合也反映在奥斯维辛医生对其柏林上司的怨恨上，责怪上司没有提供足够的技术设施（毒气室和焚尸炉）来满足大屠杀的专业要求。

医学总是有一种技术因素和看待人体的机器模式。事实上，通常的医生总对病人说（或者会说）：“让我把你的身体视为一架机器，这样我可以为你作为一个人的整体健康服务。”然而，纳粹医生所持的是一种绝对化的机械模式并延伸至环境。身体之机器被纳入一架无所不包的屠杀机器之中，奥斯维辛囚犯只是被当作可以推动这架大机器。纳粹医生的奥斯维辛自我也是这架环境机器的一部分，自身充填了最大的能量，如同囚犯一样对这架机器作出贡献。这架屠杀机器在技术—医学上不同寻常的成功，给医生们的奥斯维辛自我留下了自然本身也在回应的印象——这个项目与

自然世界是协调一致的。

在奥斯维辛或其他地方，让自己沉浸在医学工作中，这是医生们对自己与大屠杀的关系进行技术化的一种方式。我曾问奥托·F医生，在他为德国警察和党卫队的长期医学服务中（不算在奥斯维辛的短暂逗留），他是否遇到过任何纳粹大屠杀的暴行或例子；他的回答是他极度忙于创建医院和医学项目，有时一天要工作14到16个小时。在医生们的奥斯维辛自我中，维尔特的例子也很典型，任何时候只要可能，他就不遗余力地寻找实际的医学工作。另外一个非医学但相类似的例子是鲁道夫·霍斯，他说自己超人般地努力让奥斯维辛建好，发挥功能，“我只是为我的工作而活”。[57]

“医生仍作为医生”

在屠杀过程中做类似医学之事，这使得奥斯维辛自我变得越发复杂了。比如，对医疗区中的囚犯进行肌肉萎缩程度的检查，以此作为是否送往毒气室的一个标准。即使是做这种事，一个人作为医生操作功能的临时感觉也能减少对屠杀的感知。牢房过分拥挤或卫生状态糟糕这样的医学判断，就要求筛选出大量囚犯送往毒气室。所以，尽管在外界看来那般荒谬，但奥斯维辛自我却可以将自己与屠杀拉开距离，因为它感觉自己在执行医学功能。如同一个囚犯医生所言，“医生总想仍作为一个医生，一个折磨人的医生也仍然是作为一个医生”，因为一个医生必须“向自己证实自己”。

向自己证实自己是一个医生，这是恩斯特·B所做之事，他说自己在帮 456
助奥斯维辛那些人时找到了自己的医学职业；维尔特坚称要保持医学的纯粹性，也是如此。然而，如同一个幸存者所言，事实却是整个德国集中营系统中没有一个医生“能够守住自己作为医生的工作”。这个说法准确地表明，作为纳粹项目的一部分在集中营工作，就意味着放弃了医学责任。这在心理上很重要的一步，就是党卫队医生对“传染的极端害怕”（这是科康的话）[58]，所以就绝对避免斑疹伤寒和其他传染病病人。这意味着走出了希波克拉底誓言对治疗者的要求。奥斯维辛自我在心理上无法承受这种理解，于是尽量抓住每一个可能的片刻来维持自己的医学身份。

这种挣扎的一个方面是一些纳粹医生对其角色的赞扬。比如，奥托·F医生就告诉我：“从头到尾都存在着一种出色的医学态度，所发表的关于它的一切东西，到现在为止，没有一个字是合适的。”他接着提出一系列未经证实的说法，说被派到奥斯维辛的医生对那里的屠杀过程进行了抗拒，谈到“我对……我那些在战争中倒下的同事”有一种责任，要为他们在逆境中的勇气作见证。我们可以说，他仍然在宣扬纳粹把奥斯维辛等同于战场服务的观点，与此同时，不管多么谬误，他又表达了一种真实的幸存者使命之感，要追随那些在前线服务中被杀的医生们。意味深长的，如此卷入的纳粹医生从来没有提出任何真正的对纳粹的医学抗拒——那样的抵抗有过，但极少，比如埃瓦尔德对直接医学杀人或“安乐死”的抗拒（见本书82—87页），或者是卡尔·朋霍费尔等人对这个项目的不动声色的抗拒（见本书81—82页）。这样做也进一步对比了真正的抗拒与这些人自身行为的对比。这些医生当时想要做的是捍卫德国医学的名声，以此来为他们自己重申一种自动的、自然反应的医学伦理。

战后自我

当同盟国军队逼近时，在集中营工作的绝大部分纳粹医生都逃走了，但其他一些不怎么能证明与犯罪活动相关联的医生，骄傲地向我讲述了德国投降之后与同盟国医生同事般的相遇，有时甚至是一起进行医学工作。不管这些叙述的准确性或夸张程度如何，一些同盟国医生也可能需要将德国同事视为没有事实上那样堕落，但对德国医生而言，从心理上讲，他们极力想要与希波克拉底誓言恢复联结，以此来宣称自己从来就没有离开过。

回到自己家乡后，他们多半是继续设法摆脱他们的奥斯维辛自我，
457 将自己视为（当然也把自己向外界呈现为）本质正派、稳健，有着某种保守倾向的战后德国中产阶级——医生。他们之所以愿意接受我的访谈，一种动机就是作为医生对医生来与我见面，所以也就强化了他们自己作为治疗者的感觉。当然，考虑到他们残存的双重自我——准确地说

他们的感觉，对于我将要探讨的奥斯维辛自我或纳粹自我，他们显得矛盾犹豫。然而，如果拒绝见我，又可能表明——如果不是对我表明，那也是对他们自己表明——这个奥斯维辛自我仍在他们那里隐约可见，必须去防备它。他们之中许多人想从我这里得到一个机会来展现那个治疗自我，得到我这个美国人或美国犹太人对此的肯定。对于他们来说，这种治疗自我已经在专业上展现出来了。即使是那些直接卷入了屠杀的纳粹医生，也在自己的家乡开始了或恢复了医学生涯，变成了尽责而颇受钦佩的医生。*于是，就有了这段奇怪的由三个部分构成的人生历程：从纳粹之前的医生—治疗者，到纳粹时期的医生—屠杀者，再到纳粹之后这个时代的医生—治疗者。

这些医生在心理上做不到的，是面对与医学化屠杀相关联的那个纳粹自我或奥斯维辛自我。就战后的德国医学界而言，在这方面也有很多有意和无意的遮掩。比如，在海德被送上法庭之前，曾有其他医生给他提供保护，他的死亡也令人生疑（见本书119页）。即使是埃瓦尔德这种在抗拒直接医学屠杀上显示了相当勇气的人，也毁掉了那些记录，因为这可能会牵扯出其他参与屠杀项目的精神病医生，也可能对他本人提出问题。不过，这一方面最惊人的医学共谋，是德国医学界对著名精神分析学家亚历山大·米切利希的排斥，因为他坚持要充分揭露德国医学界的罪行。+

就是因为无法面对，所以那个纳粹自我或奥斯维辛自我就易于不时流露出来：恩斯特·B对纳粹时期人们有目的感的怀旧，我访谈的好几个医生都想要用自己的方式对纳粹时期作出见证，包括掩盖纳粹医生的犯罪和维

---

*这方面的一个例子是库尔特·海斯梅耶医生，他当年在诺因加默集中营对从奥斯维辛转来的20个犹太儿童进行了残忍的人体试验。这些儿童在被人为传染了肺结核之后，在海斯梅耶的要求下他们又被杀害，以免成为证人。被杀害的还有两个法国医生、两个荷兰护理员和24个俄国战俘。战后，海斯梅耶回到了东德马格德堡的家乡，在这里成了一个评价很高的肺和肺结核病专家[59]。

+按照米切利希医生的说法，他和他的合作者弗雷德·米尔克关于医学犯罪的第一部报告一面世就从书店里消失了，德国医生们安排好把这些书全部买空，这样其他人就无法读到了。[60]

护德国医学的名声。一个不能面对纳粹自我或奥斯维辛自我的医生，无法对自己的当代自我进行道德澄清。

458 纳粹医生在战败之后的命运相差很大。有好些人自杀了，这很可能超过了其他职业的类似情况。在同盟国当局在纽伦堡和其他地方的审判中，以及德国当局后来的审判中，一些人被定罪处决。许多人被判刑，但一般认为与其罪行相比，判得偏轻。还有一些人像门格勒这样，逃跑而永远没有归案。很多人回到了医学职业，直至退休或自然死亡；但也有一些人又被发现是罪犯，有了迟来的审判。许多人现在还在行医。然而，那个双重自我的经历和残存的纳粹自我或奥斯维辛自我仍然留在他们身上，较大程度影响着他们的态度和他们的生活。由于这个原因，较为年轻的德国人就对我说，没有希望把这一代人救过来了。

一个曾痛苦地想要维持治疗原则的囚犯医生，颇有点煞有其事地问我："奥斯维辛能是医学的一种真实反映吗？"他是想指向一种导致严重医学堕落的极端情境。一个德国反纳粹医生在讨论我的研究时，曾经问我："允许我们对其他人做什么？这限制是什么？"曾在一个杀害精神疾病患者的屠杀中心短暂待过的一个前纳粹医生，在讨论未来的仁慈致死原则时，问我："谁来做呢？医生吗？或是一个执行者？"如同尼伊兹利所言："在所有的罪犯和杀人者中，最危险的类型就是医生罪犯了。"[61] 我们现在可以看到，医生的危险，在于他可以有某种方式的双重自我的替身，让他那个杀戮自我具有特殊的力量，即使他仍然给自己涂着医学纯粹性的光彩。

意义的建构

最后，奥斯维辛自我还有一种大的意义之感。它的行为有逻辑和目的，看起来也与环境及其总的集体精神相吻合。这个自我不但要成为可接受的，还要成为有意义的。

这样一种意义感是遮蔽罪恶感的一种重要手段。而且，它是人在参与邪恶行为时想要显示良好用心的普遍倾向的一部分。这种倾向是人的适应性、人那种“可以随每一阵风而转向，或者是顽强地把自己嵌入某种古怪复杂和非理性的社会制度中，只是为了与它一起灭亡”（洛伦·艾斯利所言）[62]之能力的一个引人注目的方面。没有什么现实会直接或充分地让我们知道什么是人，我们还必须依据我们内在感知的“那是什么”来内在地“建构”这种真实。这样的每种建构、每个真实，都受一个人心智各个方面的影响，而人心智的各个方面又要受到个体历史和文化历史乃至于物种进化的影响。与此同时，我们又是一种急于寻找意义的生物，我们靠意义 459
的想象而活着。奥斯维辛让一个法则变得非常清楚：人的心智可以从虚无中创造出意义。

例行公事的力量

意义部分来自例行公事本身。奥斯维辛每天发生的事情和环境节奏变成了例行公事（就如同这个词本身的意味），是一种“例行”，是内在和外在存在的一种方向。到办公室报到，与同事说话，在医疗区查房，在自己的研究上花些时间，就饮食和卫生程度与集中营官员和囚犯中的负责人商谈，发布医学命令和纪律制裁命令，到处转转说点轶事或开个玩笑，对新运来的囚犯进行筛选，与军官同伴一起吃饭，晚上一起娱乐，所有这些合在一起，成为一种生活形式，人的头脑在这里就建构了一致性和意义。这整个庞大机构建立在这同样的“例行公事”之上，包括囚犯医生以及其他囚犯被强制的活动。就在这种感觉中，有了一种总体任务——每个人的任务，尽管这个任务的性质可能相当模糊，甚至都不能感觉到有一个任务。

通过这种“犹如”情境的医学神秘化的模糊，筛选本身对于党卫队医生们有了意义：他在拯救一些犹太人；“犹太人问题”正在解决；他在改善集中营的健康状态，降低传染病的危险，缓解过分拥挤的危险。

对于奥斯维辛自我而言，每天的例行公事，包括引人注目的筛选，都整体化了，所以意义变成了在一个人完成日常任务的表现上，而不在这些任务的性质或影响方面。所以，不管事情在奥斯维辛变得如何“颠倒”（一个幸存者这样说），但“没有什么事情显得奇怪”。奥斯维辛甚至可以看似这样一个地方，它的极端性允许对意义有自由和坦率的讨论——就像恩斯特·B医生所描述的与门格勒就“最后解决”的正反两面所进行的活跃的讨论。与此同时，靠着不去质疑奥斯维辛项目，一个人就能够维持他的有意义的组织纽带，维持自己的“身份荣誉”。如果一个人在奥斯维辛是一种原动力——如同维尔特或霍斯那样，他更能够从自己的工作中得出巨大的意义。不过，即使他进行了屠杀，每个医生的奥斯维辛自我也能够保持某种人与自然之间的调节感，从而服务生活。

终极生物学战士

纳粹意识形态为所有的意义结构提供了相当的支持。比如，在绝对的例行公事化之下，奥斯维辛自我会有一种不言而喻的感觉，即自己是纯
460 化过程的一部分，自己在这个过程中执行着“自然史和人之生物学”[63]的法则。纳粹不像其他人那样把自己当作一个反犹主义者，而是将自己视为处在最前线之人，这个前线被称为“生物学反犹主义”。即使大屠杀造成了一些困惑，但他能够将大屠杀视为纳粹想象中一直强调的毁灭与创造的必要结合的一部分。不管一个人赋予这些事情什么意义，但它决不是屠杀，因为如同一个前纳粹医生在提到“安乐死”时所说的那样，“有着某种……感觉，不可能是那样……一个人不可能简单地杀掉一个精神疾病患者或……老人或一个低能者。你懂我的意思吗？”这种“感觉”就是我所称的现实感丧失和否定：屠杀中心或奥斯维辛中的意义不是无助的人们被屠杀，而是别的东西，是一个人在履行自己的职责，一个人在获取英勇的坚强，一个人正在成为终极生物学战士。

责备受害者

奥斯维辛自我的意义结构非常依赖一种“责备受害者”的模式。[64]门格勒坚持认为吉普赛人致命的“诺玛”坏疽是因为他们遗传上的问题，恩斯特·B也厌恶吉普赛人没有在他们自己中间公正地分配食物，因病人中的可怕状况和经常死人而一再责备囚犯医生，所有这些在心理上都属于这

种模式。这种责备可能是致命的：作为惩罚，一群波兰囚犯医生被发配到几乎是必死的特别工作队去干活，还有他们的那些染病的病人，原因就是出现了小小的沙眼蔓延。就像亨利·Q医生评论的那样，这种处理“起码”成功地阻止了沙眼蔓延，能够使“无辜的德国人”进行屠杀。由此施加的意义结构是：德国人是没有罪过的，因为他们是被囚犯医生的医学疏忽所“逼迫”而不得不采取严厉措施。

这种想象与希特勒本人的想象很接近。希特勒在1939年1月30日发布了他著名的“警告”：“如果在挑动各个民族进行一场世界大战方面，欧洲和海外的国际金融犹太人再次成功的话，那么结果就不是世界的布尔什维克化和随之而来的犹太人的胜利，而是相反——欧洲犹太人种族的毁灭。”[65]希特勒在“展现”自己对犹太人的意图，这种通常的心理效果解释是对的；然而，更为重要的或许是希特勒正在创建的这种叙述（或集体性的意义体验），在这种叙述中，已被指定的受害者，已被确证为世界“基本邪恶”的来源，现在又可以视为对雅利安种族施加了一种军事威胁，所以作为一个群体就要为将要到来的大屠杀负责了。

如同奥斯维辛的情况一样，希特勒的立场也是：由于犹太人在生物学上和存在上是邪恶的一种永恒所在，是一种永恒的威胁，所以不管为克服这种威胁和灭除这种邪恶而发生了什么，都怪他们自己。换言之，由于是犹太人（以及一个较小层面上的波兰人），囚犯医生就注定是邪恶，所以他们就要为医学疏忽负责，为集中营中所有的其他邪恶负责。奥斯维辛自我所持的就是这种立场，与此同时又要依赖犹太医生的医学技术来维持它自己的职业身份。 461

一个纳粹医生会因一个囚犯医生在病历上的一个小错误而大发雷霆，如果想到奥斯维辛所有文档的造假程度，这种责备受害者的模式就更刺眼了。这种暴怒有一种重要的心理功能：奥斯维辛自我想要维持一种正派医学制度的“犹如”情境，以攻击他人而不是面对自己来转移罪恶感。[66]而且，责备受害者还可以延伸至带有回顾性质的奥斯维辛思考，比如霍斯本人的那些思考。这位集中营司令官把犹太人中的高死亡率归因为“他们的心理状态”，责备“犹太人的黄金”造成了“集中营的毁灭”（广泛的腐败），形容达豪的犹太人囚犯“用贿赂自己同伴囚犯的典型方式来保护他们自己”。霍斯极力要清楚表达把自己对这个问题上那种庸俗态度的反对，他谴责朱利叶斯·施特赖歇尔和他臭名昭著的《斯特姆》的“令人厌恶的哗众取宠”和色情意味，这对“严肃的反犹主义”是有害的。[67]

霍斯的情况再一次表明，奥斯维辛自我是在一个“故事”的基础上寻找意义，在这个故事中，一个人可以宣称自己面对异乎寻常的挑衅也尽力做到理性和人性，但不管多么迟疑，又不得不指出那个指定的受害者是邪恶和威胁的来源，而这反过来又要求一个人要采取主动，如同任何头脑清晰、勇于负责的人都会做的一样。或者是更为主观的：“上帝知道我试过了。我尽量对他们好。但是他们就是那样的人，他们还继续传播他们的污染，让我的同胞和我自己处于危险之中，所以我们就别无选择了。”

对于双重自我的角色转换以形成一个奥斯维辛自我来说，责备受害者是非常重要的，对于纳粹医生在这个治疗—屠杀悖论中发挥功能非常重要。

奥斯维辛自我作为表演者

奥斯维辛自我中的“表演”成分，尤其是执行筛选时，对于纳粹医生们体会到意义很是重要。门格勒当然是这方面的一个例子，他是奥斯维辛游戏的出色玩家，他那种“优雅而快速的走动”反映着他与奥斯维辛环境
462 中这种有意义工作的和谐。不过，尽管很夸张，但他与意义的这种关系体现着奥斯维辛自我的普遍模式。在无所不能和平稳虐待的流动之中，表明对囚犯残忍控制的程度是自然和适宜的。

最有意义的是一种感觉——门格勒做事情很对：当人们必须被杀掉时毫不犹豫地杀，面对应该救下之人也坚持去救，即使她们不知情地站到了错误的那一队而不愿意离开。就像任何有才华的演员一样，门格勒也从内心体验着他的角色，让这部戏可信，从而帮助其他演员感受到类似的角色是有意义的。

门格勒筛选表演风格的一部分是纳粹雄性气概：一尘不染的黑色党卫队制服配马靴加短马鞭，夸张的笔挺身姿，严肃而高贵的表情，再带上一点军人的神气，以及一种君临一切的威风。靠着这样一幅画面，奥斯维辛自我培育着它那种超然的正确，可以随时用死亡来考验（在奥斯维辛，是以施加死亡来考验）；最为重要的是，它这种英雄般坚强的祭仪可随时用来支配或毁灭被指定的他人，绝对不会有任何怜悯或同情。这些被指定的他人在奥斯维辛和其他地方主要是犹太人，有时是斯拉夫人、吉普赛人和其他非雅利安人，但也可以是自己国家中的人：政治上的敌人、同性恋者、下属、家人和女性（见本书494页第一条脚注）。

奥斯维辛自我对这个整体的纳粹男性理想进行了医学化，所以就可以进一步宣称拥有终极的权力和象征着不朽。在这样一种结合中，奥斯维辛自我就格外清晰地显示了排斥同情的男性力量可以如何用来遮蔽各种形式的死亡焦虑，包括与害怕同性恋和女性相连的死亡焦虑，与害怕侵蚀一个人意识形态和集体精神相连的死亡焦虑。这就使我们可以去思考屠杀是一种阻止死亡的特殊方式（我将在最后一章对此加以讨论），在这个问题上，总是一种堕落的雄性气质将其表现出来。

意义的其他来源

我们知道，奥斯维辛自我还可以通过医学"爱好"包括医学试验，通过其他的"医学成就"来获得意义。门格勒和维尔特都视奥斯维辛提供着科学突破的机会，前者是对孪生子的遗传特点进行研究，后者是所称的发现了一种全新的实际消毒方法（使用齐克隆-B毒气），从而控制和阻止斑疹伤寒的传播。科学突破的想法也同样让奥斯维辛两个大绝育者舒曼和克劳贝尔格激动，二人都进一步的展望，即将这种突破与种族政治学中高度实用的成就结合起来。

所有这些都表明，对于奥斯维辛自我来说，这里有着足够的机会空间来创造一个人自己的意义版本。

这种混乱和虚无主义的基础使得奥斯维辛成为这样一种环境，如好几个前囚犯所说的那样"什么事情都是可能的"。一个人可以在放纵的屠 463

杀中找到意义（如门格勒），可以在较为稳健的杀戮中找到意义（大部分党卫队医生是如此），或者是既救人又与屠杀相和谐中找到意义（如恩斯特·B）。我们还知道，对于奥斯维辛自我而言，意义结构还可以是一种紧张状态，德尔莫特和恩斯特·B在执行筛选上有内心冲突就是例子。然而，奥斯维辛将自身展示为具有足够韧性，可以为不同的情况展示意义：对于恩斯特·B，是以避免执行筛选（同时又帮助囚犯）来展示意义；对于德尔莫特，则是通过执行筛选来展示意义。对于维尔特而言，奥斯维辛提供了一种道德十字军东征、为每个人进行改善——当然也为屠杀者——的机会。罗德在执行筛选之后（也喝了不少酒之后）冲动地朝天开枪，虽然是一种意义崩溃的表现，但奥斯维辛仍然有足够的弹性，允许他这种表现派的表达，以此作为一种让他能够继续执行筛选而不会中断的方式。无论宗教或世俗，各种制度和运动中，对意义的怀疑是不可避免的。这种怀疑事实上是一种必要的成分，它们揭示了制度和运动中一些困难的领域，同时激发着另外一些起作用的方式，这些方式不怎么依赖总体意识形态的信仰。

对于奥斯维辛自我来说，怀疑可以通过呼唤生物学愿景和集体精神与意识形态因素的必要而掩盖下去。不管这些东西如何支离破碎，它们能够让一个人于这片死亡之地而心理上生存下来。

换言之，对于米尔恰·伊利亚德所称的“混沌转化为宇宙”，对于那些“以赋予形式和规范来整理混沌”[68]的行动，奥斯维辛自我是有高度积极性的。在奥斯维辛，“宇宙”意味着可行的集体精神，人们绝望地寻求能够让自己与这种集体精神和谐的意义结构。不过，一个人也可以说，奥斯维辛自我是由一些具有某种精神气质的医生发展出来的，苏珊·朗格（德裔美国人，当代著名哲学家、美学家。——译者注）分析印加人和他们的献祭杀戮时谈到：“他们的精神气质总是有一种特殊的脆弱性，是王室浮夸的极端与同样极端的野蛮与落后的混合……他们的繁文缛节、关于秩序和权威的概念，他们低水平的宗教性思考（在奥斯维辛则是纳粹意识形态思考），这二者之间的鲜明对比将此最明显地显示出来。”[69]

奥斯维辛的纳粹集体精神因它非常凶残的极端性而表现得“脆弱”，

然而，如同我们已经看到的那样，它得到了多方面意义因素的支撑，这些因素可以在这种脆弱中发挥作用。同样，我们发现（如同洛伦·艾斯利那段作为本章题辞的话所言），人可以从虚无中创造出意义。[70]

角色转换：一种普遍危险

464

尽管角色转换可以理解为在某种程度上体现于如果不是一切生活也是绝大部分生活中的一种普遍过程，但我们主要是谈它的一种毁灭性版本：加害者的角色转换。纳粹时代的德国人体现了这个过程，这不仅是因为他们内在地比其他民族更邪恶，而是因为他们在利用这种形式的角色转换来唤出人的道德和心理潜能，在一个巨大规模上激活邪恶，并将其输入系统性的屠杀上做得成功。

加害者的角色转换事实上可以发生在任何群体之中，也可能发生在各种职业群体中，医生、心理学家、物理学家、生物学家、神职人员、将军、政治家、作家、艺术家都颇为可能出现角色转换。在他们身上，一个原先的、人性的自我可以再叠加上一个愿意与毁灭之事、与伤害甚至杀害他人之事结盟的“职业自我”。

想一想美国精神病学家在越南战争中进行前线服务的情境吧。在与越战老兵打交道时，我吃惊于他们对“牧师和畏缩”的格外憎恶。原来，这些老兵中有许多人出现了厌恶和心理冲突的混合（在越南战场上这二者难以区分），于是依据士兵本人或他的直接上级的意愿，被交给了随军牧师或精神病医生（或者是他们的助手）来治疗处理。牧师或精神病医生想要帮助这些美国大兵变得足够强健来克服他的困境，留下来继续作战，而这在越南就意味着参与或目睹一个制造暴行的情境中每天的暴行。以这样一种方式，牧师或精神病医生就不自觉地破坏了一种东西：士兵后来所认识到的他在这种情境中残存的最后那点正派。这些专业人员之所以能够这样做，完全是因为他有了某种形式的角色转换，导出了一个为军方和它的作战服务的“军事自我”。牧师或精神病医生之所以如此容易角色转换，一个原因就是他对自己的职业和那个职业自我有一种错置的信心，他认为自己作为治疗职业中的一员，不管做什么都是治疗。在这种情况下，这个军事自我就会把那个职业自我收纳进来。所以，那些从越南回到自己美国诊所或教学岗位的精神病医生也体验到了强烈的心理挣扎，其强度并不亚于那些越战老兵[71]（参看本书454页）。

也可以考虑一下物理学家的情况。他本质上是个人性之人，热爱家庭生活，强烈反对任何种类的暴力。他也会发生某种形式的角色转换，由此导出另一个自我——我们可以称为“核武器自我”。他可能积极地参与制造这种武器，认为这对于国家安全与对抗苏联核武是必要的，甚至会作为
465 有限核战争的理论家提倡在一定情况下使用核武器。正是他对民主和家庭生活的人性义务（他的先前自我）使得他能够宣称自己的核武器自我也具有类似的人性，尽管这个自我设计了可以屠杀数百万人的装置。他之所以能够做他所做的这些事情，是因为他的角色转换是一种功能性心理平衡的一部分。[72]

就专业人员卷入大规模杀戮的最新记录而言，能不能说这是一个角色转换的世纪？或者考虑到大屠杀专业化的更大可能性，这将是21世纪的特征？或者说，一个人能不能较为温和地发问：我们能不能中断这样一个过程？——首先是将它揭示出来。

第21章　种族灭绝 466

“活着就意味着杀戮。”

——恩斯特·容格

“在一个黑暗时代，眼睛开始看了。”

——希欧多尔·罗伊思克

双重自我的角色转换促进了种族灭绝。尽管托马斯·曼的那个恶魔宣布德语“正巧是我所喜欢的语言”，[1]但我们知道，这恶魔其实可以讲任何语言。种族灭绝是任何国家都可能发生的行为。

不过，纳粹的确为这种非常古老的罪恶得到一个法律命名提供了动力。“种族灭绝”一词是1944年创造出来的，来自希腊文的“种族、部族”（genos）和拉丁文的“杀戮”（cide）的结合，1946年的联合国大会将其定义为“否认人类某个群体的生存权利”。1948年，联合国大会批准了《关于防止和惩治种族灭绝罪公约》，以及与之相连的对“一个国家、人种、种族或宗教群体”进行杀戮、严重伤害或干扰生命延续（阻止出生或强制转移儿童）的相关定义。[2]意味深长的是，这个词的创造者拉斐尔·莱姆金对它进行界定时谈到“一种古老的做法处于它的现代发展之中”，这包括一些旨在“毁灭民族性群体的必要生存基础”的长期行为，并将这个概念限定于试图完全或在生物学整体上毁灭一个群体。[3]

本书主要谈我们所称的“大屠杀”，这是纳粹针对犹太人的种族灭绝的一个特殊表述，它在规模上，在灭绝的科层组织上、在焦点绝对对准一个散布于世界各地的受害群体的程度上，都是独特的。然而，值得注意的是，与纳粹的生物学愿景相一致，纳粹也对其他群体进行种族灭绝——吉普赛人、俄国人和波兰人。现在，我来考察纳粹种族灭绝的一些心理命题，以便得出一些更普遍的法则。我会谈及一些其他的种族灭绝，尤其是
467 1915年土耳其人对大约100万亚美尼亚人的屠杀，但谈不上任何详尽的综合，只是为了表明一种更广泛的适用性。这些法则也可以用于近来发生在柬埔寨、孟加拉、尼日利亚、巴拉圭和其他极权国家的一些种族灭绝的例证。我不是要提出一种关于种族灭绝的界定理论，而是想表明一种集体模式的序列，这个序列至少出现在某些形式的种族灭绝中。

这个任务的核心有这样一个问题：为什么要杀掉一个群体的所有人？完全毁灭一个人类群体的冲动来源是什么？对这个问题进行概念研究，必须满足两个基本要求：一是必须考虑心理力量与历史力量的结合，要对死亡与杀戮的命题，以及它们与个体生活和群体生活的关系敏感。另外，这样的研究也要有足够的弹性，能够与各种历史事件，包括一些无法预料乃至于没有先例的历史事件相匹配。

弗洛伊德理论本身不能满足这些要求，但我们这些能够使用其他理论的人却可以是弗洛伊德的孩子。[4]*弗洛伊德的早期学生和后来的异议者奥托·兰克，作为死亡与生命延续性——或生命的象征化与死亡——之范式的一个主要来源，就是这方面的一个关键人物，我在本书和几十年撰

*乔治·克伦和其他人也注意到了古典弗洛伊德思想在研究大屠杀上的不适当，曾期待于荣格和威廉·赖希提出了较为中肯的理论。伊斯雷尔·W·沙尔尼提到了兰克早期研究的有用性，与此相连他引用了厄内斯特·贝克尔和我本人的研究。[5]

写的其他著作中一直使用这个范式。这个模式的一个核心原则就是：人进行杀戮是为了断言自己的生命力量。在这个原则之上，或许还可以增加治疗致命疾病的想象，所以，种族灭绝就变成了以治疗为名义的绝对形式的杀戮。

我提出的模式，包括一种群体疾病的感知、治疗的想象，以及作恶者在追求这种治疗上的一系列动机、体验和要求。

历史上的“走向死亡之病”

感知到的疾病是一种集体体验到的死亡想象的泛滥，是克尔凯郭尔所言“走向死亡之病”的一种共同感觉。它是历史（或心理历史）错位的绝望边缘，是某个人类群体此前的象征结构和意义来源崩溃的绝望边缘。这种在身体上和精神上沉陷于死亡的集体感，第一次世界大战后的德国体验最多，不过，更大的错位在更早时期就开始了。德国与所谓的反现代绝望[6]的斗争至少可以追溯到19世纪后半期。所以弗里茨·施特恩就把他1961年那本研究希特勒之前德国意识形态的著作称为《文化绝望的政治学》。他把这种 468
意识形态的一个创造者保罗·德·拉加德的动机归为“对现代性积累起来的厌恶”，这导致他在数十年的时间内持续探讨“德国精神崩溃的原因、症状和治疗”。[7]

第一次世界大战之前的困惑，魏玛共和国作为“一个没有指引的解体时代”的经历，至少部分是一个更早过程的延续。当时德国文化开始分裂为两个阵营：一个是艺术和社会的实验主义派，此派在创造和过分的巨大冲动中尝试各种各样的新形式；另一派则是右翼的政治复辟主义者，他们“鄙视的……正是实验派的那种自由无拘的精神”。[8]

这两个阵营都要面对一种强烈的失去感。有一种直接的瓦解、分离和停滞感，在整体的人际联结上，在集体不朽的文化连续性的象征上，有一种终极的崩溃。所以，一个历史学家就形容1919年到1923年的德国政治气氛是“死亡之压抑，仿佛末世”。[9]这种氛围由“最后之事”，由死亡和厄运之感所支配。

前面提到的德国文化长久以来的那种“分裂”感或“撕裂状态”，又强化了这种氛围。同样重要的还有一种文化推论，它可以被称为一种德国不朽之饥渴，不停追求超越和终极意义与联结的体验。歌德嘲笑过这种不朽饥渴，他在1826年曾说：“从整个德国种族开始‘超越’以来，大约已有20年了。他们会不会终于醒悟于一个事实呢？对自己而言，他们看上去很怪。”[10]*

失败的重建

不过，就纳粹之前、种族灭绝之前德国那种集体性的历史之病的感觉来说，还是第一次世界大战最为关键。因为在这种感觉中，我们不但发现了一种异乎寻常规模的死亡沉浸，而且发现了非常强烈的生存希冀，即使现在再困难也要抓住它。对于德国而言，第一次世界大战也代表着另外一个至关重要的心理层面：沉重的重建失败的经历。

一战的爆发，其特点是绝大多数交战国中的狂喜或“战争狂热”。不
469 过，对于德国而言，这种状态很快就超越了，“不管是什么社会身份或政治信仰，1914年8月是一种神圣的经历”。即使那位后来持有强烈反战情感的奥地利犹太人作家斯蒂芬·茨威格，当时也说“我们之中的每个人都被呼唤，将自己无限之小的自我投入到热烈的大众之中，在这里，所有的自私都可以被净化”。[11]

复杂费解的托马斯·曼，也将战争说成是“因理智原因而来的暴行，一种理智基础要成为这个世界的价值，在这个世界获得资格”，并得出结论说“德国的整体美德和美丽……只有在战争中才能呈现”。[12]那个时代与此相连的表现主义文学——它的口号是“陶醉”或“迷狂”——也有“战争作为世界末日善恶大决战，其结局必定意味再生进入一个更

*在这里，我使用了一种长期以来的关于影响所有群体行为的三位一体影响因素的学说：心理共性（所有时代对所有文化中的所有人都共同的东西）、文化重点（一种长期文化经历中表现得格外突出的东西）和晚近历史力量（某个可以辨认的特定历史时期内的潮流，它在前面两个因素之上起作用）。就这种德国不朽之饥渴而言，它的心理共性是因心理功能的直接层面和终极层面损伤而来的容易出现的死亡想象，而文化重点是德国自身永久性的“撕裂状态”，相关的历史力量就是19世纪后半期的快速工业化和现代化，以及与第一次世界大战相关的死亡和幻灭的泛滥。

好世界”的展望，认为它是“新人”、“所有人类之联合”的创造，或者是一些与之相关的沉迷于死亡的“迎接……灭绝”和“与宇宙神秘联接”。[13]

社会理论家和知识分子领袖如马克斯·韦伯、弗里德里希·迈内克乃至于西格蒙德·弗洛伊德，也对这种陶醉不能免疫。韦伯自豪地称德国人为“伟大文化的民族……生活在一种有教养文化之中的人们，然而却能够面对战争的恐怖（塞内加尔人是做不到的）！所以，尽管有战争，但仍然在本质上回到正派，就如同我们绝大多数战士一样，这是真正的人性”。[14]（一个人会多少不情愿地把马克斯·韦伯与海因里希·希姆莱进行对比呀！希姆莱讲述德国屠杀那么多犹太人却仍然保持“正派”的“高尚”，这与韦伯何其相似！）迈内克更极端，在1930年和两次世界大战之后仍然回忆说，“1914年8月那些日子的狂喜［是］最为珍贵和最高等级的难忘记忆之一”，因为它里面包含了“我们整个国家和文化一种内在革新”的希望。[15]在大约两周的时间里，弗洛伊德“颇受感染……兴奋、激动，一天从早到晚说个不停”，奥地利的失败让他心烦意乱，但“喜悦于德国的胜利”。[16]

随着战败，成年德国人变成最震惊的幸存者，震惊于规模空间的杀戮和死亡，震惊于同样巨大的国家和社会幻想的被毁，震惊于意义本身的被毁。出现了许多个体的崩溃，尤其是在那些为这场战争服务的艺术家之中。一个突出的例子就是马克斯·贝克曼，人们说他并没有遭受身体伤害，而是“灵魂受伤”；此后他的全部生活和艺术都被奇形怪状的死亡想象所萦绕。其他表现主义艺术家也体验到了类似的“精神创伤”，创造出了“一种痛苦发明的氛围……歇斯底里地放纵于最荒凉的希望和最不可能的绝望”。[17]

然而，还有更残忍的幸存者反应，希特勒本人就是一个例子。首先，他记忆中的“那段时间［战争开始时］如同……一种释放……我跪着，从奔流不息的内心感谢上苍给我如此好运，允许我生活在这样一个时代”；470
然后是他同样热情地从军，显然愿意为这种“释放”而献上自己的生命；接下来，他作为幸存者将这个时代归纳为“内在的病与烂”，但“正朝向一个伟大的彻变”。他随后的展望和社会行动就可以理解为一种要重新创造“［第一次世界大战开始时那种］惊叹时刻并净化它的所有杂质，维护它，这样1914年目标的那个时代就能实现，赋予德国以适应这个时代规模的政治基础”。[18]

土耳其在1915年屠杀亚美尼亚人之前的历史经历与此高度相似。在整个19世纪下半期，奥斯曼帝国内出现了一种越来越“腐烂和瓦解”的氛围，以及随之而来的想要形成精神和政治统一的持续却失败的挣扎。在1912年的巴尔干战争中，土耳其人灾难性的军事行动（他们被自己原来的奴隶和守卫者希腊人和保加利亚人羞辱地击败）又让他们的复兴努力失败而蒙羞；1915年他们作为德国盟友的俄国战役也流产了。瓦亨·N·德里安观察到，随着土耳其人将自己的处境感知为“从单纯的紧张［恶化］到危机，再到猛烈危机，最终到战争灾难，他们距离种族灭绝就不远了”。[19]

所以，病的展现，包括集体失败和死亡沉浸的体验；赎回复兴的希望，包括自我与一种神秘集体性的整体融合；这种希望的绝对失败，随之而来的再次强化的集体死亡和类似死亡想象的体验，所有这些，反过来导致了与其“患病”整体相称的对“治愈”的极度渴望。

极权疗治的愿景

一种集体治愈的渴望就形成了。然而，无论是何种治愈的愿景，都必须与一种希望相吻合，即在集体的不朽中共享的革新和复兴的信心。在我们这个世纪，任何这样一种愿景都可能与一种国家感和我们所称的“国家主义”联结在一起。国家将精神和生物上连通性结合起来，提供了一个群体的不朽的文化和种族的混合。所以，一个人就既可以在通常的生物连续性上谈论“国家有机体”，也可以将自己的社会视为类似于“需要自身适宜发展”的生物有机体。这些需要变成了“最高价值”，优先于其他任何事情，因为如果它们不能实现的话，这个有机体就会死亡。[20]

471 以赛亚·伯林强调国家主义，以此作为对“一个社会对另一个社会造成之伤害”的回应，但这个回应也要求“一种新的生活愿景”，以此来组织集体经历。以这样一种方式，国家主义的想象就可以替代“教堂、国君、法治或终极价值的其他来源”，可以“减轻……这种伤害对集体意识带来的痛苦，不管这伤害是谁造成的”，它变成了“人们对自己作为一个共同体、一个‘礼俗社会’之概念的化身”。所以，忽视国家主义就是忽视“一种爆炸性的力量。一方面是不管如何导致但没有治愈的精神伤害，另一方面是国家作为一个生者、死者和尚未出生者的社会，这力量因两方面的结合而来”。[21]

或者是那些神话，或者是条顿武士工，或者是那些德国皇帝（查理曼大帝和腓特烈大帝），或者是一些医生（帕拉塞尔苏斯），纳粹由此吸收了德国种族和文化之物的想象，这在希特勒的一句宣告中达到了顶点：“你们没有别的神，唯有德国！”[22]

希特勒和纳粹提供了一种治愈的愿景，它强调国家，但还有更多的东西。在某种意义上它有一种“表现主义者的尖叫”[23]的感觉，但同时又是向德国人发出的强力信息：面对那些“处心积虑毁灭德国者……我将率领你们所有人，你们中的每一个人，走向光荣的未来”[24]。希特勒提供了一种愿景，能够使绝大部分德国人视他的掌权“并非一个独裁警察国家的创建，而是一个时代的降临，这个时代是德国集体生活的恢复与再生”。[25]换言之，在各种各样的当代愿景中，希特勒最强有力地提供了生命活力和国家不朽的承诺，治愈“死亡疾病”的宏伟希望。

走向进行种族灭绝的方向，这种治愈必须是极权的。它了一种或全部彻底，或干脆全无之事；它宣称这才是真理，排斥任何其他的选择，在这上面也是同样的绝对。

第一次世界大战之后德国的文化氛围与极权主义很吻合，在文学和艺术表现主义中有一种极端心态，“常常可笑地没有节制”的心态。不管这个时代有什么让人印象深刻的成就，许多艺术实验都被一种浸透着死亡的困惑所支配，在这当中，残忍是被反对还是加入进来就不得而知了。一部典型的表现主义戏剧可能包含下列事件中的任何一个：

> 骷髅如同士兵般行进，大量的头颅在滚动；麻袋里一个切下来的脑袋与其原主人交谈；一个女性向一头公山羊咩咩倾诉她的酒神节之爱；父亲

> 在用马鞭抽打儿子，儿子色迷迷地围着桌子追逐母亲，一个由自我的兽性组成的社会。一个人靠吃活老鼠而谋生……一个银行出纳双臂伸开站在十字架前，他的临死喘息中偶尔会发出“看这个人”之语”。[26]

472 许多艺术家反对这种极权主义，让自己面对痛苦和死亡（马克斯·贝克曼因第一次世界大战“灵魂受伤”而来的绘画），保持一个探索和游戏的灵魂。其他一些艺术家则感觉到了这种绝对者的诱惑。一个表现主义小说家兼剧作家汉斯·贾斯特——他后来担任了纳粹文学室的首领，正是他首先说出了那句后来因戈林使用而变得出名的话：“一听到文化这词儿，我就拔出我的左轮手枪。”*这就是德国病的唯一疗治。

生存的分配

在对不可战胜和无所不能的主张中，极权主义的意识形态避免了死亡的刺痛。它提出自己所主张的不朽和唯一真理，对环境有一些特别的心理操纵，对此我在其他的著作中有过描述，比如环境控制（控制所有的沟通交流）；神秘的操纵（从上面对行为施加持续的控制，与此同时又维持来自下面的自发性的表象）；要求纯洁（以绝对忠诚和自我牺牲这种无法实现的理想来不断谴责过失和羞耻）；忏悔的祭仪（每一个自我都仪式性地向极权主义的“主人”作自我暴露）；神圣的科学（将这个词的神化与宣称现实科学权威同样绝对地结合起来）；赋予语言特定含义（在那些最复杂的人类问题上，让语言给出限定、终结思考的结论）；主义凌驾于人之上（这样个体经历的证据就必须纳入观念体系，或者是被它所否定）；以及生存的分配（在那些有权生存与那些不拥有这种权利的人之间，划出一条终极的必然界线）[28]。最后这条生存的分配，是包含前面所有的大原则，它或者只是隐喻性地表达，或者如纳粹那样，直接用杀人的方式来表达。

的确，纳粹运动让每个人的生存成了一件对一个群体的生物学健康有害或有利之事，从而让存在的分配有了一种新的实实在在的意义。

---

*贾斯特原话是：“一听到文化这词儿，我就打开了我左轮手枪的保险栓。”[27]

只有极权的途径才能治愈这种疾病，所以，元首原则这个纳粹极权主义的顶点就不仅能被那些未受过教育者所信奉，而且被那些痛切感受到自己“撕裂状态”的知识分子所接受——一位国际著名的经济学家和经济史学家在1935年这样宣布：

> 讨论的艺术已经过时。现在不是讨论而是决定起着支配作用。今天，一种政治意愿的创建靠的是颇为不同的另一条路。它不再靠影响公众意见这种间接的方式，而是靠元首原则这种直接方式。这个事实可能会有不同方式的评价，但就我自己而言，我要说：“感谢上帝，就该如此！”[29] 473

极权化的现代国家总是宣称一种最高原则，在纳粹这里，这就是对世界上最有价值的种族进行纯化，以此来治疗流行的人类疾病。我们可以回忆一下维尔纳·贝斯特将这种纳粹的治疗宣布为“极权主义的政治原则”，在它之下，任何其他的想法都必须“无情地加以处理”，因为这种“疾病的症状威胁着不可分割的国家有机体”（见本书153页）。[30]

一个人可以把这样的国家整体视为一种控制潜在混乱和无序的手段，视为一种格外强调创造一个整体的德意志帝国的原则，由一些政治上分裂的地区实体创造出一个帝国。*希特勒曾对“本来空无一物而要节约的原则、个体的无足轻重与个人在一个明显不朽国家中的持续存在”[32]这二者进行对比，就是强调这一点。不是个人，而是人民——至少是那些生物学上合格者，才能分享国家和种族的这种不朽力量。一个人甚至会去相信这种宣称中的历史极权主义，认定“德国的全部历史……只能被确凿地视作为国家社会主义进行铺垫的历史”。[33]

同样，在土耳其的情况中也有类似思潮的表露。那些“青年土耳其党”想要构成奥斯曼帝国的前锋，来“一场改变奥斯曼社会结构的伟大战役，清除它的内在不和与冲突，恢复大突厥主义的帝国荣耀。”他们的治疗包括“宗教意识形态和政治意识形态的混合”，“种族灭绝变成了一种在这个体系中［带来］种族……改变的手段”。[34]

---

*一个保守的社会学家乔治·韦博德，针对“德国在世界上的使命”——实现一个帝国——这样一个“包囊一切”的任务，提出了“集权”和“唯一统治者”的法则。[31]

所以，一个国家中的极权主义就最有可能作为对一种死亡萦绕之“疾病”的治疗而出现，迫害、暴力和种族灭绝是这种治疗的一些潜在方面。

对超越的追求

这种治疗的一个部分是超越的体验，这种心理状态非常强烈，以至于时间和死亡都消失了。这种治疗必须维持或至少是时常唤起这种心理体验。一个人自身的超越感与想象自己民族无穷无尽的生命融合在一起。在这种迷狂的体验或希望中，人们会准备好去杀戮，或至少是支持杀戮。

474 的确，超越是有可能与这样一些杀戮联系起来，并常常与战争或对战争的期待联系起来。这方面的例子是历史上的宗教战争及其当代形式，以及这些宗教战争的世俗翻版。前面提到的1914年的战争狂热，以及它对胜利和民族解救的预感，就为纳粹的超越奠定了一个标准。而这样一个1914年时刻，又借助于一些更早的历史记忆。想想1866年一个德国“民族自由派”在（战胜了奥地利）凯旋而归的普鲁士军队回到柏林时说过的那些话吧：“我觉得自己更依恋于美丽女神和美惠女神之母，而不是战争之神；然而，战争的战利品却给和平之子带来了神奇的魅力……一个人的灵魂跟随着这无穷无尽的一排排人们，他们正在为此刻的［战争］胜利之神喝彩。”[35]

希特勒变成了这种超越的代理者，这既是因为他蛊惑人心的演说天才，也是因为德国对于超越的渴望。希特勒使用了“‘荣誉’、‘祖国’、‘人民’、‘忠诚’和‘牺牲’［等概念］，他的德国听众不仅认真地听取了这些话，而且把它作为一个救世主发出的信息”。[36]因为，这些词语的每一个都代表着一种超越法则，一种牺牲自我去追求终极领域的感觉，它提供了与无所不能紧密相连的不朽感。所以，“元首意志”就成了“宇宙法则”，[37]因为元首关于复兴的信息可以唤起超越感，这种体验被放置在一种思维结构和一系列行动之中。

艾伯特·施佩尔向我描绘了他第一次听到希特勒演说时的异常震撼。那是1930年，他是一所大学的年轻建筑师，处在当时那种经济和政治的压抑氛围之中，看不到什么未来。他记得自己幼年时曾参加一个志愿团体，在一战结束时到火车站去欢迎归来的士兵。（“那是非常、非常的可怕。［这些士兵］肮脏不堪，无人照管，真是一支败军之师。”）他体验到了“为这种局势悲悼的感觉”。现在，希特勒出现了，用一种慎重的口吻向一群大学听众*发出了简单明了的信息——“一切都可以改变”：德国可以再次强大，靠着拥抱一个光荣的未来，德国人可以让自己摆脱愧疚和丧失感。施佩尔被感动得狂喜，觉得自己似乎“醉了”，或者是处在一种不同的意识形态中，需要走出来，走进柏林城外的树林中去“消化”这一切。他所描述的是一种典型的超越体验，一个人感觉处在自身之外，被一种更大的力量席卷而去，它将一个人与一些终极的精神法则联结或再次联结起来，是这样一种心醉神迷的状态。从这一天起，他就属于希特勒了，开始去分享希特勒的无所不能和力量。因此，他也就将整个纳粹时代描绘为“如同一场梦”。从聆听第一次演说开始，希特勒对他的这种巨大魔力， 475
他至今仍感困惑不解。

施佩尔谈到了他和其他德国人在纳粹时代体验到的几乎是持续的超越之感。考虑到希特勒是呼唤某种形式的民族“拯救”，呼唤“在一种政治框架中实现……然而又超越政治的复兴后的精神德国”，所以每一个小小事件，乃至于每一个时刻，都可以与超越联结起来，与一个千年帝国的救世主式的目标联结起来。与这个政权相关的这种超越性质，能够使人避免意识到自己的堕落与自私行为，施佩尔和其他人就是如此。

持续的“高能状态”

极端形式的浪漫派民族主义，前一个世纪中作家、哲学家和青年运动领袖对“神圣德国”的呼唤，纳粹是这方面的传人。它和“政治反动与文学浪漫主义的紧密关系”大有关系，还包括了新教虔信派的强大因素及相关的天主教宗教情感。[38]

*施佩尔说希特勒当时有两场分开的演说：一场是针对普通听众的比较简单的煽动民心；另一场也同样煽动，但是针对受过教育者的更为精心的“历史分析”。

所有这些与纳粹特有的意识形态上的无所不能结合起来，导致了一种成为特殊的、有屠杀权利的“神之子”的感觉，有人曾这样来加以形容：“如果你不是我的兄弟，你的脑袋就会从你的肩上掉落。”[39]党卫队成员组成的“盟誓群体”就是这样的一个例证，他们在自己为元首和种族执行特别使命的感觉中走向屠杀，与此同时在心理上维持着一种“高能状态”。

如同其他任何东西一样，超越也被生物学化，比如恩斯特·海克尔的“科学浪漫主义”（见本书441—442页）和弗里茨·伦茨的神秘遗传学（“种族卫生学者也想成为上帝葡萄园中的劳作者”）。[40]而且，在纳粹时期，科学被如此扭曲，它不仅不批评与这些高能状态相联系的错误假设，而且本身也加入了这种超越。甚至还有过要创造一种“雅利安物理学”的尝试，宣称“如同人所创造的任何其他事物一样，学问也受种族和血统的制约”。[41]

一个多世纪前，歌德对德国式“超越渴望”的批评引人注意，他不仅把超越哲学包含在内，而且把牛顿物理学也囊括进来。注意到后来所称的实证主义本身可以与神秘主义和超越联系起来的，他很可能是第一人，[42]约瑟夫·门格勒就显示了这种模式。门格勒将自身视为一个科学的革新者，通过高度浪漫化、实证主义和终极种族灭绝的纳粹医学版本给予的高能状态，可以成为“扮演上帝的医生”。

476 就土耳其人的情况来说，不管他们对待科学是什么态度，他们的确提出了图兰主义（或“突厥化”）的神秘版本，“这在图兰民族中提出了一种以种族起源为基础的神秘的史前统一体”。[43]土耳其民族主义者将回到原教旨主义伊斯兰教作为一种反抗亚美尼亚基督徒东侵的号召，以奥斯曼帝国荣耀的一种新版本为号召，这里面的超越体验也是不容置疑的。

所以，超越体验就预示了种族灭绝，在一个相当的程度上预示了一种超越状态，它可以直接或通过代理而与屠杀本身联结起来。

屠杀作为治疗

纳粹想要处理的那种“疾病”是死亡本身，这死亡因第一次世界大战的“现代恋尸癖”而变得难以对付。所以，雨果·巴尔就写道：“死亡系统地工作着，伪造着兽性、荒谬的……生命，然而是不真实的。”[44]* 对付这种饱浸死亡的历史环境，一种方式就是拥抱死亡本身，以此来作为治疗手段。纳粹用各种方式这样来做，比如对死亡的一种浪漫崇拜和创造“一种死亡比活着更为重要的祖先祭仪”，比如一种“深深染上死亡色调”的艺术（比如一些日耳曼英雄）作为“对群体进行启蒙的前奏”，尤其是重新借用第一次世界大战中的殉难者，宣称为了他们而进行一种不朽的生存使命，要消灭德国国家的那些敌人。希特勒作为先知和救世主，于是就代表了这些殉难者，作为他们与活着一代的新群体的连接而发挥作用。这种“治疗”的先锋就是党卫队，他们的“崇高职责就是被分给和接受死亡”，去寻找最危险的任务，如果需要的话，寻找死亡本身，并用彻底的坚强来进行杀戮。这种治疗愿景的另一部分，是党卫队成员本人作为种族净化的模范的做法。[46] 满足治疗和杀戮的终极考验，党卫队可以代表那些神圣死者没有限制进行屠杀。

“致命的”受害者

种族灭绝既需要一个特定的受害群体，也要求与这个群体有一些特定的联系。纳粹的生物学强调使得他们把种族灭绝延伸至吉普赛人、俄国人和波兰人，然而，犹太人一直是中心目标，是纳粹种族灭绝之动力在心理上最关注的受害者。

纳粹作恶者必须把他们的受害者视为造成了绝对的危险，“正在传染”“德国民族的肌体”，用希特勒遗嘱的最后几个词来说就是“致命的犹太毒药”。同样，“毒害文明的犹太人”也渗透到了艺术世界，“内在犹太化”和“种族污染”的普遍危险被感知为对德国的生物和生物社会学连续性与不朽性的一种根本威胁。[47] 另外，犹太人或“犹太人”这个概念已经等同于任何一种形式的与死亡相关的堕落和腐烂，包括同性恋、城市混乱、自由派、资本主义和马克思主义。戈培尔可以用直接的医学形象来 477

*巴尔攻击唯物主义和机器，宣称“信仰物质就是信仰死亡”。[45]

宣称“我们现在的任务是外科手术的……大切除，否则有一天欧洲就会因这种犹太病而毁灭”。[48]

断言受害者为邪恶，这可以推而广之。希特勒宣称：“如果……犹太人征服了世界各个国家，他的王冠就会是人类的葬礼花环；一旦这个星球再一次没了人类，它就会如同数千年前那样穿过天穹。”*这种普遍化宣称，受害者不仅会毁灭消灭它的人，而且会摧毁别的所有人和所有事物。这种威胁是如此绝对、如此终极，所以这场斗争就变成了希姆莱所说的“人与低于人者的战斗”。用希特勒的话来说，种族灭绝不仅是合适的，而且是急迫和必须的。这样的斗争必须“战斗到最后一个人，直至某一方被消灭得不留痕迹”。一旦种族灭绝的这种必要性被建立起来，作恶者就可以采用希姆莱那种漫不经心的口吻来说“反犹主义就完全如同灭虱”。[50]

在我的其他著作中，我提到不朽——在终极精神力量上的——敌对的主张，这成为了迫害的来源。对于一些基督教群体来说，犹太人是基督教神学的不朽模式的发起者和摧毁者，在这个意义上，犹太人被视为耶稣的拒绝者、背叛者或杀害者。对于这样一种普遍模式，德国人增加了自己的状态，弗洛伊德将这种状态形容为“命名错了的基督徒”，即面对自己外表的基督教化，但却顽固坚持自己基督教之前的那种异教存在的感觉和模式。[51]这很可能就是德国在几个世纪中特别敏感于对他们基督教信仰体系、最终是对他们不朽感之威胁的一个来源。

比如，在中世纪的瘟疫中，欧洲各地的犹太人都被指控要为黑死病负责，常常说他们在饮水井中投毒。尽管德国的死亡率较之一些其他国家要相对低一点，但这里的反犹之事却格外凶猛，比如苦修团的现象，这些狂热的基督徒团体既仪式性和无情地鞭笞自己，同时也凶狠地对待犹太人。[52]对
478 于德国作为加害者来说，更为重要的是它作为“反犹神话之地”的作用。“永世流浪的犹太人”神话，尽管萌生要早一点，但成型是在16世纪和17世纪初期的德国：一个憔悴年迈、胡须长长的白发老人，遭受天谴在地球

*这段话引自《我的奋斗》。埃伯哈德·雅克尔指出，在此书后来的版本中，这句话“适宜地”改成了“数百万年前”。[49]这表明希特勒或同情他的编辑非常相信这个观念，所以要用最为“合理”的形式来表现它。

上流浪，要等到耶稣第二次降临才能结束，因为他年轻时嘲弄过耶稣，狂热地加入了那群高喊“钉死他！”的人。德语中“永世流浪的犹太人”一词，意思是“永恒的犹太人”，这是一个被诅咒的幽灵，他既不能生也不能死，一直是一个杀人者、死尸和幸存者残余的混合物。他已被死亡所染，但又能活过每一个人（“永世流浪的犹太人”被形容为“埋掉了埃及人、希腊人和罗马人”），所以代表着生存者传染病的终极化身，是致命感染的一个携带者。[53]

受到威胁的社群

德国与犹太人历史关系中第二个强有力的文化强调，就是犹太人在一种公共、终极为生物学的基础上对德国的加害。犹太人的情况是不仅将他们自己融合到现代德国文化之中，而且还起作用来塑造它，所以获得了自由的犹太人就赢得了知识分子的尊重，比如歌德和康德这样的学者；但在德国头脑的另外一个角落，犹太人还是被视为“暴发户……犹太人区出来的儿孙”，[54]正是因为他们看起来的文化融合深度，他们作为本质上的异类才更具威胁。

这样一种理解社群或“共同体”观念的趋势，依据生物学浪漫主义，就不仅可用于“种族神秘主义”，而且可以引出科学权威来诋毁犹太人。德国人于1879年铸造了“反犹主义”一词，事实上就是一种科学立场的宣称，有必要把犹太人从受到威胁的德国“共同体”中排除出去。到了1886年，一个著名的东方学教授和很有影响的基督教思想家保罗·德·拉加德就抨击犹太人是“异族人”，“完全就是腐烂的携带者”，而且继续用我们已经熟悉的话宣布“一个人不会与旋毛虫和细菌谈判……对它们要尽可能快和彻底地消灭”。[55]这样的医学想象，以及谈论“新的犹太化德国”造成“血液中毒”的威胁，这些都维持着科学上的主张，甚至是高尚的人道主义主张。[56]所以，一个世纪之交的教育改革者就希望把一个克服了阶级差别的“有机国家”与一种将德国从“犹太精神”中解放出来的方式结合起来。[57]即使是历史学家特赖奇克那句看似温和的哀叹“犹太人是我们的不幸”，其实也是一种“共同体”作为中心的集体意识的一部分，表达了对种族死亡的潜在担忧。理查德·瓦格纳用语言将这种担忧直接表达出来：“由于他们，尤其是我们德国人将要灭亡，这是肯定的。”[58]

479 马丁·路德作为“德国人中最德国者，虔诚者中最虔诚者”，[59]将反犹主义的公共形式和神学形式结合起来了。意味深长的是，对于那些他希望变得“与我们一条心”的犹太人，他是第一个为他们辩护的。然而，如果这些人未能皈依，没有成为基督教新教德国精神和生物学群体的一部分，他就抨击他们是“魔王之子”，“是异乡人，什么都不能拥有”，而且还非常危险：“知道吗，啊，敬爱的基督……除了魔王之外，一个真正想做犹太人的真正犹太人，这是你最为恶毒、最为绝望、最为怨恨的敌人了。”对于路德来说，犹太人是一种无法忍受的提醒，提醒着德国基督教宣称要对精神和群体之不朽进行一体化的裂缝。由于其存在，犹太人就已经颠覆了这些主张（“这些狗嘲弄我们和我们的宗教”）。[60]的确，路德还代表了别的很多东西，包括良心本身被内在化了，也就是埃里克·埃里克松所说的“意义本身的意义”。[61]

然而，路德的成就深化了他反犹主义信息的心理力量。四百年后“日耳曼基督教”的发展就可以说“完成了路德的工作”，希特勒和路德成为“为德国民族福祉服务的合作者”。[62]以治疗德国人的名义来毁灭犹太人，这种种族灭绝的原则并非新物。

所以，将一个被迫害的群体感知为对自己民族持续生命的绝对威胁，这个受迫害群体就被视为死亡的携带者，从而也就是邪恶的化身。这个群体不仅仅是非人类或异教徒，而且是危险的反人类、反上帝（或反基督）。它的疾病会以死亡传染和致命的软弱感染其他人，希特勒就轻蔑地谈到“良心，这种犹太人的发明”，谈到犹太教—基督教对软弱的同情。只有种族灭绝、完全消灭这种疾病，才能使人免遭这种软弱；只有在种族灭绝这种行为中，一个人才能克服自己身上已有的这种致命软弱的残余，比如（纳粹身上的）“兄弟情谊……人性［和］‘和平主义’”。[63]所以，种族灭绝中的类似想象是：致命疾病的携带者，以灭绝威胁着一个人自己的民族，所以此人就必须首先绝对地消灭他。

种族灭绝的进入

种族灭绝有一个进入的入口，也就是从想象到行动的那一步。纳粹的证据表明，这并非单一的原因或触发，而是一连串的事件、态度和问题解决（处理难以管理的犹太人居住区，越来越起支配作用的党卫队各个群体与其他纳粹机构之间的竞争，纳粹领导人之间的竞争），所有这些发生在一种越来越凶残的氛围之中（“安乐死”屠杀，集中营系统的扩大，早期胜利带来的战争狂热，对俄国的准备入侵）。从1941年年初开始，来自纳粹高层的一系列“恶魔命令”[64]就越来越明确了一种政策，不仅是要杀犹太人，而 480
且是要杀掉所有的犹太人。如同我在第6章所言，有证据表明关于“最后解决”的一道特别命令，在1941年7月31日由戈林发布给了海德里希，但它实际上是应海德里希的要求，由艾希曼起草的。[65]这道命令的主要推动力可能来自纳粹最高层之下的那些人，但它总是希特勒和他身边那些人已知意愿的表达。一个合情合理的观点认为，尽管希特勒没有用自己的名字发布任何类似法令，但非常清楚对自己的心腹表明了他想穿过这个入口，想实施对犹太人的种族灭绝。在放任自流和深思熟虑的结合中——有一点很重要：学者们不能肯定是否有过一道导致了“最后解决”的命令，[66]这形成了一种集体认识：即被指定的群体必须被消灭。集体认识很快变成了集体意愿，作恶者依据自己感知到的人们对他们的期待，加入到这个过程之中，呼唤出自己原有的倾向和适应的角色转换。有了这些纳粹，种族灭绝过程可能在种族灭绝的系统计划尚未引入之前就已经开始了，希姆莱与霍斯讨论在奥斯维辛建立一座犹太人死亡工厂，就体现了这一点。

种族灭绝的开始之前，要求有大量关于其必要性的意识形态想象。人们必须做它，看到了做它的结果，这是为了国家和谐、团结和整体性的乌托邦愿景。希特勒在《我的奋斗》中写道：“这个世界只属于一个强有力的‘整体’之人，不属于虚弱的‘半个’之人”，他说的就是那些强壮、完全、健康、已经治愈之人的特别优点。*

---

*希特勒前面的话是这样的（他自己的强调）：“如果为一个人自身健康而战斗的力量［他前面谈到了因卖淫和梅毒带来的‘腐烂’］不再出现，为在这个竞争世界上生存而进行的战斗也就完结了。”[67]

对于纳粹来说，较之其他任何关于犹太人的单一神话（比如犹太人长者议定毁灭世界的神话），这种愿景作为种族灭绝的一种“保证”更基本。这个保证因许多滋养这种想象的来源而发展广阔，它把毁灭指定对象整个群体与自己人民和种族的强健复兴联系起来。此前多半会有较小的种族灭绝事件作为一种预示或预演，就纳粹而言，这就是直接医学屠杀或“安乐死”项目。这种较小的种族灭绝为更大的种族灭绝行动开发了技术（毒气）、人手（医学单位）和机构构成（屠杀中心）。另外，这种较小的行动还做了别的事情，它提供了一种共同感，尤其是在精英之中，大家认为这是可以做的；一个人可以从相对不定形的加害想象或病情分类转变为整体屠杀的行动，而且这看来起了作用，问题解决了，有一种成就感，是一个向健康发展的行动。

早期的作恶者变成了科学和道德的精英，构成了一台体现生物学必要性的精神发动机。人口中的其他人被认为是尚未准备好去完全知晓此事，所以，随着种族灭绝半径向外扩展，变成了一种越来越大的命令和政策、
481 机构设置和技术安排的收纳系统，在带点羞愧的保密与带着自豪的成就之间就出现了矛盾。大的分类总是有的：与希姆莱的“消灭犹太民族”并置的，还有“挑选北欧日耳曼血统”的艰苦任务，以推进“我们民族的创造、英勇和生命保存之性质”。[68]这种绝对复兴的想象既应用于种族灭绝的预演，也应用于后来的大规模行动。

净化与人的献祭

纳粹在治疗和屠杀之间建立了一种神话联系，说这在萨满教、宗教净化和人的献祭中就有古老的表现，用一些能够展示其心理动机的方式将这三者都用上了。所以，中亚和北亚的萨满巫师，虽然主要是一种使用迷狂仪式的治疗者，也就成了死者灵魂通往阴间的“普绪科蓬波”（希腊罗马神话中赫尔墨斯的祭祀用别名之一，因为他负责把死人的灵魂带到冥国。——译者注）或死者灵魂的运送者。有些文化还将“白”萨满巫师与“黑”萨满巫师做了区分，前者与神灵有联系，后者则与“邪恶灵魂”有关，所以是危险的。[69]一般而言，白萨满巫师使用治疗神力，黑萨满巫师

使用杀戮魔力。

倾向于死亡萦绕和启示性历史愿景的德国文化，较之其他大部分文化而言，更可能抓住杀戮与治疗之间、死者与生者之间的联系。在第一次世界大战之后，德国人发展出来了一种特别强烈的“倒下者祭仪”，强调死者作为去战斗和杀戮的战士对祖国继续贡献。德国战争墓地委员会对英国、美国及法国墓地的花海和关于死者的低调赞扬与德国的“悲剧英雄”主题，以及“英勇牺牲的赞颂”[70]做了对比。然而，由于死亡必须被征服，一个纳粹教育家就谴责给死者和伤者拍摄的照片，因为它们“不能显示他们在作出最后牺牲时的欢乐”。[71]

作为一个好萨满巫师的16世纪版本，帕拉塞尔苏斯无论是作为一个历史人物还是作为一种神话，纳粹都是可用的。在纳粹的一个版本中，这个瑞士—德国的医师兼炼金术士，基于一种“人民”的乌托邦愿景，战胜了巨大苦难、严重疾病和自身绝望。在另外一个版本中，他英勇作战，他的斗争“围绕着战胜死亡”（见本书31页）。[72]作为生物学战士，所有纳粹医生都要站到杀掉死亡的斗争前线。也就是说，所有纳粹医生都要成为萨满巫师，他们中许多人在以治疗部族或民族的名义仪式般地参与屠杀过程中，成为了黑萨满巫师。

种族灭绝是基于对被污染和污秽的集体担忧，它依赖于一种想要净化的冲动，一些原始文化中类似的集体表现。不过，种族灭绝给这种冲动加上了一种对于健康和卫生——对于纳粹来说，是种族卫生——现代的、致命得多的强调。玛丽·道格拉斯已揭示，这种无论我们称为魔法或宗教的对污染的关注，都与一些处理“秩序与混乱、存在与非存在、形式与无形式之关系”[73]的象征体系有关。在与污秽作战的原始净化仪式中，“如果没有一种模式的维系，不洁或肮脏就不能包括进来”。[74]而终极的问题是死亡：“如同所有污染象征的焦点是身体一样，污染蔓延的最终问题是导致身体的崩溃。”[75] 482

污染想象与许多形式的迫害相关，涉及到阶层和种姓、肤色和种族。日本传统的贱民群体有着“秽多”的名称，字面意思就是“污秽多多”、“全是肮脏”或“满是污秽”。这个词本身是一个禁忌，似乎以某种令人不安的贱民群体之污染威胁着说出它的人。就许多这类受迫害群体而言，“秽多”长期以来与受轻视和肮脏的职业相联系，包括那些与屠宰牲畜相关者和处理人类排泄物、动物皮毛和尸体者，也就是说，这些人“都围绕着……血腥、死亡和肮脏”。[76]

犹太人也经常被与死亡和污秽联系在一起，但其方式却较之对待其他群体更凶险，他们被指控为水井投毒者和瘟疫传播者，行使妖术，在仪式上饮血或杀害基督教儿童作为黑色弥撒的献祭。如同“秽多”一样，犹太人在自己的历史道路上也被限定于类似的一些肮脏职业，同时又被迫与金钱或“高利贷”联系起来，“高利贷”一词的意思是“借钱要还利息”，但却传递着一种欺诈、丑恶的感觉，也非常接近于污秽，是一种禁忌。金钱作为“肮脏之物”、“邪恶赘疣”，同时也是“永恒之物”（神秘，具有魔力）的象征，表明它一方面既与渣滓和死亡相联系，另一方面又与一种不朽模式相联系。由于犹太人已经变得与通常感知为永恒的非法和污染模式相联系，他们就更易遭受迫害了。德国犹太人可以被视为一种精英受迫害者，比如格尔松·冯·布莱施劳德的情况。他是俾斯麦的银行家，是“德国著名的犹太人财阀”，既受尊重又被辱骂，在19世纪70年代的反犹主义者看来是一个典型例子，这些人在他身上看到了“犹太人的权力变成了对德国生命的致命威胁”[77]。靠着以前的迫害，把犹太人贬低到这样一个污秽、有着死亡污染的永恒体系之中，加害者仍然因他们而感觉“处在不朽之外”。所以，接下来的德国残忍就可以视为对犹太人的重新加害，这仍然与净化相连。

事实上，纳粹的种族灭绝可以被理解为一种猛烈的净化步骤，但净化原则要把“医学唯物论”的现代原则包含在内，这个现代原则用身体的卫
483 生来解说精神和心理问题。这方面一个可回溯的经典例子，就是把摩西看作是“一个开明的公共健康管理者，而不是一个精神领袖”，因为他的一些训诫强调个人的身体健康。[78]*

---

*“医学唯物论”一词原来是威廉·詹姆斯使用，后来被玛丽·道格拉斯发展为这里使用的这种意思。诺曼·O·布朗在与我的个人交谈中，谈到他童年时教会学校中有一个教师，宣布摩西是“一个卫生检查员”，让他的学生们印象深刻。这个教师认定自己是一（转下页）

医学唯物论可以覆盖一些象征体系，这些体系非常类似于原始净化仪式中的一些体系。但是，就它具体关注身体、关注生物学的焦点而言，医学唯物论把自己直接交给了以治疗为名义而屠杀的净化项目。医学倾向的净化包括摆脱无法治愈的疾病和遗传缺陷，以及人们认为的性异常者，尤其是同性恋。

他们要从自然界那里接管进化，以防止人类“因退化而湮灭”（洛伦兹的话，见本书134页），用这样的原则，纳粹提出了他们的生物学——也可以说是进化论——净化的彻底版本。医生变成了职业净化者，一旦他们自己经历了净化（希特勒强调医学专业的“净化”，这意味着要驱逐犹太人和政治上的反对者，这样医学界才能担当“种族的领导”），这种“警觉的生物学战士”就会警惕于任何陌生和有缺陷之物，警惕它的传染所带来的污秽。科学种族主义和精神卫生是医学唯物论的原则，纳粹用这样的原则以净化的名义来进行屠杀。最重要的是，一个人必须“净化血液”，这个想象以它的全部意味和相关表达（“血液与土地”、“血旗”、“鲜血命令”和“用鲜血来思考”）表明一个评论者所称的“有机性质与无机性质之间的一种神秘关系”。[79]“净化血液”变成了一种对神秘不朽的雅利安种族和社群进行神圣化的手段。帕拉塞尔苏斯又有用了，现在成了历史本身的一位伟大净化者。*如同帕拉塞尔苏斯显示的那样，有着一种长期的德国倾向，它在各种青年和成年人运动中都表达出来了，这就是鼓吹头脑和身体的净化。纳粹召唤出这种传统，以此猛烈攻击他们在城市生活、人际关系、性行为和社会实验上看到的所有污秽。

纳粹还发展出来了最先进的医学净化方式，将净化应用于基因和种族，应用于基因和种族的筛选。那个一语中的的宣称“国家社会主义不是别的，就是应用生物学”，甚至还可以更为一语中的地理解为“国家社会主义不是别的，就是应用的生物学净化。”从这样一种观点出发，一个纳

（接上页）个“现代派”，一直把《圣经》中的事情与一些科学原则联系起来。

*这里指的是理查德·比林格的《帕拉塞尔苏斯》，1943年萨尔斯堡艺术节的一部戏剧对此进行了表现。欧文·吉多·科本霍依埃尔在1925—1926年期间写作了一部颇有影响的帕拉塞尔苏斯三部曲，被纳粹所用；在这三部曲中，帕拉塞尔苏斯实际上是寻求消除历史，要用自然的一种神圣形式来替代历史。[80]

484 粹作家就宣布医生要“恢复为祭司，恢复他职业的神圣”；另外一个作者则提出一种愿景：“医生可以是人类的真正拯救者。”[81]我们已经看到，这种幻想的医学唯物论与各种神秘观念相联系，鲁道夫·赫斯和约翰·S就是如此——约翰·S部分是赫斯的一个追随者（见本书129—130页）。当约翰·S医生通过战争而进行个人净化，以此回答即将到来的战败和纳粹运动的其他幻灭时，可以说他是想要净化他的净化，找到生死对抗最为简单（或者说最为纯洁）的表现。这种净化冲动一旦建立起来，就不容易消退，而且当它的猛烈变得声名狼籍时，就会成为屠杀的一些替代形式。

如同一些原始民族的净化目的一样，纳粹净化的目的也是要“创造一个单一的、象征性一致的宇宙”。[82]原始民族和纳粹都追求“整体性和完全性”以及“身体上的完美”，但纳粹要比任何原始民族都极端得多，他们是实实在在地、致命地应用医学唯物论和高技术来实现极权主义的精神目的。

比起原始民族来，纳粹在他们那种表象背后其实要难办得多。作为一种寻求用净化步骤来恢复一种从来没存在过的完美和谐之过去的现代运动，纳粹的行为不可避免地是补偿性和更绝望。从集体错位和自我分裂的现代形式开始，他们的净化就必然要失败。想由一种现代心智优势创造出一种“原始的无差别宇宙”，元首原则成为这里面关于生存、死亡和杀戮的所有判断的来源，这完全是不可能的。的确，人们会怀疑这个项目的这种不可能性怎么会将单纯的迫害发展为种族灭绝？然而，如同原始文化中的情况，“在一种非结构中发现了……巫术魔法”，[83]所以，在现代文化中，在整体的医学—卫生净化这个不可能实现的理想中发现了种族灭绝。

净化总是与献祭牺牲品联系在一起，原始宗教或当代宗教或世俗情境都是如此。种族灭绝可以被理解为要将整个民族作为献祭牺牲品。

以人献祭的做法之所以实行，不仅是要让神满足，而且是要进入到一种相互的生命力量的持续交换之中。比如，墨西哥的阿兹特克人晚至15世纪和西班牙征服者到来之前，就将进行一系列无穷无尽的战争作为自己的神圣职责，为的是获得俘虏来献祭，“以保存宇宙，避免每天的被消灭的危险”。[84]对于那些提供了这种保护服务的神灵来说，它们必须用人来滋养，“靠生命本身来保持生命，靠在人血这‘珍贵液体’中发现的魔力物质来保持生命……神灵要以此来喂养”。在纳粹的情况中，在这种非常不同的背景中，大规模的献祭屠杀成为一个庞大复兴项目的一部分，这个复兴项目在政治上与“国家身份和集体热诚”相联结，在军事战斗中与“狂热……［和］不知疲倦的动力”相联结。[85] 485

然而，历史的不同还是重要的。对于阿兹特克人来说，大规模杀戮总是以仪式方式来进行，是一种长期的意识形态和集体精神的延伸；而对于纳粹来说，杀戮是通过技术来进行的，是一种史无前例的历史步骤。纳粹种族灭绝要保密，只限于党卫队内部精英知道；阿兹特克人的献祭杀戮是公开和庆祝的。

对于纳粹和阿兹特克人都一样的是：“人的献祭是一种‘点金术，靠着它从死亡中产生生命’。”二者之中都有很强的治疗成分：对于纳粹而言，是雅利安种族的治疗；对于阿兹特克人而言，是治疗神灵的虚弱或生病状态或不快，这是由没有得到足够的滋养而导致的，由此会带来灾难或其他不幸事情（“治疗这种超自然生病的药方必须是更多的献祭，需要新的胜利来获得俘虏”）。[86] 在纳粹和阿兹特克人那里，不管是什么样的超自然想象，治疗最终就是自己这个群体获得生命力量。

纳粹和阿兹特克人都杀戮和持续杀戮，尽管有越来越多的证据表明这种杀戮已在妨碍国家自身的生存：对于纳粹来说，这是战争的进行；对于阿兹特克人，这是一个已经耗尽的帝国的整个社会和经济生存。二者都不得不继续去“杀掉”死亡，因为二者都只能“坚持献祭鲜血以换取生命，直至它的整个宗教变成了一种围绕死亡幽灵而建造的情感防波堤”。[87]

纳粹对人的这些原始心理力量的滥用，约瑟夫·德·迈斯特雷已有预示。此人是19世纪初期的一个天主教保守派，对后来欧洲法西斯主义的发展起到了作用。他说：

> 从蛆一直到人，人类的暴力摧毁就是普遍法则。整个地球一直浸泡在血液之中，完全是一个巨大的祭坛。每个生物都必须作为祭品，没有尽头，没有限制，没有缓解，直至世界的极点，邪恶的消灭，死亡的死亡。[88]

也就是说，为了扑灭邪恶和杀掉死亡，我们不仅需要暴力，而且需要没有尽头的暴力--某种形式的种族灭绝。[89]

“诸神的黄昏”与自我种族灭绝

随着种族灭绝变得整体化，这种暴力治疗就利用了作恶者文化的所有方面。

纳粹利用了德国文化中那些想要有一个统一、充分融合的政体、社
486 会和人的强有力冲动。个体的自我不再被对瓦解的担忧所萦绕，不再被因一些选择在相互竞争所造成的冲突所萦绕，不再服从于德国的“撕裂状态”。相反，它变成了“一个因血统和命运而联结在一起的统一整体”[90]的一部分。在应用这种集体治疗时，纳粹创造了某种“种族时间”的顺序作为一种终极维度，为了雅利安种族的健康和抵挡犹太人传染的宇宙斗争就发生于其中。这种斗争是终极的，因为据说它决定着通常历史中那些事件（比如第一次世界大战、魏玛，等等）的结果。基于它的最初的性质和不受时间影响，“种族时间”相当于伊利亚德所称“神话时间”[91]的通俗版本。大屠杀的每一个行动都与这种“种族时间”联结起来了。

不管多么有选择性，暴力治疗必须利用已有的智力传统。纳粹在尼采那里发现了这种传统，他们将尼采解说为倡导用战争来治疗衰弱，倡导培育“深刻的非个人憎恨，带着良心的冷血之杀，在摧毁敌人上集体的、组织起来的炽热”，以此作为通向群体健康的道路[92]*。最重要的是，尼采的愿景是一种万噬之病及其治疗的展望。尼采宣布，情形“并不是……病，而是多病”，他以此来强调持久的衰弱和对道德的关注。[93]尼采继续说：“只有当一个人感觉到良心之‘咬’就如同狗咬石头一样——当一个人为自己的同情心感到羞耻时……这个人才是健康的”，一个人可以称“犯罪之后不诽谤自己的行为”的罪犯“灵魂较健康”，而不是“在十字

---

*德国智力生活中，以国家和种族为中心的“德国意识形态”长期以来就很突出，而且对纳粹意识形态的发展特别重要，但尼采与此没有关系。一些著名的独立的文化空想家，他们以治疗的名义发出了杀戮的好战隐喻号召，这对于种族灭绝运动实实在在使用这种原则的合法化，很可能是必要的。

架之前贬低自己”的罪人。[94]

无疑，尼采对德国沙文主义的一再嘲弄（“‘德国’变成了一种论据，德意志、德意志高于一切，变成了一种法则；条顿人……成为了历史中的‘道德世界之秩序’”），[95]对反犹主义的嘲弄，对“种族和阶级道德”的嘲弄，纳粹是压根不提的。重要的是，尼采可以被用于一种治疗愿景，他自己将此称为“极端的魔力”，他也宣布过“我们必须成为毁灭者”。[96]

比起任何正式的心理学体系来，这种单面的尼采愿景对纳粹更重要。他们发起了那些宣称要阐明犹太人的角色为“反类型”，犹太人在生物学和社会学的建构上就具有对大的德国共同体“造成崩溃”之作用的科学—心理学工作。[97]他们对荣格心理学也有赞同，尤其是当荣格与纳粹精神病学合作，坚持对“雅利安”无意识与犹太人无意识进行区分的那段时间。[98]不过，在更基础的层面上，纳粹反对内省心理学，因为如同罗森伯格强调的那样“日耳曼灵魂不是沉思性的……不会在个体心理学中失去自己……它 487
更愿意去体验宇宙精神法则”。[99]

种族灭绝项目要寻找与这种“宇宙精神法则”的强大心理联系，而不是利用一个确切的心理学体系或思路。纳粹其实很警惕那种关于自我——我称为多变之人（见本书499页）——的实验，心理学对此有证明，甚至是鼓励的。[100]而且，在纳粹眼中，心理学和关于自我的实验都与犹太人的影响相联系，与自我、人民和政体的整体愿景是对立的。*

纳粹想要的这种治疗不可能实现，但种族灭绝却似乎——至少在一段时间内——正在接近于这种治疗，正在解决一些重要的问题。比如，纳粹就的确解决了“跑漏犹太人区”的问题，的确做了让大量的人吸收了帝国的观念，信奉这个神秘的共同体。[101]在这样一个神秘的框架内，对于希特勒和其他纳粹来说，杀掉绝大多数犹太人可以再次创造一种怀旧的体验，再次体验到一战开始时那种共同的超越感。尽管这并不足以让治疗持续成功，但有助于纳粹尤其是奥斯维辛医生充分克服自己身上的冲突，能

*然而，在用没有限制的人力调动和暴力进行试验时，种族灭绝的作恶者自己也可能具有多变性格。

够继续为屠杀做出贡献。

这种治疗性屠杀最终是针对所有德国人而不仅仅是所有犹太人吗？希特勒的道路是否从一开始就包括了“诸神的黄昏”、或他自己的民族的大规模自我毁灭？这个问题就包含在这里面。

无疑，末日之时希特勒命令了这样的“诸神的黄昏”，要毁掉所有的工业、交通运输、通讯和供应设施。如果不是施佩尔和其他人干预，将会出现极大规模的死亡，其程度也就接近于自我种族灭绝了。[102]希特勒总是对种族灭绝治疗进行整体化：不是雅利安种族，就是犹太人整体，将被消灭。他告诉施佩尔，如果战争输了，德国民族也就“输了”，所以没有必要去关心他们的生存需要了。也就是说，如果治疗失败了，他们就已经表明自己是弱者和没有价值的人。由此来看，希特勒遗嘱中最后的话重申毁灭犹太人的必要，其实是一种正确的治疗被证明很不够好的辩护。希特勒自己的自杀可以理解为他感觉到的一种必要性的一部分，为了未来可能的政治复兴，整个德国民族都应分享类似的牺牲命运。

种族灭绝的作恶者用杀害来治疗他自己和他的民族。就像完全的治疗躲避了他一样，他也永远不能够完全杀掉所有人，或者是消除他所说的传染来源，所以他就必须使用他自己的人民和他本人来继续受害者的流动。所以，他的治疗愿景就变得较混乱，他可以将他的暴力内转来体现一种应该得到的命运，以此作为最后的净化。现在，集体自杀（实际上是这个领
488 袖带领他的人民一起走向死亡）具有了一种指向未来的信息：种族灭绝治疗必须持续。以这样一种方式，“圣餐中的基督之血就要被德国战争死者之血所替换”，[103]自己民族的血和自己的血现在必须来补充这个神秘的血库了。

这个过程甚至可以更为矛盾：如同一个人用杀死自己的方式来重申不朽之原则，主要由一个领袖造成的该民族的自我种族灭绝，是想要断言整个民族的不朽。也就是说，作恶的个体或群体以自己的自我毁灭得到了治疗。这样，也就没有了“内在犹太化”的隐藏感染的危险了。净化和牺牲都是绝对的。自我毁灭可能是真正坚定的种族灭绝的唯一逻辑结果。

医学原教旨主义

如果你要治疗一个病人，做任何事情都是许可的。这样的治疗想象就把自己交给了恢复国家暴力的神话，交给了这种神话的实实在在的实施。与现代民族主义相联系的那些态度——治疗个体的创伤拓展到生物学群体或大家庭，就很容易从这个神话领域进入到种族灭绝的领域。于是，集体治疗的神话就可以与一种宇宙学联系起来，甚至可以接近一种以生物学为核心的国家宗教。相关的仪式和典礼建立起来了，它们进一步为个体构建了生命的意义，也就是，用对感染来源的无情攻击来治疗受伤的种族。不同的民族主义可能会给予这个过程以不同的色彩——“每个国家都发展出来了自己的疾病、药物和医生”，[104]但种族灭绝的出现是与用屠杀来治疗的想象相关的。

这样，我们谈到了一种医学原教旨主义。在所有的原教旨主义中——它们通常是宗教性或政治性的，都有一种深深的受威胁之感：一些被认为是基本的信念和象征受到了威胁，作为各种行为确凿指导的神圣文本（《圣经》、《古兰经》、《我的奋斗》）的补充性符咒受到了威胁。[105]历史停滞了，所以就必须使用这种杀戮性的治疗。尽管医学并没有提供这种神圣文本，但人们可以回到萨满巫师、巫医和魔法师的古老做法上，这些人就被期待能用杀戮来治疗。医生如同具有超凡魅力的精神医师一样，希波克拉底誓言的限制被免除了。乔治·桑塔亚那在1915年写道：“德国人在四百年的时间里探索恢复他们原始的偶像崇拜。”[106]我们还可以说，德国人在他们的医学原教旨主义中发现了这样做的意义。

苏珊·桑塔格写道，“疾病的概念从来就不是中性的”，“将一种现象描绘为癌症，是一种暴力的刺激”。[107]亚美尼亚人被形容为“一种溃疡病，一种恶性肿瘤，它从外部来看只是一处小小的丘疹，但如果没有医术高明的外科医生的手术刀切除，就会要了这个病人的命”。[108]（同 489
样，拉丁美洲的印地安人阿切部族被巴拉圭人屠杀，巴拉圭人也将他们形容为“‘狂燥老鼠’，而狂燥老鼠必须被消灭”。）[109]在对亚美尼亚人的种族灭绝中，土耳其医生也扮演了重要角色，其中一人据说这样讲过：“我的土耳其属性压倒了我的医生职业。”[110]土耳其领导人也强调，他们需要将毁灭亚美尼亚人作为复兴自己帝国、治疗自己人民的一种方式。

穿白大褂的医生代替穿黑袍的祭司，成为了死亡和不朽的仲裁者。医学人物、生物学战士，事实上变成了杀掉死亡战役中的生物学将军。

这个任务不仅是乌托邦，而且永远做不完，即使再多的杀戮也带不来想要的解决。所以，人们就会一直尝试、一直杀戮，把自己交给屠杀的原则，不但屠杀自己的受害者，而且要把他们剩下的每一个都杀掉。那些原始的想象就是死亡、不朽和以杀人来治疗的想象。

代理者

种族灭绝需要两类人：策划和监督屠杀的职业精英，进行屠杀的职业杀手。早在这两类人被征募来进行实际屠杀之前，他们就已经受到了可称为种族灭绝氛围的影响。空气中仿佛有某种凶残的东西，大屠杀的故事既不可信又可信，它变成了一种“中等知晓”——人们既知道又不知道，或者是并不清晰知道却去做，或者是知道但没有去做的东西。[111]它是知晓和麻木的混合，但这种知晓却泄漏出来了。

可能会有一段僵持和困惑的时间，在德国这是1941年3月前后，种族灭绝的动力在这段时间里酝酿成型。屠杀项目开始被感知为对于一系列困境的唯一总体“解决方案”。来自下面的倡议（它依据的是对领袖或领袖们愿望的感知）与来自上面的态度、命令和间接信息汇聚在一起，形成了一个不可能追踪到某一份具体文件，但已确切成型的序列，终于系统地实施，并涉及到数量众多的人充当作恶者协调一致地工作。这个过程一方面既神秘和保密，另一方面又普通，几乎受人尊敬。

屠杀专业人员

种族灭绝项目需要受过教育的专业人员——医生、科学家、工程师、军事统帅、律师、神职人员、大学教授和其他教师——的积极参与，他们结合起来，形成了不仅是种族灭绝的技术层面，而且是它意识形态推理、道德气候和组织过程的主要部分。

富有讽刺意味的是，正是这些专业群体聚在一起作为“知识分子”，又有可能成为这个种族灭绝政权轻蔑嘲笑的特定对象。比如，罗尔夫·霍赫胡特谈到希特勒时视他为“一种蔑视知识分子、蔑视理性和思想的长期传统”的顶点。的确，这个政权的领导人倾向于把这个受过教育的群体等同于那些必须加害的群体：“戈培尔开始把犹太人等同于知识分子的那一刻，他对他们的憎恶就变得杀气腾腾了。”[112] 490

希特勒承认这个政权需要一些特定的专业群体，这个政权也决定要发挥这些专业人员的作用；他号召治疗者和思想家在屠杀性的治疗和思考中担当领导，因为他们懂这些。基于消灭思想的原则，要由那些最有良好教育的人来安排、率领、伴随和激励，将种族灭绝贯彻到底。

专业人员对于极端环境、包括种族灭绝这类环境的易感性，德国的一种职业将此显示出来，我们现在对此已经知晓了：从普通医生（1933年之前）到纳粹医生（1933年到1945年），再到普通医生（1945年之后），是这样一个序列。医生们反映了一种更普遍的趋势，号召在压力下维持一种职业功能的美德，尤其是一种治疗职业的功能，哪怕这种压力包括了参与种族灭绝。

回忆一下对那个负责直接医学屠杀的精神病学家海德的描述：作为“一个纳粹，他并不是一个真正的科学家；但有了科学的帮助，他就成为了纳粹的喉舌”。当这种“科学的帮助”包括一种治疗的主张时，专业人员就可以走到最大程度的邪恶之地。这个旅程要求沉迷于这种意识形态及其承诺的统一的世界观，要求将知识用于狂热的目的，这种沉迷是受过教育者尤其容易有的。

想一想两个诺贝尔奖获得者对“雅利安物理学”这个概念的欢迎吧，还有一个伟大的精神分析学家坚持要把“雅利安”心理学与“犹太人”心理学鲜明区分开来。[113]知识分子也很容易欢迎解除思考的负担。卡尔·施特恩曾经描述，有“一个非理性主义的特殊烙印”支配着他在其中工作的那个精神病学机构的德国同事们，“一种将自身与理性相对立的神秘主义”；不过，我们或许还可以补充说，在科学的名义下总是会这样做的。[114]

即使是那个受害群体的成员，也可能加入这个几乎什么都谈科学的过程之中。奥托·韦宁格本身是犹太人，也将犹太主义形容为“最大的否定”，“一个深渊，基督教在它上面建立起来”，以及基督自己的“原
491 罪”。[115]*韦宁格所表达的不仅是异乎寻常的自怨自艾，而且显示出心理学、尤其是社会科学能够怎样在致命的方向上被意识形态化，而这同样是以科学的名义。

尽管这种集体动力在起作用，但专业人员个人也将自己感知为在做某种惊天动地的事情，在“创造新的事物”。最奇特的违背理性竟然被当做令人钦佩的创新而得到欢呼，尤其是那些具有国际声望的学者，比如埃里克·简希（他宣称要“证明”犹太人“反类型”的心理学）。[117]种族灭绝的推动力向那些专业人员提供了相当大的诱惑，要成为变化、革新、复兴的“精神发动机”。

专业人员和知识分子还有其他的易感性：易感于元首原则的呼唤，以此作为对自身孤立和软弱的矫正；易感于浪漫化的暴力和坚强的祭仪，作为对疲惫、温和和“顾虑”的否定；易感于粗糙和原始，作为一种摆脱复杂和世故的方式。这些易感性大部分都涉及到用谦卑的名义来宣称无所不能，呼唤着牺牲，而被牺牲的群体则由这个政权指定的受害者构成。靠着这些专业人员在角色转换上的特殊才能，这些矛盾就能够维持和共存。只有宣称成为一个治疗者时，一个医生才能成为杀人的巫师，那个富有才华的纳粹细菌学家就是如此，“他30岁出头时……已是非常自信”，就自己准备的一种细菌学血清给纳粹高级官员讲课时说，“这样的一滴……就足以杀死一个人……而且……不留下任何痕迹”，在讲解这些细节和其他细节时“就像在课堂上谈论最普通事情时那样的清晰和平静”。[118]一个人必须成为专业人员，才能从事这种奥斯维辛风格的医学活动，这种医学活动（用恩斯特·B医生的话来说）“仅仅是由筛选出人送往毒气室……构成”。更糟糕的是，一个人做这些事情时可能有一种信念，它们“与自然史和人的生物学是吻合一致的”，自己是在做治疗者和拯救者的事情。

---

*韦宁格的《性与性格》出版于1903年，据说因其对雅利安属性和犹太人非人性的两极分析而被希特勒钦佩。[116]

专业屠杀者

种族灭绝需要的第二个群体受教育较少，多半由屠杀前线的“职业杀手”构成。他们开枪杀人，或者是把毒气投放进去；在可能出现的核武器种族灭绝中，不管他们的作用会如何缩减，但他们不会被淘汰。他们不是策划屠杀的原则或技术，而是实施这些计划，执行屠杀。他们的机会有限，所以很可能将屠杀作为他们唯一的职业，他们变成了杀人的技工，或者是大屠杀的技术专家。

前面那个受过较多教育群体的易感性，绝大部分这第二个群体也有，他们自然也信奉将大屠杀说成是一种净化或治疗形式的意识形态。不过，他们不把自己视为应用高级知识的科学家，他们吸收的是“团队精神”，是一种最严酷战斗的分享之感。他们的坚硬得到了高度的强调，并且与男性气概（或者有时候是女性力量）的文化原则联系起来，而且与一种特殊 492
的忠诚和自我牺牲联系起来。用希姆莱的话说，他们不是普通的士兵，而是“意识形态战士”。他们被鼓励并且相信这个机会，将他们的种族灭绝项目视为一场军事行动，一场征服“游击队员”的军事行动，如同特别行动队所做的那样；或者是在“种族战场”上反对“危险的犹太敌人”的“战斗”。

在谈到屠杀部队时，希姆莱并非没有心理上的准确考量。他提到了“两种可能性……之间的道路——或者是变得太残忍……过于冷酷，不再尊重人的生命；或者是变得软弱，被推到了神经崩溃的程度”；他补充说，“这种进退两难之间的道路窄得怕人”。他认为走这条路“对我们的人和我们领袖没有任何心理和精神上的伤害”，[119]这自然是错的；但他涉及在大屠杀中人的麻木和角色转换之能力也是有限制的。麻木和角色转换并不因奥斯维辛屠杀的较高技术而显得多余，比克瑙集中营里一个喝醉的监区总管被人听到曾这样自言自语：“妈妈，如果你知道自己儿子变成了一个杀人者会怎样？！”[120]

种族灭绝的组织者会把团队精神与犯罪行为的切实调动结合起来。土耳其人在对亚美尼亚人的种族灭绝中就大量使用罪犯，纳粹在奥斯维辛也这样做，他们运来了一大队罪犯，帮助集中营的建立和运行。传统的犯罪行为与团队精神当然可以结合在一起，党卫队采用一种欢迎罪犯参加他们队伍，使用罪犯从事杀人任务的做法就是如此。纳粹还大量使用其他的外部群体作为专业屠杀者，包括来自欧洲各地的德裔人、乌克兰人、拉脱维亚人和立陶宛人。

人们被征募到这些专业屠杀者的群体之中，这靠的是可被视为精神变态的毁灭性心理特点，也靠那种无所不能之感和虐待狂、攻击与暴力，以及普通社会范围内的麻木和角色转换倾向。这样一些潜在的人之特性，很容易与意识形态因素和军事纪律结合起来，从而构成高效率的屠杀团队。

“半吊子受教育者”

屠杀专业人员与专业屠杀者在许多方面相融，其中之一就是纳粹之中的“半吊子受教育者”或“半吊子知识分子”相当普遍（见本书452页）。这些人因给种族灭绝项目带来了一些必要的因素而显得很突出，那种一知半解的知识能够让他们对专业领域急剧地意识形态化，真诚地信奉一些虚假的理论，对于那些真正在专业上精通的人感到愤怒和苦涩的嫉妒，特别
493 倾向于毁灭和暴力行为（有时候是完完全全的精神变态），以及角色转换和麻木。这类“半吊子受教育者”在屠杀专业人员和专业屠杀者中都不乏其人。

我们从纳粹医生和他们的助手那里看到，功能可以是颠倒的：屠杀专业人员可以直接屠杀，而专业屠杀者也可以对策划和技术做出贡献。每个人都可以加入屠杀。我们会想起帕方缪勒医生向来访者展示那个正在被他饥饿至死的瘦弱儿童，想起门格勒在给受害者心脏注射石炭酸时使用了严谨的医学技术，或者是克莱尔根本没受过医学教育也进行这种注射，所以，两类屠杀者又是很难区分的。

的确，这两个群体因分享一个其实不算秘密的秘密，因意识形态、集体精神、堕落腐败的混合，因积累起来的邪恶而聚集起来。他们一起构成了屠杀精英。他们得到了特权，有着超正常的光环。即使他们在屠杀，他们也被视为这个无穷无尽净化的标准而论证着这种屠杀，被视为“神之

子”。比如，党卫队就是要构成理想的日耳曼类型，并且负责消灭事实上是所有其他人。自己民族中的更多人是否也包括在这个种族灭绝项目之中呢？这种可能性总是存在的，只有精英屠杀者才能幸存下来，或至少是最后才死的。一方面，在他们和其他人眼中，他们所受的死亡与邪恶污染可能会增加；另一方面，他们又变成了不朽的种族—文化之物的携带者。或者是英雄般地死去，或者是没有终点地生存下去——这两条路其实是紧密相连的，他们才能推进和阐明他们为之服务的这个不朽项目。

种族灭绝的技术

并不能说种族灭绝需要什么特殊的技术。土耳其人杀了大约一百万亚美尼亚人，使用的手段就是枪杀、棒击、殴打、苦役、饥饿和其他形式的折磨。没有使用毒气室时，纳粹也用同样的粗糙方式杀了数百万犹太人。

较高的技术使得屠杀较有效率，在时间和人数上都是如此，也减轻了行凶者的心理负担。一个明显的例子，就是纳粹从面对面的枪杀转为致命注射和一氧化碳毒气室，再到氰化物毒气毒杀，恩斯特·B所说的这样一个序列，可以解说为从前技术到技术，再到现代技术。这个序列有助于消除怜悯带来的碍事，想到自己的受害者也是一个人所带来的碍事。

奥斯维辛达到其屠杀功能的高峰是24小时内杀掉2万多犹太人，同时这些人的尸体或被焚掉或埋入尸坑，“毁灭的能力达到顶点了”。在数年的“各种管理技术的持续应用”[121]下，现在的奥斯维辛屠杀系统已经可以 494
被恩斯特·B形容为“完美”了。

在这个进行改进的过程中，技术本身也越来越支配着作恶者的注意力范围。所以，纳粹也就达到了一种功能状态，还是用恩斯特·B的话来说，就是“‘伦理’绝对不［起作用］——这个词就不存在”。技术帮助创造了一个密封世界，在这个世界中，每个人的动力就是帮助它“运转”。这个前提形成了日常和正常感。艾伯特·施佩尔写到了“利用一种现象，这就是技术人员常常盲目地忠于他的任务……这些人……对于自己所做的事没有任何踌躇顾虑”。施佩尔视自己为一种技术统治论的顶层代表，在对人类的攻击中使用自己的所有知识，没有什么良心不安[122]。尽管施佩尔在某种程度上试图躲在技术里，尽量缩小自己的意识形态热情，但他还是正确地强调了纳粹很成功地将一些最为凶残的行为化为了技术问题。对于纳粹政权将技术统治论与前现代的展望和结构结合起来而言，“反动的现代主义”一词*是颇适宜的。这个政权心智上的“反动”一面是反技术的；确切地讲，对技术和现代主义的矛盾态度——但不是那种最极端的矛盾情绪，可能是那些种族灭绝政权的特点。

对“犹太人问题的最后解决方案”的理性寻找，涉及要用最具决定性或“最终”方式来解决一个问题的想法。从顶层到底层，每一个作恶者在解决这个问题上所为也就可以视为本质上是技术性的。这个模式可以很阴险，因为技术并不要求科学思维的概念层面，而是倾向于创造一个关注维护和发挥功能的焦点。那些与技术关系密切者，尤其是当他们有意拥抱技术从而避免感知自己是屠杀者时，就多半这样来做。而且，正是现代工业社会越来越多输出的这种“镣铐”（指技术心态），+才使得屠杀技术的创造成为可能。由于技术起作用——或者说只要它在起作用，它就会快速被感知为事物自然秩序的一部分，感知为自然的一个方面。

道德心态与技术的关系，在美军那些于越南和柬埔寨执行任务的飞行员及机组成员身上很有启发性地显示出来，他们的心态与他们的飞行高度有着令人吃惊的关联。B-52飞机的飞行员和机组成员在很高的飞行高度上投弹轰炸，他们根本看不到自己的受害者，所以就倾向于只谈专业技术和表现；那些在战斗轰炸机上执行任务的人，能够瞥见地面上的人，所以就倾向于至少是稍稍解释一下自己的行为或加以合理化；那些开武装直升机的人什么都能看清，所以就体验到了地面作战人员所感受到的害怕、恐惧、质疑和愧疚。[125]

---

*这个词是杰弗里·赫夫发明的。赫夫视恩斯特·容格（见本书127页）为反动的现代主义的一个关键先驱者，并吸收了克劳斯·斯韦莱特对法西斯男性幻想的研究成果，将容格确定为一种原型的“尚武之人”，这种人需要男人/女人、堤坝/洪水、纯洁/肮脏、高度/深度这样的两分法，以达到对自身内外女性气质的控制。[123]

+“头脑铸造的镣铐”一词由威廉·布莱克发明，威廉·巴雷特引用它来说明我们应为对待技术的这种态度所负的主观责任。[124]

对于作恶者来说，这种距离关系的心理好处，就是它使得毁灭的高技术与种族灭绝和谐相配了。如果考虑到今天核武器的积蓄，这种进步是令人惊骇的。美国和苏联之间的意识形态对抗伴随着对核武器的信奉，甚至是对它们的崇拜。两个超级大国都将核武器作为“安全”的终极来源和生命持续的力量。这种“核武主义”[126]的模式将道德盲目的技术主义与面对全能之物的敬畏曲膝结合起来，认定这种全能之物能够做过去只有上帝才能做的事情：毁灭这个世界。 495

所以，有些美国人现在开始用步枪或单兵自动武器演练小小的战斗游戏，或者是加入“活命主义者”群体，这些人在偏僻地区购买土地，定期进行射击训练，储存罐头食品，为抵御核毁灭做准备，就不足为奇了。这里有着深刻而又强烈的怀旧，怀念那些一个人只需要掌握最简单的技术就可以保护自己和家人的日子，这与现在笼罩着我们所有人的技术种族灭绝是相对立的。[127]

种族灭绝的作恶者之所以能够为他们的项目征募到很多人，一个原因就是“从哲学家传递给整个文化的……对技术的决定性作用的相信”。[128]与进化的纳粹观念相联系，斯韦莱特谈到了“对机器的入迷”，以表明一个人会怎样“不具备任何感觉地……生活”，让自己的身体变成了一种“钢铁形式”。这种“钢铁形式”使得一个人能够胡乱杀人而没有痛苦。[129]

种族灭绝的官僚机构

官僚机构使得整个种族灭绝序列成为可能：组织起来，功能持续，以及作恶者的心理距离、麻木和角色转换。

官僚机构帮助种族灭绝显得不真实。它进一步扩散淡化了屠杀事件的影响，而这种事件从一开始起就难以相信。在这个意义上，我们或许可以说官僚机构弱化了种族灭绝的信号，减少了与屠杀相联系的情感和理智色调，这主要是就作恶者而言的，但也包括旁观者和受害者。这个过程的核心是语言的削弱使用，这不仅是委婉语的使用（用“重新安置”或“驱逐”来指代屠杀），而且包括一些代码（比如“特殊处理”），它们在指

定屠杀行动上足够特殊，能够保持在官僚机构中的效率，甚至是给予特别
496 的优先处理；而同时又给人某种感觉，似乎并不是去杀人，而是在做良善之事。语言的这种信号衰减化，以及随之而来的麻木、否认和现实感丧失，可以延伸至相对静默的程度，从而维持着有可能包围着种族灭绝的部分保密和“中等知晓”。

马克斯·韦伯尽管承认官僚机构的必要性，但也深切意识到了它的危险，尤其是对头脑的危险。他将官僚机构与“头脑客观化”的“无生命机器”等同起来，将官僚机构的组织这种现象视为“忙碌地装配奴役之壳，人们有一天可能会被迫住在这里面，如同古埃及国家的农夫那样无权无力”。[130]纳粹种族灭绝项目显示出，这种人类结构可以表现得相对“无生命”和“机器化”，官僚机构中作恶者的头脑十分“客观化”，很少会在人的层面上去想屠杀，就像生物去杀其他生物一样。官僚机构功能的一个重要部分，是它把作恶者与外界影响隔离开来，这样官僚机构的内部关注就成为了整个话语世界，由此导致了所称的“群体思维”，官僚机构利用这个过程做一些对所有相关者都是灾难性的决定。回过头来再看，这些决定是那般不合适和非理性。欧文·雅尼将“群体思维”归因于对凝聚力和团结的集体需要，要避免因不同意见的声音而产生的冲突。[131]然而，如果这个群体是种族灭绝的官僚机构，那么就会有一种来自内部和外面的强大冲动，要在它自身与外面世界之间建立起思考和情感的绝对壁垒。只有这样，这个群体中那些关于美德的奇怪假设才能维持，比如意识形态上的（“我们这样做是为了我们民族的复兴”），技术层面的（“最有效率的也就是对每个人最好的”），以及治疗意义上的（“我们在治疗我们的种族，而且是尽可能人道地在做”）。

种族灭绝的官僚机构也有助于一种不可避免之必然性的群体感觉。官僚机构组织的尽心竭力传递了一种不可阻挡之感，一个人（作恶者或受害者）只能是顺其自然，因为你什么都做不了。这种官僚机构的结构和功能——它行动的凶猛之流，使得它自身就变成了理性，因果关系的探究让位于一种感觉，这不仅是必然，而且是必须了。

那些辅助的官僚机构也很愿意被征召来执行种族灭绝，比如德国铁路

机构在严格遵守自己例行的官僚机构程序的同时，负责把犹太人运往死亡营（见本书446页）。[132]

在某些情况中，受害者的官僚机构也可以被强制去参与对自己民族的迫害（比如犹太委员会组织，以及一些与纳粹密切合作的囚犯医生［见第13章］）。作恶者官僚机构的信号衰减，有助于受害者的参与，有助于 497
受害者自己与残害自己同胞的大屠杀真相拉开距离，进行抵挡。（所以，德国和欧洲的许多犹太人就不能认识到自己面对的危险；尽管有越来越多的证据表明欧洲出现了对犹太人的种族灭绝，美国犹太人也没有什么行动。）

相对静默和组织触角的结合，使得官僚机构处于一种最好的位置来策划种族灭绝的细节。原来在策划上的介入反过来又有助于官僚机构对种族灭绝整体的常态化。[133]到处都有了大屠杀，但与此同时（在官僚机构的努力下）又没有地方有大屠杀。只有行动的流动，处在这个环境中的绝大多数人（比如恩斯特·B所说的奥斯维辛医生们）对此开始说是。如果说不，这个人就会被排除到这股洪流之外、正常的社会存在之外、现实之外。所以，在这股洪流之中，一个人顶多只会寻找最为“人道”的道路。

不过，说官僚机构“没有面孔”和“完全统一”，这也是错误的。它有一些面孔，哪怕是隐藏起来和融入了大众。官僚机构这个明显的庞然大物能够容纳分歧和竞争。这些冲突构成了任何官僚机构推动力的一个部分，即使在极权主义环境中也是如此。在官僚机构中怎样发挥功能，人们在这个问题上是颇为不同的；各个官僚机构本身与政治当局的关系也各不相同。官僚机构可以主动来进行种族灭绝，哪怕是在相对较低的层面上（如同我们看到的那些纳粹官僚们，包括医生们）。这种主动很可能反映了一个人或一个群体对这个政权的领袖们渴望什么的敏锐感知，对于他们，各个官僚机构，至少是那些极权性质的机构，多半是极为合拍的。

官僚机构的做法也有助于后来去掩盖种族灭绝，这不仅靠削弱每个人的责任，而且被用来隐藏个体作恶者。德国医生企图压住他们深深卷入了纳粹种族灭绝的真相，就是这样一个例子，即使这种企图最终失败了。亚美尼亚的种族灭绝也有同样的情况。

所以，把人的屠杀网络转换为一部机器，让这个屠杀过程的信号对所有的相关者都变弱——作恶者的杀人感受、旁观者和潜在受害者对真相的认知，官僚机构起了很大作用。然而，官僚机构的信号衰减和隐藏真相，不能等同于免责。

种族灭绝自我

没有任何人的自我是天生邪恶、凶残和种族灭绝的。然而，处在一定的条件下，事实上任何自我都可能变成这个样子。一个自我不是一个事物
498 或一个人，而是生物个体的一种包容性的表现或象征，它被某个人所体验到，也被其他人所感知（对于这个自我，其他人的感知方式与本人的体验方式不一样，但二者有联系）[134]*。为了强调活动、转换和变化，我们可以说“自我过程”。

如同我们已经看到的那样，极端的麻木导致了非道德的自我过程；麻木和角色转换导致了邪恶的自我过程，有时还有自我失去了区分善恶的能力。然而，邪恶的自我过程可以包括良心的斗争，它会促使一个人去寻求有原则的大屠杀。确切地讲，当他所寻求的这种原则呈现很强的治疗色彩时，这个自我过程就容易走向种族灭绝。

自我进行这类行为的能力，总是受环境中意识形态潮流的影响。同样，就自我过程而言，从普通医生到纳粹医生，再到普通医生，这个序列表明环境具有发出种族灭绝之“号召”的异乎寻常的能力。与自我回应这种号召有关的这一切，都非常依赖一种群体性质的观念结构，依赖一种共同心态，而不是任何孤立的自我。

然而，对于非道德或邪恶的行为，人们的易感性是不同的。对“专制人格”的研究因纳粹时代德国人的行为而受到启发[136]。我已经表明，德国文化中自我过程的一些特点与种族灭绝有关联，比如罪恶感和自我谴责的倾向；“撕裂状态”的内在分裂倾向，容易导致角色转换和浮士德式的行为；或全部或全无的忠诚倾向，或称意识形态极权主义；死亡萦绕的对

*迈克尔·巴史克将自我界定为“经验象征性地转化为一种整体的目的导向的建构”。[135]

不朽的渴望。不过，并非只有德国人才有这些倾向，并非只有德国人才有走向潜在种族灭绝自我的这样一个邪恶的自我过程。只要想一想这种情况吧：一些理想主义的美国年轻人，他们作为反对战争和暴力的“因良心拒服兵役者”，在一家精神病院工作，最后却去“帮助杀害”[137]病情恶化的精神病人。尽管他们的行为远不是种族灭绝，但这些有着如此伦理敏感的人们，还是被他们的环境引导着参与了杀人。

一个奥斯维辛幸存者更为深入。在电视上看到艾希曼和他的以色列检察官一起出现在审判中，她产生了一种不舒服的感觉：这两个人“有相似之处……长相上”。尽管她“责备”自己，而且“非常震惊”，但还是摆脱不了这种印象。她很清楚艾希曼的罪恶，对这个检察官并无什么特别的批评；然而，她在长相相似上这种让她不安的感知反映了她内心的一种纠结：其他人，她自己的人民，她本人，在一定的条件下也有可能去做邪恶之事。

自我走向种族灭绝，有可能是被一种强有力的生存使命的感觉所推动，这种使命感可能包括自身的治疗需要。一个人经历了实际的或象征性的战争死亡沉浸或集体精神创伤（或者是二者兼有，比如经历了第一次世界大战的德国人），一个人绝望地追求意义和复兴，最重要的是，一个人从一直折磨着自己的死亡想象中追求一种个人的心理治疗；所以，一个具有决定意义的心理问题是：一个人会在何种程度上去想象，整体消灭自己所认定的造成了这种折磨或疾病的那个群体就是自我治疗。不管怎样，种族灭绝自我被自己与崩溃的斗争所推动，对受害者的怒火部分就来自要赶走这种死亡的恐惧，来自一个人自己对崩溃的担忧。愤怒也可以让屠杀者远离屠杀的行为。 499

对于与崩溃斗争的幸存自我来说，法西斯主义的意识形态具有特别的吸引力，因为它在所有层面上都提出一种团结、一体、融合的承诺。而且，它赋予死亡以光荣，甚至对死亡崇拜，从而去克服死亡焦虑。尽管一个人自己作为武士而死是理想化的，但自我却是要用屠杀别人来避开死亡，达到死亡的死亡。这很容易形成一种恶性循环：屠杀是为了治疗，于是需要继续屠杀来维持自己的治疗，寻求一种用杀人来不死的治疗性生存的持续过程。于是，一个人就会达到这样一种状态：需要一种永恒生存之感，这靠的是杀害他人以便无穷无尽地一再体验埃利亚斯·卡内蒂所说的“权力时刻”[138]——也就是治疗的时刻。

在纳粹或土耳其的情况之外，当代自我的一些特点及它对历史错位的体验，也可能使它特别容易走向这种种族灭绝的方向。我想到了这样一些特点：因失去自己的象征性目标而加重的意义渴望，面对无穷无尽的可能性想象而产生的混乱困惑，核武器导致消灭甚至是灭绝之死亡焦虑带来的强化搏斗。这些会导致在多变风格（自我的介入和信念的一再转换）与狭隘风格（补偿性地缩小自我的介入，寻找一条单一的真理之路）之间摇摆。[139]针对多变试验的这种补偿性斗争，可以采取社会净化的多种形式，可能导致从错位到极权到迫害到种族灭绝的集体步骤。

另一条路：体现的自我

也有其他的可能性。在生命增强的环境条件中，自我可以避免向种族灭绝方向的角色转换，走向完整性的法则。这样的模式就是我所称的“体现的自我”，这个自我包含了一定程度的对身体和个人的意识与统一，对自己和他人都是如此。婴儿对自己身体的感知是自我意识早期发展的关键，我们可以提出一个从身体到有机体到个人的意识发展序列，这就
500 是“我”这个概念的进化。随着儿童时期和成年时期经历的象征化，一些智力和伦理原则就会与身体和个人的想象融合起来。这样一条路上会有各种形式的分裂和角色转换的陷阱去导致一种“空洞的自我”，在这种自我中，上述那些因素就不再凝聚在一起了。我们关于“体现的自我”的理解，包括一个持续的象征或赋形过程，有形象和形式的持续创造和再创造，意识到自己周围有更大的社会与历史项目，有能力来面对自身死亡的想法，与之相连的，则是生命延续性的更广阔法则或更大的人类连通性。这种“体现的自我”之感，就能够使我们像威廉·巴雷特那样说出：“我们永远超越我们能够建造出来的任何机器。”[140]

有一点必须强调：这个问题永远不仅仅是、甚至主要不是一个个体心理学的问题。集体潮流或是推动大量的人走向分裂和脱离的方向，或者是相反地鼓励和培育一种较为完整和体现的自我。当然，对于我所说的这种

“体现”，是因人而异的，而避免与迫害和种族灭绝相关的毁灭形式及角色转换，这方面的能力也就因人不同。

所以，对自我走向种族灭绝方向的预防，就必须一直包括对意识形态和制度的批判性考查，意识形态和制度交互作用于各种风格的自我过程中。我们看到一些专业人员已经用一些特殊的方式这样来做了。比如，有着强烈“体现的自我”之感的医生就更有可能坚守普遍治疗的原则，而不是屈从意识形态压力去背道而行。较之绝大多数纳粹医生，无论是一种技术化的专业身份（“我是一个专业治疗者，别无其他，我不为奥斯维辛负责；所以我只能顺着它，在能够治疗的时候进行治疗”），还是一种意识形态化的专业身份（“作为一个人民的医生和基因培育者，我参与屠杀是为治疗日耳曼种族服务”），他或她都不会那么容易陷入。然而，如果毁灭性的意识形态压力和行为压力足够大，事实上任何专业自我都可能转向种族灭绝方向。

专业人士是可以从容应对这样的急迫，通过维持一种平衡，即我所说的，清晰的道德担当和专业技术的倡导与超然。一个医生的“职业”要包含所有条件下都忠于希波克拉底的治疗原则。一个体现的自我，既需要对那些要求效忠的大项目的持续批判意识，也需要对所有其他人的普遍同情和同胞之情。

后记　作为见证

501

“故事没有结束，它还没有变成历史，它所承载的这种隐密生活，明天就可能发生在你我身上。”

——格希姆·勒姆

完成此书，我百感交集。想到纳粹医生不再占据我的研究，我就感到宽慰；考虑到这项工作的局限，我又感到不安；既有对纳粹屠杀者尤其是纳粹医生的愤怒，也有对自己不懈努力的某种满意。我的意识在纷乱的意象中漫溯徘徊：那个我和纳粹医生谈话的起居室，奥斯维辛站成一排等待筛选的犹太人，在屠杀中心被施以毒气的精神疾病患者。从一开始起，我就警惕不要让那些进行访谈的起居室遮蔽了受害者。

然而，我这项研究的大部分工作还是在这些起居室里完成的。在这些访谈中，我要求自己把这些医学作恶者——不管他们与邪恶是何种关系——看成是人而非其他。这意味着我自己对纳粹医生要有某种形式的移情，我必须想象自己进入到他们的情境，这不是为了使他们免罪，而是要探求人对邪恶何以如此易感。我立场的逻辑足够清晰：不管多么节制，一定程度上的感同身受可以帮我们把握那种反移情之邪恶的心理成分，纳粹医生中的许多人正是这样一种邪恶。

然而，无论是什么逻辑，面对参与了这个专门针对我自己的人民、针对我的如此凶残项目的这些人，即使只持最低限度的移情（而且充分地意识到了移情与同情的鲜明区别），也仍然让人感觉奇怪和不舒服。如果说我从来没有完全解决这个问题的话，那么我还是控制了自己的不适之感，这靠的是将我的移情理解为是为批判性地展现这些医生的心理行为和体验服务。人有时走入另一个人的情境之中，这不是为了帮他，而是为了展示和评估他的动机和行为。

即使如此，这也是在建立人际联系，在避免埃里克·埃里克松所说的
502 “假物种形成”，或者是把其他人看成属于一个不同的物种。[1]一个同情的评论者向我建议，通过“坚持把易犯错的人与邪恶行为分别开来，保持我们对人的认同，同时谴责他的行为”，我就可以很好地避免对纳粹医生的“假物种形成”。他将此作为耶稣所言“爱你的仇敌”的一种心理学对应。尽管我觉得这个建议令人感动，但它没有完全捕捉住我对这种情境的感觉。因为，一旦一个人做了邪恶行为，他就变成了这种行为的一部分，这种行为也变成了他的一部分。这种行为很可能需要某种角色转换，有着一个邪恶自我的形成。必须承认我们所有人都是容易犯错的人类，都有做出这种邪恶行为的可能，但我们还必须强调可能性与实际邪恶的区别。

我与纳粹医生在一起时感到的不舒服，无疑与一种适当的道德立场的不安有关，或许还与担心被感染有关。当然，我也在接触这些医生更平常和普通人的那些方面。不管这种接触提供了什么样的满足，但这些医生事实上的完全缺乏对自己那些邪恶时刻、甚至是参与邪恶项目之程度的道德面对，完全缺乏对此的承认，又将这些满足抵销了。尽管这种道德上的距离并没有阻止我去深入了解他们的心理动机，但它的确在很大程度上限制了可称为诚恳的人相遇的那种可能性。它也限制了我们之间的“感情共鸣”，所以也就限制了我对他们的移情，因为说到底，移情得是一个双向过程。

我这一方的问题，是在何种程度和多长时间上“加入”一个医生的纳粹世界。我的心理行为是充分地转换自己的自我之感，在他所描述的每件事情上都想象他的立场；与此同时又进行另外两种活动：一是把受害者引入这幅画面，同时又依据我的自我之感赋予一个伦理语境。这个立场与当代关于感同身受的看法是一致的，当代观点将移情视为“并不用认同来等同……相反有一种与之对比之感……［因为］我们是对此人想要传达给我们的东西移情，而不是对这个人或他的行为移情”。移情有一种重要的认知维度，它可以最简单地理解为“去知道”。迈克尔·巴史克还写道：“移情涉及与那个人的无意识情绪共鸣，体验他身上的这种体验，同时移情者还要维持他自我完整的完整性。”[2]我将移情的这种张力视为我研究的关键，它或许是所有研究的关键。

我调动起来的这种移情是为另一件事服务的，即作为见证。尽管我不能宣称一个真正幸存者的那种特权，但任何严肃调查纳粹大屠杀的人都会很快产生类似幸存者的刺激。我的这种见证是心理学和道德的，而且与关于人类未来的一些问题紧密相关。

我这种见证的形式也不同寻常，因为它关注的是作恶者，而且主要由 503
他们所说的而来，但又颇不同于他们之中绝大多数人想让我作出的那种见证。我之所以能够做出一种不同的见证，是因为受害者和幸存者的贡献。囚犯医生幸存者，以他们的当年经历和他们的看法，为我自己的自我之感和我作为见证的方式提供了支持。

我想要做的，是厘清涉及大屠杀和种族灭绝之人行为的一个特殊序列，也就是医学化的屠杀。我见证这样一个事实：医生进行了屠杀，而且是以治疗的名义，还要弄清楚这种屠杀怎样进行，用什么方式，为什么发生。

不过，我的见证并不随着纳粹而结束。我想从纳粹所为中提取一些对我们了解当代在心理上有用的东西。纳粹医生有着双重自我的凶残角色转换，其他人也可能这样做。角色转换提供了屠杀行为与纳粹医生之间的一种联结法则，对于这类行为，具有普遍的可能性。以国家—种族治疗的名义进行无穷尽杀戮的能力，也需要这样的角色转换。在一定的条件下，任何人都可能响应一种集体号召来消灭一个指定群体的最后一个人，这个群体被视为“死亡细菌”的携带者。

然而，我的结论决不是“我们都是纳粹”。我们并非全是纳粹。这种指控恰恰抹杀了我们需要找出的那些道德区别。这些区别中的一条，涉及在我们普遍有着杀戮和种族灭绝可能性的情况下，我们大部分人是如何抑制这种邪恶的。一个敏感的治疗者会惊骇于自己竟有冲动，去掌掴一个肆无忌惮给我写信谈“我们日常人性问题”的病人，但是，我们从纳粹那里看到的，不仅是行为不同于冲动，而且极端重要的是，更大的意识形态潮流以一种导致极大邪恶的方式将这二者联结起来。这些联结和步骤就是我的见证，这并不是对每一个人的无差别的道德谴责。

不过，还有另外一个见证我不得不去作：这项研究对现在萦绕着我们所有人的核技术种族灭绝的意义。我们一直在考查的这个大屠杀有助于我们避免下一个。我们只要想一想核武器威胁可能的转换就知道，这不仅仅是个人的角色转换，而且是种族灭绝的法则：对“死亡细菌”的担忧，对传染病（苏联共产主义或美国资本主义）威胁一个群体（美国或苏联）的生活的担忧；通过一种绝对化的愿景（美国美德战胜极权国家，或者是反过来）进行更新治疗的承诺，这使得“把他们全杀掉”变得合理，同时又排除了这种愿景的自杀一面；宣称精神利他和科学真理；宣称超越机会，于是一个人就被推向治疗名义的屠杀；执行这种任务的屠杀专业人员和专业屠杀者被指定，与之相伴的，还有越来越完善的技术和高度严密的官僚机构组织，它们大大缩减了种族灭绝的信号；最后是种族灭绝自我的一种
504 普遍接受的模板，它通过“核武主义”（因核武器终极武力和高科技的吸引力而信奉这种武器）的集体模式，以及理想化的净化愿景和世界末日善恶大决战诱惑出来的牺牲，而创造出来。

所有这些一定会发生吗？它们之中有一些已经发生，但其他的并不必然发生。任何见证都讲述了一个人所观察到的事情如果重复的危险，以此来鼓励采取措施阻止这种重复。一个人听到洛伦·艾斯利所说的“由我们内心深渊升起的黑暗低语，它以一种诡异的魅力吸引着我们”[3]，认识到这种低语就是我们自己，是一种危险的耳语，在它变成绝望的种族灭绝尖

叫之前，我们必须听到它。

我进行这项研究，就讲述了这些；不过，我想用两个仍然在我脑中盘旋的形象来结束它。

第一个形象来自奥斯维辛。我是几年前去那里的，看了保存在那里的许多展品，就邪恶之人能够对其他人做些什么而言，这些展品已经揭示得足够了。然而，让我印象最深的一件展品，是所有展品中最简单的：一个满是鞋子的房间，绝大部分是童鞋。

第二个形象来自与一个在奥斯维辛牢房中幸存下来的犹太医生的交谈。他给我讲了他的故事，也成了我的朋友。他谈到，有一次，他和一些其他的囚犯医生被濒临死亡的病人所压倒了，被这些受折磨者要求解脱的大声呼求所压倒。他们做了自己能够做的事：把仅有的一些阿斯匹林分给病人，在分发过程中，他们给病人讲了几句安心和希望的话。他几乎是吃惊地发现，他的话起作用了，“在那种情况中，它真的起作用了”！他的结论是：坚守尽力进行治疗的决心，哪怕是在最极端的条件下，“我真的被一个人所能做到的巨大成效打动了”。

注　释

（方括号中为著作初版时间）

前言　“不是那个世界”

1. 汉娜·阿伦特《艾希曼在耶路撒冷：一份关于平庸之恶的报告》（纽约：维京出版公司，1963）。
2. 奥托·兰克《对心理学的超越》（纽约：多佛出版公司，1958［1941］）。
3. 罗伯特·杰伊·利夫顿《自我生命：走向一种新的心理学》（纽约：基本丛书，1983［1976］；罗伯特·杰伊·利夫顿《断裂之联结：死亡与生命的延续》（纽约：基本丛书，1983［1979］）。
4. 见利夫顿《断裂之联结：死亡与生命的延续》，第1章，引文3。
5. 乔治·L·莫斯《德国意识形态的危机：第三帝国的心智起源》（纽约：格罗塞托与邓拉普出版公司，1964），4页。
6. 罗伯特·杰伊·利夫顿《变革之不朽》（纽约：诺顿出版公司，1971［1968］）。
7. 见劳尔·希尔贝格《欧洲犹太人的毁灭》（芝加哥：方庭出版公司，1967［1961］）；理查德·L·鲁本斯坦《历史的吊诡：大死亡与美国的未来》（纽约：哈珀和罗出版公司，1975）；汉娜·阿伦特《艾希曼在耶路撒冷：一份关于平庸之恶的报告》。希尔贝格那本经典之作的最新增补版本书写作时已来不及充分参与，读者可看《欧洲犹太人的毁灭》（三卷本增补版，最终定稿本，纽约：福尔摩斯与迈耶出版公司，1985）。
8. 希尔贝格《欧洲犹太人的毁灭》，256页。
9. 对此稍有不同的记载可参见埃洛·林根斯—赖纳《害怕的囚犯》（伦敦：兰兹出版公司，1948），1—2页。
10. 阿道夫·希特勒《我的奋斗》（波士顿：霍顿·米夫林出版公司，1943［1925—1926］），435页。
11. 同上，150页，300—308、312—313页。希特勒（及其较早的）关于犹太人的比喻，相关的学术著作有埃伯哈德·雅克尔《希特勒的世界观：一张权力的蓝图》（康涅狄格州米德尔顿：卫斯理大学出版社，1972［1969］）；鲁道夫·比尼恩《德国人中的希特勒》（纽约：爱思唯尔出版社，1976）；露西·S·杜威多韦兹《针对犹太人的战争，1933—1945》（纽约霍尔特：莱因哈特与温斯顿出版公司，1975），19—21、55—56页；乌列·塔勒《德国的基督徒与犹太人：第二帝国的宗教、政治与意识形态，1870—1914》（伊萨卡：康乃尔大学出版社，1975），259—289页。
12. 汉斯·布克海姆语，赫尔穆特·克劳斯尼克在《对犹太人的迫害》中引用，见克劳斯尼克等人《党卫队国家的解剖》（纽约：沃克出版公司，1968［1965］），15页。
13. 希尔贝格《欧洲犹太人的毁灭》［7］，12页。
14. J·P·施特恩《希特勒：元首与人民》（格拉斯哥：丰塔纳/柯林斯出版公司，1971），70页。1934年纽伦堡的盛大集会可视为这种宗教冲动的一个庆典，它的主题“意志的胜利”成为了莱尼·里芬斯塔尔那部著名电影的标题。里芬斯塔尔在与我的一个助手交谈时，明确说是希特勒本人提供了这个口号。

15. 莫斯《德国意识形态的危机：第三帝国的智力来源》［5］，103页。
16. 布克海姆语，克劳斯尼克在《对犹太人的迫害》中引用［12］），14页。
17. 乔治·L·莫斯《朝向最后解决：欧洲种族主义史》（纽约：费尔蒂希出版公司，1978），77页。
18. 希特勒《我的奋斗》［10］397—398页。
19. 《纽伦堡医学审判卷宗》，尤其是第I卷8—17页（起诉书）和27—74页（首席检察官特尔福德·泰勒1946年12月9日的开庭陈述）；我本人对这次医学审判的检察官詹姆斯·M·麦克汉尼的访谈（《纽伦堡医学审判卷宗》，纽伦堡军事法庭，美国起诉卡尔·勃兰特等人），2卷本（华盛顿，1947），另有抄本（国家档案馆，华盛顿）。

第1章　绝育与纳粹的生物医学愿景

1. 弗里茨·伦茨《人之精选与种族卫生》，埃里希·鲍尔和尤金·费舍尔的第II卷，伦茨《人类遗传性与优生学概论》（慕尼黑：J·F·莱曼斯出版公司，1923），147页。参看这部合著1927年的增补第三版，尤其是针对美国读者的《人类遗传性》（纽约：麦克米伦出版公司，1931）。关于达文波特和纽约寒春港研究机构的情况，可看丹尼尔·J·凯夫利斯《以优生学的名义：遗传学与人类遗传性的使用》（纽约：阿尔弗雷德·A·克诺夫出版公司，1985），44—56页。
2. 乔治·L·莫斯《朝向最后解决：欧洲种族主义史》（纽约：费尔蒂希出版公司，1978），81页。
3. A·E·韦加姆《科学的新对话》（印第安纳波利斯：博布斯—美林出版公司，1923），25—26页。
4. J·P·兰德曼《人的绝育：性绝育运动史》（纽约：麦克米伦出版公司，1932），4—5页。
5. 赫尔穆特·克劳斯尼克《对犹太人的迫害》，见克劳斯尼克等人《党卫队国家的解剖》（纽约：沃克出版公司，1968［1965］），16—17页。
6. 《德国和美国的人类绝育》，《美国医学学会学报》102（1934）：1501—1502页；见凯夫利斯《以优生学的名义：遗传学与人类遗传性的使用》［1］，113—117页。
7. 凯夫利斯《以优生学的名义：遗传学与人类遗传性的使用》［1］，116页。
8. 同上，117页。
9. 阿道夫·希特勒《我的奋斗》（波士顿：霍顿·米夫林出版公司，1943［1925—1926］），分别见403—404页，257页。
10. 《美国医学学会学报》101（1933）：866—867页；102（1934）：630—631页；103（1934）：849—850页。W·W·彼得《德国的绝育项目》，见《美国公共健康杂志》24（1934）：87页。
11. 《美国医学学会学报》105（1935）：1999页。
12. 《美国医学学会学报》104（1935）：2109页（瓦格纳）；101（1933）：867页；106（1936）：1582页。
13. 《美国医学学会学报》106（1936）：1582页.
14. 《美国医学学会学报》103（1934）：766—767、850页；106（1936）：58、308—309页。
15. 《美国医学学会学报》104（1935）：2110页。
16. 《美国医学学会学报》102（1934）：57页；103（1934）：164页；104（1935）：2110页。
17. 《美国医学学会学报》104（1935）：183页。
18. 《美国医学学会学报》105（1935）：1051页。
19. 沃尔特·里特尔·冯·贝耶尔《纳粹意识形态框架下的特殊安乐死》，《大学生活》5（1966）：64页；恩斯特·克莱《国家社会主义国家中的安乐死：毁灭“不值得活着的生命”》（法兰克福/M：S·费舍尔出版公司，1983），86页。当这本重要著作面世时，我的手稿已经大部分完成了，但我还是利用它来证实和补充来自其他来源的信息。另一项重要的近期研究是吉赛尔·博克的《纳粹德国的种族主义与男性至上主义：母亲身份、义务绝育与国家》，收入（雷纳特·罗森塔尔、阿蒂娜·格罗斯曼和·马里恩·卡普兰编《当生物学成为命运：魏玛和纳粹德国时期的女性》（纽约："每月评论"出版公司，1985），271—296页。

20.《美国医学学会学报》105（1935）：1052—1053页。

21. 恩斯特·鲁丁《国家社会主义的十年》，《种族和社会生物学档案》36（1942）：321页。

22. 罗伯特·维斯蒂里希《纳粹德国名人录》（纽约：麦克米伦出版公司：1982），261页。参看B·舒尔策《恩斯特·鲁丁》，见《精神病学与神经学期刊文献》190（1953）：189—195页。

23. 贾奇·格茨和瓦格纳引用，见《美国医学学会学报》106（1936）：1582页；相关论文见《美国医学学会学报》105（1935）：1051页。

24. 鲁道夫·拉姆《医学的法律和道德：作为健康教育者的医生》修订二版（柏林：W·德格鲁伊特出版公司，1943），iv页，43页，79—80页。

25. 同上，101页，135页。

26. 同上，154—156页。

27. 同上。见鲁道夫·拉姆《医生的奋斗：体验与思考》（莱比锡：J·A·巴斯出版公司，1942）。

28. 伯纳德·J·戈特利布和亚历山大·博格《四百年德国医学之面貌》（柏林：伦布兰特出版公司，1942），3、51—52页。

29. 约阿希姆·姆鲁古斯基"序"克里斯托夫·威廉·霍芬兰《医生的精神：克里斯托夫·威廉·霍芬兰50年的经验馈赠》（慕尼黑和柏林：J·F·莱曼斯出版公司，1939），14—15、22页；参看7—40页。

30. 汉斯·洛尔《论医学在国家社会主义国家中的地位和作用》（1935），转引自乔治·L·莫斯《纳粹文化：第三帝国的知识分子、文化生活和社会生活》（纽约：格罗塞托和邓拉普出版公司，1968），229页。

31. 恩斯特·格拉维茨编《希波克拉底：源自科珀斯克里的希波克拉底医学伦理之思考》的第I卷《永恒的医学》（布拉格、阿姆斯特丹、柏林和维也纳：人民与帝国出版公司，1942），5页。

32. 维尔纳·莱布兰特1947年1月27日的证词，见《纽伦堡医学审判卷宗》第II卷，81页。

33. 鲁道夫·拉姆《医学的法律和道德：作为健康教育者的医生》［24］，19页。关于相关的纳粹增加痛苦的情况，可看迈克尔·H·卡特尔《医学专业和医学院学生：随笔》，收入弗里多尔夫·库迪林编《国家社会主义下的医学》（科隆：基彭豪伊尔和维奇出版公司，1985），93页。

34.《纽伦堡医学审判卷宗》第I卷，85页。

35. 鲁道夫·拉姆《医学的法律和道德：作为健康教育者的医生》［24］，80—83页。

36. 姆鲁古斯基"序言"［29］，9—10、14页。

37. 乔治·L·莫斯《大众与人：国家主义者和法西斯主义者对现实的感知》（纽约：费尔蒂希出版公司，1980），81页。

38. 引自卡尔·迪特里希·布拉《德国专制：国家社会主义的起源、结构和效果》（纽约：普雷格出版公司，1970［1969］），232页。

39. 见卡特尔《医学专业和医学院学生：随笔》［33］，82—92页。

40. 迈克尔·H·卡特尔《希特勒第三帝国下的少年及学校》，收入《历史期刊》228（1979），609—610页。

41. 迈克尔·H·卡特尔《纳粹党：其成员和领袖的社会剪影，1919—1945》（麻省剑桥：哈佛大学出版社，1983），112、134—135页。

42. 布拉《德国专制：国家社会主义的起源、结构和效果》［38］，247—248页。
43. 罗伯特·维斯蒂里希《纳粹德国名人录》［22］，330页。
44. 海因里希·格拉斯语，引自露西·S·杜威多韦兹《针对犹太人的战争，1933—1945》（纽约霍尔特：莱因哈特与温斯顿出版公司，1975），36页。
45. 阿尔弗雷德·D·洛《德国人眼中的犹太人：从启蒙运动到帝国德国》（费城：人类问题研究所，1979），371—372页。
46. 同上，371页。
47. 卡特尔《纳粹党：其成员和领袖的社会剪影，1919—1945》［41］，342页注释，180页；卡特尔《医学专业和医学院学生：随笔》［33］，94—95页。
48. 海因里希·拉默斯语，引自杰弗里·科克斯《第三帝国的精神治疗：戈林研究所》（纽约和牛津：牛津大学出版社，1985），91页。
49. 首席检察官特尔福德·泰勒1946年12月9日的开庭陈述，见《纽伦堡医学审判卷宗》第I卷57页。
50. 《美国医学学会学报》100（1933）：1877页。
51. 首席检察官特尔福德·泰勒的开庭陈述，见《纽伦堡医学审判卷宗》第I卷57—58页。
52. 布拉《德国专制：国家社会主义的起源、结构和效果》［38］，268—269页。
53. 见卡特尔《医学专业和医学院学生：随笔》［33］，94—104页。
54. 《美国医学学会学报》113（1939）：2163页。
55. 《美国医学学会学报》107（1936）：979—980页。关于劳克林的情况，见凯夫利斯《以优生学的名义：遗传学与人类遗传性的使用》［1］102—104页，118页。关于肯尼迪的观点，见《关于先天缺陷的社会控制问题：教育、绝育、安乐死》，收入《美国精神病学杂志》99（1942）：13—16页。
56. 《美国医学学会学报》110（1938）：298页。
57. 卡特尔《医学专业和医学院学生：随笔》［33］，94—104页；利奥·亚历山大《战时德国的医学院课程》，收入"综合智力目标分委员会"会刊24期（医学组）文档编号XXVII—71。
58. 卡尔·萨勒《纳粹科学与宣传中的种族主义理论》（达姆施塔特：进步出版公司，1961）；《美国医学学会学报》104（1935）：2021页。
59. 理查德·汉泽尔《高尚的叛国：反对希特勒的学生们》（纽约：普特南出版公司，1970），分别见187、22、117页。
60. 《美国医学学会学报》112（1939）：1982页。
61. 《美国医学学会学报》106（1936）：1214—1215页；113（1939）：2163页。
62. 关于这场"自然运动"的情况，见科克斯《第三帝国的精神治疗：戈林研究所》［48］，138—143页；卡特尔《医学专业和医学院学生：随笔》［33］，91—93页；《美国医学学会学报》103（1934）：1164—1165页（"健康屋"）；112（1939）：1740页。
63. 斯蒂芬·莱布弗里德和弗洛莱恩·台尼斯蒂德《职业禁止和社会政策：1933年纳粹夺权对于医疗保险管理和特约医生的影响》（柏林：不来梅大学，1981），67—76、210—213页；科克斯《第三帝国的精神治疗：戈林研究所》［48］，87—89页。
64. M·斯塔姆拿博士《犹太医学》，收入《北德意志医学周刊》（1938），引自莱布弗里德和弗洛莱恩·台尼斯蒂德《职业禁止和社会政策，1933年纳粹夺权对于医疗保险管理和特约医生的影响》［63］，307—312页。
65. 德国内政部长威廉·弗里克语，引自《美国医学学会学报》105（1935）：1998页；见106（1936）：136页。

66. 卡特尔《纳粹党：其成员和领袖的社会剪影，1919—1945》［41］，112—114、134—137页；《美国医学学会学报》105（1935）：1998页；见106（1936）：1214—1215页。关于纽伦堡种族法律和相关立法的情况，见劳尔·希尔贝格《欧洲犹太人的毁灭》（芝加哥：四边形出版公司，1967［1961］，42—53页，以及赫尔穆特·克劳斯尼克的《对犹太人的迫害》，见克劳斯尼克等人《党卫队国家的解剖》（纽约：沃克出版公司，1968［1965］），23—43页。

67. 扬·泽恩《卡尔·克劳贝尔格对纳粹集中营女囚罪恶的绝育实验》，见《奥斯维辛笔记》2（1959）：3—31页。

68. 拉里·V·汤普森《“生命之源”与党卫队全国领袖的优生学政策》，见《中欧史》4（1971）：55页。

69. 马克·希勒尔和克拉丽莎·亨利《关于纯正血统》（纽约：麦格劳希尔出版集团，1976［1975］，55页，116—126页，191—203页。

70. 亚历山大·米切利希和弗雷德·米尔克《死亡医生》（伦敦：埃莱克书局，1949），17页。

71. 恩斯特·曼（格哈德·霍夫曼）《人性苦难的救赎》（魏玛：F·芬克出版公司，1922），39页。

第2章　“安乐死”：直接医学屠杀

1. 见福斯特·肯尼迪《关于先天缺陷的社会控制问题：教育、绝育、安乐死》，收入《美国精神病学杂志》99（1942）：13—16页。当时美国著名的儿童精神病学家利奥·凯纳反驳了肯尼迪，但凯纳也是赞同绝育的，见他《低能者的避免》，收入《美国精神病学杂志》99（1942）：17—22页。

2. 阿道夫·约斯特《死亡的权利：社会研究》（哥廷根：迪特里希出版公司，1895）；克劳斯·多纳《国家社会主义与死亡》，收入《当代史季刊》15（1967）：123—124页。关于知识背景，见阿姆农·埃米尔《纳粹德国的“安乐死”》（未刊论文，奥尔巴尼，纽约州立大学，1977）。

3. 卡尔·宾丁和阿尔弗雷德·霍赫《关于毁灭不值得活下去的生命的出版物：份量与方式》（莱比锡：F·迈纳出版公司，1920）。关于宾丁和霍赫，见恩斯特·克莱《国家社会主义国家中的安乐死：毁灭“不值得活着的生命”》（法兰克福/M：S·费舍尔出版公司，1983），19—25页。

4. 宾丁《法律的执行》，收入《关于毁灭不值得活下去的生命的出版物：份量与方式》［3］，16—37页。

5. 霍赫《医学笔记》，收入《关于毁灭不值得活下去的生命的出版物：份量与方式》［3］，46—47、54—58页。

6. 同上，61—62页。

7. 多纳《国家社会主义与死亡》［2］，129页。

8. 阿道夫·多纳《大学女生数学教科书》（1935，修订版，1936），引自海德·特里亚尔，33—36页。

9. 沃尔特·舒尔策语，引自克莱《国家社会主义国家中的安乐死：毁灭“不值得活着的生命”》［3］，47页。

10. 同上，76—77、163—165页。

11. 欧文·莱泽尔《纳粹电影》（纽约：麦克米伦出版公司，1974［1968］），89—94、143—145页。关于昂格尔，见克莱《国家社会主义国家中的安乐死：毁灭“不值得活着的生命”》［3］，79页，342—343页。赫尔穆特·昂格尔的小说是《使命与良心》（柏林：布鲁纳出版公司，1935）。

12. 莱泽尔《纳粹电影》［11］，146—149页；海因茨·赫内《死亡之首的命令：希特勒的党卫队的故事》（纽约：科沃德—麦肯出版公司，1969［1966］），423—427页。

13. 博姆教授1961年7月12日的证词，见《海德审判卷宗》，41—42页。1936年的这些讨论中提到名字的还有种族政治办公室的沃尔特·格罗斯医生，以及巴伐利亚卫生部长沃尔特·舒尔策。

14. 奥托·莫特1961年12月20日的证词，见《海德审判卷宗》，42—43页。

15. 勃兰特1947年2月4日的证词，《纽伦堡医学审判卷宗》，抄本，2409—2410页，第I卷，894页；也见《海德审判卷宗》51—52页。参看洛萨·格鲁希曼《第三帝国的安乐死与正义》，收入《当代史季刊》20（1972）：238—239页，谈到1938—1939年间不能治愈疾病的安乐死要求，在缺乏相关法律的情况下，它们就送交希特勒的总理府。

16. 勃兰特证词［15］。参看汉斯·海弗尔曼1960年8月31日和11月7—14日的证词，见《海德审判卷宗》，48—51、53—54页；以及格鲁希曼《第三帝国的安乐死与正义》，收入《当代史季刊》［15］，240—241页。

17. 勃兰特证词抄本［15］，2410页。

18. 《海德审判卷宗》，53—54页。

19. 1939年8月18日的秘密命令："命令：有义务报告畸形之类的新生儿"，全文见克莱《国家社会主义国家中的安乐死：毁灭"不值得活着的生命"》［3］，80—81页。

20. 《海德审判卷宗》，53—54页。

21. 同上，66—72页。

22. 海弗尔曼1960年11月7—14日的证词，见《海德审判卷宗》，66页。

23. 关于这些问卷调查表和专家的情况，见《海德审判卷宗》，74—177页。

24. 海弗尔曼1960年12月7—9日的证词，见《海德审判卷宗》，149页。

25. 《海德审判卷宗》，117页。

26. 同上，116—117页；这些屠杀中心在128—131页列举出来了。

27. 海因策1961年9月27日的证词，见《海德审判卷宗》，150—151页。

28. 1941年9月30日给父母的信件样本，《海德审判卷宗》，111页；参看100—116页。

29. 瓦伦汀·弗尔索塞医生1948年4月22—23日的证词；以及护士米娜·瓦莱（考夫博伊伦收容院）1948年5月7日的证词，见《海德审判卷宗》，143—147页。

30. 海弗尔曼1960年11月7—14日的证词，见《海德审判卷宗》，123页。

31. 关于范围扩大的情况，见《海德审判卷宗》，82—90、131—134页。

32. 同上，165—172页。

33. 莱纳证词，引自克莱《国家社会主义国家中的安乐死：毁灭"不值得活着的生命"》，88—89页。

34. 拉默斯1947年2月7日证词，见《纽伦堡医学审判卷宗》，抄本，2687—2688页；《海德审判卷宗》，178—179、将这些事件的时间定为"最晚是7月"。

35. 《海德审判卷宗》，203、参看201—206页。也参看"文件630—PS"，《纽伦堡医学审判卷宗》第I卷，893页；勃兰特1947年2月4日的证词，《纽伦堡医学审判卷宗》，抄本，2407—2408页。

36. 勃兰特证词［35］，2407页。

37. 赫尔曼·帕方缪勒语，引自格哈德·施密特《1939—1945年护养院中的选择》（斯图加特：福音出版社，1965），34页；见34—35页。

38. 艾利斯·普拉滕·哈勒穆德《德国精神疾病患者的死亡》（法兰克福/M：法兰克福赫夫特出版公司，1948），18页；格鲁希曼《第三帝国的安乐死与正义》［15］，241页。

39. 《海德审判卷宗》，180页。

40. 海弗尔曼1960年8月31日的证词，见《海德审判卷宗》，187—190、319—320页；克莱《国家社会主义国家中的安乐死：毁灭"不值得活着的生命"》［3］，83页。

41. 格鲁希曼《第三帝国的安乐死与正义》［15］，277—278页。

42. 曼奈克1946年12月2日的证词，见《海德审判卷宗》，307—313页。

43. 沃尔特·施密特医生语，引自亚历山大·米切利希和弗雷德·米尔克《恶行医生：纳粹医学罪行的故事》（纽约：亨利·舒曼出版公司，1949［1947］），94页。

44. 曼奈克1946年12月2日的证词，见《海德审判卷宗》，313页。参看《海德审判卷宗》，196页关于保密的内容；197、313页关于德·克里尼斯情况；相关情况散见于193—201、307—313页。

45. 克兰兹博士教授的这篇文章见于《国家社会主义—人民公仆》，引自保罗—格哈德·布劳内牧师对"安乐死"的抗议，见《海德审判卷宗》，496页。

46. 关于RAG作为伪装的情况，见《海德审判卷宗》，226—232页；关于问卷调查表的情况，见《海德审判卷宗》，207—224页。

47. 埃瓦尔德1960年3月24日的证词，见《海德审判卷宗》，215—216页。

48. 曼奈克1946年12月2日关于1940年秋天柏林蒂尔加滕总理府会议的证词，见《海德审判卷宗》，312、318页；见224、343—346页。

49. 《海德审判卷宗》，324—332页；321—323、333页也谈到类似行动。

50. 同上，217—221、346—349页。

51. 同上，350—358页。

52. 同上，372—376页。

53. 同上，376—378、407—409页。

54. 奥古斯特·贝克尔1960年4月21日的证词，见《海德审判卷宗》，295页。

55. 《海德审判卷宗》，380页。

56. 海德1961年11月12日到12月22日的证词，见《海德审判卷宗》，292—293页。

57. 贝克尔1960年4月21日的证词，见《海德审判卷宗》，293—295页。

58. 勃兰特1945年10月1日在纽伦堡审判上的证词（英文译本）（国家档案馆）。

59. 《海德审判卷宗》，分别见388—389、255—256、268—269、306页。赫尔穆特·埃尔哈特《安乐死与毁灭"不值得活着的生命"》（斯图加特：斐迪南·恩克出版公司，1965），35页；克莱《国家社会主义国家中的安乐死：毁灭"不值得活着的生命"》［3］，226—232页。关于纳粹党成员和领袖的年龄的讨论，见迈克尔·H·卡特尔《纳粹党：其成员和领袖的社会剪影，1919—1945》（麻省剑桥：哈佛大学出版社，1983），139—148页。

60. 乌尔里希1961年9月4—27日的证词，见《海德审判卷宗》，388页。

61. 汉斯·格拉斯1960年8月15日的证词，见《海德审判卷宗》，383—384页。

62. 《海德审判卷宗》，447—448页。

63. 保罗·鲁特1946年3月14—15日的证词，见《海德审判卷宗》，391页。

64. 审判注释，《海德审判卷宗》，391页。

65. 恩斯特·克莱《死亡和解剖:相册图片与安乐死的恐怖》，见《空间》1984年10月5日。

66. 贝内迪克特·哈特尔1946年3月9日的证词，见《海德审判卷宗》，394页。

67. 《海德审判卷宗》，394—399页；参看399—406页。

68. 同上，409—416页；克莱《国家社会主义国家中的安乐死：毁灭"不值得活着的生命"》［3］，344页。

69. 格哈德·博内1959年9月10日的证词，见《海德审判卷宗》，417页。

70. 米切利希和米尔克《死亡医生》［43］，105页；弗罗莱恩·扎赫索夫《哈特海姆（1938—1945）：第三帝国安乐死问题案例》，见《上奥地利：故乡的叶》32（1978）：55页；《海德审判卷宗》，360—368页。

71. 克莱《国家社会主义国家中的安乐死：毁灭“不值得活着的生命”》[3]，343—344页。

72. 关于“安乐死”项目的公关努力，见克莱《国家社会主义国家中的安乐死：毁灭“不值得活着的生命”》[3]，76—77、163—165、342—344页。

73. 沃尔夫岗·舍夫勒《第三帝国的犹太人迫害：1933-1945年》（柏林：“讨论会”出版公司，1960），35页。

74. 关于“最后解决”的形成，见露西·S·杜威多韦兹《针对犹太人的战争，1933—1945》（纽约霍尔特：莱因哈特与温斯顿出版公司，1975），70—128页；杰拉尔德·弗莱明《希特勒与“最后解决”》（伯克利：加州大学出版社，1984[1982]）；劳尔·希尔贝格《欧洲犹太人的毁灭》（芝加哥：方庭出版公司，1967[1961]），257—266页。

75. 《海德审判卷宗》，451页。

76. 克莱《国家社会主义国家中的安乐死：毁灭“不值得活着的生命”》[3]，258—260页。

77. 赫尔曼·帕方缪勒语，引自施密特《1939—1945年护养院中的选择》[37]，68页。

78. 同上，67页。

79. 克莱《国家社会主义国家中的安乐死：毁灭“不值得活着的生命”》[3]，261—263页。

80. 关于卢布林的情况，见希尔贝格《欧洲犹太人的毁灭》[74]，136—138、292页。

81. 克莱《国家社会主义国家中的安乐死：毁灭“不值得活着的生命”》[3]，260—261页；弗莱明《希特勒与“最后解决”》[74]，26—27页。在私人通信（1985年11月9日）中，恩斯特·克莱证实了（“有着极大的可能性”）这类“霍尔姆”地址的虚构性质。亨利·弗里德兰德（在1985年12月16日的信中）也就这个问题给我提供了信息。

82. 克莱《国家社会主义国家中的安乐死：毁灭“不值得活着的生命”》[3]，95—98、112—114、367—379页；希尔贝格《欧洲犹太人的毁灭》[74]，177—256页。

83. 克莱《国家社会主义国家中的安乐死：毁灭“不值得活着的生命”》[3]，401—416页。

84. 同上，367—379页；克里斯托夫·R·布朗宁《厄运之月：关于“最后解决”的出现》（纽约：福尔摩斯与迈耶出版公司，1985），第1章。

第3章　对直接医学屠杀的抗拒

1. 赫尔穆特·埃尔哈特《安乐死与毁灭“不值得活着的生命”》（斯图加特：斐迪南·恩克出版公司，1965），37页。埃尔哈特可能夸大了这种沉默抗拒的程度，但这种抗拒显然是存在的。

2. 格哈德·施密特《1939—1945年护养院中的选择》（斯图加特：福音出版社，1965），54—55页。

3. L·施莱克1940年9月6日致汉斯·弗兰克的信（抄寄拉默斯），见《纽伦堡医学审判卷宗》第I卷，845—855页。

4. 杰弗里·科克斯《第三帝国的精神治疗：戈林研究所》（纽约：牛津大学出版社，1985），172页。埃伯哈德·贝特格《迪特里希·朋霍费尔：有眼光的人，有勇气的人》（纽约：哈珀和罗出版公司，1970[1967]），592—593页。

5. 贝特格《迪特里希·朋霍费尔：有眼光的人，有勇气的人》[4]，212页；见科克斯《第三帝国的精神治疗：戈林研究所》[4]，105—106页。

6. 贝特格《迪特里希·朋霍费尔：有眼光的人，有勇气的人》[4]，212页。

7. 埃瓦尔德1960年6月3日的证词，见《海德审判卷宗》，553—556页。见克莱《国家社会主义国家中的安乐死：毁灭“不值得活着的生命”》（法兰克福/M：S·费舍尔出版公司，1983），224、274—

275页。

8. 埃瓦尔德1960年6月3日的证词，见《海德审判卷宗》，554—556页。

9. 见科克斯《第三帝国的精神治疗：戈林研究所》［4］。见罗斯·施皮格尔《生存，精神分析与第三帝国》，收入《美国精神分析学会杂志》13（1985）：521—536页；亚瑟·H·芬纳《纳粹政权时期的精神分析》，收入《美国精神分析学会杂志》13（1985）：537—550页；罗斯·施皮格尔、G·切拉扎诺斯基和亚瑟·H·芬纳《精神分析与第三帝国》，收入《当代精神分析》11（1975）：477—510页。

10. 埃瓦尔德备忘录（抄本，未注明日期），见《海德审判卷宗》，554—561页。

11. 同上，561—564页。

12. 同上，564—565页。相关的通信，见567—572页。

13. “关于埃瓦尔德医生的思考……”(哥廷根大学，联邦讲师)，1939年1月9日（柏林档案中心：埃瓦尔德）。

14. 同上。参看柏林档案中心内关于埃瓦尔德的档案。

15. 柏林档案中心：埃瓦尔德档案中的相关通信。

16. 柏林档案中心：埃瓦尔德档案中的相关通信。

17. 柏林档案中心：埃瓦尔德档案中的相关通信。

18. 埃瓦尔德致海德和康迪，1940年8月21日；见《海德审判卷宗》，568—570页。

19. 罗杰·曼威尔和海因里希·弗伦克尔《卡纳里斯阴谋：德国军队中对希特勒的秘密抵抗》（纽约：大卫·麦凯出版公司，1969），33页；彼得·霍夫曼《德国抵抗史，1933—1945》（麻省剑桥：MIT出版社，1977），91页。

20. 克莱《国家社会主义国家中的安乐死：毁灭“不值得活着的生命”》［7］，223页。

21. 关于埃瓦尔德的生平信息，见克莱《国家社会主义国家中的安乐死：毁灭“不值得活着的生命”》［7］，216—217页。

22. 弗雷德里克·沃瑟姆《该隐之兆：对人类暴力的探索》（纽约：麦克米伦出版公司，1966），178—179页。

23. 护士长1946年6月6日的目击证词，业务经理1946年6月6日的证词（转引自格茨），见《海德审判卷宗》，336—339页。

24. 柏克1940年11月7日致帝国内政部长的信，《海德审判卷宗》，328—332页。见克莱《国家社会主义国家中的安乐死：毁灭“不值得活着的生命”》［7］，244—247页。

25. 克莱《国家社会主义国家中的安乐死：毁灭“不值得活着的生命”》［7］，247—248页。

26. 同上，216—219页。

27. 施密特《1939—1945年护养院中的选择》［2］，82—93页。

28. 洛塔尔·克雷斯1940年7月8日致司法部长古特内，引自克莱《国家社会主义国家中的安乐死：毁灭“不值得活着的生命”》［7］，209页。见菲力普·阿齐兹《制造死亡的医生》（日内瓦：芬尼出版公司，1976），第IV卷，107页。

29. 埃尔泽·冯·洛维斯语，引自阿齐兹《制造死亡的医生》［28］，100—104页；希姆莱的态度可参看116页。

30. 致党卫队全国领袖海因里希的秘密报告（纽伦堡），海弗尔曼1941年3月1日的抄本，《海德审判卷宗》，360—368页。

31. 教堂执事恩斯特·维尔姆1963年1月3日在法兰克福法庭关于新教反对“安乐死”的证词。总检察长，法兰克福/M.：JS 20/61，第I卷，3（44）；克莱《国家社会主义国家中的安乐死：毁灭“不值得活着的生命”》［7］，284页。

32. 克莱《国家社会主义国家中的安乐死：毁灭“不值得活着的生命”》［7］，201—202页；见35、48、62、201—205页。

33. 同上，201—216、278—289、320—326、421—424页。参看安娜丽丝·霍克姆斯《反抗虐杀精神疾病患者的教会文献》，收入克劳斯·多纳等人编《大屠杀中对精神疾病患者的虐杀：悲惨遭遇的发现》(雷布尔格-洛库姆：精神病学出版社，1980），160—162页。（霍克姆斯的编年顺序不太清晰。）

34. 克莱《国家社会主义国家中的安乐死：毁灭“不值得活着的生命”》［7］，34页。

35. 同上，39页。

36. 同上，210—211页。

37. 布劳内《备忘录：主题—计划经济框架下的护养院》（“机密”），1940年7月9日，见《海德审判卷宗》，496—501页。

38. 同上，506—507页。

39. 同上，510—512页。

40. 克莱《国家社会主义国家中的安乐死：毁灭“不值得活着的生命”》［7］，340—341、355页；洛萨·格鲁希曼《第三帝国的安乐死与正义》，收入《当代史季刊》20（1972）：244页。

41. 布劳内《备忘录：主题—计划经济框架下的护养院》［37］，513—514页。

42. 克莱《国家社会主义国家中的安乐死：毁灭“不值得活着的生命”》［7］，221—223页。

43. 同上，337—338页。

44. 阿齐兹《制造死亡的医生》［28］，第IV卷，92—95页。见克莱《国家社会主义国家中的安乐死：毁灭“不值得活着的生命”》［7］，334—335页。

45. 阿齐兹《制造死亡的医生》［28］，第IV卷，94—95页。加伦1941年8月3日的布道收入多纳等人编《大屠杀中对精神疾病患者的虐杀：悲惨遭遇的发现》［33］，112—124页；见124—128页。

46. 阿齐兹《制造死亡的医生》［28］，第IV卷，95—96页。

47. 同上，97页。

48. 克莱《国家社会主义国家中的安乐死：毁灭“不值得活着的生命”》［7］，335页。

49. 同上，335—337页；劳尔·希尔贝格《欧洲犹太人的毁灭》（芝加哥：方庭出版公司，1967［1961］），299—300页。

50. 阿齐兹《制造死亡的医生》［28］，第IV卷，98—99页。

51. 希姆莱1940年12月19日致布莱克和比勒的信，《海德审判卷宗》，577—578页。这是他给冯·洛维斯来信的回信［29］。

52. 海弗尔曼1960年9月6—15日的证词，《海德审判卷宗》，681—682页；参看680页。

53. 克莱《国家社会主义国家中的安乐死：毁灭“不值得活着的生命”》［7］，340页。

54. 同上，341页。

第4章　“不规范的安乐死”：医生接管

1. 恩斯特·克莱《国家社会主义国家中的安乐死：毁灭“不值得活着的生命”》（法兰克福/M：S·费舍尔出版公司，1983），440页。

2. 弗里德里希·曼奈克语，引自亚历山大·米切利希和弗雷德·米尔克《恶行医生：纳粹医学罪行的故事》（纽约：亨利·舒曼出版公司，1949），116页。

3. 见格哈德·施密特《1939—1945年护养院中的选择》（斯图加特：福音出版社，1965），121—124页的艾玛·E的事例。
4.《海德审判卷宗》，83—86页；克莱《国家社会主义国家中的安乐死：毁灭“不值得活着的生命”》[1]，379—380页。
5. 米切利希和米尔克《恶行医生：纳粹医学罪行的故事》[2]，116页。
6. 克莱《国家社会主义国家中的安乐死：毁灭“不值得活着的生命”》[1]，291—293页，341—342页，351页；尤金·科康等人《毒气室中纳粹的大规模屠杀：文献记录》（（法兰克福/M：S·费舍尔出版公司，1983），59页。
7. 克莱《国家社会主义国家中的安乐死：毁灭“不值得活着的生命”》[1]，329—330页。
8. 同上，429—430页。
9. 同上。
10. 施密特《1939—1945年护养院中的选择》[3]，129—131页。
11. 同上，131—132页。
12. 克莱《国家社会主义国家中的安乐死：毁灭“不值得活着的生命”》[1]，430页。
13. 施密特《1939—1945年护养院中的选择》[3]，130—132页。
14. 同上，132—145页。
15. 汉斯·格拉斯1947年2月至3月在法兰克福哈达玛审判上的证词（4KLs/47，法兰克福法院）。这是对哈达玛人员的第二次审判，第一次审判是英国占领当局举行的，这一次是在德国法庭上，涉及格拉斯和瓦尔曼。
16. 克莱《国家社会主义国家中的安乐死：毁灭“不值得活着的生命”》[1]，336页。
17. 同上，170页。
18.《哈达玛审判卷宗》，尤其是162—163、174—187页。（《哈达玛审判卷宗》为W·金特所编，全名为《哈达玛审判卷宗：对阿尔方斯·克莱因、阿道夫·瓦尔曼、海因里希·劳夫、卡尔·维利希、阿道夫·默克尔、伊姆加德 ·胡贝尔和菲力普·布卢姆的审判》（伦敦：威廉·霍奇出版公司，1949）。
19. 魏玛1947年在哈达玛审判中的证词[15]。
20. 瓦尔曼1945年10月12日在哈达玛审判中的证词，见《哈达玛审判卷宗》，162—163页。
21. 海因里希·劳夫1945年10月12日在哈达玛审判中的证词，见《哈达玛审判卷宗》，176页。
22. 伊姆加德·胡贝尔1945年10月11日在哈达玛审判中的证词，见《哈达玛审判卷宗》，119页。
23. 瓦尔曼1945年10月12日在哈达玛审判中的证词，见《哈达玛审判卷宗》，163页；见162、247页。
24. 同上，167页。
25. 克莱《国家社会主义国家中的安乐死：毁灭“不值得活着的生命”》[1]，446—454页。

第5章　参与者

1. 迈克尔·H·卡特尔《医学专业和医学院学生：随笔》，收入弗里多尔夫·库迪林编《国家社会主义下的医学》（科隆：基彭豪伊尔和维奇出版公司，1985），123页。
2. 汉斯·布克海姆语，赫尔穆特·克劳斯尼克在《对犹太人的迫害》中引用，见克劳斯尼克等人《党卫队国家的解剖》（纽约：沃克出版公司，1968[1965]），373页。
3. 西格蒙德·弗洛伊德《弗洛伊德全集标准版本》，詹姆斯·斯特雷奇编辑（伦敦：霍加思出版社，1955[1923]），第XIV卷，27页注释。

4. 菲力普·阿齐兹《制造死亡的医生》（日内瓦：芬尼出版公司，1976），第IV卷，26页。

5. 同上，14、17页。

6. 关于莫雷尔的情况，同上，48—52页；艾伦·布洛克《希特勒：关于暴政的研究》（修订版，纽约：哈珀和罗出版公司，1962），718、766页；以及艾伯特·施佩尔《身处第三帝国：回忆录》（纽约：麦克米伦出版公司，1970），104—105页。

7. 阿齐兹《制造死亡的医生》［4］，第I卷，33页。

8. 见施佩尔《身处第三帝国：回忆录》［6］，330—332、465—466、576—577。

9. 阿齐兹《制造死亡的医生》［4］，第I卷，14页。阿齐兹宣称自己在1973年采访过一个"汉斯·克雷斯勒"，但当代文档表明这是德国诺尔的一个婴儿。

10. 见恩斯特·克莱《国家社会主义国家中的安乐死：毁灭"不值得活着的生命"》（法兰克福/M：S·费舍尔出版公司，1983），321—328、424页。

11. "1947年1月18日爱德华·韦尔曼就卡尔·勃兰特与波德尔施温格牧师讨论安乐死的证人证言"，见《纽伦堡医学审判卷宗》，第I卷，873页。

12. 弗朗索瓦·贝尔《纳粹十字标与医者的蛇绕神杖标：德国在第二次世界大战中的人性历程》（法国战争罪行科学委员会，1950），62—64页。

13. 阿齐兹《制造死亡的医生》［4］，第I卷，16页。

14. 同上，248页。

15. 同上，252页。

16. 海德1939年1月1日的"自传"，见《海德审判卷宗》，5—6页，参看1—4页。关于海德的情报工作，见沃尔特·舍伦贝格《迷宫：回忆录》（纽约：哈珀出版公司，1956），87、91—92页。

17. 舍伦贝格《迷宫：回忆录》［16］，92页。

18. 克莱《国家社会主义国家中的安乐死：毁灭"不值得活着的生命"》［10］，414页。

19. 帕方缪勒语，引自格哈德·施密特《1939—1945年护养院中的选择》（斯图加特：福音出版社，1965），18页。

20. 帕方缪勒1960年6月27—28日的证词，见《海德审判卷宗》，224页；赫尔曼·朗本《以德国人民的名义：纳粹罪行展示》（维也纳：欧洲出版公司，1963），73、170—171页。

21. 杰弗里·科克斯《第三帝国的精神治疗：戈林研究所》（纽约和牛津：牛津大学出版社，1985），97页。

22. 同上，171—174页。见柏林档案中心关于德·克里尼斯的相关档案。就党卫队人员在T4项目中的掩饰问题，见维尔纳·库切特医生1960年5月2日的证词，见《海德审判卷宗》，227—229页。关于这次情报使命，见舍伦贝格《迷宫：回忆录》［16］，67—73页。

23. 舍伦贝格《迷宫：回忆录》［16］，338、387—388页；科克斯《第三帝国的精神治疗：戈林研究所》［21］，214—215页；格哈德·雅克尔《慈善：最著名的德国医院的故事》（拜罗伊特：赫斯提出版公司，1963），377—385页。

24. 科克斯《第三帝国的精神治疗：戈林研究所》［21］，286页注释93。

25. 雅克尔《慈善：最著名的德国医院的故事》［23］，385页。

26. "沃尔特·里特尔·冯·贝耶尔"，收入《精神病学的自画像》，由路德维希·J·庞格拉茨编辑（伯尔尼、斯图加特和维也纳：汉斯·哈伯出版公司，1977），16页；克莱《国家社会主义国家中的安乐死：毁灭"不值得活着的生命"》［10］，203页。

27. 克劳斯·多纳《国家社会主义与死亡》，收入《当代史季刊》15（1967）：134页。

28. "沃尔特·里特尔·冯·贝耶尔"［26］，16页；私人通信。

29. 克莱《国家社会主义国家中的安乐死：毁灭“不值得活着的生命”》[10]，396—401页；本诺·缪勒—希尔《死亡的科学1933–1945：犹太人、吉普赛人的隔离与精神病院》（赖因贝克 b. 汉堡：罗沃尔特出版公司，1983，69—71、169—174页；关于施耐德研究的文档见柏林档案中心：施耐德。关于T4项目获得的人脑的使用，参看利奥·亚历山大《战时德国的神经病理学和神经生理学，包括电击治疗》，收入“综合智力目标分委员会”会刊24期（医学组）（1945），14—22页。

30. 《海德审判卷宗》，339—411页。

31. 同上，496—405页。

32. 埃伯利1940年7月16日致洛劳尔的信，见《海德审判卷宗》，404—405页。

33. 同上，466—467页。

34. 埃伯利1940年9月10日致帝国委员会的信，见《海德审判卷宗》，483页。见克莱《国家社会主义国家中的安乐死：毁灭“不值得活着的生命”》[10]，397页，提到勃兰特是从精神病学“飞”来的好医生。

35. 同上，376—377页；艾塔伯特·鲁克尔编《纳粹集中营的镜像：德国刑事审判》（慕尼黑：DTV，1977），208—209、295页；尤金·科康等人《毒气室中纳粹的大规模屠杀：文献记录》（（法兰克福/M：S·费舍尔出版公司，1983），162、180—182页。

36. 乔治·L·莫斯《朝向“最后解决”：欧洲法西斯主义史》（纽约：哈珀和罗出版公司，1978），87页。

37. 丹尼尔·加斯曼《国家社会主义的科学角度起源：恩斯特·海克尔的社会达尔文主义与德国一元论者联盟》（纽约：爱思唯尔出版社，1971），160页。见乔治·L·莫斯《德国意识形态的危机：第三帝国的心智起源》（纽约：格罗塞托与邓拉普出版公司，1964），4页。

38. 见罗伯特·G·韦特《纳粹主义的先锋：战前德国的自由军团运动，1918—1923》（麻省剑桥：哈佛大学出版社，1952）：26—28页。引语出自一个称冯·莱德博尔伯爵者1939年的德国军士“半官方史”。

39. 同上，281页。

40. 杰弗里·赫夫《反动的现代主义：魏玛德国和第三帝国的技术与无理性的融合》（未刊论文，布兰戴斯大学，1980），74—88页；作一些修订后以《反动的现代主义：魏玛和第三帝国的技术、文化与政治》（剑桥：剑桥大学出版社，1985），63页。

41. 乔治·L·莫斯《朝向“最后解决”：欧洲法西斯主义史》[36]，106页。

42. 赫夫《反动的现代主义：魏玛和第三帝国的技术、文化与政治》[40]，101—109页。

43. 见赫夫《反动的现代主义：魏玛和第三帝国的技术、文化与政治》[40]，42—43页。

44. 同上，101—102、107页。

45. 罗伯特·维斯蒂里希《纳粹德国名人录》（纽约：麦克米伦出版公司：1982），329页。

46. 西奥多·N·考夫曼《德国必须灭亡！》（纽瓦克：多色菱形出版公司，1941）。

47. 伦纳德·L·赫斯顿和雷纳特·赫斯顿《阿道夫·希特勒的医学病案》（纽约：斯坦日日出版公司，1982），113—115、73—103页，暗示了安非他明成瘾；但F·C·雷德利希医生质疑这个诊断（私人通信，1984年）。

48. 乔治·L·莫斯《死亡、时间与历史》，见《大众与人：国家主义者和法西斯主义者对现实的感知》（纽约：费尔蒂希出版公司，1980），73页。

49. 弗兰克·雷克托《纳粹对同性恋的灭绝》（纽约：斯坦日日出版公司，1981）。

50. 罗尔夫·霍赫胡特《一个德国爱情故事》（波士顿：小布朗出版公司，1980[1978]），143—144页。

第6章　把“安乐死”带到集中营：14f13特殊处理行动

1. 曼奈克1947年1月17日的证词，见《纽伦堡医学审判卷宗》，第I卷，832页。曼奈克坚称这些早期来访并非14f13项目的一部分，而是对精神病人的一般性考察。
2. 阿姆农·埃米尔《纳粹德国的安乐死》（未刊论文，奥尔巴尼，纽约州立大学，1977），297—301页。
3. 同上，300页。汉斯—巩特尔·泽拉菲姆1963年5月10日在法兰克福法庭关于“特殊处理”和14f13项目的证词，总检察长，法兰克福/M.，JS 20/61，第I卷，3（44）。
4. 尤金·科康等人《毒气室中纳粹的大规模屠杀：文献记录》（（法兰克福/M：S·费舍尔出版公司，1983），66页。
5. 尼切1947年5月2日的证词，见《海德审判卷宗》，611页。
6. 恩斯特·克莱《国家社会主义国家中的安乐死：毁灭“不值得活着的生命”》（法兰克福/M：S·费舍尔出版公司，1983），345—347页；尤金·科康等人《毒气室中纳粹的大规模屠杀：文献记录》，66—71页；《海德审判卷宗》，606—612页。
7. 克莱《国家社会主义国家中的安乐死：毁灭“不值得活着的生命”》[6]，349—350页。
8. 弗里德里希·曼奈克1941年11月24日致妻子的信，见《海德审判卷宗》，639页。参看埃米尔《纳粹德国的安乐死》[2]，305—306页。
9. 《海德审判卷宗》，646—648页；克莱《国家社会主义国家中的安乐死：毁灭“不值得活着的生命”》[6]，348页，复制了这些手写诊断照片中的一张。
10. 克劳斯·多纳《国家社会主义与死亡》，收入《当代史季刊》15（1967）：145页。
11. 泽拉菲姆关于“特殊处理”的证词[3]，《海德审判卷宗》，604—609页。
12. 泽拉菲姆关于“特殊处理”的证词[3]。
13. 《海德审判卷宗》，603—612页。
14. 埃米尔《纳粹德国的安乐死》[2]，305—307页。
15. 泽拉菲姆关于“特殊处理”的证词[3]。
16. 朗本《人在奥斯维辛》（维也纳：欧洲出版社，1972），114页。
17. 克莱《国家社会主义国家中的安乐死：毁灭“不值得活着的生命”》[6]，77—78页。
18. 埃米尔《纳粹德国的安乐死》[2]，305页。
19. 比如，《海德审判卷宗》623页曼奈克1941年11月25日的信、《海德审判卷宗》613—646页曼奈克给妻子的那些信，以及发表在赫尔曼·朗本《我们犯下的罪行——1939-1945年：日记和信件中的自画像》，（维也纳：欧洲出版社，1972），24—30页。
20. 摩根1944年关于集中营腐败的报告，引自泽拉菲姆关于“特殊处理”的证词[3]。
21. 尤金·科康等人《毒气室中纳粹的大规模屠杀：文献记录》[4]，76—77页；克莱《国家社会主义国家中的安乐死：毁灭“不值得活着的生命”》[6]，354—355页。
22. 党卫队文件，尤其是1937年6月13日“个人简历”（柏林档案中心：曼奈克）。
23. 克莱《国家社会主义国家中的安乐死：毁灭“不值得活着的生命”》[6]，120—121页。
24. 曼奈克1946年11月2日回答法庭调查，见朗本《我们犯下的罪行——1939-1945年：日记和信件中的自画像》[19]，19页。
25. 这张没有施坦梅尔的照片，重印在克莱《国家社会主义国家中的安乐死：毁灭“不值得活着的生命”》[6]，226页。曼奈克1940年10月20日致洛尔医院院长的信，见朗本《我们犯下的罪行——

1939–1945年：日记和信件中的自画像》［19］，20页。

26. 朗本《我们犯下的罪行——1939–1945年：日记和信件中的自画像》［19］，38—39页。

27. 克莱《国家社会主义国家中的安乐死：毁灭“不值得活着的生命”》［6］，340—341、355页。洛萨·格鲁希曼《第三帝国的安乐死与正义》，收入《当代史季刊》20（1972）：244页。

28. 弗罗莱恩·扎赫索夫《哈特海姆（1938—1945）：第三帝国安乐死问题案例》，见《上奥地利：故乡的叶》32（1978）：58—60页。

29. 克莱《国家社会主义国家中的安乐死：毁灭“不值得活着的生命”》［6］，340—341、372—373页。

30. 关于T4技术应用于东部大屠杀，见弗罗莱恩·扎赫索夫《哈特海姆（1938—1945）：第三帝国安乐死问题案例》［28］，55—56页；克里斯托夫·R·布朗宁《厄运之月：关于“最后解决”的出现》（纽约：福尔摩斯与迈耶出版公司，1985），第1章和第3章；吉塔·塞伦《走入那片黑暗：从仁慈致死到大屠杀》（纽约：麦克劳希尔出版集团，1974）；艾塔伯特·鲁克尔编《纳粹集中营的镜像：德国刑事审判》（慕尼黑：DTV，1977）；劳尔·希尔贝格《欧洲犹太人的毁灭》修订定本纽约：福尔摩斯与迈耶出版公司，1985）第III卷，872—873、894—895页；以及伊夫·特蒙和苏格拉底·埃尔曼的《对精神疾病患者的大屠杀：纳粹党卫队医生的理论》（巴黎：卡特斯曼出版公司，1971）；《德国医生与国家社会主义》（巴黎：卡特斯曼出版公司，1973），以及《党卫队的医学史》（巴黎：卡特斯曼出版公司，1970）。

31. 康拉德·洛伦兹《通过驯化干扰引起的物种特异性行为》，收入《应用心理学和性格科学杂志》59（1940）：66、71页。

32. 与劳尔·希尔贝格和耶胡达·鲍尔的讨论对我理解这种进化的心态颇有帮助。

第二部前言

1. “克雷默日记”中1942年9月5日的日记及1947年8月18日在克拉科夫的证词，见《奥斯维辛笔记》13（1971）：42页，107页注释36。英文见《党卫队所见到的KL奥斯维辛》（纽约：费尔蒂希出版公司，1984），215页。

2. 同上；安东尼·凯宾斯基《“世界的肛门”》，收入《奥斯维辛文选》I，2:2（此为奥斯维辛国际委员会编辑的3卷本7部分文选（华沙，1971—1972），收入1961—1967年发表在波兰《医学评论》上的文章）。

3. 关于这些医学和非医学行为的讨论，依据的是我对纳粹医生和囚犯医生的访谈，同时也依据以下主要来源：鲁道夫·霍斯《奥斯维辛司令官：鲁道夫·霍斯自传》（克利夫兰：世界出版公司，1959）和《奥斯维辛党卫队医生的非医学行为》［1947年审判文档照片］，收入《奥斯维辛笔记》2（1959）：81—84页；贝恩德·瑙曼《奥斯维辛：针对罗伯特·卡尔·路德维希·穆尔克和其他人的法兰克福法庭审理的报告》（纽约：万神殿出版公司，1966［1965］）；朗本《人在奥斯维辛》（维也纳：欧洲出版社，1972）和《奥斯维辛的过程：记录》，两卷本（法兰克福/M：欧洲出版社，1965），以及《奥斯维辛文选》系列（1971）中的那些文章和《奥斯维辛笔记》这本刊物从1959以来的很多文章，它由波兰国立奥斯维辛展览馆出版。

4. 就做法而言，马伊达内克与奥斯维辛有些相似之处，但它的规模要小得多。见艾塔伯特·鲁克尔编《纳粹集中营的镜像：德国刑事审判》（慕尼黑：DTV，1977），28—29页；约瑟夫·马扎莱克《马伊达内克》（汉堡，1982）；劳尔·希尔贝格《欧洲犹太人的毁灭》（三卷本增补版，最终定稿本，纽约：福尔摩斯与迈耶出版公司，1985），899、1219页。

5. 1965年8月19—20日法兰克福奥斯维辛审判的判决书抄本（4Ks2/63），74页；劳尔·希尔贝格《欧洲犹太人的毁灭》（芝加哥：方庭出版公司，1967［1961］），150—151页。

6. 弗朗索瓦·斯坦纳《特雷布林卡》（纽约：西蒙和舒斯特出版公司，1967［1961］），110页。

第7章　奥斯维辛研究所

1. 汉斯·姆森《国会纵火案及其政治后果》，收入哈乔·霍尔本编《从共和国到帝国：纳粹革命的发生》（纽约：万神殿出版公司，1972），129—222页。

2. 马丁·布鲁斯扎特《1933—1945年的集中营》，收入克劳斯尼克等人《党卫队国家的解剖》（纽约：沃克出版公司，1968［1965］），430页；见400—420、429—430页。

3. 同上，431—435页（关于艾克的情况）；鲁道夫·霍斯《奥斯维辛司令官：鲁道夫·霍斯自传》（克利夫兰：世界出版公司，1959），83—94页。

4. 布鲁斯扎特《1933—1945年的集中营》［2］，450—452页；奥塔·克劳斯和埃里希·库尔卡《死亡工厂：奥斯维辛档案》（牛津：帕加马出版公司，1966），36—40、283页；塔德乌什·伊瓦斯库《囚犯》，收入《奥斯维辛：灭绝屠杀的真实历史》(汉堡莱恩贝克：罗沃尔特袖珍书出版社，1980［1978］），59—66页；沃尔肯抄本（奥托·沃尔肯文件在波兰国立奥斯维辛展览馆的德文原文），214—215页；海伦·蒂佩给我的信件（她被称为“办公室里的装配工”，是曾在奥斯维辛—比克瑙的妇女集中营办公室工作过的一个前囚犯，与其他人一起负责这种标志的生产和分配。）

5. 布鲁斯扎特《1933—1945年的集中营》［2］，426—427页。

6. 尤金·科康《地狱的理论与实践》（纽约：伯克利丛书，1980［1950］），142、149页。

7. 同上，145—151页。

8. 布鲁斯扎特《1933—1945年的集中营》［2］，430页。

9. 科康《地狱的理论与实践》［6］，150页。

10. 同上，146页。

11. 本杰明·B·费伦茨《不如奴隶：犹太人苦役与寻求补偿》（麻省剑桥：哈佛大学出版社，1979）。

12. 霍斯《奥斯维辛司令官：鲁道夫·霍斯自传》［3］，83页。

13. 布鲁斯扎特《1933—1945年的集中营》［2］，481页；劳尔·希尔贝格《欧洲犹太人的毁灭》（芝加哥：方庭出版公司，1967［1961］），181—185页。

14. 约瑟夫·博尔金《法本公司的罪恶与惩罚》（纽约：自由出版公司，1978），115—127页。

15. 希尔贝格《欧洲犹太人的毁灭》［13］，596—600页。

16. 霍斯《奥斯维辛司令官：鲁道夫·霍斯自传》［3］，146页。

17. 希尔贝格《欧洲犹太人的毁灭》［13］，596页。

18. 露西·S·杜威多韦兹《针对犹太人的战争，1933—1945》（纽约霍尔特：莱因哈特与温斯顿出版公司，1975），134—135页；希尔贝格《欧洲犹太人的毁灭》［13］，557—574页；杰拉尔德·弗莱明《希特勒与“最后解决”》（伯克利：加州大学出版社，1984［1982］），24—25页。

19. 霍斯《奥斯维辛司令官：鲁道夫·霍斯自传》［3］，205—206页。

20. 同上，205页；见希尔贝格《欧洲犹太人的毁灭》［13］，563—564页。

21. 霍斯《奥斯维辛司令官：鲁道夫·霍斯自传》［3］，206页。

22. 希尔贝格《欧洲犹太人的毁灭》［13］，262页；见257—262页。

23. 同上，265页；见262—266页。

24. 关于“最后解决”和希特勒在其中的作用，详细的编年史讨论见索尔·弗里德兰德为弗莱明《希特勒与“最后解决”》所写的序言，见该书vii–xxxvi页。弗莱明认为希特勒的命令是暗示和众所周知，尽管并没有书面写下来。也参看克里斯托夫·R·布朗宁《厄运之月：关于“最后解决”的出现》（纽约：福尔摩斯与迈耶出版公司，1985），第1章。

25. 霍斯《奥斯维辛司令官：鲁道夫·霍斯自传》[3]，163页。

26. 恩斯特·克莱《国家社会主义国家中的安乐死：毁灭“不值得活着的生命”》（法兰克福/M：S·费舍尔出版公司，1983），368—369页；弗莱明《希特勒与“最后解决”》[13]，218—219页。

27. 弗莱明《希特勒与“最后解决”》[13]，646页。

28. 海因茨·赫内《死亡之首的命令：希特勒的党卫队的故事》（纽约：科沃德—麦肯出版公司，1970[1967]），363页。

29. 霍斯《奥斯维辛司令官：鲁道夫·霍斯自传》[3]，206页。

30. 同上，206—207页。

31. 同上，207—208页。

32. 同上，162页；埃里希·库尔卡和耶胡达·鲍尔给我的信件。

33. 同上，211页。

34. 同上，211页。

35. 希尔贝格《欧洲犹太人的毁灭》[13]，567—571页；博尔金《法本公司的罪恶与惩罚》[14]，122—123页。

36. 博尔金《法本公司的罪恶与惩罚》[14]，123页；希尔贝格《欧洲犹太人的毁灭》[13]，570—572页。

37. 皮埃尔·若弗鲁瓦《上帝之窥：库尔特·格斯坦的折磨》（纽约：哈考特/布雷斯/朱万诺维奇出版公司，1971），207—209页。参看索尔·弗里德兰德《库尔特·格斯坦：善良的歧义》（纽约：阿尔弗雷德·A·诺普夫出版公司，1969）。

38. 在《欧洲犹太人的毁灭》[13]，507—571页中，希尔贝格对齐克隆-B毒气的用量有较高的估计。

39. 霍斯《奥斯维辛司令官：鲁道夫·霍斯自传》[3]，162—163页。

40. 同上，163页。

41. 同上。

42. 弗里德里希·恩特里斯语，引自希尔贝格《欧洲犹太人的毁灭》[13]，555页。

第8章　坡道上的筛选

1. 沃尔肯抄本，125页。

2. 同上，177页。

3. 耶路撒冷大屠杀纪念馆档案：03/1202（耶胡达·鲍尔）。

4. 洛埃特·凡·杜因（笔名）《月亮的另一面：荷兰一个年轻医生在奥斯维辛的生活》（维也纳：欧洲出版公司，1972），336页。

5. 门格勒/海法：7（约书亚·罗森布拉姆）

6. 同上。

7. 康拉德·摩根语，引自朗本《人在奥斯维辛》（维也纳：欧洲出版社，1972），336页。

8. 罗林布拉姆抄本［5］。

9. 同上。

10. 劳尔·希尔贝格《欧洲犹太人的毁灭》（芝加哥：方庭出版公司，1967［1961］），629页。

11. 朗本《人在奥斯维辛》［7］，420—421页。

12. 鲁道夫·霍斯《奥斯维辛司令官：鲁道夫·霍斯自传》（克利夫兰：世界出版公司，1959），171页。

13. 同上，212页。

14. 同上，212—213页，见176—179页。

15. 赫尔曼·朗本语，引自恩德·瑙曼《奥斯维辛：针对罗伯特·卡尔·路德维希·穆尔克和其他人的法兰克福法庭审理的报告》（纽约：万神殿出版公司，1966［1965］），102—103页。

16. “克雷默日记”中1942年9月13日的日记，见《奥斯维辛笔记》13（1971）：41页，107页注释36。亦见《党卫队所见到的KL奥斯维辛》（纽约：费尔蒂希出版公司，1984），214页。

第9章　集中营中的筛选

1. F·K·考尔《奥斯维辛的医生》（柏林：VEB出版公司，1968），160—161页。

2. 见劳尔·希尔贝格《欧洲犹太人的毁灭》（芝加哥：方庭出版公司，1967［1961］），557、586—588页。

3. 沃尔肯抄本，38页。

4. 同上，228页。

5. 同上，265—266页；参看P IIIh奥斯维辛562（伦敦维纳图书馆）。

6. 门格勒/海法：25（马格达莱纳·维特兹）。

7. 沃尔肯抄本，229页。

8. 菲利普·穆勒《特别行动队：奥斯维辛毒气室的三年》（伦敦：劳特利奇和基根·保罗出版公司，1979），108—109、115—116页。

9. 同上，116页。

10. 瓦迪斯瓦夫·法基尔《奥斯维辛第1集中营/主营的医疗卫生服务》，《奥斯维辛文选》II，1:5—8页。

11. 同上，15页。

12. 约瑟夫·博尔金《法本公司的罪恶与惩罚》（纽约：自由出版公司，1978），117—119、124页。

13. 同上，126页。

14. 本杰明·B·费伦茨《不如奴隶：犹太人苦役与寻求补偿》（麻省剑桥：哈佛大学出版社，1979），22页。

15. 博尔金《法本公司的罪恶与惩罚》［12］，124—125页。

16. 法本公司—奥斯维辛每周报告，引自博尔金《法本公司的罪恶与惩罚》［12］，119页。

17. 考尔《奥斯维辛的医生》［1］，160—161页。

18. 《斯特拉斯堡的证据：集中营里的大学》（巴黎：优美文学出版社，1954［1947］），463页。

19. 奥斯维辛审判抄本对约瑟夫·克莱尔的判决书，1965年8月19—20日（4Ks2/63），584—586页。

20. 赫尔曼·朗本《奥斯维辛的过程：记录》（法兰克福/M：欧洲出版社，1965），583—590页。

21. 耶路撒冷大屠杀纪念馆档案：P IIIh奥斯维辛126（卢齐厄·阿德尔斯伯格医生）。

22. 同上。

第10章　屠杀的社会化

1. 赫尔曼·朗本《奥斯维辛的过程：记录》（法兰克福/M：欧洲出版社，1965），第I卷，144页。
2. 赫尔曼·朗本《人在奥斯维辛》（维也纳：欧洲出版社，1972），377页；见406—410页。
3. 贝恩德·瑙曼《奥斯维辛：针对罗伯特·卡尔·路德维希·穆尔克和其他人的法兰克福法庭审理的报告》（纽约：万神殿出版公司，1966［1965］）；62页。
4. 同上，63—66页；朗本《人在奥斯维辛》［2］，402—403页。
5. 朗本《人在奥斯维辛》［2］，460—463页；劳尔·希尔贝格《欧洲犹太人的毁灭》（芝加哥：方庭出版公司，1967［1961］），579—580页。
6. 弗里茨·施特恩《金与铁：俾斯麦、布雷施劳德和德意志帝国的建造》（纽约：阿尔弗雷德·A·克诺夫出版公司，1977），512页。
7. 米克洛斯·尼伊兹利1945年7月28日在布达佩斯委员会就被驱逐的匈牙利犹太人的福利情况所作证词。
8. 奥尔加·伦杰尔《五根烟囱：奥斯维辛故事》（芝加哥：齐夫—戴维出版公司，1947），62页。

第11章　囚犯医生：选择的痛苦

1. 德西雷·哈夫纳《奥斯维辛—比克瑙集中营的病理方面》（图尔斯：印刷同盟合作体，1946，油印本），21页。
2. 洛埃特·凡·杜因（笔名）《月亮的另一面：荷兰一个年轻医生在奥斯维辛的生活》（未刊手稿，1980）。
3. 同上。
4. 同上。
5. 埃利·科恩《深渊：一个忏悔》（纽约：W·W·诺顿出版公司，1973［1971］，88—89页。
6. 沃尔肯抄本，126页。
7. 奥尔加·伦杰尔《五根烟囱：奥斯维辛故事》（芝加哥：齐夫—戴维出版公司，1947），99—101页。
8. 科恩《深渊：一个忏悔》［5］，100页。

第12章　囚犯医生：努力治愈

1. 奥尔加·伦杰尔《五根烟囱：奥斯维辛故事》（芝加哥：齐夫—戴维出版公司，1947），89—94页。
2. 关于罗德与女性的情况，见赫尔曼·朗本《人在奥斯维辛》（维也纳：欧洲出版社，1972），400—401页。
3. F·K·考尔《奥斯维辛的医生》（柏林：VEB出版公司，1968），212—218页。

第13章　囚犯医生：与纳粹医生的合作

1. 戴维斯·M·希尔和L·诺曼·威廉姆斯《奥斯维辛在英国：一场诽谤官司的报告》（纽约：斯坦日

日出版公司，1965）；赫尔曼·朗本《人在奥斯维辛》（维也纳：欧洲出版社，1972），255—257页。
2. 朗本《人在奥斯维辛》［1］，255页。
3. 塞缪尔·斯坦伯格语，引自朗本《人在奥斯维辛》［1］，255—256页；迪林情况见希尔和威廉姆斯《奥斯维辛在英国：一场诽谤官司的报告》［1］，63页。
4. 朗本《人在奥斯维辛》［1］，256页。
5. 同上，257页。
6. 希尔和威廉姆斯《奥斯维辛在英国：一场诽谤官司的报告》［1］，53页；见16—18、54、69页。利昂·乌里斯《出埃及记》（纽约：双日出版公司，1958），146页；在这本书后来的印刷中，关于迪林（书中拼写为Dehring）的段落删去了有争议的数字，强调了他的囚犯身份。
7. 朗本《人在奥斯维辛》［1］，257页；希尔和威廉姆斯《奥斯维辛在英国：一场诽谤官司的报告》［1］，25页，269—271页。
8. 关于塞缪尔，见朗本《人在奥斯维辛》［1］，262—264页。
9. 同上，263页。
10. 同上，264页。

第14章　注射器杀人：石炭酸注射

1. 斯坦尼斯洛·克罗德辛斯基《奥斯维辛—比克瑙集中营的石炭酸注射》，《奥斯维辛文选》I，2:100页。
2. 赫尔曼·朗本《人在奥斯维辛》（维也纳：欧洲出版社，1972），47—48页。
3. 克罗德辛斯基在赫尔曼·朗本《奥斯维辛的过程：记录》中的证词，第II卷（法兰克福/M：欧洲出版社，1965），579页。
4. 法基尔的证词。类似的故事常有，比如米克洛斯·尼伊兹利《奥斯维辛：一个医生的目击叙述》（纽约：弗雷德里克·费尔出版公司，1960），第8章。
5. 克罗德辛斯基《奥斯维辛—比克瑙集中营的石炭酸注射》［1］，113页；克罗德辛斯基的证词说30到40人，切斯瓦·索乌尔的证词说80人，均见朗本《奥斯维辛的过程：记录》［3］，第II卷，767页；关于120个儿童被杀的情况，见恩德·瑙曼《奥斯维辛：针对罗伯特·卡尔·路德维希·穆尔克和其他人的法兰克福法庭审理的报告》（纽约：万神殿出版公司，1966［1965］），152、185页。
6. 舒勒1945年7月20日的证词，见《纽伦堡医学审判卷宗》，第I卷，687页；见684—694页。
7. 霍芬1946年10月24日证人证言，见《纽伦堡医学审判卷宗》，第I卷，685—686页。见尤金·科康《地狱的理论与实践》（纽约：伯克利丛书，1980［1950］），155—163页。
8. 克罗德辛斯基的证词，见朗本《奥斯维辛的过程：记录》［3］，第II卷，584页。
9. 朗本《人在奥斯维辛》［2］，48—51页。
10. 瓦迪斯瓦夫·法基尔在《奥斯维辛第1集中营/主营的医疗卫生服务》，《奥斯维辛文选》II，1:21—22页中提到德国打了败仗对改善集中营医疗卫生的作用。
11. 米克洛斯·尼伊兹利《奥斯维辛：一个医生的目击叙述》（纽约：弗雷德里克·费尔出版公司，1960），53—56页。
12. 克罗德辛斯基《奥斯维辛—比克瑙集中营的石炭酸注射》［1］，103—104页。
13. 同上，109—110页。
14. 克罗德辛斯基的证词，见朗本《奥斯维辛的过程：记录》［3］，第II卷，584页。

15. 费比安目击证词，引自瑙曼《奥斯维辛：针对罗伯特·卡尔·路德维希·穆尔克和其他人的法兰克福法庭审理的报告》［5］，291页。
16. 克罗德辛斯基《奥斯维辛—比克瑙集中营的石炭酸注射》［1］，104—105页。
17. 韦斯目击证词，引自瑙曼《奥斯维辛：针对罗伯特·卡尔·路德维希·穆尔克和其他人的法兰克福法庭审理的报告》［5］，295页。
18. 同上，191—192页。
19. 朗本《人在奥斯维辛》［2］，379—380页。
20. 朗本语，引自戴维斯·M·希尔和L·诺曼·威廉姆斯《奥斯维辛在英国：一场诽谤官司的报告》（纽约：斯坦日日出版公司，1965），155页；关于恩特里斯，也见朗本《人在奥斯维辛》［2］，377—379页。
21. 朗本《人在奥斯维辛》［2］，378页。
22. 同上。
23. 同上。
24. 同上，377—378页。
25. 同上，212—213页。
26. 同上，213页。
27. 同上。
28. 同上。
29. 埃米尔·德·马丁尼语，引自瑙曼《奥斯维辛：针对罗伯特·卡尔·路德维希·穆尔克和其他人的法兰克福法庭审理的报告》［5］，157页。
30. 约翰·保罗·克雷默语，引自瑙曼《奥斯维辛：针对罗伯特·卡尔·路德维希·穆尔克和其他人的法兰克福法庭审理的报告》［5］，161页。
31. 塔德乌什·帕克佐拉语，引自朗本《人在奥斯维辛》［2］，440页。
32. 同上，441—442页。
33. 斯坦斯罗·格洛瓦语，引自瑙曼《奥斯维辛：针对罗伯特·卡尔·路德维希·穆尔克和其他人的法兰克福法庭审理的报告》［5］，184页；亦见137、152、162页。
34. 帕克佐拉语，引自朗本《人在奥斯维辛》［2］，441页。
35. 约瑟夫·法伯语，引自朗本《奥斯维辛的过程：记录》（法兰克福/M：欧洲出版社，1965），第II卷，759页。
36. 法伯语，引自瑙曼《奥斯维辛：针对罗伯特·卡尔·路德维希·穆尔克和其他人的法兰克福法庭审理的报告》［5］，264页。
37. 同上，410页，见412—413、425页；朗本《人在奥斯维辛》［2］，440页；朗本《奥斯维辛的过程：记录》［3］，894—896页。
38. 瑙曼《奥斯维辛：针对罗伯特·卡尔·路德维希·穆尔克和其他人的法兰克福法庭审理的报告》［5］，410页。
39. 卡尔·利尔语，引自朗本《人在奥斯维辛》［2］，440—441页。
40. 斯坦斯罗·格洛瓦语，引自瑙曼《奥斯维辛：针对罗伯特·卡尔·路德维希·穆尔克和其他人的法兰克福法庭审理的报告》［5］，183页。
41. 格洛瓦，同上，185—186页。见塔德乌什·赫尔乌吉、奥托·费比安和路德维希·沃尔的证词，见朗本《人在奥斯维辛》［2］，483—484页。
42. 朗本《人在奥斯维辛》［2］，483页；见格洛瓦基和克罗德辛斯基的证词，见朗本《奥斯维辛的过程：记录》［3］，第II卷，766、768页。

43. 瑙曼《奥斯维辛：针对罗伯特·卡尔·路德维希·穆尔克和其他人的法兰克福法庭审理的报告》［5］，412—413、421—422页。

第15章　试验冲动

1. 医学博士克雷诺娃谈她自己在第10区经历的未发表的证词（布拉格）。
2. 阿德莱德·哈特沃尔《奥斯维辛和拉文斯布吕克的妇女集中营进行的试验的调查》（未发表的证词）以及私人通信。
3. 关于奥斯维辛卖淫的情况，见赫尔曼·朗本《人在奥斯维辛》（维也纳：欧洲出版社，1972），454—455页。
4. 扬·泽恩《卡尔·克劳贝尔格对纳粹集中营女囚罪恶的绝育实验》，见《奥斯维辛笔记》2（1959）：3—31页（关于福尔马林的配方，见16页）。霍斯语引自F·K·考尔《奥斯维辛的医生》（柏林：VEB出版公司，1968），277—278页。
5. 考尔《奥斯维辛的医生》［4］，278页。
6. PIIIh（奥斯维辛）863（伦敦维纳图书馆）。
7. 泽恩《卡尔·克劳贝尔格对纳粹集中营女囚罪恶的绝育实验》［4］，15页。
8. 柏林档案中心：克劳贝尔格。
9. 泽恩《卡尔·克劳贝尔格对纳粹集中营女囚罪恶的绝育实验》［4］，15—16页。参看劳尔·希尔贝格《欧洲犹太人的毁灭》（芝加哥：方庭出版公司，1967［1961］），605—606页。
10. 克劳贝尔格1942年5月30日致希姆莱的信（NO-213），《纽伦堡医学审判卷宗》，第I卷，724—727页。
11. 勃兰特1942年7月10日致克劳贝尔格的信（NO-213），《纽伦堡医学审判卷宗》，第I卷，729页。
12. 波克尼1941年10月致希姆莱的信（NO-35），《纽伦堡医学审判卷宗》，第I卷，713—714页。
13. 波克尼的赦免，见《纽伦堡医学审判卷宗》，第II卷，294页。
14. 克劳贝尔格1943年6月7日致希姆莱的信（NO-212），《纽伦堡医学审判卷宗》，第I卷，730—732页。
15. 朗本《人在奥斯维辛》［3］，386页。
16. 泽恩《卡尔·克劳贝尔格对纳粹集中营女囚罪恶的绝育实验》［4］，26页。
17. PIIIh（奥斯维辛）659（伦敦维纳图书馆）。
18. 菲力普·阿齐兹《制造死亡的医生》（日内瓦：芬尼出版公司，1976），第II卷，236页，参看175、235—237页；泽恩《卡尔·克劳贝尔格对纳粹集中营女囚罪恶的绝育实验》［4］，14、26—27页。
19. 阿齐兹《制造死亡的医生》［18］，第II卷，240—241页。
20. 泽恩《卡尔·克劳贝尔格对纳粹集中营女囚罪恶的绝育实验》［4］，31—32页。
21. 关于克劳贝尔格对自己的不同寻常矮小身材的强调，见朗本《人在奥斯维辛》［3］，387页。
22. 布莱克1941年3月28日致希姆莱的信（NO-203），《纽伦堡医学审判卷宗》，第I卷，720页。
23. G·M·吉尔伯特语，引自约阿希姆·费斯特《第三帝国的面孔：纳粹领导层画像》（纽约：万神殿出版公司，1970［1963］），121页。
24. 迈克尔·H·卡特尔《党卫队“圣遗物”办公处——1935—1945年：对第三帝国政治文化的贡献》（斯图加特：德国出版局，1974），17—24、47—53、227—264页。

25.威利·弗里斯希尔《希姆莱：第三帝国的邪恶天才》（波士顿：灯塔出版公司，1953），28页。

26. 费斯特《第三帝国的面孔：纳粹领导层画像》［23］），116、122页。

27. 布莱克1947年5月的证词，《纽伦堡医学审判卷宗》，第I卷，723—733页。

28. 布莱克1942年6月23日致希姆莱的信（NO-205），《纽伦堡医学审判卷宗》，第I卷，721—722页；希姆莱（勃兰特副署）1942年8月11日致布莱克的信（NO-206），《纽伦堡医学审判卷宗》，第I卷，722页。。

29. 斯坦尼斯洛·克罗德辛斯基《集中营用X光进行"绝育"和阉割：霍斯特·舒曼的犯罪》，《奥斯维辛文选》I，2:61页。

30. 同上，59—63页。

31. 哈特沃尔《奥斯维辛和拉文斯布吕克的妇女集中营进行的试验的调查》［2］。

32. 戴维斯·M·希尔和L·诺曼·威廉姆斯《奥斯维辛在英国：一场诽谤官司的报告》（纽约：斯坦日日出版公司，1965），149—151、178页。

33. 德西雷·哈夫纳（原稿）。

34. 见阿齐兹《制造死亡的医生》［18］，第II卷，183—185页。

35. 希尔和威廉姆斯《奥斯维辛在英国：一场诽谤官司的报告》［32］，18—19页；克罗德辛斯基《集中营用X光进行"绝育"和阉割：霍斯特·舒曼的犯罪》［29］，64—65页。

36. 希尔和威廉姆斯《奥斯维辛在英国：一场诽谤官司的报告》［32］，18—19页。

37. 阿齐兹《制造死亡的医生》［18］，第II卷，229—230页。

38. 同上，228—235页。

39. 同上，235页。

40. 雷内·马克斯，见《斯特拉斯堡的证据：集中营里的大学》（巴黎：优美文学出版社，1954［1947］），251—262页。

41. 希尔贝格《欧洲犹太人的毁灭》［9］，608—609页；约亨·冯·朗（与克劳斯·西比尔合作）编《艾希曼审问：以色列警方抄本》（纽约：法勒、斯特劳斯和吉鲁出版公司，1983），167—175页。

42. 亚历山大·米切利希和弗雷德·米尔克《恶行医生：纳粹医学罪行的故事》（纽约：亨利·舒曼出版公司，1949［1947］），81—89页；希尔贝格《欧洲犹太人的毁灭》［9］，608—609页；卡特尔《党卫队"圣遗物"办公处——1935—1945年：对第三帝国政治文化的贡献》［24］，245—255页。

43. 见尤金·科康《地狱的理论与实践》（纽约：伯克利丛书，1980［1950］），155—167页；米切利希和米尔克《恶行医生：纳粹医学罪行的故事》［42］，4—89页；卡特尔《党卫队"圣遗物"办公处——1935—1945年：对第三帝国政治文化的贡献》［24］，相关各处。

44. 卡特尔《党卫队"圣遗物"办公处——1935—1945年：对第三帝国政治文化的贡献》［24］，245—255页；参看上面注释41的内容。

45. 米切利希和米尔克《恶行医生：纳粹医学罪行的故事》［42］，88—89页；《纽伦堡医学审判卷宗》，第I卷，738—759页。

46. 关于赫特，也见阿齐兹《制造死亡的医生》［18］，第III卷，193—255页；弗雷德里克·凯斯腾《纳粹解剖学教授奥古斯特·赫特的奇异案例》，提交给美国历史学会1985年大会的论文。

47. 朗本《人在奥斯维辛》［3］，398页。

48. 扬·奥尔比里切特《纳粹公共卫生办公室积极参与了奥斯维辛的党卫队管理工作》，《奥斯维辛文选》I，1:188—189页；斯坦斯罗·格洛瓦的证词，见恩德·瑙曼《奥斯维辛：针对罗伯特·卡尔·路德维希·穆尔克和其他人的法兰克福法庭审理的报告》（纽约：万神殿出版公司，1966

［1965］），155页；奥尔比里切特和克罗德辛斯基证词，见赫尔曼·朗本《奥斯维辛的过程：记录》（法兰克福/M：欧洲出版社，1965），第II卷，676—677页。
49.《纽伦堡医学审判卷宗》，第I卷，684—695页；希尔贝格《欧洲犹太人的毁灭》［9］，569—570、602页。
50. 斯坦尼斯洛·克罗德辛斯基《对奥斯维辛集中营囚犯的犯罪性药理学试验》，《奥斯维辛文选》I，2:15—43页；参看扬·米库斯基《对奥斯维辛—比克瑙集中营囚犯身上进行的药理学试验》，见《奥斯维辛笔记》10（1967）：3—18页；奥尔加·伦杰尔《五根烟囱：奥斯维辛故事》（芝加哥：齐夫—戴维出版公司，1947），4、175页。
51. 朗本《人在奥斯维辛》［3］，389页。
52. 扬·泽恩在波兰最高法庭的证词《奥斯维辛党卫队医生J·P·克雷默案例》，《奥斯维辛文选》I，1:233页。
53. “克雷默日记”中1942年9月13日的日记，见《奥斯维辛笔记》13（1971）：42、49页。
54. 泽恩《奥斯维辛党卫队医生J·P·克雷默案例》［52］，211—214页；“克雷默日记”［53］，56—58页（1942年12月3日和4日，1943年1月13日）、64页（1943年6月10日）、69—72页（1943年12月26日；1944年2月24日）。
55. “克雷默日记”［53］，70页（1943年12月26日）。
56. 朗本《人在奥斯维辛》［3］，389页；卡沃斯基证词，见朗本《奥斯维辛的过程：记录》［48］，第II卷，578页；奥尔比里切特《纳粹公共卫生办公室积极参与了奥斯维辛的党卫队管理工作》［48］，187—188页。
57. 施特恩先生证词（巴黎辩护律师）《奥斯维辛的恐怖》（未刊手稿）。
58. 海因茨·舒曼和海因里希·库恩雷希《党卫队在行动：党卫队罪行档案》（第7版修订本，［E.］柏林：德国军事出版社，1964），349页。
59. 门格勒/海法：35（萨拉·赫尼格斯曼）。
60. 奥尔比里切特《纳粹公共卫生办公室积极参与了奥斯维辛的党卫队管理工作》［48］，186页。
61. 耶路撒冷大屠杀纪念馆档案：2039（阿哈龙·贝林医生）。
62. 朗本《人在奥斯维辛》［3］，381—382页。
63. L·西蒙尼斯《以伪医学试验受害者的名义》，见《国际红十字评论》（日内瓦，1973年1月），13页；“国际追踪服务”：“伪医学实验在奥斯威辛—莫诺维茨：电击治疗试验”1973年2月15日。
64. 乔治·韦勒斯和罗伯特·维兹《对集中营中长期营养不良的研究》,《加拿大生物学研究回顾》6（1947）。
65. 巩特尔·舒瓦伯格《布伦霍斯达姆的谋杀：党卫队医生与儿童》（布卢明顿：印地安纳大学出版社，1984［1980］）。
66. 农业部长沃尔特·达尔语，引自罗伯特·塞西尔《主人种族的神话：阿尔弗雷德·罗森伯格与纳粹意识形态》（纽约：多德米德出版公司，1972），144页。

第16章 “党卫队制服中的人”：恩斯特·B

1. 赫尔曼·朗本《人在奥斯维辛》（维也纳：欧洲出版社，1972），357页。
2. 同上，56—60页。
3. 汉斯·布克海姆《命令与服从》，收入赫尔穆特·克劳斯尼克等人《党卫队国家的解剖》（纽约：沃克出版公司，1968［1965］），373页。布克海姆在这里讨论在纳粹环境中避免执行命令的可以接受的理由。

第17章 奥斯维辛医生：约瑟夫·门格勒

1. 恩斯特·施纳贝尔《安妮·弗兰克：一幅勇敢的肖像》（纽约：哈考特/布雷斯出版公司，1958）。
2. 伊拉·莱温《从巴西来的男孩》（纽约：蓝登书屋，1976）；罗尔夫·霍赫胡特《副手》（纽约：格鲁夫出版公司，1964［1963］），31—32页。
3. “寻找门格勒医生”，哈里·里森纳访谈，“60分钟”，1979年3月11日。
4. 赫尔曼·朗本《人在奥斯维辛》（维也纳：欧洲出版社，1972），384—385页。
5. 赫尔穆特·冯·瓦舒尔语，引自本诺·缪勒—希尔《死亡的科学1933-1945：犹太人、吉普赛人的隔离与精神病院》（赖因贝克 b. 汉堡：罗沃尔特出版公司，1984），129页。
6. 约瑟夫·门格勒《四个种族群体的下颌骨前部的种族形态学考察》（慕尼黑大学，1935），发表在《形态学年报》79（1937）：60—117页。
7. 约瑟夫·门格勒《唇腭裂亲属关系研究》，发表在《人类遗传和体质研究杂志》23（1938）
8. 约瑟夫·门格勒《耳病的遗传》发表在《耳科医生》8（1940）：59—60页。
9. 朗本《人在奥斯维辛》［4］，385页。
10. 同上，384页；缪勒—希尔《死亡的科学1933-1945：犹太人、吉普赛人的隔离与精神病院》［5］，72页。
11. 克劳斯·德雷斯基在法兰克福门格勒审判上的作证（未注明时间）。
12. “就约瑟夫·门格勒医生的评价致党卫队全国领袖”，1949年8月19日（柏林档案中心：门格勒）。
13. 阿里·福克斯证词，见贝恩德·瑙曼《奥斯维辛：针对罗伯特·卡尔·路德维希·穆尔克和其他人的法兰克福法庭审理的报告》（纽约：万神殿出版公司，1966［1965］），272页。
14. 奥尔加·伦杰尔《五根烟囱：奥斯维辛故事》（芝加哥：齐夫—戴维出版公司，1947），144页。
15. 维斯瓦·基拉尔《“世界的肛门”：在奥斯维辛/比克瑙的1500个日日夜夜》（纽约：时代书屋，1970），180页。
16. 埃弗雷姆·斯蒂贝姆曼语，引自朗本《人在奥斯维辛》［4］，143页。这一件事也见于玛格丽特·英格兰德《一个母亲的故事》，这是她与弗罗拉·莱塔·舒雷伯合作的《奥斯维辛的门格勒》的第4部分（纽约：《时代》辛迪加，1975年5月4日。）
17. 门格勒/海法：27（托瓦·格鲁恩伯格）；14（埃米尔·赫茨尔）。
18. 英格兰德《一个母亲的故事》［16］。
19. 伦杰尔《五根烟囱：奥斯维辛故事》［14］，144—145页。
20. 同上。
21. 吉塞拉·珀尔《我曾是奥斯维辛的一个医生》（纽约：国际大学出版社，1948），120—121页。
22. 伦杰尔《五根烟囱：奥斯维辛故事》［14］，145页。
23. 英格兰德《一个母亲的故事》［16］。
24. 门格勒/海法：5（阿卢库·斯森迪费）。
25. 门格勒/海法：32（无名氏）。
26. 弗莱堡地方法院1959年6月5日签发的逮捕证（耶路撒冷大屠杀纪念馆档案）。
27. 《美国医学学会学报》106（1936年1月25日）：308页。
28. 同上。

29. 阿尔帕德·哈吉杜（布达佩斯）1972年5月4日在法兰克福门格勒审判上作证词。
30. 米克洛斯·尼伊兹利《奥斯维辛：一个医生的目击叙述》（纽约：弗雷德里克·费尔出版公司，1960），39—40页。
31. 米克洛斯·尼伊兹利1945年7月28日在布达佩斯委员会就被驱逐的匈牙利犹太人的福利情况所作证词。
32. 尼伊兹利《奥斯维辛：一个医生的目击叙述》［30］，59页。
33. 门格勒/海法：29（扎夫·恩斯特·斯皮格尔）。
34. 奥斯维辛展览馆有这部电影的副本。
35. 缪勒—希尔《死亡的科学1933–1945：犹太人、吉普赛人的隔离与精神病院》［5］，129页。
36. 同上。
37. 尼伊兹利《奥斯维辛：一个医生的目击叙述》［30］，60页。
38. 尼伊兹利1945年7月28日在布达佩斯委员会就被驱逐的匈牙利犹太人的福利情况所作证词［31］。
39. 尼伊兹利《奥斯维辛：一个医生的目击叙述》［30］，64—65页。
40. 朗本《人在奥斯维辛》［4］，383页。
41. 英格兰德《一个母亲的故事》［16］。
42. 洛埃特·凡·杜因（笔名）《月亮的另一面：荷兰一个年轻医生在奥斯维辛的生活》（未刊手稿，1980）。
43. 伦杰尔《五根烟囱：奥斯维辛故事》［14］，174页。
44. 尼伊兹利《奥斯维辛：一个医生的目击叙述》［30］，138—139页。
45. 珀尔《我曾是奥斯维辛的一个医生》［21］，122页。
46. 尼伊兹利《奥斯维辛：一个医生的目击叙述》［30］，33页，171页。
47. 门格勒《四个种族群体的下颌骨前部的种族形态学考察》［6］，61页。
48. 尼伊兹利《奥斯维辛：一个医生的目击叙述》［30］，171页。
49. 同上，133页。
50. 霍斯特·冯·格拉森尼帕，1980年8月7日的私人通信。
51. 尼伊兹利《奥斯维辛：一个医生的目击叙述》［30］，137页。
52. 同上，222页。
53. 伦杰尔《五根烟囱：奥斯维辛故事》［14］，145—146页。
54. 同上，146页。
55. 同上。
56. 尼伊兹利1945年7月28日在布达佩斯委员会就被驱逐的匈牙利犹太人的福利情况所作证词［31］。
57. 霍赫胡特《副手》［2］，32页。
58. 伦杰尔《五根烟囱：奥斯维辛故事》［14］，144页。
59. NBC这部电视剧《大屠杀》于1978年在美国播出，次年在西德和其他许多国家播出。德国人对这部电视剧的反应，可看彼得·马塞海姆和伊沃·弗伦策尔《电视剧〈大屠杀〉在德国》（法兰克福/M：S·费舍尔出版公司，1979）和克劳斯·多纳等人编《大屠杀中对精神疾病患者的虐杀：悲惨遭遇的发现》(雷布尔格–洛库姆：精神病学出版社，1980）。
60. 见依据门格勒已经发现的笔记本和他儿子的回忆而来，发表在《彩色周刊》（1985年6月20日至7月28日）的系列文章《关于门格勒》。参看罗伯特·杰伊·利夫顿《什么造成了门格勒这个人？》（《纽约时报杂志》1985年7月25日），16—25页。关于发掘出的尸骨为门格勒的“决定性证据”于1986年3月以牙科记录而确定（《纽约时报》，1986年3月28日，A8版）。

第18章　治疗—杀害之冲突：爱德华·维尔特

1. 朗本《人在奥斯维辛》（维也纳：欧洲出版社，1972），411—412页。
2. 同上，432页。
3. 由鲁尔夫·奥赛尔和汉斯·菲尔斯拍摄的记录片，首先于1975年4月18日在荷兰电视台播出（赫尔曼·朗本告知）。
4. 党卫队结婚申请，1936年11月10日；维尔特1936年11月12日致希姆莱（关于允许结婚事）；1944年7月党卫队提拔文件（柏林档案中心：维尔特）。
5. 关于个人经历信息，参看朗本《人在奥斯维辛》［1］，422—424页。
6. 朗本《人在奥斯维辛》［1］，413—414页。
7. 同上，48—49页。
8. 同上，49—51页。
9. 同上，417—418页。
10. 同上，56—58页。
11. 同上，413页。
12. 同上，415页。
13. 这种自我形象反映在维尔特1945年夏天被英国人拘押期间所写的自白书中。
14. 朗本《人在奥斯维辛》［1］，426页。
15. 同上，426—427页。
16. 卡尔·利尔1946年2月2日致艾伯特·维尔特的信；利尔1976年12月2日致维尔特妻子的信。关于这次疏散，见朗本《人在奥斯维辛》［1］，431页。
17. 朗本《人在奥斯维辛》［1］，427—428页。
18. 同上，428—430页。
19. 霍斯语，引自朗本《人在奥斯维辛》［1］，413—414页。
20. 赫尔曼·朗本《记录》（维也纳：施特恩出版公司，1949），100页。
21. 关于斑疹伤寒试验，见朗本《人在奥斯维辛》［1］，428—430页。
22. 同上，426—427页（加入党卫队的情况）；朗本关于他半个犹太人的解说见《人在奥斯维辛》［1］，19页。
23. 同上，413—414页。
24. 同上，420页；朗本在记录片中的解说［3］。
25. 贝恩德·瑙曼《奥斯维辛：针对罗伯特·卡尔·路德维希·穆尔克和其他人的法兰克福法庭审理的报告》（纽约：万神殿出版公司，1966［1965］），62—66页；朗本《人在奥斯维辛》［1］，485—486页。
26. 记录片［3］。
27. 维尔特1942年9月7日给妻子的信。
28. 同上。
29. 同上。
30. 维尔特1943年7月23日给妻子的信。
31. 维尔特1943年8月24日、9月22日给妻子的信。
32. 维尔特1943年9月22日给妻子的信。

33. 维尔特1944年9月22日、8月24日、11月29日给妻子的信。
34. 维尔特1943年8月24日给妻子的信。
35. 维尔特1943年9月22日给妻子的信。
36. 记录片［3］。
37. 维尔特1944年11月26—27日、12月17—18日给妻子的信。
38. 维尔特1944年12月17日、1945年1月5日给妻子的信。
39. 维尔特1944年11月26—27日、12月17—18日和1945年1月5日给妻子的信。
40. 维尔特1945年1月14日、5月24日和7月15日给妻子的信。
41. 维尔特1944年12月19日给妻子的信。
42. "克雷默日记"，见《奥斯维辛笔记》13（1971）：52页（1942年11月4日）。
43. 维尔特1944年11月29日给妻子的信。
44. 维尔特1945年1月2日给妻子的信。
45. 维尔特1945年1月14日给妻子的信。
46. 记录片［3］.
47. 维尔特1942年9月7日给妻子的信；维尔特的自白书［13］。关于大规模筛选的结束和俄国军队逼近时奥斯维辛的摧毁，见劳尔·希尔贝格《欧洲犹太人的毁灭》（芝加哥：方庭出版公司，1967［1961］），631页；米克洛斯·尼伊兹利《奥斯维辛：一个医生的目击叙述》（纽约：弗雷德里克·费尔出版公司，1960），190—200页。
48. 维尔特1944年11月29日给妻子的信；维尔特1944年12月13日给父母的信。给父母信的内容引自朗本《人在奥斯维辛》［1］，421—422页。
49. 维尔特1943年7月23日给妻子的信。
50. 维尔特1943年8月24日给妻子的信。
51. 维尔特1945年7月24日、1月1日给妻子的信。
52. 维尔特1944年11月27日给妻子的信。
53. 菲利普·穆勒（与赫尔穆特·弗莱塔格合作）《特别行动队：奥斯维辛毒气室的三年》（伦敦：劳特利奇和基根·保罗出版公司，1979），160页。
54. 维尔特1944年11月26日和29日、12月17日、1945年1月5日给妻子的信。
55. 朗本《人在奥斯维辛》［1］，430—431页。
56. 见同上，424—425页。
57. 维尔特的自白书［13］。
58. 维尔特1945年1月13日给妻子的信。
59. 维尔特的自白书［13］。
60. 同上。
61. 维尔特1943年7月23日给妻子的信。
62. 维尔特的自白书［13］。朗本《人在奥斯维辛》［1］，431页。
63. 维尔特的自白书［13］。
64. 维尔特的自白书［13］。
65. 维尔特1944年12月13日给父母的信；第一段见朗本《人在奥斯维辛》［1］，421—422页。
66. 维尔特1945年5月24日给妻子的信。
67. 同上。
68. 维尔特1945年5月24日、7月5日给妻子的信。

69. 维尔特1945年7月15日给妻子的信。

70. 同上。

71. 维尔特的自白书［13］；1944年7月3日对党卫队医生爱德华·维尔特的军事评价；洛林1944年7月5日对维尔特的专业评价（柏林档案中心：维尔特）。

72. 维尔特对尼采关于上帝观点的批注写在飞机时刻表的背面，尼采观点取自弗雷德里希·韦兹巴赫编《尼采：人生的自我评价、信件和报道》（柏林：乔西姆费斯特出版社，1942），44–45页。

73. 莱斯利·H·法伯《意志的各种方式：对意志的心理学和精神病理学分析》（纽约：基本丛书，1966），见第4章。

74. 卡尔·利尔1946年12月2日致艾伯特·维尔特的信。

75. 朗本《人在奥斯维辛》［1］，428页。

76. 利尔1946年12月2日致艾伯特·维尔特的信；卡尔·利尔1976年12月2日致维尔特妻子的信。

77. 同上。

78. 记录片［3］。

79. 艾伯特·维尔特1964年9月12日致法兰克福奥斯维辛审判主席的信。

第19章　双重自我的角色转换：浮士德式的交易

1. 保罗·W·帕鲁伊塞《分裂中分裂了什么？》《门宁格临床报告》39（1975）：1—46页。

2. 同上，46页。参看杰弗里·卢斯特《关于分裂》，见库尔特·艾斯勒等人编《儿童精神分析研究》第19卷（1977），19—54页；查尔斯·里克罗夫特《精神分析精审辞典》（纽约：基本丛书，1968），156—157页。

3. 见皮埃尔·让内《癔病的主要症状》（纽约：麦克米伦出版公司，1907）和《心理治疗》（纽约：麦克米伦出版公司，1923）。参看莱斯顿·黑文斯《大脑探索》（波士顿：小布朗出版公司，1973），34—62页；以及亨利·F·埃伦伯格《无意识的发现》（纽约：基本丛书，1970），364—417页。

4. 西格蒙德·弗洛伊德和约瑟夫·布罗伊尔《癔病研究》，见《弗洛伊德全集标准版本》，詹姆斯·斯特雷奇编辑（伦敦：霍加思出版社，1955［1983—1995］），第II卷，3—305页。

5. 爱德华·格洛弗《大脑的早期发展：精神分析精选论文集》（纽约：国际大学出版社，1956［1943］，第I卷，307—323页。

6. 梅勒尼·克莱因《关于一些精神分裂机制的看法》，收入《国际精神分析杂志》27（1946）：99—110页；以及奥托·F·克恩贝格《边缘状态"综合症"和病态自恋》（纽约：詹森·阿伦森出版公司，1973），3—47页。

7. 亨利·V·代克《得到授权的大屠杀：对一些党卫队杀人者的社会学—心理学研究》（纽约：基本丛书，1972）。

8. 比如看埃里克·埃里克松《身份：青年与危机》（纽约：W·W·诺顿出版公司，1968）；海因茨·科胡特《自我的恢复》（纽约：国际大学出版社，1977）；以及罗伯特·杰伊·利夫顿《断裂之联结：死亡与生命的延续》（纽约：基本丛书，1983［1979］）。

9. 威廉·詹姆斯《宗教经验种种：人类性质研究》（纽约：科利尔出版公司，1961［1902］），144页。

10. 兰克关于这种现象的两项主要研究著作是《替身转换：精神分析研究》（教堂山：北卡罗莱纳大学出版社，1971［1925］），以及《替身转换作为不朽之自我》收入《对心理学的超越》（纽约：多佛出版公司，1958［1941］），62—101页。

11. 兰克《替身转换：精神分析研究》［10］，3—9页；兰克《对心理学的超越》［10］，67—69页。关于《布拉格学生》，见齐格弗里德·克拉考尔《从卡利加里到希特勒：德国电影的心理史》（普林斯顿：普林斯顿大学出版社，1947），28—30页。
12. E·T·A·霍夫曼《失落的倒影》，收入J·M·科恩编《霍夫曼的八个故事》（伦敦，1952）。
13. 兰克《对心理学的超越》［10］，76页。
14. 同上。
15. 关于兰克的“艺术家—主角”，见兰克《对心理学的超越》［10］，97—101页。
16. 兰克《替身转换：精神分析研究》［10］，76页。
17. 同上。
18. 兰克《对心理学的超越》［10］，82页。
19. 迈克尔·弗朗茨·巴史克《对现实的感知与对意义的否定》，收入《精神分析年鉴》（纽约：国际大学出版社，1982）：147页。
20. 拉尔夫·D·艾利森《当“心智之胶”溶解时》，收入HYPNOS-NYTT（1977年12月）。
21. 前两项影响见乔治·B·格里夫斯《多重人格：玛丽·雷诺兹之后165年》，收入《神经和精神疾病杂志》168（1977）：577—596页。弗洛伊德在《自我与本我》中则强调第三种，见《弗洛伊德全集标准版本》，詹姆斯·斯特雷奇编辑（伦敦：霍加思出版社，1955［1923］），第XIX卷，30—31页。
22. 埃伦伯格《无意识的发现》［3］，394—400页。
23. 玛格丽塔·K·鲍威尔斯等人《多重人格理论》，收入《临床和实验性催眠国际杂志》19（1971）：60页。
24. 见利夫顿《断裂之联结：死亡与生命的延续》［8］，407—409页；查尔斯·H·金《杀人青少年中的自我与暴力综合》，收入《美国行为精神病学杂志》45（1975）：142页。
25. 罗伯特·W·里伯《日常生活的精神变态》（未刊手稿）。
26. 詹姆斯·S·格罗特斯坦《折磨中的灵魂：精神病理学的新老观点》，收入《天主教心理学家全国理事会公报》25（1979）：36—52页。
27. 见罗伯特·杰伊·利夫顿《战争为家：既非受害者亦非刽子手的越战老兵》（纽约：基本丛书，1984［1973］）。
28. 鲁道夫·霍斯语，引自汉斯·布克海姆《命令与服从》，收入赫尔穆特·克劳斯尼克等人《党卫队国家的解剖》（纽约：沃克出版公司，1968［1965］），374页。
29. 克里斯汀·德·拉·马泽雷《可俘虏的梦》（纽约：星期六评论出版公司，1974），14页，34页。
30. 约翰·H·汉森《纳粹美学》收入《心理历史学评论》9（1981）：276页。
31. 社会学家维尔纳·皮希特语，引自海因茨·赫内《死亡之首的命令：希特勒的党卫队的故事》（纽约：科沃德—麦肯出版公司，1969［1966］），460—461页。
32. 罗尔夫·霍赫胡特《一个德国爱情故事》（波士顿：小布朗出版公司，1980［1978］），220页。
33. 兰克《对心理学的超越》［10］，68页。
34. 科佩尔·S·平森《现代德国：它的历史与文明》（第二版，纽约：麦克米伦出版公司，1966），1—3页（最后的话出自尼采《超越善恶》）。
35. 罗纳德·格雷《文学中的德国传统，1871—1945》（剑桥：剑桥大学出版社，1965），3、79页。
36. 浮士德语，引自平森《现代德国：它的历史与文明》［34］，3页。
37. 格雷《文学中的德国传统，1871—1945》［35］，1—3页。

38. 瓦尔特·考夫曼《歌德的浮士德》（纽约：双日出版公司，1961），17页。

39. 托马斯·曼《浮士德博士：一个朋友讲述的德国作曲家艾德里安·莱沃库恩的生活》（纽约：阿尔弗雷德·A·克诺夫出版公司，1948［1947］），243页。

40. 同上，249页，308页。

41. 兰克《替身转换：精神分析研究》［10］；参看罗伯特·罗杰斯《文学中替身转换的精神分析研究》（底特律：韦恩州立大学出版社，1970）。

第20章　奥斯维辛自我：角色转换中的心理学主题

1. 保罗·布罗默《新生物学：种族公民身份中的训练》（1933），收入乔治·L·莫斯《纳粹文化：第三帝国的知识分子、文化生活和社会生活》（纽约：格罗塞托和邓拉普出版公司，1968），91—90页。

2. 安东尼·凯宾斯基《“世界的肛门”》，收入《奥斯维辛文选》I，2:2

3. 阿道夫·希特勒《我的奋斗》（波士顿：霍顿·米夫林出版公司，1943［1925—1926］），402页。

4. 苏珊·朗格《头脑：关于人的感觉》第III卷（巴尔的摩：约翰·霍普金斯大学出版社，1982），70页。

5. 同上，83页。

6. 见希特勒《我的奋斗》［3］，398—407页。

7. 罗伯特·杰伊·利夫顿《断裂之联结：死亡与生命的延续》（纽约：基本丛书，1983［1979］），74页。

8. 利奥·亚历山大为亚历山大·米切利希和弗雷德·米尔克《恶行医生：纳粹医学罪行的故事》所写的序言（纽约：亨利·舒曼出版公司，1949［1947］），xxxii页。

9. 埃里克·埃里克松《人之仪式化的个体发生》，收入《伦敦皇家学会的哲学会报》251（B系列［1966］）：343页。

10. 克里福德·格尔茨《文化的各种解说：论文精选》（纽约：基本丛书，1973），114页。

11. 埃里克松《人之仪式化的个体发生》［9］，339页，345页。

12. M·辛格语，引自格尔茨《文化的各种解说：论文精选》［10］，113页。

13. 多萝西娅·利语，引自朗格《头脑：关于人的感觉》［4］，59页。

14. 罗伯特·杰伊·利夫顿《战争为家：既非受害者亦非刽子手的越战老兵》（纽约：基本丛书，1984［1973］），第2、5和6章。

15. 朗格《头脑：关于人的感觉》［4］，79页。

16. 赫尔曼·劳施宁《希特勒如是说：与阿道夫·希特勒就他的真实目的进行的一系列政治交谈》（伦敦：T·巴特沃斯出版公司，1939），222页。

17. 罗伯特·塞西尔《主人种族的神话：阿尔弗雷德·罗森伯格与纳粹意识形态》（纽约：多德米德出版公司，1972），147页。

18. 同上。

19. 海因茨·赫内《死亡之首的命令：希特勒的党卫队的故事》（纽约：科沃德—麦肯出版公司，1969［1966］），147页。

20. 希姆莱语，引自菲力克斯·克斯滕《菲力克斯·克斯滕回忆录》（赫玛·布里法尔德编）（纽约花园城：双日出版公司，1947），151页。

21. 托马斯·曼《浮士德博士：一个朋友讲述的德国作曲家艾德里安·莱沃库恩的生活》（纽约：阿尔

弗雷德・A・克诺夫出版公司，1948［1947］），366—367页。

22. 希姆莱语，引自露西・S・杜威多韦兹《针对犹太人的战争，1933—1945》（纽约霍尔特：莱因哈特与温斯顿出版公司，1975），149页。

23. 希姆莱语，引自罗杰・曼维尔和海因里希・弗伦克尔《海因里希・希姆莱》（伦敦：海涅曼出版公司，1965），135—136页。

24. 卡尔・亨尼克对他上级官员的形容，引自劳尔・希尔贝格《欧洲犹太人的毁灭》（芝加哥：方庭出版公司，1967［1961］），215页；汉斯・布克海姆《命令与服从》，收入赫尔穆特・克劳斯尼克等人《党卫队国家的解剖》（纽约：沃克出版公司，1968［1965］），328页（"犯罪原因"）。

25.希姆莱语（1944年5月），引自布克海姆《命令与服从》［24］，366页。

26. 希尔贝格《欧洲犹太人的毁灭》［24］，215—216页；赫内《死亡之首的命令：希特勒的党卫队的故事》［19］，363页。

27. 希尔贝格《欧洲犹太人的毁灭》［24］，243页；赫内《死亡之首的命令：希特勒的党卫队的故事》［19］，544—545页。

28. 赫内《死亡之首的命令：希特勒的党卫队的故事》［19］，363页。

29. 见布克海姆《命令与服从》［24］，334—343页。

30. 维尔纳・贝斯特语，引自马丁・布鲁斯扎特《1933—1945年的集中营》，收入克劳斯尼克等人《党卫队国家的解剖》［24］，427页。

31. 罗纳德・格雷《文学中的德国传统，1871—1945》（剑桥：剑桥大学出版社，1965），81—82页（关于贝恩和海德格尔）。

32. 詹姆斯・H・麦克兰德《狼的轨迹：国家社会主义和它的领袖阿道夫・希特勒》（埃文斯顿：西北大学出版社，1965），125页。汉娜・阿伦特铸造了"冰冷的逻辑"一词，但她注意到希特勒本人"喜欢"使用""人类逻辑的冰冷"（《恐怖之下的意识形态》，［慕尼黑：皮佩出版公司，1953］），244页。

33. 利夫顿《断裂之联结：死亡与生命的延续》［7］，222—238页。参看丹尼尔・施雷贝《我神经疾症的回忆》（艾达・梅库尔佩恩和理查德・H・亨特编）（伦敦：威廉・道森出版公司，1955）；以及哈罗德・F・瑟尔斯《精神分裂症及相关问题论文精选》（纽约：国际大学出版社，1965）。

34. 罗伯特・杰伊・利夫顿《思想改造与极权主义心理学》（纽约：W・W・诺顿出版公司，1963），427—429页。

35. 丹尼尔・加斯曼《国家社会主义的科学角度起源：恩斯特・海克尔的社会达尔文主义与德国一元论者联盟》（纽约：爱思唯尔出版社，1971），150页。

36. 同上，157页。

37. 同上，9—40页。

38. E・E・伊万斯—帕里切特《非洲科学的逻辑与巫术》，收入马克斯・马威克编《巫术与魔法：精选读本》（巴尔的摩：企鹅出版公司，1970），327页。

39. 关于心理麻木和麻木的暴力，见罗伯特・杰伊・利夫顿《生中之死：广岛幸存者》（纽约：基本丛书，1983［1968］）；利夫顿《战争为家：既非受害者亦非刽子手的越战老兵》［14］；利夫顿《自我生命：走向一种新的心理学》（纽约：基本丛书，1983［1976］）；以及利夫顿《断裂之联结：死亡与生命的延续》［7］。

40. 亚历山大・米切利希和玛格丽特・米切利希《无力忧伤》（纽约：格罗夫出版公司，1975［1967］）。

41. 海因里希・珀西瓦尔・莱克—马莱兹文《绝望之人的日记》中一个纳粹空军朋友的来信（纽约：麦

克米伦出版公司，1970），89页。关于相关的“坚强”观念，见布克海姆《命令与服从》［24］，334—343页。

42. 关于“这是元首的意愿”的理解，见杰拉尔德·弗莱明《希特勒与“最后解决”》（伯克利：加州大学出版社，1984［1982］），尤其是126—139页。

43. 保罗·希贝尔《面对大屠杀的道德意味》，收入《社会教育》42（1978）：275页；希尔贝格《欧洲犹太人的毁灭》［24］，216页。

44. 希贝尔《面对大屠杀的道德意味》［43］，273页。

45. 霍斯语，引自布克海姆《命令与服从》［24］，374页。

46. 弗雷德·E·卡茨《大屠杀的社会学考察》，收入《现代犹太主义》2（1982）：280页。

47. J·P·施特恩《希特勒：元首与人民》（格拉斯哥：丰塔纳—柯林斯出版公司，1971），70—71页。

48. 引自莱克—马莱兹文《绝望之人的日记》中一个纳粹空军朋友的来信。

49. 塞西尔《主人种族的神话：阿尔弗雷德·罗森伯格与纳粹意识形态》［17］，2—3页。

50. 朗格《头脑：关于人的感觉》［4］，79—80页。

51. 杰弗里·科克斯《心智与卍：1935—1945年“新德国的灵魂救赎”》（博士学位论文，洛杉矶，加州大学，1975），332—333页。

52. 迈克尔·卡特尔《威廉敏娜和魏玛德国时期医生的专业化和社会化》，收入《当代史杂志》20（1985）：677—701页。

53. 库尔特·布洛梅《挣扎之中的医生》（莱比锡：J·A·巴斯出版公司，1942）。

54. 约阿希姆·费斯特《第三帝国的面孔：纳粹领导层画像》（纽约：万神殿出版公司，1970［1963］），542页。

55. 斯蒂芬·莱布弗里德和弗洛莱恩·台尼斯蒂德《职业禁止和社会政策：1933年纳粹夺权对于医疗保险管理和特约医生的影响》（不来梅：不来梅大学，1981）。

56. 希尔贝格《欧洲犹太人的毁灭》［24］，635页。

57. 鲁道夫·霍斯《奥斯维辛司令官：鲁道夫·霍斯自传》（克利夫兰：世界出版公司，1959［1951］），121页。

58. 尤金·科康《地狱的理论与实践》（纽约：伯克利丛书，1980［1950］），142、150页。

59. 见巩特尔·舒瓦伯格《布伦霍斯达姆的谋杀：党卫队医生与儿童》（布卢明顿：印地安纳大学出版社，1984［1980］）。

60. 亚历山大·米切利希，私人通信。

61. 米克洛斯·尼伊兹利语，引自利昂·波利亚科夫《奥斯维辛》（巴黎：雷尼·朱利亚尔出版公司，1964），115页。

62. 洛伦·艾斯利《人：致命因素》（未刊手稿）。

63. 弗朗茨·汉布格尔教授语，在纳粹控制的维也纳医学会成立大会上的讲话，报道见《美国医学学会学报》112（1939）：1982页。

64. 威廉·赖安《责备受害者》（修订版，纽约：收获出版公司，1976）。

65. 希特勒1939年1月30日对国会的讲话，引自杜威多韦兹《针对犹太人的战争，1933—1945》［22］，106页。

66. 利夫顿《断裂之联结：死亡与生命的延续》［7］，302—334页。

67. 霍斯《奥斯维辛司令官：鲁道夫·霍斯自传》［57］，142—146页。

68. 见米尔恰·伊利亚德《神圣与世俗：宗教的性质》（纽约：哈考特/布雷斯出版公司，1959

［1957］），29—32页。

69. 朗格《头脑：关于人的感觉》［4］，181页。

70. 艾斯利《人：致命因素》［62］，引自利夫顿《断裂之联结：死亡与生命的延续》［7］，292、297页。

71. 利夫顿《战争为家：既非受害者亦非刽子手的越战老兵》［14］，第6章。

72. 斯蒂芬·库尔《核废话》，见《外交政策》20（1985年春季号）：28—52页。

第21章　种族灭绝

1. 托马斯·曼《浮士德博士：一个朋友讲述的德国作曲家艾德里安·莱沃库恩的生活》（纽约：阿尔弗雷德·A·克诺夫出版公司，1948［1947］），223页。

2. 利奥·库培尔《种族灭绝：它在20世纪的政治使用》（纽黑文：耶鲁大学出版社，1981），19—23、210—214页。

3. 同上，22页。

4. 罗伯特·杰伊·利夫顿《断裂之联结：死亡与生命的延续》（纽约：基本丛书，1983［1979］）。

5. 乔治·克伦《心理历史学、心理传记与大屠杀》，见《心理历史学杂志》13（1984）：40—45页；伊斯雷尔·W·沙尔尼《对种族灭绝心理学的一个贡献：我们害怕自己死亡而让他人牺牲》，见《以色列人权年鉴》10（1980）：98、102—103页。参看沙尔尼（与沙农·拉帕波特合作）《我们怎样才能去做那难以置信之事——种族灭绝这人类之癌？》（博尔德：维斯特维尔出版公司，1982）。

6. 西奥多·H·冯·劳厄《阿道夫·希特勒：表现主义者与反动分子》（未刊手稿）。

7. 弗里茨·施特恩《文化绝望的政治学：日耳曼意识形态兴起的研究》（伯克利：加州大学出版社，1961），33页。

8. 见约翰·H·汉森《纳粹美学》收入《心理历史学评论》9（1981）：251—281页。

9. 罗伯特·塞西尔《主人种族的神话：阿尔弗雷德·罗森伯格与纳粹意识形态》（纽约：多德米德出版公司，1972），93页。

10. 歌德《艺术与古物》，转引自埃里希·赫勒《被剥夺继承的头脑：关于现代德国文学和思想》（第三版，纽约：巴尔内斯和诺贝尔出版公司，1971），101页。关于集体行为，见罗伯特·杰伊·利夫顿《谈心理历史学》，收入利夫顿和埃里克·奥尔逊合编《心理历史学的探讨：韦尔弗利特论文》（纽约：西蒙和舒斯特出版公司，1974），21—41页。

11. 冯·劳厄《阿道夫·希特勒：表现主义者与反动分子》（未刊手稿）。

12. 托马斯·曼《弗雷德里克与大联盟》（1915），转引自格雷《文学中的德国传统，1871—1945》（剑桥：剑桥大学出版社，1965），39—40页。

13. 同上，48—49页。

14. 韦伯1915年4月的信，转引自格雷《文学中的德国传统，1871—1945》［12］，37页。

15. 迈内克语，引自冯·劳厄《阿道夫·希特勒：表现主义者与反动分子》［6］。

16. 恩斯特·琼斯《西格蒙德·弗洛伊德的生平与研究》（纽约：基本丛书，1955），第II卷，171—172页。

17. 格雷《文学中的德国传统，1871—1945》［12］，49页；希尔顿·克雷默《马克斯·贝克曼艺术的重新发现》，见1984年8月19日《纽约时报杂志》，28—34页。

18. 阿道夫·希特勒《我的奋斗》（波士顿：霍顿·米夫林出版公司，1943［1925—1926］），161、

435页。

19. 瓦亨・N・德里安《土耳其医生在一战对奥斯曼亚美尼亚人的种族灭绝中所起的作用》，见《大屠杀和种族灭绝研究》1（1986）；德里安《种族灭绝亚美尼亚人和种族灭绝犹太人的一些共同特征：受害学角度的比较》，收入伊斯雷尔・德雷普金和埃米利奥・维亚诺《受害学：一个新的焦点》第IV卷（列克星敦：D・C・希思出版公司，1974），99—120页。参看海伦・法因《种族灭绝的叙述：大屠杀的受害—幸存者》（纽约：自由出版公司，1979），10—18页。
20. 以赛亚・伯林《国家主义：过去的忽视与今天的力量》，见《党派评论》46（1979）：337—358页。
21. 同上。
22. 马丁・鲍曼1940年2月22日致阿尔弗雷德・罗森伯格的信，转引自科佩尔・S・平森《现代德国：它的历史与文明》（第二版，纽约：麦克米伦出版公司，1966），497页。
23. 冯・劳厄《阿道夫・希特勒：表现主义者与反动分子》［6］。
24. 国家主义政治家汉斯・施兰格—舒诺宁恩语（1948），转引自平森《现代德国：它的历史与文明》［22］，500页。
25.帝国总统秘书（处于艾伯特、兴登堡和希特勒之下）奥托・迈斯纳语，转引自平森《现代德国：它的历史与文明》［22］，500页。
26. 格雷《文学中的德国传统，1871—1945》［12］，48—49页。
27. 罗伯特・维斯蒂里希《纳粹德国名人录》（纽约：麦克米伦出版公司：1982），162页。
28. 罗伯特・杰伊・利夫顿《思想改造与极权主义心理学》（纽约：W・W・诺顿出版公司，1963），第22章。
29. 维尔纳・松巴特语，引自平森《现代德国：它的历史与文明》［22］，502页。
30. 维尔纳・贝斯特语，引自马丁・布鲁斯扎特《1933—1945年的集中营》，收入克劳斯尼克等人《党卫队国家的解剖》（纽约：沃克出版公司，1968［1965］），426—427页。
31. 乔治・韦博德《帝国作为德国之使命》（1934），转引自卡尔・迪特里希・布拉《德国专制：国家社会主义的起源、结构和效果》（纽约：普雷格出版公司，1970［1969］），251页。
32. 希特勒《我的奋斗》［18］，442—451页。
33. 瓦尔特・弗兰克教授语（1936），引自塞西尔《主人种族的神话：阿尔弗雷德・罗森伯格与纳粹意识形态》［9］，150页。
34. 见德里安《土耳其医生在一战对奥斯曼亚美尼亚人的种族灭绝中所起的作用》和《种族灭绝亚美尼亚人和种族灭绝犹太人的一些共同特征：受害学角度的比较》［19］。
35. 古斯塔夫・梅菲森语，引自平森《现代德国：它的历史与文明》［22］，13—140页。
36. 同上，483—484页。
37. 海因里希・珀西瓦尔・莱克—马莱兹文《绝望之人的日记》（纽约：麦克米伦出版公司，1970［1966］），65页。
38. 关于“帝国”的观念，见乌列・塔勒《大屠杀之前纳粹主义的“政治信仰”》（特拉维夫大学当代犹太史雅各和肖松尼・施赖伯年度讲座，1978），24页；以及《纳粹主义作为一种政治信仰》，见《耶路撒冷季刊》15（1980）：70—90页。
39. 莱克—马莱兹文《绝望之人的日记》中一个纳粹空军朋友的来信（纽约：麦克米伦出版公司，1970）［37］，87—89页。
40. 弗里茨・伦茨《人之精选与种族卫生》（慕尼黑：J・F・莱曼斯出版公司，1923），337页。
41. 诺贝尔物理学奖获得者菲利普・莱纳德语，引自艾伦・D・拜尔岑《希特勒时代的科学家：第三帝国的政治与物理学界》（纽黑文：耶鲁大学出版社，1977），131页。

42. 赫勒《被剥夺继承的头脑：关于现代德国文学和思想》［10］，101—104页。

43. 德里安《土耳其医生在一战对奥斯曼亚美尼亚人的种族灭绝中所起的作用》［19］。

44. 雨果・巴尔语，引自约翰・H・汉森《对欧洲先锋派的心理历史学考察》（未刊手稿）。

45. 同上。

46. 汉森《纳粹美学》［8］，252页（关于古代祭仪）。关于党卫队，见海因茨・赫内《死亡之首的命令：希特勒的党卫队的故事》（纽约：科沃德—麦肯出版公司，1969［1966］），461页；参看第6章。

47. 汉森《纳粹美学》［8］，260—261页。

48. 戈培尔语，引自罗尔夫・霍赫胡特《一个德国爱情故事》（波士顿：小布朗出版公司，1980［1978］），18页。

49. 希特勒语，引自埃伯哈德・雅克尔《希特勒的世界观：一张权力的蓝图》（康涅狄格州米德尔顿：卫斯理大学出版社，1972［1969］），54、131页注释17。

50. 希姆莱语，引自汉斯・布克海姆《命令与服从》，收入克劳斯尼克等人《党卫队国家的解剖》［30］，338页。

51. 我在《断裂之联结：死亡与生命的延续》［4］314—315页讨论了宗教牺牲这个概念。

52. 罗伯特・S・戈特弗里德《黑死病：中世纪欧洲的自然疾病与人类疾病》（纽约：西蒙和舒斯特出版公司，1979），52—53、68—69、73—74页。

53. 阿道夫・莱舒尼茨《现代反犹主义的魔法背景：对德国与犹太人关系的分析》（纽约：国际大学出版社，1969［1956］），99、112—120页，221页注释7。参看雅克尔《希特勒的世界观：一张权力的蓝图》［49］；鲁道夫・比尼恩《德国人中的希特勒》（纽约：爱思唯尔出版社，1976）；凡伯托・莫雷斯《反犹太主义简史》（纽约：W・W・诺顿出版公司，1976）。

54. 赫尔曼・格拉泽《国家社会主义的文化根源》（伦敦：克鲁姆/黑尔姆出版公司，1978），79页。

55. 同上，220、225—226页；保罗・德・拉加德语，引自施特恩《文化绝望的政治学：日耳曼意识形态兴起的研究》［7］，62—63页。

56. 格拉泽《国家社会主义的文化根源》［54］，224页。

57. 赫尔曼・利茨语，引自乔治・莫斯《国家社会主义的神秘来源》，见《观念史杂志》22（1961）：94—95页。

58. 格拉泽《国家社会主义的文化根源》［54］，197页。

59. 同上，126—127页。

60. 利昂・波利亚科夫《反犹主义史：从基督时代到现代早期》（纽约：先锋出版公司，1965），216—226页。

61. 埃里克・埃里克松《年轻人路德：精神分析与历史研究》（纽约：W・W・诺顿出版公司，1958），第6章。

62. W・波姆伯格语，引自格拉泽《国家社会主义的文化根源》［54］，197页。

63. 同上，221—222页。

64. 维尔纳・莱勃兰特证词，见《纽伦堡医学审判卷宗》第1卷，81页。

65. 劳尔・希尔贝格《欧洲犹太人的毁灭》（芝加哥：方庭出版公司，1967［1961］），262—263页。

66. 与劳尔・希尔贝格和耶胡达・鲍尔的私人通信。晚近相关讨论，见索尔・弗里德兰德为弗莱明《希特勒与"最后解决"》（伯克利：加州大学出版社，1984［1982］）所写的序言，vii-xxxiii页；以及克里斯托夫・R・布朗宁《厄运之月：关于"最后解决"的出现》（纽约：福尔摩斯与迈耶出版公司，1985）。

67. 希特勒《我的奋斗》［18］，257页。

68. 见布克海姆《命令与服从》［50］，362页；赫内《死亡之首的命令：希特勒的党卫队的故事》［46］，309—329页。

69. 米尔恰·伊利亚德《萨满教：迷狂的古老技术》（普林斯顿：普林斯顿大学出版社，1972［1951］），184—189页。参看诺曼·科恩《种族灭绝的理由：犹太人世界阴谋和犹太人长者议定的神话》（加州奇科：学者出版公司，1981［1967］）。

70. 乔治·L·莫斯《战争与自然的拨款》，收入沃克·R·伯格哈恩和马丁·凯切编《全面战争时代的德国》（托托瓦：巴尔内斯和诺贝尔出版公司，1981），107页。

71. 阿尔弗雷德·包姆勒语，引自乔治·L·莫斯《友爱与国家地位：关于国家社会主义的承诺与失败》，见《当代史杂志》17（1982）：363页。

72. 乔治·L·莫斯《死亡、时间与历史》，见《大众与人：国家主义者和法西斯主义者对现实的感知》（纽约：费尔蒂希出版公司，1980），71—73页。

73. 玛丽·道格拉斯《纯洁与危险：对污染和腐烂概念的分析》（伦敦：劳特利奇和基根·保罗出版公司，1978［1966］），5、13—18、59页。

74. 同上，34—35页。

75. 同上，173页。

76. 利夫顿《断裂之联结：死亡与生命的延续》［4］，305—306页。

77. 弗里茨·施特恩《金与铁：俾斯麦、布雷施劳德和德意志帝国的建造》（纽约：阿尔弗雷德·A·克诺夫出版公司，1977），xviii页。

78. 道格拉斯《纯洁与危险：对污染和腐烂概念的分析》［73］，29页。

79. 詹姆斯·H·麦克兰德《狼的轨迹：国家社会主义和它的领袖阿道夫·希特勒》（埃文斯顿：西北大学出版社，1965），134、137页。

80. 莫斯《死亡、时间与历史》［72］，72页。

81. 汉斯·洛尔《论医学在国家社会主义国家中的地位和作用》（1935），转引自乔治·L·莫斯《纳粹文化：第三帝国的知识分子、文化生活和社会生活》（纽约：格罗塞托和邓拉普出版公司，1968），234页。

82. 道格拉斯《纯洁与危险：对污染和腐烂概念的分析》［73］，69页。

83. 同上，102页。

84. 杰弗里·W·康拉德和亚瑟·A·德马雷斯特《宗教与帝国：阿兹特克和印加扩张主义的动力》（英国剑桥：剑桥大学出版社，1984），38、41页。（后面的引语取自米格尔·利昂—波尔蒂拉。）

85. 同上，41页。

86. 同上，44页。

87. 苏珊·朗格《头脑：关于人的感觉》第III卷（巴尔的摩：约翰·霍普金斯大学出版社，1982），193页。参看雅克·苏斯泰尔《阿兹特克人的日常生活：西班牙征服的前夕》（纽约：麦克米伦出版公司，1962），98—99页。

88. 约瑟夫·德·迈斯特雷《圣彼得堡对话》，见杰克·莱夫利编《约瑟夫·德·迈斯特雷著述》（纽约：麦克米伦出版公司，1965），253页。

89. 关于这些及相关的问题，见海厄姆·麦科比《神圣的刽子手：人类献祭和罪孽的遗赠》（纽约：泰晤士和哈德逊出版公司，1982）；诺曼·O·布朗《结束时间》（纽约：蓝登书屋，1973），35页及其后；沃尔特·伯克特《人科杀戮者:古希腊献祭仪式与神话的人类学》（伯克利：加州大学出版社，1984）以及罗伯特·帕克的评论（《泰晤士文学增刊》1984年6月15日），654页。

90. 格拉泽《国家社会主义的文化根源》［54］，79页。

91. 麦克兰德《狼的轨迹：国家社会主义和它的领袖阿道夫·希特勒》［79］，135页；伊利亚德《萨满教：迷狂的古老技术》［69］，99页。

92. 尼采《人性的、太人性的》，转引自格雷《文学中的德国传统，1871—1945》［12］，23页。见汉斯·科恩《德国的头脑》（纽约：查尔斯·斯克里布纳出版公司，1960），217—221页。

93. 尼采《权力意志》（沃尔特·考夫曼编），（纽约：先锋出版公司，1968），29页。

94. 同上，135页。

95. “瓦格纳之例”，见沃尔特·考夫曼编《尼采基本著述》（纽约：现代图书馆出版公司，1968），775页。

96. 尼采《权力意志》［93］，224页。

97. 戴维·P·博德《纳粹科学》，见《20世纪心理学》（菲力普·劳伦斯·哈里曼编），（纽约：哲学图书馆出版公司，1946），11—22页。

98. 杰弗里·科克斯《第三帝国的精神治疗：戈林研究所》（纽约和牛津：牛津大学出版社，1985），127—135页。

99. 罗森伯格语，引自汉森《纳粹美学》［8］，274页。

100. 罗伯特·杰伊·利夫顿《多变之人》，见《普通精神病学文档》24（1971）：298—304页；利夫顿《断裂之联结：死亡与生命的延续》［4］，29、129、296—297页，393—394页；利夫顿《边界：革命中的心理男性》（纽约：先锋出版公司，1971［1970］）。

101. 关于这个神秘群体，见格拉泽《国家社会主义的文化根源》［54］，97页；塔勒《大屠杀之前纳粹主义的“政治信仰”》［38］；麦克兰德《狼的轨迹：国家社会主义和它的领袖阿道夫·希特勒》［79］，136—137页。

102. 见艾伯特·施佩尔《身处第三帝国：回忆录》（纽约：麦克米伦出版公司，1970），444—460页。

103. 塞西尔《主人种族的神话：阿尔弗雷德·罗森伯格与纳粹意识形态》［9］，94页。

104. 伯纳德·J·戈特利布和亚历山大·博格《四百年德国医学之面貌》（柏林：伦布兰特出版公司，1942），3页。

105. 见利夫顿《断裂之联结：死亡与生命的延续》［4］，340—341页；利夫顿（与理查德·法尔克合著）《不能防卫的武器：反驳核武主义的政治与心理例证》（纽约：基本丛书，1982）。

106. 乔治·桑塔亚那语，引自平森《现代德国：它的历史与文明》［22］，4页注释。

107. 苏珊·桑塔格《疾病作为政治隐喻》，见《纽约图书评论》（1978年2月23日），29—35页。

108. 一个“青年土耳其”活动人士的话，引自库培尔《种族灭绝：它在20世纪的政治使用》［2］，91页。

109. 埃里克·沃尔夫语，引自库培尔《种族灭绝：它在20世纪的政治使用》［2］，40页。

110. 德里安《土耳其医生在一战对奥斯曼亚美尼亚人的种族灭绝中所起的作用》［19］。

111. 艾弗里·魏斯曼和托马斯·哈克特《嗜好死亡：作为精神病学问题的死亡和濒临死亡》，见《身心医学》33（1961）。

112. 罗尔夫·霍赫胡特《一个德国爱情故事》（波士顿：小布朗出版公司，1980［1978］），157—160页。

113. 拜尔岑《希特勒时代的科学家：第三帝国的政治与物理学界》［41］，79—167页；科克斯《第三帝国的精神治疗：戈林研究所》［98］，127—135页。

114. 卡尔·施特恩《火柱》（纽约：哈考特出版公司，1951），153页。

115. 奥托·韦宁格《性与性格》（第6版，纽约：普特南出版公司，1906），328页，见第8章。

116. 本诺·缪勒—希尔《死亡的科学1933–1945：犹太人、吉普赛人的隔离与精神病院》（赖因贝克 b. 汉堡：罗沃尔特出版公司，1983），90页。

117. 博德《纳粹科学》［97］，13—22页。

118. 沃尔特·舍伦贝格《迷宫：回忆录》（纽约：哈珀出版公司，1956），170页。

119. 希姆莱语，引自赫尔曼·朗本《人在奥斯维辛》（维也纳：欧洲出版社，1974），320页。

120. 关于饮酒与麻木，见朗本《人在奥斯维辛》［119］，337—338页。

121. 希尔贝格《欧洲犹太人的毁灭》［65］，629页。

122. 施佩尔《身处第三帝国：回忆录》［102］，212页，524页。

123. 杰弗里·赫夫《反动的现代主义：魏玛和第三帝国的技术、文化与政治》（英国剑桥：剑桥大学出版社，1984），71页；克劳斯·斯韦莱特《人类的幻想》两卷本，（赖因贝克 b. 汉堡：罗沃尔特出版公司，1980［1977］）。

124. 威廉·巴雷特《技术的幻觉：在一种技术文明中寻找意义》（纽约：锚定出版公司，1978），xiv页；参看雅克·埃卢尔《技术社会》（纽约：阿尔弗雷德·A·克诺夫出版公司，1964）和《技术体系》（纽约：连续统一体出版公司，1980）。

125. 罗伯特·杰伊·利夫顿《战争为家：既非受害者亦非刽子手的越战老兵》（纽约：基本丛书，1984［1973］），349页。

126. 利夫顿《断裂之联结：死亡与生命的延续》［4］，369—387页；利夫顿（与理查德·法尔克合著）《不能防卫的武器：反驳核武主义的政治与心理例证》［105］.

127. 对于这种态度，"承担社会责任的计算机专业人员"的三个成员有一种可称为来自内部的高雅批评，见雷德·西蒙、凯伦·所罗门和丹·卡恩斯的《"智能"武器的危险》（《波士顿环球报》，1984年7月29日，39页）。

128. 巴雷特《技术的幻觉：在一种技术文明中寻找意义》［124］，8页。

129. 赫夫《反动的现代主义：魏玛和第三帝国的技术、文化与政治》［123］，71—72页。

130. 马克斯·韦伯语，引自马丁·格林《李希霍芬姐妹：爱情的成功与悲剧模式》（纽约：基本丛书：1974），152页。

131. 欧文·雅尼《群体思维：外交政策决定与惨败的心理学分析》（波士顿：霍顿·米夫林出版公司，1972）。

132. 保罗·希贝尔《面对大屠杀的道德意味》，收入《社会教育》42（1978）：272—276页；劳尔·希尔贝格《欧洲犹太人的毁灭》（三卷本增补版，最终定稿本，纽约：福尔摩斯与迈耶出版公司，1985），407—416页。

133. 艾伦·罗森伯格《种族灭绝的世界：理解大屠杀的一个框架》，见《欧洲犹太主义》13（1979）：29—34页。

134. 见利夫顿《断裂之联结：死亡与生命的延续》［4］，38页。

135. 迈克尔·巴史克《"自我"的概念》，见本杰明·利和吉尔·诺姆编《理解"自我"的发展》（纽约：普利勒姆出版公司，1983），7—58页，尤其是52页。

136. 西奥多·W·阿多诺等人《独裁主义人格》（纽约：哈珀出版公司，1952）。大卫·C·麦克利兰指出，德国相对突出的服从权威来自"个人服从公共利益这种良性强调的过度"（《美国与德国：民族性格的比较研究》），见麦克利兰《意识的根源》（普林斯顿：范诺丝丹出版公司，

1964），62—69页。

137. 哈罗德·奥伦斯《一座美国死亡营》，见《政治学》5（1948）：162—167页。

138. 埃利亚斯·卡内蒂《人群与权力》（纽约：维金出版公司，1962），443页；见227—230页。

139. 利夫顿《多变之人》［100］；利夫顿《断裂之联结：死亡与生命的延续》［4］；利夫顿《边界：革命中的心理男性》［100］。

140. 巴雷特《技术的幻觉：在一种技术文明中寻找意义》［124］，101—106页。

后记

1. 埃里克·埃里克松《进化与发展的一些考虑》，见莱斯特·格林斯普恩编《漫长黑暗：核冬天的心理和道德后果》（纽黑文：耶鲁大学出版社）。

2. 迈克尔·弗朗茨·巴史克《移情之理解：对这个概念的考察和一些理论考虑》，见《美国精神分析学会杂志》31（1983）：101—126页；以及私人通信。

3. 洛伦·艾斯利《人：致命因素》（未刊手稿）。

索 引

（索引页码为英文原版页码）

A

B

C

D

E

F

G

H

I

J

K

L

M

N

O

P

Q

R

S

T

U

V

W

X

致 谢

我最深的感谢要送给纳粹死亡营的幸存者们，我访谈了他们之中的许多人，但在这里只能提到一部分人的名字。正是这些人，携带着我们所有人都必须去面对可怕的真相，他们对我这项研究的贡献，对我生命的贡献，是难以言表的。

我特别感谢利奥·艾廷格（Leo Eitinger），他不遗余力地教我懂得了奥斯维辛和更多的东西；劳尔·希尔贝格，他一直给我以忠告、信息和启发，并让我仔细阅读他真知灼见的手稿，这样的特权是没有几个写作者能享受得到的；在这项工作中从始至终给我以强大支持和智慧建议的埃利·威塞尔（Elie Wiesel）。

在美国和世界其他地方，许多人与我进行了富有价值的讨论和各种形式的安排帮助，他们中有：欧文·H·艾克卡奈切特（Erwin H.Acherknecht）、利奥·亚历山大（Leo Alexander）（他向我提供了他的许多早期材料）、阿蒙·埃米尔（Ammon Amir）（他把他关于纳粹“安乐死”的专题论文）、鲁道夫·比尼恩（Rudolph Binion）（他提供了他的研究材料），瓦亨·N·德里安（他提供了土耳其对亚美尼亚人进行种族灭绝的著述和信息）、露西·杜威多韦兹（Lucy Dawidowicz）、彼得·德梅茨（Peter Demetz）、卡尔·多伊奇（Karl Deutsch）、理查德·福克（Richard Falk）、莱斯利·法伯（Leslier Farber）、埃里希·戈尔德哈根（Erich Goldhagen）、迈克尔·H·卡特尔（Michael H. Kater）、罗伯特·M·W·肯普纳（Robert M.W.Kempner）、海因茨·科胡特（Heinz Kohut）、露丝·利兹（Ruth Lidz）、富兰克林·H·利特尔（Franklin

H. Littell）、彼得· 洛温伯格（Peter Loewenberg）、 詹姆斯·M·麦克哈尼（James M. McHaney）（他提供了纽伦堡医学审判的材料）、 玛格丽特·米德（Margaret Mead）、 亚历山大·米切利希（Alexander Mitscherlich）（就他极有价值的对纳粹医学犯罪的早期揭露而言，他把一切信息都告诉了我）、 玛格丽特·米切利希（Margarete Mitscherlich）、 乔治·莫斯（George Mosse）、 弗里茨·雷德利希（Fritz Redlich）、 弗里茨·施特恩（Fritz Stern）、 艾伯特·J·斯图卡特（Albert J.Stunkard）、乌列·塔勒（Uriel Tal）、特尔福德·泰勒（Telford Taylor）、莱昂内尔·蒂格（Lionel Tiger）、亨利·特纳（Henry Turner）。

我与“韦尔弗利特”（Wellfleet）心理历史学小组的一些成员分享了这项工作的许多内容，他们有诺曼·比恩鲍姆（Norman Birnbaum）、 玛格丽特·布莱恩曼—吉布森（Margaret Brenman-Gibson）、彼得·布鲁克斯（Peter Brooks）、哈维·考克斯（Harvey Cox）、埃里克·埃里克松（在我们30年的对话中，他开辟了一些新的角度）、卡伊·埃里克松（Kai Erikson）、罗伯特· 霍尔特（Bobert Holt）、杰拉尔德·霍尔顿（Gerald Holton）、希勒尔·莱维恩（Hillel Leveine）约翰·E·麦克（John E.Mack）、查尔斯·斯特诺佐（Charles Strozier）、弗朗西斯·温特斯（Francis Winters）和丹尼尔·扬克诺维奇（Daniel Yankelovich）。

在德国，霍斯特·冯·格拉森尼帕（Hosrt von Glasenapp）在我本书的研究阶段提供了重要的早期材料和许多其他形式的帮助。保罗·马托斯克在访谈安排和任命我为慕尼黑他所领导的马克斯·普朗克精神病理学和精神治疗研究所的研究员上提供了至关重要的支持。

慕尼黑大学美国研究所的弗里茨·弗里德曼（Fritz Friedmann）给予我异乎寻常的智力支持和个人好客，他当时任这家研究所的所长。在德国提供帮助的还有：沃尔特·里特尔·冯·贝耶尔（Walter Ritter von Baeyer）、旺达·冯·贝耶尔（Wanda von Baeyer）、马丁·布鲁斯扎特（Martin Broszat）、赫尔穆特·科佩尔（Helmut Coper）、奥托·克罗伊茨费尔德（Otto Creutzfeldt）、彼得·杜尔（Peter Durr）、伊丽莎白·费切尔（Elisabeth Fetscher）、 伊林·费切尔（Iring Fetscher）、洛塔尔·格鲁切曼（Lothar Gruchmann）、瓦尔纳·约克曼（Warner Jochmann）、尤尔根·哈贝马斯（Jurgen Habermas）、赫尔穆特·汉德扎克（Helmut Handzik）、霍斯特·W·哈特维希（Horst W.Hartwich）、沃尔特·胡德（Walter Huder）、乌维·亨里克·彼得斯（Uwe Henrik Peters）、阿达尔贝特·卢克尔（Adalbert Ruckerl）沃尔夫冈·舍弗勒（Wolfgang Scheffler）、艾哈特·施密特（Gerhardt Schmidt）、赫尔姆·P·斯蒂尔林（Helm P.Stierlin）、萨图·斯蒂尔林（Satu Stierlin）、乔治·塔博里（George Tabori）和卡尔·F·韦扎克（Carl F.von Weizacker）。

在以色列则有：耶胡达·鲍尔（Yehuda Bauer）、沙麦·戴维森（Shamai Davidson）、西德拉·埃兹拉希（Sidra Ezrahi）、亚龙·埃兹拉希（Yaron Ezrahi）、索尔·弗里德兰德（Saul Friedlander）、伊斯拉尔·古特曼（Yisrael Gutman）、希勒尔·克莱因（Hillel Klein）、利莉·科佩奇（Lilli Kopecky）、埃里希·库尔卡Erich Kulka）和雅各·洛尔希（Jacob Lorch）。

波兰克拉科夫市医学会精神病学分会主席亚当·斯扎穆西克（Adam Szymusik）在他的寓所欢迎我，并为我做了很好的安排；波兰的其他人还有：约瑟夫·鲍格佐（Jozef Bogusz）、斯坦尼斯洛·克罗德辛斯基和玛丽亚·奥韦德（Maria Orwid）。

在奥地利有维也纳konfliktforschung研究所所长弗雷德里希·哈克（Friedrich Hacker），他在访谈安排上帮助很大。奥地利的其他人还有：阿洛伊斯·豪尔（Alois Hauer）（作为一个前纳粹医生，他在在一座挪威集中营里帮助了反纳粹的地下组织，这是很独特的），弗雷德里希·赫尔（Friedrich Heer）、罗尔夫·霍赫胡特（Rolf Hochhuth）、伊迪丝·克雷默（Edith Kramer）、赫尔曼·朗本（他提供了大量信息，介绍了很多访谈对象）、埃洛·林根斯—赖纳（Ella Lingens-Reiner）、哈罗德·利奥波德—洛温塔尔（Harald Leupold-Lowenthal）、埃里希·施特恩（Erich Stern）、约瑟夫·托克（Josef Toch）和西蒙·维森塔尔（Simon Wiesenthal）。

在英国有：H·D·阿德勒（H.D.Adler）、诺曼·科恩（Norman Cohn）、杰拉尔德·弗莱明（Gerald Fleming）约翰·福克斯（John Fox）、

艾伯特·弗里德兰（Albert Friedlander）、詹姆斯·乔尔（James Joll）、彼得·莱达威（Peter Reddaway）、吉塔·塞雷尼（Gitta Sereny）和罗伯特·韦斯特里希（Robert Wistrich）。

在法国有：罗杰·埃雷拉（Roger Errera）、亚瑟·哈特曼（Arthur Hartman）、杜娜·哈特曼（Donna Hartman）、阿德莱德·豪特沃尔（Adelaide Hautval）、苏格拉底·埃尔曼（Socrate Helman）、塞尔日·克拉斯菲尔德（Serge Klarsfeld）、塞缪尔·皮萨（Samuel Pisar）、利昂·波利亚科夫（Leon Poliakov）、伊夫·特伦（Yves Ternon）和乔治斯·威尔斯（Georges Wellers）。

在荷兰有：扬·巴斯蒂安斯（Jan Bastiaans）、埃利·科恩（Elie Cohen）、路易斯·德·简恩（Louis de Jong）和爱德华·德·温德（Eduard de Wind）。

在澳大利亚有：埃纳·赫伦斯基（Ena Hronsky）和伊西·皮洛斯基（Issy Pilowsky）。

在意大利有：罗伯特·A·格拉哈姆（Robert A.Graham）。

在瑞士有：欧文·莱泽尔（Erwin Leiser）（他为我拍摄了纳粹的电影）。

在这项研究进行的这些年中，在世界各地和这项研究的不同阶段，我都得到了一些非常优秀、极为负责、令人钦佩的研究助手，他们有：亨利·阿布拉莫韦兹（Henry Abramovitz）、珍妮特·贝扎（Janet Beizer）、约翰尼斯·博尔热（Johannes Borger）、安杰伊·布拉尼（Andrzej Branny）、克里斯蒂亚娜·克莱姆（Christiane Clemm）、鲁道夫·多尔查（Rudolph Dolzer）、布丽吉特·弗雷舍曼（Brigitte Fleischmann）、艾米·哈克特（Amy Hackett）、安妮·哈利韦尔（Anne Halliwell）、丽莎·考夫曼（Lisa Kaufman）、埃里希·克雷默（Erich Kramer）、瓦尔特劳德·莱曼（Waltraut Lehmann）、安尼格利特·洛施（Annegrette Losch）、罗伯特·卢克斯（Robert Luchs）、罗莎琳·迈诺韦兹（Rosalyn Manowitz）、埃里克·马库森（Eric Markusen）、兰迪·莫奥·马库森（Randi Morrau Markusen）、诺埃尔·马修斯Noel Mathwes）、米什莱恩·尼尔森

（Micheline Nilsen）、威廉·帕奇（William Patch）、卡特兰·皮希勒（Cathrin Pichler）、珍·雷恩沃特（Jean Rainwater）、苏珊娜·鲁宾斯坦恩（Susannah Rubenstein）、索朗热·塞伦（Solange Salem）、马提亚·K·舍尔（Matthias K.Scheer）、巩特尔·索姆菲尔德（Gunther Sommerfeld）、基蒂·温伯格（Kitty Weinberger）、史蒂文·沃尔夫（Steven Wolfe）和凯瑟琳·齐默（Katharina Zimmer）。

我从许多图书馆和档案机构得到了很价值的协助。在美国有耶鲁大学和哥伦比亚大学图书馆、42街的纽约公共图书馆和纽约医学会图书馆、进行犹太人研究的YIVO研究所（图书管理员第纳·阿布拉莫维奇）、犹太劳动同盟档案馆（管理员希勒尔·凯宾斯基）和国家档案馆（管理员罗伯特·沃尔夫）。在德国有慕尼黑的当代史研究所、路德维希堡“纳粹犯罪调查中央办公室”和柏林档案中心（管理员黛安娜·K·肯德尔和丹尼尔·P·西蒙）。在奥地利有档案中心（档案中心主任欧文·斯坦纳）。在以色列有耶路撒冷大屠杀纪念馆研究中心（管理员伊扎克·阿拉德、利维亚·鲁思库切、哈达萨·穆德林格和达努塔·东布罗夫斯卡）和海法“纳粹战争罪行调查史料研究所”（所长图维亚·弗雷德里曼）。在波兰有“纳粹在波兰所犯罪行调查总委员会”（主任米沃什·皮尔霍夫斯基）和奥斯维辛展览馆（它提供了极有价值的奥斯维辛原始档案，馆长卡斯米尔兹·斯莫伦，管理员塔德乌什·伊瓦扎库）。在伦敦有维也纳图书馆（管理员吉塔·约翰逊）。

利莉·B·芬恩担任我在耶鲁的助手22年，在这项研究所需要的各种线索上的协调上她做得比我还要多，她还能够回忆并且把材料打字出来，输入文字处理软件，负责它的修订直到成稿。露西·M·席尔瓦是我在约翰·杰伊学院/城市大学的新助手，做了大量的工作，使我得以完成这项研究。

约翰·J·西蒙是最早打电话的人，这个电话让这个项目启动了；在这项研究的早期阶段，他也是一位对话伙伴。简·伊赛以罕见的才华和大度对本书做编辑工作，帮助原稿成形。乔·安·米勒提供了编辑方面的建议，她和马丁·凯斯乐的努力使得本书能够被基本丛书慷然接纳。

福伯·霍斯为书稿做了后面的编辑工作，既富有创意，又一丝不苟。琳达·卡篷细心指导了书的制作过程。

这项研究对于我的家人来说也不轻松。我妻子贝蒂·珍·利夫顿在它上面的投入并不比我少。她一方面自己在研究一位“好医生”雅努什·科扎克（Janusz Korczak，此人是波兰著名的医生、作家和社会活动家，1942年8月死于特雷布林卡集中营。——译者注），同时也一直以我所需要的爱和勇气来激励我。我们的孩子娜塔莎·珍和肯尼思·珍，承受着这项工作带来的痛苦，但同时也向他们的父亲表明，他们理解这项工作的必要与意义。

这项工作靠了“国家人文基金会”（National Endowment for the Humanities）的资助才可能进行，也得到了洛克菲勒基金会（Rockefeller Foundation）人文学科部、“新大地基金会”（New-Land Foundation）、“精神病学研究基金会基金”（Foundations' Fund for Research in Psychiatry）、“约翰·西蒙·古根海姆纪念基金会”（John Simon Guggenheim Memorial Foundation）、小约西亚·梅西基金会（Josiah Macy Jr. Foundation）、“大屠杀幸存者纪念基金会”（Holocaust Survivors Memorial Foundation）和“梅·W·怀斯博爱基金”(May W. Wise Philanthropic Fund)的资助。

我也深切感谢以下各方惠允我在本书中使用材料：

未刊手稿与论文：

阿姆农·埃米尔《纳粹德国的“安乐死”》（未刊论文，奥尔巴尼，纽约州立大学，1977）的摘录。

杰弗里·科克斯《心智与卍：1935—1945年“新德国的灵魂救赎”》（博士学位论文，洛杉矶，加州大学，1975）的摘录。

瓦亨·N·德里安《土耳其医生在一战对奥斯曼亚美尼亚人的种族灭绝中所起的作用》中的摘录，使用得到瓦亨·N·德里安《大屠杀和种族灭绝研究》1（1986）（帕加马出版公司）的许可。

洛伦·艾斯利《人：致命因素》的摘录。

约翰·H·汉森《对欧洲先锋派的心理历史学考察》的摘录，使用得到约翰·H·汉森的许可。

洛埃特·凡·杜因（笔名）《月亮的另一面：荷兰一个年轻医生在奥斯维辛的生活》的摘录，使用得到洛埃特·凡·杜因（笔名）的许可。

西奥多·H·冯·劳厄《阿道夫·希特勒：表现主义者与反动分子》的摘录，使用得到了西奥多·H·冯·劳厄的许可。

已出版著作：

诗句“在一个黑暗时代，眼睛就开始看了”，引自希欧多尔·罗伊思克《希欧多尔·罗伊思克诗集》，1960年版权属于作为希欧多尔·罗伊思克财产管理人的比阿特丽斯·罗伊思克，使用得到了双日出版有限公司的许可。

赫尔曼·朗本《人在奥斯维辛》（维也纳：欧洲出版社，1972）的摘录，使用得到了欧洲出版社的许可。

鲁道夫·霍斯《奥斯维辛司令官：鲁道夫·霍斯自传》（克利夫兰：世界出版公司，1959）的摘录，此书由康斯坦丁·菲茨吉本从德文译为英文，并由利物浦勋爵拉塞尔作序（伦敦：乔治·韦登菲尔德和尼科尔森出版有限公司）。

菲力普·阿齐兹《制造死亡的医生》（日内瓦：芬尼出版公司，1976）的摘录。

奥尔加·伦杰尔《五根烟囱：奥斯维辛故事》（芝加哥：齐夫—戴维出版公司，1947）的摘录。

恩斯特·克莱《国家社会主义国家中的安乐死：毁灭“不值得活着的生命”》（法兰克福/M：S·费舍尔出版公司，1983）的摘录，使用得到费舍尔出版公司的许可。

译后记

1

提到医生，人们会想起古希腊的《希波克拉底誓言》。这是医学院学生的第一课，也是他们毕业典礼上的誓词。奥斯维辛的一个囚犯医生，曾指着日夜冒烟的焚尸炉烟囱，问一个纳粹医生："你怎样把它们与你作为一个医生的希波克拉底誓言协调起来？"此人这样回答："我当然是个医生，我想保存生命。从对人类生命的尊重出发，我从生病的身体上除掉坏死的赘余之物。犹太人就是人类身体上坏死的赘余之物。"

听起来是不是也有一种自身的逻辑呢？这正是本书中作者深刻揭示的纳粹德国的种族主义生物医学意识形态。

纳粹德国的医学化屠杀和种族灭绝，以奥斯维辛的毒气室和焚尸炉为高峰，也最为世人所知，但它其实是一个发展过程。从1933年1月希特勒宣誓担任第三帝国总理开始，纳粹政权基于种族国家主义的"生物医学"意识形态，开始了从强制绝育、"安乐死"、集中营里的"14f13项目"一直到奥斯维辛的齐克隆-B毒气室的大屠杀。天职为治疗者的医生，在里面扮演了核心角色。

人想用人工手段乃至于暴力来"优化"和替代自然存在本身，这倒不限于纳粹德国。世界其他地方也有过颇多"仁慈致死"的主张。在纳粹德国，一种遗传幻想的极端生物医学展望与极权主义的政治结构结合在一起，使得它能够决绝无情、没有法律干预地进行广泛的强制绝育和杀人，而它所要求那样一种种族净化，又必然发展为对犹太人的种族灭绝。所以，在纳粹看来，绝育和屠杀本质上是一种生物学和医学处理，目的是实现这个政权所梦想的生物医学前景。

在德国，这种理论其来有自。阿道夫·约斯特1895年出版的一本书叫《死亡的权利》。约斯特认为，对个体死亡的控制最终必须归属于社会有机体——国家。这个概念与英裔美国人传统的安乐死概念直接对立，那种安乐死强调个体有“去死的权利”或“死亡权利”，视此为终极的人之要求。与此相反，约斯特讲的是国家杀人的权利。1920年出版的《准许毁灭不值得活下去的生命》更是一本关键性著作。两个知名的德国教授——法学家卡尔·宾丁和精神病学教授阿尔弗雷德·霍赫，谈论“不值得活下去的生命”，这不仅包括不治之症者，也包括精神疾病者、智力低下者和发育迟钝儿童与畸形儿童等大量人口。

在《我的奋斗》中，希特勒宣称德国民族神圣的种族使命是“汇集和保存最有价值的基本种族要素的积聚……缓慢然而是肯定地将其提升到一种支配地位”。他谈到了绝育这种“最为现代的医学手段”的必要。1933年1月30日他上台，6月22日内政部长就颁布绝育法律，宣布德国处于“民族死亡”的严重危险之中，所以必须采取严厉和彻底的措施。稍后做了修改和扩展的这个法律，成为基本的绝育纲领，奠定了这个政权用医学手段来结束“不值得活着的生命”的基调。这样，纳粹就让每个人的生存成为了一件对一个群体的生物学健康有害或有利之事，变成了一种人为分配之事。

一个纳粹医生给奥斯维辛起了一个生理学的名称——“世界的肛门”。一个波兰精神病医生认为这个词准确反映了纳粹关于“清洁这个世界之必要性”的看法，反映了“德国超人的世界……没有病人、残废、心理不道德者的存身之地，更不能受犹太人、吉普赛人或其他血统的污染”，所有这些都是纳粹生物医学的废料。

纳粹用这种极权主义的生物医学观对医学界进行洗脑，以此改造戈培尔眼中的“软弱松弛的理智主义”，改造教育部长眼中的“自由和平等的灾难性概念”。部长告诉巴伐利亚的教授们：“从现在起，你们的事情不是判断什么东西是否为真，而是判断它是否具有国家社会主义革命的精神。”大学要成为“智力前沿的堡垒”和“军队般的身躯”，教授们要发展出“军队般的合作”。这样的狂想以它的逻辑和强力（包括实际管控的恐怖）吸引和征服了众多专业人士。1933年秋，960个著名的德国教育家签署了一份公开誓言，支持希特勒和纳粹政权。在这份著名人物的名单中，有哲学家海德格尔和世界知名的柏林大学查理特医院外科医生斐迪南·绍尔布鲁赫。于是，将人筛选出来送往毒气室的就是身着笔挺的党卫队制服，甚至挂着铁十字勋章的实实在在的医生：医学教授、高年资医生和刚从医学院毕业的实习医生。

2

在本书中，除了追根溯源地分析作为纳粹政权核心的“生物医学展望”外，作者把重点放在纳粹医生心理行为的深入剖析之上。

谈到纳粹，汉娜·阿伦特的名言“平庸之恶”是人们熟悉的，但本书作者进一步补充说，平常之人在进行恶魔行为之时，自己也改变了，他变成了这种行为的一部分，这种行为也变成了他的一部分。纳粹的生物医学意识形态和政治意识形态，与集体行为和个人行为交互作用，于是就有了平庸之人作恶和作恶的平庸化。

意识形态的疯狂是席卷性的，尤其是当这种疯狂又似乎有着“铁一般的逻辑”时，就像黑洞一样，什么人都会被吸进去。作者认为，意识形态狂热者对于奠定大屠杀的结构和动力至关重要，然而，对这种意识形态只有零星掌握的普通民众也会被吸收到这些严苛结构之中。纳粹医生信服于一种治疗—屠杀的反悖：屠杀即是治疗，治疗必须屠杀。屠杀“不值得活着的生命”和犹太人，这是为了治愈日耳曼种族。奥斯维辛可以视为在实践一种值得赞美的“种族卫生”原则，是在为有机更新的高贵远景而工作，也就是创造一个广阔的“日耳曼生物共同体”，是“清扫世界的必要性”。通过屠杀而达到的治疗，变成了“最神圣的人之权利和……义务”的一部分，它“要确保血保持纯净，通过保存最好的人种，来创造这个人种更高贵发展的可能性”。

书中以三章篇幅集中剖析了三个纳粹医生。一个是臭名昭著的约瑟夫·门格勒，他以进行孪生子研究而出名。奥斯维辛除了是屠杀之地，也是人体试验之地。通常的医学行为建立在维护生命之上，不能以强化自己这个群体或民族生命的名义来拿别人进行试验。但在奥斯维辛，“人是最便宜的试验动物……比鼠还便宜”。所有这些试验都与纳粹生物医学展望相关联，对于“不值得活着的生命”，对于劣等民族，可以研究它们、改变它们、操作它们、损毁它们，或者是杀掉它们，以此来为日耳曼种族服务，最终是重塑人类。

一个放射科医生囚犯为门格勒工作过，他讲了一件事。一对吉普赛人孪生男孩，有某种关节症状，按照那个时代的一种观点，这与肺结核有关系。门格勒相信这两个男孩有肺结核，但各个专业的囚犯医生在仔细的临床检查后，发现没有肺结核的迹象。门格勒不相信，冲着囚犯医生们吼，尤其是冲着这个放射科的囚犯医生吼：“所有其他人都可能犯错误，放射科医生不能犯错误……这是必须的。”然后他就走了，命令这个囚犯医生待在那里。大约一个小时后他回来了，平静地说：“你是对的。没有肺结核。”沉默了一会，他接着说：“是的，我对他们进行了解剖。”——门格勒从颈部射杀了这两个男孩，“当他们身体还热时，就开始解剖他们，首先是检查肺，然后是其他各个器官……有一些是他自己来检查的”。

在本书中，我们可以看到，各个屠杀中心和奥斯维辛的纳粹医生，如同门格勒这样，将无所不能之感、偏执虐待狂和麻木融合起来，将自己的医学技艺、事业自大和不择手段的堕落融合起来，制造了一个个惨绝人寰的世界。

然而，真正复杂、具有心理深度、富有启示意味的却是两个被称为“好人”和“正派”的纳粹医生。

关于恩斯特·B，一位奥斯维辛幸存者有着难忘的第一印象：

> 他第一次来到第10区的实验室……对我们就是一个不同寻常的惊奇。他不像其他党卫队医生带着武装进来，他没有带狗，他进来之后把门关上了，他说“日安”，做了自我介绍……与我的同事们和我握手……我们已经……很长时间不习惯集中营当局的任何人将我们作为与他一样的人来对待了。

作者说自己在见恩斯特·B之前，就听到和读到了大量关于他的评说，全都是好话。对于一个纳粹医生而言，这很令人吃惊。那些前囚犯医生们，一直将恩斯特·B形容为奥斯维辛中一个与众不同的纳粹医生，一个将囚犯（尤其是囚犯医生）作为人看待，救了许多人的性命，拒绝去进行筛选的人。他是如此赢得囚犯医生们的好感，当战后审理他时，他们为他作证，使他无罪开释。所以，他被称作“党卫队制服中的人”。

另外一个则是被称作“好人”的奥斯维辛主管医生爱德华·维尔特。在奥斯维辛，维尔特愿意与实际的医疗工作打交道，有着一种道德上的小心翼翼，奥斯维辛的纳粹医生中唯有他坚持食用战时食物定量。他也一直持反对残忍和随意虐待囚犯的立场。维尔特有时有强烈的愿望要离开奥斯维辛，担任他文书工作的共产党员政治犯朗本几次都劝阻他，把他给囚犯们带来的好处告诉他。

朗本曾给维尔特送过一张手写圣诞卡：“在过去的一年中，你在这里拯救了93000人的生命。我们没有权利去告诉你我们的希望。但是，我们自己希望在将要到来的这一年里，你还在这里。”1944年，英国广播公司的一次广播把维尔特列入被宣判死刑的纳粹军官名单之中。朗本从档案中得知这一天是维尔特妻子的生日，在与地下组织的同事们讨论了此事之后，安排了鲜花和一幅维尔特妻子和孩子的肖像画送给他，第二天向维尔特解释，“这是为了表示那个死刑判决已经取消了。我并不是代表我自己说这个话的。”

说实话，翻译到这些内容时，我是有点吃惊而且感动的。这样的纳粹医生与我们在影视作品中见到那些凶残或阴险的纳粹实在很不一样。然而，这也是纳粹医生中的一种真实。更重要的则是：面对这种真实，透彻地解说它，找到这种复杂性的内在逻辑。

作者从两个维度进行了解说。一个维度就是这些“正派”“好人”与奥斯维辛大屠杀之实际存在的关系。比如，维尔特和朗本之间的关系，并不能逃脱奥斯维辛整体和根本上的治疗—屠杀之反悖的制约。这种相对人性化的关系，一方面有助于许多生命的拯救，但另一方面它帮助党卫队医生去适应自己在这个死亡工厂中的核心作用。正是“正派”的维尔特，作为集中营主管医生，奠定和维持了奥斯维辛的整部医学杀人机器。

维尔特在三个方面沉溺于纳粹意识形态：一是更新日耳曼种族和德国人民的宣称，二是通过净化基因和种族来实现这种更新的生物医学之路，三是将犹太人作为这种更新、这种日耳曼种族当下和长期“健康”之主要威胁的焦点。维尔特虽然并不像门格勒那样将这些信念绝对化，而是用某种医学人道主义来执行它们，这种效忠的力量就战胜了他身上那种人道力量体验到的暴虐和恐怖，使得他不管多么厌恶都会作为医生管理者留在这种暴行制造情境中。维尔特的道德主义与强迫状态的结合，在正常状态下很有助于一个人成为“可靠之人”，而在奥斯维辛它就使得维尔特去奠定和维持医学化屠杀整个结构的稳定与高效。

奥斯维辛这个环境的潜移默化，让“好人”去适应它、服务于它，恩斯特·B对此也深有感慨：“当你第一次看到一场筛选——我不仅仅是在谈我自己，我谈的还包括即使是最强硬的党卫队人员，你看到儿童和妇女如何被筛选出来，你会如此震惊，简直难以言表。在过了几周之后，一个人就可以习惯于它了。这个［转变过程］无法向任何人解释……不过，我可以给你某种感觉。当你走进一家正在屠宰牲畜的屠宰场……里面的气味也是它的一部分，此后你吃牛排很可能感觉不太好。但当你每天都这样做，持续两周，你的牛排就如同以前一样美味了。”

3

双重自我的替身转换，是作者强调的另一个更具普遍性的分析维度。

恩斯特·B本人曾谈到每个党卫队医生都会在自我中唤起两种截然不同的心理兴奋丛，一种建立在“普遍接受的价值观念”和正常人的“教育和背景”之上；另一种建立在“这个价值观念与普遍接受的价值观念颇为不同的［纳粹—奥斯维辛］意识形态”之上。第一种倾向可能在一天出现，第二种就在第二天出现，很难说在某个场合会出现哪一种，或者说可能是二者的混合。

在这部绝不简单化、脸谱化的书中，我们看到很多细节，瞬间仁慈在基调为屠杀残忍的纳粹医生中并不罕见。作者认为，理解这一问题的关键，在于一种我双重自我的替身转换的心理学原理：自我区分为两个各具功能的部分自我，一个部分自我可以作为自我的整体来行事。通过这种替身转换，一个奥斯维辛医生不仅可以屠杀和协助屠杀，还为这种邪恶而无声地构织出又一个自我结构或自我过程。对于居住在任何犯罪亚文化中的个体而言，替身转换都可以是一种重要的心理机制。比如，一个黑手党首领可以冷酷地命令杀掉对手，或者自己去做，但与此同时，又仍然是一个慈爱的丈夫、父亲和常做礼拜者。替身转换就是要适应这种亚文化创造的极端环境，

尽管"正派"自我可维持某种"好人"之感——不过这种感觉必然受到第二自我作恶行为带来的瓦解困扰，但它并不会去真正阻止第二自我的作恶。事实上，偶尔闪现的那个人性自我的因素，可能有助于纳粹医生的残忍。比如，党卫队医生要怀孕女性走出队列，她们可以得到双份的食物配给，但在第二天就又把她们送到了毒气室——前面那种人性和"医学行为"，会平衡这个残忍医生的内心感觉，觉得自己仍然是个正派的医生，同时又并不影响他去履行自己的屠杀职责。他不但愚弄了受害者，事实上也在对自己进行隐瞒、欺骗和愚弄，成为他能去做这种杀人工作的整体心理平衡的一部分。他融入到了一个庞大、残忍、高度功能性的系统之中。

处在官僚机构中，那个作恶自我的头脑会十分"客观化"，很少会在人的层面上去思考屠杀；官僚机构功能也包括把作恶者与外界影响隔离开来，于是官僚机构的内部关注就成为了整个话语世界，由此导致了所称的"群体思维"，这个群体的那些自我论证就能维持，比如意识形态上的（"我们这样做是为了我们民族的复兴"），技术层面的（"最有效率的也就是对每个人最好的"），以及治疗意义上的（"我们在治疗我们的种族，而且是尽可能人道地在做"）。除了"群体思维"外，官僚机构还营造着一种不可避免之必然性的群体感觉，一种不可阻挡之感。一个人只能是顺其自然，它行动的凶猛之流，使得它自身就变成了理性。因果关系的探究让位于一种感觉，不仅是必然之感，而且是必须之感。

在奥斯维辛这样一个强力的制度中，外部环境为个体医生的"内部环境"定下基调；但作者也强调，替身转换是一种主动的心理过程，一种适

应极端处境的方式，所以他使用“替身转换”的动词，而不是更为常见的“替身”名词。替身转换是一种心理手段，一个人借此来调用自我的邪恶潜能。这种邪恶既非自我所固有，但也并非与自我无关。替身转换既涉及无意识的层面——替身的发生多半未被当事人所意识到，也涉及道德意识上的巨变。过替身转换的生活，召唤出罪恶，这是一种个人要为之负责的道德选择，无论当事人对此在多大程度上意识到了。这样一个替身转换的过程，就有着理解邪恶之人、人之邪恶的一把钥匙。

本书作者是美国一位专门研究“极端情况”——对人的身体和头脑所施加的大规模暴力——的精神病学和心理学教授。他从20世纪70年代开始这项研究，到1986年本书面世，历时十余年。除了广泛阅读关于纳粹医学行为的各种书面材料、审判记录、日记信件外，他更把当面访谈作为这项研究的核心：29个当年的纳粹医生，12个纳粹时代的律师、法官、经济学家、管理人员和纳粹党官员，尤其是80个前奥斯维辛囚犯。然而，一位幸存者医生的话一直回旋在他脑中：“教授喜欢去理解不可理解之物。我们这些自己曾在现场的人，总是问自己这个问题，而且会一直问到我们生命结束之时，但我们永远不会理解它，因为它就是不可理解的。”

作者感慨，不管当代医生如何技术化或商业化，他或她仍然被认定是一个治疗者，一个对医生的治疗传统负有责任的人，所有的文化都敬畏和依赖于这个传统；然而，“在我写作本书的过程中，我有一个印象，在德国人和许多其他人中，医生的卷入被视为所有纳粹行为中最为羞耻和难堪的了”。他把这本耗时十余年的著作命名为《纳粹医生：医学屠杀与种族灭绝心理学》，既是详尽的史实揭露，又蕴含着慨叹与沉思。

奥斯维辛坡道上的筛选、毒气室和焚尸炉，这样的画面我们已经熟悉了。译完这本书，留在我脑中的还有这样一个场景：

一天，一个囚犯医生来到病房后就听到要来筛选。另一个囚犯医生催他赶紧把囚犯们从铺位上弄下来站好，哪怕用鞭子赶也在所不惜。他感到困惑不解。后来证明，这是唯一能够救这些人的办法。当他们两个医生想方设法把差不多所有病人都弄下来站好后，筛选开始了：“‘立正，营地医生到！’一个年轻人，身材挺拔，瘦高，一个党卫队军官，走了进来，后面跟着一个军士。所有病人依次——裸体——从这个医生面前走过，要跑着过去，要挺胸，要尽可能像军人……任何一个没有见过瘦骨嶙峋而显示这种状态者，不会知道这是什么样的堕落和耻辱……如果一个瘦骨嶙峋者走得弯腰、缓慢而行，他表现出来的是一种正常状态，甚至可以说是一种得体的状态。然而，看到这个瘦骨嶙峋者的队列踏着军人步伐，抬头挺胸，肩朝后仰，随时立正——这真是一种令人悲哀、令人慨叹、令人无语之事！一个瘦骨嶙峋者以这种方式裸体行走——阴囊里的水肿（液体）在摆动，完全干瘪的阴囊在摆动——这是一个人永远忘不了的场面。”

本书的翻译有刘伟同学参与。他曾与我一起研习文学理论三年。北大中文系博士毕业后，他进入一所很有意思的中学任教，有时电话聊天，笑声不断！感谢北京第二外国语大学的姜晓渤博士，书中的德文法文书名，是她想法帮助译出的。感谢《瞭望东方周刊》的黄琳女士，在本书的翻译过程中，她协助多多。

王毅

2016年5月19日于大连望海楼

图书在版编目（CIP）数据

纳粹医生：医学屠杀与种族灭绝心理学 /（美）罗伯特·杰伊·利夫顿（Robert Jay Lifton）著；王毅，刘伟译. —南京：江苏凤凰文艺出版社，2016

ISBN 978-7-5399-9630-1

Ⅰ. ①纳… Ⅱ. ①罗… ②王… ③刘… Ⅲ. ①变态心理学 Ⅳ. ①B846

中国版本图书馆 CIP 数据核字（2016）第 215915 号

书　　名	纳粹医生：医学屠杀与种族灭绝心理学
著　　者	（美）罗伯特·杰伊·利夫顿
译　　者	王　毅　刘　伟
责任编辑	黄孝阳　汪　旭
出版发行	凤凰出版传媒股份有限公司 江苏凤凰文艺出版社
出版社地址	南京市中央路 165 号，邮编：210009
出版社网址	http: //www.jswenyi.com
经　　销	凤凰出版传媒股份有限公司
印　　刷	鸿博昊天科技有限公司
开　　本	655 × 965 毫米　1/16
印　　张	44.75
字　　数	700 千字
版　　次	2016 年 10 月第 1 版　2016 年 12 月第 2 次印刷
标准书号	ISBN 978-7-5399-9630-1
定　　价	118.00 元